BIOskop

Gymnasium 7–10

Herausgeber
Rainer Hausfeld
Wolfgang Schulenberg

Autoren
Thorsten Frankenberg
Rainer Hausfeld
Ulrich Helmich
Margit Hertel
Mariela Kalkhake
Daniel Klaßen
Joachim Kühmstedt
Martin Ratermann
Anja Renken-Abken
Rüdiger Schmalz
Eckhart Schröder
Wolfgang Schulenberg
Franz Stoppel
Henning Teschner

westermann

Druck A[4] / Jahr 2010
Alle Drucke der Serie A sind im Unterricht parallel verwendbar.

Redaktion: Heidrun Kiene
Herstellung: Jennifer Kirchhof, Dirk Walter-von Lüderitz
Satz und Grafik Partner GmbH, Meitingen
Umschlaggestaltung: Andrea Heissenberg
Typographie: Andrea Heissenberg
Druck und Bindung: westermann druck GmbH, Braunschweig

ISBN 978-3-14-**150516**-0

Inhaltsverzeichnis

Vielfalt der Lebewesen

Wirbellose Tiere und Ökosysteme

Stoffwechsel des Menschen

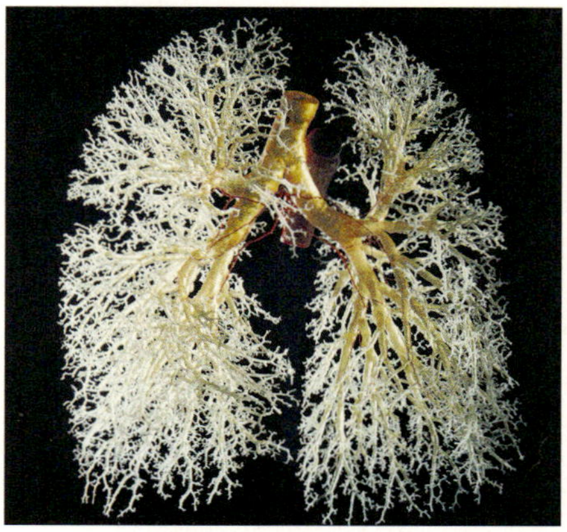

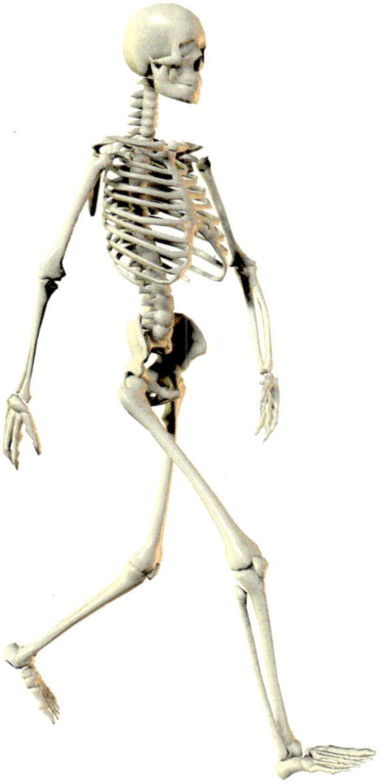

Sinnesorgane, Gehirn und Hormone

Sexualität des Menschen

Vererbung

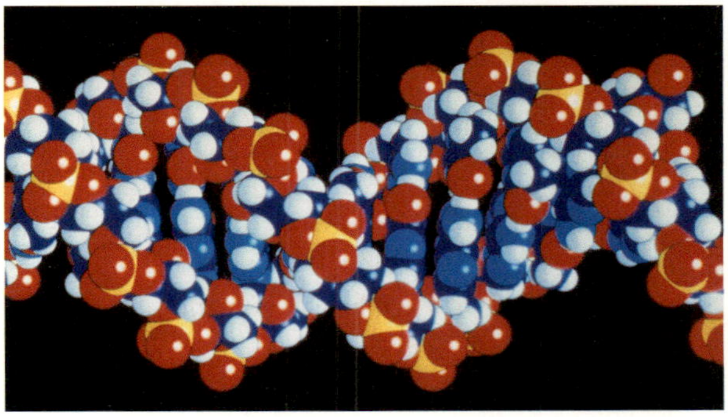

Evolution

Aufgaben richtig verstehen

ableiten	aus Sachverhalten sachgerechte Folgerungen ziehen
analysieren	aus einem Sachverhalt auf eine bestimmte Fragestellung hin wichtige Bestandteile herausarbeiten
auswerten	vorgegebene Daten, einzelne Ergebnisse oder Sachverhalte in einen Zusammenhang stellen
begründen	einen vorgegebenen Sachverhalt auf seine Ursachen oder Gesetzmäßigkeiten zurückführen
beschreiben	Strukturen, Merkmale oder Sachverhalte mit eigenen Worten wiedergeben
beobachten	aufmerksame Betrachtung eines Vorgangs mit dem Ziel, entsprechend einer vorgegebenen Fragestellung bestimmte Informationen zu erhalten
beurteilen	zu einem vorgegebenen Sachverhalt ein eigenständiges, sachlich begründetes Urteil formulieren
bewerten	einen vorgegebenen Sachverhalt oder die Handlung eines Menschen mit nachvollziehbaren Wertvorstellungen beurteilen
darstellen	Sachverhalte in gegliederter Form wiedergeben.
diskutieren (erörtern)	zu einem vorgegebenen Thema oder Sachverhalt Argumente aus verschiedenen Standpunkten gegeneinander abwägen
erklären	einen Sachverhalt erläutern und begründen
erläutern	einen Sachverhalt veranschaulichen und verständlich machen
Hypothese entwickeln	eine begründete Vermutung auf der Grundlage von Beobachtungen, Experimenten oder Sachaussagen formulieren
interpretieren (deuten)	aus vorgegebenen Sachverhalten fachliche Zusammenhänge entsprechend der jeweiligen Aufgabenstellung herausarbeiten und darstellen
nennen	Eigenschaften, Sachverhalte oder Begriffe ohne Erläuterungen aufzählen
protokollieren	Beobachtungen oder die Durchführung von Experimenten genau und in gegliederter Form wiedergeben
skizzieren	das Wesentliche eines Sachverhalts in übersichtlicher Form grafisch darstellen
Stellung nehmen	zu einem Sachverhalt oder einer Aussage, die nicht eindeutig ist, nach sorgfältigem Abwägen ein begründetes Urteil abgeben
überprüfen	Daten oder Aussagen an Fakten und logischen Gesichtspunkten messen und eventuelle Fehler oder Widersprüche aufdecken
vergleichen	Gemeinsamkeiten und Unterschiede ermitteln
zeichnen	eine möglichst exakte grafische Darstellung anfertigen
zusammenfassen	das Wesentliche in knapper Form herausstellen

1 *Eine Auswahl häufiger Arbeitsanweisungen und die Beschreibung der erwarteten Leistung*

Im Unterricht, zu Hause oder bei schriftlichen Leistungsüberprüfungen werden Aufgaben bearbeitet. Sie beinhalten immer eine oder mehrere Arbeitsanweisungen.

Um Aufgaben richtig zu verstehen, ist es notwendig, die Bedeutung der verschiedenen Arbeitsanweisungen zu kennen. In Abbildung 1 sind häufige Arbeitsanweisungen zusammengestellt und die jeweils erwartete Leistung beschrieben.

1 Aufgaben mit passenden Arbeitsanweisungen erstellen. Die Abbildungen auf dieser Seite stellen bestimmte biologische Sachverhalte dar. Erstellt zu jeder Abbildung Vorschläge für eine oder mehrere Aufgaben mit den dazu passenden Arbeitsanweisungen aus Abbildung 1. Gebt an, welche Lösung ihr zu der jeweiligen Aufgabenstellung erwartet. Diskutiert eure Vorschläge.

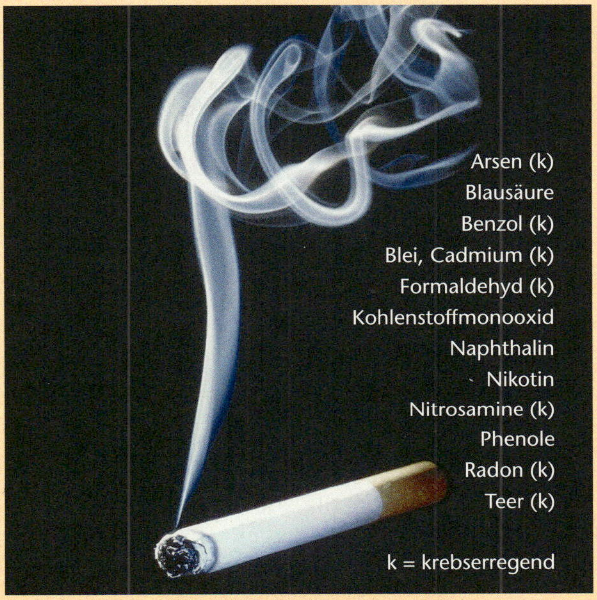

2 Zusammensetzung des Zigarettenrauchs

3 Querschnitt durch ein Laubblatt

4 Libelle mit Tautropfen

5 Historische Versuche von Joseph Priestley (1771)

Säugetier	Masse in g	O_2-Bedarf in ml O_2 pro Stunde	O_2-Bedarf in ml O_2 pro g Körpermasse und Stunde	Herzfrequenz pro Minute
Maus	22	36		600
Meerschwein	900	605		280
Zwergziege	7 000	2 710		158
Orang-Utan	54 000	12 105		106
Mensch	76 000	15 980		72
Löwe	155 000	26 490		50
Pferd	500 000	65 100		44
Elefant	3 833 000	268 000		26

6 Sauerstoffbedarf bei Säugetieren

Erschließungsfelder

Feld 1: Angepasstheit
Lebewesen besitzen vielfältige erblich mitbestimmte Merkmale und Eigenschaften, mit denen sie an ihre Umwelt angepasst sind. Solche vorteilhaften Merkmale nennt man Angepasstheiten. Lebewesen mit vorteilhaften Merkmalen haben im Vergleich zu weniger gut angepassten Artgenossen in der Regel eine größere Zahl an Nachkommen. Die Angepasstheit eines Lebewesens zeigt sich also auch in seinem Fortpflanzungserfolg.

Feld 2: Vielfalt
Das Leben auf der Erde ist sehr vielfältig: Man spricht zum Beispiel von der Vielfalt der Lebensräume und von der Vielfalt der Arten. Ein anderer Ausdruck für biologische Vielfalt ist Biodiversität. Die Nachkommen von Lebewesen mit geschlechtlicher Fortpflanzung ähneln sich zwar, zeigen aber auch vielfältige Merkmalsunterschiede. Bei der geschlechtlichen Fortpflanzung werden Erbanlagen (Gene) neu zusammengefügt. Dadurch entsteht genetische Vielfalt. Sie ist eine Vorausssetzung für die Vielfalt an Merkmalen im Erscheinungsbild der Individuen einer Art.

Feld 3: Fortpflanzung+Entwicklung
Alle Lebewesen sind durch Fortpflanzung entstanden. Dadurch können sich Lebewesen vermehren und ihren Fortbestand sichern. Wenn zwei Eltern an der Fortpflanzung beteiligt sind, spricht man von geschlechtlicher (sexueller) Fortpflanzung, bei nur einem Elter von ungeschlechtlicher Fortpflanzung. Bei der Fortpflanzung werden Erbanlagen weitergegeben. Sie beeinflussen die Ausbildung von Merkmalen in der Entwicklung eines Lebewesens.

Feld 4: Struktur+Funktion
Unter Struktur versteht man in der Biologie den Bau von Lebewesen und ihrer Teile. Mit ihrem Bau sind Lebewesen an bestimmte Aufgaben (Funktionen) angepasst. Zum Beispiel hat ein grünes Laubblatt einen bestimmten mikroskopisch sichtbaren Bau. Diesem Bau entspricht unter anderem die Funktion, Fotosynthese durchzuführen. Zwischen Bau (Struktur) und Aufgabe (Funktion) gibt es also einen Zusammenhang.

Feld 5: Evolution
Jedes heutige Lebewesen lässt sich gedanklich durch eine ununterbrochene Kette von Fortpflanzungen auf Vorfahren, Vor-Vorfahren bis zu den Ursprüngen des Lebens zurückführen. Jedes Lebewesen hat eine Geschichte. Die vielfältigen Arten von Lebewesen sind im Laufe vieler hunderttausend oder gar Millionen Jahre aus anderen Formen hervorgegangen. Diesen Vorgang bezeichnet man als Evolution.

Feld 6: Information+Kommunikation
Lebewesen nehmen mit ihren Sinnesorganen Informationen aus ihrem Körper und aus ihrer Umwelt auf. Das Ergebnis der Informationsverarbeitung kann Einfluss darauf haben, was ein Lebewesen tut und wie es sich verhält. Bei der Verständigung (Kommunikation) werden Informationen zwischen zwei oder mehr Lebewesen ausgetauscht. Auch innerhalb des Körpers werden Informationen übermittelt, z. B. mithilfe von Nerven oder Hormonen.

Feld 7: Regulation
Viele Zustände und Vorgänge im Körper eines Lebewesen werden geregelt. Dadurch werden die Bedingungen im Körper beständig und stabil gehalten. Unbeständige Bedingungen wären eine Gefahr für einen Organismus. Die Körpertemperatur des Menschen ist ein Beispiel für Regulation.

Feld 8: Stoffe+Energie
Alle Lebewesen bestehen aus Stoffen, vor allem aus Wasser und Kohlenstoffverbindungen. Die Aufnahme, Umwandlung und Abgabe von Stoffen bezeichnet man als Stoffwechsel eines Lebewesens. Energie ist für alle Lebensvorgänge notwendig. Energie tritt in verschiedenen Formen auf, zum Beispiel als Lichtenergie, chemische Energie, Bewegungsenergie oder Wärme. Lebewesen sind Energiewandler: Sie können bestimmte Formen von Energie in andere Formen von Energie umwandeln.

Feld 9: Wechselwirkungen
Kein Lebewesen lebt völlig abgesondert. Jedes Lebewesen hat Wirkungen auf seine Umwelt und die Umwelt wirkt auf das Lebewesen. Aber auch im Körper eines Lebewesens gibt es Wechselwirkungen zwischen verschiedenen Körperteilen, zwischen Zellen und zwischen Molekülen.

Bei den Erschließungsfeldern handelt es sich um grundlegende Konzepte des Faches Biologie. Mit ihrer Hilfe kann man verschiedene Themen im Biologieunterricht verknüpfen. Bei fast allen Themen des Biologieunterrichts gibt es diese Möglichkeit, das Thema zu erschließen: Überlege, wie eines oder mehrere der neun **Erschließungsfelder** zu dem Thema im Biologieunterricht passen. Im Laufe der Zeit wirst du viele Beispiele für jedes dieser neun Felder kennen lernen und sie immer besser miteinander verbinden können. Wenn du regelmäßig Themen im Biologieunterricht den Erschließungsfeldern zuordnest, kann das den Überblick und das Lernen erleichtern. Eine Hilfestellung gibt dir dieses Buch selbst. In der untersten Zeile auf der linke Seite eines jeden Abschnitts findest du die Namen der wichtigsten Erschließungsfelder, die für das Thema zutreffen.

1 **Erschließungsfelder zuordnen.** Ordne jeder Teilabbildung auf dieser Seite eines oder mehrere der Erschließungsfelder zu. Begründe deine Zuordnung.

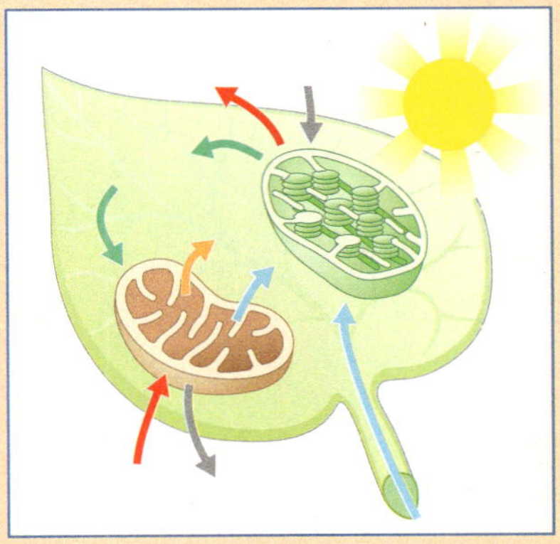

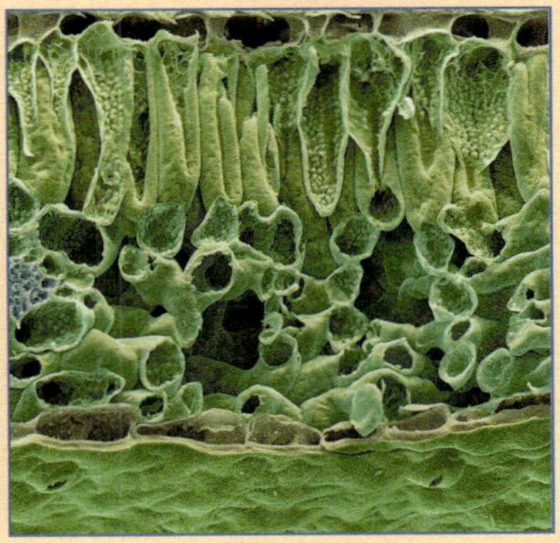

Vielfalt der Lebewesen

1 Die Vielfalt der Zellen

1.1 Pflanzen- und Tierzellen

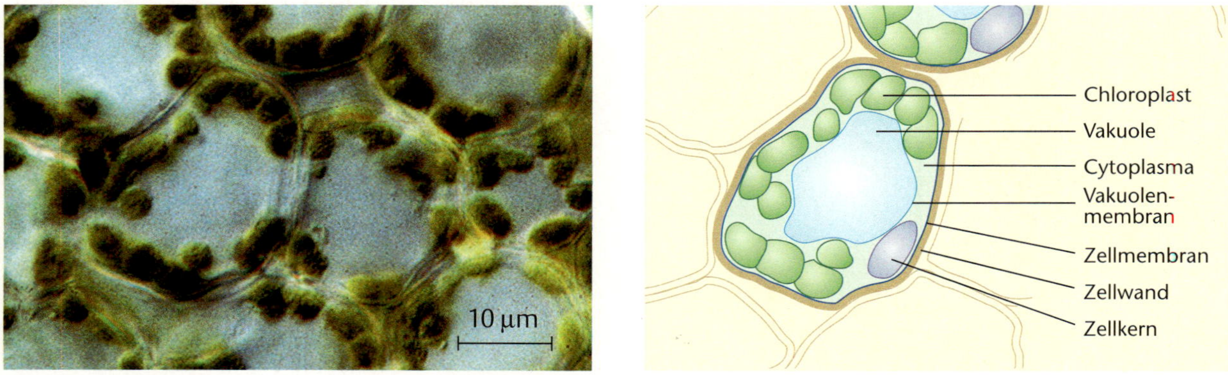

1 *Pflanzliche Zellen der Nieswurz im lichtmikroskopischen Bild und als Schemazeichnung*

Eine **Pflanzenzelle** besitzt eine Zellwand (Abb. 1). Sie ist fest, besteht aus Zellulose und gibt der Zelle ihre Stabilität. Der Zellwand liegt innen die Zellmembran an. Durch Zellwand und Zellmembran findet der Stoffaustausch zwischen benachbarten Zellen statt. Im Inneren der Pflanzenzelle befindet sich eine dickflüssige Masse, das Cytoplasma. Hier findet eine Vielzahl an Stoffwechselvorgängen statt. Cytoplasmastränge durchziehen die Zellwand und sorgen auf diese Weise für zahlreiche Verbindungen zwischen benachbarten Zellen. Im Cytoplasma finden sich außerdem noch weitere, unterschiedlich geformte Strukturen. Unter dem Lichtmikroskop ist der Zellkern erkennbar. Er enthält die Erbinformationen in Form von DNA und ist von einer eigenen Membran umgeben. Der Zellkern steuert die Lebensvorgänge der Zelle. Bei vielen Pflanzenzellen befindet sich der Zellkern ganz nah an der Zellmembran. Der Grund dafür ist die Vakuole, die den Großteil einer Pflanzenzelle einnimmt und das Zellplasma mit den anderen Zellbestandteilen an die Zellwand drückt. Die Vakuole ist ebenfalls von einer eigenen Membran umgeben und enthält größtenteils Wasser, in dem z. B. Farbstoffe eingelagert sind. Die Vakuole ist für den Wasserhaushalt der Zelle und für die Stoffspeicherung zuständig. Ebenfalls charakteristisch für die Pflanzenzelle sind die Chloroplasten, in denen sich das Chlorophyll befindet. Sie sind der Ort der Fotosynthese.

In einer **Tierzelle** sind nur relativ wenige Strukturen zu erkennen (Abb. 2). Das von der Zellmembran umgebene Cytoplasma beinhaltet den meist zentral gelegenen Zellkern. Tierische Zellen sind nicht von einer Zellwand umgeben.

Alle Zellen haben folgende Gemeinsamkeiten:
- Zellen gehen durch Teilung aus anderen Zellen hervor.
- Im Zellkern der Zellen befindet sich die Erbinformation in Form von DNA.
- Zellen benötigen Energie.
- Zellen sind von einer Membran umgeben, durch die Stoffe aufgenommen und abgegeben werden. Dieser Stoffaustausch vollzieht sich über die ganze Zelloberfläche.
- Zellen wandeln Stoffe um. Sie verwerten die Nährstoffe Proteine, Fette und Kohlenhydrate zum Aufbau körpereigener Stoffe und zur Energiebereitstellung.

1838 wiesen der deutsche Zoologe THEODOR SCHWANN und der Botaniker JAKOB MATTHIAS SCHLEIDEN endgültig den zelligen Aufbau bei Pflanzen und kurze Zeit später auch bei Tieren nach. Die von ihnen stammende Aussage, dass alle Lebewesen aus Zellen bestehen, hat auch heute noch Gültigkeit.

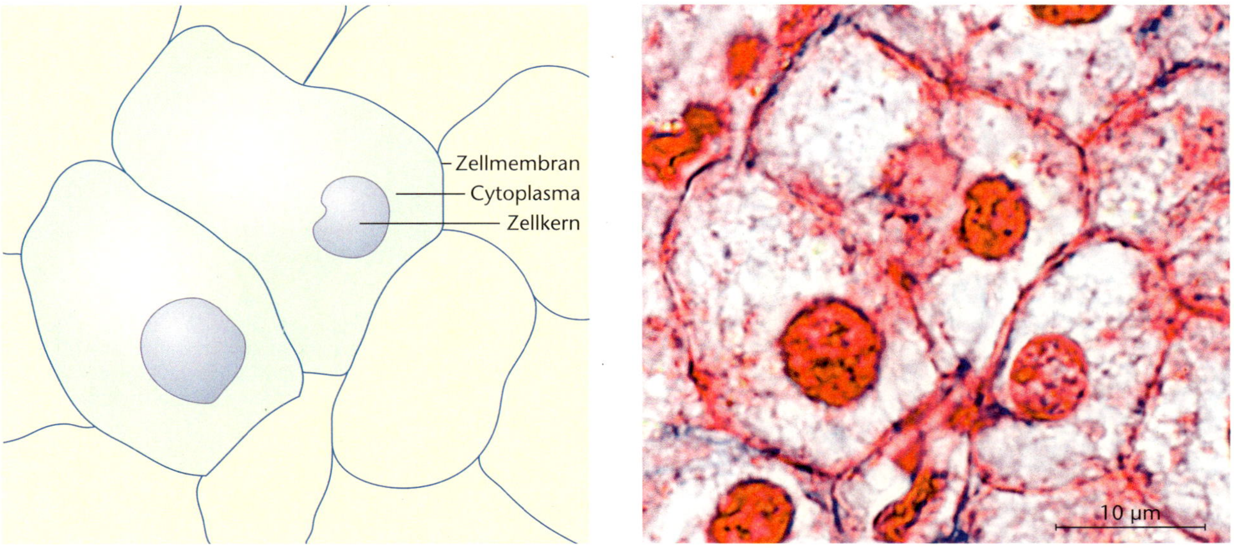

2 *Tierische Zellen (Leberzelle, gefärbt) als Schemazeichnung und im lichtmikroskopischen Bild*

1 Tier- und Pflanzenzelle. Betrachte die Pflanzen- und Tierzellen in den Abbildungen 1 und 2. Erstelle eine Tabelle mit Gemeinsamkeiten und Unterschieden von Tier- und Pflanzenzelle.

2 Abbildungen von Tier- und Pflanzenzellen.
a) Übertrage die Zeichnungen aus Abbildung 3 in dein Heft und ersetze die Ziffern durch eine Beschriftung.
b) Entscheide, bei welchen Zellen es sich um Pflanzenzellen, bei welchen Zellen es sich um Tierzellen handelt. Begründe deine Entscheidung.

3 Größe von Zellen.
a) Bestimme die Oberfläche, das Volumen und das Verhältnis zwischen Oberfläche und Volumen der Würfel in Abbildung 4.
b) Jeder Ort in der Zelle muss mit Stoffen versorgt werden. Stelle mithilfe der Grundwissenseite und deinen Berechnungen begründete Hypothesen auf, warum Zellen so klein sind.

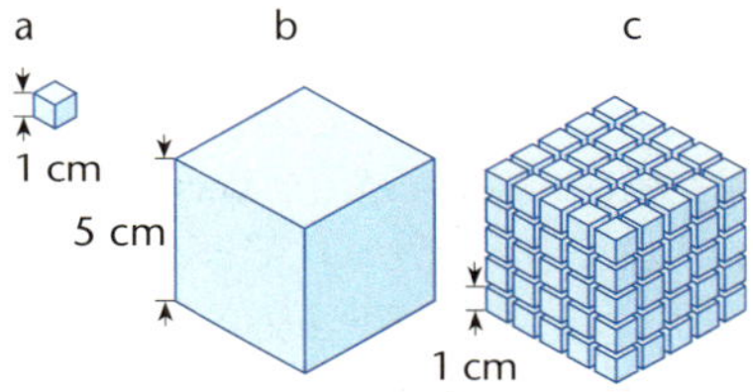

4 *Verschiedene Würfel*

3 *Tier- oder Pflanzenzellen?*

Mikroskopieren

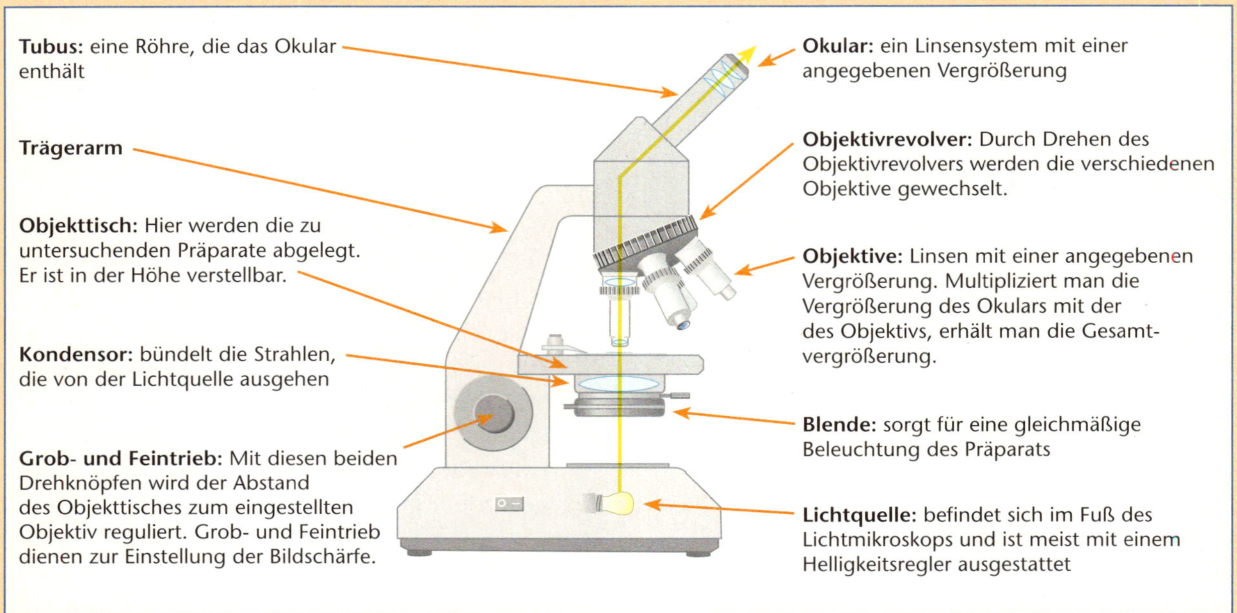

1 *Aufbau des Lichtmikroskops*

Name:	
Objekt:	Küchenzwiebel
Vergrößerung:	Zellen der Zwiebelhaut bei 100facher (10 x 10) Vergrößerung
Darstellung:	3 Zellen im Verband

Zeichnung | Beschriftung

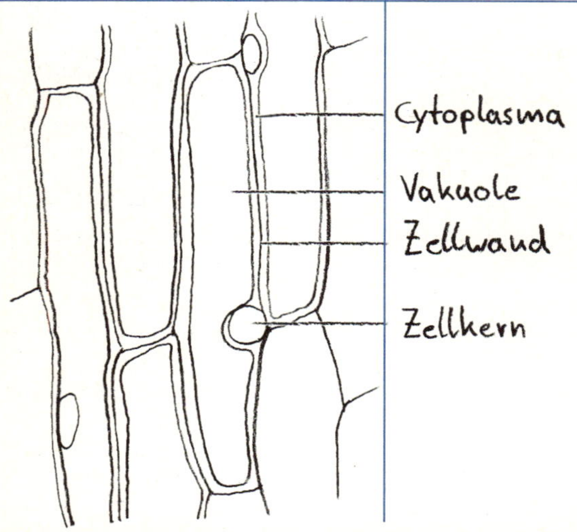

2 *Zeichnung nach mikroskopischem Bild*

1. Beim Transport greift eine Hand unter das Mikroskop, die andere Hand an den Trägerarm.
2. Drehe zu Beginn des Mikroskopierens den Objekttisch ganz nach unten und stelle das Objektiv mit der kleinsten Vergrößerung ein.
3. Lege das Präparat auf den Objekttisch.
4. Verringere durch Drehen des Grobtriebs den Abstand zwischen Objektiv und Präparat. Erhältst du ein scharfes Bild, kannst du mit dem Feintrieb die Feineinstellung vornehmen.
5. Achte darauf, dass sich Objektiv und Präparat nicht berühren.
6. Sorge durch Regulierung der Blende für eine gleichmäßige Ausleuchtung des Bildes.
7. Zeichne mit Bleistift. Öffne beim Mikroskopieren beide Augen. Mit dem einen Auge schaust du durch das Okular, mit dem anderen Auge auf das Zeichenpapier.
8. Hast du das Mikroskopieren beendet, stelle wieder die kleinste Vergrößerung ein.

3 *Regeln für das Mikroskopieren und Zeichnen*

4 *Präparation von Zwiebelzellen*

1 Mikroskopieren von Zwiebelzellen.
Material: Mikroskop, Messer, Küchenzwiebel, Rasierklinge, Pinzette, Pipette, Objektträger, Deckgläschen, Filterpapier, Methylenblau
Durchführung (Abb. 4):
1. Schneide die Zwiebel längs durch und die entstehenden Hälften in zwei Viertel. Löse anschließend vorsichtig eine Schuppe heraus.
2. In der Innenseite der Schuppe befindet sich ein mattes, transparentes Häutchen. Schneide mit einer Rasierklinge ein kleines Viereck hinein und löse es mit der Pinzette vorsichtig ab.
3. Lege das Zwiebelhäutchen in einen Tropfen Wasser auf dem Objektträger.
4. Lasse nun ein Deckgläschen schräg auf das Zwiebelhäutchen sinken. Überschüssiges Wasser kannst du mit Filterpapier aufsaugen. Bei Wassermangel fügst du Wasser mit einer Pipette hinzu.
5. Färbe das Präparat mit Methylenblau an: Füge an den Rand des Deckgläschens einen Tropfen Methylenblau und sauge ihn mit einem Stück Filterpapier unter dem Deckgläschen hindurch.
6. Mikroskopiere bei verschiedenen Vergrößerungen und fertige eine Zeichnung (100fach) an.

2 Mikroskopieren von Mundschleimhautzellen.
Material: Mikroskop, Zeichenpapier, Holzspatel, Pipette, Objektträger, Deckgläschen
Durchführung:
1. Gib einen Tropfen Wasser auf einen Objektträger.
2. Schabe nun mit einem sterilen Spatel etwas Schleimhaut von der Innenseite deiner Wange und übertrage sie in den Wassertropfen.
3. Verrühre die Schleimhautstückchen vorsichtig mit dem Spatel.
4. Verfahre dann wie bei den Zwiebelhautzellen.
5. Mikroskopiere und zeichne die Mundschleimhautzellen bei kleinster und dann mit steigender Vergrößerung.

3 Mikroskopieren von Einzellern. Um Einzeller mikroskopieren zu können, kann man einen so genannten Heuaufguss herstellen (Abb. 5). Dazu gibt man eine Hand voll Heu in ein Glas, füllt es mit Teich- oder Aquariumwasser und deckt es mit einer Glasplatte ab. Nach wenigen Tagen haben sich Bakterien und andere einzellige Lebewesen stark vermehrt. Oben auf dem Heuaufguss ist eine so genannte Kahmhaut entstanden.
Material: Heuaufguss, Objektträger mit Hohlschliff, Deckgläschen, Pipette
Durchführung:
Mikroskopiere Flüssigkeit von drei verschiedenen Stellen des Heuaufgusses: direkt unter der Kahmhaut, aus dem freien Wasser und dem Bodensatz. Gib mit der Pipette jeweils einen Tropfen auf die Mitte des Deckgläschens. Hänge dann den Tropfen in die Wölbung des Objektträgers (Abb. 7). Mikroskopiere mit 100facher Vergrößerung und fertige jeweils eine Zeichnung an.

5 *Heuaufguss*

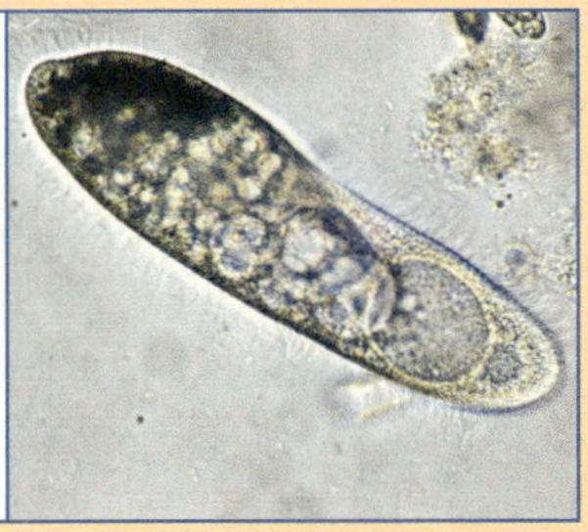

6 *Das Pantoffeltierchen, ein Einzeller*

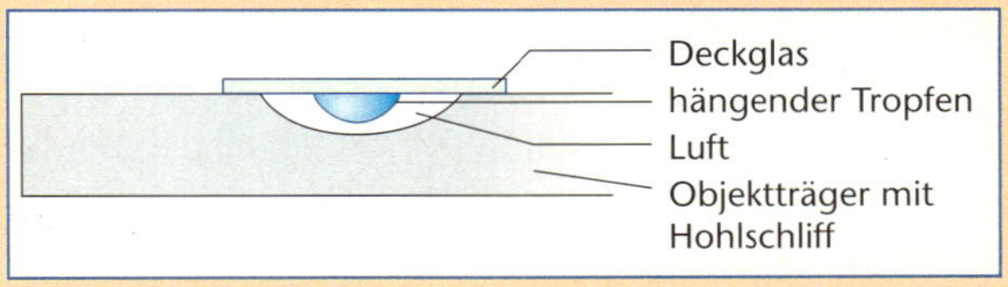

7 *Technik des hängenden Tropfens*

1.2 Zellorganellen

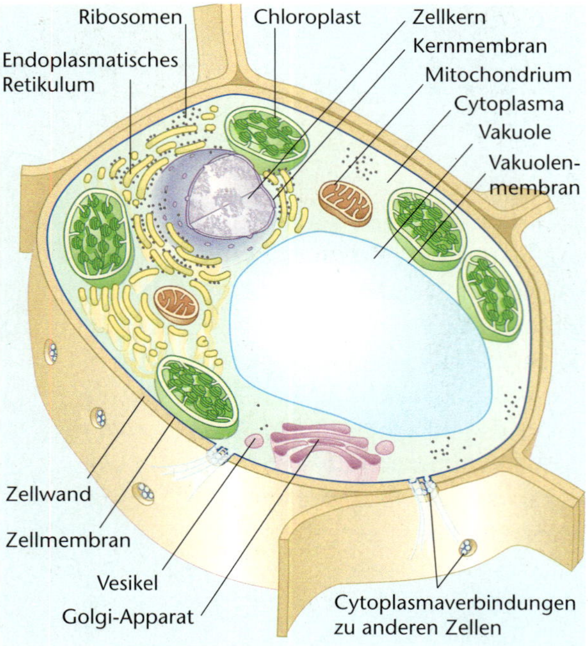

1 *Schema einer Pflanzenzelle nach elektronenmikroskopischen Aufnahmen*

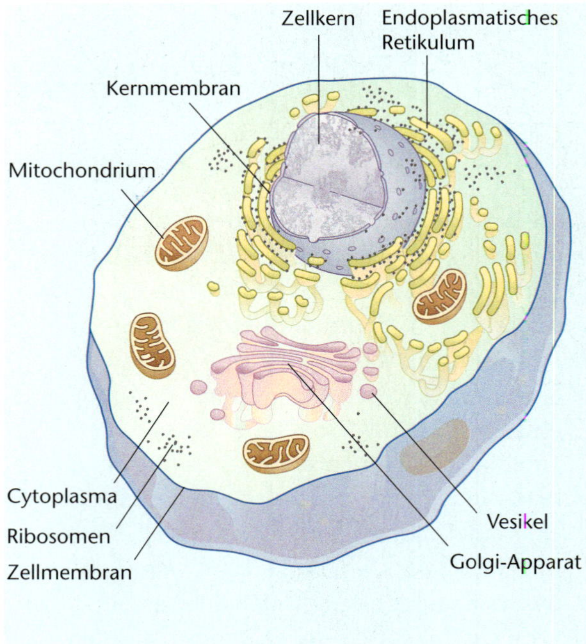

2 *Schema einer Tierzelle nach elektronenmikroskopischen Aufnahmen*

Im Cytoplasma finden sich verschiedene Zellorganellen (Abb. 1, 2). **Organellen** sind abgetrennte Reaktionsräume, in denen unterschiedliche Stoffwechselvorgänge stattfinden. Diese Aufteilung ermöglicht, dass verschiedenste Stoffwechselvorgänge gleichzeitig nebeneinander in der Zelle ablaufen können und sich nicht gegenseitig stören.

Der **Zellkern** ist von einer Doppelmembran, der Kernmembran, umgeben, die mit Kernporen durchsetzt ist. Neben dem Kernplasma beinhaltet der Kern die Erbinformation in Form von DNA. Der Zellkern ist die zentrale Steuerungseinheit der Zelle.

Im Cytoplasma befindet sich ein ausgedehntes Membransystem, das man **Endoplasmatisches Retikulum (ER)** nennt. Ein weiteres Membransystem, das nach seinem Entdecker benannt ist, ist der **Golgi-Apparat.** Die Aufgaben der Membransysteme bestehen in der Speicherung von Stoffen, aber auch im Aufbau sowie im Austausch von Stoffen. Zum Stoffaustausch werden kleine Membranbläschen (Vesikel) vom ER oder vom Golgi-Apparat abgeschnürt und zu einem anderen Teil des Membransystems oder zur äußeren Zellmembran transportiert. Auf bestimmten Bereichen des ER und im Cytoplasma finden sich **Ribosomen.** Sie produzieren auf Anweisung des Zellkerns verschiedenartige Proteine.

Die **Mitochondrien** sind von einer Doppelmembran umgeben. Die äußere Membran ist glatt, während die innere zahlreiche Einfaltungen zeigt. In den Mitochondrien findet die Zellatmung statt. Dabei wird mithilfe von Sauerstoff Glucose zu Kohlenstoffdioxid und Wasser abgebaut. Hier wird chemische Energie bereitgestellt, die die Zelle nutzen kann.

Chloroplasten finden sich nur in grünen Pflanzenzellen. Sie sind ebenfalls von einer Doppelmembran umgeben. Die innere Membran ist zu einem besonderen Membransystem aufgebaut. In diesem Membransystem ist das Chlorophyll enthalten, mit dessen Hilfe Licht bei der Fotosynthese absorbiert und so für die Pflanze nutzbar gemacht wird. Mithilfe der Lichtenergie stellt die Pflanze energiereiche Stoffe wie Glucose und Stärke her.

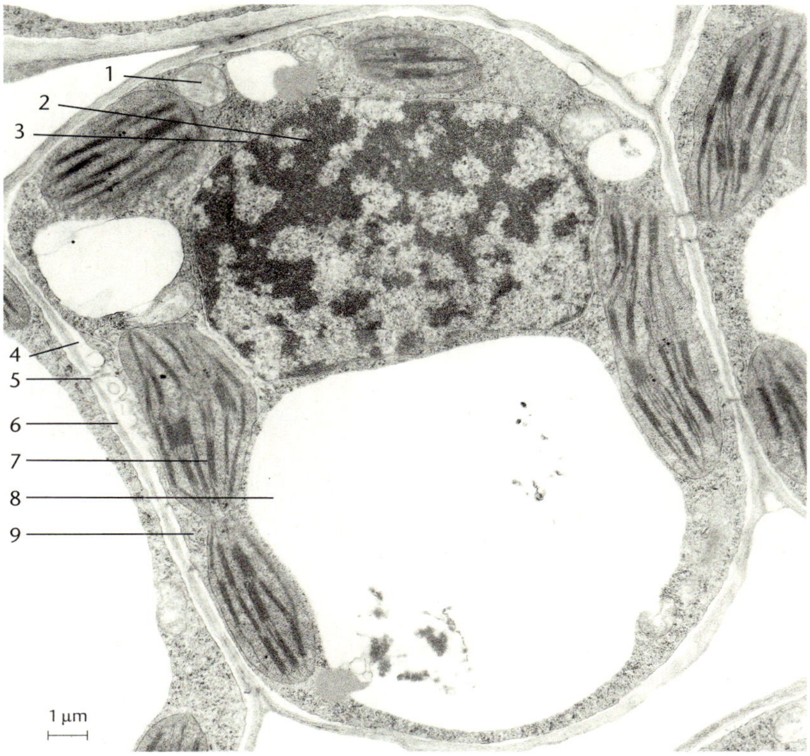

3 *Pflanzenzelle, elektronenmikroskopisches Bild*

4 *Mitochondrium*

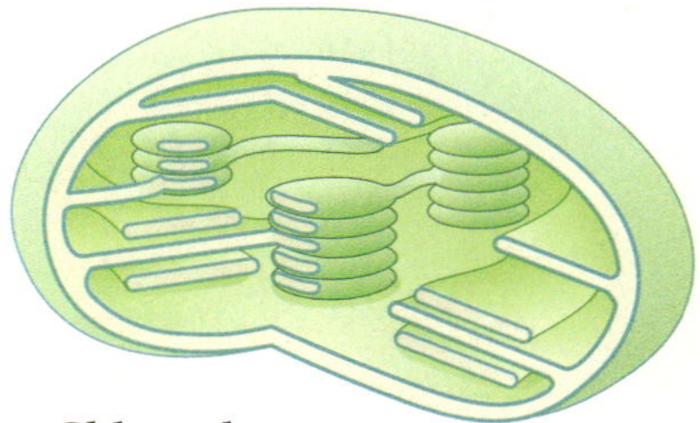

5 *Chloroplast*

1 Feinbau der pflanzlichen Zelle. Übertrage die Zahlen der Abbildung 3 in dein Heft und beschrifte sie. Schreibe dahinter die Funktion des Zellbestandteils.

2 Membranoberflächen.
a) Vergleiche den Umfang der äußeren und der inneren Membran eines Mitochondriums (Abb. 4).
b) Welche Bedeutung könnte die große innere Oberfläche für die Funktion des Mitochondriums haben?

3 Mitochondrien. Von verschiedenen Zellen von Mäusen wurde ermittelt, wie viel Prozent des Zellvolumens von Mitochondrien eingenommen wird: Leberzellen 17 %, Herzmuskelzelle 48 %, Weiße Blutkörperchen 4 %. Stelle aufgrund des Textes auf der Grundwissenseite begründete Vermutungen auf, wieso die Mitochondrienanzahl so unterschiedlich ist.

4 Die Zelle als Fabrik. Übertrage das Modell der Fabrik auf die Vorgänge in der Zelle (Abb. 6). Schreibe die Ziffern in dein Heft, benenne bei Zelle und Fabrik die Bestandteile und deren Funktion.

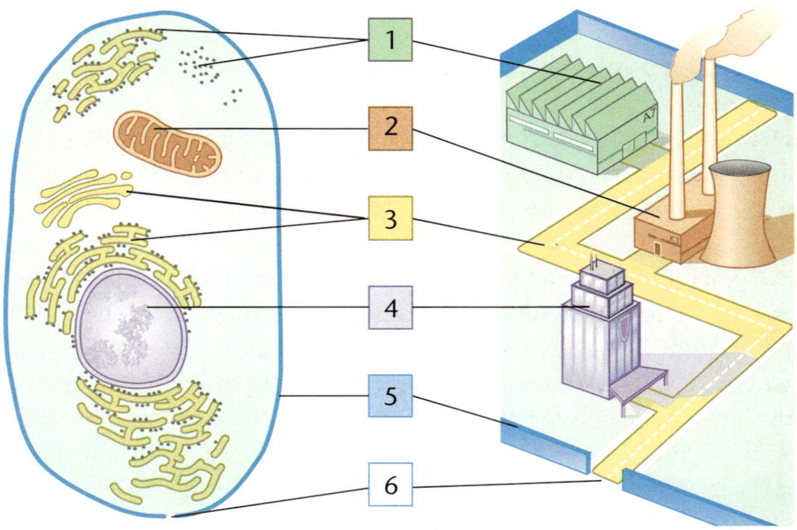

6 *Vergleich zwischen einer Zelle und einer Fabrik*

1.3 Zelldifferenzierung

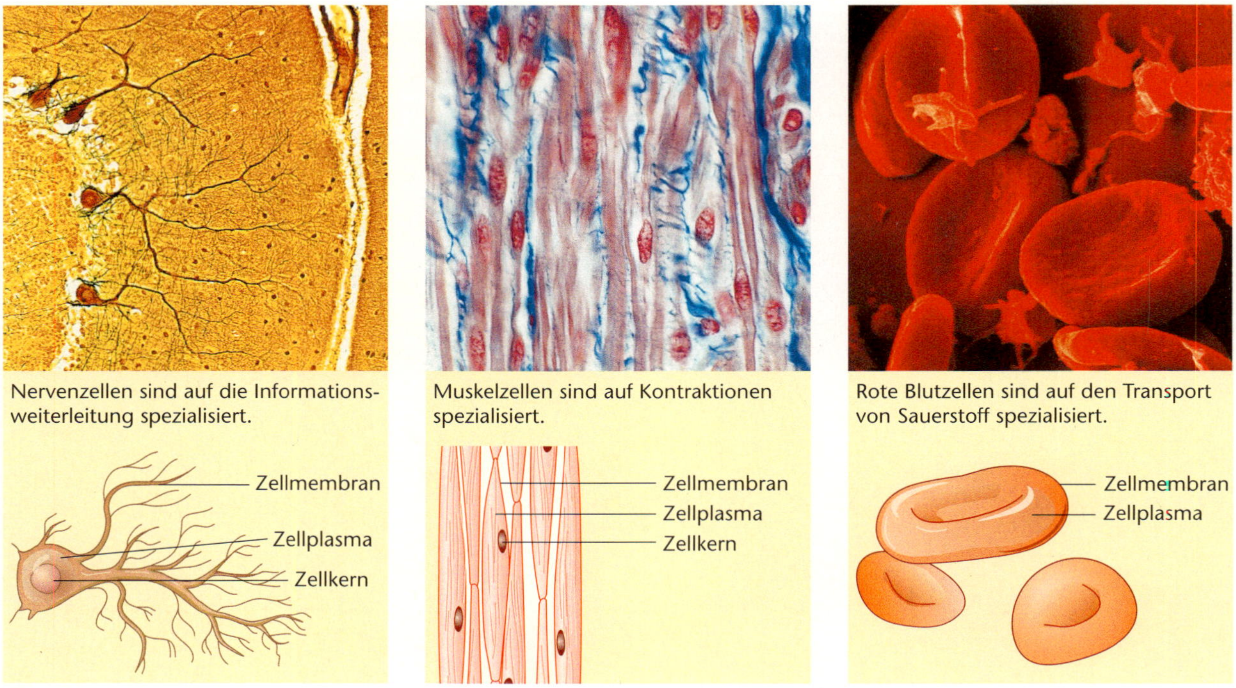

1 *Spezialisierte Zellen beim Menschen*

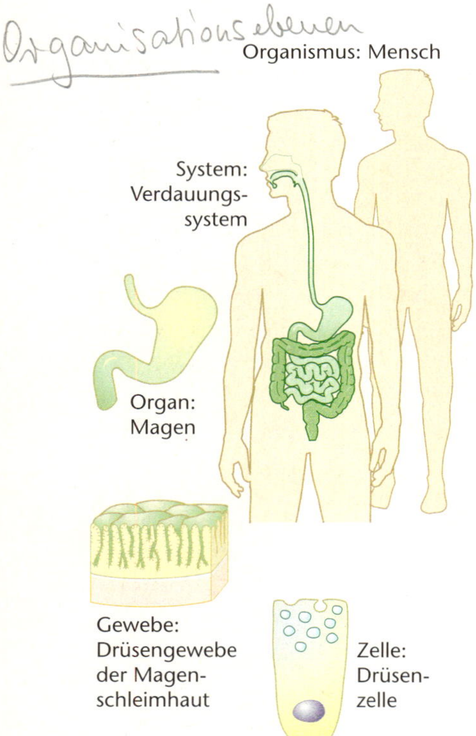

2 *Zelle, Gewebe, Organ, Organsystem, Organismus*

Im Gegensatz zu Einzellern bestehen Menschen, die meisten Tiere und Pflanzen aus Milliarden von Zellen. Diese Zellen nehmen in Vielzellern die verschiedensten Aufgaben wahr. Der Grundtyp der Tier- und Pflanzenzelle ist entsprechend seiner Aufgabe verändert (Abb. 1). Jeder Zelltyp erfüllt eine bestimmte Aufgabe, so dass eine Arbeitsteilung stattfindet. Man spricht in diesem Zusammenhang von spezialisierten Zellen oder **Zelldifferenzierung.** Sind diese spezialisierten Zellen zu Zellverbänden zusammengeschlossen, spricht man von einem **Gewebe.** Erfüllen wiederum mehrere Gewebe gemeinsam eine oder mehrere Aufgaben, spricht man von einem **Organ.** Die Gesamtheit aller Gewebe und Organe ergänzen sich in ihren Funktionen und bilden den **Organismus.**

Drüsenzellen in der Magenschleimhaut bilden im Verband das Drüsengewebe der Magenschleimhaut (Abb. 2). Der Magen als Organ besteht wiederum aus verschiedenen Gewebetypen, die gemeinsam die Aufgabe der Verdauung erfüllen. Bei der Verdauung spielen allerdings noch andere Organe eine Rolle, wie zum Beispiel der Mund mit Zähnen und Speicheldrüsen sowie der Dick- und Dünndarm. Diese Organe bilden zusammen ein **Organsystem,** das Verdauungssystem. Die Gesamtheit aller Organe und Organsysteme ergänzen sich mit ihren einzelnen Aufgaben zum Organismus, dem Menschen.

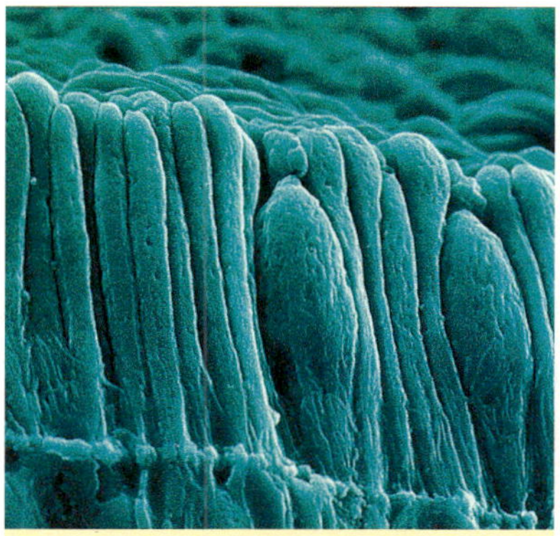

Sinneszellen der Netzhaut sind auf die Aufnahme von Lichtreizen spezialisiert.

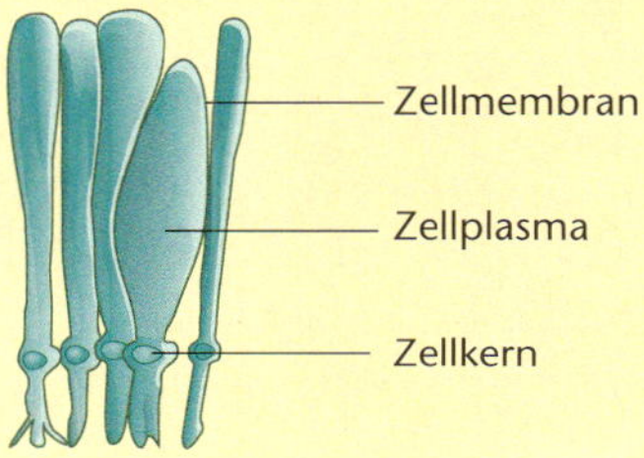

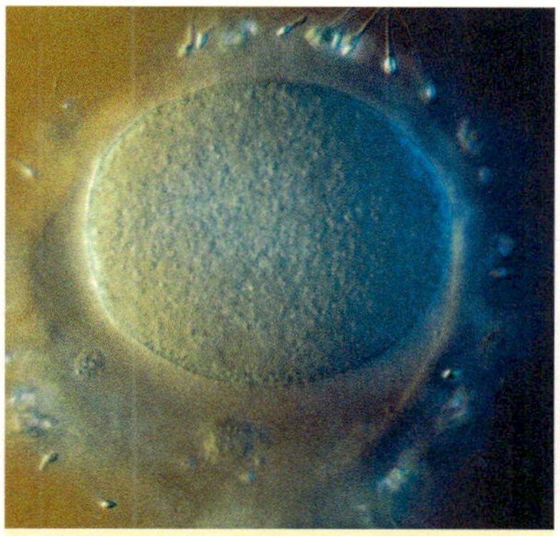

Geschlechtszellen sind auf Fortpflanzung spezialisiert.

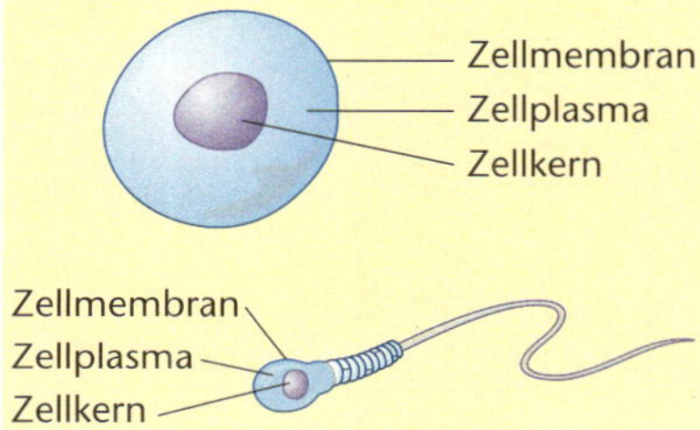

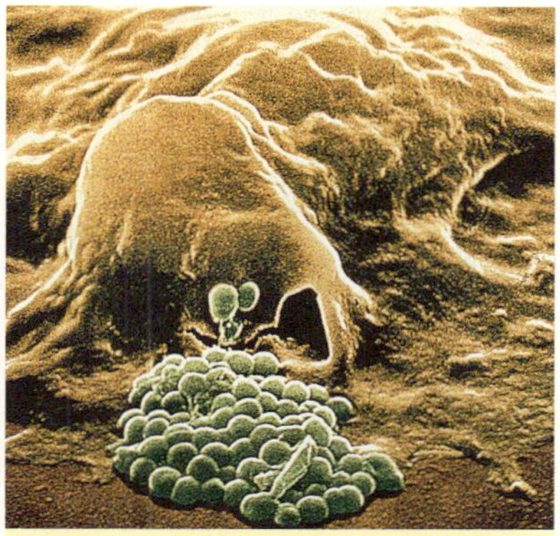

Weiße Blutzellen sind auf die Abwehr von Fremdkörpern spezialisiert.

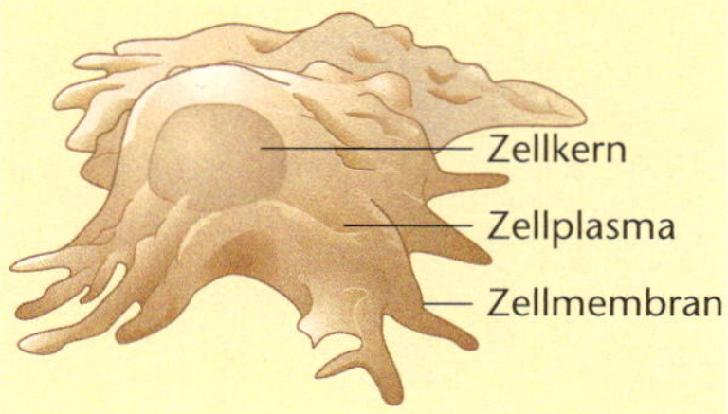

1 Gemeinsamkeiten und Unterschiede. Betrachte die verschiedenen spezialisierten Zellen in Abbildung 1. Stelle Gemeinsamkeiten und Unterschiede bezüglich des Aufbaus und der Funktion in einer Tabelle heraus.

2 Von der Zelle zum Organismus. Ordne die folgenden Begriffe vergleichbar der Abbildung 2 an. Beginne mit den drei Zellen: Mensch, Sinneszelle, Immunsystem, Muskel, Netzhaut, Nervensystem, Skelettmuskel, weiße Blutzelle, Auge, Bewegungssystem, Muskelzelle, Blut.

3 System. Lies dir die Definition des Begriffs „System" in Abbildung 3 aufmerksam durch.
a) Begründe, ob es sich bei einem Organsystem um ein offenes oder ein geschlossenes System handelt.
b) Übertrage anschließend die Definition auf den Begriff Organsystem (Abb. 2).

Unter einem System (griech. systema: aus mehreren Teilen zusammengesetztes Ganzes) versteht man einen ganzheitlichen Zusammenhang zwischen Dingen, Vorgängen und Teilen.

Man unterscheidet grundsätzlich zwischen offenen und geschlossenen Systemen. Ein geschlossenes System zeichnet sich dadurch aus, dass es von der Umgebung stofflich isoliert ist. Das kann man näherungsweise mit einer Flüssigkeit in einer geschlossenen Flasche vergleichen. Das System kann lediglich Energie, z. B. in Form von Wärme, mit der Umgebung austauschen.

In einem offenen System können neben der Energie auch Stoffe zwischen dem System und der Umgebung ausgetauscht werden. So ist z. B. eine Pflanze ein offenes System, da sie mit ihren Wurzeln Wasser aus dem Boden und mit den Blättern Kohlenstoffdioxid aus der Luft aufnimmt sowie durch die Fotosynthese Sauerstoff an die Luft wieder abgibt.

3 *Definition: System*

1.4 Stofftransport durch Diffusion und Osmose

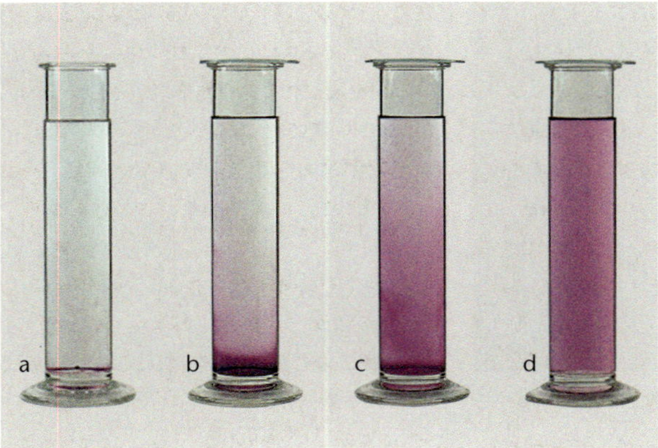

1 *Diffusion: Kaliumpermanganat in Wasser*

Gibt man in einen Standzylinder Wasser und Zuckerkristalle, so setzt sich der Zucker am Boden ab. Nach einiger Zeit ist der Zucker gelöst und das ganze Wasser schmeckt süß. Der Zucker hat sich gleichmäßig verteilt. Es ist ein Konzentrationsausgleich eingetreten. Den Vorgang, der zu diesem Konzentrationsausgleich führt, nennt man **Diffusion** (Abb. 1, 2). Die Diffusion ist auf ständige Bewegung von Molekülen in Flüssigkeiten und Gasen zurückzuführen. Sie sorgt innerhalb der Zelle dafür, dass Stoffe gleichmäßig im Cytoplasma verteilt werden.

Eine Zelle nimmt Stoffe, vor allem Wasser, aus ihrer Umgebung auf und gibt Stoffe ab. Auch die Organellen tauschen Stoffe mit dem Cytoplasma aus. Ihre Membranen sind für bestimmte Stoffe durchlässig, sie sind **permeabel.** Zellmembranen sind nicht für alle Stoffe durchlässig. Sie haben eine unterschiedliche Durchlässigkeit für verschiedene Stoffe, man sagt Zellmembranen sind **selektiv-permeable** Membranen.

Ein großer Teil des Stoffaustausches erfolgt mithilfe der Diffusion durch Zellmembranen. Bei diesem Stoffaustausch spielen die Konzentrationsunterschiede eines Stoffes beiderseits der Membran eine große Rolle. Dabei wird die Konzentration als die Anzahl gelöster Teilchen eines Stoffes in einer Volumeneinheit Wasser gemessen. Befindet sich ein gelöster Stoff innerhalb einer Zelle in einer höheren Konzentration als außerhalb der Zelle, spricht man von einer **hypertonischen** Lösung im Zellinnern. Außerhalb der Zelle befindet sich der gelöste Stoff entsprechend in einer niedrigeren Konzentration, man spricht dann von einer **hypotonischen** Lösung.

Die Schweinsblase ist mit einer selektiv-permeablen Membran vergleichbar, die für Wasser durchlässig ist, für Zuckermoleküle allerdings nicht (Abb. 3). Die Schweinsblase ist mit einer hypertonischen Zuckerlösung gefüllt und von Wasser umgeben. Das Wasser diffundiert von der hypotonischen durch die Membran in die hypertonische Lösung. Diese Diffusion von Wasser durch eine selektiv-permeable Membran bezeichnet man als **Osmose.** Osmose spielt bei der Wasseraufnahme von Pflanzen durch die Wurzeln eine entscheidende Rolle.

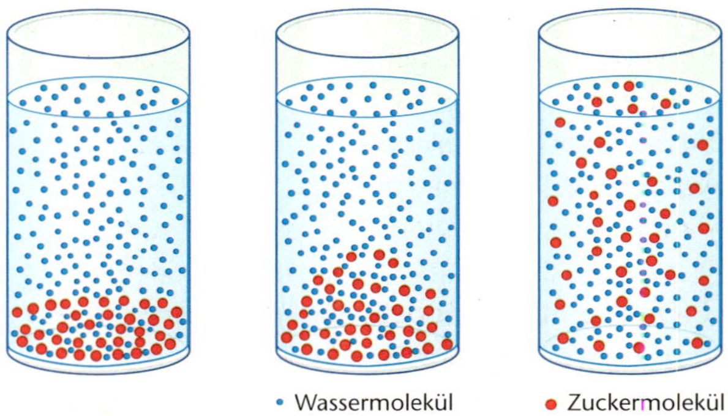

2 *Diffusion*

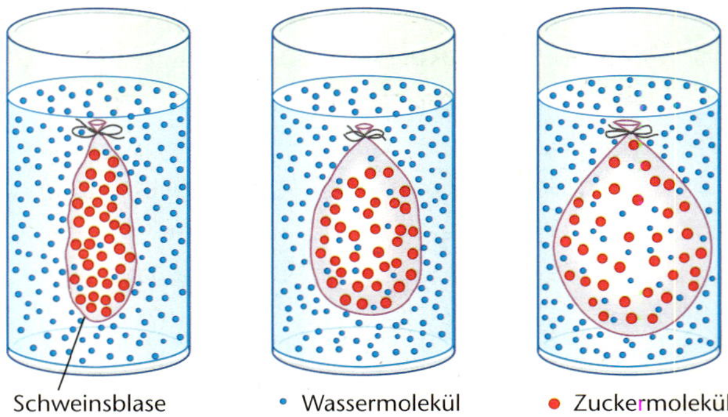

3 *Osmose*

4 *Teebeutel im Wasser*

1 Versuch: Teebeutel in verschieden heißem Wasser. Fülle ein Becherglas mit 200 ml kochendem Wasser und ein Becherglas mit kaltem Wasser. Bestücke dann jedes Becherglas mit einem Teebeutel, gefüllt mit schwarzem Tee (Abb. 4). Notiere deine Beobachtungen in den nächsten 10 Minuten. Erkläre deine Beobachtungen.

2 Quantitativer Modellversuch. Ein Gefäß ist durch eine dünne Membran in zwei Hälften geteilt. Links befindet sich eine Zuckerlösung, rechts reines Wasser (Abb. 5). Die Membran ist sowohl für Wassermoleküle als auch für Zuckermoleküle permeabel. Zu Beginn des Versuches befinden sich auf der linken Seite 10 000 Zuckermoleküle, auf der rechten Seite keines. Die Zuckermoleküle bewegen sich und gelangen auf diese Weise auf die rechte Seite. Angenommen, in einer Sekunde passieren stets 10 % der Zuckermoleküle die Membran: Nach einer Sekunde sind also auf der linken Seite nur noch 9000 Zuckermoleküle, auf der rechten Seite 1000. In der 2. Sekunde gelangen 10 % der Zuckermoleküle von links nach rechts, gleichzeitig aber auch 10 % von rechts nach links. Die Gesamtanzahl bleibt stets konstant 10 000.

a) Übertrage die Tabelle in dein Heft und errechne die Anzahl der Zuckermoleküle auf der rechten und der linken Seite für die nächsten 20 Sekunden. Übertrage die Werte anschließend in ein Koordinatensystem.

b) Welcher Vorgang ist in diesem Modellversuch abgelaufen? Begründe deine Entscheidung.

3 Kirschbauern im Regen. Die Erntezeit für Süßkirschen ist von Mitte Juni bis Ende Juli. In dieser Zeit fürchten Kirschbauern weniger die Vögel, die sich an ihrer Ernte zu schaffen machen könnten, sondern vielmehr ausgiebigen und lange anhaltenden Regen. Erkläre mithilfe des Textes auf der Grundwissenseite die Furcht der Kirschbauern vor dem Regen. Was könnte mit ihrer Ernte passieren?

4 Pantoffeltierchen aus dem Meer. Einer der bekanntesten Einzeller ist das Pantoffeltierchen. Man findet es sowohl in Gewässern mit Süßwasser als auch im Meer. Erläutere die Folgen für ein Pantoffeltierchen, wenn es aus dem Meerwasser in Süßwasser gesetzt wird.

5 Physiologische Kochsalzlösung. Bei schweren Unfällen wird einem Verletzten, der große Mengen Blut verloren hat, physiologische Kochsalzlösung in die Venen gegeben.
Diese Kochsalzlösung hat eine Konzentration von 0,9 %, das entspricht genau der Konzentration von gelösten Stoffen im Blut.

a) Notiere begründete Vermutungen, warum eine physiologische Kochsalzlösung hilfreich ist, wenn keine Blutkonserven zur Verfügung stehen.

b) Erläutere die Folgen für den Patienten, wenn eine niedriger oder höher konzentrierte Kochsalzlösung gegeben würde?

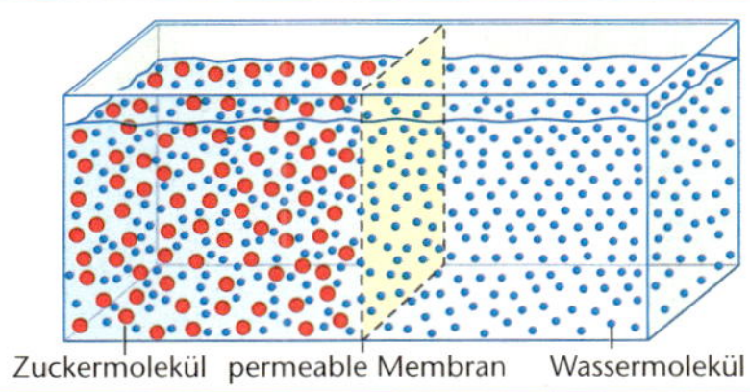

Zeit in sek.	linke Seite	rechte Seite	Differenz
0	10 000	0	10 000
1	9000	1000	8000
2	8200	1800	6400
3	...	...	...

5 *Versuchsaufbau und Messwerte zum quantitativen Modellversuch*

Erkenntnisse durch historische Versuche

Versuche folgen meist einem bestimmten Schema (Abb. 1).

Beobachtung: Landwirte und Gärtner düngen den Boden mit Kunstdünger. Kunstdünger enthält Mineralsalze.
Problemfrage: Brauchen Pflanzen Mineralsalze für ihr Wachstum?
Hypothesen (Vermutungen):
1. Pflanzen können ohne Mineralsalze wachsen.
2. Pflanzen können nur mit Mineralsalzen wachsen.
3. Pflanzen wachsen ohne und mit Mineralsalzen.

Versuch:
Planung: Das Wachstum von Pflanzen, denen Mineralsalze zur Verfügung stehen, muss verglichen werden mit dem Wachstum von Pflanzen, denen keine Mineralsalze zur Verfügung stehen.
Durchführung: Auf Watte werden Bohnen herangezogen, bis sie etwa sechs Zentimeter lang sind. Die Reste der nährstoffreichen Keimblätter werden entfernt. Zwei Erlenmeyerkolben werden vorbereitet: In einem befindet sich Wasser mit Blumendünger entsprechend den Angaben auf der Düngerflasche; im anderen Erlenmeyerkolben befindet sich destilliertes Wasser. Die Bohnenpflanzen werden so mit Watte in die Öffnung der Kolben gesetzt, dass die Wurzeln in die Flüssigkeit tauchen. Im Verlauf des zweiwöchigen Versuches wird in den Erlenmeyerkolben die verbrauchte Flüssigkeit nachgefüllt. Die Erlenmeyerkolben werden an einen hellen Ort gestellt. Das Wachstum wird täglich kontrolliert.

Ergebnis: Die Pflanze im Erlenmeyerkolben mit dem destillierten Wasser wuchs zunächst weiter und bildete neue Blätter aus, die jedoch klein blieben. Doch schon nach fünf Tagen wuchsen der Stängel und die Wurzeln nicht weiter. Dagegen zeigte die Pflanze im Wasser mit Blumendünger ein beträchtliches Wachstum; der Stängel verzweigte sich, es bildeten sich viele Blätter von normaler Größe und Färbung.
Ergebnis-Auswertung in Bezug auf die Hypothesen: Die Hypothese 2 wurde für Bohnenpflanzen bestätigt, die Hypothesen 1 und 3 nicht. Bohnenpflanzen benötigen Mineralsalze für ein normales Wachstum.
Übertragung: Es müsste untersucht werden, ob auch andere Pflanzen Mineralsalze für ihr Wachstum benötigen.

1 *Schritte bei einem Versuch und Beispiel für ein Protokoll*

JOHAN VAN HELMONT (1577 bis 1644) pflanzte im Jahre 1635 einen jungen Weidenbaum mit 2,3 kg Masse in einen Kübel, in dem sich getrocknete Erde mit einer Masse von 90,7 kg befand. Die Erde wurde mit einer durchlöcherten Metallplatte abgedeckt. Die Pflanze stand im Freien und wurde mit Regenwasser gegossen. Nach fünf Jahren wog die Weide 76,7 kg und die Masse der Erde hatte sich um 57 g vermindert.

2 *Versuch von Johan van Helmont*

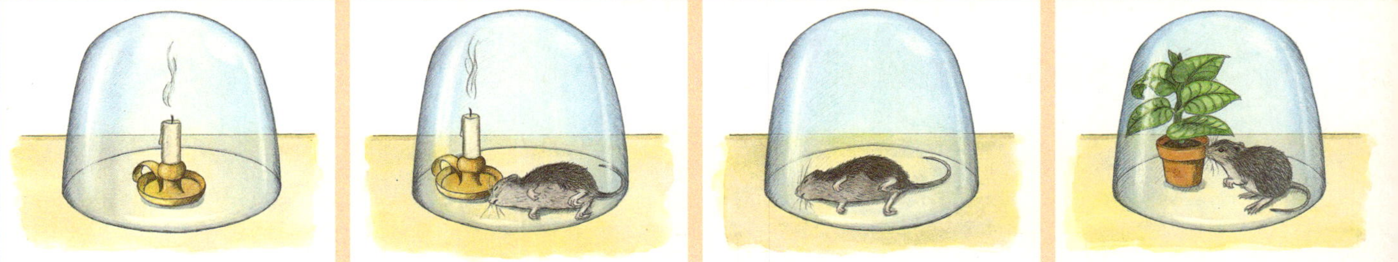

a) Die Kerze erlosch nach einiger Zeit.

b) Die Kerze erlosch nach viel kürzerer Zeit als beim Versuch (a). Die Maus wurde nach kurzer Zeit ohnmächtig.

c) Die Maus wurde ohnmächtig, aber erst nach längerer Zeit als im Versuch (b).

d) Die Maus wurde nicht ohnmächtig.

3 *Versuche von Joseph Priestley (1771)*

Die gegenwärtigen Erkenntnisse der Biologie sind im Laufe von Jahrhunderten entstanden. Neue Erkenntnisse bauen auf dem Wissen früherer Forscher und Forscherinnen auf. So konnte im Laufe der Zeit das Wissen, zum Beispiel um die Ernährung der Pflanzen, erweitert und ergänzt werden. Man spricht von einer Erkenntnisspirale (Abb. 4).

Um 1640 n. Chr.: Der Holländer VAN HELMONT führt einen berühmten fünfjährigen Versuch zur Pflanzenernährung durch (Abb. 2).
1727: STEPHEN HALES behauptet, dass Pflanzen ihre Nahrung aus der Luft aufnehmen, was damals niemand verstand.
1771: JOSEPH PRIESTLEY entdeckt, dass Tiere in luftdicht abgeschlossenen Räumen sehr viel länger überleben, wenn Pflanzen anwesend sind (Abb. 3). Er beobachtete auch, dass seine Versuche abends und nachts anders abliefen als am Tag, fand dafür aber keine Erklärung.
1775: ANTOINE DE LAVOISIER berichtet über ein neues Element, das die Verbrennung ermöglicht und das Lebewesen zum Atmen brauchen. Das neue Gas wird zunächst „l'air vital" genannt, vier Jahre später „Sauerstoff" (Oxygenium).
1779: JAN INGENHOUSZ entdeckt und beschreibt, dass Pflanzen nur im Licht Sauerstoff herstellen, im Dunklen dagegen laufend Kohlenstoffdioxid abgeben. Er zeigt auch, dass nur die grünen Pflanzenteile Sauerstoff im Licht herstellen.
1783: JEAN SENEBIER weist nach, dass Pflanzen im Licht nur dann Sauerstoff herstellen, wenn auch gleichzeitig Kohlenstoffdioxid anwesend ist, ein Gas, das Tiere bei der Atmung freisetzen.
1804: NICOLAS DE SAUSSURE weist nach, dass Pflanzen beim Verbrauch von Kohlenstoffdioxid und der Herstellung von Sauerstoff und Zucker auch Wasser benötigen.
1837: RENE DUTROCHET entdeckt, dass das Vorkommen von Chlorophyll, dem grünen Blattfarbstoff, für die Herstellung von Sauerstoff und Zucker notwendig ist.
1845: ROBERT MEYER beschreibt, dass bei der Fotosynthese Lichtenergie in chemische Energie umgewandelt wird.
1862: JULIUS SACHS entdeckt, dass Zucker und Stärke in den grünen Chloroplasten gebildet werden.
Im 20. Jahrhundert: Die an der Fotosynthese beteiligten Moleküle und ihre Umsetzungen in den Chloroplasten werden genau erforscht.

4 *Erkenntnisspirale zur Fotosynthese*

1 Der Versuch von VAN HELMONT.
a) Schreibe für den historischen Versuch von VAN HELMONT in Abbildung 2 ein Protokoll nach den Schritten in Abbildung 1. Achte dabei besonders auf die Bildung der Hypothesen.
b) Erkläre das Versuchsergebnis möglichst umfassend unter der Überschrift „Wie ernähren sich Pflanzen?". Welche Hypothesen werden durch das Ergebnis gestützt, welche nicht?

2 Die Experimente JOSEPH PRIESTLEYs.
a) Erkläre die Ergebnisse der Versuche PRIESTLEYs in Abbildung 3. Nutze dabei die Erkenntnisse von ANTOINE DE LAVOISIER, JAN INGENHOUSZ und JEAN SENEBIER (Abb. 4).
b) Welche Versuchsergebnisse erwartest du, wenn PRIESTLEY seine Versuche im Dunklen durchgeführt hätte?

3 Versuchsanordnungen entwerfen. Entwirf eine Versuchsanordnung, mit der JAN INGENHOUSZ zu seinen Erkenntnissen gekommen sein könnte.

2 Stoffwechsel der Pflanzen

2.1 Fotosynthese

1 *Wasserpest im Licht*

2 *a) Versuchsaufbau zum Auffangen der Gasbläschen und b) Glimmspanprobe*

Manchmal kann man beobachten, dass von Wasserpflanzen, zum Beispiel der Wasserpest, kleine Bläschen aufsteigen (Abb. 1). Die Bläschen enthalten ein Gas, das von der Wasserpest gebildet wird. Mit einer Versuchsanordnung wie in Abbildung 2 kann man die Vorgänge beobachten und experimentell untersuchen. Wenn die Wasserpest hell beleuchtet wird, sieht man, wie Gasbläschen von der Pflanze in das Reagenzglas aufsteigen. Das Gas sammelt sich an der Spitze des Reagenzglases. Hält man die glimmende Spitze eines Holzspans in das Gas, flammt der Span hell auf (Abb. 2). Diese Glimmspanprobe ist ein Nachweis dafür, dass es sich bei dem Gas um Sauerstoff handelt.

Heute weiß man, dass alle grünen Pflanzen im Wasser und auf dem Land bei Belichtung Sauerstoff freisetzen. Allerdings ist die Freisetzung von Sauerstoff nur Teil eines umfassenderen Vorgangs, den man als **Fotosynthese** bezeichnet. Bei der Fotosynthese nimmt eine Pflanze die energiearmen Stoffe Wasser und das Gas Kohlenstoffdioxid auf. Licht wird vom grünen Blattfarbstoff Chlorophyll absorbiert. Ein Teil der Lichtenergie wird in chemische Energie, ein anderer Teil in Wärme gewandelt. Mithilfe der chemischen Energie wird aus Kohlenstoffdioxid und Wasser der energiereiche Nährstoff Glucose (Traubenzucker) hergestellt sowie Sauerstoff abgegeben (Abb. 3). Glucose wird zu verschiedenen anderen Stoffen weiterverarbeitet, zum Beispiel zu Stärke, zu anderen Kohlenhydraten, aber auch zu Fetten und Proteinen.

Grüne Pflanzen können also mithilfe von Licht die zum Leben notwendigen Nährstoffe selbst herstellen. Diese Ernährungsweise nennt man **autotroph.** Das Wort bedeutet „sich selbst ernährend".

$$\text{Kohlenstoffdioxid + Wasser} \xrightarrow[\text{Lichtenergie}]{\text{Chlorophyll}} \text{Glucose + Sauerstoff}$$

3 *Fotosynthese*

Um die Bedingungen der Fotosynthese zu untersuchen, wird häufig die Bläschenzähl-Methode angewandt. Der Stängel einer Wasserpest-Pflanze wird frisch angeschnitten und die Pflanze in ein wassergefülltes Glas unter einen umgekehrten Trichter gebracht (Abb. 2a). Der Trichter ist mit einem umgedrehten, vollständig mit Wasser gefüllten Reagenzglas verbunden. Anschließend wird die Pflanze mit einer starken Lichtquelle bestrahlt. Gezählt werden die Sauerstoff-Bläschen, die pro Minute von der Pflanze aufsteigen. Je mehr Bläschen gebildet werden, desto höher ist die Fotosynthese-Leistung.

4 *Bläschenzähl-Methode*

Beleuchtungsstärke in lux	200	1000	4000	8000	16 000	24 000	32 000
Sauerstoff-Bläschen pro min	0	1	4	8	12	13	13

5 *Versuchsergebnisse*

1 Bedingungen der Fotosynthese. Die Versuche I bis IV zur Fotosynthese wurden durchgeführt.
a) Stelle die Werte aus Versuch I grafisch dar. Werte die Kurve aus und begründe ihren Verlauf.
b) Begründe die Ergebnisse der Versuche II bis IV.
c) Fasse die Ergebnisse der Versuche I bis IV zusammen. Unter welchen Bedingungen findet Fotosynthese statt?

Versuch I: Indem man einen Diaprojektor aus unterschiedlicher Entfernung auf eine Probe einstrahlen lässt, kann man die Beleuchtungsstärke variieren. In einer Versuchsreihe ergaben sich die Werte aus Abbildung 5.
Versuch II: Der Versuch, wie er in Abbildung 2 dargestellt ist, wurde mit drei verschiedenen Flüssigkeiten durchgeführt: Mineralwasser mit Kohlensäure, Leitungswasser und abgekochtem Wasser. Dann wurde mit der Bläschenzähl-Methode die Fotosynthese-Leistung gemessen (Abb. 4). Sie war am höchsten in dem Ansatz mit Mineralwasser, gefolgt von Leitungswasser. Im abgekochten Wasser konnten keine Bläschen beobachtet werden.
Versuch III: Mit Wasserpest-Pflanzen wurden nach der Bläschenzähl-Methode drei Versuchsansätze mit unterschiedlich temperiertem Wasser hergestellt. Die Wassertemperaturen in den drei Ansätzen betrugen 15, 30 und 45 Grad Celsius. Die höchste Anzahl von Sauerstoff-Bläschen pro Minute wurde bei Wasser von 30 Grad Celsius gezählt, deutlich weniger bei Wasser von 15 Grad Celsius und keine Bläschen bei Wasser von 45 Grad Celsius.
Versuch IV: Eine Topfpflanze wird zwei Tage im Dunkeln gehalten. An einem Blatt wird dann eine Schablone aus Karton angebracht, die die Blattunterseite ganz abdeckt, auf der Blattoberseite aber eine sternchenförmige Öffnung lässt (Abb. 6). Nun wird die Pflanze mindestens zwölf Stunden belichtet. Dann wird die Schablone entfernt, das Blatt abgetrennt und in kochendes Wasser gegeben. Dadurch werden die Zellen zerstört. Anschließend wird das Blatt in warmem Alkohol (F: leicht entzündlich) geschwenkt. So löst sich das Chlorophyll aus dem Blatt. Wird das nun helle Blatt in eine Petrischale mit Iod-Kaliumiodid-Lösung gelegt, ergibt sich das Bild aus Abbildung 6. Iod-Kaliumiodid-Lösung ist ein Nachweismittel für Stärke. Es färbt Stärke blauviolett (Schutzhandschuhe tragen).

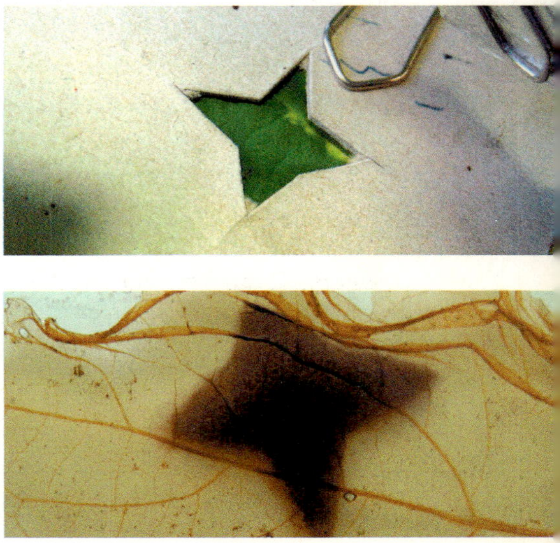

6 *Versuch zum Stärkenachweis*

2.2 Blätter – Orte der Fotosynthese

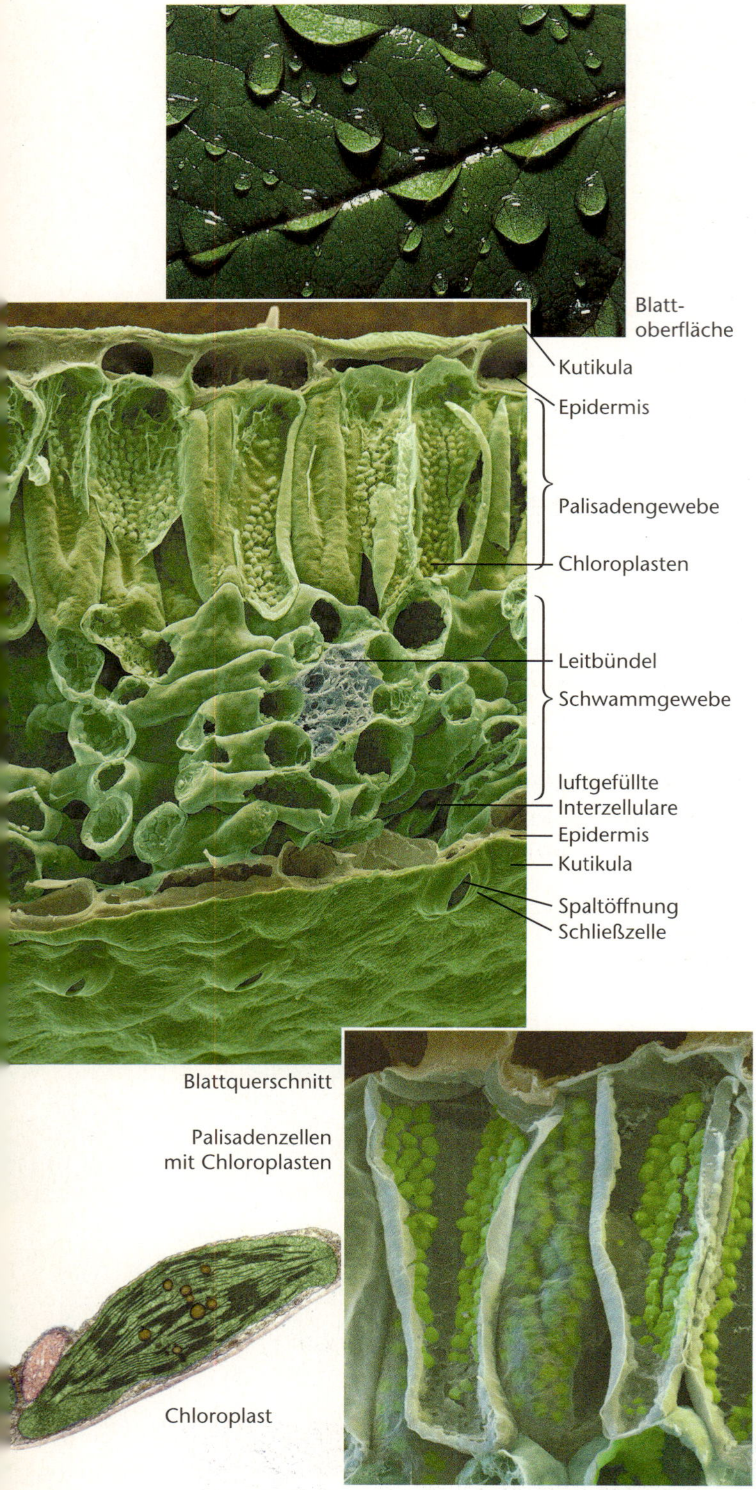

1 *Aufbau eines Blattes*

Ein **Organismus** wie eine Blütenpflanze besitzt verschiedene Organe: Wurzeln, Sprossachse, Blätter und Blüten. Ein **Organ** bildet eine Einheit, die bestimmte Aufgaben im Organismus erfüllt. So findet in den Blättern die Fotosynthese statt. Wie jedes Organ ist auch ein Blatt aus verschiedenen Geweben zusammengesetzt (Abb. 1). Unter einem **Gewebe** versteht man einen Verband ähnlich gebauter Zellen mit gleichartiger Funktion. Die obere und untere Epidermis bilden ein Abschlussgewebe. Die Epidermiszellen geben nach außen eine wasserabweisende Schicht aus Wachs, die Kutikula, ab. Sie schützt das Blatt vor übermäßigem Wasserverlust und vor dem Eindringen von Krankheitserregern und Staub. In der unteren Epidermis befinden sich Spaltöffnungen, die von je zwei Schließzellen gebildet werden. Über die Spaltöffnungen erfolgt der Gasaustausch mit der Umgebung: Wasserdampf und Sauerstoff werden an die Umgebungsluft abgegeben und Kohlenstoffdioxid in das Blatt aufgenommen. Das Palisadengewebe im oberen Teil des Blattes enthält längliche Zellen, die regelmäßig angeordnet sind. Die **Zellen** des Palisadengewebes enthalten sehr viele Chloroplasten. Das Schwammgewebe im unteren Teil des Blattes ist mit großen Hohlräumen, den Interzellularen, ausgestattet. In ihnen können Gase innerhalb des Blattes geleitet werden. Die unregelmäßig geformten Zellen des Schwammgewebes enthalten nur wenige Chloroplasten und können Wasser und Stärke speichern. In den Leitbündeln werden Wasser und Mineralsalze aus dem Boden in das Blatt und in umgekehrter Richtung Traubenzucker (Glucose) aus dem Blatt in Stängel und Wurzeln transportiert.

Zellorganellen sind Räume innerhalb einer Zelle, die eine typische Struktur und eine spezielle Aufgabe haben. Chloroplasten sind Zellorganellen, die durch eine Doppelmembran vom Zellplasma abgegrenzt sind. Die innere Membran ist stark gefaltet und füllt große Teile des Chloroplasten aus. In ihr ist unter anderem der Farbstoff Chlorophyll enthalten. Chloroplasten sind die Orte der Fotosynthese. In ihnen wird Glucose gebildet.

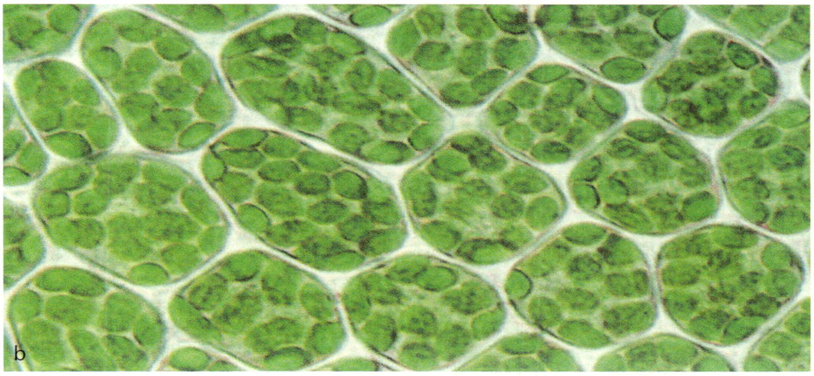

2 *a) Sternmoos und b) seine chloroplastenhaltigen Zellen*

1 Vom Organismus zum Zellorganell. Erläutere mithilfe der Grundwissenseite am Beispiel des Blattes die Begriffe Organismus, Organ, Gewebe, Zelle und Zellorganell. Beschreibe die Zusammenarbeit der verschiedenen Gewebe im Blatt bei der Fotosynthese.

2 Das Blatt als Glucose-Fabrik. In einem Modell soll ein Blatt mit einer chemischen Fabrik verglichen werden. Beachte dabei folgende Stichpunkte: Betriebsgelände, Anlieferung von Stoffen, Umwandlung, Abtransport von Stoffen, Werkstore, Energiebedarf, Zusammenarbeit der Abteilungen. Lege zur Lösung eine Tabelle an.

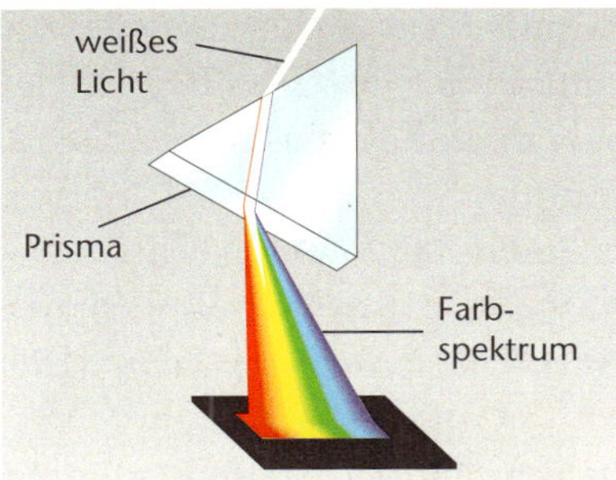

3 *Prisma und Farbspektrum*

3 Mikroskopieren von Blattquerschnitten. Klemme ein Blattstück, zum Beispiel von einer Buche in ein Stück gespaltene Mohrrübe (Abb. 4). Schneide mit einer scharfen Rasierklinge den herausragenden Teil des Blattstückes ab. Vorsicht beim Umgang mit der Rasierklinge! Schneide anschließend die Mohrrübe mit dem eingeklemmten Blatt in hauchdünne Scheibchen. Gib einen Tropfen Wasser auf den Objektträger und übertrage den Schnitt in den Wassertropfen. Bedecke das Präparat mit einem Deckglas und mikroskopiere. Betrachte eine besonders dünne Stelle. Fertige eine beschriftete Zeichnung an.

4 Mikroskopieren von Chloroplasten. Ein Blättchen des Sternmooses wird vom Pflänzchen abgenommen und in einen Wassertropfen auf einen vorbereiteten Objektträger gelegt. Der Rand der Blättchen des Sternmooses besteht aus einer Zellschicht. Dort sind Chloroplasten in den Zellen zu erkennen. Zeichne einige chloroplastenhaltige Zellen.

5 Warum sind Blätter grün? Mit einem Prisma lässt sich weißes Licht in das Farbspektrum von Rot bis Blauviolett auftrennen (Abb. 3). Blätter absorbieren vor allem Licht im roten und im blauen Bereich. Begründe auf der Grundlage dieser Informationen, warum wir Blätter grün sehen.

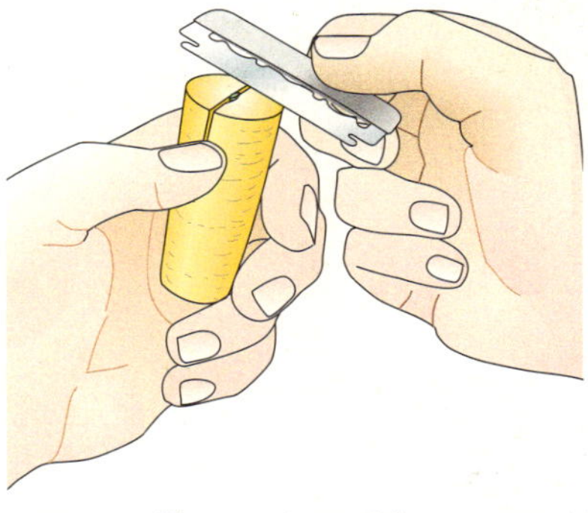

4 *Herstellung eines Blattquerschnittes*

2.3 Glucose wird in zahlreiche Stoffe umgewandelt

1 *Die Fotosynthese ist die Grundlage für die Bildung aller pflanzlichen Stoffe*

Unter Stoffwechsel eines Lebewesens versteht man die Aufnahme, Umwandlung und Abgabe von Stoffen. Alle chemischen Reaktionen in einem Lebewesen gehören zu seinem Stoffwechsel. Er wird unterteilt in Bau- und Betriebsstoffwechsel. Mit **Baustoffwechsel** werden diejenigen chemischen Reaktionen bezeichnet, die dem Aufbau und der Speicherung von Stoffen in einem Organismus dienen. Im **Betriebsstoffwechsel** werden dagegen Stoffe abgebaut. Dadurch wird unter anderem Energie bereitgestellt. Bau- und Betriebsstoffwechsel sind in einem Organismus eng miteinander verzahnt.

Glucose (Traubenzucker) ist ein Nährstoff, der zur Gruppe der Kohlenhydrate gehört. **Glucose** ist das Hauptprodukt der Fotosynthese. Sie kann im Stoffwechsel einer Pflanze in eine große Zahl anderer Stoffe umgewandelt werden. Dazu gehören andere Kohlenhydrate sowie Fette und Eiweiße. Alle organischen Stoffe einer Pflanze lassen sich letztlich auf die Fotosynthese zurückführen (Abb. 1). Bei der Herstellung vieler dieser Stoffe werden zusätzlich Mineralsalze benötigt.

Die Speicherung von Nährstoffen erfolgt zum Teil in Samen und Früchten. In den Früchten der verschiedenen Getreide wie Mais, Weizen und Reis wird das Kohlenhydrat Stärke gespeichert. Stärke besteht aus Glucose-Molekülen, die zu langen Ketten verbunden sind (Abb. 2).

Sonnenblumen, Erdnüsse und Oliven sind reich an Fetten und Sojasamen reich an Eiweiß. Manche Pflanzen speichern Nährstoffe in besonderen Speicherorganen wie Knollen. Ein bekanntes Beispiel ist die Kartoffel. Samen, Früchte, Blätter und Speicherorgane von Pflanzen sind für die Ernährung des Menschen von sehr großer Bedeutung (Abb. 1).

Manche Pflanzen werden von Menschen nicht wegen ihrer Nährstoffe genutzt, sondern wegen anderer Stoffe. Dazu gehören unter anderem Duftstoffe, Farbstoffe und Aromastoffe wie die der Rose sowie Abwehrstoffe der Zitrone.

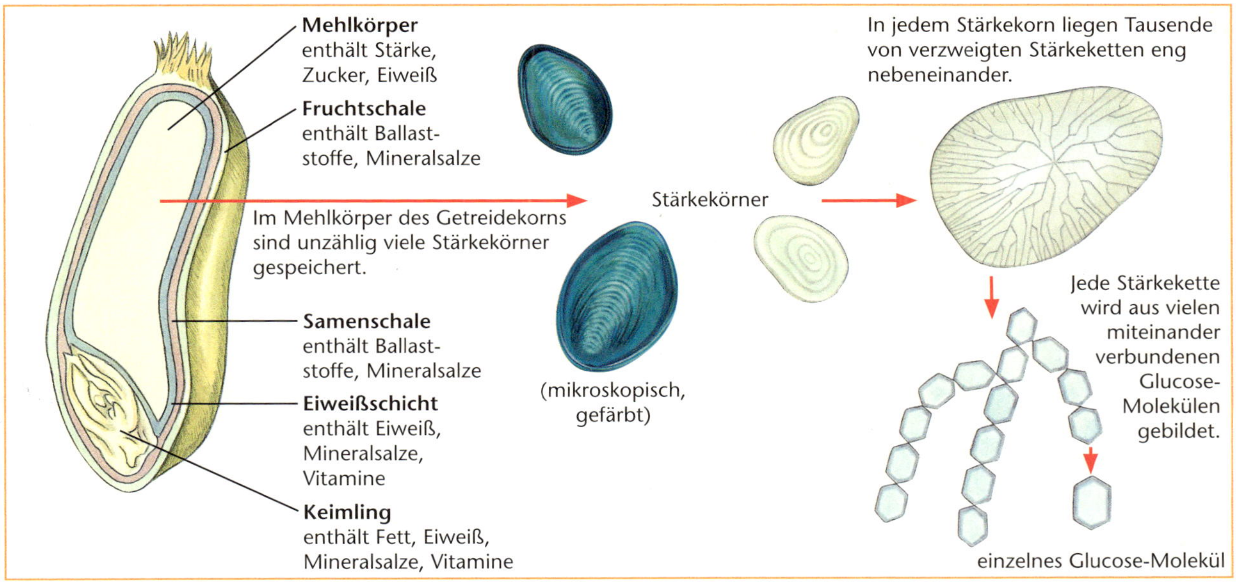

2 *Weizenfrucht im Längsschnitt, Stärkekörner und Stärke*

1 Stoffwechsel. Erarbeite anhand des Grundwissentextes Definitionen für folgende Begriffe: Stoffwechsel, Baustoffwechsel, Betriebsstoffwechsel.

2 Fotosynthese als Grundlage des pflanzlichen Stoffwechsels. Erstelle zu Abbildung 1 einen Sachtext.

3 Stärkekörner mikroskopieren.
a) Schabe mit einem Spatel oder einem Messer eine kleine Probe von einer frisch angeschnittenen Kartoffel oder reifen Banane ab. Bringe die Probe auf einen Objektträger, gib ein wenig Wasser hinzu und lege ein Deckglas auf. Beginne deine Betrachtung mit der kleinsten Vergrößerung. Betrachte außerdem Proben, die zuvor mit Iod-Kaliumiodid-Lösung gefärbt wurden.
b) Iod-Kaliumiodid ist ein Nachweismittel für Stärke. Führe den Stärkenachweis mit verschiedenen Nahrungsmitteln durch.

4 Wie viel Glucose produziert eine Zuckerrübe? Über einen Zeitraum von Mai bis Oktober wird monatlich der durchschnittliche Gesamtflächeninhalt aller Blätter einer Zuckerrübe bestimmt. Vereinfachend wird ein Durchschnittswert für die Wachstumszeit (Mai bis August) und für die Reifezeit (September bis Oktober) gebildet. Berechne mit diesen Angaben, wie viel Glucose die Zuckerrübe von Mai bis Oktober erzeugt hat. Gehe davon aus, dass 1 m^2 Blattoberfläche in einer Stunde 1 g Glucose erzeugt.

	Mai bis August	September bis Oktober
Anzahl der Tage	105	60
Sonnenstunden pro Tag	14	12
durchschnittlicher Gesamtflächeninhalt aller Blätter einer Zuckerrübe in cm^2	3284	6567

3 *Daten zur Glucoseproduktion einer Zuckerrübe*

2.4 Die Bedeutung der Fotosynthese für die Erde

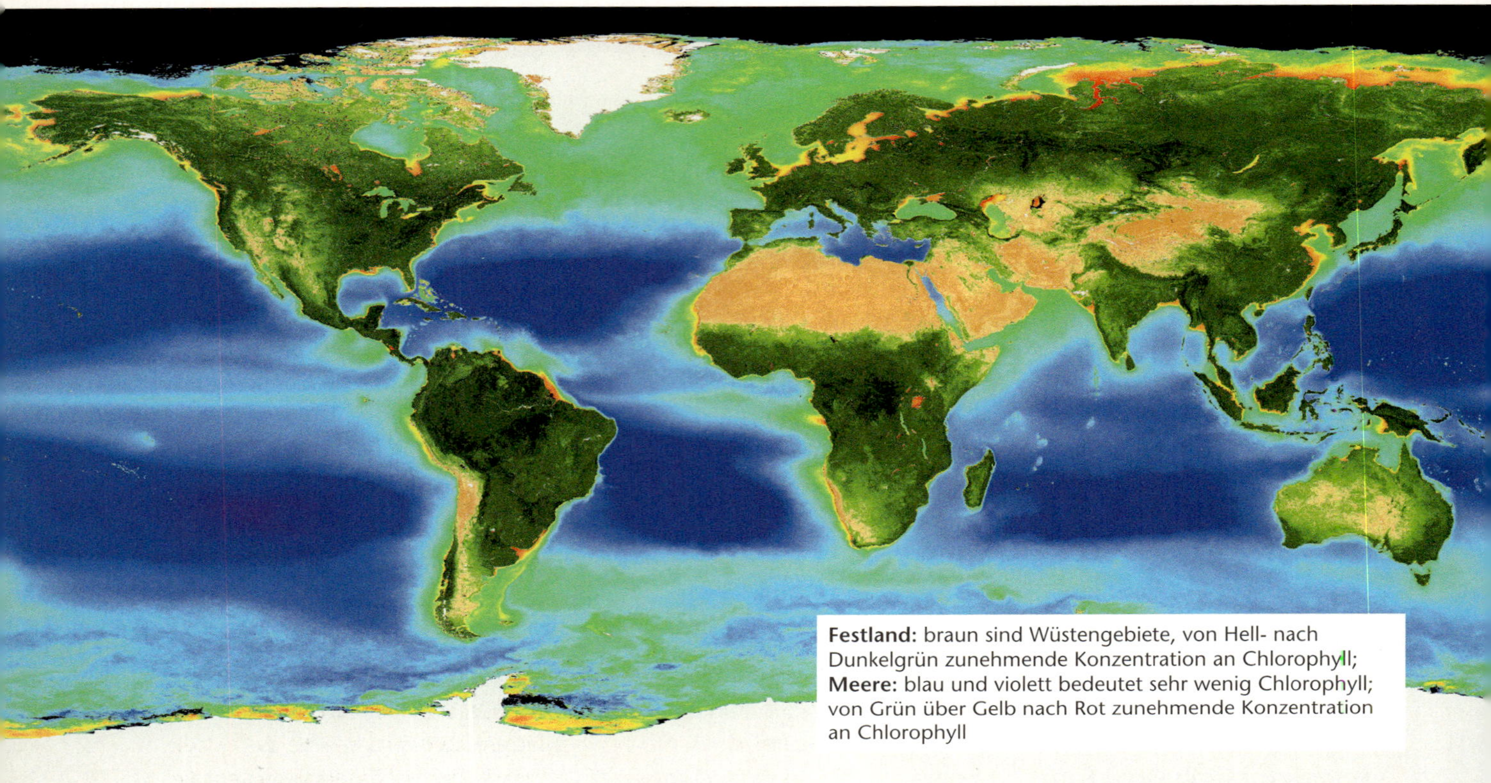

1 *Verteilung des Chlorophylls auf der Erde, Satellitenaufnahme*

Die Fotosynthese ist einer der wichtigsten biologisch-chemischen Prozesse auf der Erde. Dabei wird eine außerirdische Energiequelle, das Sonnenlicht, genutzt (Abb. 1). In der Frühzeit der Erde, vor etwa vier Milliarden Jahren, gab es noch keine Fotosynthese und die Uratmosphäre war frei von Sauerstoff. Es waren Fotosynthese treibende Lebewesen, die im Laufe von Milliarden Jahren die sauerstoffhaltige Atmosphäre schufen. Erst in einer solchen Atmosphäre konnte sich die Ozonschicht in etwa zehn Kilometer Höhe in der Atmosphäre ausbilden. Ozon ist ein Molekül aus drei Sauerstoffatomen (O_3) und kann einen großen Teil der gefährlichen ultravioletten Sonnenstrahlung abfangen.

Pflanzen sind die Ernährungsgrundlage für Tiere und Menschen. Bei den Pflanzenfressern unter den Tieren ist das unmittelbar einsichtig. Aber auch die Fleischfresser unter den Tieren sind indirekt auf die Fotosynthese der Pflanzen angewiesen, weil sie oft von pflanzenfressenden Tieren leben. Ohne Fotosynthese würden die Nahrungsketten in den verschiedenen Lebensräumen zusammenbrechen.

Fossile Energieträger wie zum Beispiel Erdöl und Kohle gehen auf die Fotosynthese in längst vergangenen Zeiten zurück. Aus der organischen Substanz damaliger Lebewesen entstand nach dem Absterben unter bestimmten Bedingungen Erdöl oder Kohle. Der Aufbau energiereicher organischer Substanz durch Fotosynthese wird heutzutage bei den so genannten **nachwachsenden Rohstoffen** genutzt. Dazu gehören pflanzliche Produkte, die vom Menschen nicht zur Ernährung, sondern für andere Zwecke genutzt werden, zum Beispiel Textilfasern, Holz oder Biokraftstoffe.

Dieser Baum ist etwa
25 m hoch und hat ungefähr einen
Kronendurchmesser von 15 m. Mit seinen ca.
800 000 Blättern verzehnfacht er seine aktive
Oberfläche von 160 m^2 auf 1600 m^2 Blattfläche.
Durch die unzähligen Spaltöffnungen der Blätter gelangen
an einem Sommertag 9,4 m^3 Kohlenstoffdioxid aus der Luft in
die Zellen der Blätter. Hier verarbeitet es der Baum, angetrieben
durch die Energie der Sonne, mit Wasser zu 12 kg Kohlenhydraten
(Zucker und Stärke). Dabei wird eine Menge von 9,4 m^3 lebensnotwendigen Sauerstoffs frei. Schon 150 m^2 Blattfläche eines
Baumes liefern während der Wachstumsphase den gesamten
Sauerstoffbedarf eines Menschen. Daraus folgt, dass
dieser Baum 11 Menschen mit Sauerstoff versorgt. Dabei
verbraucht er selbst das täglich ausgestoßene Kohlenstoffdioxid von zweieinhalb Einfamilienhäusern.
Wird der Baum nun aus irgendeinem
Grund gefällt
und wollte
man diesen
einen Baum
vollwertig
ersetzen,
so müsste
man 2500
junge Bäume mit einem Kronenvolumen von 1 m^3 pflanzen.

2

1 Bildunterschriften finden. Betrachte die Abbildungen 2 bis 6. Suche für jedes Bild eine geeignete Bildunterschrift. Beachte dabei den Titel dieses Abschnitts. Vergleicht und diskutiert eure Bildunterschriften.

2 Plakat: „Die Bedeutung der Fotosynthese". Erstelle unter Beachtung der Bild- und Textinformationen auf diesen beiden Seiten ein Lernplakat zum Thema „Die Bedeutung der Fotosynthese". Präsentiere der Klasse das Plakat.

3 Globale Verteilung des Chlorophylls. Die Abbildung 1 wurde nach Satellitenaufnahmen erstellt. Werte die Abbildung aus. Nimm dazu einen Atlas zur Hilfe. Zu welcher Jahreszeit wurden die Satellitenaufnahmen vermutlich gemacht?

3

6

5

4

2.5 Energie

Der Alltag zeigt es uns: Ohne Energie geht nichts. Das Frühstücksei, die Zeitung, das Telefon, das warme Zimmer, aber auch Herzschlag und Gehirntätigkeit – all das wäre nicht ohne Energie. Es gibt in der Natur, bei den Lebewesen und beim Menschen keinen Vorgang, der ohne Energie abläuft.

Glossar einiger Energie-Begriffe

Energieformen: sind unter anderem chemische Energie (z. B. in Nährstoffen), Strahlungsenergie (z. B. Lichtenergie), potenzielle Energie (Lageenergie), kinetische (Bewegungs-) Energie, elektrische Energie, Kernbindungs-Energie („Kernenergie“) und Wärmeenergie.

Energieerhaltung: Energie kann weder vernichtet noch neu geschaffen werden. Bei allen Energieumwandlungen bleibt die Energie vollständig erhalten, es ändert sich lediglich die Energieform. Daher sind solche Begriffe wie „Energieverlust“ oder „Energieerzeugung“ oder „Energieverbrauch“ nicht stimmig – auch wenn sie umgangssprachlich häufig genutzt werden.

Energiewandlung: liegt dann vor, wenn eine Energieform in eine andere Energieform umgewandelt wird. So betrachtet ist der Mensch ein Energiewandler, der chemische Energie aus der Nahrung unter anderem in Bewegungsenergie und Wärmeenergie umwandeln kann. In einer Batterie wird chemische Energie in elektrische Energie gewandelt. Eine grüne Pflanze wandelt Strahlungsenergie (Licht) in chemische Energie und Wärme um.

Energiefluss: bezeichnet die Weitergabe von Energie über eine Kette von Energiewandlern (Abb. 1). Eine Kartoffel-Pflanze wandelt in ihren grünen Blättern Lichtenergie der Sonne in chemische Energie der Nährstoffe und in Wärme um. Die Kartoffel wird von einem Menschen gegessen. Beim Fahrradfahren wird die chemische Energie der Nährstoffe der Kartoffel in Bewegungsenergie und in Wärme gewandelt. Ist der Dynamo am Fahrrad angeschaltet, wird ein Teil der Bewegungsenergie in elektrische Energie und Wärme gewandelt und schließlich ergibt sich Strahlungsenergie (Licht) und Wärme. Wegen der Energieentwertung wird die nutzbare Energie bezogen auf die primär eingesetzte Energie von Stufe zu Stufe deutlich geringer.

Energieentwertung: Die verschiedenen Energieformen sind aus Sicht des Menschen unterschiedlich gut nutzbar. Ein Beispiel: Beim Autofahren wird die chemische Energie des Benzins in Bewegungsenergie und zum größeren Teil in Wärme gewandelt. Weil die Wärmeenergie nicht weiter nutzbar ist, spricht man von Energieentwertung. Im Allgemeinen hat die Energieentwertung erhebliche Ausmaße. Wärme ist zwar für die Lebensvorgänge vieler Organismen wichtig, jedoch ist Wärme für alle Lebewesen eine Energieform, die sie nicht mehr in irgendeine andere Energieform wandeln können.

Erneuerbare (regenerative) Energien: Ein Sammelbegriff für alle Energien, die immer wieder erneuert werden und nicht erschöpfen. Sonnenlicht, Biomasse, Windenergie, Wasserkraft, Holz gehören unter anderem zu den erneuerbaren Energien.

Fossile Brennstoffe: sind Produkte aus Biomasse, die vor mehreren hundert Millionen Jahren aus abgestorbenen Lebewesen durch biologische und geologische Prozesse entstanden. Kohle, Erdöl und Erdgas gehören dazu. Ihre Energie ist letztlich auf das Sonnenlicht längst vergangener Zeiten zurückzuführen.

Energieeinsparung: kann auf zweierlei Weise geschehen: Entweder wird an der Energie gespart, etwa die Raumtemperatur im Winter abgesenkt, oder die Effizienz (Wirksamkeit) der Energienutzung wird erhöht, zum Beispiel können konventionelle Glühlampen durch Energiesparlampen ersetzt werden. Im Reich der Lebewesen haben sich im Laufe der Evolution vielfältige Merkmale, Vorgänge und Verhaltensweisen ausgebildet, die sparsam und effizient Energie nutzen.

Wirkungsgrad der Energie: das Verhältnis der nutzbaren zur eingesetzten Energie

1 Energieflussdiagramm.
a) Erläutere mithilfe der Begriffe auf der Grundwissenseite das Energieflussdiagramm in Abbildung 1. Beachte dabei auch die Bedeutung der Energieentwertung.
b) Die Abbildung 1 kann im Hinblick auf den Energiefluss verbessert werden. Beschreibe und begründe, wie die Verbesserung aussehen könnte.
c) Begründe, warum das Sonnenlicht die wichtigste Energiequelle auf der Erde ist. Beachte dabei auch, dass die chemische Energie fossiler Energieträger letztlich auf die Energie des Sonnenlichts zurückzuführen ist.

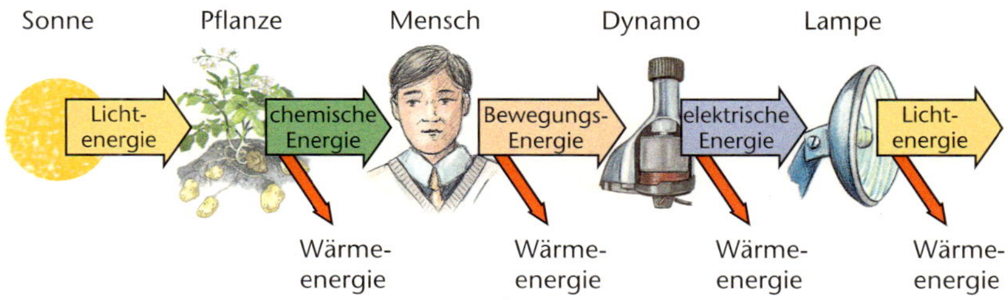

1 *Beispiel für Energiefluss*

2 Energiewandlungen und die Bedeutung des Sonnenlichts.
a) Erläutere an fünf selbst gewählten Beispielen aus Abbildung 2 Energiewandlungen.
b) Beschreibe, welche verschiedenen Energiewandlungen tierische Lebewesen und der Mensch durchführen?

3 Energiewandlungen und Energiefluss. Fertige für drei selbst gewählte Beispiele je eine Skizze eines Energieflussdiagramms ähnlich der Abbildung 1 an. Jedes der drei Beispiele soll mit der Sonne beginnen und die Fotosynthese einbeziehen.

zugeführte Energieform / abgegebene Energieform	Bewegungsenergie	elektrische Energie	Wärmeenergie	Lichtenergie	chemische Energie
Bewegungsenergie	Windmühle	Fahrraddynamo	reibende Hände		
elektrische Energie	Ventilator	Transformator	Tauchsieder	Leuchtdiode	Akkuladegerät
Wärmeenergie	Dampflok	Thermoelement	Heizkörper	glühende Bremsen	
Lichtenergie	Lichtmühle	Solarzelle	Sonnenkollektor	Spiegel	Fotosynthese
chemische Energie	Bewegung	Batterie	Gasbrenner	chemisches Licht	Verdauung

2 *Beispiele für Energiewandlungen*

2.6 Zellatmung

Beim Atmen eines Menschen wird Sauerstoff in das Blut aufgenommen. Durch die Verdauung gelangen Glucose und andere Nährstoffe in das Blut. Sauerstoff und Glucose werden mit dem Blut in alle Teile des Körpers transportiert. Beide Stoffe werden für die Zellatmung benötigt (Abb. 1).

Die **Zellatmung** ist ein chemischer Vorgang, der aus mehreren Teilschritten besteht. Er findet laufend in den Mitochondrien der Zellen statt. Mitochondrien sind Zellorganelle, die mit einer Doppelmembran gegen das Zellplasma abgegrenzt sind. **Mitochondrien** sind die Orte der Zellatmung.

Die Zellatmung dient dazu, die chemische Energie der Glucose für die Zellen nutzbar zu machen. Die Schritte bei der Zellatmung laufen schnell und geordnet hintereinander ab. Dabei wird unter Beteiligung von Sauerstoff die energiereiche Glucose in energiearmes Kohlenstoffdioxid und Wasser abgebaut. Schrittweise wird die chemische Energie der Glucose in chemische Energie umgewandelt, die von der Zelle genutzt werden kann. Außerdem wird bei der Zellatmung ein Teil der chemischen Energie der Glucose in Wärmeenergie gewandelt.

Energie aus der Zellatmung ist Grundlage aller Lebensvorgänge. Muskeln benötigen diese Energie, um sich zusammenziehen zu können. Das Gehirn benötigt Energie aus der Zellatmung für die Informationsverarbeitung. Auch die anderen Organe des Menschen sind auf Energie aus der Zellatmung angewiesen. Nicht nur beim Menschen, sondern auch in den Zellen von Tieren, Pflanzen, Pilzen und vielen anderen Lebewesen liefert die Zellatmung lebensnotwendige Energie.

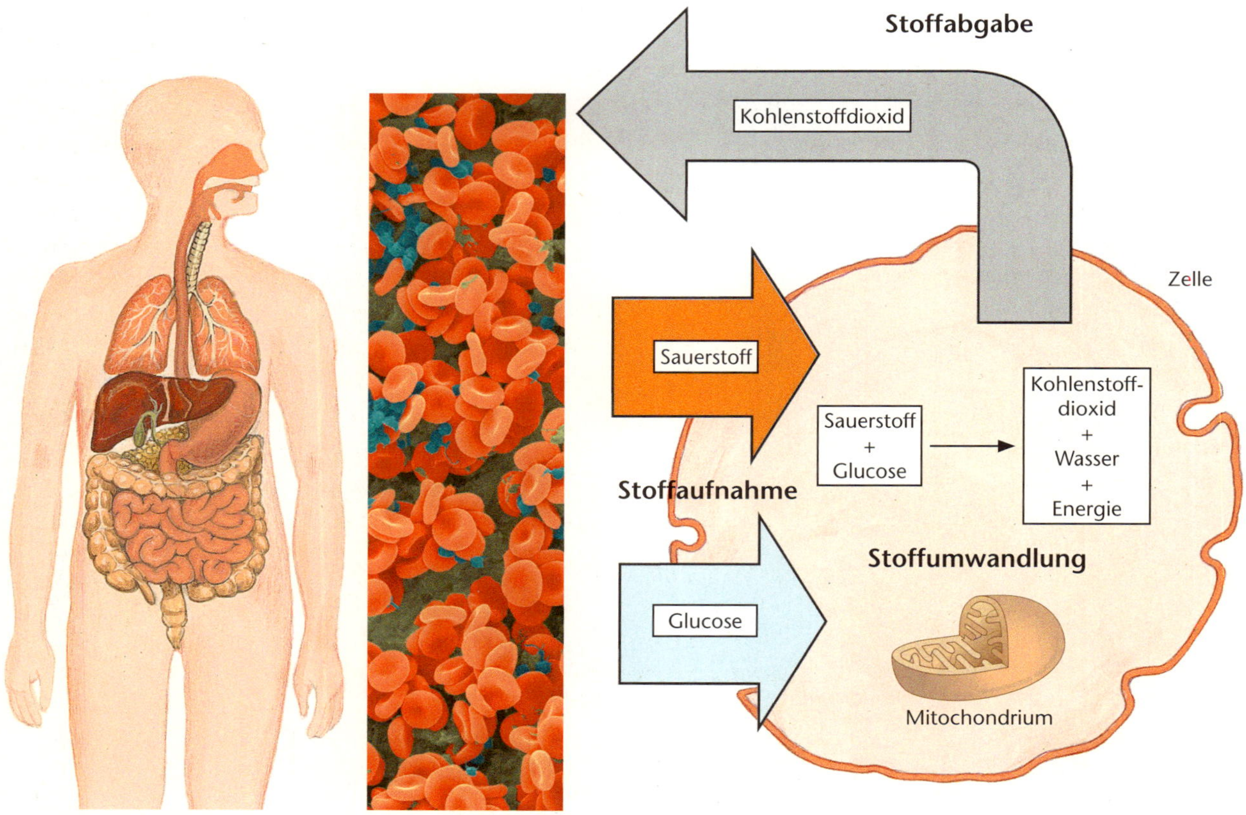

1 *Zellatmung: links der Mensch mit seinen Organen, in der Mitte das Blut als Transportmedium, rechts die Vorgänge in der Zelle*

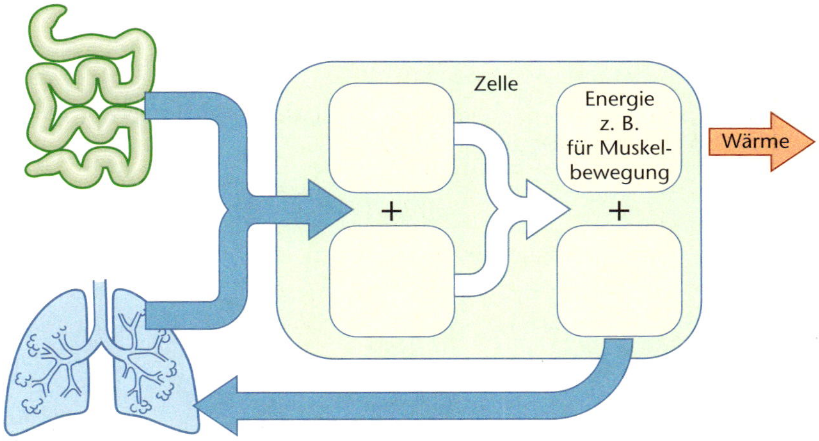

2 *Schema zur Zellatmung*

1 Zellatmung und Stofftransport. Formuliere zu den Vorgängen in Abbildung 1 einen zusammenhängenden Text.

2 Diagramm zur Zellatmung. Übertrage das Schema in Abbildung 2 auf eine DIN-A5-Seite in dein Heft. Beschrifte das Schema anschließend mit folgenden Begriffen (einige davon müssen mehrfach benutzt werden): Kohlenstoffdioxid, Sauerstoff, energiearme Stoffe, Wasser, Glucose, Stoffaufnahme, Stofftransport, Darm, Stoffumwandlung, Stoffabgabe, Lunge.

3 Zellatmung bei körperlichen Anstrengungen. Stelle begründete Vermutungen darüber an, welche Veränderungen sich in der Zellatmung von Muskelzellen ergeben, wenn sich jemand körperlich stark anstrengt.

4 Vergleich Zellatmung – Kerzenflamme. Vergleiche die Zellatmung mit der Verbrennung in einer Kerzenflamme (Abb. 3). Erläutere Gemeinsamkeiten und Unterschiede.

5 Sauerstoff ist lebensnotwendig – Sauerstoffmangel im Gehirn. Das Gehirn ist besonders empfindlich gegenüber Sauerstoffmangel. Bereits wenige Sekunden Sauerstoffmangel führen zu Störungen und zur Bewusstlosigkeit, von denen sich das Gehirn durch sofortige Sauerstoffzufuhr völlig erholen kann. Nach drei Minuten Sauerstoffmangel können Schäden auftreten, die nicht wieder rückgängig zu machen sind.
Stelle Zusammenhänge zwischen Sauerstoffmangel und Hirnschäden durch Sauerstoffmangel her (Abb. 4).

Ohne Sauerstoff brennt keine Kerze. Wird eine Kerze angezündet, geht am Docht Kerzenwachs in den flüssigen und dann in den gasförmigen Zustand über. Die Verbrennung beginnt, wenn das gasförmige Kerzenwachs seine Entzündungstemperatur erreicht hat. Kerzenwachs enthält viel Kohlenstoff. In der Kerzenflamme werden Temperaturen von 1400 Grad Celsius erreicht. Bei der Verbrennung von Kerzenwachs mit Sauerstoff entstehen unter anderem Kohlenstoffdioxid und Wasser sowie hunderte andere Verbrennungsprodukte. Die chemische Energie des Kerzenwachses wird vor allem in Wärme- und Lichtenergie umgewandelt. Eine Kerzenflamme kann leicht ausgepustet werden.

3 *Verbrennung in der Kerzenflamme*

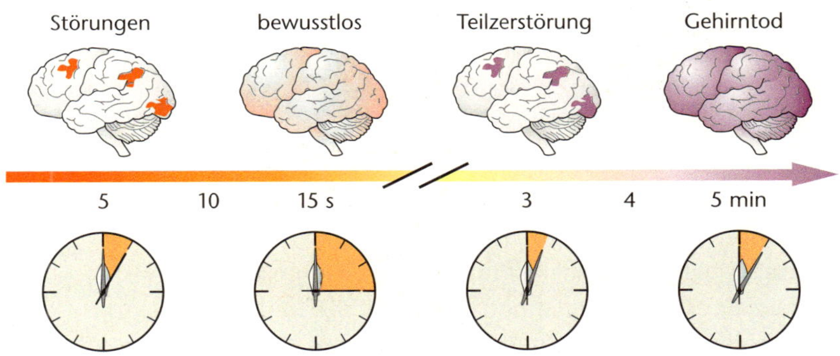

4 *Auswirkungen von Sauerstoffmangel auf das Gehirn*

2.7 Fotosynthese und Zellatmung

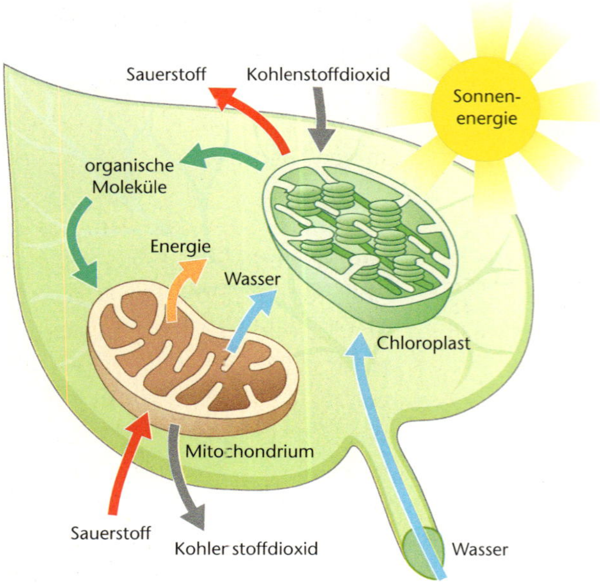

1 *Fotosynthese und Zellatmung*

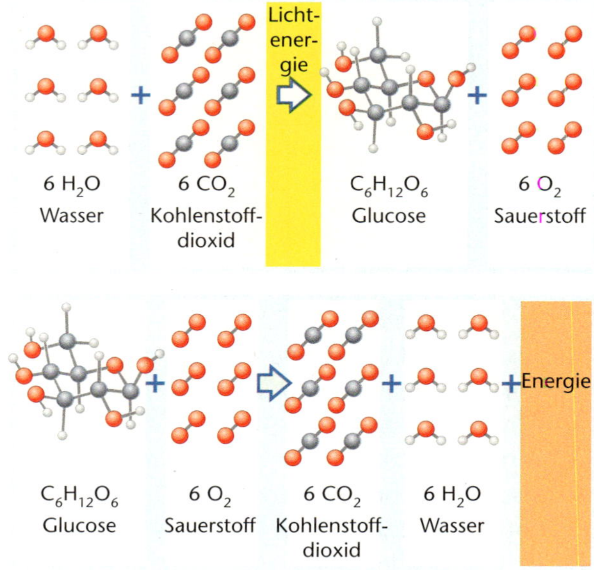

2 *Fotosynthese und Zellatmung in Moleküldarstellung*

Bei der **Fotosynthese** erzeugen grüne Pflanzen mithilfe des Chlorophylls aus Kohlenstoffdioxid und Wasser zwei andere Stoffe, Glucose und Sauerstoff (Abb. 1, 2). Die Chloroplasten sind der Ort der Fotosynthese. Durch Fotosynthese wird ein Teil der Lichtenergie in chemische Energie der Glucose gewandelt. Glucose ist daher ein energiereicher Stoff.

Bei der **Zellatmung** wird die chemische Energie von Nährstoffen, zum Beispiel von Glucose, für die Zellen nutzbar gemacht (Abb. 1, 2). In einer Kette von Teilschritten wird bei der Zellatmung Glucose unter Beteiligung von Sauerstoff zu den energiearmen Stoffen Kohlenstoffdioxid und Wasser umgewandelt. Der Ort der Zellatmung sind die Mitochondrien.

Grüne Pflanzenzellen besitzen Chloroplasten und Mitochondrien (Abb. 1). Im Licht betreiben sie Fotosynthese, bei der Sauerstoff frei wird, und zugleich Zellatmung, bei der Sauerstoff benötigt wird. Im Tageslicht überwiegt allerdings bei den meisten Pflanzen die Sauerstoff-Freisetzung durch Fotosynthese gegenüber dem Sauerstoff-Bedarf für die Zellatmung. Der überschüssige Sauerstoff wird von den Pflanzen abgegeben und steht atmenden Lebewesen zur Verfügung. Grüne Pflanzen und atmende Lebewesen stehen in einer wechselseitigen Beziehung (Abb. 3): Sauerstoff aus der Fotosynthese wird für die Atmung benötigt, Kohlenstoffdioxid aus der Atmung wird für die Fotosynthese benötigt.

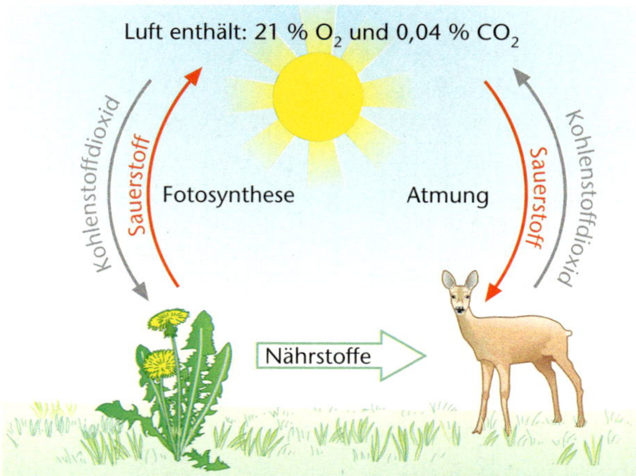

3 *Wechselbeziehungen zwischen atmenden und Fotosynthese betreibenden Lebewesen*

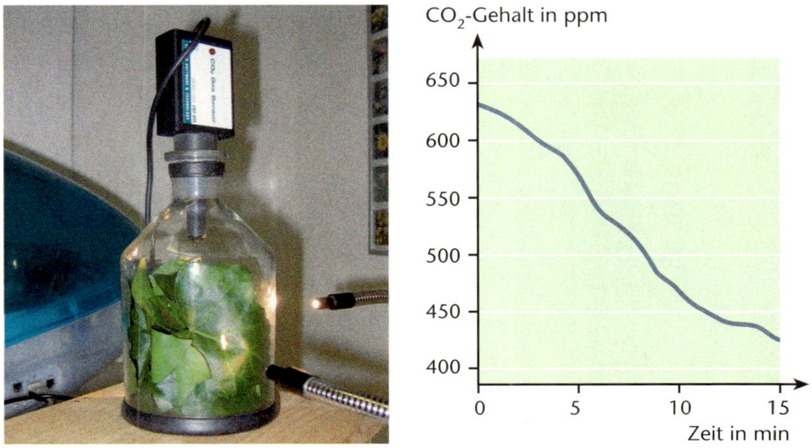

4 *Versuch zum Kohlenstoffdioxid-Gehalt in einem Gefäß mit Blättern, ppm (parts per million) ist ein Maß für die Konzentration eines Stoffes*

1 Fotosynthese und Atmung. Erläutere die wechselseitigen Beziehungen, die in Abbildung 3 dargestellt sind, in einem Text.

2 Efeublätter im abgeschlossenen Gefäß. Unter einer Glasglocke befinden sich 20 Efeublätter in Wasser (Abb. 4). Die Glocke wird beleuchtet. Mit einem Sensor wird der Kohlenstoffdioxid-Gehalt der Luft in der Glocke laufend gemessen.

a) Werte das Ergebnis des Versuchs aus (Abb. 4).

b) Welches Ergebnis erwartest du, wenn die Blätter im Dunklen stehen? Begründe.

3 Fotosynthese und Atmung in einem Modellgewässer. In der Abbildung 5 sind acht mit Wasser gefüllte und luftdicht geschlossene Gefäße gezeichnet. Stelle dir vor, die Gefäße würden so mit Wasserpflanzen und/oder Tieren besetzt wie in Abbildung 5 gezeichnet. Beschreibe für jedes Gefäß, wie sich vermutlich der Sauerstoff-Gehalt und der Kohlenstoffdioxid-Gehalt ändern werden. Begründe deine Vermutungen.

5 *Fotosynthese und Atmung in einem Modellgewässer*

Wirbellose Tiere und Ökosysteme

3 Wirbellose Tiere

3.1 Stämme der Wirbellosen

Heute leben auf der Erde mehrere Millionen Tierarten. Man ordnet sie in zwei große Gruppen, die wirbellosen Tiere und die Wirbeltiere. Alle Tiere ohne Wirbelsäule gehören zur Gruppe der **wirbellosen Tiere.**

Stamm Schwämme	Stamm Hohltiere	Stamm Plattwürmer	Stamm Ringelwürme
	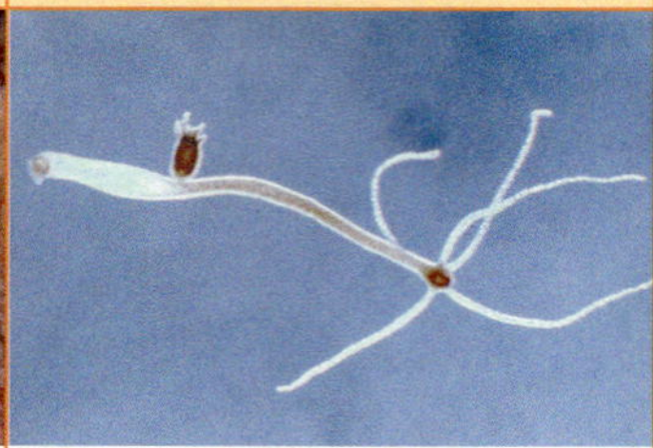	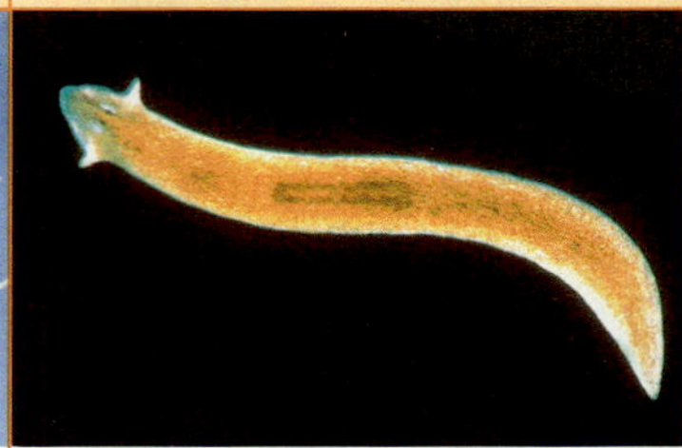	
• Kalkschwämme • Kieselschwämme	• Hydratiere • Korallentiere • Quallen • Blumentiere	• Bandwürmer • Strudelwürmer	• Vielborster • Wenigborster • Egel
Sie sind fest sitzende Wasserlebewesen. Ihr Außenskelett besteht aus Kalk, Kieselnadeln oder Hornfasern.	Sie leben im Wasser. Ihr Körper besteht aus zwei Zellschichten, die durch eine Stützlamelle getrennt sind.	Bei den parasitischen Würmern kann der Darm ganz fehlen, die Nahrungsaufnahme und Ausscheidung erfolgt über die Haut.	Sie bewegen sich mit Hilfe eines Hautmuskelschlauch der mit Borsten besetzt ist fort.
Körper ungegliedert	Körper ungegliedert	Körper ungegliedert	regelmäßig gegliedert
Atmung über die gesamte Körperoberfläche	Atmung über die gesamte Körperoberfläche	Atmung durch die Haut	Atmung durch die Haut, manche Arten durch Kiem
ohne Blutgefäßsystem	ohne Blutgefäßsystem	ohne Blutgefäßsystem	geschlossener einfacher Blutkreislauf 
Körper wechselwarm	Körper wechselwarm	Körper wechselwarm	Körper wechselwarm
kein zentrales Verdauungssystem, strudelt Wasser in Körperöffnungen, dabei werden Nahrungsteilchen aufgenommen	Verdauung in einem Hohlraum im Inneren des Körpers 	blind endender verzweigter Darm 	gegliederter Darm mit zwei Körperöffnungen 
kein Nervensystem	netzförmiges Nervensystem 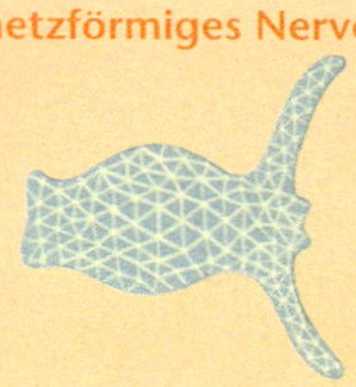	strangförmiges Nervensystem 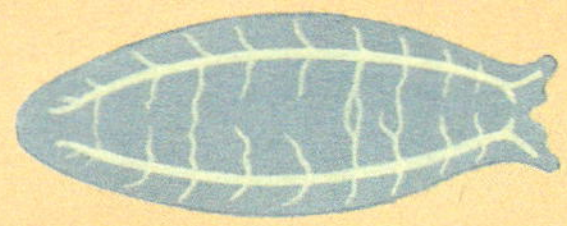	Strickleiternervensystem mit Gehirn 
meist ungeschlechtliche Fortpflanzung durch Knospung	meist ungeschlechtliche Fortpflanzung	geschlechtliche Fortpflanzung, Zwitter	geschlechtliche Fortpflanz meist Zwitter

95 Prozent der auf der Erde bekannten Tierarten sind Wirbellose. Zu ihnen gehören die tierischen Einzeller und die hier aufgeführten Stämme. Sie stellen eine Auswahl dar. Die heutige Vorstellung von der Evolution der Tiere aus einfachen Formen bis zur gegenwärtigen Vielfalt der Tiergruppen zeigt Abbildung 1.

Stamm Gliederfüßer	Stamm Weichtiere

Spinnentiere Krebstiere Tausendfüßer Insekten	• Schnecken • Muscheln • Kopffüßer • Kahnfüßer
Abschnitte gegliederte liedmaßen, Außenskelett ıs Chitin	Körper gegliedert in Kopf, Fuß, Eingeweidesack und Mantel
nregelmäßig gegliedert	unregelmäßig gegliedert
tmung durch Tracheen der Kiemen	Atmung durch Kiemen oder Lungen
ffenes Blutgefäßsystem it Herz 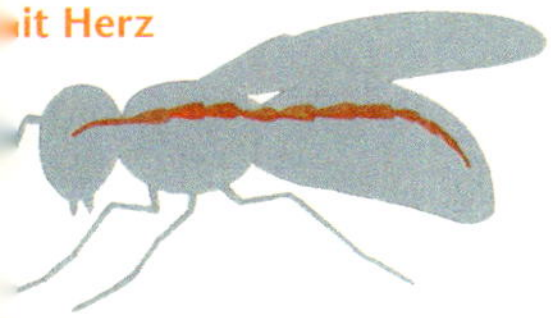	offenes Blutgefäßsystem mit Herz 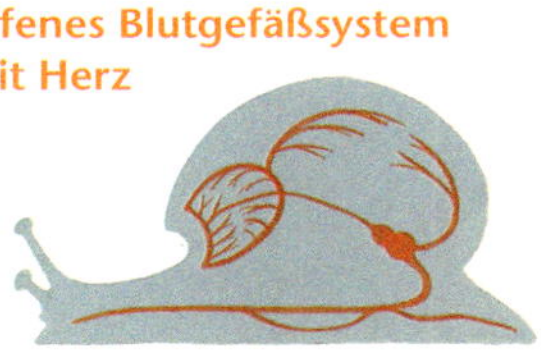
örper wechselwarm	Körper wechselwarm
egliederter Darm mit zwei örperöffnungen 	gegliederter Darm mit zwei Körperöffnungen 
rickleiternervensystem it Gehirn 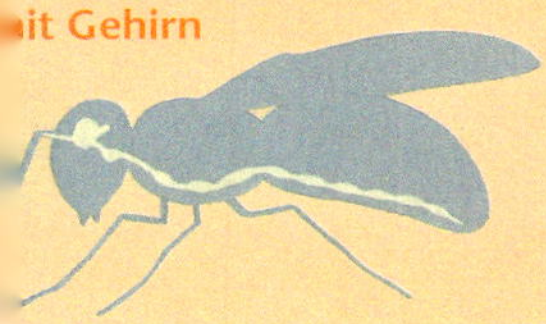	zentrales Nervensystem mit Gehirn 
eschlechtliche Fortpflanzung	geschlechtliche Fortpflanzung

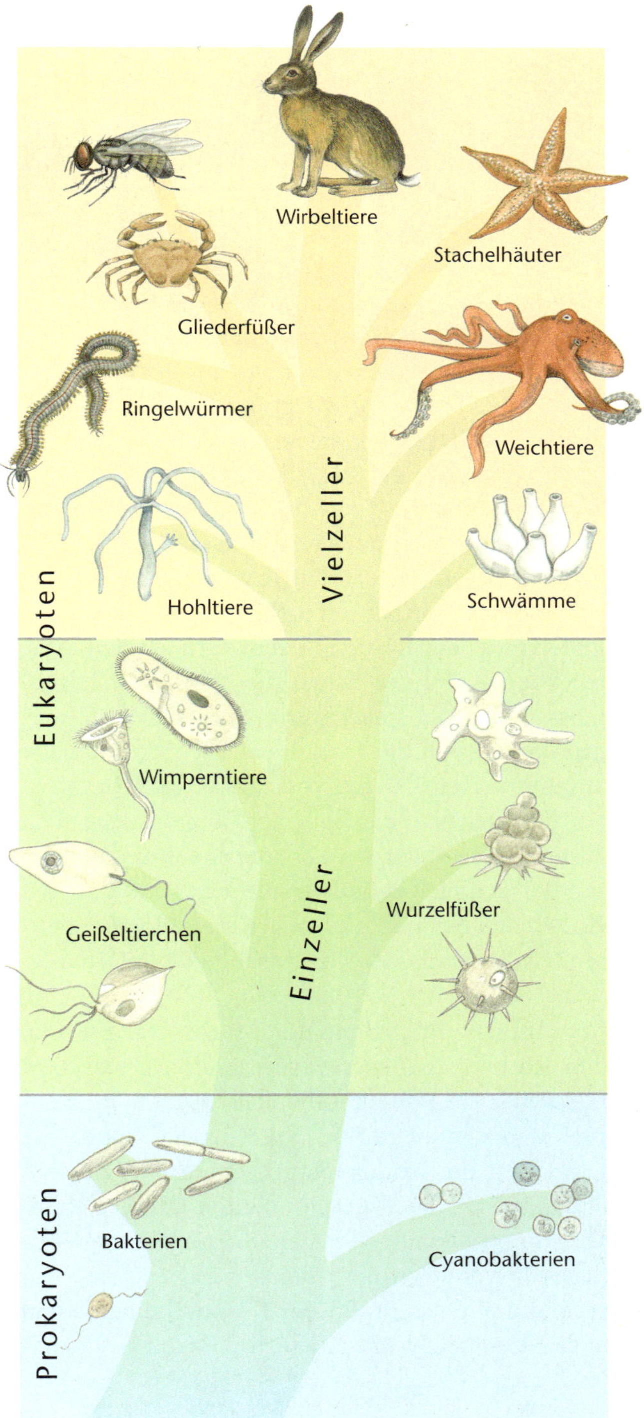

1 *Vereinfachter Stammbaum der Tiere*

3.2 Der Regenwurm – ein Ringelwurm

1 *Paarung von Regenwürmern*

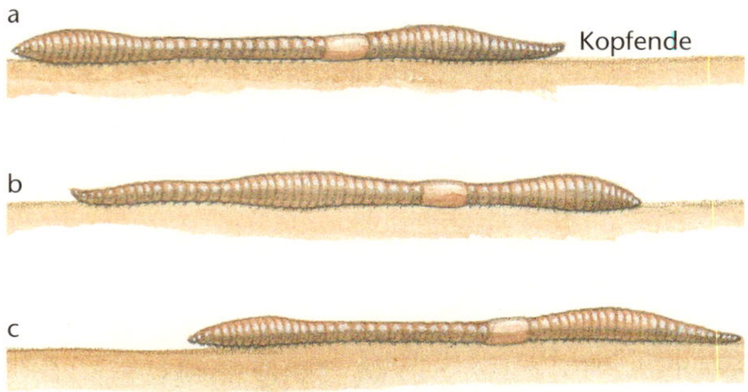

2 *Fortbewegung des Regenwurms*

Ein Regenwurm besitzt keine Gliedmaßen. Sein Körper besteht aus circa 150 Körperringen, die man auch Segmente nennt (Abb. 1, 3). Jedes Segment weist den gleichen Aufbau auf. An der Spitze befindet sich ein lappig vorgezogenes Segment, das die Mundöffnung überdeckt. Der Regenwurm gehört zur Gruppe der **Ringelwürmer.**

Sein Körper besteht aus verschiedenen röhrenartigen Schichten. Die außen liegende Deckschicht, die Kutikula, wird durch Schleimdrüsen feucht gehalten und bewahrt den Regenwurm vor dem Austrocknen. Darunter liegen die Ring- und Längsmuskulatur. Der Regenwurm kann sich fortbewegen, indem sich die Längsmuskelschicht teilweise zusammenzieht. Dabei verkürzt er sich (Abb. 2). Werden anschließend Teile der Ringmuskelschicht zusammengezogen, wird er lang und dünn. Bei diesen Bewegungen verankern die acht Chitinborsten eines jeden Segmentes das Tier im Boden und verhindern somit das Zurückrutschen des Wurmes.

Im Inneren durchzieht der Magen-Darm-Kanal den Körper des Regenwurms (Abb. 3). Das Blut fließt in zwei großen Blutgefäßen, dem Rücken- und Bauchgefäß durch den Körper. Ringgefäße verbinden die beiden Hauptgefäße. Der Regenwurm besitzt einen **geschlossenen Blutkreislauf.** Die Ringgefäße in den ersten fünf Segmenten können sich verengen und pumpen das Blut wie ein Herz durch den Körper. Zur Ausscheidung dienen kleine Kanälchen, die Abfallstoffe nach außen leiten.

Der Regenwurm kann Temperaturunterschiede, Licht und Berührung wahrnehmen. Diese Wahrnehmungen sind durch ein Nervensystem möglich, das aufgrund seiner Bauform auch Strickleiternervensystem genannt wird. Ein besonderer Bereich im ersten Segment, das Oberschlundganglion, übernimmt ähnliche Funktionen wie ein Gehirn. Jeder Regenwurm ist ein **Zwitter.** Er bildet sowohl Ei- als auch Spermazellen. Bei der Paarung liegen zwei Tiere nebeneinander und tauschen ihre Spermien aus (Abb. 1). Im vorderen Drittel des Regenwurms ist eine hell gefärbte Verdickung, der Gürtel. Dieser sondert eine Schleimmanschette ab, in die Eier abgegeben werden. Wenn diese Manschette abgestreift wird, befruchten die gespeicherten Spermien die Eizellen. Die abgestreifte Manschette erhärtet an der Luft, und nach wenigen Wochen schlüpfen aus diesem Kokon die etwa einen Zentimeter langen jungen Regenwürmer.

Regenwürmer ernähren sich von humusreicher Erde und vor allem von Pflanzenresten, die nachts in die Gänge gezogen werden und dort vermodern (Abb. 4). Der Kot enthält viele Mineralsalze, die das Pflanzenwachstum fördern. Die durch das Graben entstandenen Röhren lockern den Boden auf und durchlüften ihn so.

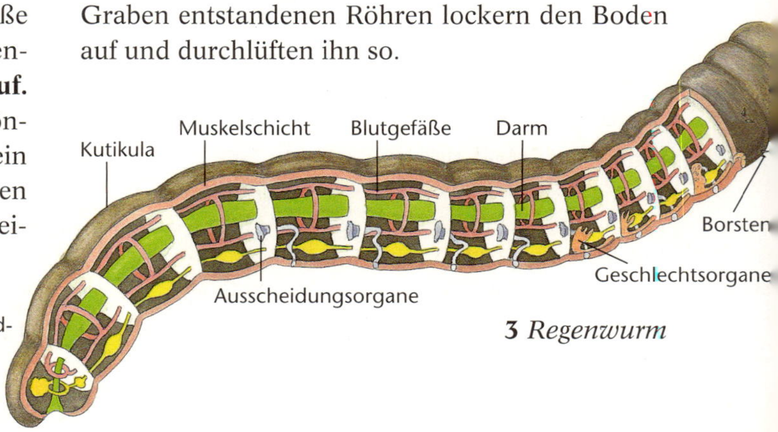

3 *Regenwurm*

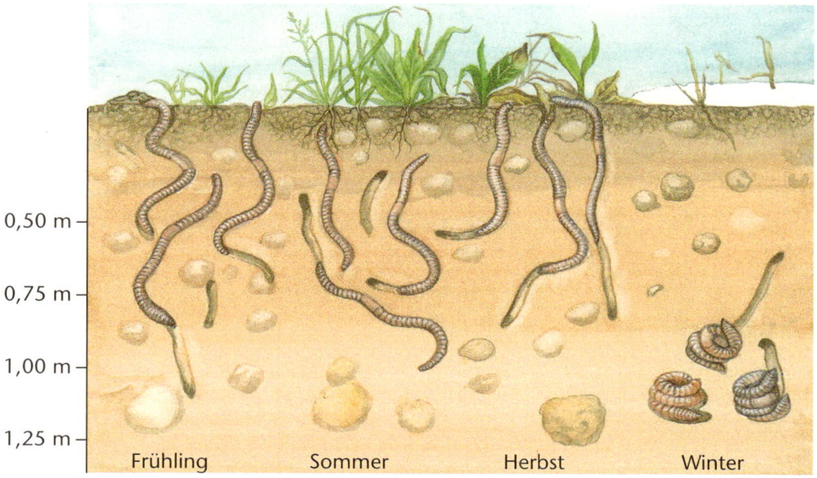

4 *Lebenstätigkeit von Regenwürmern im Jahresverlauf*

1 Bau des Regenwurmes. Lege eine Tabelle an. Notiere in der ersten Spalte die Zahlen der Abbildung 5 und nenne in den folgenden Spalten mithilfe von Abbildung 3 die Namen der Organe sowie deren Aufgaben.

2 Regeneration des Regenwurmes. Der Regenwurm ist zur Regeneration fähig, das heißt, er kann kleinere verloren gegangene oder verletzte Körperteile erneuern. Wenn der Wurm geteilt wird, lebt der vordere Teil weiter. Formuliere Vermutungen, warum nur der vordere Teil zur Regeneration fähig ist.

3 Aussagen über den Regenwurm. Nimm Stellung zu den folgenden Aussagen:

- ARISTOTELES (384–322 v. Chr.) bezeichnete die Regenwürmer als „Eingeweide der Erde".
- In Ägypten wurden die Tiere so hoch geschätzt, dass sie heilig gesprochen wurden und KLEOPATRA (69–30 v. Chr.) ein Verbot erließ, Regenwürmer außer Landes zu bringen.
- Im 17. Jahrhundert sprach man von „reger Wurm". Von dieser regen Tätigkeit ist wohl auch der Name der Tiere abgeleitet.
- Der englische Landpfarrer GILBERT WHITE behauptete im 18. Jahrhundert: Ohne Regenwürmer würde die Erde bald kalt, hart und fast ohne jede Lebewesen und Fruchtbarkeit sein.
- Ebenfalls im 18. Jahrhundert war in einem Gartenbuch zu lesen, dass Regenwürmer zu töten seien, wo man sie findet, da sie die lebenden Pflanzenwurzeln auffräßen.

4 Das Jahr des Regenwurmes. Beschreibe die Lebensweise des Regenwurmes in den verschiedenen Jahreszeiten (Abb. 4). Benutze dazu auch die Grundwissenseite. Stelle Vermutungen über seine Überwinterungsstrategie an. Begründe deine Aussagen.

5 Fortbewegung des Regenwurmes. Beschreibe die Fortbewegung des Regenwurmes anhand von Abbildung 2. Stelle auch die Vorgänge in den Muskelschichten des Körpers dar. Verwende dazu die Grundwissenseite.

6 DARWINs Untersuchungen über den Regenwurm. Übersetze den folgendenText von DARWIN (1809–1882) ins Deutsche. Vergleiche die Aussagen mit denen auf der Grundwissenseite.
„... The circulatory system is well developed. Worms breathe by their skin, as they do not possess any special respiratory organs. The two sexes are united in the same individual, but two individuals pair together. The nervous system is fairly well developed; and the two almost confluent cerebral ganglia are situated very near to the anterior end of the body.
Worms are destitute of eyes, and at first I thought that they were quite insensible to light; for those kept in confinement were repeatedly observed by the aid of a candle and others out of doors by the aid of a lantern, yet they were rarely alarmed although extremely timid animals. Other persons have found no difficulty in observing worms at night by the same means..."

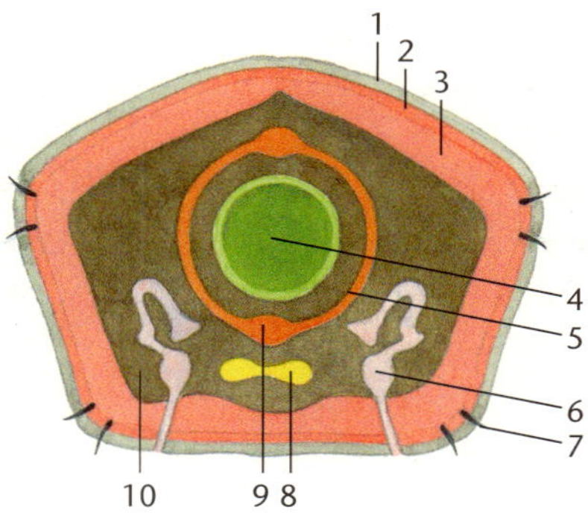

5 *Querschnitt durch den Regenwurm*

Ein Referat erstellen

1. Vorwissen bestimmen
Beginne die Arbeit an deinem Referat damit, dass du dir folgende Fragen stellst.

- Was weiß ich über mein Thema?
- Was möchte ich noch über mein Thema wissen?
- Was für Vorkenntnisse haben meine Zuhörer?
- Was könnte sie am Thema interessieren?

2. Material suchen
Suche in der Bücherei und im Internet nach passenden Büchern, Zeitschriften, Karten, Bildern und Internetseiten zu deinem Thema.

3. Sichten des Materials
Verschaffe dir einen ersten Überblick über das gefundene Material und entscheide, welche Texte, Bilder oder Karten du in deinem Referat verwenden möchtest.

4. Erstellen einer Gliederung
Überlege dir, welche Schwerpunkte du in deinem Referat setzen willst. Das gefundene Material und deine Fragen, die du dir zu Anfang gestellt hast, helfen dir dabei, mögliche Schwerpunkte zu finden. Diese Schwerpunkte stellen das Gerüst deines Referates dar. Sie werden auch Gliederungspunkte genannt. Lege anschließend fest, in welcher Reihenfolge du deine Gliederungspunkte vortragen möchtest.

Zur Erstellung einer Gliederung kannst du auch die Methode einer Mindmap anwenden.

Der Regenwurm
1. Systematik
2. Verbreitung
3. Aussehen und Körperbau
4. Nahrung
5. Feinde
6. Vermehrung
7. wichtiger Bodenverbesserer

1 *Mögliche Gliederung*

5. Auswerten des Materials
Werte die Materialien aus, indem du die wichtigsten Informationen für dein Referat „sicherst“. Das kann so geschehen, dass du beispielsweise Textstellen oder Bilder kopierst, wichtige Passagen abschreibst oder einen Textauszug, ein Exzerpt, anfertigst. Hefte dieses Material in eine DIN-A4-Mappe. Schreibe auf jede Seite, zu welchem Gliederungspunkt die Informationen passen. Trage auf die Seite auch den Titel des Buches bzw. die Adresse der Internetseite ein. So weißt du, woher die gefundenen Informationen stammen.

2 *Regenwurm*

6. Ausarbeiten des Referats
Oft wird verlangt, dass ein Referat nicht nur vorgetragen, sondern auch schriftlich ausgearbeitet wird. Ausarbeiten bedeutet, dass du die Informationen, die du in deiner DIN-A4-Mappe für jeden einzelnen Gliederungspunkt eingetragen hast, als Text formulierst.

7. Der Einstieg
Verwende ein passendes Foto oder eine Karikatur, um das Interesse der Zuhörer zu wecken. Du kannst auch eine aktuelle Zeitungsmeldung oder ein Zitat eines Experten als Einstieg verwenden.

8. Erstellen des Konzepts für den Vortrag
Trage deinen Vortrag möglichst frei vor. Damit du weißt, was du zu jedem einzelnen Gliederungspunkt sagen willst, halte auf Karteikarten die wichtigsten Informationen in Stichworten fest. Verwende Folien oder Plakate, um deinen Vortrag anschaulicher zu gestalten. Trage auch auf den Karteikarten ein, wann du welches Medium einsetzen möchtest.

9. Den Vortrag halten
Übe deinen Vortrag zu Hause. Sprich ihn dir mindestens einmal laut vor. Beim Vortragen beachte folgende Dinge:

- Halte Blickkontakt zu deinen Zuhörern.
- Verschränke nicht die Arme vor der Brust.
- Sprich laut und deutlich.
- Betone wichtige Wörter und lege nach den zentralen Stellen eine Sprechpause ein.
- Halte Pausen ein, damit deine Zuhörer Fragen stellen können.
- Sprich immer zu den Zuhörern.

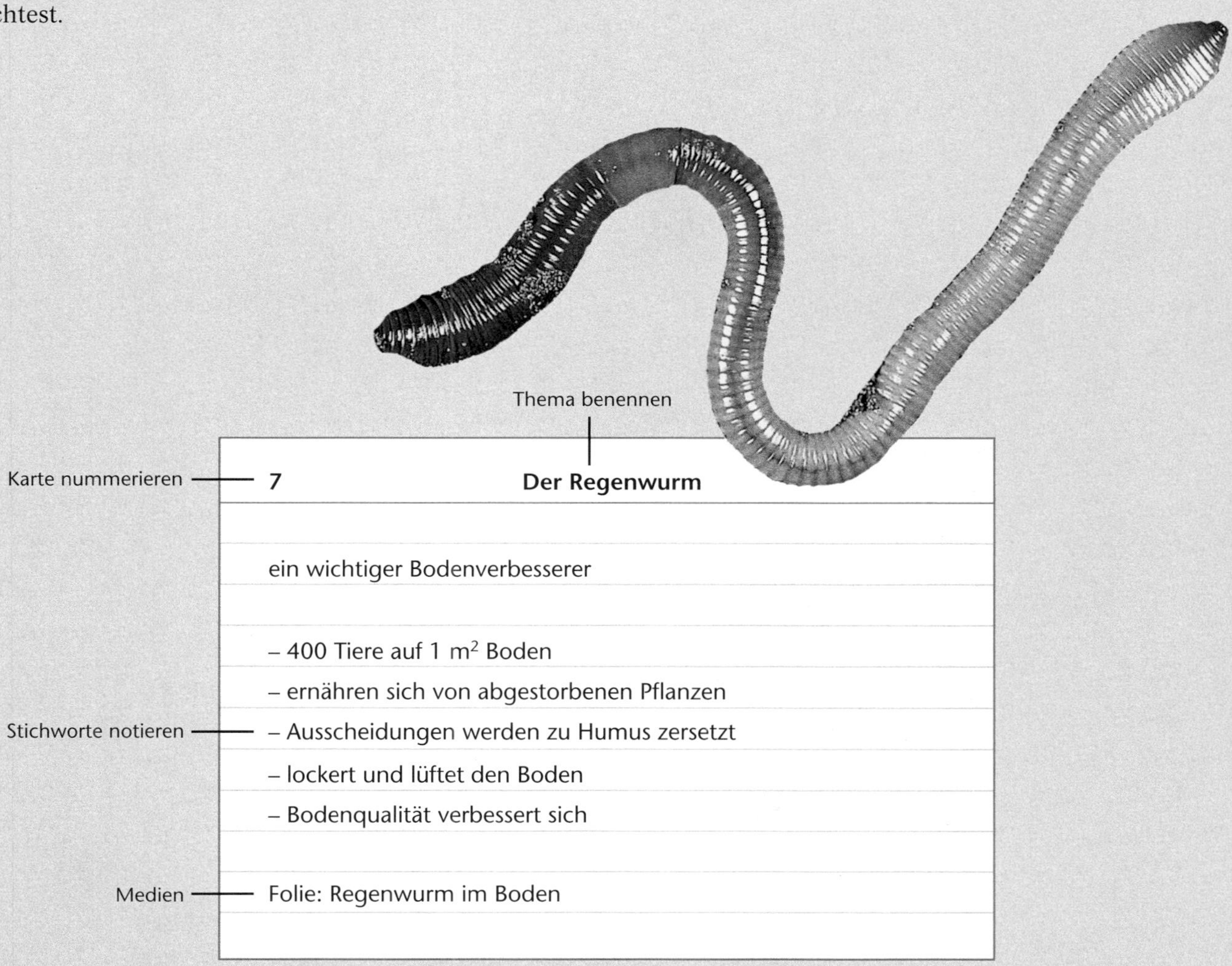

3 *Karteikarte für den Vortrag*

3.3 Die Weinbergschnecke – ein Weichtier

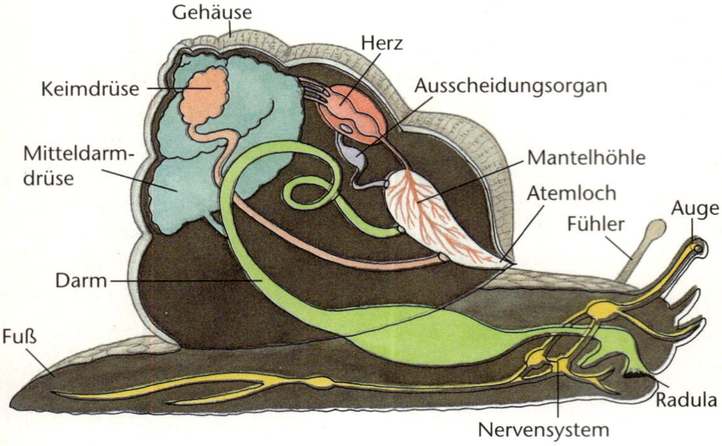

1 *Innerer Bau der Weinbergschnecke*

2 *Weinbergschnecken bei der Paarung*

Schnecken gehören wie die Muscheln und Kopffüßer zu den **Weichtieren.** Eine Weinbergschnecke besteht aus dem Kalkgehäuse und einem weichen Körper. Dieser ist gegliedert in Kopf, Fuß und den Eingeweidesack, der im Gehäuse liegt (Abb. 1). Die Aufnahme der Atemluft erfolgt durch ein deutlich sichtbares Atemloch, das in die Mantelhöhle führt. Die Wand der Mantelhöhle weist zahlreiche Blutgefäße auf, die den Sauerstoff der Luft aufnehmen. Der Eingeweidesack enthält die inneren Organe. Schnecken haben einen **offenen Blutkreislauf.** Das Herz saugt das sauerstoffreiche Blut von der Mantelhöhle her an und pumpt es in die Körperhohlräume. Dort umspült das Blut alle Organe und gibt den Sauerstoff ab. Der muskulöse Fuß besitzt eine Kriechsohle, die immer feucht und schleimig ist. Beim Kriechen hinterlässt die Weinbergschnecke eine Schleimspur auf dem Untergrund.

Die Weinbergschnecke besitzt zwei Paar Fühler. Die längeren haben je ein Auge, die kürzeren sind Tast- und Geruchsorgane. Wenn die Fühler ein Hindernis berühren, werden sie schnell zurückgezogen. Bei Gefahr zieht sich die Schnecke in ihr Schneckenhaus zurück.

Weinbergschnecken sind Pflanzenfresser. Die Schnecke drückt das Blatt mit den Lippen oder der Zunge gegen die hornigen Oberkiefer und schneidet dadurch ein Blattstückchen ab. Auf der Zunge befindet sich eine dunkle Reibeplatte, die Radula. Damit raspelt sie kleine Stücke aus dem Blatt und schluckt sie herunter.

Weinbergschnecken sind **Zwitter,** sie haben Spermien und Eier in ihren Geschlechtsorganen. Im Mai und Juni ist die Paarungszeit. Die Tiere stellen die vorderen Teile ihrer Kriechsohlen senkrecht gegeneinander (Abb. 2). Dann tritt an der rechten Kopfseite das weißliche Begattungsteil hervor. Damit übergeben die Schnecken dem anderen Partner die Spermien in dessen Geschlechtsöffnung, die sich ebenfalls an der rechten Kopfseite befindet. Erst danach reifen Eizellen heran. Nach vier Wochen befruchten die Spermien die inzwischen gereiften Eizellen. Die Schnecke gräbt dann eine Erdhöhle und beginnt mit der Ablage von 30–60 Eiern. Die jungen Schnecken, die noch ein unvollständig entwickeltes Gehäuse besitzen, schlüpfen etwa 30 Tage später.

Im Herbst graben die Schnecken sich in die Erde ein. Der Eingang zum Gehäuse wird mit einem Kalkdeckel verschlossen; so sind sie gegen Feinde geschützt. Dann fallen die Weinbergschnecken in eine Kältestarre.

Wenn es im Frühjahr wieder wärmer wird, stößt die Schnecke den Kalkdeckel ab und kommt wieder zum Vorschein.

3 *Fuß der Weinbergschnecke*

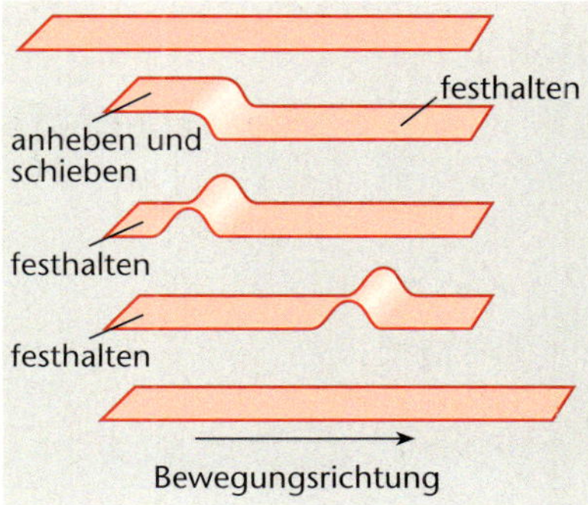

4 *Versuch zur Fortbewegung*

5 *Schneckenruhe*

1 Fortbewegung. Wenn man die Fortbewegung einer Schnecke von unten beobachtet, erkennt man im Fuß linienartige dunkle Strukturen (Abb. 3). Beschreibe die Vorgänge im Fuß anhand des Modellversuches in Abbildung 4.

2 Angepasstheit an Trockenheit. Bei starker Trockenheit im Sommer ziehen sich Schnecken in das Gehäuse zurück und verschließen den Eingang mit einem Kalkdeckel (Abb. 5). Finde Begründungen für diese Angepasstheit.

3 Weichtiere. Zu den Weichtieren gehören auch Muscheln und Kopffüßer (Abb. 6–9). Vergleiche in einer Tabelle den Körperbau und die inneren Organe dieser Tiergruppen mit der Weinbergschnecke.

4 Fortpflanzung – eine Frage der Geschwindigkeit? Kopffüßer pflanzen sich ebenso wie Schnecken ausschließlich geschlechtlich fort. Schnecken sind Zwitter, Kopffüßer aber nicht. Manche Wissenschaftler bezeichnen diese Eigenschaft der Schnecken als Angepasstheit an die langsame Fortbewegung. Erläutere diese Hypothese.

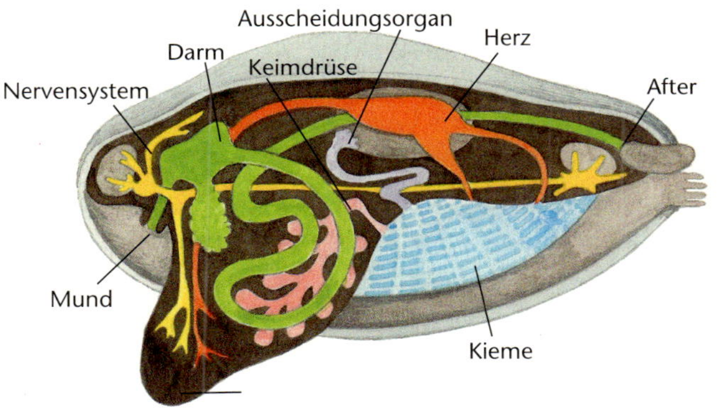

6 *Innerer Bau einer Muschel*

7 *Muschel*

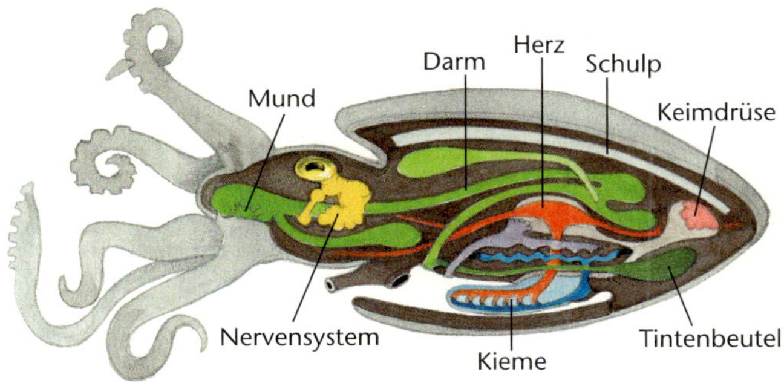

8 *Innerer Bau eines Kopffüßers*

9 *Kopffüßer*

3.4 Der Stamm der Gliederfüßer

1 *Artenvielfalt der Gliederfüßer*

Um die Vielfalt der Tierarten ordnen zu können, haben Wissenschaftler ein Ordnungssystem der Tiere entwickelt, in das alle Arten eingeordnet werden. Die Tierarten werden dabei nach ihrem Körperbau in Gruppen zusammengefasst. Die abgestuften Ähnlichkeiten im Körperbau werden dabei als Grad der Verwandtschaft untereinander angesehen. Innerhalb des **Reiches** der Tiere werden verschiedene **Stämme** unterschieden. Ein Tierstamm besteht aus mehreren **Klassen,** und die Klassen weisen häufig mehrere **Ordnungen** auf. Innerhalb der Ordnungen werden **Familien** unterschieden, die wiederum in **Gattungen** aufgeteilt werden. Gattungen fassen eine Gruppe von mehreren **Arten** zusammen. Auf diese Weise lässt sich z. B. der Maikäfer in das System der Tiere einordnen (Abb. 2).

Der Stamm der **Gliederfüßer** ist vermutlich im Kambrium vor etwa 500 Millionen Jahren zum ersten Mal aufgetreten. Zu den heutigen Vorfahren der Gliederfüßer gehören die Trilobiten (Abb. 1). Sie sind heute ausgestorben, werden aber noch in zahlreichen Formen als Fossilien gefunden. Heute sind fast eine Million Tierarten bei den Gliederfüßern bekannt. Das sind rund 80 Prozent aller bekannten heutigen Tierarten. Zu den Gliederfüßern gehören so unterschiedliche Klassen wie Insekten, Tausendfüßer, Krebse und Spinnen (Abb. 1). Gliederfüßern ist es im Verlauf der Evolution gelungen, vielfältigste Lebensräume zu besiedeln. Tausendfüßer leben im und auf dem Boden. Krebse finden sich vor allem im Wasser, aber auch an Land. Spinnen finden ihre Beute auf dem Boden, aber auch in der Luft; einige, wie die Wasserspinne, können aber auch unter Wasser leben. Insekten haben nahezu alle Lebensräume besiedelt. Es gibt Arten, die im Wasser leben oder auf der Wasseroberfläche. Viele Insekten leben auf dem Boden, andere fangen ihre Beute im Fluge. Auch im Boden finden sich zahlreiche Insekten. Die Gliederfüßer sind an die Bedingungen ihrer jeweiligen Lebensräume angepasst. Die Besetzung vielfältigster Lebensräume führte zur Entwicklung einer ungeheuren Artenvielfalt.

Reich	Tiere
Stamm	Arthropoda (Gliederfüßer)
Klasse	Insecta (Insekten)
Ordnung	Coleoptera (Käfer)
Familie	Scarabaeidae (Mist- und Laubkäfer)
Gattung	Melolonthus (Maikäfer)
Art	Melolontha melolontha (Feldmaikäfer)

2 *Einordnung des Maikäfers in das System der Tiere*

Alle Gliederfüßer besitzen ein durch Chitin versteiftes Außenskelett, das beim Wachstum durch Häutung erneuert wird. Ihr Körper ist in Segmente gegliedert. Die Gliederfüßer besitzen im oberen Teil des Körpers ein Herz und haben einen offenen Blutkreislauf. Auf der Bauchseite liegt ein Strickleiternervensystem mit einem Nervenknoten, dem Ganglion, in jedem Segment. Die meisten Gliederfüßer vermehren sich geschlechtlich und entwickeln sich direkt oder über Larven.

In ihrem Körperbau ähneln die Gliederfüßer den Ringelwürmern, die einen gleichmäßig gegliederten Körper besitzen. Die ersten Arten der Gliederfüßer im Kambrium besaßen an allen Segmenten ein Paar Gliedmaßen, die als Beine genutzt wurden. Im Lauf der Evolution verschmolzen einige der vorderen Segmente zum Kopf. Dabei wurden Gliedmaßenpaare zu Kiefern und Fühlern umgebildet.

Diesen Vorfahren sehr ähnlich sind die heute noch lebenden **Tausendfüßer** (Abb. 3). Ihr Kopf beherbergt ein aus mehreren Ganglien verwachsenes Gehirn. Die Tausendfüßer tragen ein Paar Fühler und Mundwerkzeuge am Kopf. Ihr Rumpf besteht aus Segmenten, die jeweils ein Laufbeinpaar aufweisen. Nur an den letzten Segmenten befinden sich keine Beine.

In der Evolution der **Insekten** ist es zu einer weiteren Verschmelzung von Segmenten gekommen. Die auf den Kopf folgenden drei Segmente sind bei ihnen zur Brust verschmolzen. Die drei Gliedmaßenpaare dieser Segmente sind im Lauf der Evolution erhalten geblieben, während die Segmente am Hinterleib keine Gliedmaßen mehr aufweisen (Abb. 4). Bei **Spinnen** hat sich während der Evolution im Bereich der Brust eine Verschmelzung aus vier Segmenten entwickelt, sodass sie vier Gliedmaßen, also acht Beine, aufweisen (Abb. 5).

Bei den wasserlebenden **Krebstieren** sind die Gliedmaßenpaare oft noch an jedem Segment vorhanden (Abb. 6). Nur die hintersten Segmente sind häufig verwachsen und besitzen keine Gliedmaßen mehr wie der Ruderschwanz der Krebse.

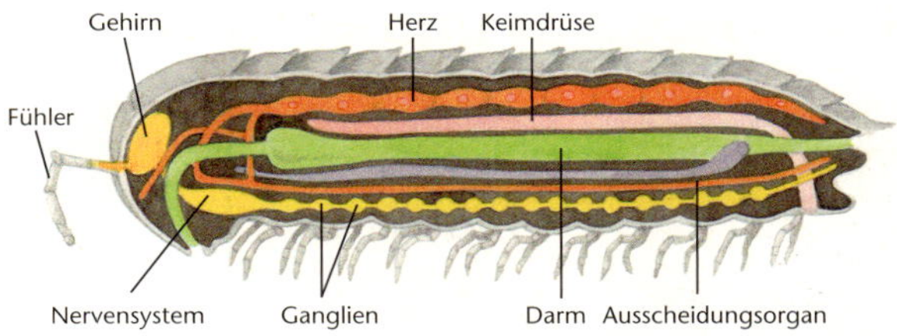

3 *Körperbau eines Tausendfüßers*

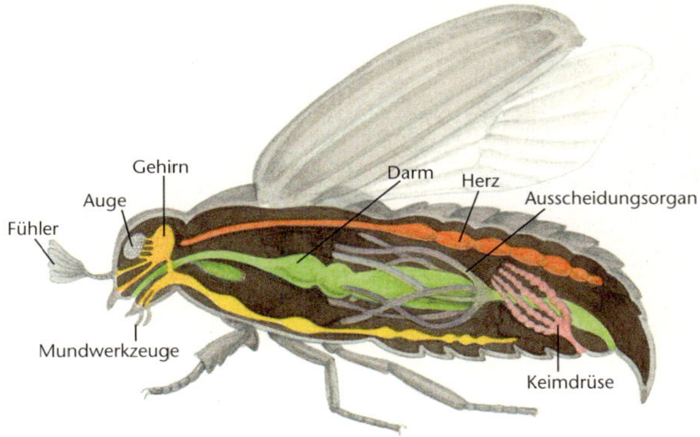

4 *Körperbau eines Insekts*

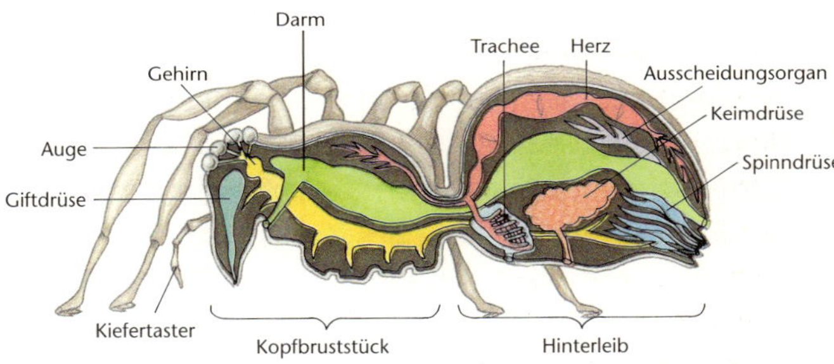

5 *Körperbau einer Spinne*

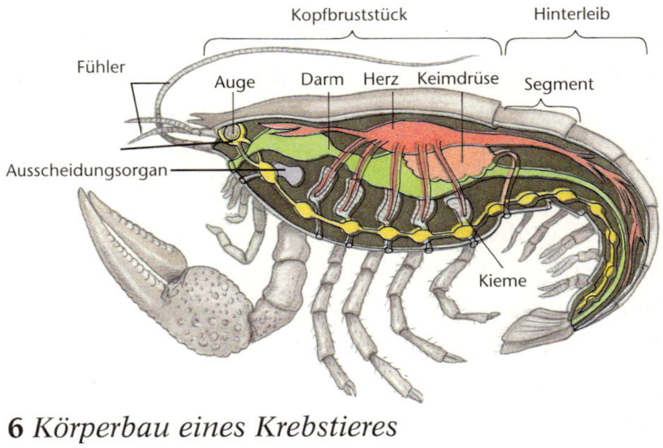

6 *Körperbau eines Krebstieres*

3.5 Äußerer und innerer Bau von Insekten

1 *Wespe mit erbeuteter Fliege*

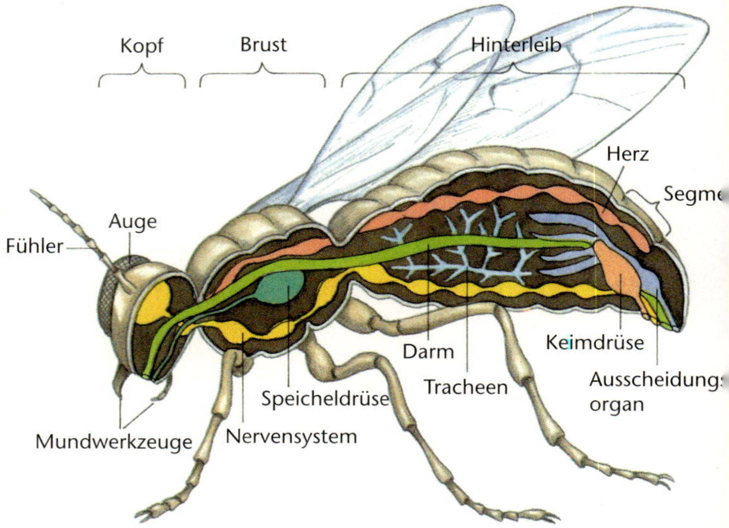

2 *Körperbau und innere Organe der Wespe*

Der Körper der Wespe ist in drei Abschnitte gegliedert. Er besteht aus Kopf, Brust und dem Hinterleib. Der Hinterleib ist in einzelne Segmente unterteilt (Abb. 1, 2). Auch die Beine sind in einzelne Abschnitte gegliedert. Die Wespe besitzt einen harten Panzer aus Chitin, der vor Austrocknung, Krankheitserregern und Verletzungen schützt. Er ist auch für die Stabilität des Körpers verantwortlich. Man spricht daher von einem **Außenskelett.** An der Innenseite des Chitinpanzers setzen die Muskeln an, die Flügel und Beine bewegen. Wespen besitzen zwei Paar Flügel, die ebenso wie die drei Beinpaare an der Brust ansetzen. Am Kopf befinden sich neben den Augen auch die Fühler, die für verschiedene Sinnesleistungen zuständig sein können. Auf der Unterseite liegen die Mundwerkzeuge, die der Ernährung dienen.

Diese Baumerkmale des Wespenkörpers sind typisch für die große Gruppe der Insekten. Man spricht daher auch vom Grundbauplan der Insekten. Die Insekten sind mit einer geschätzten Artenzahl von über einer Million die artenreichste Gruppe der Tiere. Insekten gibt es bereits seit über 300 Millionen Jahren auf der Erde.

Wenn eine Wespe Nahrung zu sich nimmt, so gelangt diese nach Zerkleinerung durch die Mundwerkzeuge über Schlund und Speiseröhre in den Darm, der den gesamten Körper durchzieht (Abb. 2). Die im hinteren Körperteil liegenden Ausscheidungsorgane des Insekts münden mit dem Darm nach außen.

Das schlauchförmige Herz liegt im oberen Teil und pumpt die Körperflüssigkeit durch rhythmische Kontraktionen von hinten nach vorne, von wo sie durch die Beine und um die Organe herum wieder zurückfließt. Da das Herz an mehreren Stellen offen ist und keine Blutgefäße vorhanden sind, spricht man von einem **offenen Blutkreislauf.**

Die Körperflüssigkeit transportiert kaum Atemgase. Der notwendige Sauerstoff wird über fein verzweigte Chitinröhren, die Tracheen, direkt zu den Organen und Geweben geleitet. Dort findet der Gasaustausch statt. Die Tracheen enden seitlich am Körper in kleinen Körperöffnungen, den Stigmen. Durch sie wird die Luft aufgenommen. Die Luft in den Tracheen wird durch die Bewegungen des Körpers und der Flügel transportiert.

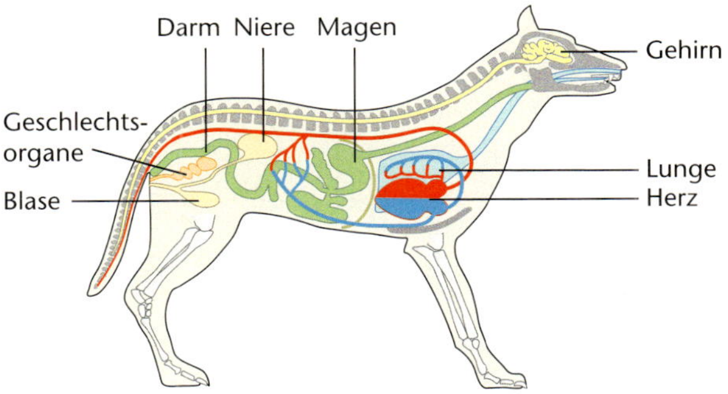

3 *Körperbau und innere Organe des Hundes*

	Hund	Wespe
Atmungsorgane		
Verdauungsorgane		
...		

4 *Vergleich von Hund und Wespe*

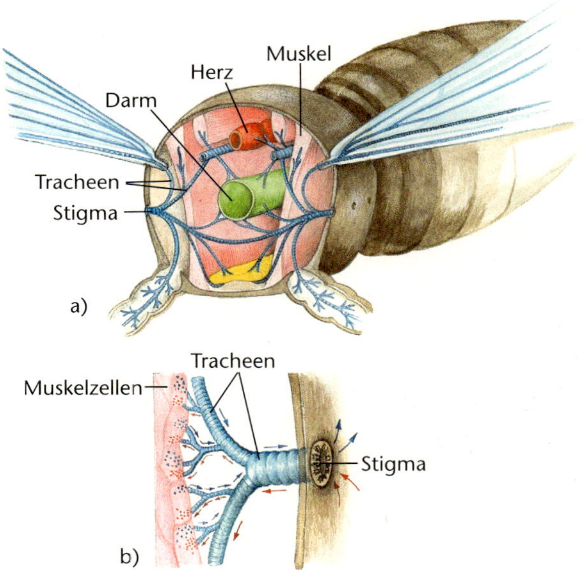

5 *a) innere Organe und Atemorgane des Insekts*
b) Ausschnittvergrößerung

1 Vergleich des Körperbaus von Insekten und Wirbeltieren. Vergleiche den Körperbau und die inneren Organe von Wespe und Hund (Abb. 2, 3). Stelle den Vergleich in Form einer Tabelle wie in Abbildung 4 dar.

2 Bau und Funktion der Atemorgane.
a) Beschreibe den Verlauf der Tracheen im Insektenkörper. Was fällt dir auf? Nenne Gründe für die vielfältige Verzweigung der Tracheen (Abb. 5).
b) Beschreibe den Bau einer Trachee genau und vergleiche ihn mit dem Bau von Luftröhre und Bronchien beim Menschen (Abb. 5, 6).
c) Welche Bedeutung haben die Verstärkungsringe eines Staubsaugerschlauches? Ein Modellversuch kann dir helfen: Nimm einen Strohhalm mit dünnen Wänden und kneife ihn bis auf eine kleine Öffnung zu. Nun sauge mit dem Mund die Luft heraus. Übertrage dein Ergebnis auf den Bau von Luftröhre, Bronchien und Tracheen.

3 Wärmeregulation. Um fliegen zu können, müssen die Flugmuskeln der Hummel eine Temperatur von mindestens 30 °C aufweisen. Zum Aufwärmen zittert die Hummel mit der Flugmuskulatur. Das Herz pumpt kaltes Blut aus dem Hinterleib in die Brust. Zwischen Brust und Hinterleib befindet sich im unteren Bereich eine dünne Haut. Unter ihr kann das Blut aus der Brust wieder in den Hinterleib zurückströmen und ins Herz eintreten. Erläutere anhand von Abbildung 7, wie die Hummel es schafft, auch bei kalten Außentemperaturen ihren Körper auf konstant 30 °C aufzuheizen.

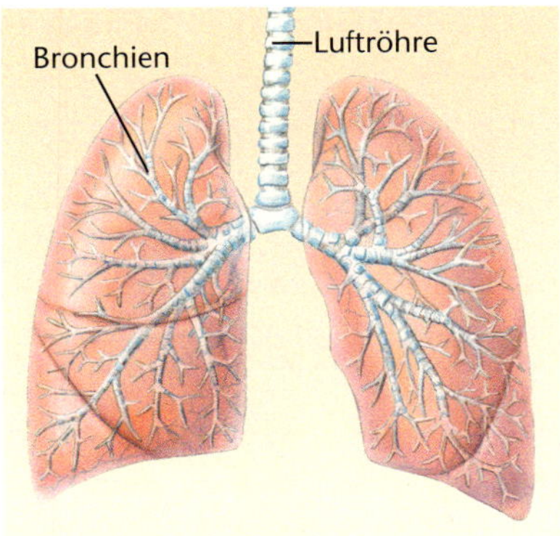

6 *Luftröhre und Bronchien des Menschen*

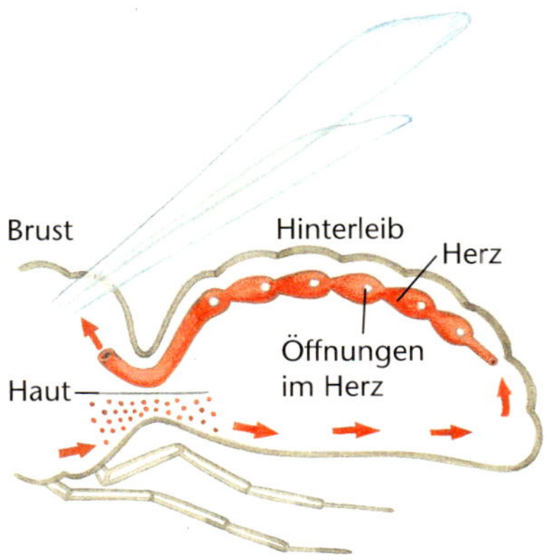

7 *Wärmeregulation der Hummel*

3.6 Fortbewegung von Insekten

1 *Hornisse im Flug*

2 *Heuschrecke mit Sprungbeinen*

3 *Gelbrandkäfer*

Die meisten Insekten können fliegen. Hornissen haben ein ausgezeichnetes Flugvermögen (Abb. 1). Manche Insekten sind in der Lage, im Flug stehen zu bleiben, ruckartig die Richtung zu ändern und schnell zu beschleunigen.

Die Flugmuskeln setzen bei den Insekten in der Regel nicht direkt am Flügel, sondern innen am Chitinskelett der Brust an (Abb. 5). Das Insekt benötigt zwei Muskelgruppen, die so genannten Gegenspieler, für die Bewegung der Flügel: Senkrecht in der Brust verlaufende Muskeln flachen den Körper bei der Kontraktion ab. Dadurch wird die Rückenplatte nach unten gezogen, drückt von oben auf die Enden der Flügel und bewirkt dadurch ein Anheben der Flügel. Wenn die längs verlaufenden Muskeln zusammengezogen werden, verkürzt sich der Körper. Dadurch wird die Brustplatte wieder nach oben gedrückt, so dass die Flügel nach unten bewegt werden.

Nicht alle Insekten haben vier Flügel. Bei den Zweiflüglern, z. B. den Fliegen und den Mücken, sind die hinteren Flügel nur noch als Stummel vorhanden. Manche Gruppen haben gar keine oder wie die Ameisen nur zu bestimmten Zeiten Flügel.

Insekten laufen mit ihren drei Beinpaaren. Die Beine können sehr verschieden aussehen, lassen sich aber alle von einem Grundtyp ableiten (Abb. 4). Auf die Hüfte folgt der Schenkelring, der Schenkel, die Schiene und der Fuß. Wegen des gegliederten Aufbaus bezeichnet man es auch als **Gliederbein.** Die Insekten gehören zu den Gliederfüßern.

Bei den Insekten findet man verschiedene Abwandlungen dieses Beinaufbaus. Bei den Laufkäfern sind die Beine beispielsweise lang und dünn. Die verdickten Schenkel der Heuschrecken weisen starke Muskeln zum Springen auf (Abb. 2). Flöhe besitzen dazu im hintersten Beinpaar ein elastisches Eiweiß, das wie eine Feder Spannung halten kann. Wird die Spannung dieses Eiweißes gelöst, schnellt das Tier nach vorne. Bei schwimmenden Insekten, wie dem Gelbrandkäfer, sind die hinteren Beinpaare durch Haare ruderartig verbreitert (Abb. 3). Die vorderen Beinpaare dienen bei den räuberisch lebenden Tieren zum Ergreifen der Beute. Libellenlarven leben unter Wasser, schwimmen jedoch nicht, sondern laufen über den Gewässergrund. Manche Wasserinsekten leben auf oder unter der obersten Wasserschicht und benutzen die Oberflächenspannung des Wassers, um sich darauf fortzubewegen.

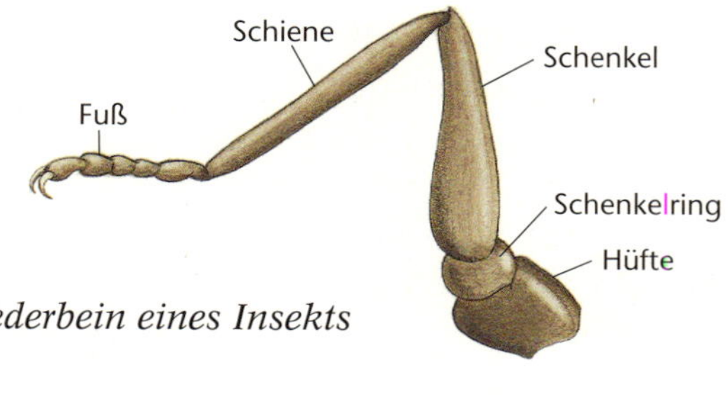

4 *Gliederbein eines Insekts*

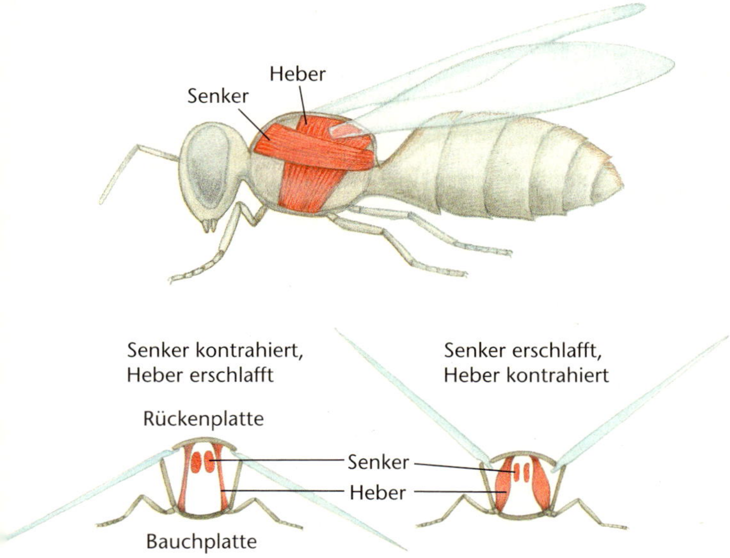

5 *Funktion der Muskeln beim Insektenflug*

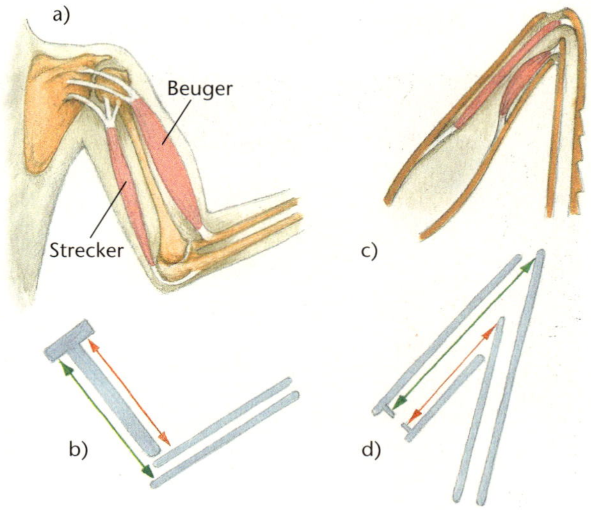

7 *Bewegungen der Gliedmaßen bei Mensch und Insekt*

6 *Modellversuch*

1 Bewegung der Insektenflügel.
a) Beschreibe anhand von Abbildung 5 die Funktion der Muskulatur beim Flug der Insekten.
b) Heber und Senker werden auch als Gegenspieler bezeichnet. Erkläre diese Bezeichnung.

2 Modellversuch Insektenflug. Nimm einen Topf und einen Deckel, der für den Topf zu klein ist. Stecke links und rechts jeweils einen Kochlöffel hinein und bewege den Deckel auf und ab (Abb. 6). Beobachte und beschreibe das Ergebnis. Welche Teile des Versuchsaufbaus entsprechen den Körperteilen bei dem Insekt?

3 Bewegung der Gliedmaßen bei Mensch und Insekt. Beschreibe die Tätigkeit der Muskeln bei einer Auf- und Abwärtsbewegung des menschlichen Oberarmes und vergleiche mit der Bewegung eines Insektenbeines (Abb. 7). Stelle Unterschiede und Gemeinsamkeiten übersichtlich zusammen.

4 Angepasstheit von Insektenbeinen. Die Abbildung 8 zeigt verschiedene Angepasstheiten bei Gliederbeinen von Insekten.

a) Beschreibe, inwiefern die Beine vom Grundtyp ausgehend abgewandelt sind.
b) Ordne in einer Tabelle die richtige Bezeichnung zu: Fangbein, Grabbein, Sprungbein, Klammerbein, Putzbein für die Fühler. Begründe deine Zuordnung.
c) Überlege, welche der unten genannten Insekten solche angepassten Beine besitzen. Ordne sie in deiner Tabelle zu: Heuschrecken, Kopflaus, Biene, Gottesanbeterin (räuberisch lebend), Maulwurfsgrille.

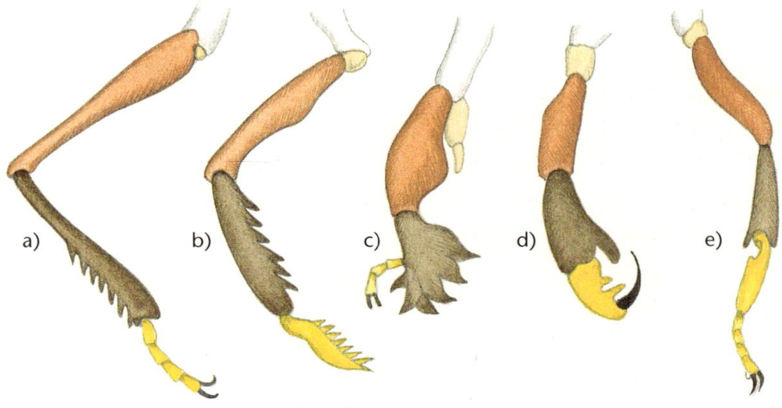

8 *Angepasstheit von Insektenbeinen*

3.7 Nervensystem und Sinnesleistungen der Insekten

1 *Insektenkopf mit Komplexaugen*

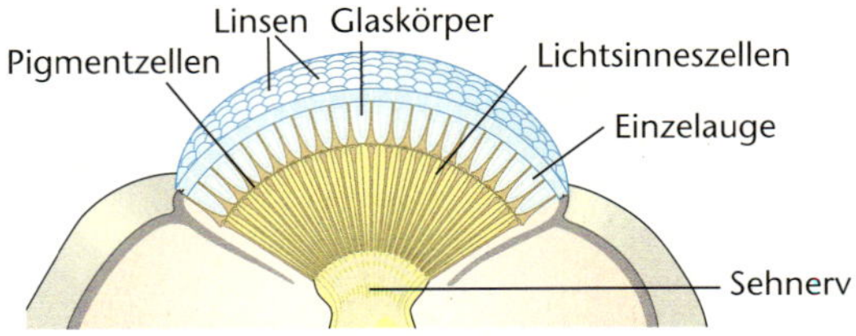

2 *Längsschnitt durch ein Komplexauge*

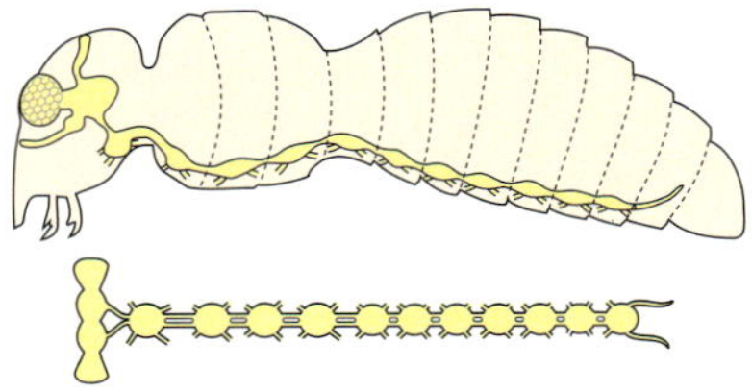

3 *Strickleiternervensystem, von der Seite und von oben*

Damit ein Tier auf Reize aus der Umwelt reagieren kann, benötigt es **Sinnesorgane.** Sie nehmen Reize auf und wandeln sie in elektrische Signale um. Diese werden durch Nerven an das Gehirn weitergeleitet. Das Nervensystem der Insekten besteht aus zwei parallelen Nervensträngen, die auf der Bauchseite den ganzen Körper durchziehen. Die Nervenstränge sind in jedem Segment durch Nervenknoten, die Ganglien, verbunden. Das Nervensystem wird deshalb auch **Strickleiternervensystem** genannt (Abb. 3).

Wichtige Sinnesorgane sind für viele Insekten die Augen. Das Insektenauge ist aus vielen kleinen Einzelaugen zusammengesetzt (Abb. 1, 2). Es wird **Komplexauge** oder Facettenauge genannt. Jedes Einzelauge hat denselben Aufbau. Die Einzelaugen werden von einer harten, durchsichtigen Chitinlinse bedeckt. Die Linse und der darunterliegende Glaskörper bündeln das Licht. Die anschließenden Lichtsinneszellen enthalten einen lichtempfindlichen Farbstoff, mit dessen Hilfe bei Belichtung ein elektrisches Signal erzeugt wird. Der Sehnerv leitet diesen an das Gehirn weiter. Das Einzelauge ist von dunklen Pigmentzellen umgeben, die verhindern, dass Streulicht von der Seite eintritt. Jedes Einzelauge schaut in eine etwas andere Richtung. Deshalb bildet jedes Einzelauge einen anderen Ausschnitt der Umgebung ab. Das vom Insekt wahrgenommene Bild entsteht aus der Zusammensetzung vieler Bildpunkte oder Pixel. Das Insekt sieht also ein Mosaik von Bildpunkten (Abb. 4). Je mehr Einzelaugen ein Insektenauge besitzt, desto feiner ist dieses Mosaik.

Das Sehfeld der Insekten ist je nach Ausdehnung der Augen auf dem Kopf häufig deutlich größer als beim Menschen. Libellen können nach allen Seiten gleichzeitig sehen.

Komplexaugen können Bewegungen besser wahrnehmen als Linsenaugen, da ihre Lichtsinneszellen schneller auf Licht reagieren. Die Anzahl der Bilder, die in einer Sekunde noch getrennt wahrgenommen werden können, bezeichnet man als zeitliches Auflösungsvermögen. Manche Insekten sind in der Lage, etwa 300 Bilder in der Sekunde getrennt wahrzunehmen, während der Mensch im Vergleich dazu nur etwa 20 Bilder in der Sekunde als getrennte Bilder wahrnimmt.

Am Kopf eines Insekts befinden sich die Fühler. Außer dem Tastsinn ist hier auch der Geruchssinn lokalisiert. Manche Nachtfalter können mit ihren Fühlern über viele Kilometer ein Weibchen riechen und finden.

4 *Unterschiedliche Sehschärfe*

Linsenauge
Wanderfalke: 0,4´
Katze: 5´
Ratte: 40´
Komplexauge
Honigbiene: 60´
Taufliege: 540´
Einsiedlerkrebs: 270´

5 *Sehschärfen von Tieren in Winkelminuten*

1 Sehschärfe des Komplexauges. Abbildung 4 zeigt ein Foto einmal mit einem Linsenauge, einmal mit einem Komplexauge betrachtet.

a) Welches Bild ist dem Komplexauge zuzuordnen? Begründe deine Zuordnung.

b) Welche Größe wird bei Bildschirmen oder Scannern mit der Einheit dpi (engl. dots per inch) angegeben? Welcher Zusammenhang besteht zwischen dieser Angabe und der Qualität des Bildes? Stelle Zusammenhänge zum Auflösungsvermögen des Insektenauges her.

c) In Abbildung 5 ist die Sehschärfe verschiedener Tiere in Winkelminuten angegeben.
Ein kleiner Winkel bedeutet dabei eine große Sehschärfe.
Erkläre, inwieweit es sich hier um Angepasstheiten an die Lebensweise handelt.

2 Zeitliche Auflösung. Die Anzahl der Bilder pro Sekunde, die ein Auge noch als einzelne Bilder wahrnehmen kann, wird in Hertz (Hz) angegeben. Erläutere die Abbildung 7. Erkläre das unterschiedliche zeitliche Auflösungsvermögen von Insekten als Angepasstheit an die Lebensweise.

3 Farbensehen bei Insekten. Insekten sehen andere Farben als Wirbeltiere. Erläutere dies anhand der Abbildung 6.

4 Vergleich Linsenauge – Komplexauge.

a) Ordne den Buchstaben in Abbildung 8b nach den Informationen auf der Grundwissenseite ihre Namen und ihre Aufgabe zu.

b) Welche Teile im menschlichen Auge und im Komplexauge haben die gleichen Aufgaben? Lege dazu eine Tabelle an.

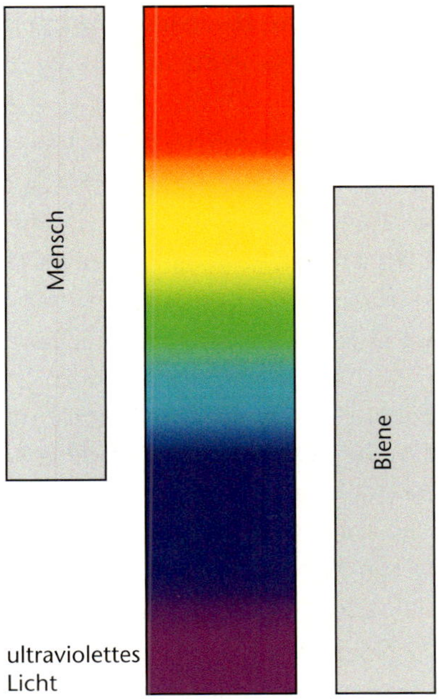

6 *Farbensehen bei Mensch und Honigbiene*

Linsenauge	Komplexauge
Frosch: 8 Hz	nachtaktive, langsame Insekten: 8–10 Hz
Schildkröte: 50 Hz	Bienen, Wespen: ca. 220 Hz
	Libellen über 300 Hz

7 *Zeitliche Auflösung der Augen von Tieren*

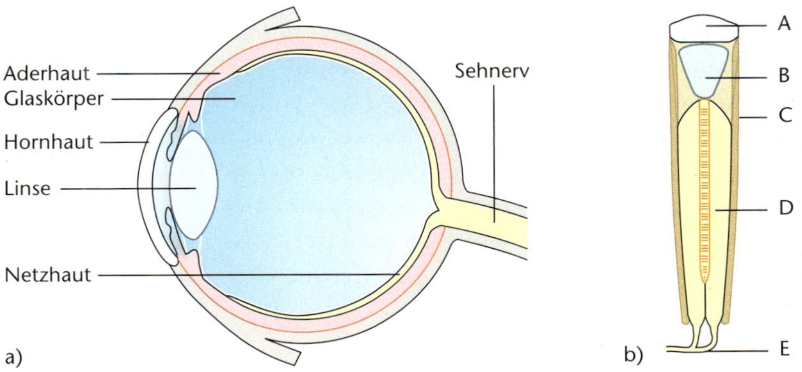

8 *Schnitt durch a) das menschliche Auge, b) durch das Einzelauge eines Insekts*

3.8 Insekten sind Ernährungsspezialisten

1 *Beißendes Mundwerkzeug der Roten Waldameise*

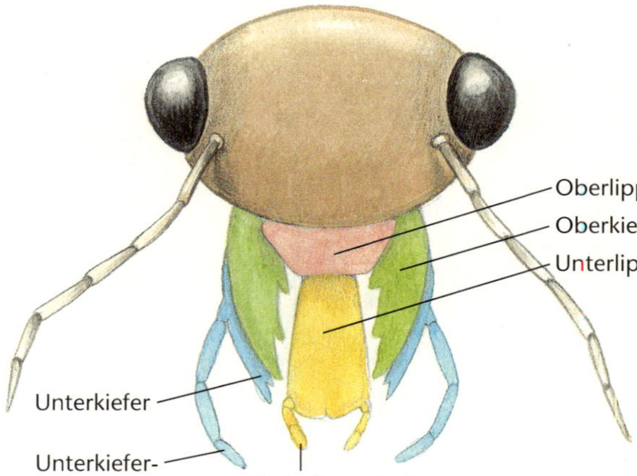

2 *Schema des beißenden Mundwerkzeuges*

Insekten fressen ihre Nahrung mit so genannten **Mundwerkzeugen.** Sie befinden sich an der Unterseite des Kopfes vor der Mundöffnung. Viele Insekten besitzen Mundwerkzeuge, die besonders zum Beißen und Kauen von pflanzlicher und tierischer Nahrung geeignet sind (Abb. 1, 2). Sie bestehen aus vier Teilen: dem Oberkiefer, dem Unterkiefer, der Oberlippe und der Unterlippe. Der Unterkiefer trägt noch kleine Anhänge, die Unterkiefertaster, die als Sinnesorgane der Prüfung der Nahrung dienen. Hinter den Mundwerkzeugen befindet sich die Zunge, an deren Mündung sich die Speicheldrüsen befinden. Auf der Unterlippe befinden sich die Unterlippentaster. Sie tragen Geschmacks- und Geruchssinnesorgane. Ähnliche Mundwerkzeuge wiesen bereits Insekten auf, die vor Jahrmillionen lebten. Im Laufe der Evolution kam es zu Veränderungen des Baus der Mundwerkzeuge. Dadurch konnten Insektenarten neue Nahrungsquellen erschließen, während sie andere nicht mehr nutzen konnten. Insekten sind auf eine bestimmte Nahrung spezialisiert und ihre Mundwerkzeuge sind an diese Nahrung angepasst. Die Vielfalt der Mundwerkzeuge macht die verschiedenen Insektenarten zu ausgeprägten Ernährungsspezialisten.

Die heute lebenden Insekten besitzen viele verschiedene Typen von Mundwerkzeugen (Abb. 3). Heuschrecken und manche Käfer benötigen zum Verzehren ihrer Beute kräftige beißende Mundwerkzeuge, die sehr gut zur Zerkleinerung von harter Nahrung geeignet sind. Blut saugende Insekten wie Mücken besitzen ein stechendes Mundwerkzeug. Manche Insekten, wie z.B. die Fliege, sind auf die Aufnahme von Nahrungsresten spezialisiert. Die Mundwerkzeuge sind nicht zur Zerkleinerung fester Nahrung geeignet (Abb. 6, 7). Die Fliege gibt aus den Speicheldrüsen Verdauungssekrete ab, mit deren Hilfe die Nahrung außerhalb des Körpers vorverdaut wird. Mit einem staubsaugerartigen Rüssel wird die verflüssigte Nahrung aufgesaugt.

Die Mundwerkzeuge der Biene bilden einen Saugrüssel, mit dem sie den Nektar, der am Boden der Blüten ausgeschieden wird, aufnimmt. Im Saugrüssel bewegt sich die behaarte Zunge. Sie besitzt am Ende ein Löffelchen, das die Nahrung aufleckt. Die Biene besitzt ein leckend-saugendes Mundwerkzeug. Einen sehr viel längeren Saugrüssel weisen die Schmetterlinge auf. Der zusammengerollte Saugrüssel befindet sich zwischen den Unterlippentastern. Wenn Schmetterlinge in der Blüte Nektar aufnehmen, wird er mithilfe von Muskeln ausgestreckt. Schmetterlinge besitzen ein saugendes Mundwerkzeug.

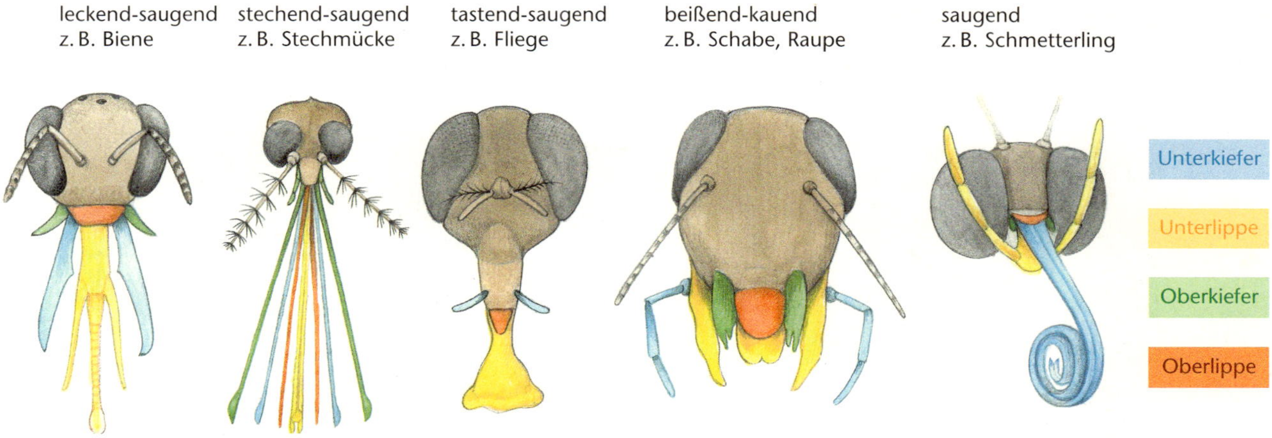

3 *Mundwerkzeuge von Insekten*

1 Spezialisierung der Mundwerkzeuge. Vergleiche den Bau der Mundwerkzeuge in Abbildung 3 in Form einer Tabelle.

2 Angepasstheit der Mundwerkzeuge an die Nahrung. Ordne die Nahrung den passenden Mundwerkzeugen in Abbildung 3 zu: Blätter, Blüten, Blut, Nektar, Pollen, Samen, Stängel, Milch, Saft, Haut, Wurzeln, Insekten, Holz, Pflanzensaft.

3 Nahrung in verschiedenen Lebensphasen. Schmetterlinge und ihre Larven nehmen unterschiedliche Nahrung auf (Abb. 4, 5). Beschreibe unter Verwendung von Abbildung 3 den Zusammenhang zwischen Nahrung und Bau der Mundwerkzeuge.

4 Nahrungsaufnahme der Stubenfliege. Beschreibe den Bau des Tupfrüssels der Stubenfliege (Abb. 3, 6, 7). Verfasse einen zusammenhängenden Text über die Nahrungsaufnahme der Stubenfliege.

4 *Schmetterlingsraupe bei der Nahrungsaufnahme*

5 *Schmetterling bei der Nahrungsaufnahme*

6 *Kopf mit Rüssel der Stubenfliege*

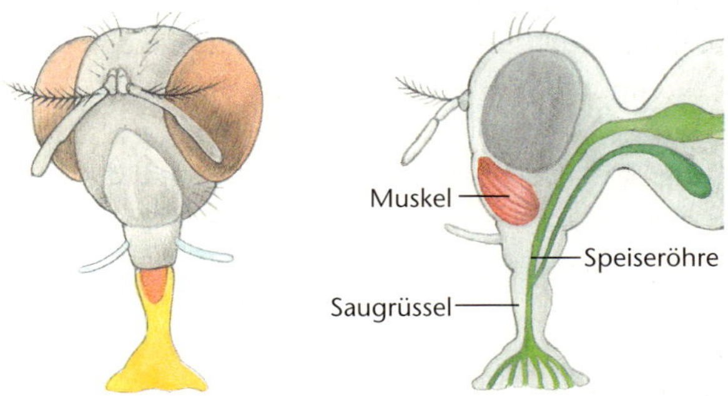

7 *Kopf mit Rüssel der Stubenfliege*

3.9 Metamorphose bei Insekten

1 *Hormonregulation bei der Metamorphose*

Bei allen Insekten erfolgt die Entwicklung vom Ei über **Larven** zum geschlechtsreifen Tier, der **Imago.** Eine solche Entwicklung nennt man Verwandlung oder **Metamorphose.** Insekten und ihre Larven besitzen eine Haut oder einen Panzer aus Chitin. Nur sehr dünne Chitinhäute sind etwas dehnbar. Beim Wachstum muss daher von Zeit zu Zeit eine neue, größere Haut unter der alten gebildet werden. In der anschließenden Häutung platzt die alte Haut, und die Tiere passen durch Streckung ihre Größe der neuen Haut an. Die Tiere wachsen daher in Schüben.

Bei einem Teil der Insekten hat die Larve eine vollkommen andere Gestalt als die Imago. Beispiele sind Schmetterlinge mit ihren Larven, den Raupen (Abb. 1). Haben die Larven eine bestimmte Größe erreicht, entwickeln sie sich zur **Puppe.** Während des Puppenstadiums erfolgt im Innern der festen Puppenhülle die Umwandlung zur Imago. Ist sie beendet, reißt die Puppenhülle auf und das geschlechtsreife Insekt schlüpft. Insekten mit dieser Art der Entwicklung fasst man als Insekten mit **vollkommener Metamorphose** zusammen.

Bei anderen Insekten, zum Beispiel bei Heuschrecken und Wanzen, werden die Larven schrittweise dem erwachsenen Tier ähnlicher. Sie haben kein Puppenstadium (Abb. 1). Flügel und Geschlechtsorgane werden erst mit der letzten Häutung ausgebildet. Insekten mit dieser Entwicklung nennt man Insekten mit **unvollkommener Metamorphose.**

Die Häutung wird sowohl bei Insekten mit vollkommener als auch bei Insekten mit unvollkommener Metamorphose von zwei Hormonen im Insektenkörper reguliert. Die Hormone heißen Ecdyson und Juvenilhormon. Die Funktion der Hormone wurde durch Versuche erforscht, in denen man die Hormondrüsen bei Tieren in verschiedenen Entwicklungsstadien entfernte oder ihnen zusätzlich Hormondrüsen einpflanzte (Abb. 2).

Ecdyson wird im vorderen Brustabschnitt des Insekts von einer Drüse gebildet. Bei einer bestimmten Hormonmenge kommt es zur Häutung. Das Juvenilhormon wird von einer Hormondrüse im Kopf der Larven gebildet. Die Menge an Juvenilhormon ist entscheidend dafür, ob bei der Häutung eines Insekts mit vollkommener Metamorphose eine Puppe entsteht oder eine Larve. Jedes Larvenstadium ist etwas größer als das vorhergehende. Bei den Insekten mit unvollkommener Metamorphose wird mit Juvenilhormon eine Larve und ohne Juvenilhormon die Imago gebildet.

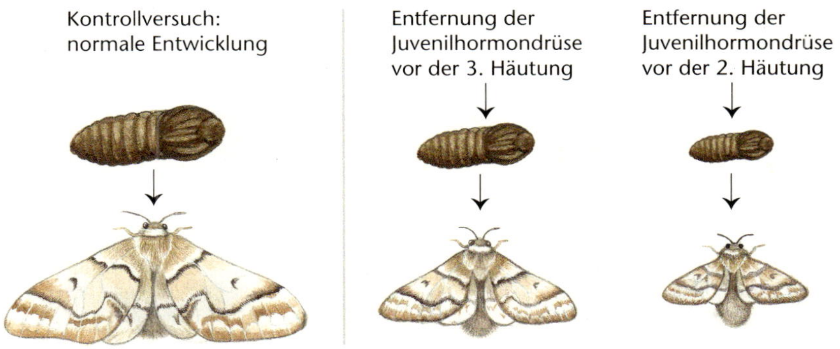

2 *Experiment zur Funktion vom Juvenilhormon*

1 Metamorphose und Häutung.

a) Fasse die Aussagen der Abbildung 1 in Worte. Arbeite dabei die Unterschiede heraus.

b) Beschreibe die in Abbildung 2 dargestellten Versuche und erkläre die Versuchsergebnisse.

Wissenschaftler führten mit Mehlkäferlarven folgende Versuche durch: Eine gelochte Gummischeibe wurde auf ein konisches Glasröhrchen geschoben. Hielt man eine Mehlkäferlarve (Mehlwurm) vor das Röhrchen, versuchte sie hineinzukriechen. Sobald das Vorderteil im Röhrchen war, schob man die Gummischeibe über die Larve, die nun an dieser Stelle fest zusammengeschnürt war. Nach 24 Stunden hatte sich der vordere Teil der Larve verpuppt, während der hintere unverändert blieb.

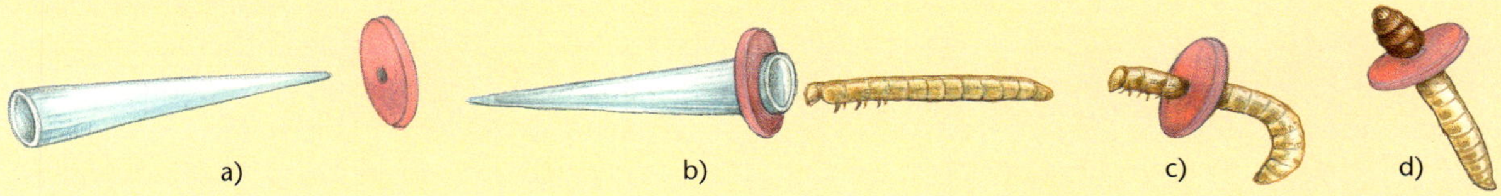

3 *Versuch mit Mehlkäferlarven*

2 Versuche mit Larven von Mehlkäfern.
In dem in der Abbildung 3 dargestellten Versuch wurden Mehlkäferlarven, die kurz vor der Verpuppung standen, mit Gummiringen geschnürt. Erkläre das Ergebnis ausführlich.

3 „Papierfaktor".

a) Fasse die Aussagen des Textes in Abbildung 4 in einigen kurzen Sätzen zusammen.

b) Begründe, warum die Feuerwanzen zusätzliche Larvenstadien entwickelten, die noch dazu größer als normal waren.

c) Forscher gehen davon aus, dass das Vorkommen des „Papierfaktors" in den Tannen nicht zufällig ist. Stelle begründete Vermutungen auf, welchen Vorteil es für die Tannen haben könnte, einen solchen Stoff zu bilden.

Feuerwanzen ernähren sich von Pflanzensamen. Als einige Tiere aus Europa zu Versuchszwecken in ein amerikanisches Labor gebracht wurden, beobachtete man, dass die Tiere ein übergroßes sechstes oder sogar siebtes Larvenstadium erreichten, sich aber nicht zu geschlechtsreifen Tieren entwickelten. Genaue Untersuchungen ergaben als Ursache Papierhandtücher aus amerikanischem Tannenholz, die den Tieren zum Klettern gegeben wurden. Diese Tücher enthielten eine chemische Substanz der Tannen, die dem Juvenilhormon im Aufbau sehr ähnlich war und auf die Feuerwanzen die gleiche Wirkung wie das Insektenhormon hatte. Man nannte die Substanz „Papierfaktor".

4 *Information zum „Papierfaktor"*

3.10 Ein Jahr im Bienenstaat

1 *Bienenwabe*

2 *Eier in den Zellen einer Wabe*

3 *Larven*

Das bekannteste Beispiel für einen heimischen Insektenstaat ist der Staat der Honigbiene. Sie lebt in einem Bienenstock, der aus vielen aus Wachs gebauten Waben besteht (Abb. 1). Im Staat der Honigbienen gibt es eine Königin, viele Arbeiterinnen sowie zu manchen Zeiten männliche Bienen, die **Drohnen.** Die drei Formen unterscheiden sich im Körperbau (Abb. 7).

Im Frühling beginnt die **Königin** mit der Eiablage in die kleinen sechseckigen Zellen einer Wabe (Abb. 2). Aus den Eiern schlüpfen zunächst kleine Larven, die von Arbeiterinnen mit Honig und Pollen ernährt werden (Abb. 3). Nach knapp einer Woche verpuppt sich die Larve und entwickelt sich in der mit einem Deckel verschlossenen Zelle zum ausgewachsenen Insekt. Aus diesen Eiern schlüpfen nur unfruchtbare Weibchen, die **Arbeiterinnen** (Abb. 4). Die Entwicklung dauert insgesamt etwa drei Wochen.

4 *Schlüpfende Arbeiterin*

Wenn eine Arbeiterin schlüpft, beteiligt sie sich sofort an den Arbeiten im Bienenstock. Die Arbeiterin übernimmt dabei nacheinander verschiedene Aufgaben (Abb. 5). Die zeitliche Reihenfolge ihrer Tätigkeiten ist genau festgelegt und wird durch Hormone gesteuert.

Das Bienenvolk wird durch den Nachwuchs immer größer. Ab einer bestimmten Individuenzahl beginnt die Königin, unbefruchtete Eier zu legen, aus denen Drohnen entstehen. Gleichzeitig legen die Arbeiterinnen große Weiselzellen an, in denen weibliche Bienenlarven mit einem besonderen Futtersaft gefüttert werden. Diese Larven wachsen zu Königinnen heran. Es hängt also von der Ernährung der Larven ab, ob sich aus einem befruchteten Ei eine Arbeiterin oder eine Königin entwickelt. Die „alte“ Königin verlässt kurz vor dem Schlüpfen der jungen Königinnen mit einem Teil der Arbeiterinnen den Bienenstock, um einen neuen Bienenstaat zu gründen. Die erste schlüpfende Königin tötet die anderen Larven in den Weiselzellen. Auf ihrem ersten Flug, dem Hochzeitsflug, wird sie von Drohnen begattet und beginnt dann selbst mit der Eiablage.

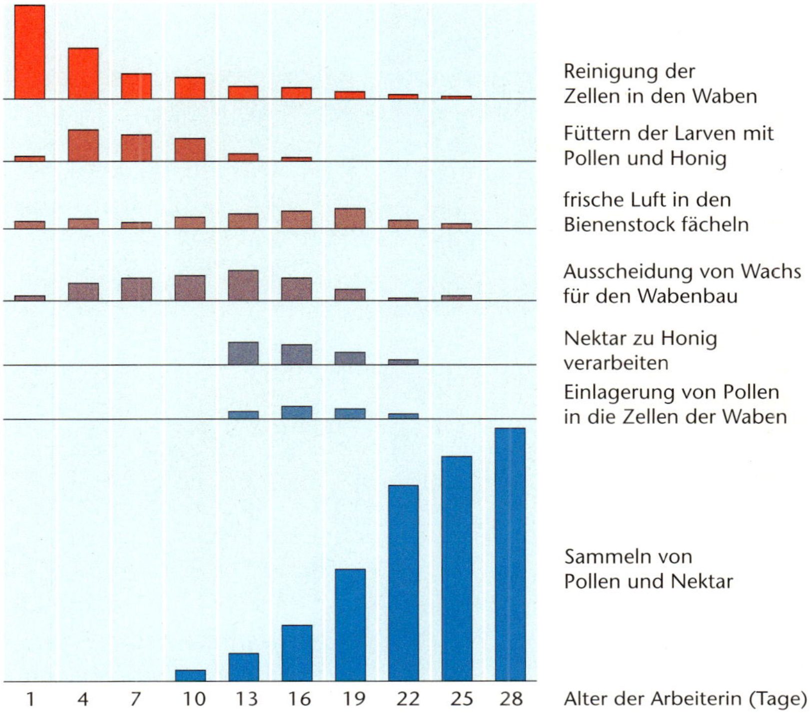

5 *Tätigkeiten einer Arbeiterin*

1 Tätigkeiten einer Arbeiterin. Entnimm aus der Abbildung 5 die Haupttätigkeiten einer Arbeiterin. Erstelle einen Zahlenstrahl von 0–28 Tagen in deinem Heft. Beschrifte den Zahlenstrahl mit den jeweiligen Haupttätigkeiten der Arbeiterin.

2 Größe des Bienenstocks.
a) Vergleiche die angegebene Anzahl der Bienen im Verlauf eines Jahres (Abb. 6).
b) Begründe die auftretenden Änderungen.

3 Merkmale der Bienen. Die Abbildung 7 zeigt die verschiedenen Bienen eines Bienenstaats. An welchen Merkmalen kann man sie unterscheiden? Erstelle dazu eine Tabelle in deinem Heft.

6 *Anzahl der Bienen in einem Stock*

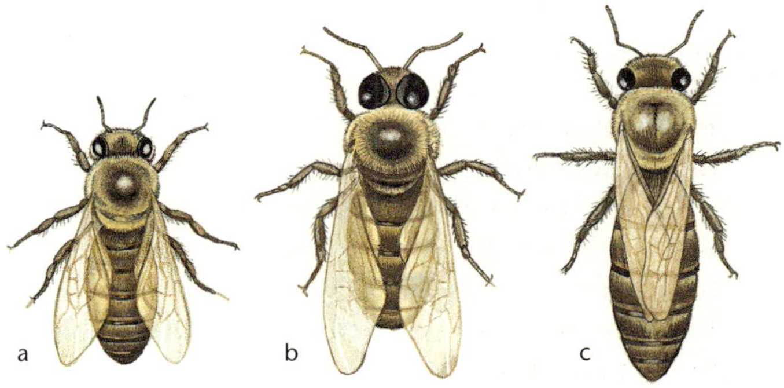

7 *a) Arbeiterin, b) Drohne, c) Königin*

4 Temperatur im Bienenstock. Die Temperatur im Bienenstock wird geregelt. Die Arbeiterinnen tragen bei zu großer Hitze Wasser in den Stock ein. Durch Fächeln mit den Flügeln verdunstet Wasser und es wird kühler. Wird es im Stock zu kalt, erwärmen die Bienen ihn durch Zittern der Flugmuskeln. Beschreibe, was in Abbildung 8 dargestellt wird. Begründe den Verlauf der Kurven.

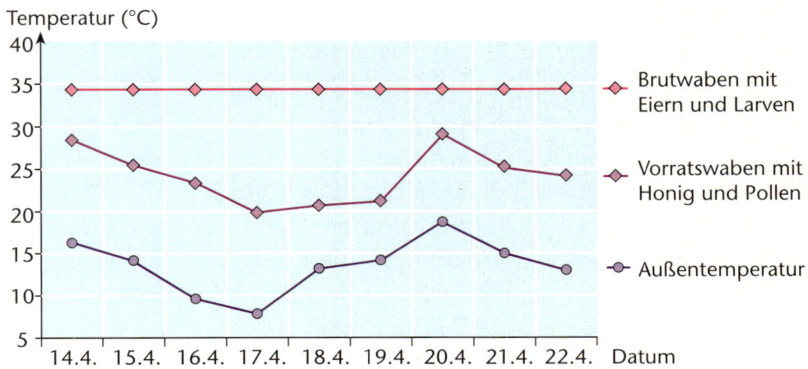

8 *Temperaturen innerhalb und außerhalb eines Bienenstocks*

3.11 Verständigung bei Bienen

Der Biologe KARL VON FRISCH entdeckte, dass Bienen Informationen über ertragreiche Futterstellen für Nektar und Pollen an andere Arbeiterinnen weitergeben. Liegt die Futterquelle bis etwa 100 m vom Bienenstock entfernt, vollführt die Arbeiterin einen Rundtanz (Abb. 1). Die Lage von weiter entfernten Futterquellen wird durch den Schwänzeltanz weitergegeben (Abb. 2). Dabei weicht die Schwänzelstrecke im gleichen Winkel von der Senkrechten auf der Wabe ab, den die Futterquelle zur Sonne beschreibt (Abb. 3). Die Bienen können den Sonnenstand auch bei bedecktem Himmel erkennen. Je langsamer eine Biene tanzt, umso weiter ist die Futterquelle entfernt. Je häufiger und länger die Biene tanzt, desto ergiebiger ist der Fund. Die anderen Arbeiterinnen verfolgen die Biene beim Tanz. Kleine Geschmacksproben und anhaftende Duftstoffe liefern ihnen weitere Informationen über die Futterquelle. Da es im Stock dunkel ist, können die Bienen den Tanz nicht sehen. Die tanzende Biene erzeugt mit ihren Flugmuskeln eine Vibration der Wabe, die die anderen Bienen wahrnehmen können.

1 *Rundtanz*

2 *Schwänzeltanz*

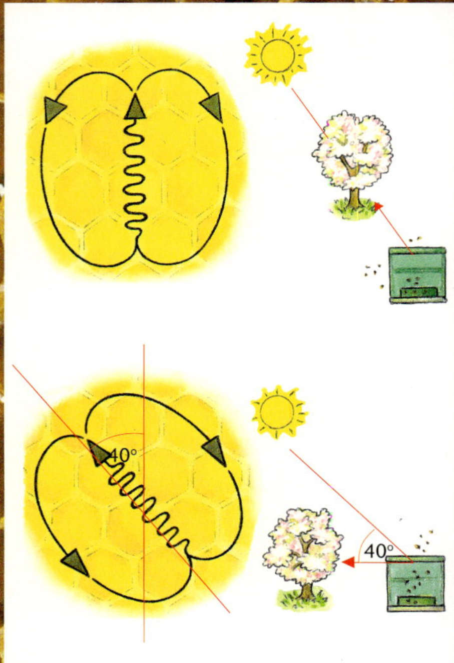

3 *Der Schwänzeltanz zeigt die Richtung der Futterquelle*

Der gute Geruchssinn leitet die Biene in der Blüte zum Nektar und ermöglicht das Erkennen von Eindringlingen in den Bienenstock. Auch die Königin signalisiert ihre Anwesenheit durch einen Duftstoff. Sinkt dessen Konzentration, so beginnen Arbeiterinnen mit dem Bau von neuen Weiselzellen, in denen dann neue Königinnen heranwachsen.

„An den Blüten meines Kirschbaumes habe ich zuerst nur eine einzelne Biene beobachtet, nach kurzer Zeit waren es Hunderte. Wie ist das zu erklären? Meine Beobachtungen lassen nur einen Schluss zu.
Wenn eine Biene eine lohnende Futterquelle entdeckt hat, teilt sie das den anderen Bienen im Bienenstock mit. Wie macht sie das nur?
Meine Untersuchungen haben Erstaunliches zu Tage gebracht: Eine in den Bienenstock zurückgekehrte Biene gibt die nötigen Informationen durch ganz bestimmte Bewegungen weiter. Ich nenne diese Bewegungen einen Tanz.
Liegt die Futterquelle innerhalb eines Umkreises von etwa 100 m vom Stock entfernt, führt sie einen Rundtanz aus (Abb. 1). Liegt die Futterquelle weiter weg, bewegt sie sich im Schwänzeltanz (Abb. 2). Ich nenne ihn so, weil die Biene bei diesem Tanz auf einer geraden Laufstrecke ihren Hinterleib hin- und herbewegt. Nun vollführt die Biene diesen Schwänzeltanz aber auf der senkrecht stehenden Fläche einer Wabe. Läuft sie die Schwänzelstrecke senkrecht nach oben, zeigt das Folgendes an: Die Futterquelle liegt genau in Sonnenrichtung (Abb. 3). Führt die Schwänzelstrecke senkrecht nach unten, liegt die Futterquelle genau entgegengesetzt zur Sonnenrichtung. Um den Tanz der Biene genau mitzubekommen, laufen andere Bienen eine Zeit lang dicht hinter der heimgekehrten Biene her und betasten ihr Hinterteil mit ihren Fühlern. So nehmen sie die Bewegungsrichtung wahr. Dabei riechen sie auch den Duft, der von der Futterquelle stammt. Sie erhalten also auch Informationen über die Blütensorte, die sie anfliegen sollen."

4 *Die Beobachtung des Biologen KARL VON FRISCH*

1 Erforschung des Bienentanzes.
a) Fasse die wesentlichen Aussagen von KARL VON FRISCH schriftlich zusammen (Abb. 4).
b) Übersetze die Schwänzeltänze in Abbildung 3 in eine Fluganweisung für eine Arbeiterin: „Fliege aus dem Stock und" …
c) KARL VON FRISCH begann seine Versuche, indem er unweit eines Bienenstocks ein Schälchen mit einer Zuckerlösung als Futterquelle aufstellte. Anfliegende Bienen markierte er mit einem Farbpunkt. Wie müsstest du im Weiteren vorgehen, um seine Ergebnisse zu überprüfen? Beschreibe und begründe deinen Vorschlag für einen möglichen Versuchsablauf.

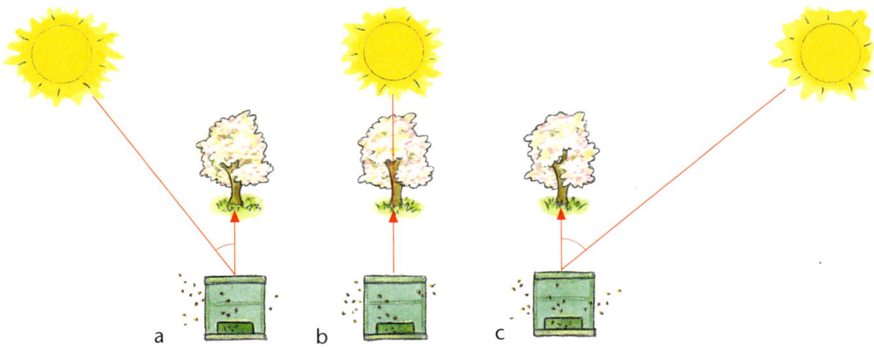

5 *Wie sieht der jeweilige Schwänzeltanz aus?*

2 Schwänzeltanz. Skizziere die Schwänzeltänze für die verschiedenen Positionen einer Futterquelle in Abbildung 5.

3 Verschlüsselung der Entfernung. Aus der Abbildung 6 kann man entnehmen, wie die Entfernung zur Futterquelle im Schwänzeltanz verschlüsselt wird. Werte die Kurve aus und fasse die Ergebnisse in eigenen Worten zusammen.

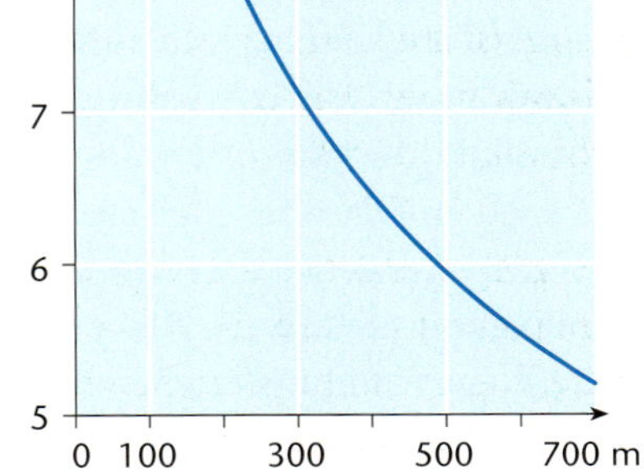

6 *Schwänzeltanz und Entfernung der Futterquelle*

3.12 Ameisen leben in Staaten

1 *Schnitt durch einen Ameisenbau und Ameisen bei der Nahrungsbeschaffung*

Ameisen sind wie Bienen **staatenbildende Insekten.** Die Kleine Rote Waldameise lebt in Kolonien mit bis zu 5000 Königinnen, die im Ameisenbau verteilt sind (Abb. 1). Dem Volk können bis 1 000 000 Arbeiterinnen angehören. Da die Königinnen, die bis 20 Jahre alt werden können, nach und nach ersetzt werden, ist das Volk potenziell unsterblich.

An warmen Frühlingstagen schwärmen die geflügelten jungen Weibchen und Männchen aus. Die Weibchen werden von mehreren Männchen begattet. Bald darauf sterben die Männchen. Die jungen Weibchen, die Königinnen, kehren meist in den Ameisenbau zurück und beginnen dort mit der Eiablage, ihrer einzigen Aufgabe. Ameisen machen in ihrer Entwicklung eine **vollkommene Metamorphose** durch. Aus den befruchteten Eiern werden bei hohen Temperaturen des Ameisenbaus Arbeiterinnen mit verkümmerten Geschlechtsorganen. Bei niedrigeren Temperaturen im Frühjahr entstehen Königinnenlarven. Diese werden besonders gefüttert. Im Frühling werden außerdem unbefruchtete Eier gelegt, aus denen Männchen entstehen.

Um die richtige Temperatur für die Entwicklung der Larven und Puppen zu halten, werden viele Brutkammern in unterschiedlichen Regionen angelegt. Larven und Puppen werden entsprechend der Temperatur häufig umgesetzt, manchmal auch außerhalb des Baus gesonnt. Bei schlechtem Wetter werden die Gänge an der Oberfläche des Ameisenbaus geschlossen.

Die Verständigung der Ameisen erfolgt über eine Vielzahl von Duftstoffen und durch das Betrillern der Artgenossen mit den Fühlern. Das Geruchsorgan befindet sich an den Fühlern. Jedes Volk besitzt seinen eigenen charakteristischen Geruch, der sich durch ständiges gegenseitiges Füttern einstellt. Brutpflege, Verteidigung und Nahrungsbeschaffung erfolgen ausschließlich durch Arbeiterinnen, wobei die notwendigen Tätigkeiten über eine jeweilige Mischung von Duftstoffen von den Tieren erkannt und ausgeführt werden. Die jungen Arbeiterinnen sind dabei für die Arbeiten im Nest zuständig, die älteren sorgen für die Nahrung.

Die Waldameisen ernähren sich bis zu 70 Prozent von Honigtau, den süßen Ausscheidungen der Blattläuse (Abb. 1). Ihren Proteinbedarf decken Ameisen hauptsächlich aus tierischer Kost. Sie verzehren dabei Aas und greifen Insekten und deren Larven an.

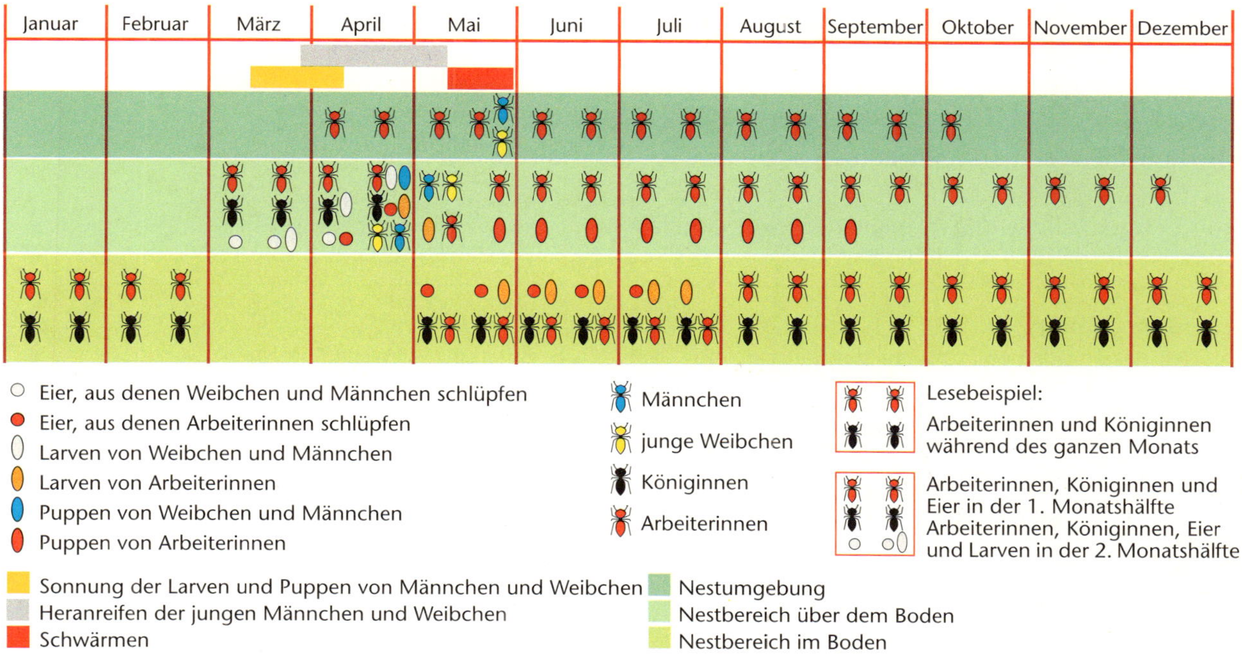

2 *Das Jahr der Kleinen Roten Waldameisen im Schema*

1 Das Jahr im Ameisenstaat. Beschreibe das Leben und die Aktivitäten im Laufe des Jahres von Königinnen, Arbeiterinnen und Männchen der Kleinen Roten Waldameise im Laufe des Jahres (Abb. 2). Setze sie in Bezug zu den entsprechenden klimatischen Bedingungen und sozialen Anforderungen im Staat.

2 Kommunikation

a) Fasse die Inhalte des Textes in Abbildung 3 in eigene Worte und diskutiere ihre Bedeutung für das Funktionieren des Ameisenstaates.

b) Überlege, wie sich Ameisen gegenüber Käfern verhalten, die in Nester eindringen und dabei Pheromone von Ameisenlarven ausscheiden. Begründe deine Ansicht.

Ameisen besitzen das aufwändigste und komplizierteste chemische Kommunikationssystem der Erde. Die Fühler sind die Hauptsinnesorgane, über die unzählige Informationen in Form von Duftstoffen, den Pheromonen, aufgenommen werden. Diese Pheromone sind Hormone, die im Körper der einzelnen Ameise entstehen und bestimmte Verhaltensweisen hervorrufen. Sie werden auch über Drüsen ausgeschieden und wirken in den Körpern ihrer Schwestern auf die gleiche Art und Weise. Wird also eine einzelne Ameise gereizt und dadurch aggressiv, werden die umstehenden Nestgenossinnen unweigerlich ebenfalls aggressiv. Die Pheromone dienen auch als Markierungsflüssigkeit für Nahrungsquellen, gefährliche Orte und vor allem zum Markieren der berühmten Ameisenstraßen. Mit einem Viertel Tröpfchen dieser Pheromonflüssigkeit könnte man um die gesamte Erde eine Ameisenstraße verlegen. Auch die Körpersprache spielt bei diesen Insekten eine wichtige Rolle. So kann man beobachten, dass Ameisen sich immer zumindest kurz mit den Fühlern „betrillern", wenn sie sich begegnen. Oft tauschen sie auch Futter aus, das sie aus ihrem zweiten Magen, dem Sozialmagen, hervorwürgen. Dieses Phänomen dient nicht nur der Fütterung entkräfteter oder im „Außendienst" arbeitender Ameisen. Versuche mit radioaktiv markiertem Futter haben ergeben, dass ein in der Nahrung enthaltener Stoff nach spätestens 30 Stunden in den Sozialmägen aller Ameisen eines Nestes enthalten ist. So wissen alle Ameisen ständig genau, wie es um die Nahrungsressourcen der Kolonie bestellt ist und können sich entsprechend verhalten.

3 *Kommunikation bei Ameisen*

Ein Lernplakat erstellen

Du kannst mit einem Plakat deinen Mitschülerinnen und Mitschülern die Ergebnisse einer Gruppenarbeit oder eines Referats präsentieren.

Ein Lernplakat entsteht in folgenden Arbeitsschritten:

1. Vorbereitung
Für das Erstellen eines Plakats benötigst du eine Tapetenrolle oder einen großen Fotokarton, Klebstoff, eine Schere, Stifte in verschiedenen Farben und verschiedener Dicke und Reißzwecken.

2. Sammeln der Materialien
Suche in Zeitschriften, Büchern oder im Internet nach passenden Materialien für dein Plakat.

3. Bilder und Zeichnungen
Mithilfe von Bildern kannst du dein Thema anschaulicher gestalten. Du kannst auch selbst Zeichnungen anfertigen. Tipp: Verwende aber nicht zu viele Bilder, sonst wird dein Plakat zu unübersichtlich.

4. Gestaltung der Texte
Schreibe kurze Texte, mit denen du die Abbildungen erklärst. Beschränke deine Texte auf das Notwendigste. Verwende kurze Sätze, weil sie sich dem Betrachter besser einprägen. Die Schrift muss groß und gut lesbar sein.

5. Anordnung festlegen
Gib deinem Plakat eine Struktur, indem du dir überlegst, wie du die Bilder und Texte anordnen willst.

6. Überschrift
Schreibe die Überschrift groß und in Druckbuchstaben auf dein Plakat, damit der Betrachter auf einen Blick das Thema erkennt.

7. Zwischenüberschriften
Mithilfe von Zwischenüberschriften kannst du dein Thema sinnvoll gliedern.

8. Aufkleben
Klebe deine Materialien nicht sofort auf, sondern lege sie erst zur Probe auf das Plakat. So kannst du noch mögliche Veränderungen oder Verschiebungen durchführen.

9. Klasse statt Masse
Denke daran, dass nicht die Anzahl deiner Materialien entscheidend ist, sondern die Qualität.

Ameisen

Ameisenbau

Die Rote Waldameise baut ihre Hügel in Nadelwäldern über hohen Baumstümpfen. Ameisenbaue können bis zu einem Meter hoch werden und bis zu eineinhalb Meter in die Tiefe reichen.

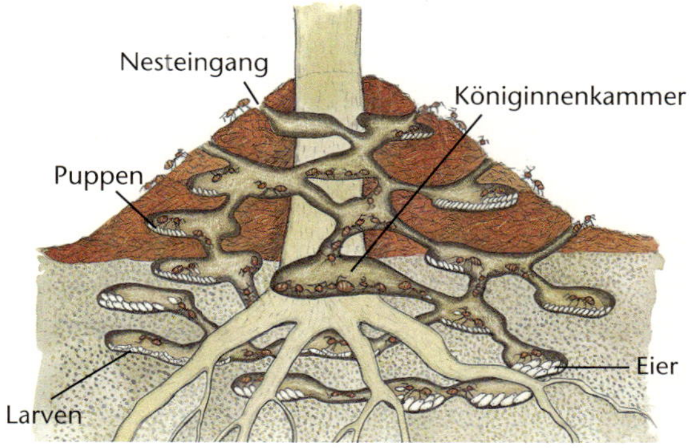

Ameisenstaat

In einem Ameisenstaat der Roten Waldameise leben zwischen 800 000 und 2 Millionen Tiere.

Die Arbeiterinnen

Die meisten Ameisen sind Arbeiterinnen. Das sind unfruchtbare weibliche Tiere. Sie erstellen den Ameisenbau, bessern Schäden aus, sammeln Nahrung und versorgen Eier und Larven.

Die Königinnen

Die Königinnen sind fruchtbare weibliche Tiere. Ihre einzige Aufgabe besteht darin, Eier zu legen.

Die Männchen

Die Männchen entwickeln sich aus unbefruchteten Eiern. Sie begatten die Königinnen.

Transport

Beim Transport von Nahrung oder Baumaterial können die Ameisen Lasten transportieren, die bis zu zwanzigmal so schwer sind wie sie selbst. Für den Transport der Nahrung benutzen die Ameisen bestimmte Transportwege, die so genannten Ameisenstraßen.

Ernährung

Ameisen ernähren sich sowohl von lebenden und toten Insekten als auch von den zuckerhaltigen Ausscheidungen der Blattläuse, dem Honigtau.

3.13 Fangstrategien der Spinnen

1 *Kreuzspinne*

2 *Springspinne*

3 *Krabbenspinne*

Das Netz der Kreuzspinne ist vertikal angelegt (Abb. 1). Wenn fliegende Insekten gegen das Netz stoßen, berühren sie die Fäden und kleben an ihnen fest. Die Kreuzspinne lauert am Rande des Netzes. Sie ist ein **Lauerjäger**. Kleine Tiere werden sofort durch einen Biss gelähmt. Größere Insekten werden zunächst wehrlos gemacht, indem die Spinne diese innerhalb weniger Sekunden einspinnt und dann tötet.

Krabbenspinnen haben die Fähigkeit, wie eine Krabbe seitwärts- oder rückwärtslaufen zu können. Auch Krabbenspinnen sind Lauerjäger. Sie bauen jedoch kein Netz, sondern wählen ein Versteck in Blüten, die von Insekten angeflogen werden (Abb. 3). Die Krabbenspinne streckt die langen vorderen Beinpaare zum Fangen der Beute zu beiden Seiten aus und verharrt so reglos. Wenn eine Biene auf der Blüte landet, wird sie mit den kräftigen Vorderbeinen gepackt. Die Krabbenspinne beißt in den nur schwach gepanzerten Rücken hinein und hält die Biene fest, bis sie durch das Gift gelähmt ist. Nun kann die Spinne mit dem Aussaugen ihrer Beute beginnen. Eine Krabbenspinne verändert je nach aufgenommener Nahrung ihre Farbe von Dottergelb über Zartgrün bis Weiß. Je nach ihrer Körperfarbe sucht sie auch entsprechend gefärbte Blüten auf. Durch dieses Verhalten ist sie immer gut getarnt.

Springspinnen können im Vergleich zu anderen Spinnen recht gut sehen (Abb. 2). Ihre Beute sind auf dem Boden lebende Insekten. Hat die Springspinne ein Insekt ausgemacht, schleicht sie das Beutetier langsam an. Wegen dieser Methode des Beutefangs bezeichnet man sie auch als **Pirschjäger**. Während des Anschleichens heftet sie einen Sicherheitsfaden auf den Untergrund. In einer Entfernung von fünf Zentimetern vor dem Beutetier kauert sich die Spinne nieder und springt die Beute dann zielsicher an. Dabei spult sie den Sicherheitsfaden hinter sich ab. Beim Sprung streckt die Springspinne die beiden vorderen Beinpaare nach vorn und ergreift damit die Beute. Mit einem giftigen Biss lähmt sie ihre Beute und saugt sie dann aus. Die Springspinne kann Tiere überwältigen, die wesentlich größer sind als sie selbst.

Durch ihre unterschiedlichen Fangstrategien erbeuten bestimmte Spinnenarten nur bestimmte Insektenarten. Dadurch wird das große Insektenangebot besser genutzt und Konkurrenz um Nahrung vermieden.

4 *Beutefang von Spinnen*

Das Netz der **Baldachinspinne** wölbt sich kuppelförmig nach oben. Über dem Netz ist ein dichtes Fadengewirr gespannt. Wenn sich ein fliegendes Insekt darin verfängt, stürzt es auf das Netz und wird zur Beute der Spinne.

Vom Netz der **Haubennetzspinne** gehen stark klebrige Fäden aus, die auf dem Boden befestigt sind. Berührt ein Insekt einen Faden, so bleibt das Tier an ihm haften und wird mit dem Faden nach oben ins Netz katapultiert.

Wolfsspinnen bauen keine Netze, sondern schleichen sich an die Beutetiere heran. Das überraschte Tier wird dann im Sprung überwältigt.

5 *Verschiedene Spinnenarten*

1 Fangstrategien von Spinnen. Welche Spinnen kannst du in Abbildung 4 erkennen? Beschreibe, wo sie auf Beutejagd gehen. Wie fangen sie ihre Beute? Lies dazu die Angaben in Abbildung 5. Fertige eine Tabelle an: Ordne die Spinnenarten dieses Abschnittes in die Tabelle ein.

2 Verdauung der Spinnen. Die Verdauung der Spinnen wird „äußere Verdauung" genannt (Abb. 6). Vergleiche diese Form der Verdauung mit der „inneren Verdauung" des Menschen. Lege dazu eine Tabelle an.

Die Mundöffnung der Spinnen ist sehr klein. Sie können ihre Nahrung nicht zerkleinern. Spinnen sondern Verdauungssaft in das Beutetier ab. Es wird dadurch langsam aufgelöst. Das Innere des Beutetiers wird zu einem Nahrungsbrei, der von der Spinne aufgesaugt wird. Sie besitzen hierfür einen kräftigen Saugmagen.

6 *Äußere Verdauung der Spinnen*

4 Wald

4.1 Wälder sind verschieden

1 *Wälder – unterschiedlich stark von Menschen beeinflusst*

In Deutschland ist etwa ein Drittel der Fläche bewaldet. Ein Wald ist eine von Bäumen bewachsene Fläche, die groß genug ist, dass ein typischer Waldboden und ein charakteristisches Waldinnenklima entstehen kann. Vor 20 000 Jahren war fast ganz Mitteleuropa von Wald bedeckt. Ohne Einfluss des Menschen würde sich auch heute noch der größte Teil unserer Landschaft zu Wald entwickeln. Ursprünglich kamen in Mitteleuropa fast nur Laubwälder vor. Nadelwälder gab es nur im Gebirge, an wenigen Standorten mit besonderen klimatischen Bedingungen sowie im kontinentalen Klima Osteuropas.

Heute wird der Wald vom Menschen vielfältig genutzt. An die Stelle der ursprünglichen Wälder sind vom Menschen angelegte und bewirtschaftete Wälder getreten. Man kann drei Grundtypen unterscheiden: In einem **Laubwald** wachsen ausschließlich Laubbäume, in einem **Nadelwald** Nadelbäume und in einem **Mischwald** Laub- und Nadelbäume. In den letzten 100 Jahren wurden häufig große Flächen mit einer einzigen Baumart, zumeist mit der schnell wachsenden Fichte, bepflanzt. Diese Bewirtschaftungsform bezeichnet man als **Monokultur.** Es hat sich aber herausgestellt, dass Monokulturen anfällig für Schädlinge und für Sturmschäden sind.

In den Wäldern Deutschlands sind etwa 30 000 Tier-, Pilz- und Pflanzenarten beheimatet. Das sind 90 Prozent aller einheimischen Arten. Während in alten, naturnahen Laub- und Mischwäldern bis zu 10 000 Arten heimisch sind, sind Fichtenmonokulturen mit etwa 2000 Arten artenarm. Der Artenreichtum eines Lebensraumes ist Teil seiner biologischen Vielfalt. Man bezeichnet biologische Vielfalt auch als **Biodiversität.** Naturschutzmaßnahmen haben zum Ziel, die Biodiversität zu bewahren. Angesichts des Artenreichtums der Wälder ist Naturschutz daher in hohem Maße Waldschutz. Heute bemüht man sich darum, auch wirtschaftlich genutzte Wälder möglichst naturnah aufzubauen. Das heißt, dass monotone Nadelholzwälder durch artenreiche Laub- und Mischwälder ersetzt werden.

2 Biodiversität und Alter eines Waldes.

a) Werte die Abbildung 2 aus.
- Was ist dargestellt?
- Welche Aussagen lassen sich der Abbildung entnehmen?
- Wie lassen sich die Ergebnisse erklären?

b) Inwiefern sollte dieses Ergebnis Planungen zur naturnahen Gestaltung von Wäldern beeinflussen. Begründe deine Meinung.

3 Waldzusammensetzung.

Werte Abbildung 3 aus. Welche Trends sind zu beobachten? Nenne mögliche Ursachen der Veränderungen.

1 Wälder sind verschieden.

a) Beschreibe die in Abbildung 1 abgebildeten Wälder jeweils in einem kurzen Text.

b) Wie stark ist in den jeweiligen Wäldern der Einfluss des Menschen? Worin könnten die menschlichen Einflüsse bestehen oder bestanden haben? Begründe deine Annahmen.

c) In welchem der abgebildeten Wälder erwartest du die artenreichste Tier- und Pflanzenwelt? Begründe.

d) Welcher der abgebildeten Wälder würde sich deiner Meinung nach am besten zur Holzgewinnung eignen? Begründe deine Vermutung.

e) Welche Vorteile könnten sich die Menschen davon versprochen haben, Nadelwaldmonokulturen anzulegen? Warum geht man gegenwärtig dazu über, Monokulturen wieder durch Laub- oder Mischwälder zu ersetzen?

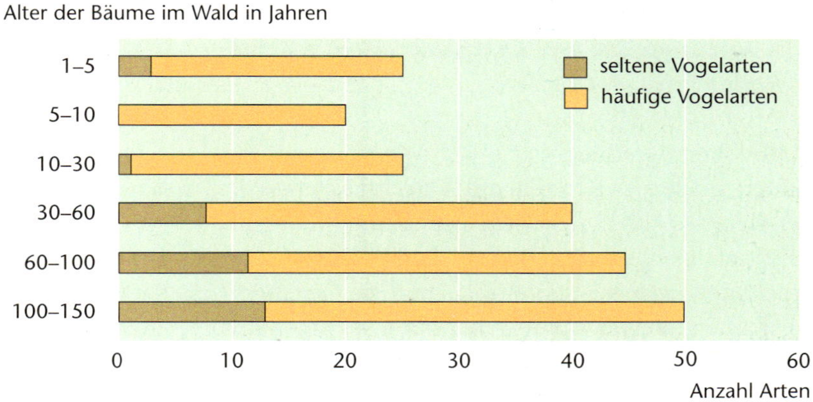

2 *Vogelarten im Nationalpark Bayerischer Wald*

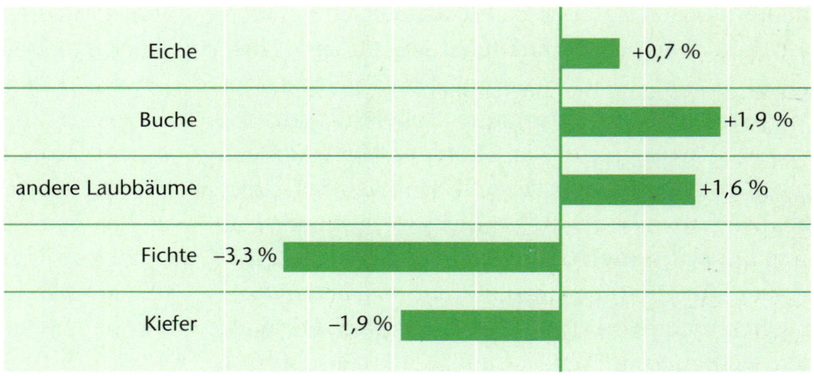

3 *Verändertes Vorkommen von Bäumen in Deutschland 1987–2004*

4.2 Standortansprüche von Rotbuche und Waldkiefer

1 *Rotbuche*

2 *Waldkiefer*

Rotbuchen werden bis zu 40 Meter hoch und bilden mächtige Kronen mit Durchmessern von 30 Metern (Abb. 1). Sie wachsen auf kalkhaltigen und auf leicht sauren Böden. Lediglich auf sehr trockenen oder nassen Böden und in Gegenden mit kalten, langen Wintern kommen sie nicht vor. Die Keimlinge der Rotbuchen können bei sehr geringem Licht wachsen. Dadurch haben Rotbuchen in schattigen Wäldern einen Vorteil gegenüber anderen Baumarten. Mit ihren versetzt stehenden Laubblättern lassen Rotbuchen keine Lücke und nutzen auf diese Weise das Sonnenlicht sehr effektiv. Über die großen Blattflächen verdunstet viel Wasser. Im Winter wäre bei gefrorenem Boden die ausreichende Versorgung dieser Blätter mit Wasser nicht möglich. Die Rotbuche wirft im Herbst ihre Blätter ab. Die Rotbuche gehört wie alle Blütenpflanzen zu den **Bedecktsamern.** Ihre Samenanlagen sind von einem Fruchtknoten eingehüllt. Im Mai bilden Rotbuchen männliche und weibliche Blüten. Die Blüten werden vom Wind bestäubt. Bis zum Herbst reifen die Früchte, die Bucheckern, heran. Bucheckern sind schwer und fallen nicht weit vom Baum zu Boden.

Die Waldkiefer liefert ein begehrtes Nutzholz (Abb. 2). Sie wächst ohne Eingriffe des Menschen auf Böden, die für andere Bäume zu arm an Mineralsalzen und zu trocken sind. Mit den bis zu sechs Meter langen Pfahlwurzeln gelangt sie auch in Trockenzeiten an das Grundwasser. Die Waldkiefer benötigt viel Licht. Im Vergleich zu Laubblättern besitzen Nadeln eine kleine Oberfläche mit einer dicken Wachsschicht. Dadurch ist die Wasserverdunstung eingeschränkt. Waldkiefern werfen das ganze Jahr über einen Teil der Nadeln ab und erneuern diese wieder. Die weiblichen Blüten der Waldkiefer befinden sich in den Zapfen. Auf den einzelnen Schuppen liegen die Samenanlagen, die nicht von einem Fruchtknoten umschlossen sind. Die Waldkiefer gehört daher zu den **Nacktsamern.** Sie bilden männliche und weibliche Blüten, die vom Wind bestäubt werden. Die leichten Samen werden vom Wind über weite Strecken verbreitet.

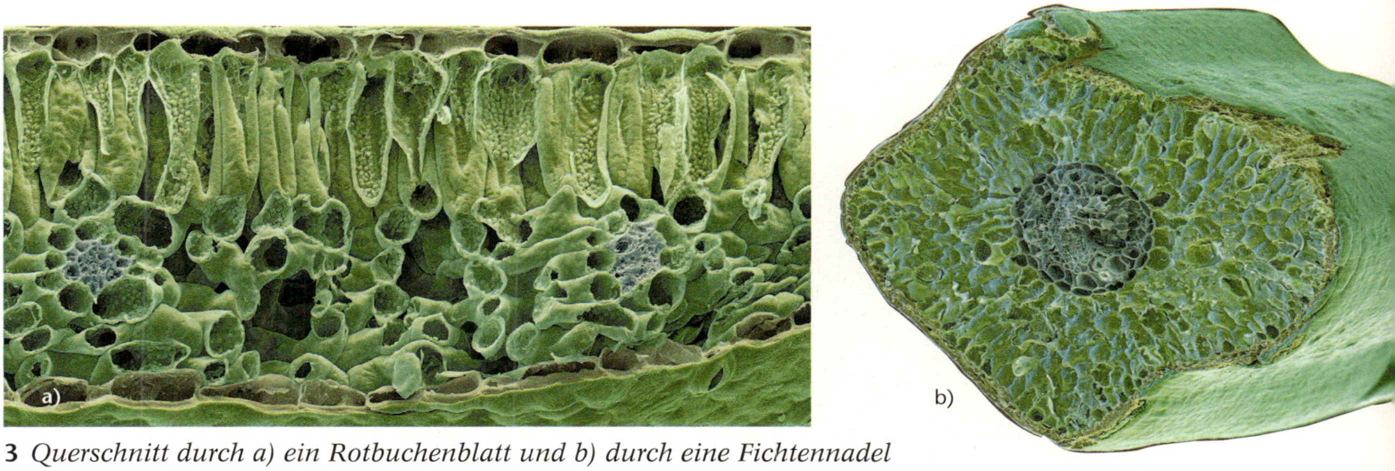

3 *Querschnitt durch a) ein Rotbuchenblatt und b) durch eine Fichtennadel*

1 Bau und Leistung von Laub- und Nadelblättern.
a) Vergleiche den Bau des Rotbuchenblattes und der Fichtennadel anhand der Abbildung 3.
b) Vergleiche die Blatttypen unter folgenden Gesichtspunkten: Blattoberfläche, Ausnutzung des Sonnenlichtes, Wasserabgabe über die Blätter. Begründe deine Aussagen jeweils.

2 Überlebensstrategien von Rotbuche und Waldkiefer.
Unter einer Überlebensstrategie versteht man Angepasstheiten, durch die die Überlebensfähigkeit eines Lebewesens erhöht wird. Waldkiefer und Rotbuche besitzen unterschiedliche Überlebensstrategien. Beschreibe diese Strategien vergleichend in einem Text. In dem Text sollen die folgenden Begriffe oder Aspekte vorkommen: hohe Fotosyntheserate während der Vegetationsperiode, geringe Wasserverluste, Wasserversorgung der Blätter im Winter, ganzjährige Fotosynthese, Gefährdung bei Herbststürmen, geringere Blattoberfläche, Verbreitung der Samen.

Flächenberechnung von Laubblättern

1 Berechnung von Blattflächen.
a) Berechne die Blattfläche von Rotbuchenblättern nach der abgebildeten Methode. Vergleiche dabei Blätter, die von stark der Sonne ausgesetzten Ästen stammen und solche, die von beschatteten Ästen stammen.
b) Stelle Vermutungen zur Bedeutung der Unterschiede bei der Größe von Blattflächen auf.
c) Eine große Rotbuche hat etwa 600 000 Blätter. Welche Fläche haben diese Blätter zusammen?
d) Berechne die Blattflächen von Laubblättern anderer Baumarten.

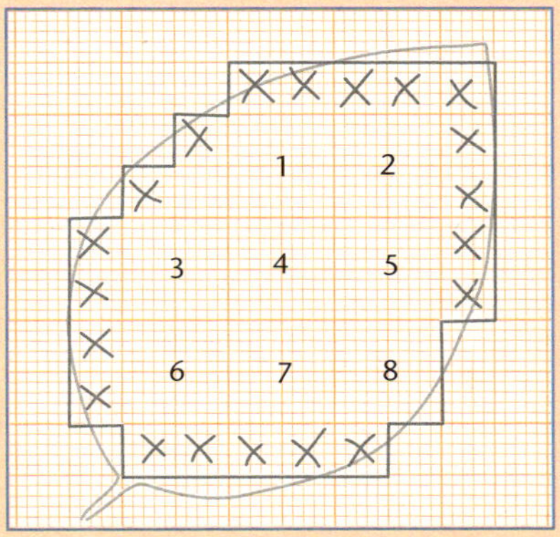

1. Blatt auf Millimeterpapier legen und Umriss zeichnen.
2. Ganze Kästchen und Viertelkästchen so einzeichnen, dass sie möglichst nahe am Rand des Blattes liegen. Es werden nur Viertelkästchen gezählt, die zu mehr als der Hälfte bedeckt sind.
3. Kästchen auszählen und Blattfläche berechnen.

Bestimmen von Bäumen – digitales Herbarisieren

Die Eberesche (Sorbus aucuparia)

Die Eberesche bevorzugt leicht sauren Boden. Man findet sie auf Kahlschlägen im Wald, an lichten Waldrändern und in Gebüschen. Die Eberesche wird 3–15 m hoch. Von Mai bis Juni erscheinen die weißen doldigen Blütenstände. Im Herbst reifen rote Beeren heran, die gerne von Vögeln gefressen werden. Daher auch der Name Vogelbeere.

1 *Beispielseite für ein digitales Herbar*

1	laubartige Blätter (weiter bei Punkt 4)
1+	nadelförmige Blätter (weiter bei Punkt 2)
4	einfaches Blatt (weiter bei Punkt 7)
4 +	zusammengesetztes Blatt (weiter bei Punkt 5)
7	Blätter gelappt oder gebuchtet (weiter bei Punkt 8)
7 +	Blätter anders gestaltet (weiter bei Punkt 12)
12	Blatt rautenförmig oder eiförmig bis elliptisch (weiter bei Punkt 13)
12 +	Blatt herzförmig (weiter bei Punkt 16)
16	Blätter beiderseits kahl, Unterseite mit braunen Winkeln zwischen den Blattadern
16 +	Blätter behaart, Unterseite mit weißen Winkeln zwischen den Blattadern **Sommerlinde**

2 *Arbeit mit einem Bestimmungsschlüssel; Beispiel: Bestimmung des Blattes s aus Abb. 4*

Ein Herbar ist eine Sammlung von getrockneten und gepressten Pflanzen, die auf Papier aufgeklebt und beschriftet sind. Blätter von Bäumen können auch mit einem Scanner eingescannt werden. Diese Methode hat gegenüber dem Pressen und Trocknen der Blätter Vorteile:

– Ein Vorteil liegt dann darin, dass interessante Blattstrukturen auch vergrößert werden können. Die Bilder und die fertigen Seiten können digital gespeichert, kopiert und präsentiert (z. B. bei einem Referat oder auf einer Internetseite) oder ausgedruckt werden. So kann eine digitale Sammlung von Blättern verschiedener Baumarten entstehen.

– Ein digitales Herbar kann ständig erweitert werden. Die einzelnen Texte und der Seitenaufbau können ergänzt oder verändert werden.

3 *Blattformen und Blattränder*

4 *Verschiedene Laub- und Nadelblätter*

1	laubartige Blätter	4
1+	nadelförmige Blätter	2
2	wintergrüne Pflanze	3
2+	Nadeln zu 15 bis 30 in Büscheln, im Herbst abfallend	**Lärche**
3	Nadeln 1–1,5 cm lang, dunkelgrün	**Fichte (Rottanne)**
3+	Nadeln 3–8 cm lang, blaugrün	**Waldkiefer (Föhre)**
4	einfaches Blatt	7
4+	zusammengesetztes Blatt	5
5	handförmig geteiltes Blatt	**Rosskastanie**
5+	unpaarig gefiedertes Blatt	6
6	5 bis 7 Fiederblättchen	**Holunder**
6+	mehr als 7 Fiederblättchen, Blattrand scharf gesägt	**Eberesche**
7	Blätter gelappt oder gebuchtet	8
7+	Blätter anders gestaltet	12
8	Blätter gelappt	9
8+	Blätter gebuchtet	11
9	Lappen in mehrere dünne Spitzen auslaufend	**Spitzahorn**
9+	Lappen gebuchtet oder schwach gesägt	10
10	Lappen mit spitzen Einschnitten, Blattrand schwach gesägt	**Bergahorn**
10+	Lappen mit abgerundeten Einschnitten, Blattrand gebuchtet	**Feldahorn**
11	Blattstiel sehr kurz (4 bis 8 mm)	**Stieleiche**
11+	Blattstiel länger (1 bis 3 cm)	**Traubeneiche**
12	Blatt rautenförmig oder eiförmig bis elliptisch	13
12+	Blatt herzförmig	16
13	Blatt eiförmig oder elliptisch	14
13+	Blatt rautenförmig	15
14	Blattrand glatt oder schwach gewellt	**Rotbuche**
14+	Blattrand gesägt	**Hainbuche**
15	Blätter zugespitzt	**Warzenbirke**
15+	Blätter abgerundet	**Schwarzpappel**
16	Blätter beiderseits kahl, Unterseite mit braunen Winkeln zwischen den Blattadern	**Winterlinde**
16+	Blätter behaart, Unterseite mit weißen Winkeln zwischen den Blattadern	**Sommerlinde**

5 *Bestimmungsschlüssel*

1 Bestimmen von Bäumen. Bestimme mithilfe des Bestimmungsschlüssels bei fünf Blättern aus Abbildung 4 die Baumart.

2 Entwicklung eines Bestimmungsschlüssels. In dem Bestimmungsschlüssel ist die Tanne (d) noch nicht berücksichtigt. Entwickle einen Bestimmungsschlüssel zur Unterscheidung der in Abbildung 4 abgebildeten Nadelbaumarten.

4.3 Vom einzelnen Baum zur Pflanzengesellschaft

1 *Ökofaktoren, die auf einen Baum wirken*

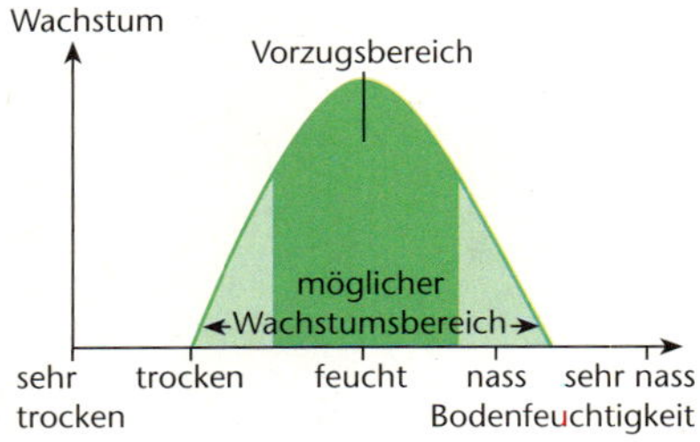

2 *Toleranzkurve der Rotbuche: Ökofaktor Bodenfeuchtigkeit*

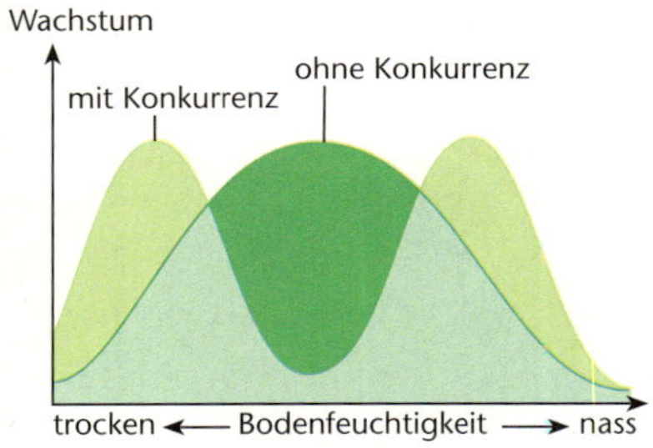

3 *Wachstum der Waldkiefer mit und ohne Konkurrenz*

Jeder Organismus ist in seinem Lebensraum vielfältigen Einflüssen ausgesetzt (Abb. 1). Diese Einflüsse bezeichnet man als **Ökofaktoren.** Wenn diese Einflüsse nicht von Lebewesen ausgehen, spricht man von abiotischen Ökofaktoren. Dazu gehören beispielsweise Licht, Wind und Wasser. Die Ökofaktoren, die von Lebewesen ausgehen, bezeichnet man als biotische Ökofaktoren. Fressfeinde stellen zum Beispiel einen biotischen Ökofaktor dar.

Jedes Lebewesen hat bestimmte Ansprüche an seine Umwelt. Nur wenn diese Ansprüche erfüllt sind, kann es überleben. In Abbildung 2 ist dies für die Rotbuche am Beispiel des Ökofaktors Bodenfeuchtigkeit dargestellt. Den Bereich der Bodenfeuchtigkeit, in dem die Rotbuche wachsen kann, bezeichnet man als **Wachstumsbereich** oder **Toleranz.** Der Bereich, in dem die Rotbuche in einer Monokultur am besten wächst, heißt **Vorzugsbereich.** In einer Monokultur gibt es keine Konkurrenz durch andere Baumarten. Unter natürlichen Bedingungen tritt aber Konkurrenz mit anderen Baumarten auf. Unter diesen Bedingungen setzt sich in der Natur meistens die Rotbuche gegen andere Baumarten durch. Das liegt daran, dass sie als junge Pflanze sehr gut Schatten vertragen kann und als großer Baum selbst viel Schatten erzeugt. Dadurch können in dichten Buchenwäldern fast nur Buchen nachwachsen. Die Waldkiefer wächst ohne die Konkurrenz anderer Baumarten am besten unter ähnlichen Bedingungen wie die Rotbuche. Tatsächlich kommt sie ohne menschliches Eingreifen aber nur an trockenen oder sehr feuchten Standorten vor, die die Rotbuche nicht verträgt (Abb. 3). Trockenheit und hohe Bodenfeuchtigkeit sind Bedingungen, unter denen sich die Waldkiefer in der Natur gegen die Konkurrenz anderer Bäume durchsetzt.

Unter gleichen Umweltbedingungen treten häufig ganz bestimmte Kombinationen von Pflanzenarten auf. Man nennt diese Kombinationen **Pflanzengesellschaften.** Pflanzengesellschaften werden nach den regelmäßig darin vorkommenden Arten benannt. So wachsen in Eichen-Hainbuchen-Wäldern vor allem Stieleichen und Hainbuchen.

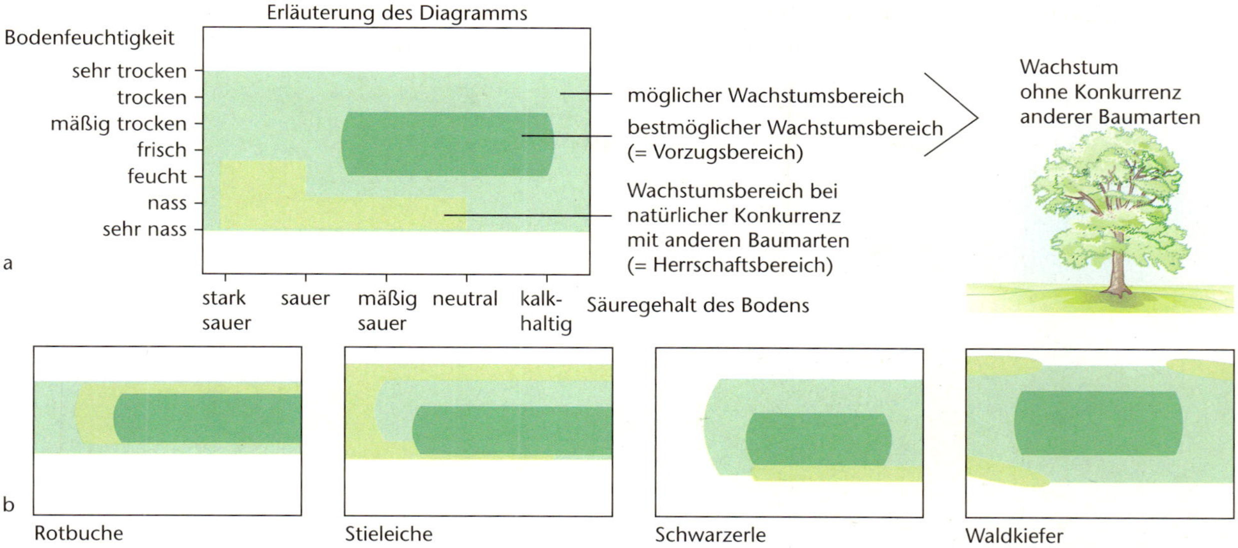

4 *Ökogramme verschiedener Baumarten, a) Lesebeispiel*

1 Waldbäume und ihre Umweltansprüche. Die Lebensbereiche von Baumarten lassen sich durch Ökogramme beschreiben. In diesen ist grafisch dargestellt, unter welchen Bedingungen eine Pflanze ohne Konkurrenz durch andere Arten wächst und bei welchen Bedingungen sich die Art gegenüber anderen Baumarten duchsetzt. Diese Bedingungen nennt man den Herrschaftsbereich einer Art (Abb. 4).

a) Beschreibe mithilfe der abgebildeten Ökogramme, unter welchen Bedingungen die aufgeführten Waldbäume mit und ohne Konkurrenz anderer Arten wachsen.

b) Zeichne ein 10 cm x 7 cm großes Quadrat und beschrifte die Achsen wie in der Abbildung 4. Zeichne in dieses Diagramm die Herrschaftsbereiche aller Baumarten aus Abbildung 4 ein. Male die Flächen mit jeweils einer anderen Farbe aus. Beschreibe und interpretiere dein Ergebnis.

c) Wie könnten deiner Meinung nach vom Menschen unbeeinflusste Waldbestände auf stark sauren, trockenen Standorten aussehen?

2 Die Konkurrenz von Rotbuche und Stieleiche.

a) Definiere die auf der Grundwissenseite genannten Begriffe Toleranz und Konkurrenz.

b) Rotbuche und Stieleiche haben weitgehend ähnliche Ansprüche in Bezug auf Bodenfeuchtigkeit und Säuregehalt des Bodens (Abb. 4). Ohne Eingreifen des Menschen fände man auf den meisten Standorten überwiegend Rotbuchenwälder. Begründe diesen Sachverhalt mithilfe der Abbildungen 4 und 6.

c) Beurteile die Konkurrenzfähigkeit von Rotbuche und Stieleiche auf trockenen und mäßig trockenen Böden. Berücksichtige die Abbildungen 4 und 5.

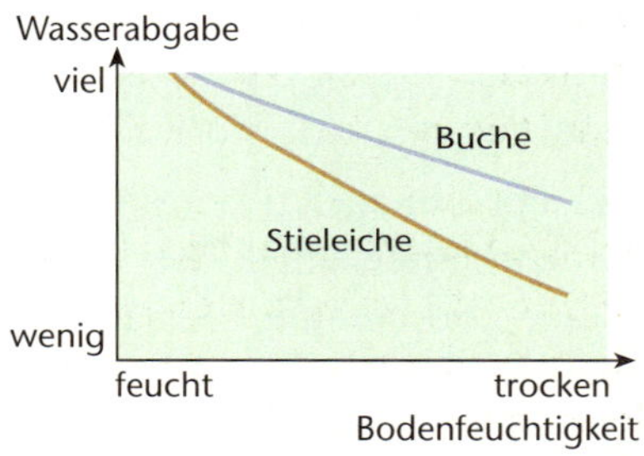

5 *Wasserabgabe über die Blätter bei zunehmendem Wassermangel*

Artname	Schattenempfindlichkeit der Jungpflanze	Schattenerzeugnis des Altbestands	Geschwindigkeit des Jugendwachstums
Rotbuche	gering	groß	groß
Stieleiche	groß	gering	mittel

6 *Wuchseigenschaften von Rotbuche und Stieleiche*

4.4 Konkurrenz und ökologische Nischen

1 *Aufzeichnung des Gesanges von a) Wintergoldhähnchen und b) Sommergoldhähnchen*

Zu den Vogelarten in unseren Misch- und Nadelwäldern gehören Goldhähnchen. Sie gehören zu den kleinsten Singvögeln der Welt und wiegen nur etwa fünf Gramm. In Mitteleuropa kommen zwei Arten vor, Sommergoldhähnchen und Wintergoldhähnchen. Beide Arten besetzen Reviere, die gegenüber Artgenossen verteidigt werden. Die Reviere von Sommergoldhähnchen und Wintergoldhähnchen können sich aber überlappen, ohne dass es zu Streitigkeiten kommt.

Die Forschung hat gezeigt, dass die Umweltansprüche unterschiedlicher Arten, die im gleichen Biotop vorkommen, niemals völlig gleich sind. Die Arten nutzen ihre Umwelt unterschiedlich. Sie ernähren sich zum Beispiel unterschiedlich, jagen zu unterschiedlichen Zeiten oder an unterschiedlichen Stellen. Dadurch wird die Konkurrenz zwischen Arten vermindert. Dieses Prinzip heißt **Konkurrenzausschlussprinzip.**

Obwohl sich Wintergoldhähnchen und Sommergoldhähnchen auf den ersten Blick sehr ähnlich sind, gibt es Unterschiede in Aussehen, Verhalten und in den jeweiligen Umweltansprüchen. Die Gesänge beider Arten unterscheiden sich (Abb. 1). Winter- und Sommergoldhähnchen jagen ihre Beute häufig an denselben Bäumen. Die Beutetiere sind ähnlich, die Jagdstrategien und die Zusammensetzung der Beute unterscheiden sich jedoch. Wintergoldhähnchen suchen relativ kleine Bereiche gründlich nach Beute ab, Sommergoldhähnchen wechseln schnell zwischen den Zweigen hin und her. Wintergoldhähnchen bevorzugen winzige, Sommergoldhähnchen eher größere Beutetiere. Wintergoldhähnchen ernähren sich überwiegend von Springschwänzen und Insekten, die auch im Winter zahlreich an Fichtenzweigen vorkommen. Sommergoldhähnchen ziehen im Herbst in klimatisch günstigere Gebiete nach Südeuropa.

Die Gesamtheit aller Wechselbeziehungen einer Art mit ihrer Umwelt nennt man **ökologische Nische.** Man kann sagen, unterschiedliche Arten bilden unterschiedliche ökologische Nischen aus. Dadurch, dass Sommer- und Wintergoldhähnchen unterschiedliche ökologische Nischen besetzen, ist ein Nebeneinander beider Arten im gleichen Lebensraum möglich.

1 Unterschiede zwischen Wintergoldhähnchen und Sommergoldhähnchen.

a) Formuliere eine kurze Beschreibung von Wintergoldhähnchen und Sommergoldhähnchen, mit der eine Unterscheidung beider Arten möglich ist.

b) Werte die Abbildungen 2 und 3 aus. Beantworte dazu jeweils die folgenden Fragen:

– Was ist dargestellt?

– Welche Ergebnisse kann man entnehmen?

2 Wachstum von Gräsern bei unterschiedlicher Bodenfeuchtigkeit. Das Wachstum von drei Grasarten wird unter verschiedenen Bedingungen untersucht. Dazu werden vier Beete angelegt, in denen sich die Bodenfeuchtigkeit kontinuierlich ändert. Abbildung 4 zeigt das Wachstum der Grasarten, wenn sie allein im Beet wachsen (Abb. 4a, b, c) und das Wachstum aller drei Arten in einem Beet (Abb. 4d).

a) Formuliere die Fragestellung, die mit dem Versuch beantwortet werden soll.

b) Formuliere die Versuchsergebnisse.

c) Beurteile den Wahrheitsgehalt der folgenden Aussage: „Die Trespe wächst am besten auf trockenen Böden."

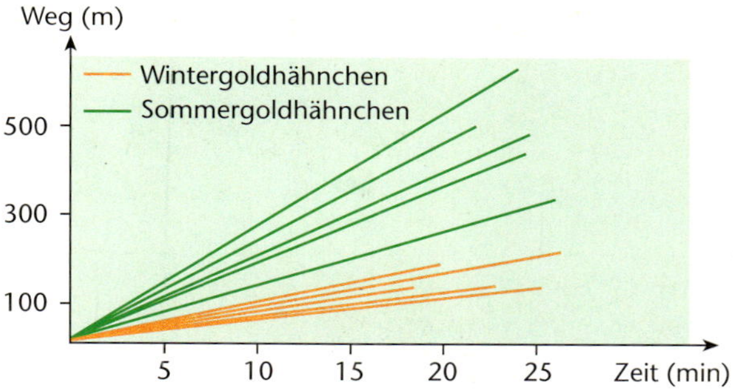

2 *Fortbewegung von Winter- und Sommergoldhähnchen während der Nahrungssuche*

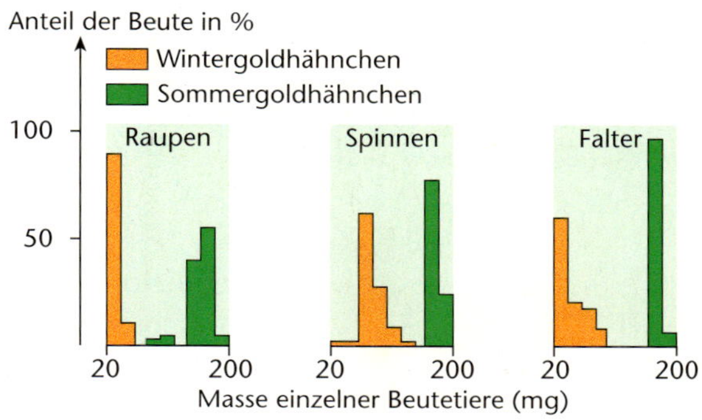

3 *Beutetiere von Winter- und Sommergoldhähnchen*

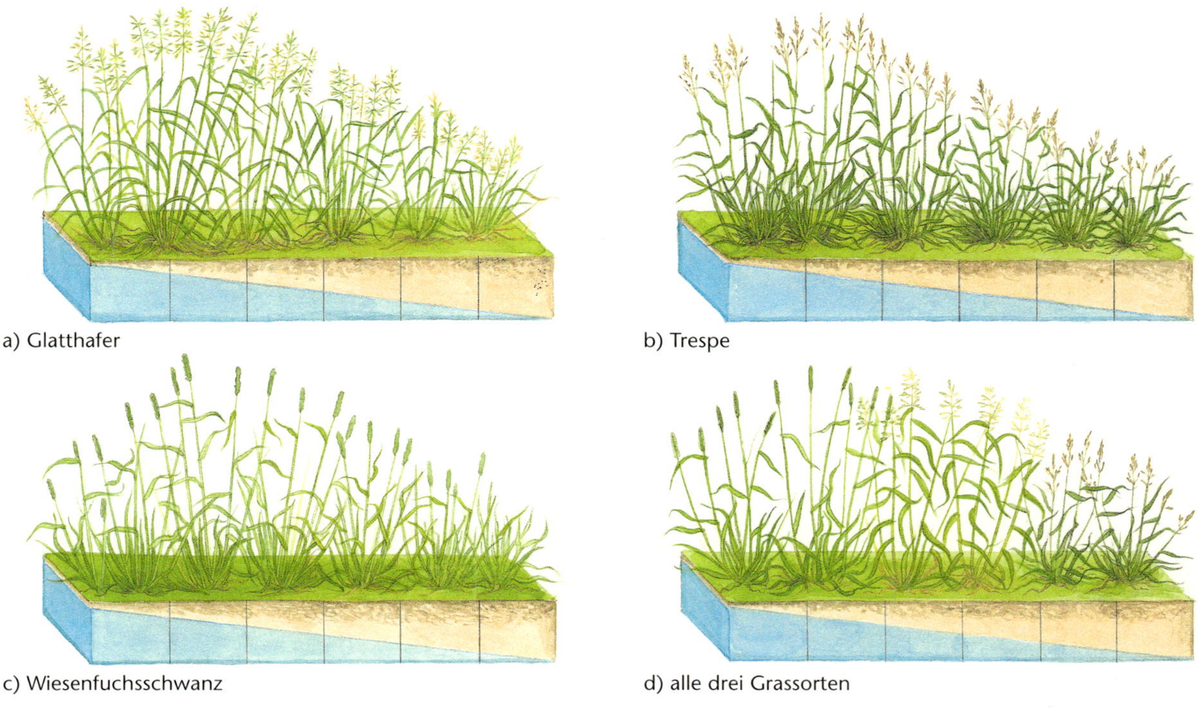

4 *Wachstum von Gräsern in Abhängigkeit von der Bodenfeuchtigkeit*

4.5 Wälder verändern sich

1 *Von der Tundra zum Wald*

Pionierbaumarten
z. B. Birken, Weiden, Kiefern
- Samenbildung schon bei jungen Bäumen
- Samenverbreitung über weite Strecken, kleine Flugsamen
- vertragen als junge Bäume wenig Schatten
- vertragen extreme Witterung gut
- rasches Wachstum der jungen Bäume
- häufig geringe Lebensdauer

Schlussbaumarten
z. B. Buchen, Eschen
- meist große Samen, die nicht weit verbreitet werden
- Samenbildung erst bei alten Bäumen
- vertragen als junge Bäume viel Schatten
- vertragen extreme Witterung schlecht
- langsames Wachstum der jungen Bäume
- lange Lebensdauer
- große Wuchshöhe

2 *Typische Eigenschaften*

Vor mehr als 12 000 Jahren waren große Teile Europas von einer dichten Eisdecke bedeckt. Diese Eisdecke hatte die vorher existierenden Wälder unter sich begraben. Vor 12 000 Jahren endete die letzte Eiszeit. Mit dem Schmelzen der Eisdecke kamen langsam auch Lebewesen in den zunächst noch lebensfeindlichen Lebensraum zurück. Es dauerte etwa 1000 Jahre, bis wieder Bäume in Mitteleuropa wuchsen (Abb. 1).

Pflanzenpollen haben ein charakteristisches Aussehen. Mit einem Mikroskop kann man bestimmen, zu welcher Pflanze sie gehören. Pollen sind sehr widerstandsfähig. In den Bodenschichten von Mooren können sie Jahrtausende überdauern. Kennt man das Alter dieser Bodenschichten, kann man anhand der darin vorkommenden Pollen Aussagen darüber machen, welche Bäume damals wuchsen. Pollenuntersuchungen belegen, dass sich die Zusammensetzung der Wälder im Lauf der Jahrtausende verändert hat. Ein solches zeitliches Nacheinander von verschieden zusammengesetzten Pflanzengesellschaften bezeichnet man als **Sukzession.** Am Ende einer Sukzession wird der Wald von den so genannten Schlussbaumarten gebildet (Abb. 2). Baumarten, die in Mitteleuropa wachsen, besitzen auf dem Stammquerschnitt Ringmuster. Jahresringe entstehen, weil die Bäume im Herbst nur noch langsam wachsen und im Winter eine Wachstumspause einlegen. Jahresringe sind unterschiedlich breit. In feuchten warmen Sommern bilden sich besonders große Jahresringe aus. Man kann aus Anzahl und Breite der Jahresringe das Alter von Holzproben bestimmen und Aussagen zum Klima vor Tausenden von Jahren machen.

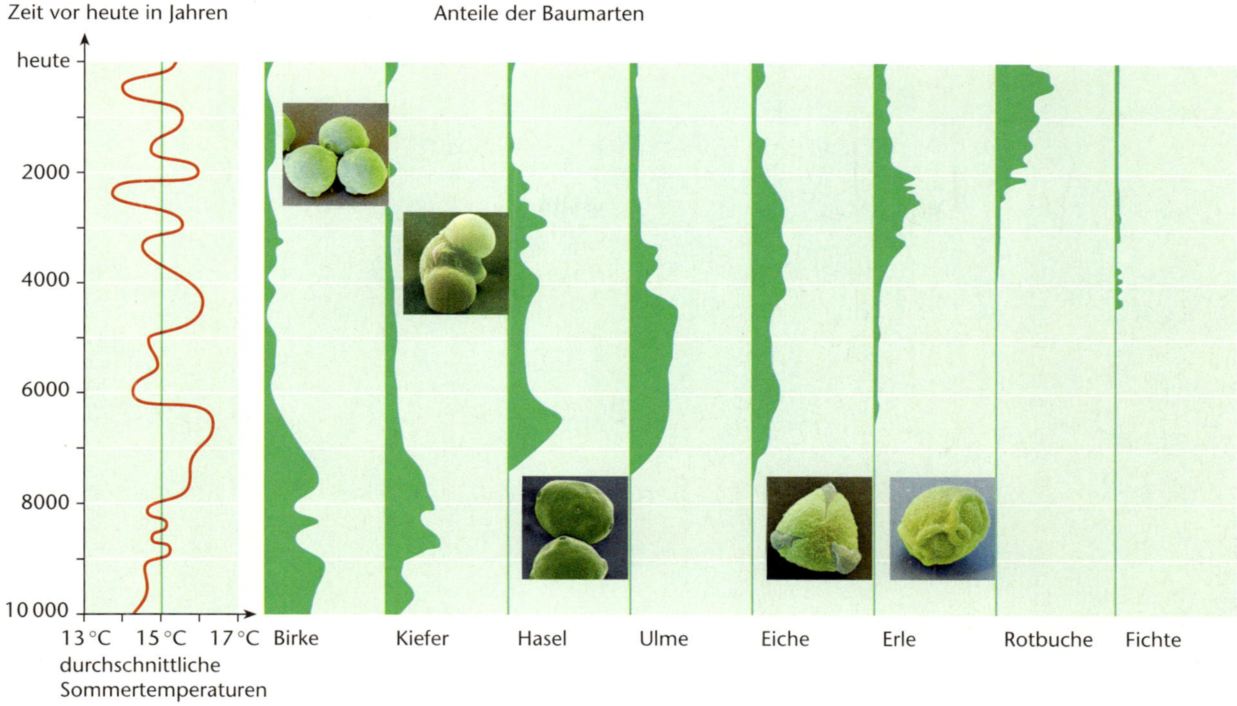

3 *Klimaperioden und Waldentwicklung anhand von Pollenvorkommen*

1 Waldzusammensetzung.
a) Beschreibe in einer Tabelle die Entwicklung der Baumartenzusammensetzung des Waldes anhand von Abbildung 3.
b) Erläutere, inwiefern die Waldzusammensetzung Indizien für die klimatischen Verhältnisse früherer Epochen liefern kann. Berücksichtige Abbildung 5.

2 Pionier- und Schlussbaumarten. Erläutere, inwiefern die in Abbildung 2 genannten Eigenschaften als Anpassungen an die jeweiligen Lebensräume zu deuten sind.

3 Baumalter. Der Stammquerschnitt in Abbildung 4 stammt von einem Baum, der im Jahr 2006 gefällt wurde.
a) Bestimme das ungefähre Alter des Baumes.
b) Begründe, warum die Jahresringe unterschiedlich dick sind.

	Licht	Temperatur	Spätfrostempfindlichkeit	Luftfeuchtigkeit	Bodenfeuchtigkeit	Mineralsalzgehalt
Waldkiefer	hoch	gering	gering	gering	gering	gering
Stieleiche	hoch	hoch	hoch	hoch	hoch	mittel
Traubeneiche	hoch	hoch	hoch	mäßig	mäßig	mäßig
Rotbuche	gering	mittel	hoch	mittel	mittel	mittel
Hainbuche	gering	mäßig	gering	mittel	mittel	mittel
Bergulme	mittel	hoch	mittel	hoch	hoch	hoch
Weißbirke	hoch	gering	gering	gering	gering	gering

hoch – mittel – mäßig – gering

5 *Umweltansprüche verschiedener Baumarten*

4 *Stammquerschnitt*

4.6 Der Wald ist gegliedert

1 *Ein Mischwald ist Lebensraum für eine artenreiche Lebensgemeinschaft*

Wälder sind Lebensräume für die verschiedensten Lebewesen. Sie beeinflussen sich gegenseitig und sind voneinander abhängig. Die Lebewesen, die in einem bestimmten Lebensraum regelmäßig vorkommen, bezeichnet man als Lebensgemeinschaft oder **Biozönose.** Die Gesamtheit der Lebewesen eines Waldes, eines Sees oder einer Hecke sind Beispiele für Lebensgemeinschaften. Der Raum, in dem eine Biozönose lebt, ist der Lebensraum oder der **Biotop.** Ein Biotop umfasst alle nicht lebenden oder abiotischen Bestandteile eines Lebensraumes. Chemische und physikalische Eigenschaften des Bodens, des Wassers und der Luft gehören ebenso zu einem Biotop wie das Klima und jahreszeitliche Erscheinungen. Das Wirkungsgefüge aus Biotop und zugehöriger Biozönose bezeichnet man als **Ökosystem.**

Die Blütenpflanzen eines Waldes lassen sich nach ihrer Wuchsform einteilen. **Bäume** wachsen bei uns bis 40 Meter hoch und haben einen geraden, verholzten Stamm sowie Äste aus Holz. Ausgewachsene Bäume besitzen eine ausgedehnte Baumkrone. Die Bäume bilden mit ihren Kronen die Baum- oder Kronenschicht. **Sträucher** werden bis zu fünf Meter hoch. Sie sind ebenfalls verholzt, jedoch im Vergleich zu Bäumen meistens vom Boden an verzweigt. Hasel und Holunder sind Beispiele für Sträucher. Sträucher bilden die Strauchschicht des Waldes. **Kräuter** und **Gräser** sind niedrig und haben keine verholzten Sprossachsen. Sie wachsen in der Krautschicht. **Farne** und **Moose** sind ebenfalls Pflanzen der Wälder. Sie gehören nicht zu den Blütenpflanzen. In der Moosschicht wachsen die meist nur wenige Zentimeter großen Moose. Sie bevorzugen eine feuchte Umgebung. In der Bodenschicht wurzeln die Pflanzen. Der **Boden** eines Waldes ist ein Lebensraum, in dem auch mikroskopisch kleine Lebewesen in großer Vielfalt vorkommen.

Weil Pflanzen verschiedener Wuchsformen beteiligt sind, lässt sich ein Wald in **Stockwerke** gliedern (Abb. 1). Die Stockwerke sind Lebensräume verschiedener Tiere.

Der **Eichenwickler** ist ein Schmetterling. Die Raupen schlüpfen Anfang Mai und fressen die jungen Eichenblätter. Verschiedene Vögel fressen Eichenwicklerraupen.

Der **Buntspecht** meißelt mit seinem kräftigen Schnabel die Borke eines Baumstammes auf der Suche nach Borkenkäferlarven auf. Buntspechte legen in Bäumen Bruthöhlen an.

Die **Haselnuss** ist ein Strauch, der im hellen Mischwald und in Hecken häufig vorkommt. Seine Früchte, die Haselnüsse, sind wichtig für die Ernährung von Vögeln und Nagetieren im Herbst und im Winter.

Der **Buchdrucker** gehört zu den Borkenkäfern und legt seine Eier vor allem unter der Borke der Fichte ab. Die Larven fressen Gänge, die den befallenen Baum stark schädigen können.

Die **Rotbuche** ist in Mitteleuropa weit verbreitet. Ältere Bäume haben eine mächtige Krone. Der Stamm ist glatt und grau. Viele Tierarten fressen ihre Blätter und Früchte, die „Bucheckern".

Die **Fichte** ist ein weit verbreiteter Nadelbaum. Vielerorts sind Fichtenbestände von Menschen angelegt und bilden einen reinen Nadelwald.

Das **Haarmoos** wächst auf feuchtem Waldboden in dichten Moospolstern.

Weitere Lebewesen in Abb. 1: **Aronstab, Baummarder, Eiche, Eichhörnchen, Fuchs, Habicht, Reh, Waldameise, Waldmaus, Holunder**.

Die **Schattenblume** kommt in Laub- und Mischwäldern vor. Sie wächst vor allem an schattigen Standorten. Die roten Beeren werden von Tieren gefressen.

Der **Adlerfarn** kann einen halben bis zwei Meter hoch werden. Er bildet an hellen Stellen im Wald oft große Bestände.

Die **Große Sternmiere** blüht von Mai bis Juni mit weißen Blüten. Der Stängel ist vierkantig. Sie kommt häufig in hellen, krautreichen Laub- und Mischwäldern vor.

Der **Eichelhäher** frisst Eicheln, Bucheckern, Haselnüsse, Beeren sowie Insekten. Im Herbst vergräbt er Eicheln und Bucheckern und sorgt so mit dafür, dass Jungpflanzen nachwachsen.

1 Lebensraum Wald.
a) Ordne jedem fett gedruckten Namen in den grünen Flächen auf dieser Seite eine Ziffer in der Abbildung 1 zu.
b) Gib bei den Pflanzen an, zu welcher Schicht der Stockwerke des Waldes sie gehören.
Gib bei den Tieren an, welche Schicht(en) des Waldes sie bevorzugt für ihre Ernährung nutzen.

2 Biozönose – Biotop – Ökosystem. Lies den Grundwissentext und formuliere dann schriftlich Definitionen für die Fachbegriffe Biozönose, Biotop und Ökosystem.

4.7 Konkurrenz um Licht

1 *Buschwindröschen und Scharbockskraut sind Frühblüher im Wald*

Das Buschwindröschen blüht zeitig im Frühjahr. Bereits im März bildet es ausgedehnte Blütenteppiche am Waldboden (Abb. 1). Zu diesem Zeitpunkt haben die Laubbäume und Sträucher noch keine Blätter. Daher gelangt viel Licht auf den Waldboden. Auch das Scharbockskraut gehört zu den **Frühblühern** im Wald (Abb. 1). Wenn im Mai Bäume und Sträucher ihr Laub voll entfaltet haben, sind Buschwindröschen und Scharbockskraut verblüht. Im Juni sind alle oberirdischen Teile der Frühblüher abgestorben.

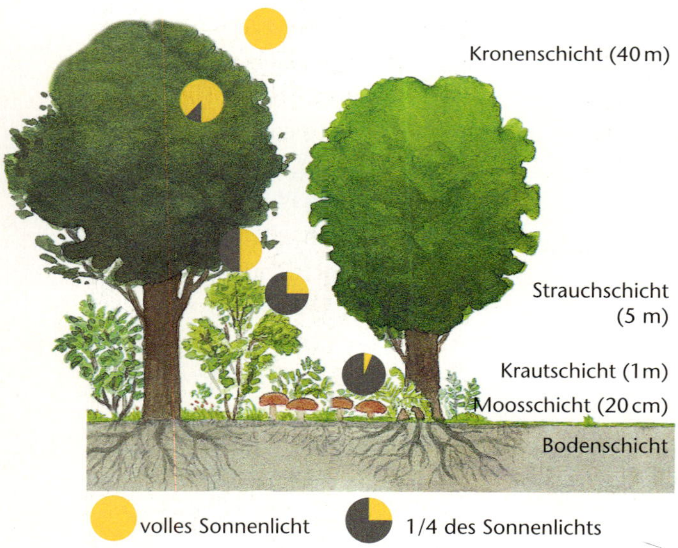

2 *Licht und Stockwerkaufbau in einem Laubwald im Sommer*

Wie alle Pflanzen benötigen auch die Frühblüher **Licht** für ihr Wachstum. Mithilfe des Lichtes bauen grüne Pflanzen in ihren Blättern energiereiche Nährstoffe auf. Ein Teil der Nährstoffe wird von Frühblühern in unterirdischen Speicherorganen gespeichert (Abb. 1). Mit ihrer Hilfe können die Frühblüher im nächsten Frühjahr Blätter ausbilden, bevor die Waldbäume den Waldboden stark beschatten.

Die Lichtverhältnisse im Laubwald werden durch die **Stockwerke** eines Waldes beeinflusst (Abb. 2). Im Sommer fällt auf das oberste Stockwerk, die Kronen der Bäume, das volle Sonnenlicht. Unterhalb dieser Kronenschicht nimmt die Lichtintensität deutlich ab. In der Strauchschicht wachsen Sträucher, die weniger Licht brauchen. Bis zur Krautschicht kommt im Sommer nur noch wenig Licht. Dort können im Sommer nur noch Pflanzen wachsen, die mit sehr wenig Licht auskommen. In der Moosschicht wachsen Moose und Pilze.

Die Pflanzen eines Laubwaldes stehen im Wettbewerb um Licht. Man sagt auch, die Pflanzen **konkurrieren** um Licht. Die Frühblüher treiben vor den Bäumen und Sträuchern aus. Dadurch wird für die Frühblüher der Wettbewerb um Licht vermindert. Pflanzen wie der Waldmeister wachsen im Sommer im Schatten der Bäume und Sträucher, weil sie auch mit wenig Licht leben können.

1 Steckbriefe. Erstelle anhand des Grundwissentextes sowie der Abbildung 1 je einen Steckbrief für das Buschwindröschen und das Scharbockskraut.

2 Stockwerke und Lichtverhältnisse im Laubwald.
a) Beschreibe anhand der Abbildung 2 den Stockwerkaufbau und die Lichtverhältnisse eines Laubwaldes im Sommer. Erstelle eine ähnliche Zeichnung für einen Wald im Frühjahr.
b) Beschreibe anhand der Abbildung 3 die Veränderung der Lichtverhältnisse in einem Wald im Jahreslauf. Begründe die Veränderungen.

3 Angepasstheiten der Frühblüher.
a) Erläutere die Angepasstheiten von Buschwindröschen und Scharbockskraut an das Leben im Wald (Abb. 1, 3).
b) Efeu ist eine immergrüne Kletterpflanze. Wie ist der Efeu an die Lichtverhältnisse im Wald angepasst (Abb. 3, 4)?
c) Wie ist der Waldmeister an das Leben im Laubwald angepasst (Abb. 3, 6)?

4 Lichtverhältnisse. Abbildung 5 zeigt ein Foto an der Grenze eines Fichtenwaldes zu einem Laubwald. Beschreibe das Foto und werte es aus. Erläutere mögliche Ursachen für die Unterschiede.

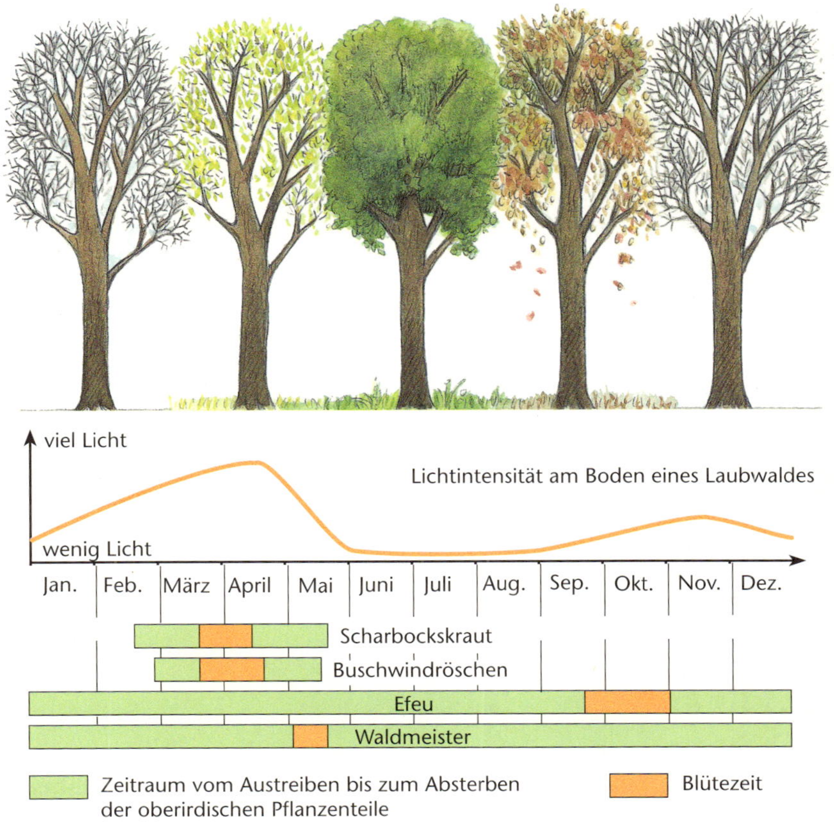

3 *Lichtverhältnisse und Pflanzenwachstum in einem Laubwald*

4 *Efeu*

5 *Vorn Fichtenwald, hinten Laubwald*

6 *Waldmeister*

4.8 Der Wurmfarn

2 *Junger Wurmfarn*

1 *Wurmfarn*

3 *Schleier auf der Blattunterseite*

Der Wurmfarn kommt in schattigen Wäldern vor (Abb. 1). Aus einem unterirdischen Erdspross wachsen Blätter aus dem Erdboden heraus. Sie stehen kreisförmig eng beieinander und werden Wedel genannt. Sie bestehen aus vielen kleinen Einzelblättchen. Die jungen Wedel sind zunächst eingerollt (Abb. 2). Aufgrund ihrer großen Oberfläche verdunsten die Wedel viel Wasser. Farne kommen daher vor allem auf feuchten und schattigen Standorten vor. Der Farn besitzt Wurzeln, die das Wasser aus dem Boden aufnehmen und es durch Leitbündel in die Blätter leiten. Auf den Waldboden gelangt nur wenig Licht. Wegen seiner großen Wedel erreicht den Wurmfarn aber genug Sonnenlicht für die Fotosynthese.

Auf der Unterseite älterer Wedel finden sich nierenförmige Häutchen die zunächst blassgrün, später braun aussehen (Abb. 3, 4). Diese Häutchen werden Schleier genannt. Unter dem Schleier befinden sich winzige Kapseln. Wenn die Kapseln im Spätsommer austrocknen, reißen sie auf und zahlreiche mikroskopisch kleine braune Sporen fallen heraus. Die Sporen bestehen nur aus einer einzigen Zelle. Fallen sie auf feuchten Boden, entwickelt sich ein kurzer Keimschlauch. Aus ihm wächst ein herzförmiger Vorkeim heran, der etwa die Größe eines Ein-Cent-Stückes hat. Auf der Unterseite des Vorkeims finden sich zahlreiche Wurzelhaare. Am zugespitzten Ende des Vorkeimes sitzen die männlichen Geschlechtsorgane, die Antheridien, die bei Regenwetter bewegliche Spermazellen, die so genannten Schwärmer, freigeben. Die weiblichen Geschlechtsorgane, die Archegonien, befinden sich unterhalb des herzförmigen Einschnitts. Sie entlassen einen Schleim aus Apfelsäure, der sich in der Umgebung verteilt. Schwärmer folgen der Apfelsäure und suchen den Ort der höchsten Konzentration. Auf diese Weise gelangen sie auf den Boden des weiblichen Geschlechtsorganes. Dort befruchten sie die Eizelle. Nach der Befruchtung stirbt der Vorkeim ab und aus der befruchteten Eizelle entwickelt sich eine neue Farnpflanze.

Die Farnpflanze ist ungeschlechtlich und bildet Sporen. Der Vorkeim entwickelt Geschlechtszellen, aus denen nach der Befruchtung neue Farnpflanzen heranwachsen. Er ist die geschlechtliche Form des Farnes. Beide Formen wechseln einander ab. Diesen Vorgang bezeichnet man als **Generationswechsel** (Abb. 6).

4 *Bau eines Wurmfarns*

Art	L	F	Legende	
Wurmfarn	3	5	Licht (L)	Bodenfeuchte (F)
Dornfarn	4	9		
Frauenfarn	4	7	1 – Tiefschatten	1 – Starktrocken-Zeiger
Mauerraute	8	3	3 – Schatten	3 – Trocken-Zeiger
Eichenfarn	3	6	5 – Halbschatten	5 – Frische-Zeiger
Mondraute	5	7	7 – Halblicht	7 – Feuchte-Zeiger
Adlerfarn	6	6	9 – Volllicht	9 – Nässe-Zeiger
Rippenfarn	3	6		

5 *Zeigerwerte von Farnen*

1 Bau der Farne. Benenne die mit Nummern gekennzeichneten Teile eines Wurmfarns in Abbildung 4 anhand des Grundwissentextes.

2 Ökologisches Optimum der Farne. Der Biologe ELLENBERG hat in langjährigen Untersuchungen nachgewiesen, dass Pflanzen bestimmte Umweltbedingungen anzeigen. Dafür hat er eine neunstufige Skala entwickelt. Die Abbildung 5 zeigt die Werte für Licht und Bodenfeuchte verschiedener Farne. Errechne die Mittelwerte für alle Farne, lies die Extremwerte ab und lege ein Balkendiagramm an, in dem die Werte aussagekräftig dargestellt sind. Beschreibe deine Erkenntnisse in einem zusammenhängenden Text.

3 Generationswechsel der Farne. Lege eine zweispaltige Tabelle an. Notiere in der ersten Spalte die fortlaufenden Buchstaben der Abbildung 6. Ordne in der zweiten Spalte die richtigen Begriffe aus der folgenden Aufstellung zu:
Vorkeim mit junger Farnpflanze, Spore mit Keimschlauch, Farn mit Sporenkapsel, aufreißende Sporenkapseln, Archegonium, Spore, Schwärmer, Vorkeim, heranwachsende Sporenkapsel, Antheridium, junge Farnpflanze. Kennzeichne geschlechtliche und ungeschlechtliche Abschnitte durch die Schriftfarbe.

6 *Generationswechsel eines Farnes*

4.9 Moose

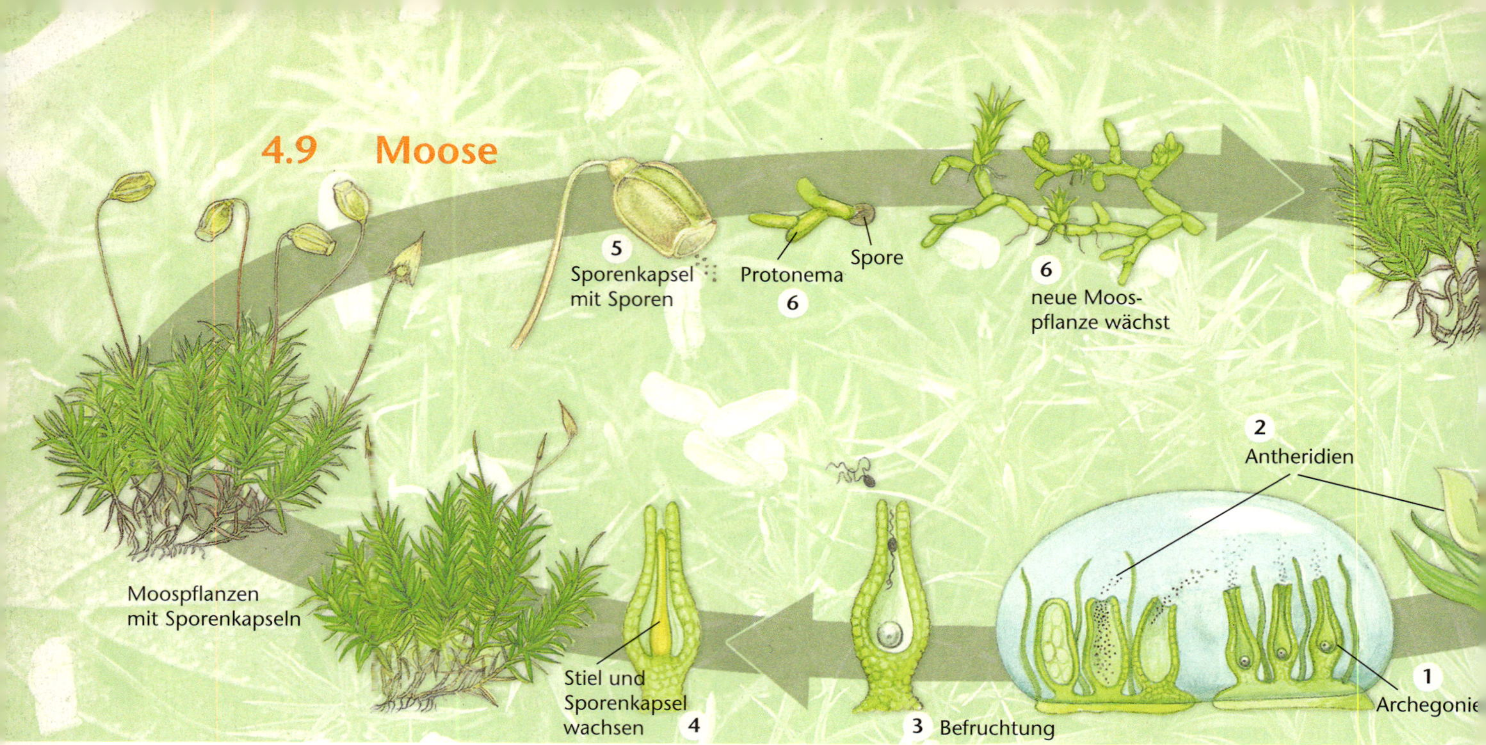

1 *Fortpflanzung beim Frauenhaarmoos*

Moose besitzen keine Leitungsbahnen, um Wasser zu transportieren. Die Wasseraufnahme erfolgt über die gesamte Oberfläche der Pflanze. Das Wasser kann in speziellen Zellen in großen Mengen gespeichert werden. Durch das hohe Speichervermögen von Wasser haben Moose eine wichtige Funktion im Wasserhaushalt des Waldes. Bei Wassermangel trocknet die Moospflanze vollständig aus, ohne Schaden zu nehmen. Die Lebensvorgänge ruhen in dieser Zeit. Ist wieder Feuchtigkeit vorhanden, quellen die Moospflanzen wieder auf und können erneut Fotosynthese betreiben. Die Verankerung der Moospflanze im Boden erfolgt über Rhizoide. Das sind wurzelähnliche Ausbildungen, die aber nur der Verankerung dienen und keine Funktion bei der Wasseraufnahme haben.

Moose gehören zu den **Pionierpflanzen.** Dies sind Pflanzen, die auf noch unbesiedelten Flächen als Erste wachsen. Indem sie den offenen Boden schnell besiedeln, schützen sie den Boden vor Erosion. Moospflanzen wachsen dicht nebeneinander und bilden so genannte Moospolster (Abb. 1). Sie sind auch in der Lage, an extremen Standorten wie auf Felsen oder an Baumstämmen zu leben.

Moospflanzen bilden entweder männliche oder weibliche Geschlechtsorgane aus (Abb. 1). In den weiblichen Organen, den Archegonien (1), befindet sich die Eizelle. In den männlichen Organen, den Antheridien (2), bilden sich die männlichen Geschlechtszellen. Diese heißen wegen ihrer Beweglichkeit Schwärmer. Moospflanzen mit Antheridien und Moospflanzen mit Archegonien wachsen im selben Moospolster dicht nebeneinander. Wenn es regnet, werden Antheridium und Archegonium vom Wasser eingeschlossen. Sie öffnen sich und die Schwärmer bewegen sich, von einem Duftstoff angelockt, auf die Archegonien zu (3). Nach der Befruchtung wächst aus der Eizelle auf der weiblichen Moospflanze ein Stiel mit einer Sporenkapsel (4). In ihr bilden sich ungeschlechtlich sehr viele kleine Sporen (5). Sind diese herangereift, öffnet sich bei Trockenheit die Sporenkapsel, die Sporen fallen heraus und werden vom Wind verbreitet. Aus einer Spore wächst ein kleines Fadengeflecht, das man Protonema (6) nennt. Auf dem Protonema entwickeln sich nebeneinander neue Moospflanzen (7). Man spricht bei den Moosen von einem **Generationswechsel.** Auf eine geschlechtliche Generation, die Moospflanze, folgt eine ungeschlechtliche Generation, die Sporenkapsel mit ihrem Stiel.

1 Der Generationswechsel. Beschreibe den Generationswechsel der Moose in einem Ablaufschema. Kennzeichne die verschiedenen Generationen farbig. Begründe, warum man von einem Generationswechsel spricht.

2 Versuch: Untersuchung von Moosen. Suche ein Moospolster und trenne einige Pflänzchen zum Mikroskopieren ab. Halte diese Pflänzchen feucht.
a) Lege das restliche Polster an einen trockenen Ort, bis das Moos ganz trocken ist. Entferne eventuell noch vorhandene Erdreste. Wiege das Moospolster. Lege es anschließend für 15 Minuten in Wasser. Lass das überschüssige Wasser abtropfen und wiege das Polster erneut. Bestimme die aufgenommene Masse des Wassers pro Gramm Trockengewicht. Lass das Polster offen in einem Gefäß liegen. Wiege es jeden Tag, bis das Moos den Wert des vollständig trockenen Mooses erreicht hat. Notiere die Zeit, die das Moospolster zum Trocknen benötigt hat.
b) Lege ein trockenes und ein sehr feuchtes Moosblättchen unter das Mikroskop. Fertige von den Blättchen Skizzen an und vergleiche sie. Beschreibe Unterschiede und Gemeinsamkeiten. Gib zu einem trockenen Blättchen unter dem Mikroskop mit einer Pipette etwas Wasser und beobachte es für einige Minuten.

3 Die Bedeutung der Moose.
a) Stelle die Eigenschaften der Moose zusammen, die ein Leben als Pionierpflanzen möglich machen.
b) Beschreibe ausführlich, warum Moose im Wasserhaushalt des Waldes eine so große Rolle spielen.
c) Überlege, ob der Bewuchs der Baumrinde mit Moos für einen Baum schädlich ist. Begründe deine Ansicht.

4 Erschließungsfelder. Ordne die Inhalte dieser Doppelseite verschiedenen Erschließungsfeldern zu.

2 *Torfmoos*

4.10 Pilze sind wichtig für den Wald

1 *Hallimasch*

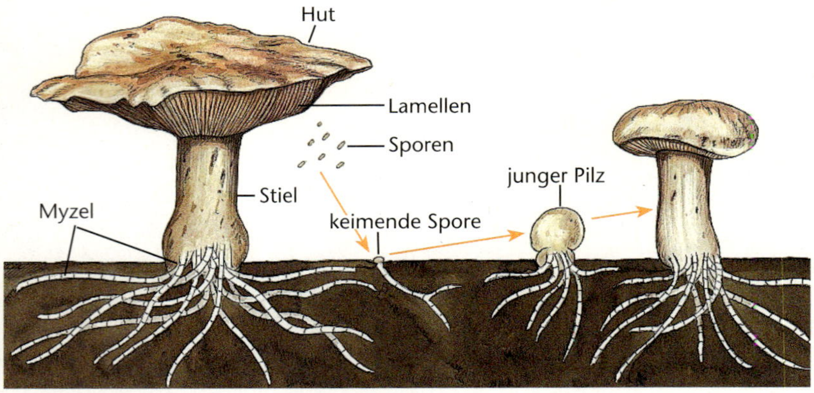

2 *Bau und Entwicklung eines Pilzes*

Auf abgestorbenen Baumstümpfen und an den Stämmen geschwächter Bäume findet man den Hallimasch (Abb. 1). Pilze zählt man weder zu den Tieren noch zu den Pflanzen. Sie bilden eine eigene Gruppe im Reich der Lebewesen. Wie alle Pilze vermehrt sich der Hallimasch durch Sporen. **Pilze** besitzen keine Blüten, aus denen sich Samen entwickeln. Die Sporen bilden sich an den Lamellen, die sich an der Unterseite des Hutes befinden (Abb. 2). Die Sporen werden vom Wind weggeweht. Aus ihnen wachsen kleine Fäden heran, die in den Boden eindringen und ein weit verzweigtes Geflecht bilden. Die einzelnen Fäden werden Hyphen genannt, ihre Gesamtheit heißt Myzel. Der Pilz kann lange Zeit unbemerkt bleiben und ein ausgedehntes Myzel im Untergrund bilden, bevor er sichtbare Fruchtkörper aus Hut und Stiel bildet. Auch diese bestehen aus dicht zusammengelagerten Pilzfäden. Die Fruchtkörper dienen der Bildung und Verbreitung der Sporen.

Pilze haben Zellwände, die denen der Pflanzenzellen ähneln. Pilze besitzen aber kein Chlorophyll und können deshalb keine Fotosynthese betreiben. Sie sind wie Tiere darauf angewiesen, Nährstoffe als Nahrung aufzunehmen. Manche Pilze beziehen ihre Nährstoffe von lebenden Organismen. Sie dringen mit ihrem Myzel in diese Organismen ein, entziehen ihnen Nährstoffe und schädigen sie dadurch. Diese Pilze leben als Parasiten. Man spricht von **Parasitismus,** wenn ein Lebewesen einseitig auf Kosten eines anderen, das Wirt genannt wird, Nutzen zieht.

Das Myzel vieler Waldpilze bildet um die Baumwurzeln ein feines Fadengeflecht. Diese Wurzelverpilzung nennt man Mykorrhiza. Das Myzel dringt in die Wurzeln ein und entzieht dem Baum Nährstoffe. Das Myzel des Pilzes verbessert andererseits die Versorgung des Baumes mit Wasser und Mineralsalzen. Die Mykorrhiza nützt beiden, Baum und Pilz. Eine solche Lebensgemeinschaft, von der beide Partner einen Nutzen haben, bezeichnet man als **Symbiose.**

Andere Pilze zersetzen zur Nährstoffgewinnung tote Tier- und Pflanzenteile. Sie durchziehen diese mit ihrem Myzel und geben Verdauungsstoffe ab. Diese Stoffe zersetzen das tote Material, bis es der Pilz aufnehmen kann. Man nennt diese Pilze Fäulnisbewohner oder **Saprobionten.** Auch der Hallimasch lebt überwiegend als Fäulnisbewohner.

Pilze haben eine große Bedeutung für die Mineralsalzversorgung des Waldes. Sie sind in der Lage, Bestandteile des Holzes und des Laubes zu zersetzen. Man bezeichnet Pilze deshalb als Zersetzer oder **Destruenten.** Bei den Zersetzungsprozessen entstehen aus organischen Stoffen Mineralsalze, die von Pflanzen wieder aufgenommen werden.

3 *Pilze des Waldes: 1 Birkenporling, 2 Fliegenpilz, 3 Hallimasch, 4 Schmetterlings-Tramete, 5 Geweihförmige Holzkeule, 6 Stockschwämmchen, 7 Zunderschwamm, 8 Nebelgraue Trichterlinge*

1 Die Ernährungsweisen von Pilzen.

a) Formuliere Definitionen für die folgenden Begriffe: Saprobiont, Symbiose, Destruent, Parasit.

b) Stelle Vermutungen über die Ernährungsweise der Pilze in Abbildung 3 an. Verwende die im Grundwissentext genannten Fachbegriffe und begründe deine Vermutungen jeweils.

c) Parasiten unter den Pilzen befallen bevorzugt kranke Wirtsorganismen. Sind diese Pilze für den Wald eher nützlich oder schädlich? Formuliere dazu begründete Vermutungen.

d) Beschreibe, wie sich ein Wald verändern würde, wenn es keine Pilze gäbe.

e) Bei ausreichender Nährstoffversorgung breitet sich das Myzel eines Pilzes gleichmäßig aus. Wenn in einem Bereich des Bodens die Nährstoffe verbraucht sind, stirbt das Myzel ab. Versuche mithilfe dieser Informationen das ringförmige Wachsen der Trichterlinge in Abbildung 3 zu erklären.

2 Versuch: Sporen beim Champignon. Schneide von einem ausgewachsenen Champignon den Stiel ab und lege den Hut mit der Unterseite auf ein weißes Blatt Papier. Stelle ein Glas darüber. Lass den Pilz einen Tag lang ruhig stehen. Nimm dann den Pilzhut vorsichtig hoch. Notiere und erkläre deine Beobachtung.

3 Das größte Lebewesen der Welt. Begründe, warum der Riesenpilz über 2000 Jahre unentdeckt bleiben konnte (Abb. 4).

Nimmersatt im Untergrund

Im Wald von Oregon (USA) entdeckten Forscher das größte Lebewesen der Welt: einen Pilz von der Fläche des Tegernsees. Das Monster tötet Bäume und frisst fauliges Holz. Der untersuchte Hallimasch ist größer als 1200 Fußballfelder, 500 Tonnen schwer und 2400 Jahre alt – damit ist der Pilz das größte und älteste Lebewesen der Welt.

4 *Zeitungsartikel*

4.11 Borkenkäfer

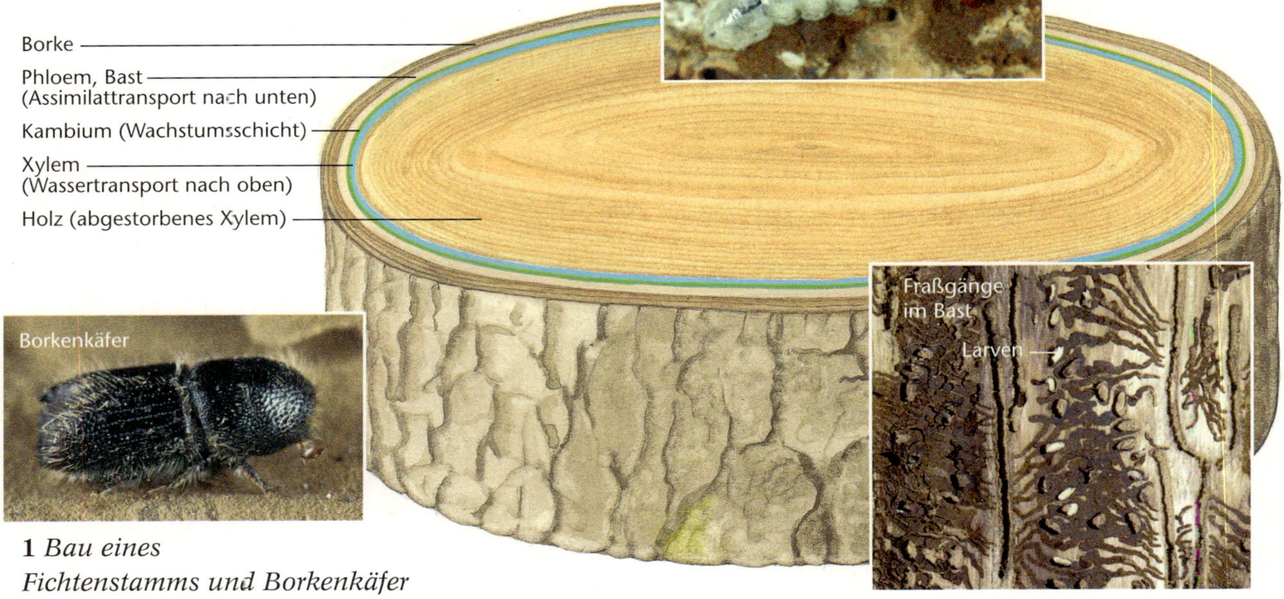

1 *Bau eines Fichtenstamms und Borkenkäfer*

Borkenkäfer sind eine Gruppe von Käfern, die ihre Eier unter der Borke von Laub- oder Nadelbäumen ablegen. Borkenkäfer befallen Fichten und spielen als Forstschädlinge bei uns die größte Rolle.

Im Frühjahr suchen männliche Käfer geeignete Bäume für die Brut. Sie bohren sich in die Borke und legen im Bast eine Paarungskammer an. Mit dem Bohrmehl stoßen sie einen Lockstoff aus, den man Pheromon nennt. **Pheromone** sind Geruchsstoffe, die auch in sehr geringen Mengen auf Artgenossen wirken. Das Pheromon des Borkenkäfers lockt Weibchen und weitere Männchen an. Jedes Männchen paart sich mit zwei bis drei Weibchen, die anschließend das Brutsystem anlegen. Es besteht aus dem Muttergang, der senkrecht zum Baumstamm unter die Borke in den Bast gefressen wird. Seitlich werden Nischen angelegt, in die bis zu 60 befruchtete Eier gelegt werden. Die ausschlüpfenden Larven fressen sich rechtwinklig zum Muttergang in den Bast, von dem sie sich ernähren. Dadurch wird der Assimilattransport in den Bäumen gestört. Nach drei bis sechs Wochen verpuppen sich die Larven. Nach weiteren ein bis zwei Wochen schlüpfen die Jungkäfer. Sie fressen sich bis zum Erreichen der Geschlechtsreife noch zwei Wochen durch den Bast und verlassen dann den Baum, um sich zu vermehren. Die Käfer der nun folgenden Generation überwintern in der Regel. Entweder bohren sie sich in die Borke von Fichten ein oder sie überwintern im Waldboden.

Die meisten Käfer suchen sich für ihre Vermehrung einen Baum in unmittelbarer Nähe des Schlüpfortes aus, nur ein Teil der Käfer fliegt weiter entfernte Bäume an, nur sehr wenige legen dabei Entfernungen bis tausend Meter zurück. Vom Befall sind vor allem geschwächte und umgestürzte Bäume betroffen. Sind viele Bäume zum Beispiel durch Dürre oder Luftverschmutzung geschwächt, kann eine Massenvermehrung von Borkenkäfern auftreten. Gesunde Bäume können die Angriffe der Borkenkäfer abwehren, indem sie die Fraßgänge mit Harz verstopfen. Nur bei einer Massenvermehrung von Borkenkäfern sind auch gesunde Fichten gefährdet.

Wichtige Fressfeinde der Borkenkäfer sind unter anderem Spechte, Finken, viele Käferarten, Ohrwürmer, Raubfliegen, Libellen, Ameisen, Spinnen und Milben. Abgestorbene oder durch Käferbefall geschädigte Bäume bieten nach dem Ausfliegen der jungen Käfer mit den leeren Fraßgängen vielen Tierarten Unterschlupf.

Borkenkäfer können bei Massenvorkommen besonders in Fichtenmonokulturen großen Schaden anrichten. Es wurden schon zusammenhängende Waldgebiete von über 100 Hektar durch Borkenkäfer vernichtet. Neben dem ökonomischen Schaden sind die Folgen in Bergregionen besonders schlimm, da durch die Schäden der Wald seine Funktion als Lawinenschutz nicht mehr erfüllen kann.

2 *Bedeutung der Borkenkäfer für den Menschen*

1 Vermehrung eines Borkenkäfers.

a) Die theoretische Nachkommenzahl eines Borkenkäferpaares berechnet sich nach der Funktion:

$$A = 2^{3 \cdot (n-2)} \cdot 16$$

A = Anzahl der Käfer

n = Anzahl der Generationen

Stelle die Anzahl der Käfer in Abhängigkeit von der Generationszahl bei einer realistischen Vermehrungsrate, in diesem Beispiel von 16 Tieren pro Generation und Paar, grafisch dar.

b) Erläutere ausführlich anhand der Abbildung 1, warum die Borkenkäfer den Bäumen schaden.

c) Überlege, warum Borkenkäferbefall häufig erst sehr spät entdeckt wird. Beschreibe die Folgen.

2 Bekämpfung der Borkenkäfer.

a) Stelle zusammen, zu welchen Zeiten im Entwicklungszyklus des Borkenkäfers die in Abbildung 3 angegebenen Maßnahmen sinnvoll sind. Begründe jeweils deine Ansicht.

b) Überlege, aus welchen Gründen der Einsatz von Insektiziden sehr umstritten und vielerorts verboten ist.

c) Suche mögliche Gründe, warum sich der Abstand von 15 m zu gefährdeten Bäumen beim Aufstellen von Fallen bewährt hat.

d) Überlege, warum eine effiziente Bekämpfung des Borkenkäfers durch Fallen bei Massenvorkommen nicht möglich ist.

e) Stelle Thesen auf, warum den Pheromonfallen eine große Bedeutung bei der Beobachtung von Borkenkäfervorkommen zukommt. Wie könnte ein solches Beobachtungsprojekt geplant werden?

f) Erkläre den Begriff Fangbaum. Beschreibe, wie man mit Fangbäumen umgehen muss, um damit die Käfer zu bekämpfen.

g) Unter welchen Umständen ist es sinnvoll, abgestorbene Bäume stehen zu lassen? Begründe die Maßnahme.

3 Massenvermehrung der Borkenkäfer. Nach einer Massenvermehrung geht die Zahl der Borkenkäfer nach einiger Zeit wieder stark zurück. Fressfeinde der Borkenkäfer sind dafür mit verantwortlich. Stelle begründete Vermutungen auf, weshalb es trotz der Fressfeinde zur Massenvermehrung kommen konnte.

4 Erschließungsfelder. Auf der Grundwissenseite sind keine Erschließungsfelder angegeben. Überlege, welche Erschließungsfelder für das Thema dieses Abschnittes zutreffen. Begründe deine Antwort.

a) Fällen befallener Bäume

b) Entrinden gefällter Bäume. Dabei wird auch der Bast entfernt.

c) Verbrennen der Borke mit dem anhaftenden Bast

d) Einsatz von Insektiziden (Insektenvernichtungsmitteln)

e) Anlegen von Fangbäumen. Als Fangbäume bezeichnet man gefällte Bäume, die man vorläufig liegen lässt.

f) Aufstellen von Fallen, die mit Pheromon bestückt sind. Die Tiere werden vom Pheromon angelockt. Dabei fallen die Insekten in eine Flüssigkeit und sterben. Die Pheromonfallen sollen in etwa 15 m Entfernung zu gefährdeten Bäumen aufgestellt werden. Bei Massenvorkommen der Käfer sind sie nur bedingt zur Bekämpfung tauglich. Häufig werden die Fallen auch zu Beobachtungszwecken eingesetzt.

3 *Maßnahmen zur Bekämpfung von Borkenkäfern*

4.12 Spechte leben auf Bäumen

1 *Buntspecht*

2 *Kletterfuß des Buntspechts*

3 *Buntspecht beim Fressen*

Der Buntspecht lebt in Wäldern und Parks (Abb. 1). Er kann sehr gut die senkrechten Baumstämme hinaufklettern und verbringt die meiste Zeit auf Bäumen. Sein Körperbau ist an diese Lebensweise angepasst. Wenn Buntspechte einen Baumstamm hochklettern, müssen sie eine große Kraftaufwendung vollbringen. Mithilfe langer und kräftiger Schwanzfedern, dem Kletterschwanz, können Buntspechte das Gewicht ihres Körpers am Baum abstützen. Ihr Fuß weist vier Zehen auf, die kräftige spitze Krallen besitzen (Abb. 2). Beim Hinaufklettern stellt der Buntspecht zwei Zehen seiner Füße nach oben und zwei nach unten. Eine dieser nach oben weisenden Zehen ist die Wendezehe. Sie weist beim Hochlaufen nach unten, wird beim Herabklettern jedoch nach oben gewendet. Mit dem Schnabel hacken Buntspechte die Borke von Bäumen auf, um die Larven des Borkenkäfers zu erbeuten (Abb. 3). Ihre klebrige Zunge ist doppelt so lang wie der Schnabel und aufrollbar. Vorne ist sie mit feinen Widerhaken versehen. Wenn der Specht seine Zunge streckt, ist sie so steif, dass er damit die Maden aufspießen kann.

Im Frühling beginnt der männliche Buntspecht mit dem Schnabel an Baumstämme und Äste zu schlagen. Mit etwa 15 Trommelschlägen von jeweils zwei Sekunden Dauer lockt der Specht Weibchen an. An dem besonderen Trommelrhythmus erkennt das Weibchen die Buntspechtmännchen. Bei der Paarbildung ist die auffällige Gefiederfärbung ein wichtiges Erkennungsmerkmal. Wenn Weibchen und Männchen ein Paar gebildet haben, dient das Trommeln auch der Reviermarkierung. Das **Revier** ist ein abgegrenzter Bereich im Wald, in dem das Buntspechtpärchen keine anderen Buntspechte duldet. Dadurch ist die Nahrung für die Jungenaufzucht gesichert. Mit dem harten, scharfen Schnabel wird eine Nisthöhle in einen Baum gehackt. Im Mai legt das Weibchen fünf Eier, die von beiden Eltern etwa zehn Tage lang bebrütet werden. In den befruchteten Eiern entwickeln sich die Jungvögel mithilfe von Nährstoffen, die im Ei enthalten sind. Nach dem Schlüpfen sind die Jungvögel noch nicht in der Lage, sich selbst zu ernähren. Sie sind **Nesthocker.** Beide Elternteile übernehmen die Fütterung. Nach ungefähr drei Wochen verlassen die Jungvögel erstmalig das Nest, werden aber noch einige Tage lang weiter gefüttert. Spechte betreiben **Brutpflege.**

Neben dem Buntspecht kommen auch weitere Spechtarten wie Grünspecht und Schwarzspecht im Wald vor. Grünspecht und Schwarzspecht weisen eine andere Gefiederfärbung als der Buntspecht auf (Abb. 4, 5). Am Gefieder erkennen Buntspechte ihre Artgenossen. Grünspecht und Schwarzspecht werden nicht aus dem Revier des Buntspechtes vertrieben. Die drei Spechtarten nutzen das Nahrungsangebot des Waldes auf unterschiedliche Weise aus. Dadurch wird Konkurrenz um die Nahrung vermindert.

4 *Grünspecht*

5 *Schwarzspecht*

6 *Wendehals*

1 Spechtarten. Ordne den drei Steckbriefen in Abbildung 7 die in diesem Abschnitt abgebildeten Vögel zu. Ergänze anhand der Abbildungen weitere Merkmale der Arten. Welcher Vogel ist nicht beschrieben? Erstelle auch für ihn einen Steckbrief.

2 Konkurrenzverminderung. Lege eine Tabelle an, in der du die Ernährung der Spechtarten gegenüberstellst (Abb. 9). „Zwischen den Spechtarten gibt es kaum Konkurrenz um die Nahrung." Begründe diese Aussage anhand der Angaben in deiner Tabelle.

Art A: rote Kopfoberseite, beim Männchen gänzlich schwarz befiedert; kräftiger, 6 cm langer Schnabel, gelblich

Art B: überwiegend grün gefärbt; rote Kopfoberseite

Art C: schwarz-weiß gezeichnet; Unterseite im Schwanzbereich rot gefiedert

7 *Steckbriefe: Spechte*

3 Der Wendehals. Der Wendehals ist nah mit den Spechten verwandt (Abb. 6). Er besitzt nur einen ganz kurzen Schnabel und ernährt sich nahezu ausschließlich von Bodenameisen. Er ist der einzige Zugvogel bei den Spechten. Begründe diese Überwinterungsstrategie. Lies dazu den Text in Abbildung 9.

4 Die Spechtzunge.

a) Man unterscheidet Baum- und Bodenspechte. Wozu gehören Buntspecht, Grünspecht und Schwarzspecht? Begründe deine Zuordnung mithilfe der Abbildung 9.

b) Baumspechte besitzen eine Harpunenzunge, Bodenspechte hingegen eine Leimzunge. Ordne die Bilder in Abbildung 8 einem Typ zu. Beschreibe den Zusammenhang mit der Ernährungsweise.

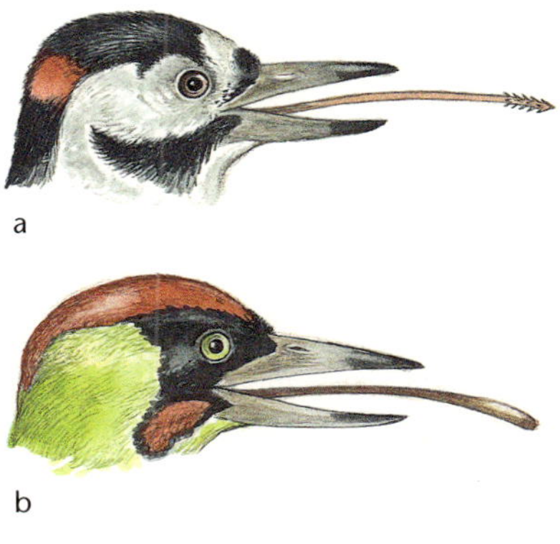

8 *Schnabel und Zunge von Spechten*

Schwarzspechte schlagen das ganze Jahr die Borke von Bäumen auf und stochern nach Borkenkäfern und ihren Larven. Grünspechte hacken bis zu acht Zentimeter tiefe Löcher in den Boden, um mit ihrer langen Zunge Ameisen aus den unterirdischen Gängen zu holen. Im Winter meißeln sie häufig die großen Wohnbauten der Roten Waldameisen auf, um aus bis zu 50 cm Tiefe die überwinternden Insekten zu holen. Buntspechte schlagen die Borke von Bäumen auf, um dort die Larven des Borkenkäfers zu erbeuten. In den Baumkronen sammeln sie Insekten von Ästen und Blättern ab. Im Herbst suchen sie Nüsse, Eicheln, Obst und Knospen. Im Winter ernähren sie sich von den fetthaltigen Samen, die in den Fichten- und Kiefernzapfen enthalten sind.

9 *Ernährung der Spechtarten*

4.13 Leben im Waldboden

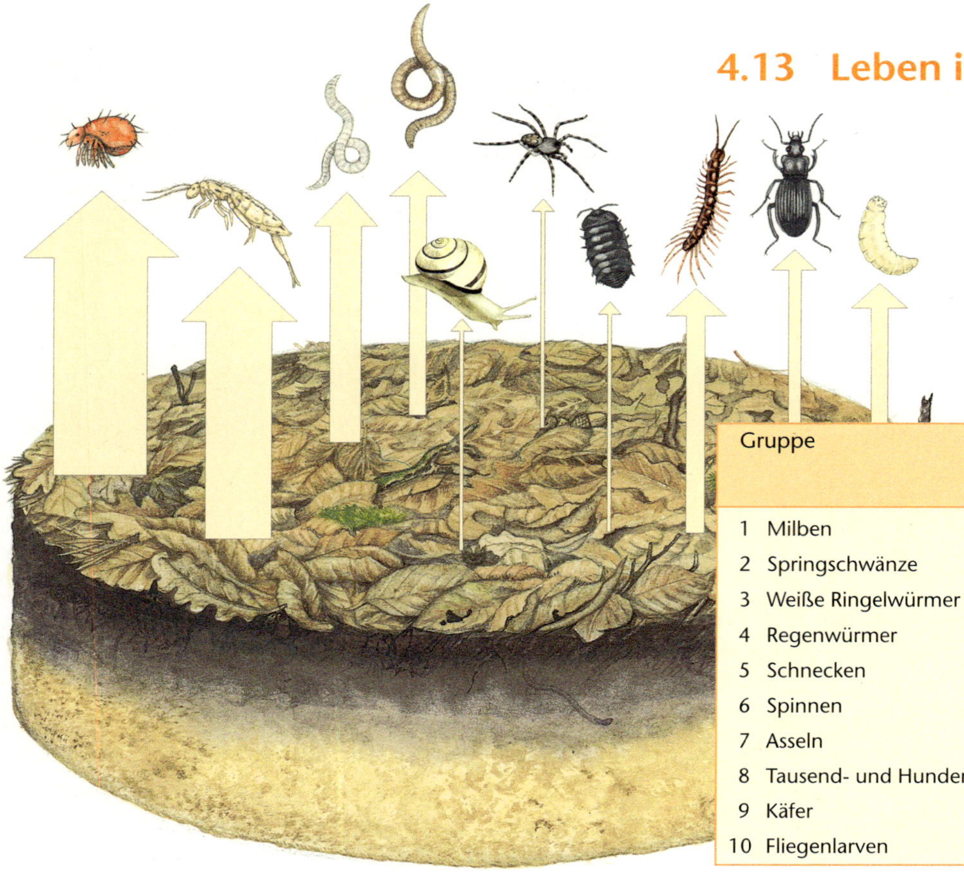

	Gruppe	Anzahl	Gesamtgewicht in g
1	Milben	150 000	1,5
2	Springschwänze	100 000	1,2
3	Weiße Ringelwürmer	25 000	4
4	Regenwürmer	200	100
5	Schnecken	30	1
6	Spinnen	50	0,2
7	Asseln	50	0,5
8	Tausend- und Hundertfüßer	200	4,4
9	Käfer	100	1,5
10	Fliegenlarven	200	2

1 *Anzahl von Waldbodentieren pro Quadratmeter bis zu einer Tiefe von 30 cm*

2 *Unterschiedlich zersetzte Laubstreu*

Der Waldboden lebt. In einem Esslöffel Waldboden befinden sich mehr Organismen, als Menschen auf der Erde leben. Der Boden ist der artenreichste Lebensraum im Ökosystem Wald (Abb. 1). Die meisten Lebewesen des Waldbodens zerkleinern und zersetzen das auf den Boden gelangende organische Material, insbesondere die Laubstreu (Abb. 2). Eine große Bedeutung kommt dabei den Pilzen und Bakterien zu. Sie verwandeln das von anderen Bodenorganismen verdaute organische Material wieder in Mineralsalze. Die obere, dunkle Humusschicht des Waldbodens besteht aus unterschiedlich weit zersetzten organischen Stoffen. Die Humusschicht speichert Feuchtigkeit und Mineralsalze und stellt sie für das Pflanzenwachstum zur Verfügung. Durch Regenwasser und die Tätigkeit der Bodenorganismen gelangen Stoffe aus der Humusschicht in die darunter liegende Mineralbodenschicht.

Die Funktionen des Waldbodens lassen sich in folgenden Punkten zusammenfassen:
- Der Waldboden speichert Niederschläge.
- Der Waldboden ist die Mineralsalzquelle für das Waldwachstum.
- Der Waldboden filtert Schadstoffe und sorgt so für die Trinkwasserqualität des Grundwassers.

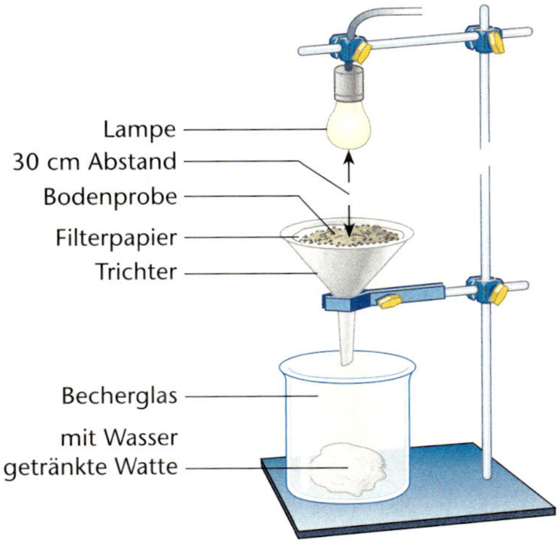

3 *Untersuchung von Bodentieren*

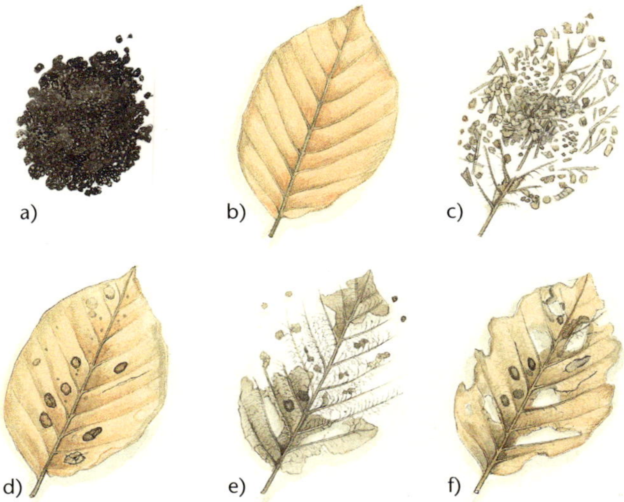

4 *Phasen der Zersetzung eines Laubblattes*

1 Versuch: Tiere des Waldbodens.

a) Entnimm der oberen Schicht eines Waldbodens eine Bodenprobe. Durchsuche die Bodenprobe auf weißem Papier nach Bodentieren. Gib die Tiere in kleine Schnappdeckel-Gläschen. Bestimme einige Tiere mithilfe der Abbildung 5.

b) Baue die Versuchsanordnung wie in Abbildung 3 auf. Bestrahle einen Tag lang eine Bodenprobe mit einer 60-Watt-Glühlampe mit etwa 30 cm Abstand. Nimm am nächsten Tag die Tiere einzeln aus dem Becherglas und bestimme einige Tiere mithilfe der Abbildung 5.

c) Bringe alle Tiere anschließend in den Wald zurück.

2 Die Zersetzung der Laubstreu.

a) Bringe die in Abbildung 4 dargestellten Phasen der Zersetzung von Laub in die richtige Reihenfolge und beschreibe die Veränderungen bei fortschreitender Zersetzung.

b) Sammle in der Laubstreu des Waldes unterschiedlich zersetzte Blätter. Scanne die Blätter und gestalte mit den Bildern eine Übersicht zu den Phasen des Laubabbaus. Alternativ können die Blätter auch gepresst und auf einen Bogen Papier geklebt werden.

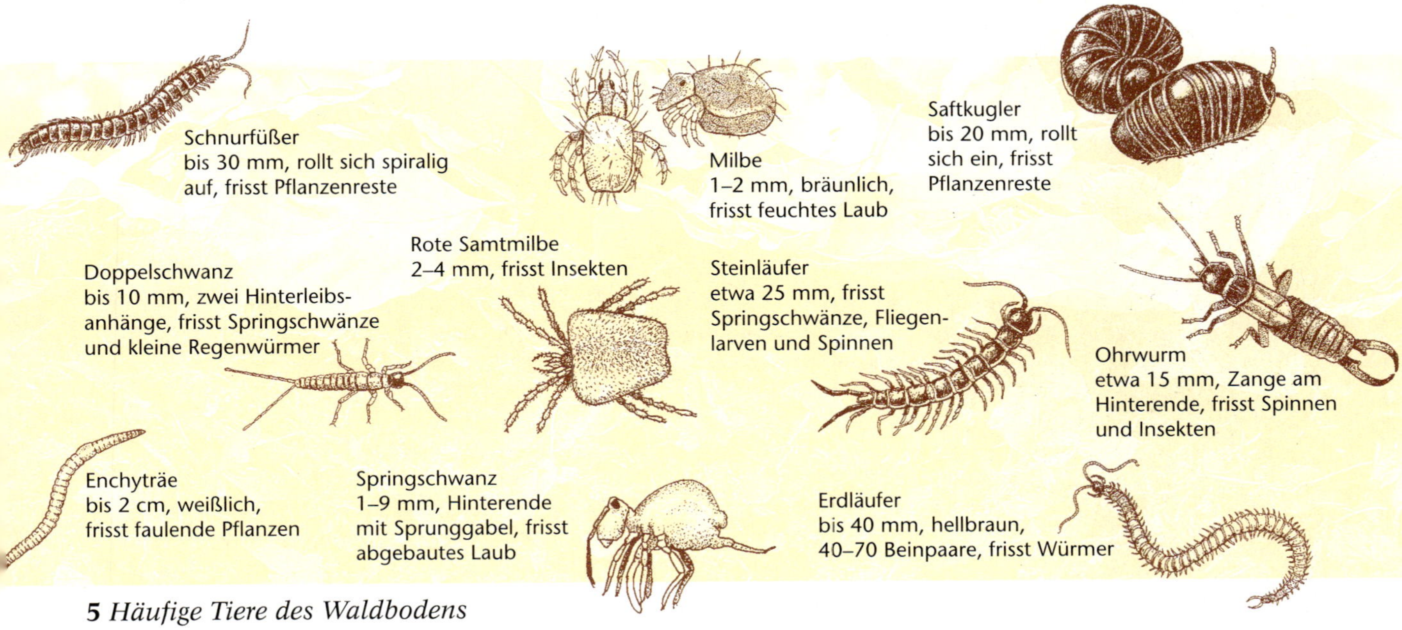

5 *Häufige Tiere des Waldbodens*

Walderkundung

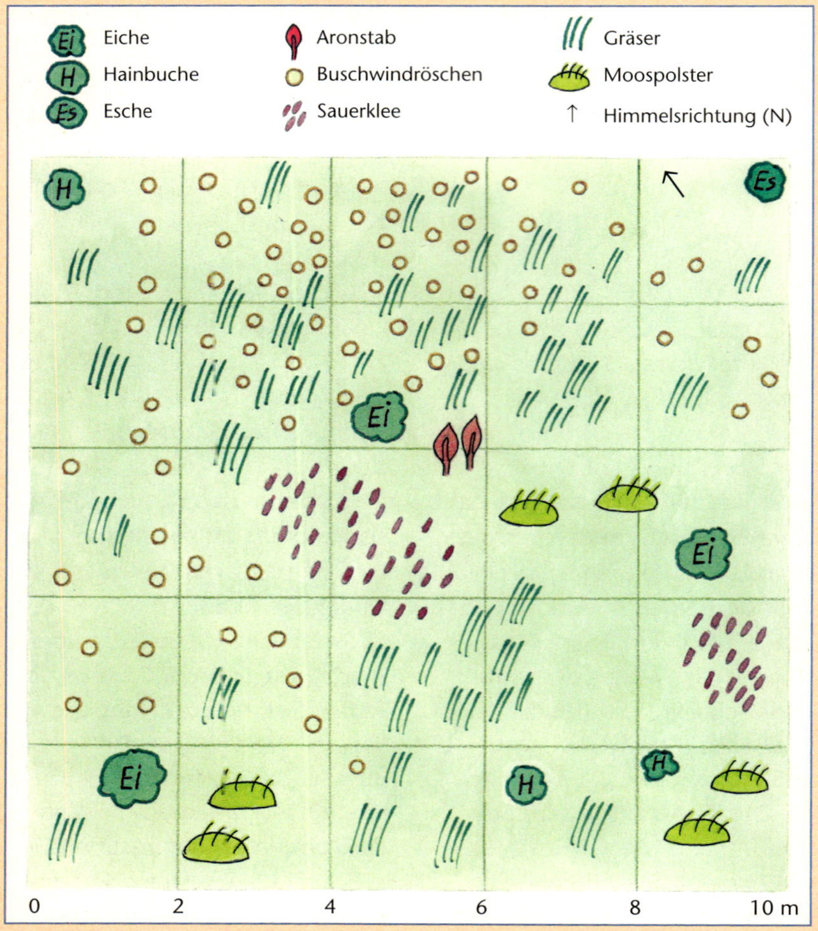

1 *Bestandsaufnahme einer Waldfläche*

2 *Höhenbestimmung von Bäumen*

1 Bestandsaufnahme einer Fläche. Wähle in einem Wald eine Fläche von 10 m x 10 m für die Untersuchung aus. Markiere die Eckpunkte der Fläche. Zeichne auf kariertes Papier maßstabsgerecht einen verkleinerten Grundriss der Fläche. Ein Meter im Wald soll zwei Zentimeter auf dem Grundriss entsprechen. Bestimme die Pflanzen mithilfe von Bestimmungsliteratur. Bei dicht stehenden Pflanzen werden keine einzelnen Pflanzen, sondern die Ausdehnung der Fläche notiert. Wenn mehrere Gruppen tätig werden, sollten die Untersuchungsflächen in unterschiedlichen Bereichen des Waldes liegen (z. B. im Waldinnern und am Waldrand).

Führe die Auswertung mithilfe folgender Fragen und Aufgaben durch:

a) Wie viele verschiedenartige Bäume und Sträucher wachsen auf der Untersuchungsfläche?

b) Wie sind die Pflanzen verteilt? Nenne Ursachen der Verteilung der Pflanzen auf der Untersuchungsfläche.

c) Vergleiche die Ergebnisse der einzelnen Gruppen und finde Erklärungen für unterschiedliche Ergebnisse.

d) Werte Abbildung 1 in gleicher Weise aus.

2 Bestimmung der Höhe der Waldbäume.

a) Benötigt wird ein gerader Stock, der genauso lang ist wie dein ausgestreckter Arm. Halte den Stock mit ausgestrecktem Arm senkrecht so vor dich, dass

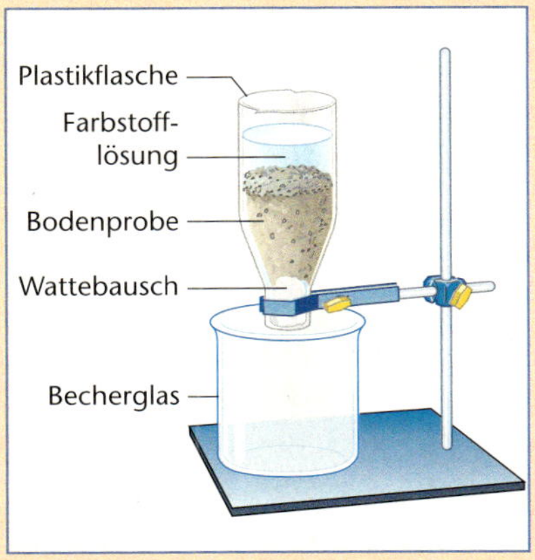

3 *Filterwirkung des Bodens*

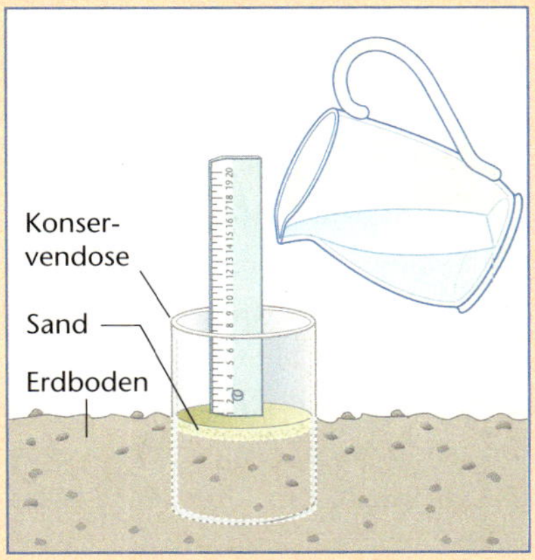

4 *Bestimmung der Versickerungsgeschwindigkeit*

sich die Faust in Augenhöhe befindet (Abb. 2). Verändere deinen Abstand zum Baum, bis du die Baumspitze in einer Linie mit der Spitze des Stockes siehst. Bestimme dann die Entfernung zum Baum. Der Abstand zum Baum plus deine Körpergröße entspricht dann der Baumhöhe. Begründe das Verfahren.
b) Beschreibe die eingezeichneten Dreiecke. Warum kann man davon ausgehen, dass die Längen a bzw. A jeweils gleich sind?

3 Lichtverhältnisse in einem Wald. Miss die Lichtverhältnisse in einem Wald an unterschiedlichen Stellen und in unterschiedlichen Höhen. Verwende dazu ein Luxmeter.

4 Temperatur innerhalb und außerhalb des Waldes. Miss an einem heißen Tag die Temperatur auf einer freien Fläche und vom Waldrand zum Waldinnern in Abständen von 10 Metern an fünf verschiedenen Stellen jeweils direkt am Boden, in 30 Zentimeter Höhe und in 1,5 Meter Höhe. Wiederhole die Messungen zu verschiedenen Tageszeiten. Lege eine Tabelle an und stelle deine Ergebnisse in Diagrammform dar. Erläutere die Ergebnisse und begründe.

5 Filterwirkung des Waldbodens. Schneide von einer Plastikflasche mit einem Fassungsvermögen von zirka 0,3 Litern den Boden ab. Verschließe den Flaschenhals mit Watte. Fülle die Flasche 10 cm hoch mit einer Bodenprobe und befestige sie wie in Abbildung 3 an einem Stativ. Gib den Inhalt einer Tintenpatrone in einen Liter Wasser. Gieße die Farbstofflösung in Portionen auf die Bodenprobe, bis die ganze Lösung verbraucht ist. Vergleiche die Farbstofflösung vor dem Experiment mit der Lösung, die in das Auffanggefäß gelangt. Beschreibe das Versuchsergebnis und begründe. Führe den gleichen Versuch mit weiteren Bodenproben durch. Verwende z. B. auch Kies, Sand oder Gartenerde.

6 Bestimmung der Wasserdurchlaufgeschwindigkeit verschiedener Böden.
a) Von einer Konservendose (Höhe etwa 20 cm, Durchmesser etwa 12 cm) werden Boden und Deckel entfernt. Die Dose wird 10 cm tief in die Erde getrieben. Gib anschließend 1 cm hoch Sand auf die Erde, um eine Verschlämmung beim Experiment zu verhindern. Stecke ein Lineal wie in Abbildung 4 in den Boden. Gieße zunächst wenig Wasser auf den Boden, damit die Bodenluft entweicht. Fülle die Dose dann bis zum Rand mit Wasser. Protokolliere, wie lange es dauert, bis alles Wasser versickert ist. Berechne danach die Versickerungsraten in Millimeter Wasssersäule pro Minute und pro Stunde. Lege zur Auswertung eine Tabelle nach dem Muster von Abbildung 5 an. Untersuche unterschiedliche Böden.
b) Übertrage die Tabelle aus Abbildung 5 in dein Heft. Ergänze die Werte für die rechte Spalte.
c) Versuche eine Erklärung für die unterschiedlichen Ergebnisse mit verschiedenen Böden zu finden.

Bodenart	Versickerungsdauer in min	Versickerungsrate in mm/min	Versickerungsrate in mm/h
Sand	2	22	
Waldboden	8	6	
Gartenerde	7	7	

5 *Tabelle zur Auswertung von Versuch 6*

4.14 Nahrungsnetze in einem Mischwald

1 *Nahrungskette in einem Mischwald*

Eine Eichenwicklerraupe frisst ein Eichenblatt. Die Raupe wird zur Beute einer Kohlmeise. Die Kohlmeise wird von einem Sperber gefressen. Eine solche Nahrungsbeziehung, in der ein Lebewesen jeweils Nahrungsgrundlage für ein folgendes ist, bezeichnet man als **Nahrungskette** (Abb. 1).

Grundlage einer Nahrungskette sind grüne Pflanzen. Pflanzen können die Energie des Sonnenlichts nutzen, um selbst Nährstoffe herzustellen. Mithilfe des Sonnenlichts erzeugen Pflanzen in ihren Blättern energiereiche Nährstoffe, zum Beispiel Glucose (Traubenzucker) und Stärke. Man bezeichnet Pflanzen daher auch als Erzeuger oder **Produzenten.** Tiere brauchen andere Lebewesen als Nahrung. Man bezeichnet sie daher als Verbraucher oder **Konsumenten.** Je nachdem wovon sich ein Tier hauptsächlich ernährt, spricht man von Pflanzenfresser, Fleischfresser oder von Allesfresser. Die Nahrung liefert den Tieren Stoffe zum Aufbau und Wachstum des Körpers und Energie für die Tätigkeit der Organe und für Bewegungen.

Kohlmeisen fressen Eichenwicklerraupen, aber auch Schnecken und Spinnen. Sie selbst werden auch von Habichten gefressen. Eichenwicklerraupen werden auch zur Beute von Ameisen. Alle Organismen sind Glieder mehrerer Nahrungsketten. Daraus ergibt sich ein stark vernetztes Geflecht aus vielen Nahrungsketten, ein **Nahrungsnetz** (Abb. 2).

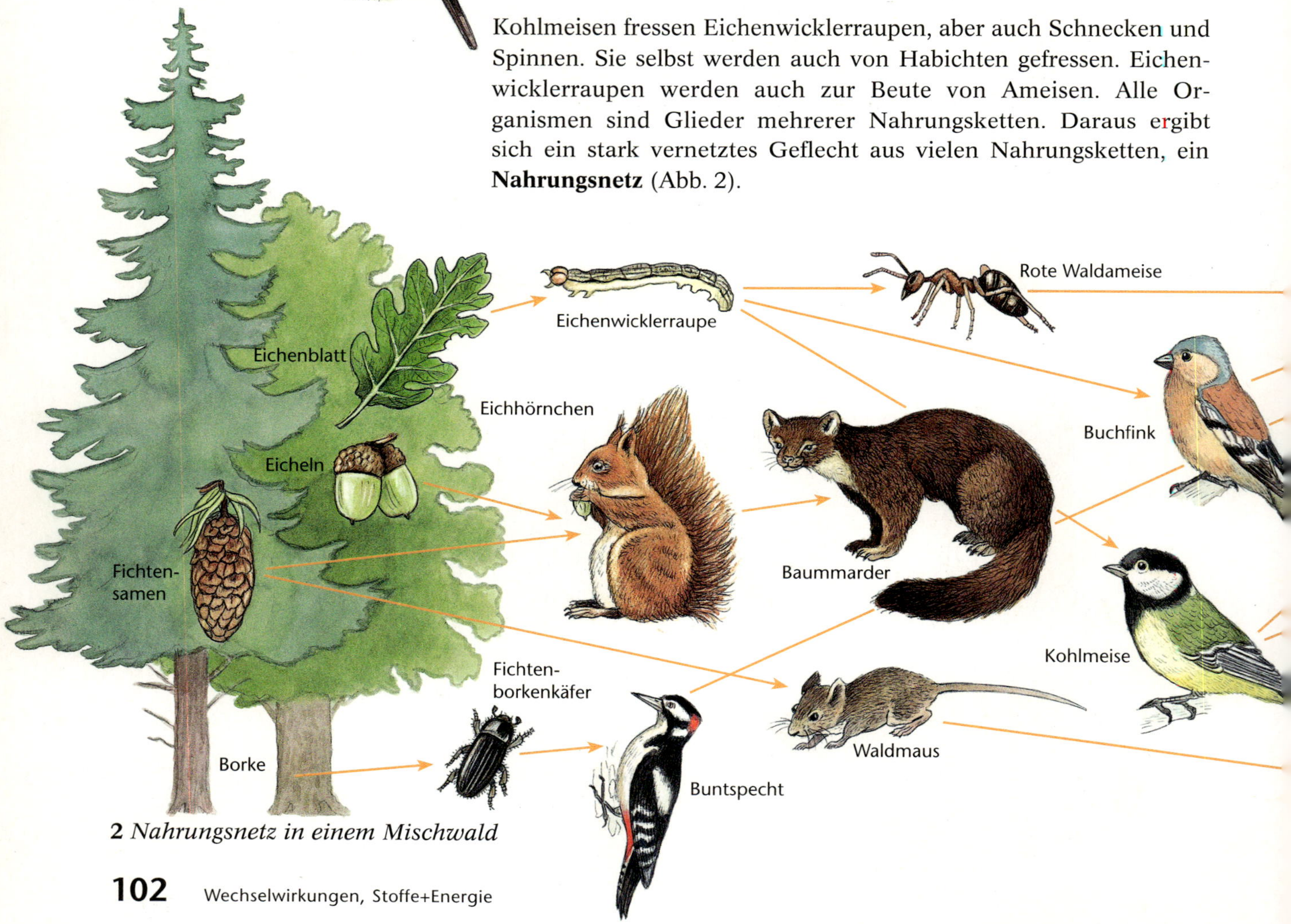

2 *Nahrungsnetz in einem Mischwald*

3 *Bevorzugte Aufenthaltsbereiche verschiedener Tiere in einem Mischwald*

1 Nahrungsketten in einem Mischwald. Schreibe nach dem Muster in Abbildung 1 weitere Nahrungsketten in einem Mischwald auf. Benutze dazu die Abbildung 2.

2 Massenvermehrung von Borkenkäfern. In Fichtenmonokulturen kommt es gelegentlich zu einer Massenvermehrung von Fichtenborkenkäfern. Begründe, warum man eine solche Massenvermehrung in Mischwäldern nicht beobachtet.

3 Artenreicher Waldrand. Häufig sind Waldränder besonders reich an Pflanzen- und Tierarten. Erörtere mögliche Gründe für diesen Artenreichtum.

4 Vermeidung von Konkurrenz um Nahrung. Die Abbildung 3 zeigt die bevorzugten Aufenthaltsbereiche verschiedener Tiere in einem Wald. Beschreibe die Abbildung 3. Erläutere an selbst gewählten Beispielen, wie die bevorzugten Aufenthaltsbereiche zur Vermeidung von Konkurrenz um Nahrung beitragen.

4.15 In Nahrungsketten fließt Energie

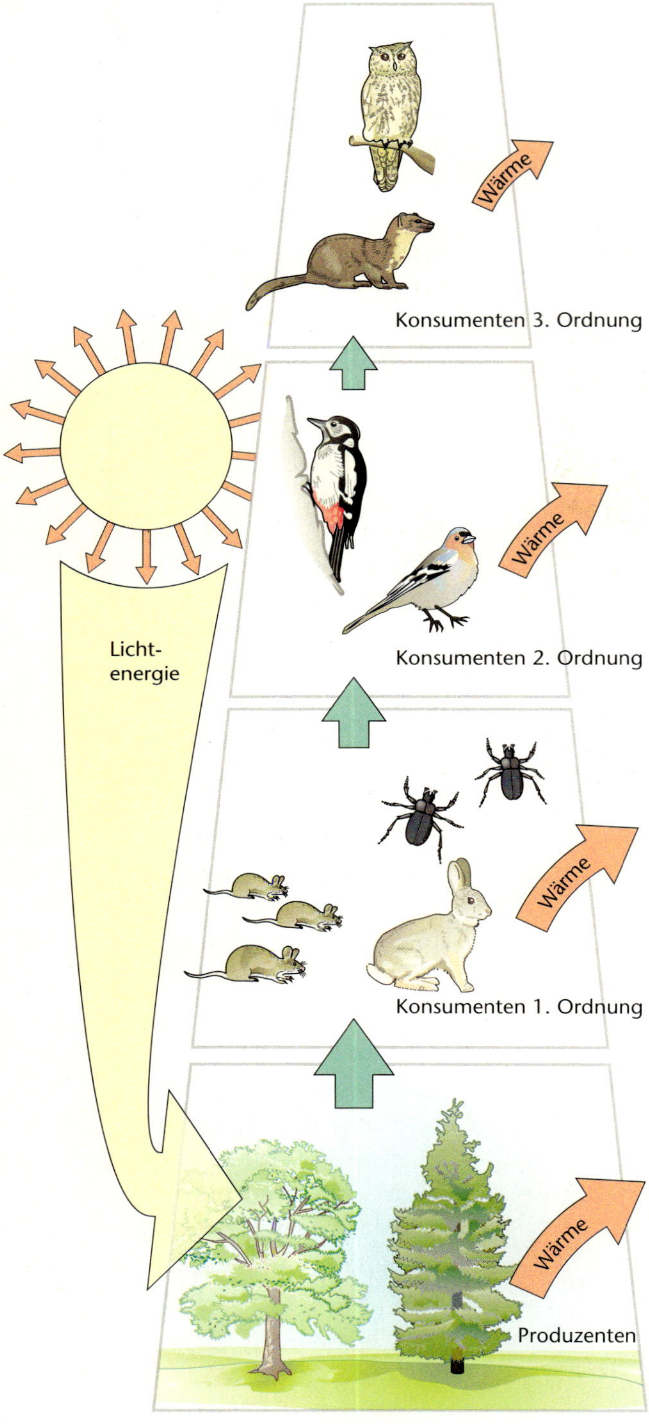

1 *Energie- und Biomassepyramide*

Als **Produzenten** nutzen Pflanzen das Sonnenlicht, um aus Kohlenstoffdioxid und Wasser energiereiche Stoffe wie Traubenzucker zu produzieren. Dieser Vorgang heißt **Fotosynthese.** Durch die Fotosynthese wird ein Teil der Lichtenergie in chemisch gebundene Energie umgewandelt. Diese chemische Energie ist zum Beispiel im Traubenzucker gespeichert. Durch die Fotosynthese nimmt die Biomasse der Pflanzen zu (Abb. 1).

Pflanzenfresser stellen als **Primärkonsumenten** oder Konsumenten 1. Ordnung das nächste Glied in Nahrungsketten dar. Von der Pflanzenmasse, die sie fressen, wandeln sie nur einen geringen Teil in eigene Biomasse um. Ein Teil der aufgenommenen Nahrung wird in Form unverdaulicher Reste mit dem Kot wieder ausgeschieden. Ein erheblicher Teil der Nahrung wird im Stoffwechsel eines Pflanzenfressers vollständig abgebaut und dient der Energiebereitstellung für die Aufrechterhaltung seiner Lebensfunktionen. Die in diesem Teil der Nahrung enthaltene Energie wird letztlich in Form von Wärme an die Umgebung abgegeben. Für **Sekundärkonsumenten** (Konsumenten 2. Ordnung), die sich von Pflanzenfressern ernähren, und für **Tertiärkonsumenten** (Konsumenten 3. Ordnung) gelten die gleichen Zusammenhänge.

Die Lebewesen eines Ökosystems kann man Ernährungsstufen zuordnen. Die erste Ernährungsstufe bilden die Pflanzen als Produzenten. Die zweite Ernährungsstufe bilden die Primärkonsumenten, die dritte die Sekundärkonsumenten und so weiter. Von Ernährungsstufe zu Ernährungsstufe nimmt die Biomasse und damit auch die darin enthaltene Energie jeweils um 80 bis 95 Prozent ab. Der stufenweise Abbau von Biomasse und Energie in Nahrungsketten hat zur Folge, dass für den Endverbraucher nur begrenzte Nahrungsmengen zur Verfügung stehen. Letztlich speist die Energie der Sonne alle Lebensvorgänge in einem Ökosystem.

Grundwissen

2 *Energiegehalt auf verschiedenen Ernährungsstufen bei Einstrahlung von 1 000 000 Joule Sonnenenergie*

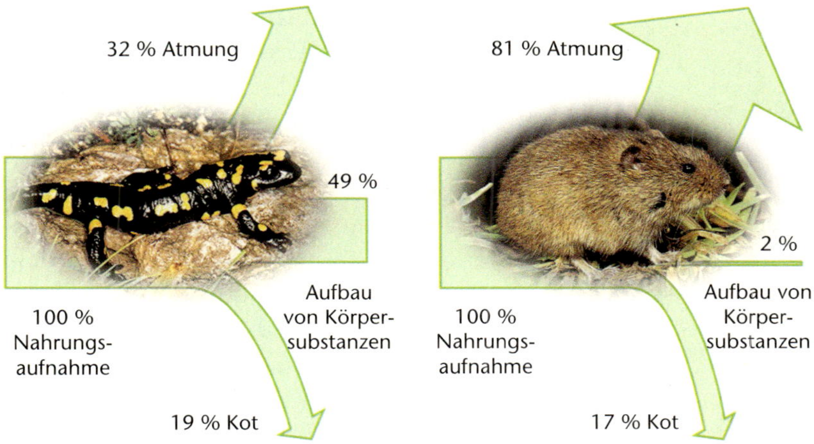

3 *Energienutzung bei Salamandern und Mäusen*

1 Energiefluss und Biomassefluss in Ökosystemen.
a) Erläutere in einem Text die Abbildung 2. Stelle Zusammenhänge mit der Abbildung 1 her.
b) Im Zusammenhang mit dem Energiefluss in Ökosystemen spricht man gelegentlich von der „Einbahnstraße Energie". Begründe diese Formulierung.
c) Nahrungsketten mit vier oder mehr Gliedern sind selten. Finde eine Erklärung für diese Beobachtung.

2 Nutzung der Energie aus der Nahrung. Beschreibe die Zusammenhänge, die du der Abbildung 3 entnehmen kannst. Vergleiche die Energienutzung bei Salamandern und Mäusen in einem Text und finde Erklärungen für die Unterschiede.

3 Typische Aspekte einer Biozönose. Formuliere die in Abbildung 4 grafisch veranschaulichten Zusammenhänge.

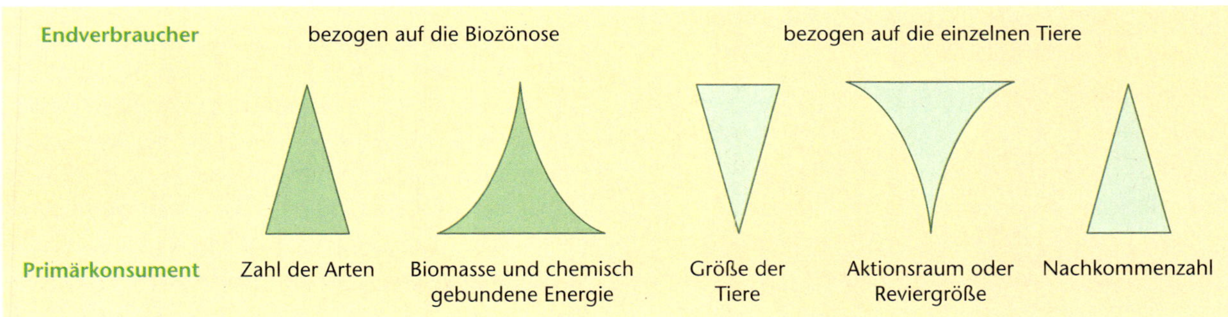

4 *Typische Aspekte einer Biozönose*

4.16 Fotosynthese und Zellatmung, Stoffkreisläufe

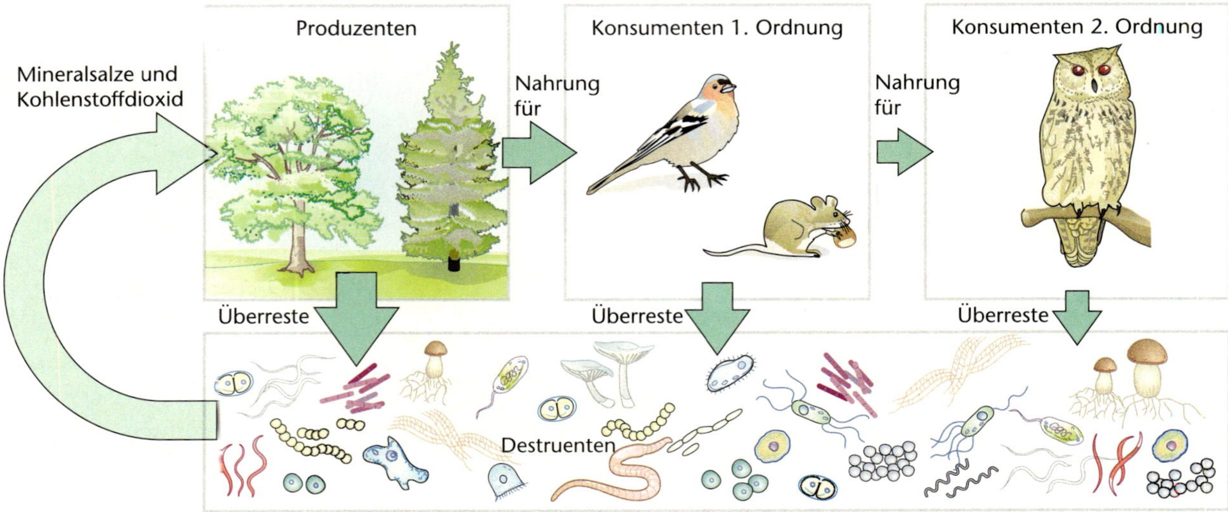

1 *Stoffkreislauf in einem Ökosystem*

Fotosynthese

$6\ CO_2 + 6\ H_2O + \text{Energie} \rightarrow C_6H_{12}O_6 + 6\ O_2$

Kohlenstoffdioxid + Wasser + Energie →
Glucose + Sauerstoff

Zellatmung

$C_6H_{12}O_6 + 6\ O_2 \rightarrow 6\ CO_2 + 6\ H_2O + \text{Energie}$

Glucose + Sauerstoff →
Kohlenstoffdioxid + Wasser + Energie

2 *Fotosynthese und Zellatmung*

Ökosystem	Nettoprimärproduktion
tropischer Regenwald	2200 g/m^2
Nadelwald	1300 g/m^2
Laubwald	1200 g/m^2
Savanne	600 g/m^2
Halbwüste	90 g/m^2
Wüste	3 g/m^2
Weizenfeld	650 g/m^2

3 *Jährlicher Biomassezuwachs verschiedener Ökosysteme*

Pflanzen stellen im Verlauf der **Fotosynthese** aus Kohlenstoffdioxid und Wasser Traubenzucker und andere energiereiche Stoffe her. Im Stoffwechsel der Organismen werden diese Fotosyntheseprodukte der Pflanzen durch die **Zellatmung** wieder zu Kohlenstoffdioxid und Wasser abgebaut (Abb. 2). Tierische Ausscheidungen und tote Lebewesen werden von Destruenten (Zersetzern) vollständig zu anorganischen Stoffen zersetzt. Dabei entstehen Kohlenstoffdioxid, Wasser und Mineralsalze. Diese Stoffe werden erneut von Pflanzen aufgenommen und in der Fotosynthese genutzt. Im Gegensatz zur Energie verbleiben die Stoffe also weitgehend innerhalb des Ökosystems. Sie werden gewissermaßen recycelt. Aus diesem Grund spricht man von **Stoffkreisläufen** (Abb. 4).

Man bezeichnet die Biomasse, die durch Fotosynthese erzeugt wird, als **Primärproduktion.** Durch die Zellatmung wird Traubenzucker wieder in Kohlenstoffdioxid und Wasser abgebaut (Abb. 2). Dabei nimmt die Biomasse der Organismen ab. In intakten Ökosystemen ist die Primärproduktion höher als der Biomasseverlust durch die Zellatmung. Die Biomasse des Ökosystems nimmt insgesamt zu. Diesen Zugewinn an Biomasse bezeichnet man als Nettoprimärproduktion (Abb. 3).

4 *Stadien der Waldentwicklung nach einem Kahlschlag*

Zur Energieversorgung aus Biomasse könnten verwendet werden:
- Holz und Holzreste aus Einschlag, Durchforstung und Waldpflege,
- Stroh,
- speziell angebaute Energiepflanzen wie Chinaschilf und Energiemais,
- Bioalkohol aus Zucker- und Stärkepflanzen,
- Rapsöl.

Als Vorteil der stärkeren Nutzung von Biomasse wird angeführt:
- Sie ist erneuerbar: Die verbrauchten Mengen können von der Natur ständig „nachgeliefert" werden.
- Sie ist CO_2-neutral: Bei der Verbrennung wird nur die Menge CO_2 freigesetzt, die während des Wachstums aufgenommen wurde. Durch diese CO_2-Neutralität tragen Bioenergieträger nicht zum Treibhauseffekt bei.

5 *Biomasse als Energieträger*

1 Stoffkreislauf in einem Ökosystem.
a) Beschreibe die in Abbildung 1 dargestellten Zusammenhänge.
b) Übertrage das Schema der Abbildung 1 in dein Heft. Ergänze den Energiefluss.
c) Erläutere, warum man von einem Energiefluss, aber von einem Stoffkreislauf spricht.
d) Durch Holzeinschlag greift der Mensch in die Stoffkreisläufe eines Waldes ein. Erläutere anhand der Abbildung 4, welche Konsequenzen der Holzeinschlag für den Wald haben kann.
In welchem Umfang hältst du eine Holznutzung für vertretbar?

2 Produktivität von Ökosystemen.
a) Nenne Faktoren, von denen die Produktivität eines Ökosystems abhängen könnte. Erläutere jeweils, wie diese Faktoren wirken.
b) Vergleiche die Biomassezuwächse der in Abbildung 3 genannten Ökosysteme. Formuliere Vermutungen zu den Gründen für die unterschiedliche Produktivität der Ökosysteme.
c) Abbildung 4 zeigt Entwicklungsstadien einer vom Menschen unbeeinflussten Waldfläche nach einem Kahlschlag. Beschreibe und begründe die Situationen in den jeweiligen Entwicklungsphasen.

3 Biomasse als Energieträger.
Erläutere die Argumente, die von den Befürwortern einer stärkeren Nutzung der Biomasse vorgebracht werden (Abb. 5). Vergleiche mit den Verhältnissen bei einer Nutzung von Erdöl.

5 Der See

5.1 Lebensraum Süßwasser

1 *Beispiele für Gewässer*

Stehende Gewässer
Kleinstgewässer: Wasserstelle von geringem Ausmaß, häufig nur kurzzeitig Wasser führend
Tümpel: natürlich oder künstlich entstandenes Gewässer geringer Tiefe, das austrocknen kann
Weiher: natürlich entstandenes Gewässer bis zu zwei Meter Tiefe
Teich: von Menschen angelegtes Gewässer bis zu zwei Meter Tiefe
See: natürlich oder künstlich entstandenes Gewässer von meist mehr als zwei Metern Tiefe und größerer Ausdehnung

Fließgewässer
Bach: Fließgewässer bis zu fünf Meter Breite
Fluss: Fließgewässer über fünf Meter Breite

2 *Einteilung von Gewässern*

Gewässer werden durch ihre Größe und Tiefe, durch Licht, Sichttiefe, Sauerstoff- und Mineralsalzgehalt, Strömung und Temperatur charakterisiert. Man nennt solche Faktoren **abiotische Faktoren.** Sie sind physikalischer oder chemischer Natur und stehen untereinander in einem Wechselspiel. So erwärmt sich ein flaches Gewässer viel schneller als ein tiefes, und ein schnell fließender Bach hat meistens einen höheren Sauerstoffgehalt als das Tiefenwasser eines Sees.

Da Organismen unterschiedliche Ansprüche an den Lebensraum stellen, wird die Besiedlung eines Gewässers im Wesentlichen durch die abiotischen Faktoren bestimmt. Von großer Bedeutung ist hierbei, ob das Gewässer austrocknen kann oder nicht.

1 Kleine Gewässerkunde.
a) Ordne die Gewässer in Abbildung 1 den Steckbriefen in Abbildung 3 zu und begründe deine Entscheidung.
b) Versuche zu den übrigen Steckbriefen die entsprechenden Gewässer zu finden.
c) Ordne die Steckbriefe den Begriffen der Abbildung 2 zu.
d) Erstelle einen ausführlichen Steckbrief für einen Fluss.

2 Veränderungen von abiotischen Faktoren. Überlege und beschreibe, wie sich die abiotischen Faktoren in einer Pfütze von der Entstehung bis zur Austrocknung ändern. Begründe, soweit möglich, die Veränderungen.

1: meist nur kurze Zeit bestehend, häufig wiederkehrend, sehr geringe Tiefe, kleine Oberfläche, mineralsalzarm

2: steile Ufer, sandiger bis schlammiger Untergrund, meist 10–20 m tief, häufig in der Nähe von Autobahnen oder großen Straßen, Wasser stehend

3: Wasser meist von Moospflanzen bedeckt, durchsetzt mit inselartigen Büscheln von Seggen, im Frühjahr oft große Bestände von Wollgras, Untergrund sehr weich, keine Fische

4: meist 2–3 m tief, keine Strömung, wenig Bewuchs, viele Fische, die etwa gleich alt sind

5: Wasser meist trübe, häufige Durchmischung bei Verkehr, nur kurze Zeit bestehend, häufig wiederkehrend, schmale und längliche Form

6: große Wasseroberfläche, meist nur für ein paar Wochen vorhanden, Untergrund Gräser und Kräuter, nicht tief

7: starke Strömung, sehr sauerstoffreich, geringe Tiefe, Wasser meist klar und kalt

8: von Menschen angelegt, inmitten von Blumen und Büschen, Tiefe meist um 1 m, häufig mit Goldfischen

9: Strömung nur bei Regen, 1–1,5 m tief, in der Regel runde Form, nur Algen als Bewuchs

10: langer, gerader Verlauf, geringe Strömung, trapezförmiger Querschnitt

3 *Kennzeichen von Gewässern*

5.2 Ökosystem See

1 *Pflanzen und Tiere des Sees*

Ein See ist ein abgrenzbarer Lebensraum mit den verschiedensten Organismen. Diese stehen untereinander in Beziehung, sie bilden eine Lebensgemeinschaft. Eine solche Lebensgemeinschaft nennt man **Biozönose.** Die Lebewesen einer Biozönose sind aber nicht nur von anderen Lebewesen abhängig, sondern auch von den abiotischen Faktoren des Lebensraumes. Die abiotischen Faktoren eines Lebensraumes bezeichnet man als **Biotop.** Werden diese Faktoren zusammen mit der Biozönose betrachtet, spricht man von einem **Ökosystem.** Ein Ökosystem besteht also aus einem Biotop und der zugehörigen Biozönose.

Man kann einen See aufgrund der unterschiedlichen abiotischen Faktoren in verschiedene Lebensräume unterteilen: zum Beispiel den Uferbereich, die Wasseroberfläche und das tiefe Wasser. Diese Bereiche werden jeweils von ganz bestimmten Lebewesen besiedelt, die an die jeweiligen Bedingungen angepasst sind. Man kann den See auch als ein großes Ökosystem mit vielen kleineren Lebensräumen ansehen. Diese Lebensräume des Sees stehen untereinander in Verbindung, man sagt auch, sie sind vernetzt.

Grundlage der Biozönose sind die Pflanzen. Sie bauen durch die Fotosynthese aus anorganischen Stoffen organisches Material auf. Man bezeichnet die Pflanzen daher als **Produzenten.** Das organische Material dient dem Wachstum der Pflanzen und wird von Pflanzenfressern und über die Nahrungskette von Fleischfressern als Nahrung genutzt. Organismen, die von anderen Lebewesen leben, nennt man **Konsumenten.** Organismen, die totes organisches Material abbauen, nennt man **Destruenten.**

Gelbrandkäfer: Larven und erwachsene Tiere ernähren sich räuberisch von Kleintieren, z. B. von kleinen Fischen, Kaulquappen, Insekten und von Fischlaich. Sie müssen zum Atmen an die Wasseroberfläche kommen.
Libellen: Die Larven ernähren sich von Kleintieren, wie Würmern und Wasserflöhen. Sie besitzen Kiemen. Erwachsene Libellen erbeuten Insekten im Flug.
Mücken: Mückenlarven leben von kleinen Algen, die im Wasser schweben. Die Larven hängen an der Wasseroberfläche und atmen durch ein Rohr am Hinterleib. Erwachsene Mücken saugen Pflanzensäfte oder sind Blutsauger.
Spitzschlammschnecken: Die Tiere weiden den Algenbelag von Steinen und Wasserpflanzen ab. Sie fressen auch weiche Teile von Wasserpflanzen.
Teichmuscheln: Die Muscheln filtrieren Schwebstoffe aus dem Wasser, z. B. einzellige Lebewesen, abgestorbene Pflanzenteile und zersetzte Tiere. Eine einzige Muschel filtriert bis 40 Liter Wasser am Tag.
Stichlinge: Diese etwa 10 cm langen Fische ernähren sich von Fischlaich und Kleinkrebsen.
Stockenten: Stockenten sind „Allesfresser", sie ernähren sich von Pflanzen und Kleintieren.
Haubentaucher: Diese Vögel ernähren sich von kleinen Fischen, die sie beim Tauchen erbeuten.

2 *Ernährung einiger Tiere des Sees*

1 Erle, 2 Weide, 3 Blutweiderich, 4 Seerose, 5 Schilf, 6 Rohrkolben, 7 Froschlöffel, 8 Wasserlilie, 9 Wasserpest, 10 Hornblatt, 11 Tausendblatt, 12 Wasserlinse, 13 Stichling, 14 Haubentaucher, 15 Stockente, 16 Graureiher, 17 Gelbrandkäfer, 18 Gelbrandkäferlarven, 19 Libelle, 20 Libellenlarve, 21 Wasserläufer, 22 Rückenschwimmer, 23 Mückenlarven, 24 Wasserfloh, 25 Spitzschlammschnecke, 26 Teichmuschel, 27 Bakterien, Pilze und Einzeller am Boden

1 Fachbegriffe.

a) Arbeite die Unterschiede und Gemeinsamkeiten zwischen Produzenten, Konsumenten und Destruenten heraus.
b) Beschreibe anhand von Beispielen aus der Abbildung 1, worin sich die Begriffe Biozönose, Biotop und Ökosystem unterscheiden.

2 Beziehungen im See.

a) Ordne die in der Abbildung 1 dargestellten Organismen den Produzenten, Konsumenten und Destruenten zu. Verwende dazu auch Abbildung 2. Begründe die Zuordnung.
b) Stelle in deinem Heft Nahrungsbeziehungen zwischen möglichst vielen der in Abbildung 2 genannten Tiere dar. Verwende ein Pfeildiagramm nach folgendem Schema: Kleinkrebs → Stichling. Der Pfeil bedeutet: „wird gefressen von".
c) Zeige möglichst alle Beziehungen der Spitzschlammschnecke zu den in Abbildung 1 aufgeführten Pflanzen und Tieren auf.
d) Finde Gründe dafür, dass Anglervereine Teichmuscheln in ihre Angelgewässer einsetzen.

3 Erschließungsfelder. Welche weiteren Erschließungsfelder, als die beiden angegebenen, werden in diesem Abschnitt noch angesprochen? Schreibe jeweils die Inhalte zu den entsprechenden Erschließungsfeldern auf.

5.3 Zonen im See

Da sich die abiotischen Faktoren in einem See vom Ufer bis zur Seemitte ändern, kann man einen See in verschiedene Zonen unterteilen (Abb. 1). Diese Zonen sind im Wesentlichen durch Wassertiefe, Licht, Sauerstoffgehalt und Untergrund bestimmt. So bietet der See viele unterschiedliche Lebensräume.

Lebewesen in der **Bruchwaldzone** befinden sich an Land oder im seichten Wasser. Sie müssen mit unterschiedlichen Wasserständen, hohem Grundwasserspiegel und starkem Wind zurechtkommen. Pflanzen in der **Röhrichtzone** und der **Schwimmblattzone** stehen meist im Schlamm des flachen Wassers, der nur wenig Sauerstoff enthält. Ihre Wurzeln befinden sich also in einem sauerstoffarmen Bereich, während die grünen Teile aus dem Wasser hervorragen oder auf dem Wasser schwimmen. Unterhalb der Wasseroberfläche herrscht infolge der Beschattung meist nur Dämmerlicht. Pflanzen der **Tauchblattzone** haben ihre Blätter unter Wasser, bei einigen ragen die Blüten aus dem Wasser heraus. Je tiefer das Wasser wird, umso geringer wird die Lichtstärke. Die blauen und roten Lichtanteile, die für die Fotosynthese besonders wichtig sind, werden zunehmend vom Wasser herausgefiltert. Nur wenige am Boden haftende Algen, die trotz dieser ungünstigen Bedingungen noch Fotosynthese betreiben können, und tierische Organismen können in der Tiefe existieren.

In noch größerer Wassertiefe ist der Boden kahl. Häufig ist er dick mit Schlamm bedeckt. Er enthält dann oft Faulgase, z. B. Schwefelwasserstoff, und keinen Sauerstoff. Man nennt diese Bedingungen anaerob, das heißt ohne Sauerstoff. Hier leben nur noch Bakterienarten, die keinen Sauerstoff zum Leben benötigen.

Überall im Wasser eines Sees leben mikroskopisch kleine Algen und Tiere. Man fasst sie unter dem Namen **Plankton** zusammen. Sie schweben im Wasser und werden von der Strömung bewegt.

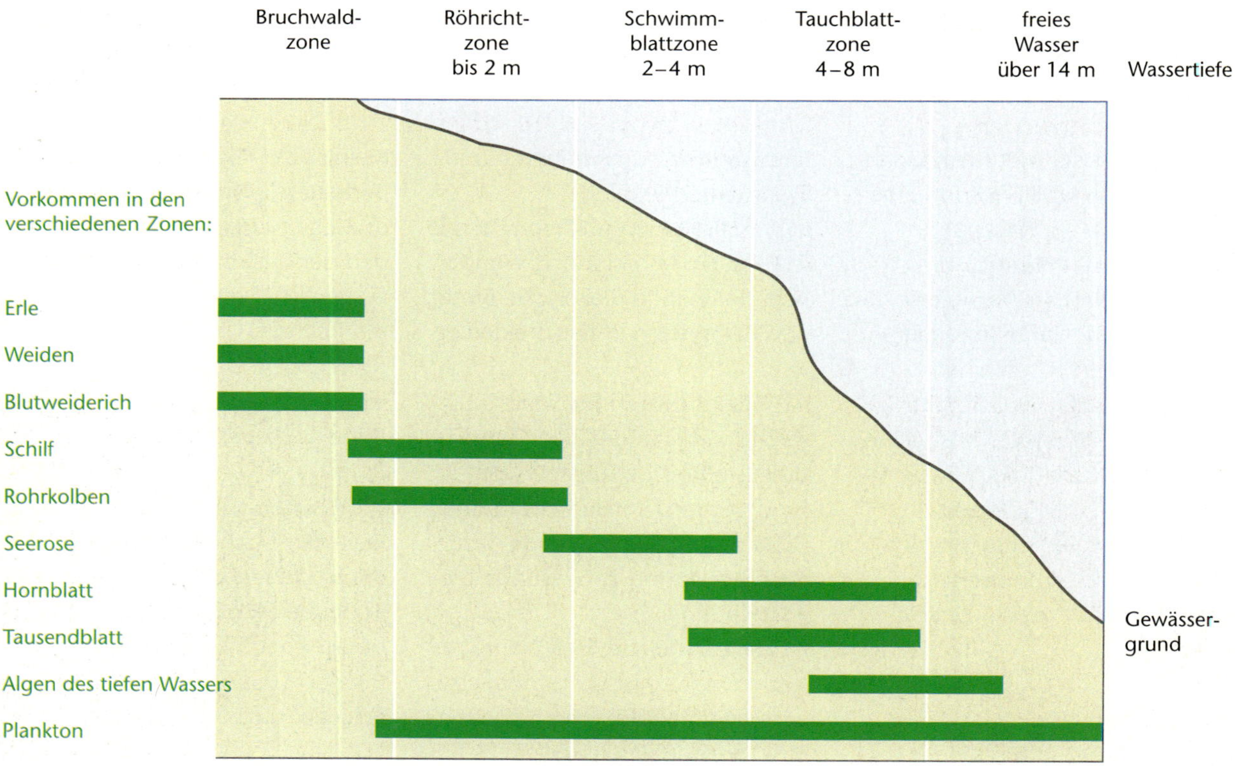

1 *Schematischer Aufbau eines Sees und Vorkommen einiger Arten*

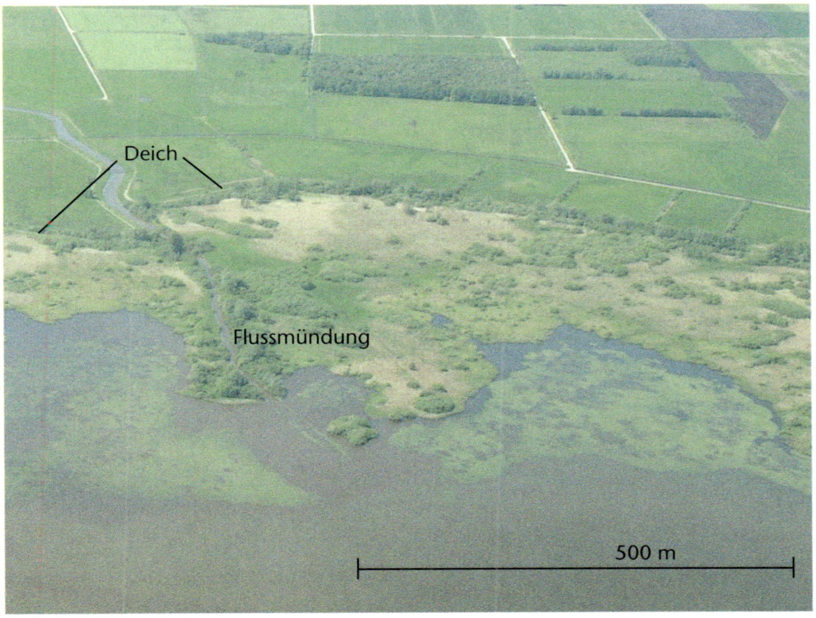

2 *Luftaufnahme eines Sees*

Die Transsektmethode ist ein Verfahren zur Untersuchung der Vegetation entlang eines sich ändernden Faktors, z. B. der Wassertiefe eines Sees oder der Bodenbeschaffenheit. Solch ein Faktor wird Gradient genannt. Ein streifenförmiger Bereich entlang des Gradienten wird abgesteckt und untersucht.
Die Untersuchung gibt Aufschluss darüber, ob es kontinuierliche Übergänge gibt oder ob abgegrenzte Teilflächen erkennbar sind. Die Transsektmethode kann für grobe Aussagen auch aus der Luft angewendet werden.

3 *Die Transsektmethode*

1 Die Zonen des Sees.
a) Formuliere, welche wesentlichen Aussagen der Abbildung 1 entnommen werden können.
b) Stelle dir vor und schreibe auf, welche Beobachtungen mit einer Kamera von einem ferngesteuerten Mini-U-Boot bei einer Tauchfahrt von der Seemitte entlang des Bodens zum Ufer gemacht werden können.
c) Ordne die in Abbildung 4 dargestellten Pflanzen einer Zone des Sees zu. Begründe deine Meinung.
d) Stelle begründete Vermutungen auf, welche Faktoren für die Übergänge von der Röhrichtzone zur Schwimmblattzone und von der Schwimmblattzone zur Tauchblattzone maßgebend sind.

2 Untersuchung mit der Transsektmethode.
a) Beschreibe, was auf der Luftaufnahme in Abbildung 2 zu sehen ist.
b) Lege an der Luftaufnahme einen Streifen vom Ufer bis zur Seemitte fest. Beschreibe, wie sich die Vegetation in diesem Streifen in Abhängigkeit von der Wassertiefe ändert (Abb. 3).
Unterschiede kannst du an Farbveränderungen erkennen. Bestimme anhand des Maßstabes die ungefähre Größe der verschiedenen Vegetationsbereiche.
c) Ordne mithilfe der Abbildung 1 den verschiedenen Vegetationsbereichen entsprechende Pflanzen zu. Begründe deine Zuordnung.

4 *Wasserpflanzen*

5.4 Eigenschaften von Wasser

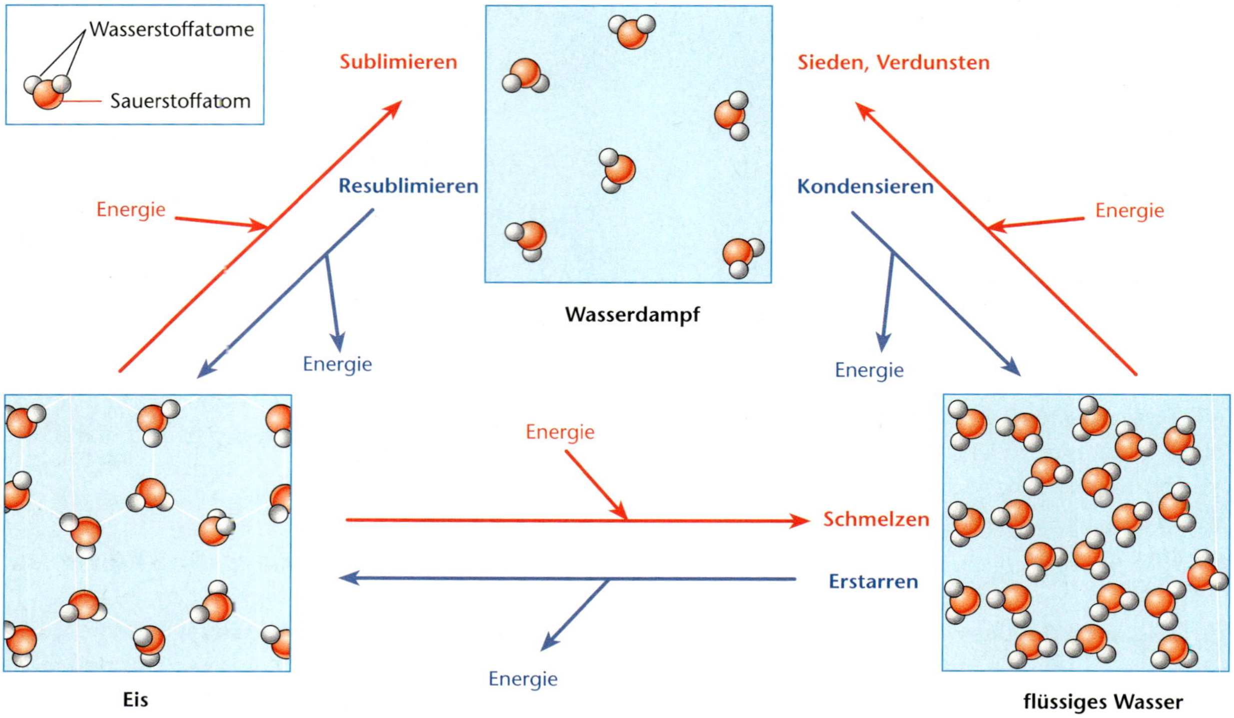

1 *Aggregatzustände und Übergänge beim Wasser*

Das Wassermolekül besteht aus einem Sauerstoffatom und zwei Wasserstoffatomen, die zusammen einen Winkel bilden. In den verschiedenen Aggregatzuständen lagern sich die Moleküle in unterschiedlicher Weise zusammen. Dies ist der Grund für die besonderen Eigenschaften von Wasser (Abb. 1).

Im Eis verbinden sich die Wassermoleküle zu einem gitterförmigen Kristall mit großen Hohlräumen. Führt man Energie hinzu, wird das Wasser flüssig. Die Moleküle rücken dabei näher zusammen und lassen sich leichter gegeneinander verschieben. Die Dichte wird größer. Wasser hat bei etwa 4 Grad Celsius die höchste Dichte. Führt man weiter Energie zu, rücken die Moleküle auseinander. Die Dichte wird kleiner und die Temperatur nimmt zu. Bei hundert Grad Celsius siedet das Wasser. Der Molekülverband wird ganz aufgelöst, es gibt keine Verbindungen zwischen den Molekülen mehr. Das Wasser ist nun gasförmig. Auch unterhalb des Siedepunktes verlassen einzelne Moleküle den Verband des flüssigen Wassers: Wasser verdunstet. Übergänge gibt es auch vom festen Zustand zum gasförmigen und umgekehrt (Abb. 1).

Zum Schmelzen und Sieden wird viel Energie benötigt. Die gleiche Energie wird wieder freigesetzt, wenn das Wasser kondensiert beziehungsweise erstarrt. Dann steigt die jeweilige Umgebungstemperatur an.

Zum Erwärmen einer bestimmten Masse Wasser benötigt man etwa doppelt so viel Energie wie zum Erwärmen der gleichen Masse Luft. Beim Abkühlen wird jeweils die gleiche Energiemenge, die zum Erwärmen benötigt wurde, wieder abgegeben. Eine erwärmte große Masse Wasser ist ein riesiger Energiespeicher. Man sagt, Wasser hat eine hohe **Wärmekapazität.** Es dauert lange, bis die während des Sommers gespeicherte Energie, z. B. eines Sees, im Winter über die Oberfläche an die Umgebung wieder abgegeben ist.

1 Eis und Wasser.

a) Zeichne eine Temperatur-Dichte-Kurve des Wassers (Abb. 2). Achte dabei auf die Wahl eines geeigneten Maßstabes.

b) Stelle Gründe zusammen, warum Gewässer zuerst an der Oberfläche gefrieren. Überlege, welche Auswirkungen es auf das Leben in Gewässern hätte, wenn diese vom Grund aus zu Eis würden.

c) Taut man gefrorene Erdbeeren auf, so erhält man Früchte, die ihre Form verloren haben und in ihrem Saft schwimmen. Erläutere ausführlich die Vorgänge, die zu diesem Ergebnis führen.

Temperatur °C	Dichte g/cm³
Eis, 0	0,917
0	0,999
4	1
10	0,999
20	0,998
30	0,996
40	0,992

2 *Dichte von Wasser*

3 *Beregnung bei Frost*

2 Klima und Wasser.

a) Stelle begründete Vermutungen auf, welche Auswirkungen die Wärmekapazität eines Sees auf die Umgebung hat.

b) In der Zeit vom 8.12. bis zum 16.12. sowie vom 18.12. bis zum 20.12.2002 waren in der Umgebung von Nürnberg alle Pfützen und Wasserlachen gefroren. Die Baggerseen in der gleichen Region waren während des ganzen Dezembers eisfrei. Erkläre diesen Sachverhalt mithilfe der Abbildungen 4 und 5.

3 Nachtfröste in der Blütezeit.

Wenn im Frühling zur Zeit der Obst- oder Weinblüte starke Nachtfröste angesagt werden, stellen die Bauern in den bedrohten Flächen die Beregnungsanlagen an und berieseln die Pflanzen die ganze Nacht mit Wasser. Am Morgen sind die Pflanzen und damit auch die Blüten von einer dicken Eisschicht bedeckt (Abb. 3). Stelle begründete Vermutungen für diese Vorgehensweise an. Berücksichtige, dass Blüten bis zu ca. –2 °C ertragen, bei tieferen Temperaturen aber erfrieren.

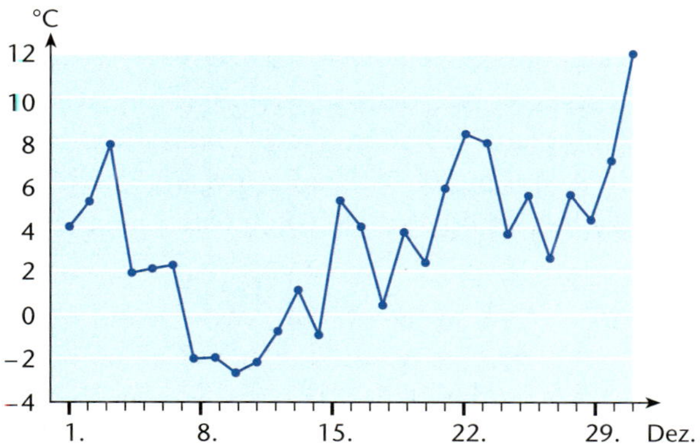

4 *Höchsttemperatur in Nürnberg, Dezember 2002*

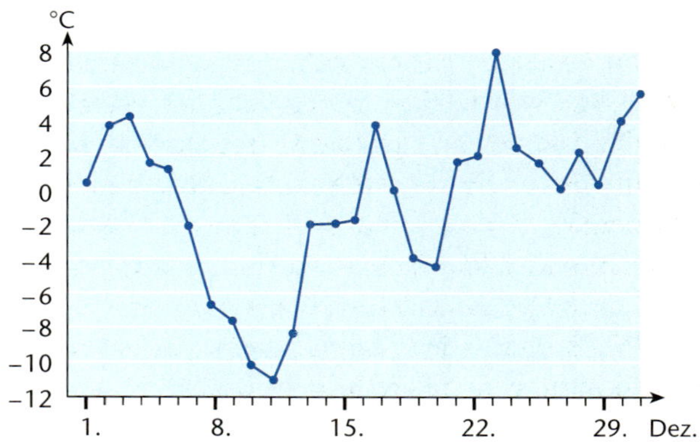

5 *Tiefsttemperatur in Nürnberg, Dezember 2002*

5.5 Die Wassertemperaturen im Laufe der Jahreszeiten

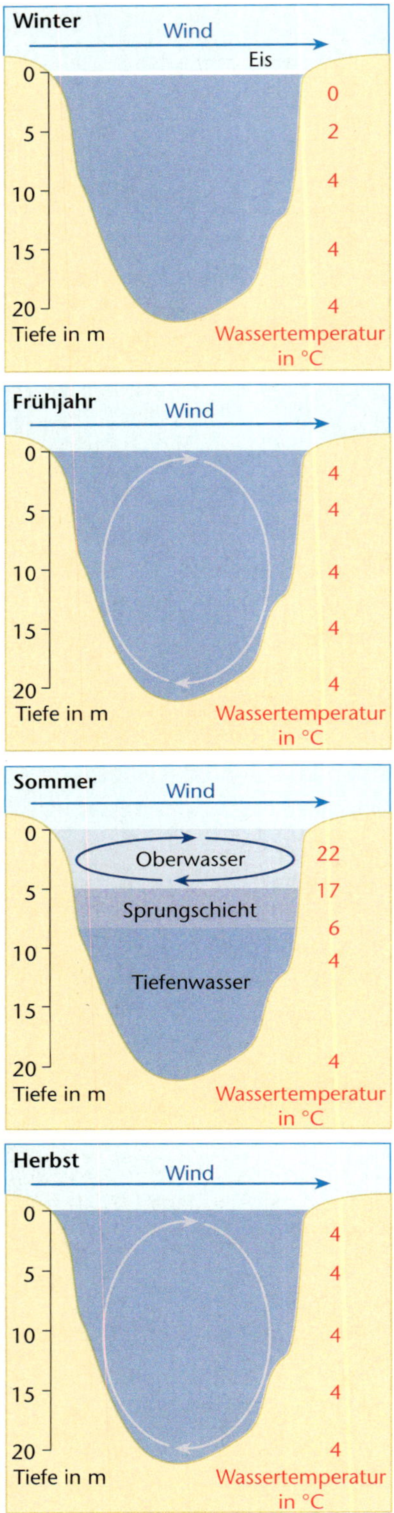

Im Winter ist der See zugefroren (Abb. 1). Das Eis befindet sich aufgrund seiner geringen Dichte an der Oberfläche. Bei großer Kälte wächst es langsam nach unten, die Eisschicht wird dicker. Unterhalb der Eisschicht hat das Wasser eine Temperatur von null Grad Celsius. Die Temperatur steigt mit zunehmender Tiefe langsam bis vier Grad Celsius an, gleichzeitig nimmt die Dichte zu. Da Wasser bei vier Grad Celsius seine größte Dichte hat, befindet sich dieses Wasser unten im See. Diese Schichtung ist sehr stabil. Es kommt kein größerer Austausch zwischen den Wasserschichten zustande. Dieser Zustand wird **Winterstagnation** genannt.

Im Frühjahr erwärmt sich das Wasser an der Oberfläche. Hat es etwa vier Grad Celsius erreicht, herrscht im ganzen See annähernd die gleiche Temperatur und Dichte, ein Wasseraustausch zwischen oberen und unteren Schichten ist möglich. Durch Wind kann es zu einer Oberflächenströmung kommen. Als Folge sinkt das Wasser am Seerand ab und strömt in der Tiefe in entgegengesetzter Richtung zurück, am Ufer steigt es wieder auf. Dieser Umlauf wird **Frühjahrszirkulation** genannt. Durch ihn wird das Wasser kräftig durchmischt.

Im Sommer hat sich das Wasser an der Oberfläche weiter erwärmt. Das wärmste Wasser befindet sich wegen der geringeren Dichte an der Oberfläche. Darunter findet man eine Übergangsschicht zum kälteren Wasser mit höherer Dichte, die wegen der großen Temperaturunterschiede als **Sprungschicht** bezeichnet wird. Die Sprungschicht ist meist trübe. Es kann zu keinem nennenswerten Austausch zwischen den Schichten kommen. Man nennt diesen Zustand **Sommerstagnation.**

Mit zunehmender Abkühlung sinkt im Herbst die Wassertemperatur an der Oberfläche. Hat sie die Temperatur des tieferen Wassers erreicht, treten Verhältnisse wie im Frühjahr ein. Wind und Wasserströmungen bewirken die **Herbstzirkulation.**

Herbst- und Frühjahrszirkulation sorgen dafür, dass selbst in die tiefsten Bezirke des Sees zweimal im Jahr sehr sauerstoffreiches Wasser gelangt. Dadurch ist auch hier eine Besiedlung mit sauerstoffabhängigen Organismen möglich. Allein durch Diffusionsvorgänge wäre ein ausreichender Sauerstoffgehalt in den unteren Schichten eines Sees nicht möglich.

1 *Wassertemperatur eines Sees im Laufe eines Jahres*

1 Der See im Sommer.

a) Beschreibe die Aussagen der Abbildung 2.

b) Begründe die Schichtung und den Verlauf der Temperatur.

c) Stelle Vermutungen über die Ursachen des Verlaufs des Sauerstoffgehalts auf.

d) Formuliere begründete Aussagen zur Sauerstoffverteilung während der Herbst- und Frühjahrszirkulation.

2 Flache Gewässer. Arbeite die Unterschiede zwischen einem tiefen See wie in Abbildung 2 und einem Weiher von nur 2 m Tiefe heraus. Beachte folgende Aspekte:
- Temperaturverlauf in den verschiedenen Jahreszeiten,
- Auswirkung von Wind,
- Schichtung des Wassers,
- Sauerstoffverteilung.

Nimm Abbildung 2 zu Hilfe und begründe deine Ergebnisse.

3 Beobachtungen eines Tauchers. Erkläre die Beobachtungen des Tauchers bezüglich Temperatur und Sicht (Abb. 3). Finde Gründe für das unterschiedliche Verhalten der Fische und ihren Aufenthaltsort im See.

4 Vergleich See – Fluss.

a) Vergleiche tabellarisch einen See mit ca. 10 m Tiefe mit einem Fluss. Gehe dabei auf folgende Fragen ein:
- Wann erfolgt eine Wasserdurchmischung?
- Wie ist die Temperaturverteilung in den verschiedenen Jahreszeiten?
- Wo liegen die Stellen mit dem höchsten Sauerstoffgehalt während des Sommers?
- Welchen Einfluss hat der Wind?

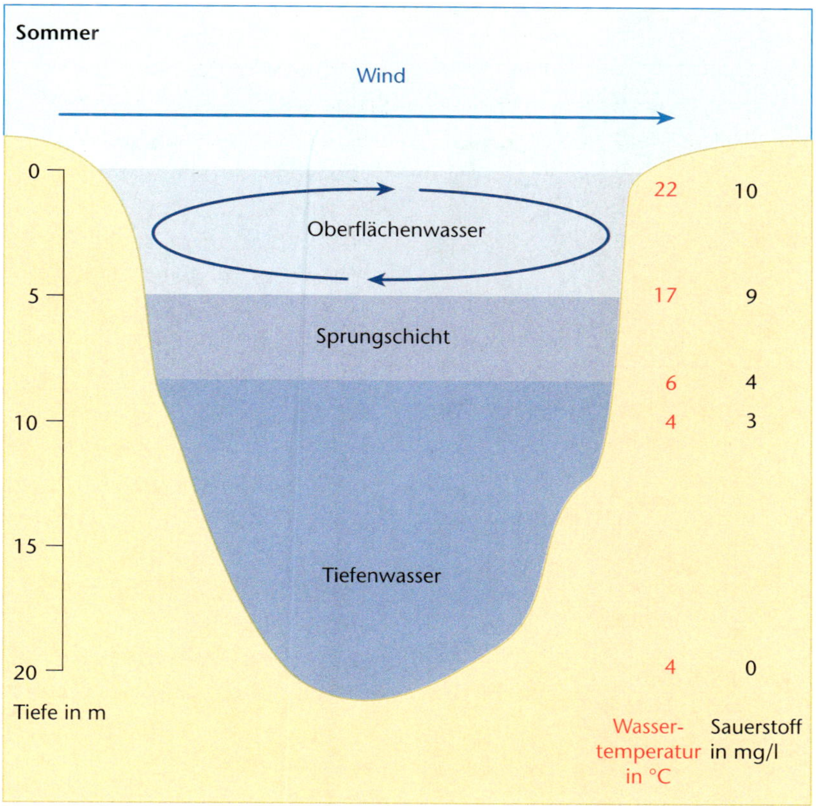

2 *Zustand eines Sees im Sommer*

Tauchgang am 2. Februar:
See seit zwei Tagen eisfrei, Wasser noch sehr kalt, aber sehr klar. Beim Abtauchen entlang des Uferbereiches kein Fisch zu sehen. Am Boden in 15 m Tiefe drei bewegungslose große Flussbarsche in kleinen Mulden. Etwas weiter viele kleine Plötzen in einem Schwarm, die auf dem mit kleinen Algen bedeckten Boden ruhen. Später ein Hecht neben einem Stein; sehr träge. Beim Auftauchen in den oberen Schichten, auch im freien Wasser, keine Fische …

Tauchgang am 26. August:
Wasser warm, Sicht bis 4 m Tiefe gut. Viele Fische aller Größen: Barsche, Rotfedern, Karpfen, zwei große Hechte, ein Zander. Alle sehr lebhaft, sind schnell aus dem Blickfeld verschwunden. Beim weiteren Abtauchen ab 4 m trübes Wasser, das merklich kälter wird. Ab 8 m Tiefe wieder gute Sicht, aber kein einziger Fisch …

3 *Auszug aus zwei Protokollen eines Tauchers*

b) Erstelle eine Zeichnung analog zu Abbildung 2 für einen Fluss im Sommer. Gib dabei den Kurvenverlauf für Temperatur und Sauerstoff nur qualitativ ohne feste Werte an.

5.6 Beispiele von Angepasstheiten bei Pflanzen

Vorkommen im schlammigen Uferbereich bis 2 m Wassertiefe; Vermehrung durch Samen und bis 10 m lange Ausläufer; Stängel und Wurzeln starr und hohl; Pflanzen werden bis 4 m hoch; Bestäubung und Samenverbreitung durch Wind

1 *Schilfrohr*

Vorkommen im schlammigen Uferbereich bis 4 m Wassertiefe; Vermehrung durch Samen und lange Ausläufer; Stängel und Wurzeln biegsam und hohl, Blätter auf Wasseroberfläche schwimmend; Blüte nur wenige Zentimeter über der Wasseroberfläche; Insektenbestäubung; Früchte schwimmen, sinken nach einigen Wochen zu Boden

2 *Gelbe Teichrose*

Die Standorte für Schilfrohr und Gelbe Teichrose sind sehr ähnlich, sie überlappen sich zum Teil. Die Wurzeln dieser Pflanzen benötigen Sauerstoff, den sie nicht aus der direkten Umgebung beziehen können. Beide Pflanzen haben im Innern miteinander verbundene Hohlräume, die ein System zur inneren Belüftung bilden. Beide Arten vermehren sich durch Ausläufer und Früchte, die allerdings auf unterschiedliche Art verbreitet werden.

Schilf ist auf flaches Wasser spezialisiert. Die starre Sprossachse ermöglicht ein dichtes Zusammenstehen der Pflanzen. So benötigen die Fotosynthese betreibenden Blätter ebenfalls wenig Platz. Zwischen den Schilfpflanzen bleibt für andere Pflanzenarten wenig Platz und Licht. Im tieferen Wasser ist eine starre Sprossachse ungünstig, weil sie Wellen und Strömungen mehr Widerstand bietet. Die Gelbe Teichrose besitzt eine flexible Sprossachse, die aber nicht starr genug ist, um Blätter außerhalb des Wassers zu tragen. Sie besitzt Schwimmblätter, die vom Wasser getragen werden. Im Überlappungsbereich der Standorte beider Pflanzen konkurrieren die beiden Arten hauptsächlich im Wurzelbereich um den Platz durch die Bildung von Ausläufern. Pflanzen **konkurrieren** untereinander um Licht, Wasser, Mineralsalze und Platz. Die Pflanzen haben im Laufe der Stammesgeschichte **Angepasstheiten** an bestimmte Standorte entwickelt.

1 Vergleich: Schilfrohr – Gelbe Teichrose. Vergleiche Schilfrohr und Gelbe Teichrose umfassend anhand der Materialien auf diesen Seiten.

a) Stelle die Ergebnisse tabellarisch dar.

b) Arbeite jeweils die Angepasstheiten der Pflanzen an ihren Standort heraus.

2 Versuch mit der Gelben Teichrose. Verbinde ein älteres Blatt der Gelben Teichrose luftdicht mit einer Luftpumpe und drücke vorsichtig Luft in das unter Wasser gehaltene Blatt (Abb. 3).

a) Schreibe deine Beobachtungen auf. Versuche diese Beobachtungen zu erklären.

b) Erläutere die Vorteile eines solchen Aufbaus für die Pflanze. Argumentiere mit den Standortbedingungen der Pflanze.

c) Fertige Querschnitte und Flächenschnitte eines Blattes der Gelben Teichrose an. Lege bei den Flächenschnitten das Blatt mit der Oberseite nach außen über den Zeigefinger, klemme es mit Daumen und Mittelfinger fest und hebe mit der Rasierklinge vorsichtig die oberste Zellschicht ab. Betrachte die Schnitte unter dem Mikroskop.

3 *Versuch*

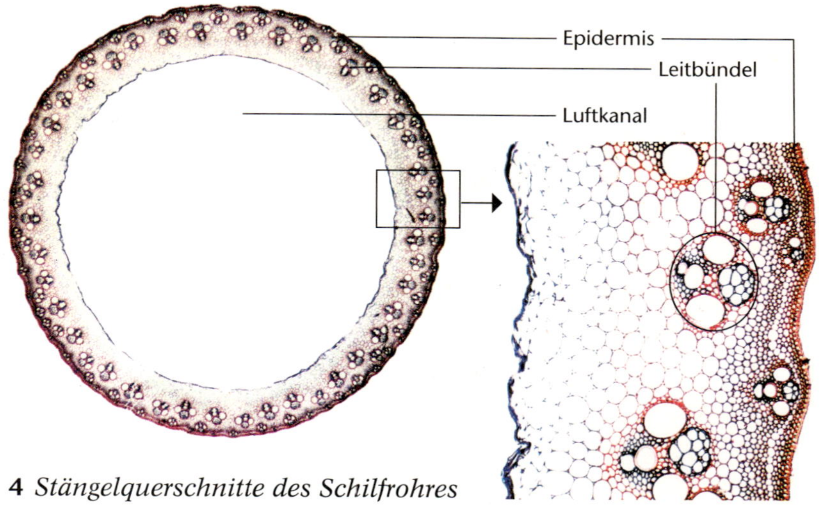

4 *Stängelquerschnitte des Schilfrohres*

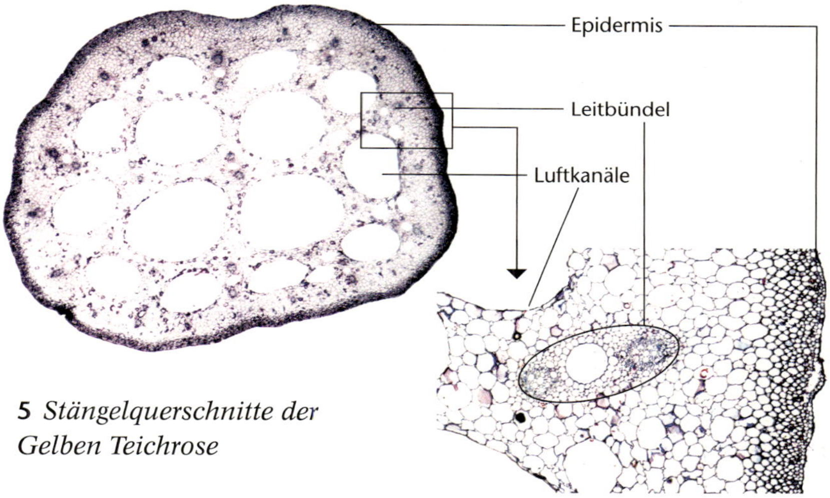

5 *Stängelquerschnitte der Gelben Teichrose*

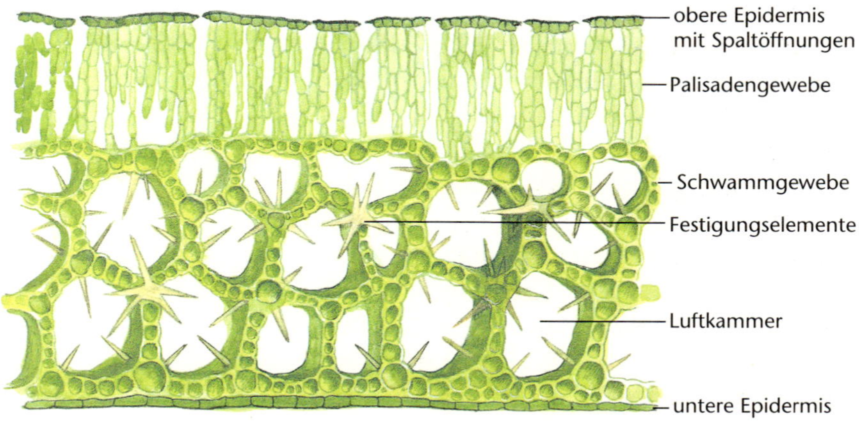

6 *Blattquerschnitt der Gelben Teichrose*

5.7 Angepasstheiten beim Wasserfloh

1 *Wasserfloh*

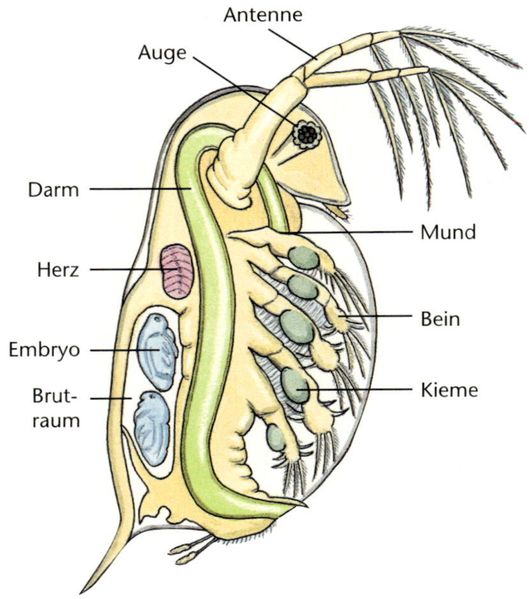

2 *Wasserfloh*

Wasserflöhe gehören zu den Krebsen (Abb. 1, 2). Die Tiere besitzen einen Chitinpanzer. Darüber hinaus ist der Körper von einer dünnen, durchsichtigen Schale eingehüllt. Die Weibchen erreichen eine Größe von drei bis vier Millimetern, die Männchen werden nur etwas über einen Millimeter groß. Die Tiere fressen Algen von Wasserpflanzen ab und durchwühlen den Bodenschlamm auf der Suche nach abgestorbenem organischen Material. Häufig hängen sie an der Unterseite der Wasseroberfläche und filtrieren Plankton aus dem Wasser. Wasserflöhe werden höchstens zwei Monate alt. Sie werden von Büschelmückenlarven, Rückenschwimmern und Fischen gefressen (Abb. 3, 4).

Im Frühjahr schlüpfen nur Weibchen aus den Eiern, die den Winter überdauert haben. Man nennt diese Eier Dauereier. Die geschlüpften Weibchen legen, nachdem sie geschlechtsreif geworden sind, alle drei Tage bis zu zwanzig unbefruchtete Eier, die sich im Brutraum entwickeln. Man nennt sie Jungferneier. Aus ihnen schlüpfen wieder nur Weibchen. Diese Art der Vermehrung bezeichnet man als **Parthenogenese** oder Jungfernzeugung. Nach sechs Tagen sind die geschlüpften Weibchen in der Regel selbst geschlechtsreif und legen Eier. Wasserflöhe haben also sehr viele Nachkommen. Unter bestimmten Bedingungen entstehen aus einigen Eiern auch Männchen (Abb. 6). Die Weibchen entwickeln zu manchen Zeiten zwei Dauereier, die von den Männchen befruchtet werden. Die befruchteten Eier werden bis zur nächsten Häutung im Brutraum aufbewahrt. Dann erhalten sie aus der abgelegten Schalenhaut eine stabile Hülle. Daraus schlüpfen im Frühjahr neue Weibchen. Bei ungünstigen Bedingungen können die Dauereier mehrere Jahre überdauern. Trockenheit, Kälte oder heiße Perioden schaden ihnen nicht.

Nehmen die Fressfeinde der Wasserflöhe in einem Gewässer zu, beobachtet man zwei Abwehrstrategien. Einige Tiere entwickeln innerhalb weniger Tage einen „Helm“ und einen verlängerten Stachel am Hinterleib (Abb. 5). Untersuchungen haben gezeigt, dass diese Tiere dadurch schwerer von den Fressfeinden ergriffen werden können. Zusätzlich kann es zu einer Verhaltensänderung kommen: Die Tiere tauchen tagsüber in tiefere Schichten ab und entkommen so den Fressfeinden. Sie kommen nur nachts zur Nahrungsaufnahme nach oben.

1 Wasserfloh. Benenne die in Abbildung 1 gekennzeichneten Teile des Wasserflohs.

2 Mikroskopieren von Wasserflöhen. Wasserflöhe findet man während des Sommerhalbjahres in den meisten stehenden Gewässern.

a) Gib mit einer Pipette einen Tropfen Wasser mit einem Wasserfloh auf einen Objektträger. Beobachte und beschreibe seine Bewegungen.

b) Bringe einen dünnen Wollfaden in Schlingen in den Wassertropfen ein, um die Bewegungsfreiheit des Tieres einzuschränken, und lege ein Deckglas darüber. Betrachte und zeichne das Tier.

3 Fortpflanzung der Wasserflöhe.

a) Erstelle ein Fließdiagramm über die Fortpflanzung des Wasserflohs innerhalb eines Jahres.

b) Berechne aus den Angaben im Grundwissentext, wie viele Nachkommen ein Weibchen in 18 Tagen theoretisch maximal bekommen kann, wenn keine Verluste durch Feinde auftreten würden.

c) In einem Experiment wurde untersucht, wann in einem Gewässer Dauereier und Männchen entstehen (Abb. 6). Stelle begründete Vermutungen auf, welche biologische Bedeutung hinter diesen Ergebnissen steht. Beachte, dass in einem Gewässer im Herbst das Algenwachstum durch tiefe Temperaturen und Lichtmangel zurückgeht.

4 Feindabwehr. Beim Fressen von Wasserflöhen werden von den Räubern unbeabsichtigt Stoffe freigesetzt, die man Kairomone nennt. Kairomone im Wasser bewirken die Ausbildung von Helm und Stachel bei einigen Tieren. Die Nachkommen dieser Tiere besitzen ebenfalls dauerhaft Helm und Stachel. Auch das Abtauchen der Wasserflöhe während des Tages ist auf Kairomone im Wasser zurückzuführen.

a) Nenne mögliche Argumente, warum Wasserflöhe in Gewässern mit wenig Fressfeinden ohne Helm vorkommen. Warum bietet die Vererbung des Helms Vorteile?

b) Suche mögliche Gründe, warum das Abtauchen der Wasserflöhe am Tage erfolgt. Welche Vorteile haben Wasserflöhe, wenn das Abtauchen bei fehlenden Kairomonen unterbleibt?

3 *Büschelmückenlarve*

4 *Rückenschwimmer*

5 *Wasserfloh mit Helm und Stachel*

Bedingungen	Männchen	gebildete Dauereier
normale Bevölkerungsdichte + 14 Std. Tageslänge	nein	keine
sehr hohe Bevölkerungsdichte + 14 Std. Tageslänge	ja	keine
sehr hohe Bevölkerungsdichte + 10 Std. Tageslänge	ja	keine
Nahrungsmangel + 14 Std. Tageslänge	ja	viele
Nahrungsmangel + 10 Std. Tageslänge	ja	sehr viele
sehr hohe Bevölkerungsdichte + Nahrungsmangel + 14 Std. Tageslänge	ja	viele
sehr hohe Bevölkerungsdichte + Nahrungsmangel + 10 Std. Tageslänge	ja	sehr viele

6 *Bildung von Männchen und Dauereiern*

5.8 Stoffkreislauf und Energiefluss im See

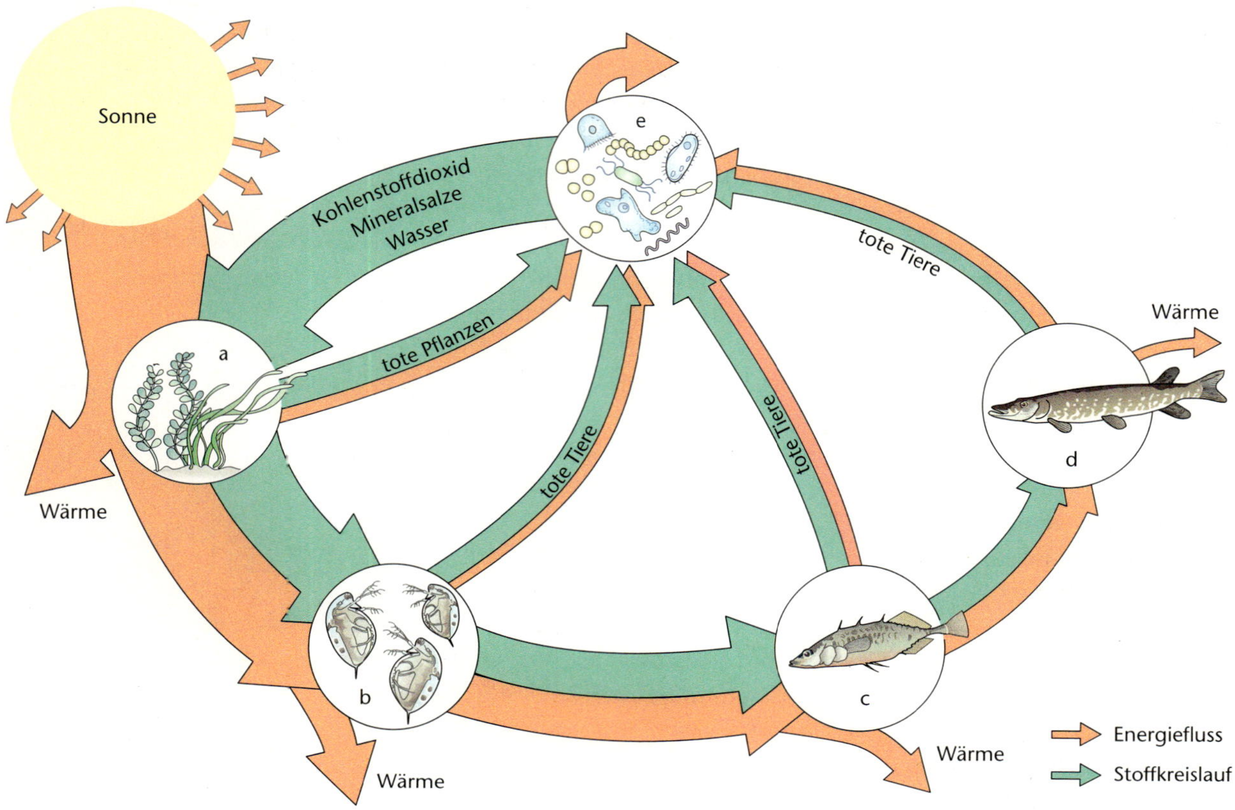

1 *Schema zum Stoffkreislauf und Energiefluss*

Bei der Fotosynthese wandeln Pflanzen (Wasserpflanzen, Algen und pflanzliches Plankton) Kohlenstoffdioxid und Wasser in organische Stoffe um. In diesem organischen Material ist chemische Energie gespeichert. Die Energie stammt aus der Sonnenstrahlung. Pflanzen stellen also aus anorganischen Stoffen energiereiche Biomasse her. Man bezeichnet sie daher als **Produzenten** (Abb. 1a). Die Pflanzen verwenden die so gebildete Biomasse für ihr Wachstum und ihre Lebensvorgänge. Ein beträchtlicher Teil der Energie wird außerdem, wie bei allen Lebewesen, bei Stoffwechselvorgängen in Form von Wärme entwertet.

Pflanzenfresser wie der Wasserfloh nehmen die Biomasse der Pflanzen als Nahrung auf und beziehen daraus die notwendige Energie für ihre Lebensvorgänge. Man nennt sie **Konsumenten 1. Ordnung** (Abb. 1b). Etwa zehn Prozent der aufgenommenen Biomasse wird zu körpereigener Substanz umgebaut, der restliche Teil wird für die Lebensvorgänge verwendet. Viele Wasserflöhe werden von anderen Tieren, den **Konsumenten 2. Ordnung,** gefressen (Abb. 1c). Diese werden von den **Konsumenten 3. Ordnung** gefressen (Abb. 1d). Auch diese benötigen 90 Prozent der aufgenommenen Biomasse für ihre Lebensvorgänge. Nur zehn Prozent werden in körpereigene Substanz umgewandelt. Von Stufe zu Stufe dieser Nahrungsketten werden also etwa 90 Prozent der Energie entwertet.

Wenn Organismen absterben, wird ihre Biomasse schrittweise von **Destruenten** wie z. B. Bakterien abgebaut. Die in der Biomasse gespeicherte Energie nutzen die Destruenten für ihre Lebensvorgänge. Die Bakterien wandeln die organischen Stoffe wieder in anorganische Stoffe um (Abb. 1e). Es entstehen Mineralsalze sowie Kohlenstoffdioxid und Wasser. Diese Stoffe stehen den Pflanzen wieder zur Fotosynthese zur Verfügung.

1 Stoffkreislauf und Energiefluss.

a) Erläutere mit eigenen Worten unter Verwendung der Fachbegriffe die Aussagen der Abbildung 1.
Berechne anschließend, wie viel Prozent der in Station a vorhandenen Energie bei den Organismen der Station e noch vorhanden ist.

b) Warum spricht man in einem Ökosystem von einem Stoffkreislauf, nicht aber von einem Energiekreislauf, sondern vom Energiefluss?

2 Einfache Fragen!?

a) Enthält 1 kg Fisch mehr oder weniger chemische Energie als 1 kg Algen?

b) In einem bestimmten Zeitraum benötigen 100 g Wasserflöhe zur Ernährung 1 kg Plankton, während sich 100 g Büschelmückenlarven von 1 kg Wasserflöhen ernähren. 100 g Kleinfische verzehren in der gleichen Zeit 1 kg Büschelmückenlarven. Von wie viel Kilogramm Plankton leben letztendlich die Fische und wo kommt die Energie für das Planktonwachstum her?

c) In Abbildung 1 sind die Ausscheidungen der Tiere nicht berücksichtigt. Stelle Vermutungen auf, wie sie in dem Schema einzuordnen wären. Begründe die Antwort.

3 Nahrungspyramide.

a) Versuche eine Deutung des Begriffs Nahrungspyramide (Abb. 2).

b) Vergleiche das Pyramidenmodell mit dem Stufenmodell in Abbildung 3. Stelle Gemeinsamkeiten und Unterschiede gegenüber. Nenne jeweils Vor- und Nachteile der Modelle.

4 Schadstoffe. In Abbildung 4 ist der Gehalt der giftigen Chemikalien DDT und PCB in einem Gewässer angegeben. DDT wurde früher als Insektenvernichtungsmittel eingesetzt. Es ist bei uns seit vielen Jahren verboten. PCBs wurden in vielen Kunststoffen verwendet. Beide Stoffe sind sehr schädlich und können von den Organismen nur in sehr geringem Maße abgebaut oder ausgeschieden werden. Überlege, wie die unterschiedlichen Zahlen zustande kommen.

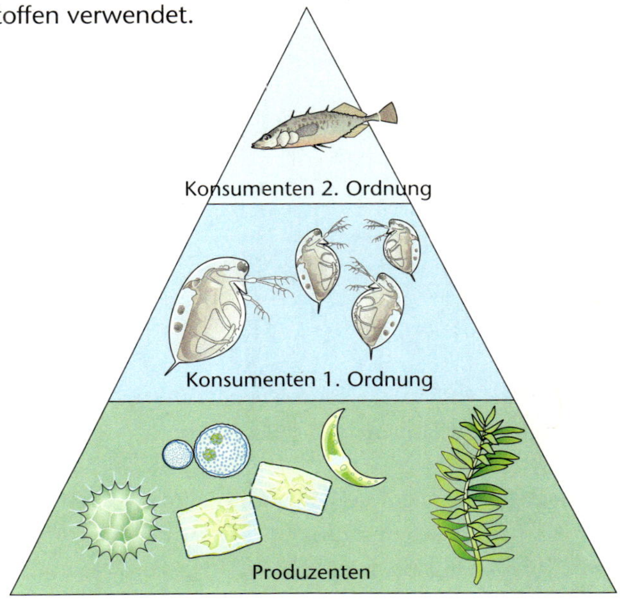

2 *Nahrungspyramide*

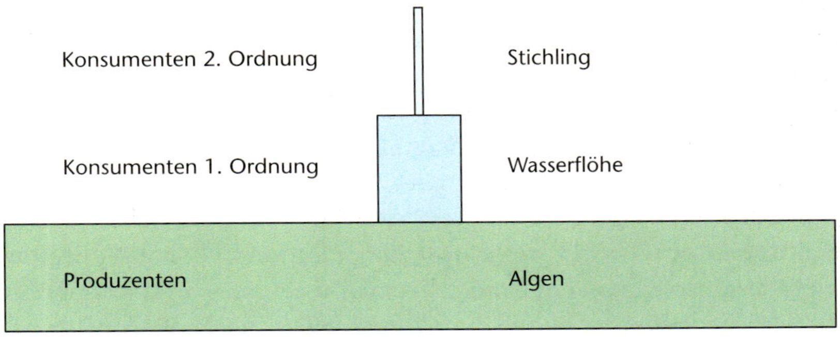

3 *Stufenmodell*

Chemikalie	Wasser	Plankton	Fische
DDT	0,37–57 ng/l*	63–72 mg/kg	620–7700 mg/kg
PCBs**	5–60 ng/l*	110–6100 mg/kg	1978–17000 mg/kg

*1 Nanogramm = 0,000001 Milligramm
**PCBs = polychlorierte Benzole

4 *Schadstoffgehalte*

5.9 Eutrophierung

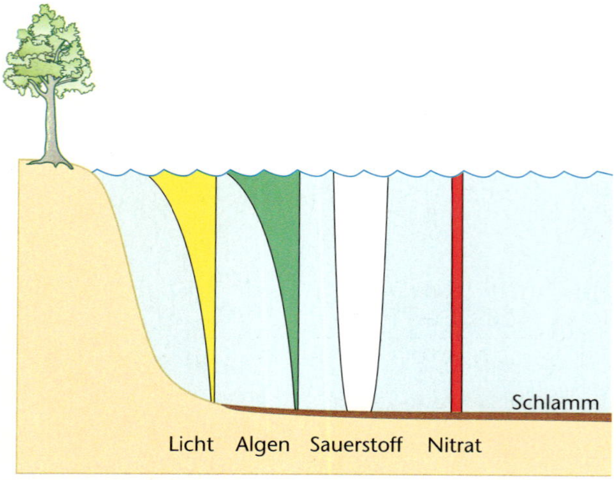

1 *Oligotropher See im Sommer*

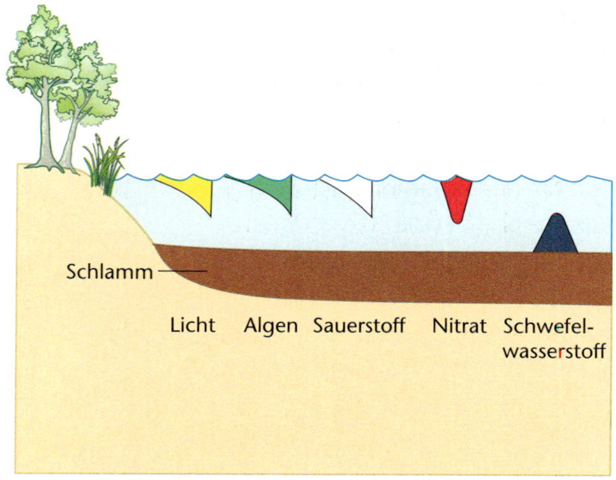

2 *Eutropher See im Sommer*

Je nach ihrem Gehalt an Mineralsalzen bezeichnet man Seen als oligotroph, mesotroph oder eutroph.

Oligotrophe Seen sind in der Regel tief und ihre Zuflüsse haben nur ein kleines Einzugsgebiet. Es werden daher nur wenig Mineralsalze, wie z. B. Nitrat, in den See eingetragen. Man findet diesen Seentyp häufig in den Alpen und im Voralpenland. Der geringe Mineralsalzgehalt begrenzt das Algenwachstum und damit auch die Anzahl der folgenden Glieder der Nahrungskette. Daher ist das Wasser meist klar und blau. Absterbende Algen werden meist schon gefressen oder abgebaut, bevor sie den Boden des Sees erreichen. So bildet sich kaum Schlamm am Grunde des Sees.

Eutrophe Seen findet man im Flachland. Sie sind meist flach und besitzen durch ihre Zuflüsse ein großes Einzugsgebiet. Durch die Zuflüsse gelangen viele Mineralsalze in die Seen, was ein starkes Algenwachstum zur Folge hat. Das Wasser erscheint häufig grün oder braun. Die Sichttiefe ist gering. Das Licht kann nicht tief in das Wasser eindringen. Nur wenn im Sommer die Zahl der algenfressenden Kleinkrebse sehr ansteigt und im Winter, wenn die Algen abgestorben sind, wird das Wasser für einige Zeit klar und die Sichttiefe nimmt zu. Wenn das Algenwachstum stark ist, sinken viele der absterbenden Algen zu Boden. Dort kommt es zur Bildung von Schlamm aus organischem Material. Der Abbau dieses Materials durch Kleinlebewesen und Bakterien erfordert viel Sauerstoff, der daher im Sommer knapp wird. Ist kein Sauerstoff vorhanden, treten Fäulnisprozesse auf. Dabei bauen Bakterien, die ohne Sauerstoff leben können, das organische Material ab. Solche Bakterien nennt man **anaerob.** Durch ihre Tätigkeit entstehen giftige Gase, z. B. Schwefelwasserstoff. Der Boden und die angrenzenden Wasserschichten werden für andere Lebewesen unbewohnbar.

Der **mesotrophe See** liegt in seinem Mineralsalzgehalt zwischen oligotrophem und eutrophem See.

Werden in einen See oder seine Zuflüsse; z. B. durch häusliche Abwässer, Landwirtschaft oder Industrie, Mineralsalze oder organisches Material in größerer Menge eingeleitet, spricht man von **Eutrophierung.** Dadurch verstärken sich die Symptome des eutrophen Sees. Typisch für einen solchen See ist im Sommer ein Massenvorkommen von Algen, eine Algenblüte. Gelangt in einem solchen Gewässer Schwefelwasserstoff auch in die oberen Schichten, stirbt nahezu alles Leben ab. Man sagt, das Gewässer „kippt um".

1 Der See zu verschiedenen Jahreszeiten. In Abbildung 3 sind die Monatsmittelwerte der Sichttiefe im Bodensee in einem Jahr und in Abbildung 4 die Sichttiefen im Plöner See dargestellt.
a) Stelle die Werte in Abbildung 3 in einem Diagramm dar.
b) Stelle die Faktoren, die die Sichttiefe wesentlich beeinflussen, zusammen.
c) Vergleiche die Sichttiefen der beiden Seen miteinander und ordne den Seen die Begriffe oligotroph, mesotroph oder eutroph zu. Begründe die Zuordnung.
d) Erläutere die Ursachen für die jeweiligen jahreszeitlichen Schwankungen.

Monat	Sichttiefe
Januar	11,8 m
Februar	10,9 m
März	10,3 m
April	8,5 m
Mai	4,9 m
Juni	5,2 m
Juli	5,3 m
August	4,8 m
September	4,8 m
Oktober	6,0 m
November	8,1 m
Dezember	10,0 m

3 *Sichttiefen im Bodensee*

2 Eutrophierung von Seen.
a) Stelle mögliche Gründe für eine Eutrophierung zusammen.
b) Überlege, zu welcher Zeit die Gefahr, dass ein See umkippt, am größten ist. Begründe.
c) Erstelle für einen umgekippten See ein Zustandsdiagramm analog zu den Abbildung 1 und 2.

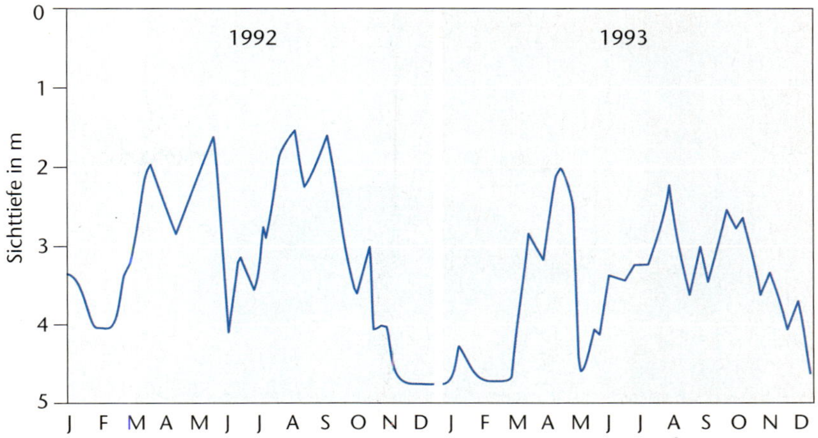

4 *Sichttiefen im Plöner See*

d) Welche Maßnahmen könnten ergriffen werden, um einen vom Umkippen bedrohten See möglichst noch zu retten?
e) Diskutiere die Wirksamkeit von Kläranlagen im Hinblick auf das Problem Eutrophierung. Beachte dabei Abbildung 5.

3 Versuch zum Pflanzenwachstum. Fülle jeweils drei Glasgefäße mit einem Liter Leitungswasser, das zuvor mehrere Tage gestanden hat, damit das Chlor entweichen konnte. Gib in jedes Glas eine bestimmte Menge Blumendünger (Gebrauchsanweisung beachten).
Glas 1: Zugabe der auf der Flasche vorgeschlagenen Menge für einen Liter Gießwasser.
Glas 2: Zugabe von 1/10 der vorgeschlagenen Menge.
Glas 3: Zugabe der doppelten vorgeschlagenen Menge.
Gib anschließend in jedes Glas 100 ml algenhaltiges Tümpelwasser und stelle die drei Gefäße an einen hellen warmen Ort. Beachte, dass alle drei Gläser die gleichen Bedingungen haben.
a) Protokolliere alle fünf bis sechs Tage deine Beobachtungen.
b) Erkläre die Ergebnisse.

Mechanische Reinigung: Grobe Teile des Abwassers werden durch Rechen und Siebe entfernt und Öl und Fett abgeschieden. Kleinere Feststoffe lässt man absetzen. **Biologische Reinigung:** Bakterien bauen in gut durchlüfteten Becken organisches Material im Abwasser zu Mineralsalzen ab. Die festen Reste aus mechanischer und biologischer Reinigung werden mit anaeroben Bakterien im Faulturm weiter abgebaut, Überreste aus dem Faulturm müssen entsorgt werden. **Chemische Reinigung:** Die Abwässer nach der biologischen Reinigung enthalten die gelösten Mineralsalze. Sie werden mit bestimmten Chemikalien versetzt, um gelöste Mineralstoffe auszufällen. Das nun gereinigte Wasser wird in Bäche oder Flüsse eingeleitet. Viele Kläranlagen verfügen nicht über eine chemische Reinigung.

5 *Informationen zu Kläranlagen*

6 Nachhaltigkeit

6.1 Nachhaltig handeln

1 *Nachhaltigkeit spielt auf individueller, lokaler, regionaler, nationaler und globaler Ebene eine wichtige Rolle für die Zukunft*

Menschen haben bestimmte Bedürfnisse und Ansprüche an ihre Umwelt. Sie bauen Häuser, Dörfer und Städte, um zu wohnen. Menschen wollen arbeiten, ein erträgliches Einkommen erwirtschaften und sich bilden. Dafür benötigen sie Arbeitsstätten, Schulen, Verkehrswege und vieles mehr. Menschen wollen ihre Gesundheit erhalten. Nahrungsmittel, Wasser, Luft und Boden sollten daher unbelastet sein. Menschen müssen sich versorgen, zum Beispiel mit Lebensmitteln aus der Landwirtschaft und Fischerei. Energie in Form von elektrischem Strom oder Benzin werden bei uns täglich eingesetzt. Jeder Mensch benutzt Produkte, die letztlich aus Rohstoffen hergestellt wurden. Menschen nutzen, beeinflussen und verändern ihre Umwelt auf vielfältige Weise. Werden dadurch die Möglichkeiten zukünftiger Generationen beeinträchtigt?

Die Begriffe **„Nachhaltigkeit“** oder **„Nachhaltige Entwicklung“** sind im Zusammenhang mit dieser Frage Schlüsselbegriffe. Eine häufige Definition lautet: Nachhaltig ist eine Entwicklung, die den Bedürfnissen der heutigen Generation entspricht, ohne die Möglichkeiten künftiger Generationen zu gefährden, ihre eigenen Bedürfnisse zu befriedigen. Nachhaltig ist eine Entwicklung also dann, wenn sie nicht auf Kosten zukünftiger Generationen erfolgt. Unter nachhaltigem Wirtschaften versteht man Produktionsmethoden, die einen schonenden Umgang mit den Ressourcen der Erde gewährleisten.

Drei Bereiche spielen für eine nachhaltige Entwicklung eine gleichrangige Rolle. Diese Bereiche bezeichnet man auch als die „drei Säulen der Nachhaltigkeit“.

Umwelt (Ökologie): sorgsamer Umgang und Schutz der Lebensgrundlagen Boden, Wasser und Luft; nachhaltige Forst-, Land- und Fischereiwirtschaft; Erhaltung der biologischen Vielfalt; umweltverträglicher Umgang mit Abfällen und Schadstoffen

Wirtschaft (Ökonomie): Versorgung der Menschen mit Gütern und Dienstleistungen; Teilhabe eines jeden am Arbeitsleben; Entlohnung der Ar-

beit und ausreichende Kaufkraft; effizienter und sparsamer Einsatz von Energie und Ressourcen in der Produktion von Gütern; internationaler Handel und Austausch neuer Technologien
Soziales und Gesundheit: Bekämpfung von Armut und sozialer Benachteiligung; Versorgung mit Nahrung, Trinkwasser und Wohnraum; Teilhabe an Ausbildung und Bildung; Steigerung des Wohlstandes; Schutz und Förderung der Gesundheit

Nachhaltigkeit spielt nicht nur auf globaler Ebene eine Rolle (Abb. 1). Jeder Einzelne kann sich in seinem Alltag im Sinne einer nachhaltigen Entwicklung verhalten, zum Beispiel beim Konsum und in der Freizeit. Auch eine Schule kann ein Ort sein, an dem Nachhaltigkeit zum festen Bestandteil des Schullebens werden kann (Abb. 2).

Checkliste für nachhaltige Klassenfahrten

Ökonomische Kriterien: Transportkosten, Übernachtungskosten, Verpflegungskosten und sonstige Kosten der verschiedenen Fahrtziele werden verglichen und bewertet.
Soziale und gesundheitliche Kriterien: Qualität der Unterkünfte und der jeweiligen Verpflegung, die Möglichkeiten zu Gruppenaktivitäten und zu Kontakten mit der Bevölkerung werden verglichen und bewertet.
Ökologische Kriterien: Die Entfernungen der verschiedenen Reiseziele, die Art des Transportmittels und der Verbrauch an fossilen Brennstoffen, die Verpflegung (Vollwertkost) und die Möglichkeit zu Naturerfahrungen vor Ort werden verglichen und bewertet.

2 *Beispiel: Planung einer nachhaltigen Klassenfahrt*

Projektarbeit

Methode

Das Thema „Nachhaltigkeit" bietet eine Fülle von Unterthemen, die gut geeignet sind, um sie in der Schule in Form eines Projektes zu erarbeiten.
Unter Projektarbeit versteht man eine Methode, die besonders bei vielschichtigen, komplexen und meistens mehrere Fächer betreffenden Themen angewandt werden kann. Charakteristisch für Projektarbeit ist, dass die Teilnehmer und Teilnehmerinnen in hohem Maße die Organisation und Verantwortung für die Durchführung selbst übernehmen. Arbeitsteilung und Kooperation spielen daher in der Projektarbeit eine große Rolle. Jedes Projekt hat klar festgelegte Ziele. Die Ergebnisse der Projektarbeit werden präsentiert.

1. Vorbereitung der Projektarbeit und Bildung von Arbeitsgruppen. In dieser Phase werden Inhalte, Problemstellungen, Anregungen und Ideen zum Thema gesammelt und dann in Unterthemen geordnet. Zu den Unterthemen werden eine oder mehrere Arbeitsgruppen gebildet.

2. Planung der Projektarbeit in Gruppen. Innerhalb der einzelnen Arbeitsgruppen wird das Ziel der Projektarbeit und der Arbeitsplan, der zu diesem Ziel führt, festgelegt. Leitfragen in dieser Phase sind: Was wollen wir? Wie lange brauchen wir? Welche Materialien brauchen wir? Welche Informationsquellen stehen zur Verfügung?

3. Durchführung der Projektarbeit in Arbeitsgruppen. Der Arbeitsplan wird ausgeführt. Informationen zum Thema werden gesammelt und aufgearbeitet. Die Materialien für die nächste Phase werden erstellt. Je nach Thema und Arbeitsplan können Erkundungen, Interviews, Versuche, Befragungen sowie das Erstellen einer Fotosammlung oder eines Videofilms dazugehören.

4. Vorstellen der Projektergebnisse. Die einzelnen Arbeitsgruppen stellen Ihre Ergebnisse vor. Eine Zusammenfassung der Ergebnisse wird den anderen Arbeitsgruppen zur Verfügung gestellt. Wenn möglich, werden die Ergebnisse des gesamten Projektes in der Schule präsentiert und der örtlichen Presse vorgestellt.

6.2 Waldgeschichte: Vom natürlichen Wald zur Waldwirtschaft

1 *Holzversorgung im Mittelalter*

2 *Wald als Weide für Schweine (um 1416)*

Die typische Vegetation in Mitteleuropa ist Wald. Ohne Einwirkung des Menschen entwickelte sich ein Urwald. Der Einfluss des Menschen auf den Wald im Laufe der Geschichte war aber so groß, dass heute in Mitteleuropa nirgendwo mehr Urwald zu finden ist.

In der Jungsteinzeit wurden Waldflächen gerodet und auf diesen Rodungsflächen für einige Jahre Ackerbau betrieben. Danach zogen die Menschen weiter, um anderswo Waldflächen zu roden. Am Ende der Völkerwanderungszeit um 600 n. Chr. lag das Verhältnis von Wald zu offenem Land bei 70:30. Im 13. Jahrhundert hatte sich dieses Verhältnis auf etwa 30:70 umgekehrt. In der Zeit von 1300 bis 1650 nahm die Bevölkerungsdichte durch Kriege und Seuchen wie die Pest ab und die Waldfläche nahm geringfügig wieder zu. Bis zum Beginn des 19. Jahrhunderts kam es durch den starken Anstieg der Bevölkerung zu einer verstärkten Nutzung des Waldes. Die Waldfläche ging stark zurück.

Bis zum Aufkommen der Kohle im 19. Jahrhundert war Holz das wichtigste Brennmaterial und ein bedeutender Werkstoff. Der Bedarf an Holz als Brennholz zum Kochen und Heizen, für Häuser, Schiffe, Bergwerke, Glashütten, Salzsiedereien, Kalkbrennereien und zur Herstellung von Holzkohle stieg beständig. Außerdem wurde der Wald intensiv als Weide für Schweine, Rinder, Pferde und Ziegen genutzt. Durch den Viehverbiss lichteten sich die Wälder, weil vor allem die jungen Bäume gefressen wurden. Außerdem entnahmen die Menschen dem Wald Laub, das als Stalleinstreu diente, sowie Eicheln und Bucheckern als Tierfutter. Damit wurden dem Wald Mineralsalze entzogen.

Bis ins 18. Jahrhundert hinein wurde der Wald derart übernutzt, verwüstet und zurückgedrängt, dass man von einer großen Umweltkatastrophe, der Waldverwüstung, sprechen kann. In dieser Situation begann man, die Nutzung des Waldes als Waldweide einzustellen und ehemalige Waldflächen planmäßig wieder aufzuforsten, zunächst mit Nadelhölzern wie Fichte und Kiefer. In den letzten Jahrzehnten des 20. Jahrhunderts wurde durch das Anpflanzen von Mischwäldern der Wald wiederum verändert. Bei dieser neuen Form der Waldwirtschaft bemüht man sich, Wälder so zu bewirtschaften, dass ihr Wert für Menschen und andere Lebewesen für die Zukunft erhalten bleibt. Dies nennt man **naturnahe Waldwirtschaft.**

1 Waldgeschichte in Bildern. Lies den Text auf der Grundwissenseite. Betrachte dann die Abbildungen 1 bis 4. Beschreibe, auf welche Weisen der Wald von Menschen beeinflusst und genutzt wurde. Beachte dabei die Jahresangaben der Bilder.

2 Bevölkerungsentwicklung und Waldnutzung im Mittelalter. Stelle anhand des Textes der Grundwissenseite und der Abbildung 5 mögliche Zusammenhänge zwischen Bevölkerungsentwicklung und Waldnutzung her. Begründe deine Vermutungen.

3 *Altersgleicher Kiefernbestand (Caspar David Friedrich, 1820)*

4 *Kalkbrennerei um 1865, aus kalkhaltigem Gestein wurde Kalk zum Düngen und für den Hausbau gewonnen*

3 Naturnahe Waldwirtschaft. In der Abbildung 6 sind einige Kriterien für naturnahe Waldwirtschaft genannt. Was wäre zu tun, um eine Nadelwaldmonokultur im Verlauf von Jahrzehnten in einen naturnahen Wald zu überführen. Beschreibe die notwendigen Schritte und ihre Abfolge.

4 Endungen von Ortsnamen. Auf Rodungsflächen gegründete Siedlungen aus der Zeit vom 6. bis 13. Jahrhundert geben sich durch Endungen wie -ingen, -heim, -hausen oder -ried, -reuth, -rode zu erkennen. Notiere mithilfe einer Atlaskarte mindestens fünf verschiedene Orte mit einer dieser Endungen. Wo treten sie besonders häufig auf?

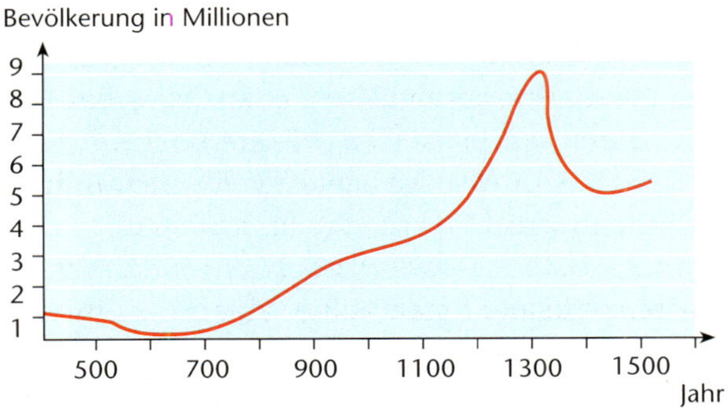

5 *Bevölkerungsentwicklung im Mittelalter*

- Förderung der Artenvielfalt,
- Förderung von Mischwald mit verschiedenen Höhenstufen (strukturreicher Mischwald),
- Bevorzugung natürlicher Verjüngung, keine Kahlschläge, Erhalt von Totholz,
- allmähliche Umwandlung von Nadelbaummonokulturen in naturnahen Wald,
- Einsatz von heimischen Baumarten bei neuen Pflanzungen.

6 *Elemente und Ziele naturnaher Waldwirtschaft*

6.3 Bedeutung des Waldes für den Menschen

1 *Eine Landschaft a) 1988 und b) 1995*

Wälder haben einen hohen Wert für Menschen. Ihr Wert ergibt sich aus der wirtschaftlichen, gesundheitlichen, ökologischen und kulturellen Bedeutung. Zur **wirtschaftlichen Bedeutung** gehört, dass im Wald Holz als Rohstoff für Papier, Möbel und Bauten gewonnen wird. Mehrere hunderttausend Arbeitsplätze sind direkt oder indirekt mit der Verarbeitung des Rohstoffes Holz verknüpft. Außerdem ist Holz ein umweltfreundlicher, regenerierbarer Energieträger. Größere Waldregionen haben als Tourismusgebiete erhebliche wirtschaftliche Bedeutung. Eine **gesundheitliche Bedeutung** haben Wälder, weil sie von Menschen für die Erholung genutzt werden. Sie finden dort Ruhe, Entspannung und Naturerleben. Hecken und Wälder schützen vor Lärm. Wälder sind für den Naturhaushalt der Landschaft sehr wichtig. Man spricht von ihrer **ökologischen Bedeutung.** In den Blättern wird durch Fotosynthese Sauerstoff freigesetzt und Kohlenstoffdioxid gebunden. Ein Laubbaum von etwa fünf Meter Kronendurchmesser produziert im Jahr als Überschuss ungefähr so viel Sauerstoff, wie ein Mensch im selben Zeitraum benötigt. Wälder wirken wie ein Staubfilter. Herangewehte Staubteilchen werden auf den Blättern festgehalten und beim nächsten Regen abgespült. So trägt der Wald zur Reinhaltung der Luft bei. Deshalb werden Wälder auch als „Grüne Lunge" bezeichnet. Der Waldboden sorgt als natürlicher Filter für eine gute Qualität des Grundwassers. Viele Gebiete, die zur Trinkwassergewinnung genutzt werden, sind bewaldet. Wälder verringern die Gefahr von Hochwasser, weil sich der Waldboden nach heftigen Regenfällen oder nach der Schneeschmelze wie ein Schwamm vollsaugt und das überschüssige Wasser erst allmählich wieder abgibt. Außerdem wirken Hecken und Wälder ausgleichend auf die örtliche Temperatur. Beim Verdunsten von Wasser wird der Umgebung Wärme entzogen. An heißen Tagen ist es in einem Wald angenehm kühl. In den Bergen schützen Wälder vor Lawinen und Steinschlag. Der Bewuchs trägt dazu bei, den Abtrag des Bodens durch Wasser oder Wind, die Bodenerosion, zu vermindern. Wälder haben auch eine **kulturelle Bedeutung.** Sie werden in Geschichten, Erzählungen, Liedern und auf Gemälden dargestellt. Vielfach prägen Wälder die Vorstellungen, die Menschen von ihrer typischen Heimatlandschaft haben. In Brauchtum, Heimatgeschichte und Heimatkultur spielen Wälder eine Rolle.

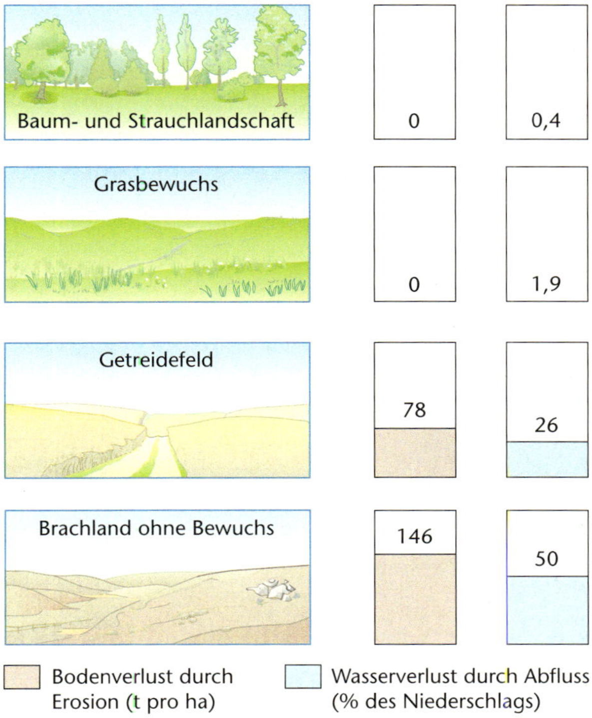

2 *Bodenerosion und Wasserverlust*

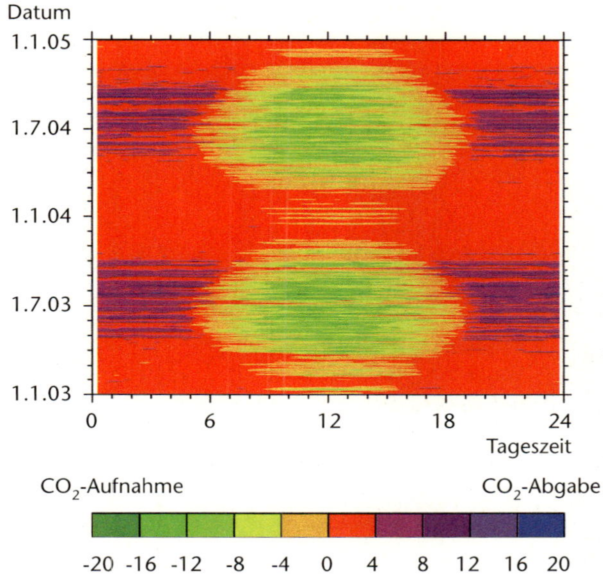

Die Farben geben die Aufnahme bzw. Abgabe von CO_2 in einem Fichtenwald pro Quadratmeter und Zeiteinheit an. Bei negativen Zahlen überwiegt die CO_2-Aufnahme, bei positiven Zahlen die Abgabe an die Umgebung.

3 *Bedeutung eines Fichtenwaldes für die Kohlenstoffdioxid-Bindung*

1 Vergleich zweier Landschaftsaufnahmen. Betrachte Abbildung 1 und beschreibe die Unterschiede. Welche Folgen könnten sich aus der Landschaftsveränderung ergeben?

2 Mindmap „Bedeutung des Waldes". Lies den Grundwissentext mindestens zweimal aufmerksam durch. Schlage dann das Buch zu und erstelle eine Mindmap zum Thema „Bedeutung des Waldes". Erläutere deine Mindmap.

3 Bodenerosion. Setze die Angaben in Abbildung 2 in eine geeignete Tabelle um. Vergleiche die Angaben und formuliere zusammenfassend ein Ergebnis.

4 Wälder, Kohlenstoffdioxid und Sauerstoff.
a) Werte die Abbildung 3 in Hinblick auf die Bedeutung eines Waldes für den Kohlenstoffdioxid-Austausch umfassend aus. Beachte dabei die Vorgänge bei Atmung und Fotosynthese.
b) Welche Folgerungen lassen die Angaben in Abbildung 3 hinsichtlich der Sauerstoff-Freisetzung zu?

5 Oberflächentemperaturen. Vergleiche die Kurvenverläufe in Abbildung 4. Begründe den Verlauf der Kurve „Wald".

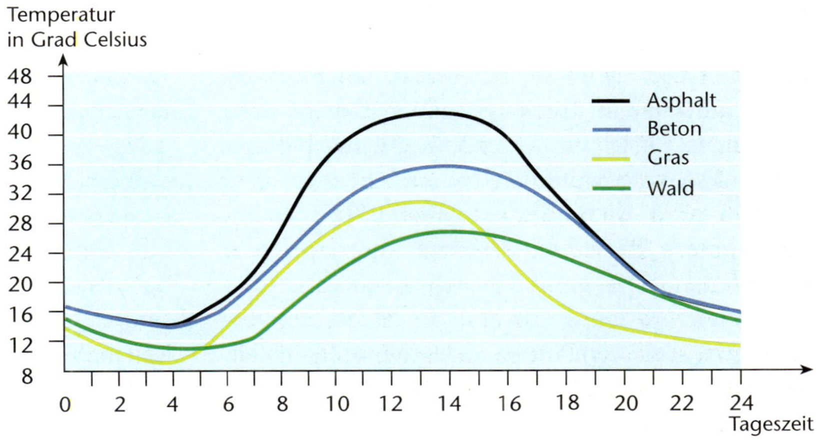

4 *Oberflächentemperaturen an einem wolkenlosen Sommertag*

6.4 Wälder – gefährdete Ökosysteme

Physikalische Stressoren
- Lichtmangel
- UV-Strahlung
- hohe Temperaturen
- Feuer
- niedrige Temperaturen
- Wind
- Bodenbewegung, Bodenerosion

Chemische Stressoren
- Wassermangel, Trockenheit
- Überflutung und Sauerstoffmangel
- Mangel an Mineralsalzen
- Überschuss an Mineralsalzen
- hoher Säuregehalt
- Schwermetalle
- gasförmige Schadstoffe in der Luft

Biologische Stressoren
- Konkurrenz mit anderen Pflanzen
- Verbiss durch Tiere
- Tritt durch Weidetiere
- Insektenbefall
- Pilzbefall
- Bakterien- und Virenbefall

1 *Gefahren und Belastungen eines Baumes durch verschiedene Stressoren*

Die Bedingungen für das Wachstum einer Pflanze sind selten in jeder Hinsicht optimal. Meistens sind bestimmte Ökofaktoren weniger günstig oder sogar belastend. In manchen Fällen kann eine Pflanze sich zunächst mit bestimmten Reaktionen vor einer Belastung schützen. Zum Beispiel führt Trockenheit und Wassermangel dazu, dass die Spaltöffnungen in den Blättern geschlossen werden und so weniger Wasser verdunstet wird. Wenn die Belastungen lange Zeit anhalten oder sehr intensiv sind, kann die Pflanze überfordert werden. Dann besteht die Gefahr, dass Teile der Pflanze erkranken oder die Pflanze abstirbt. Man nennt Belastungen auch **Stress.** Das Wort stammt aus dem Englischen und bedeutet auch Beanspruchung, Druck, Anspannung. Ökofaktoren, die Stress auslösen, werden **Stressoren** genannt. Die Abbildung 1 enthält einige Beispiele für Stressoren einer Pflanze. Man kann sie in physikalische, chemische und biologische Stressoren unterteilen.

Eine andere Einteilung unterscheidet zwischen natürlichen und vom Menschen ausgehenden Stressoren. Zu den Stressoren, die Menschen verursachen, gehören unter anderem gasförmige Schadstoffe in der Luft, vor allem Schwefeldioxid ($S0_2$) und Stickstoffoxide wie NO und NO_2. Sie werden bei Verbrennungsprozessen freigesetzt, z. B. bei der Verbrennung fossiler Brennstoffe in Kraftfahrzeugen, Kraftwerken, Haushalten und Industrie. Mit Wasser in der Luft bilden sich schweflige Säure (H_2SO_3) und Salpetersäure (HNO_3), der „saure Regen“ entsteht. Mit dem Niederschlag gelangen die Säuren auf Pflanzen und in den Boden. Sie schädigen die Zellen von Blättern und Wurzeln auf vielfältige Weise. Säuren verändern im Boden auch die chemischen Bedingungen. Das führt unter anderem dazu, dass weniger Magnesium mit den Wurzeln aufgenommen wird. Magnesium ist ein wichtiges Element im grünen Blattfarbstoff Chlorophyll. Die Blätter vergilben und die Fotosyntheseleistung ist herabgesetzt, der Baum erkrankt (Abb. 1). Wenn viele Bäume davon betroffen sind, spricht man von Waldschäden. Die Erfassung solcher Schäden erfolgt durch Fachleute nach einem festgelegten Verfahren.

Die Bekämpfung der vom Menschen ausgehenden Ursachen von Waldschäden hat in den vergangenen Jahrzehnten Erfolge gebracht. Der Gehalt der Schadstoffe in der Luft ist dank Autoabgaskatalysatoren, umweltfreundlicher Verbrennungsanlagen und anderer Umweltschutzmaßnahmen zurückgegangen. Andererseits ist der Schadstoffgehalt der Luft immer noch so groß, dass die Waldschäden zunehmen.

1 Stressoren. Unterteile die in Abbildung 1 angegebenen Stressoren in natürliche und vom Menschen verursachte Stressoren.

2 Versuch: Wie sauer ist Regenwasser? Mit Universal-Indikatorpapier kann man den pH-Wert bestimmen. Auf diese Weise wird festgestellt, wie sauer oder alkalisch eine Lösung ist. Je geringer der pH-Wert ist, desto saurer ist die Lösung (Abb. 2). Dabei bedeutet eine Verringerung des pH-Wertes um 1 eine Verzehnfachung des Säuregehalts. Eine Lösung mit dem pH-Wert 4 ist also zehnmal so sauer wie eine Lösung mit dem pH-Wert 5 und eine Lösung mit dem pH-Wert 3 hundertmal so sauer wie eine Lösung mit dem pH-Wert 5. Miss den pH-Wert verschiedener Flüssigkeiten und von Regenwasser. Ordne die Ergebnise in die pH-Wert-Skala ein (Abb. 2). Beim Regenwasser solltest du zu verschiedenen Zeiten (Beginn des Regens, nach einer halben Stunde) messen.

3 Wälder der Erde und Artenvielfalt. Ordne anhand der Abbildung 3 verschiedene Bereiche der Erde in eine Skala von „besonders artenreich" bis „artenarm" ein. Nimm eine Atlaskarte über Vegetationszonen der Erde zu Hilfe. Welche Zusammenhänge bestehen zwischen dem Vorkommen von Wäldern und Artenreichtum? Welche Konsequenzen könnte eine zunehmende Verringerung der Waldflächen auf die Artenvielfalt haben?

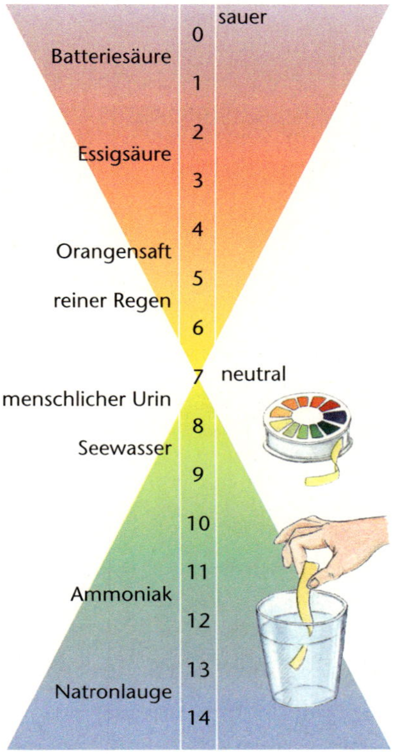

2 *pH-Wert-Skala*

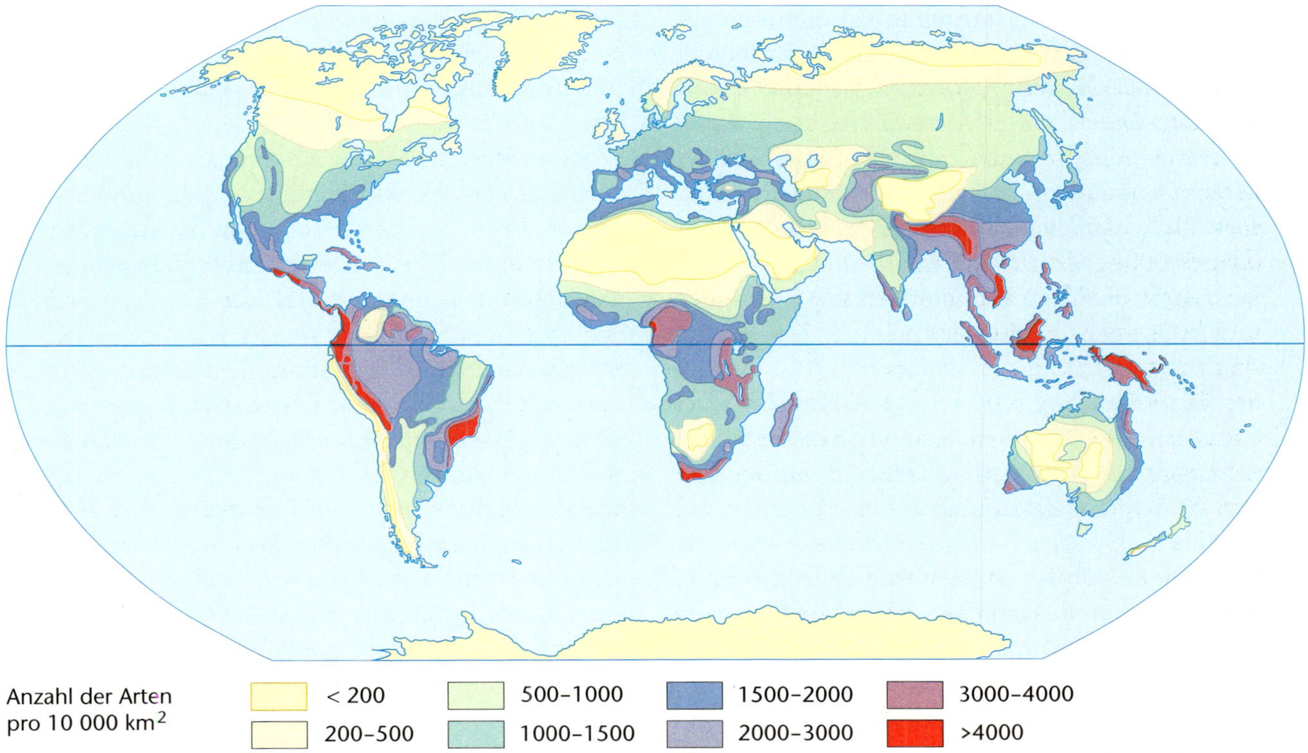

3 *Artenvielfalt von Blütenpflanzen in verschiedenen Regionen der Erde*

6.5 Tropischer Regenwald in Gefahr

1 *Tropisches Regenwaldhaus, Hannover*

2 *Stockwerkaufbau des Regenwaldes*

Der tropische Regenwald beiderseits des Äquators mit seinen ganzjährig hohen Temperaturen und Niederschlägen ist der artenreichste Lebensraum der Erde (Abb. 1, 2). In ihm leben mehr als fünfzig Prozent aller weltweit bekannten Tier- und Pflanzenarten. Der Artenreichtum hängt auch damit zusammen, dass sich der tropische Regenwald in Millionen von Jahren bei gleich bleibendem Klima ungestört entwickeln konnte. In den ganzjährig grünen tropischen Regenwäldern findet man das ganze Jahr über neben blühenden Pflanzen einer Art auch solche, die bereits Früchte tragen.

Am Boden des tropischen Regenwaldes ist es immer dämmrig. Die Pflanzen konkurrieren daher besonders um Licht. Urwaldriesen mit sechzig Metern Höhe, Kletterpflanzen im Bereich der Stämme und Aufsitzer-Pflanzen im Kronenbereich sind Spezialisten im Streben nach Licht. Wegen der hohen Temperaturen und der hohen Feuchtigkeit werden abgestorbene Pflanzenteile am Boden sehr rasch abgebaut und zersetzt. Die dabei freigesetzten Mineralsalze werden sofort von den Pflanzen aufgenommen. Man spricht von einem „schnellen Stoffkreislauf" im tropischen Regenwald. Der größte Teil der Mineralsalze befindet sich in der Biomasse der Pflanzen, nur sehr wenig in der nur dünnen Humusschicht des Bodens. Die Böden tropischer Regenwälder sind wasserdurchtränkt und arm an Mineralsalzen und Sauerstoff.

Tropische Regenwälder sind stark gefährdet. Mehr als die Hälfte des ursprünglichen Regenwaldes ist bereits vernichtet. Verbreitet ist die **Brandrodung** für Wanderfeldbau, bei der ein bestimmtes Regenwaldgebiet abgebrannt wird. Die Mineralsalze aus der abgebrannten Biomasse düngen den Boden für ein paar Jahre. Der entwaldete Boden ist jedoch schutzlos den hohen Niederschlägen ausgesetzt und die dünne Humusschicht wird rasch abgetragen. Dann bringt der an Mineralsalzen verarmte Boden kaum noch Ertrag und eine neue Fläche wird brandgerodet. Das hohe Bevölkerungswachstum fördert diese Entwicklung. Aber auch durch das illegale Abholzen wertvoller Hölzer wie Teak, Mahagoni und Ebenholz, durch die Anlage von großen Plantagen für Kakao, Bananen, Kaffee, Zuckerrohr und Soja sowie durch Straßenbau und Besiedlung vernichtet der Mensch den tropischen Regenwald.

1 Vergleich: Tropischer Regenwald – mitteleuropäischer Wald. Vergleiche mithilfe des Grundwissentextes sowie der Abbildungen 1,2 und 3 in tabellarischer Form den tropischen Regenwald mit einem mitteleuropäischen Wald. Überlege vorab, nach welchen Gesichtspunkten du den Vergleich durchführen willst.

2 Stoffkreislauf. Erläutere und vergleiche anhand der Abbildung 4 und des Grundwissentextes den Stoffkreislauf im tropischen Regenwald mit dem Stoffkreislauf nach Umwandlung des Regenwaldes in landwirtschaftliche Nutzfläche.

3 Brandrodung und Wanderfeldbau.
a) Erläutere anhand des Grundwissentextes das Prinzip des Wanderfeldbaus durch Brandrodung.
b) Über viele Jahrhunderte blieb der Schaden durch Wanderfeldbau für den tropischen Regenwald gering, weil kleine Flächen gerodet und ehemalige Felder gar nicht oder erst nach langen Zeiträumen wieder brandgerodet wurden. Heute ist die Gefährdung des tropischen Regenwaldes durch Brandrodung sehr groß. Nenne Gründe dafür.

Während der tropische Regenwald bei Jahresdurchschnittstemperaturen von 25 bis 27 Grad Celsius wächst, betragen die Durchschnittstemperaturen im mitteleuropäischen Wald etwa 7 Grad Celsius. Auch die Niederschläge und die Luftfeuchtigkeit sind im mitteleuropäischen Wald bei weitem nicht so hoch wie im tropischen Regenwald. Der Einfluss der Jahreszeiten auf unsere Wälder macht sich unter anderem beim Blattaustrieb, beim Blühen, bei der Fruchtbildung und beim Blattfall bemerkbar. Mitteleuropäische Wälder sind nicht so artenreich wie tropische Regenwälder. Mitteleuropäische Wälder sind im Verlauf der letzten 10 000 Jahre nach der letzten Eiszeit entstanden. Sie sind vom Menschen bis auf winzige Reste so stark genutzt und beeinflusst worden, dass man nicht mehr von einem Naturwald, sondern von einem Kulturwald sprechen muss. Sowohl das Wachstum der Bäume als auch der Abbau abgestorbener Pflanzenteile verlaufen ziemlich langsam. Man spricht deshalb beim mitteleuropäischen Wald von einem „langsamen Stoffkreislauf". Die Böden sind im Vergleich zum tropischen Regenwald gut durchlüftet und reich an Mineralsalzen. Die Humusschicht ist dick und speichert den größten Teil der Mineralsalze.

3 *Vergleich: Regenwald und mitteleuropäischer Wald*

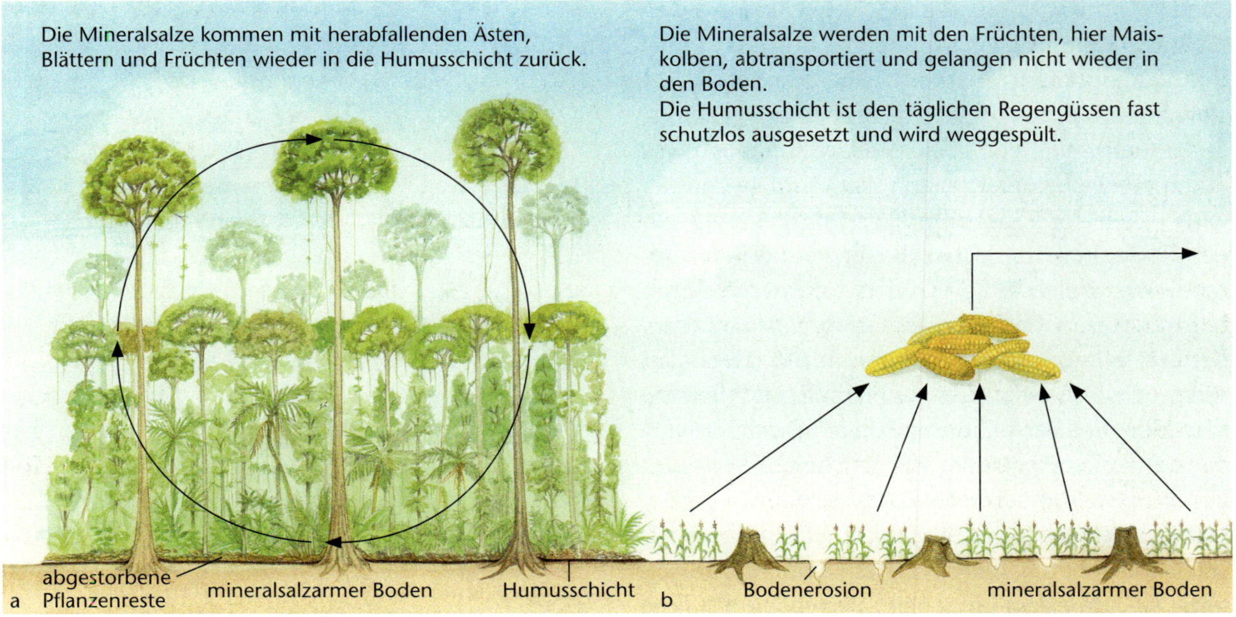

4 *a) Stoffkreislauf im tropischen Regenwald und b) nach Umwandlung in landwirtschaftliche Nutzfläche*

Ökologische Zusammenhänge und mathematische Verfahren

1 *Ein Plakat*

Der ökologische Fußabdruck

Das Leben eines jeden Menschen benötigt Platz: Wohnraum, Straßen, Arbeitsplätze, Schulen, aber auch Platz für Müllentsorgung. Der Baum, aus dessen Holz ein Stuhl gefertigt wurde, brauchte Platz. Die Kakaopflanze, die den Kakao des Schulfrühstücks lieferte, benötigte Platz, ebenso wie Obst- und Gemüsepflanzen oder Baumwollpflanzen, aus deren Früchten der Rohstoff für Jeans gewonnen wird. Auch der Einsatz fossiler Energieträger benötigt Flächen für Pflanzen, die das durch Verbrennung freigesetzte Kohlenstoffdioxid durch Fotosynthese binden. Alle Güter des täglichen Bedarfs nehmen direkt oder indirekt Fläche in Anspruch. Der „ökologische Fußabdruck" ist eine Methode, mit der näherungsweise berechnet werden kann, wie viel Fläche für die Herstellung eines bestimmten Produkts benötigt wird. Aus diesen Daten kann man den ökologischen Fußabdruck eines Menschen berechnen. Das ist die Fläche, die nötig ist, um einen einzelnen Menschen ein Jahr lang mit allen Gütern zu versorgen. Der ökologische Fußabdruck lässt sich nicht nur für einzelne Menschen, sondern auch für Nationen ermitteln (Abb. 3). Meistens wird der ökologische Fußabdruck der tatsächlich vorhandenen nutzbaren Fläche gegenübergestellt.

Der ökologische Rucksack

Der Begriff „ökologischer Rucksack" bezeichnet die gesamte Masse der Stoffe aus der Natur, die für die Herstellung, den Transport, die Benutzung eines Produktes und schließlich die Entsorgung, das heißt für die gesamte Produktkette, verbraucht wurden (Abb. 5). In die Berechnung des ökologischen Rucksacks geht unter anderem die Masse von Rohstoffen (z. B. Eisenerz, Erdöl, Sand, Holz, Baumwolle), Wasser (z. B. für Bewässerung in der Landwirtschaft oder technische Vorgänge in Fabriken) sowie Luft (z. B. für Verbrennungsprozesse und chemische Reaktionen) ein.

Holzstuhl „Förstertraum"		**Stahlstuhl „Manufaktum"**	
Material:	Fichtenholz	Material:	Stahl
Gewicht:	5 kg	Gewicht:	7 kg
Geschätzte Lebensdauer:	20 Jahre	Geschätzte Lebensdauer:	20 Jahre
Naturverbrauch pro kg Fichtenholz:	5,5 kg	Naturverbrauch pro kg Stahl:	8,1 kg

Aluminiumstuhl „LightLife"		**Plastikstuhl „Gartenkönig"**	
Material:	Aluminium	Material:	Polyethylen (PE)
Gewicht:	4 kg	Gewicht:	5 kg
Geschätzte Lebensdauer:	10 Jahre	Geschätzte Lebensdauer:	20 Jahre
Naturverbrauch pro kg Aluminium:	19 kg	Naturverbrauch pro kg Polyethylen:	5,5 kg

2 *Vier Stühle*

1 „... als hätten wir *vier* Erden ...". Erläutere anhand der Abbildung 1, was mit der Aussage „... als hätten wir vier Erden ..." gemeint sein könnte.

2 Ökologischer Fußabdruck.
a) Erstellt anhand der Angaben in Abbildung 3 eine Reihenfolge derjenigen zehn Güter, die in Kanada den höchsten Flächenbedarf haben.

b) Stellt Vermutungen darüber an, durch welche Faktoren der ökologische Fußabdruck eines Inders von dem eines Kanadiers abweicht (Abb. 3).

3 Vier Stühle und ihr ökologischer Rucksack. Berechne den ökologischen Rucksack der vier Stühle in Abbildung 2. Inwiefern muss die Lebensdauer der vier Stühle in die Bewertung einbezogen werden?

Güter	Energie aus fossilen Rohstoffen	Siedlung	Acker	Weide	Wald	Gesamt
1. Nahrung	**0,33**		**0,48**	**1,91**	**0,02**	
1.1 pflanzlich	0,14		0,22		0,01	
1.2 tierisch	0,19		0,25	1,91	0,01	
2. Wohnen	**0,41**	**0,08**			**0,90**	
2.1 Bau	0,06				0,75	
2.2 Betrieb	0,35				0,15	
3. Transport	**0,79**	**0,12**			**0,04**	
3.1 privat	0,60					
3.2 öff. Verkehrsmittel	0,07					
3.3 Güterverkehr	0,12					
4. Konsumgüter	**0,53**	**0,01**	**0,04**	**0,13**	**0,50**	
4.1 Verpackung	0,10				0,04	
4.2 Kleidung	0,11		0,01	0,13		
4.3 Möbel, Holzprodukte	0,06				0,26	
4.4 Papier	0,06				0,17	
4.5 Tabak, Alkohol	0,06			0,03		
4.6 Kosmetik, Pflegeartikel	0,03				0,01	
4.7 Freizeitartikel	0,10				0,02	
4.8 sonstige Güter	0,01					
5. Dienstleistungen	**0,30**	**0,01**				
5.1 Regierung, Militär	0,06					
5.2 Ausbildung	0,08					
5.3 Gesundheitswesen	0,08					
5.4 Tourismus	0,01					
5.5 Unterhaltung	0,01					
5.6 Bank, Versicherung	0,01					
5.7 sonst. Dienstleistungen	0,05					
Kanadier (insgesamt)	2,36	0,22	0,52	2,04	1,46	6,60
zum Vergleich: ein Inder	0,09	0,01	0,12	0,15	0,22	0,59

3 *Daten zum ökologischen Fußabdruck eines Kanadiers in Hektar*

Material	kg je kg Material
Baumwolle	16,5
Stahl	8,1
Messing	185,0
Aluminium	19,0
Polyethylen (PE)	2,5
Kunststoff-Mischung	5,5
Kunstfaser	8,1
Holz (Fichte)	5,5

4 *Ökologische Rucksäcke für Materialien*

Ökologische Rucksäcke für	kg je kg Material
Jeans	32
Laptop	430
Zahnbürste	1,5
Kaffeemaschine	300
12 Weingläser	6
Banküberweisung (traditionell)	2,7
Banküberweisung (online)	1,1
Musik-CD herunterladen	0,7
Musik-CD Online-Bestellung	1,3
Musik-CD Kauf im Laden	1,7

5 *Beispiele für ökologische Rucksäcke*

6.6 Der Kohlenstoff-Kreislauf

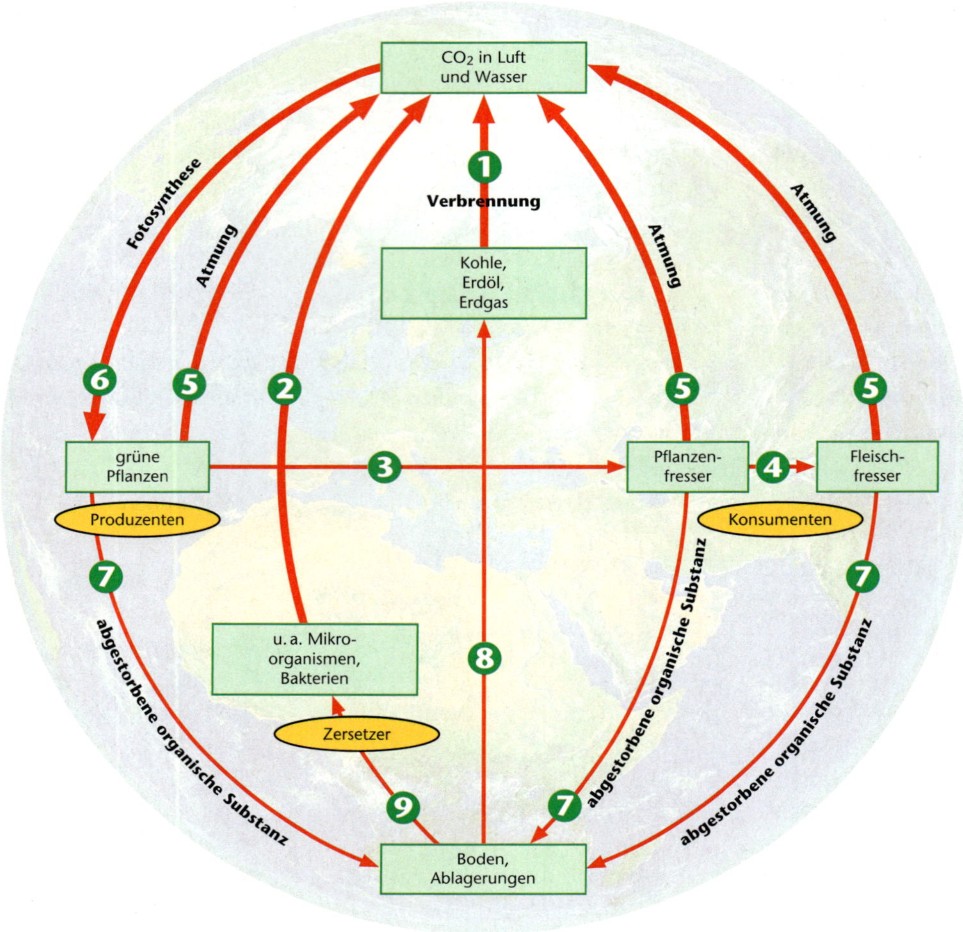

1 *Kohlenstoff-Kreislauf*

Kohlenstoff ist ein Element, das in allen Lebewesen enthalten ist. Grüne Pflanzen nehmen Kohlenstoffdioxid bei der Fotosynthese (6) auf und bilden mithilfe der Lichtenergie Glucose, andere Kohlenhydrate, Fette und Proteine. Weil grüne Pflanzen organische Stoffe selbst herstellen können, nennt man sie auch Produzenten.

Wenn Pflanzen gefressen werden, gelangt kohlenstoffhaltige Substanz in den Körper von Pflanzenfressern (3) und im weiteren Verlauf der Nahrungskette auch in den Körper von Fleischfressern (4). Tiere und Menschen nehmen mit der Nahrung, die kohlenstoffhaltige organische Substanz auf. Sie sind die Konsumenten unter den Lebewesen. Bei der Atmung von Menschen, Tieren (5) und von Pflanzen (5) wird Kohlenstoffdioxid freigesetzt. Abgestorbene Tiere (7) und Pflanzen (7) bilden Ablagerungen. Die organische Substanz in Ablagerungen, zum Beispiel abgefallenen Blättern, wird von Mikroorganismen zersetzt (9). Zu den Zersetzern gehören unter anderem Bakterien. Die Zersetzer geben bei ihrer Tätigkeit Kohlenstoffdioxid ab (2).

Aus Ablagerungen, zum Beispiel von Wäldern, sind im Laufe von vielen Millionen Jahren fossile Brennstoffe wie Kohle, Erdöl und Ergas entstanden (8). Bei ihrer Verbrennung wird Kohlenstoffdioxid freigesetzt (1). Dieses durch menschliche Tätigkeiten freigesetzte Kohlenstoffdioxid trägt zur langsamen Erwärmung der Erdatmosphäre bei.

1 Kohlenstoff-Kreislauf. Schreibe den Text auf der Grundwissen-Seite ab und setze in die Klammern die richtigen Ziffern aus Abbildung 1.

2 Kohlenstoff-Flüsse auf der Erde. Ordne in einer Tabelle die in Abbildung 3 dargestellten jährlichen Kohlenstoff-Flüsse nach der Reihenfolge der umgesetzten Masse.

3 Kohlenstoffdioxid und Treibhauseffekt. Lies den Text in Abbildung 4. Beschreibe den natürlichen und den zusätzlichen Treibhauseffekt.

4 Kohlenstoffdioxid und Familie Mustermann. Diskutiert Möglichkeiten der Familie Mustermann, ihre Kohlenstoffdioxid-Emissionen zu verringern (Abb. 2).

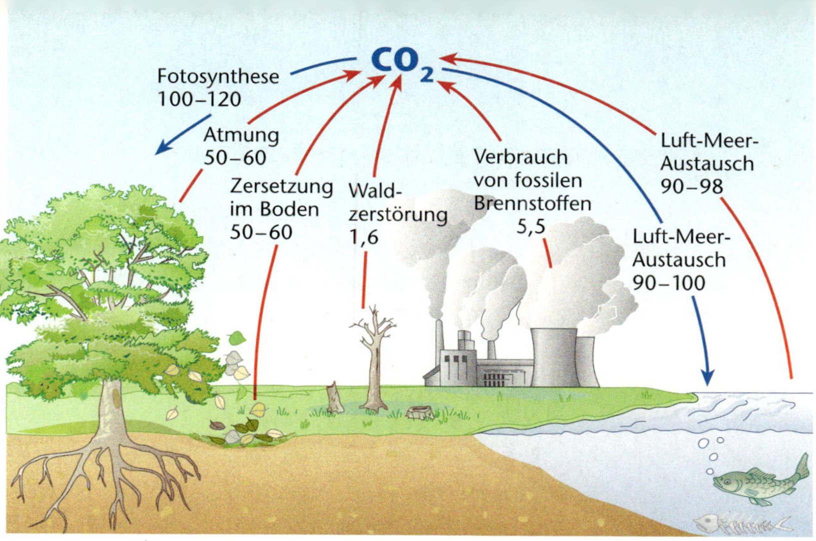

3 *Globale jährliche Kohlenstoff-Flüsse (Angaben in Gigatonnen, eine Gigatonne ist eine Milliarde Tonnen)*

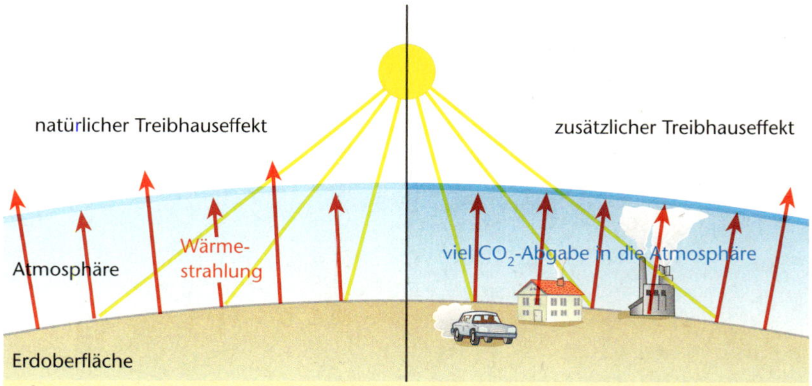

Unter Treibhauseffekt versteht man den Einfluss bestimmter Gase in der Erdatmosphäre auf die Temperatur in der Atmosphäre. Das kurzwellige Sonnenlicht durchdringt relativ leicht die Atmosphäre und wird an der Erdoberfläche absorbiert. Dabei wird die Lichtenergie größtenteils in Wärmeenergie umgewandelt. Diese von der Erdoberfläche wieder abgegebene Wärmestrahlung kann jedoch nicht vollständig in den Weltraum entweichen. Hauptsächlich Wasserdampf und Kohlenstoffdioxid sowie einige andere Gase in der Atmosphäre halten die Wärmestrahlung zurück. Weil auch in einem Glastreibhaus kurzwellige Sonnenstrahlung durch das Glas hineinkann, die erwärmte Luft aber nicht herausgelangt, spricht man von einem Treibhauseffekt.
Bei der Verbrennung von Kohle, Erdöl und Erdgas gelangt Kohlenstoffdioxid in die Atmosphäre. Die Zunahme der Konzentration an Kohlenstoffdioxid und anderen Gasen verstärkt den natürlichen Treibhauseffekt. Man spricht von einem zusätzlichen Treibhauseffekt, der durch den Menschen verursacht wird. Der zusätzliche Treibhauseffekt trägt zur allmählichen Erwärmung der Erdatmosphäre bei – mit schwerwiegenden Folgen für die Menschheit.

4 *Treibhauseffekt*

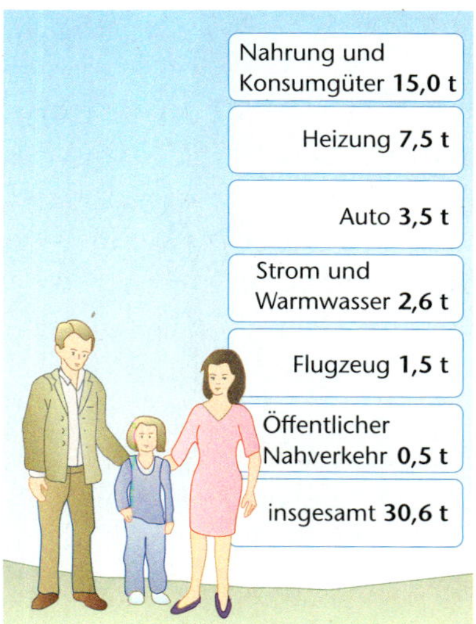

2 *Jährliche Kohlenstoffdioxid-Emissionen der dreiköpfigen Familie Mustermann*

6.7 Bevölkerungsentwicklung und Nachhaltigkeit

Im 20. Jahrhundert fand ein in der Menschheitsgeschichte einmaliger Vorgang statt. Lebten um 1900 etwa 1,6 Milliarden Menschen auf der Erde, überschritt die Weltbevölkerung im Jahre 1999 erstmals die 6-Milliarden-Grenze. Damit hat sich innerhalb eines Jahrhunderts die Weltbevölkerung nahezu vervierfacht (Abb. 1). Obwohl sich die jährliche Zunahme abgeschwächt hat, wird die Weltbevölkerung nach den Prognosen für die erste Hälfte des 21. Jahrhunderts weiter wachsen (Abb. 1). Das aktuelle Bevölkerungswachstum findet zu 95 Prozent in den Entwicklungsländern statt, die einen hohen Anteil junger Menschen an ihrer Gesamtbevölkerung haben. Zugleich verbrauchen die Industrieländer, die bei sehr geringer Geburtenrate und hoher Lebenserwartung einen hohen Anteil Älterer haben, den weitaus größten Teil der Rohstoffe und fossilen Energieträger.

Nachhaltige Entwicklung verbindet wirtschaftliche Entwicklung zur Überwindung von Hunger und Armut sowie die Schaffung sozialer, menschlicher Lebensbedingungen mit dem Erhalt der natürlichen Lebensgrundlagen. Daher stellt die Entwicklung der Bevölkerung und ihre ungleiche Verteilung die Bemühungen um Nachhaltigkeit vor große Herausforderungen, zum Beispiel bei der Frage nach der Ernährung der Weltbevölkerung und der Energieversorgung. Weitere Problemfelder sind unter anderem der Mangel an Wasser und an landwirtschaftlich nutzbarer Fläche in vielen Entwicklungsländern. Fachleute schätzen, dass bis zum Jahre 2025 ungefähr 40 Prozent der Weltbevölkerung an Wassermangel leiden wird.

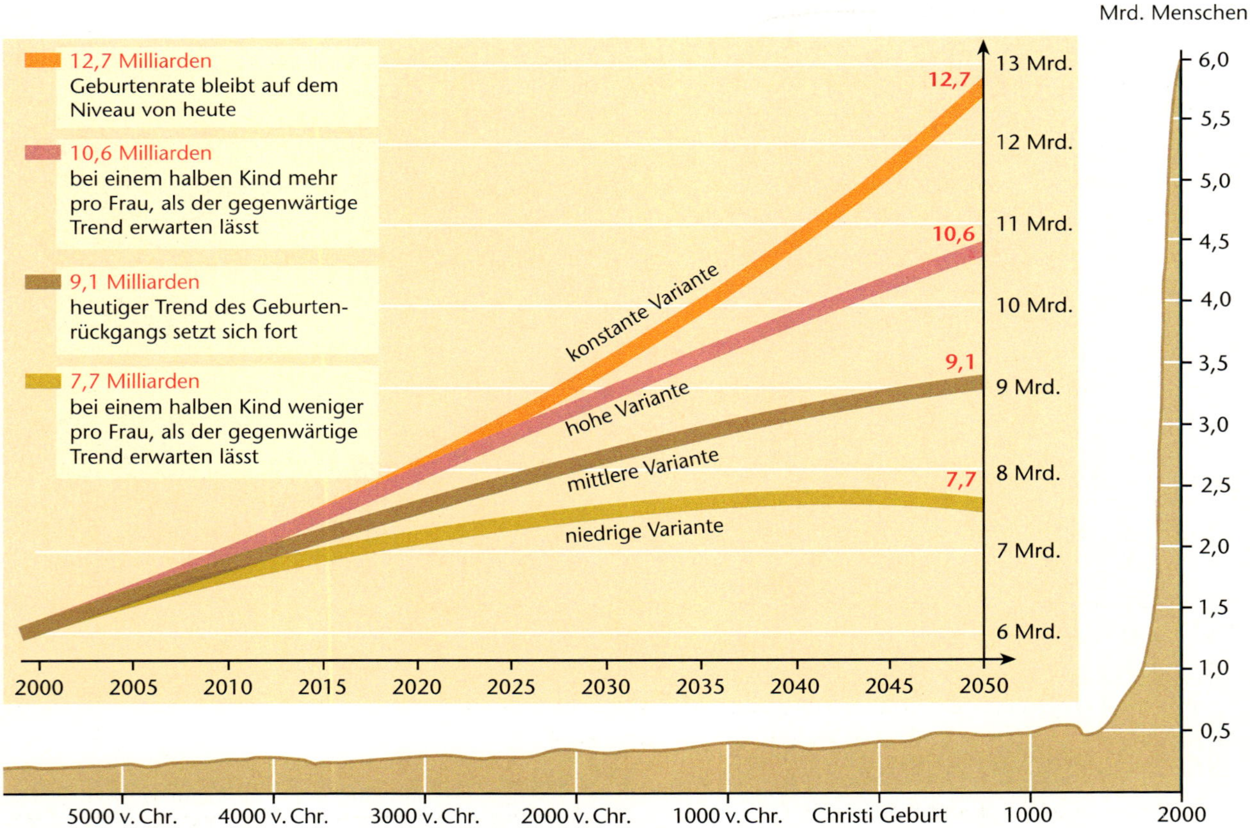

1 *Bevölkerungsentwicklung auf der Erde bis zum Jahr 2000 und verschiedene Prognosen für die Entwicklung bis 2050*

1 Globale Bevölkerungsentwicklung. Beschreibe die Kurve der Bevölkerungsentwicklung (Abb. 1). Diskutiert mögliche Gründe für den enormen Anstieg im letzten Jahrhundert.

2 Wenn die Welt ein Dorf wäre ... Stelle die Daten für 2000 und 2050 aus Abbildung 2 in einem Säulendiagramm dar. Welche der Prognosen in Abbildung 1 liegt den Angaben in Abbildung 2 vermutlich zugrunde?

Die Welt – ein Dorf

Wenn die Welt heute ein Dorf ...
mit nur 100 Einwohnern wäre ...

... wären davon: 14 Afrikaner
5 Nordamerikaner
12 Europäer
9 Lateinamerikaner und
60 Asiaten

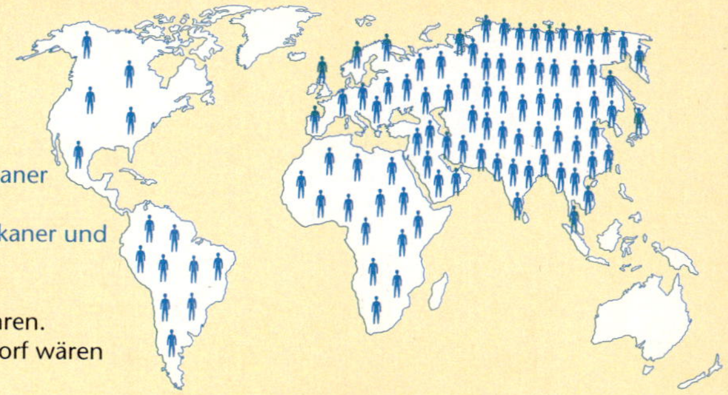

Bevölkerung
30 Menschen wären Kinder unter 15 Jahren. 7 wären älter als 65. 50 Menschen im Dorf wären Frauen. 50 wären Männer.

Armut
44 Einwohner würden von weniger als 2 Euro am Tag leben. 18 Menschen hätten keinen Zugang zu sauberem Trinkwasser.

Familienplanung
Im Durchschnitt bekämen die Frauen 3 Kinder. Von den 25 Frauen zwischen 15 und 49 Jahren, die in einer Partnerschaft leben, würden 14 eine Verhütungsmethode anwenden.

Zukunft 2050
Die Zahl der Dorfbewohner würde jährlich um eine Person steigen. Im Jahre 2050 würden bereits 146 Menschen im Dorf leben: 31 Afrikaner
7 Nordamerikaner
10 Europäer
13 Lateinamerikaner
und 85 Asiaten.

2 *Wenn die Welt ein Dorf wäre ...*

Wachstumskurven

Als Wachstum bezeichnet man
a) den zeitlichen Anstieg einer bestimmten Messgröße, zum Beispiel der Bevölkerungszahl in einer Folge von Jahren, und
b) das Größerwerden eines Gegenstandes oder Lebewesens im Laufe der Zeit.

3 Beispiele für Wachstumsvorgänge. Nenne außer den dargestellten Beispielen weitere Beispiele für Wachstumsvorgänge. Prüfe, ob die Definition auf die einzelnen Beispiele zutrifft.

4 Wachstumskurven im Vergleich. Beschreibe den Verlauf jeder der Wachstumskurven in Abbildung 3.

5 Wachstum von Äpfeln und von Hefezellen. Beschreibe die Wachstumskurven in Abbildung 4 und 5. Lassen sich diese Kurven jeweils einer Kurve in Abbildung 3 zuordnen? Begründe die Zuordnung.

6 Bevölkerungswachstum der Menschheit. Diskutiert, ob sich die Kurve in Abbildung 1 einer der Kurven in Abbildung 3 zuordnen lässt. Beachtet auch die Prognosen bis 2050.

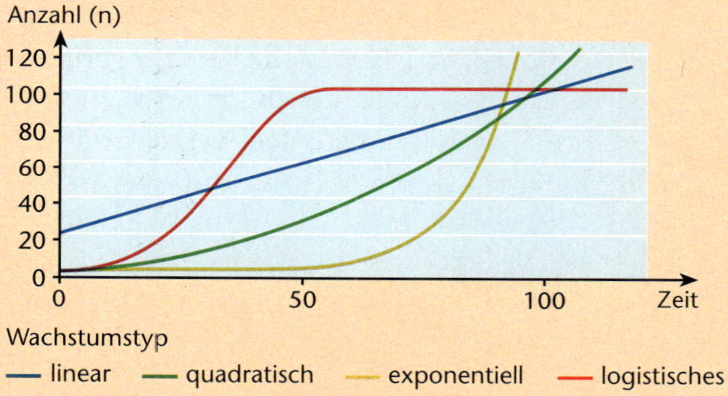

3 *Verschiedene Wachstumskurven*

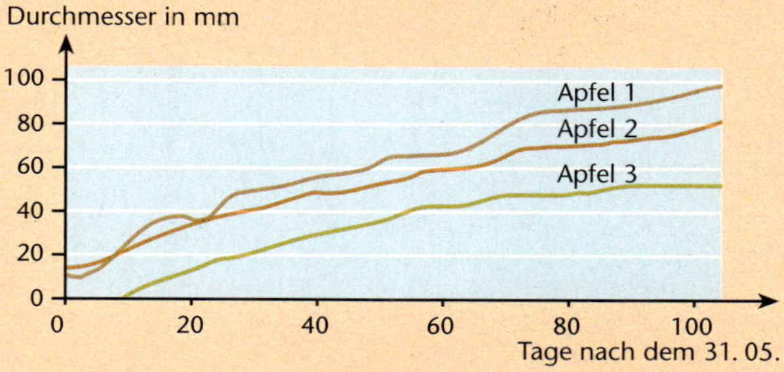

4 *Wachstum von Äpfeln*

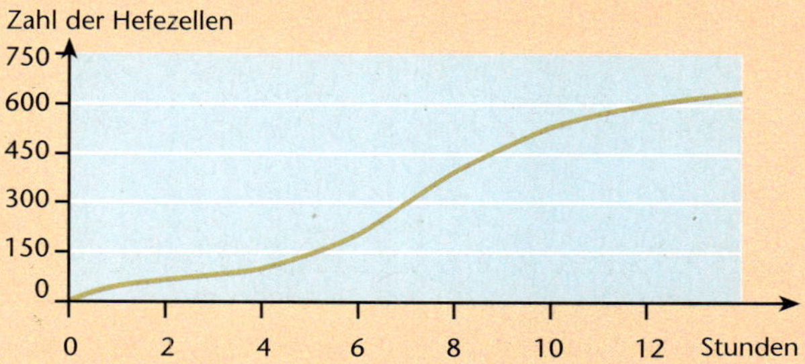

5 *Vermehrung von Hefezellen in einem Kulturgefäß*

Methode

Stoffwechsel des Menschen

7 Ernährung

7.1 Ernährung im Wandel

Wir wachsen, wir denken, wir atmen, wir bewegen uns. Unsere Körpertemperatur beträgt konstant 37 Grad Celsius. Für diesen und andere Lebensvorgänge benötigt unser Körper Energie, die er mit den Nährstoffen Kohlenhydrate, Fette und Eiweiße zu sich nimmt. Mit der Nahrung versorgen wir unseren Körper außerdem mit Mineralstoffen, Vitaminen, Spurenelementen und Wasser.

Kohlenhydrate und Fette sind die wichtigsten Energielieferanten (Abb. 2). Für Wachstum und Entwicklung von Geweben sind vor allem Eiweiße, Vitamine, Mineralsalze und Spurenelemente von Bedeutung. Eiweiße und Vitamine haben auch wichtige Funktionen bei der Regulation von Stoffwechselvorgängen in unserem Körper. Unsere Nahrung sollte die für unseren Organismus notwendigen Nährstoffe in ausreichender Menge, im richtigen Verhältnis und in der richtigen Form enthalten. Man spricht dann von einer **vollwertigen Ernährung.** Abwechslungsreiche Kost gewährleistet die Vollwertigkeit unserer Nahrung. Sind einzelne Nahrungsbestandteile zu wenig oder zu viel in unserer Nahrung enthalten, spricht man von einer **einseitigen Ernährung.** Dadurch können ernährungsbedingte Erkrankungen auftreten.

1 *Eine Mahlzeit*

Essen ist mehr als nur Nahrungsaufnahme. Viele Faktoren beeinflussen unsere Ernährung. Wir essen nicht nur, wenn wir Hunger haben. Manche Menschen belohnen sich zum Beispiel mit einem guten Essen für eine erbrachte Leistung oder essen aus Kummer. Edle Speisen können eine gesellschaftliche Position dokumentieren. Viele Menschen essen gern in Gesellschaft.

Gesellschaftliche Veränderungen haben veränderte Ernährungsgewohnheiten zur Folge. Krankheiten, die durch veränderte Essgewohnheiten und Bewegungsmangel hervorgerufen werden können, gelten deshalb auch als Zivilisationskrankheiten. Typisch für unser heutiges Essverhalten ist zum Beispiel die Eile, mit der häufig gegessen wird.

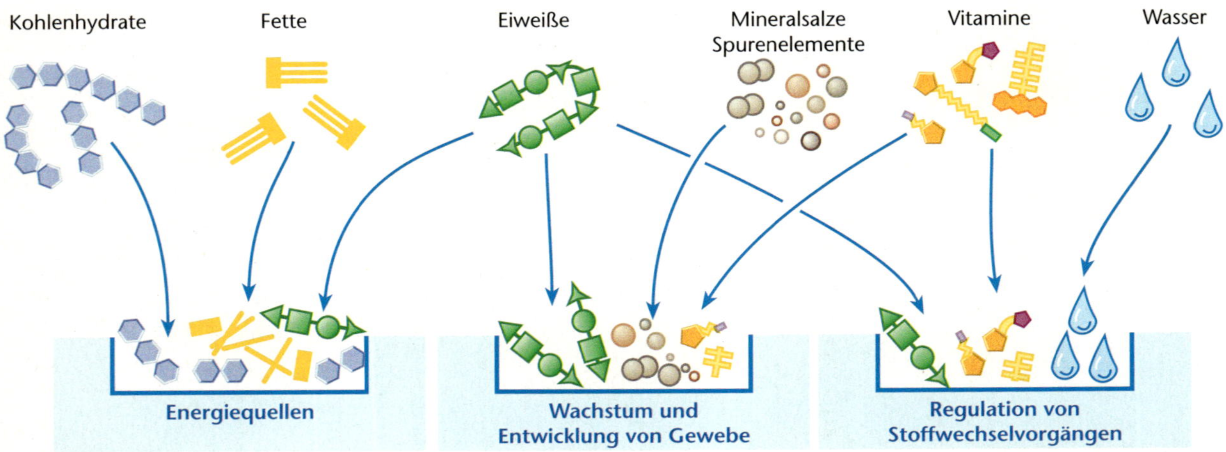

Zur Zeit der Frühmenschen	Heute
• Iss möglichst viel. • Iss möglichst viel Fett. • Vermeide Lebensmittel mit geringem Energiegehalt. • Iss, wann immer du dazu die Möglichkeit hast. • Bewege dich nur, wenn es sein muss.	• Iss nicht zu viel. • Iss wenig Fett. • Vermeide energiereiche Lebensmittel. • Iss nicht dauernd zwischendurch. • Bewege dich möglichst viel.

3 *Ernährungsregeln früher und heute*

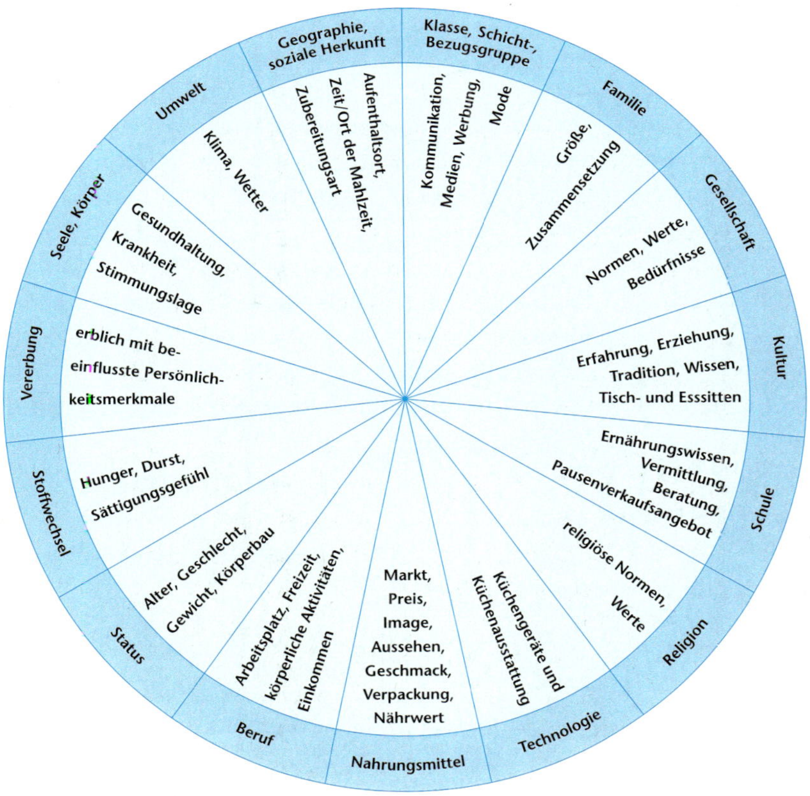

4 *Faktoren, die das Ernährungsverhalten beeinflussen können*

1 Bedeutung der Nahrungsbestandteile. Fasse die wesentlichen Aussagen der Abbildung 2 in wenigen Merksätzen zusammen.

2 Betrachte Abbildung 1. Wie wirkt die dargestellte Situation auf dich? Beschreibe Gefühle und nenne Begriffe, die du mit der dargestellten Situation verbindest.

3 Ernährungsregeln früher und heute.
a) Vergleiche die in der Abbildung 3 formulierten Ernährungsregeln. Erläutere, inwiefern die Ernährungsregeln zur jeweiligen Lebensweise passen.
b) Interpretiere die folgende Aussage: „Was gesunde Ernährung ist, ändert sich mit den Bedingungen, unter denen Menschen leben." Finde Beispiele, die diese Meinung bestätigen können.

4 Faktoren, die das Ernährungsverhalten beeinflussen können. In Abbildung 4 sind Faktoren genannt, die die Nahrungswahl beeinflussen können. Erläutere acht dieser Faktoren an selbst gewählten Beispielen. Begründe, welche Beispiele für dich besonders zutreffend sind?

5 Essverhalten und Übergewicht. Erläutere, inwiefern unser heutiges Essverhalten eine Ursache für Übergewicht sein kann.

7.2 Gesunde Ernährung, aber wie?

Die Lebensmittel sind in sieben Gruppen unterteilt.

Täglich sollten aus jeder der Gruppen Lebensmittel ausgewählt werden.

Die Größe der Kreissegmente gibt an, welchen Anteil die Lebensmittelgruppen an der Tageskost haben sollten.

Weitere Empfehlungen der Deutschen Gesellschaft für Ernährung:
- Bereite die Speisen schmackhaft und schonend zu.
- Nimm dir Zeit, genieße dein Essen.
- Bewege dich viel.

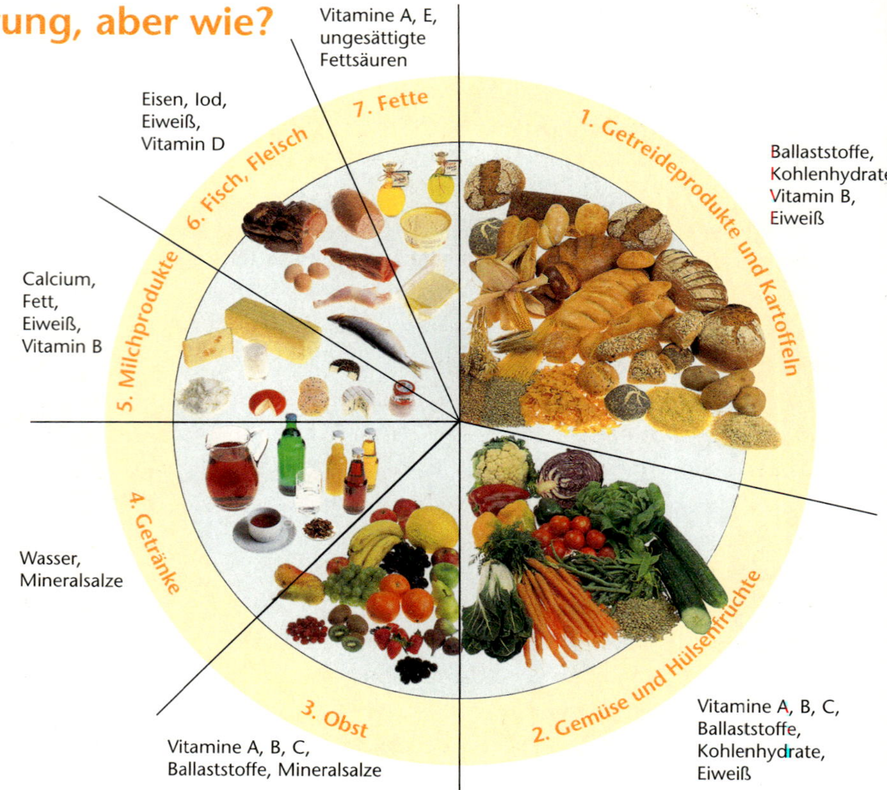

1 *Der Ernährungskreis – Empfehlungen für gesunde Ernährung*

Umfragen belegen, dass die Bundesbürger genaue Vorstellungen von gesunder Ernährung haben. Im Alltag ist die Realisierung einer ausgewogenen Ernährung jedoch oft schwierig. Um dies zu erleichtern, formuliert die Deutsche Gesellschaft für Ernährung Ernährungsempfehlungen (Abb. 1).

In den vergangenen Jahrzehnten hat in den westlichen Industrienationen der Anteil an übergewichtigen Personen in allen Altersgruppen zugenommen. Übergewicht entsteht durch Überernährung, also wenn dem Körper mehr Energie durch Nährstoffe zugeführt wird, als er benötigt. Übergewicht verursacht ein erhöhtes Risiko von Folgeerkrankungen wie der Zuckerkrankheit oder Herz-Kreislauf-Erkrankungen. Neben Ernährungsfehlern ist Bewegungsmangel die Hauptursache dieser Entwicklung. Insofern ist regelmäßige Bewegung der wirkungsvollste Schutz vor Übergewicht.

International wird heute oft der Körpermasse-Index (body-mass-index, BMI) als Maß für die Beurteilung der Körpermasse verwendet. Der BMI berechnet sich folgendermaßen:

$$\text{BMI} = \frac{\text{Körpermasse in kg}}{\text{Körpergröße in m} \cdot \text{Körpergröße in m}}$$

Abhängig vom Alter gelten unterschiedliche Grenzwerte für Übergewichtigkeit (Abb. 2). Als einziges Kriterium für die Beurteilung von Übergewicht bei Jugendlichen ist der BMI jedoch nur begrenzt geeignet.

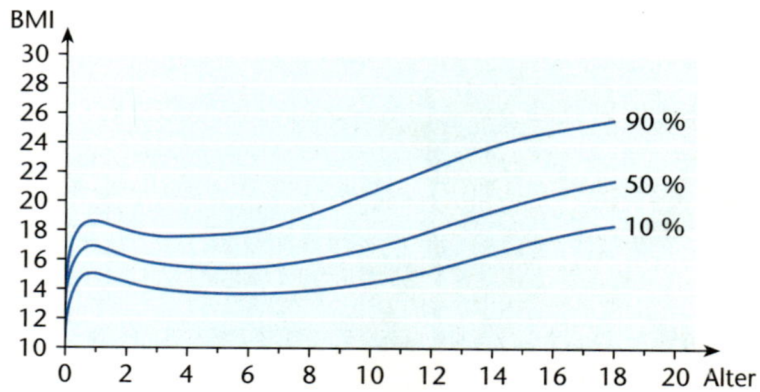

2 *BMI bei Kindern und Jugendlichen. Es ist angegeben, wie viel Prozent der Gleichaltrigen einen niedrigeren BMI-Wert haben.*

1 Gesunde Ernährung in Theorie und Praxis.

a) In Abbildung 4 ist eine Ernährungspyramide dargestellt. Die breite Basis bilden die Nahrungsmittel, die häufig verzehrt werden sollen. Vergleiche die in dieser Ernährungspyramide enthaltenen Empfehlungen mit denen der Deutschen Gesellschaft für Ernährung (Abb. 1). Notiere in einer Tabelle Übereinstimmungen und Unterschiede.

b) Welche Ernährungsempfehlungen der Abbildung 1 berücksichtigst du bereits? Von welchen kannst du dir vorstellen, dass du sie berücksichtigen könntest, welche möchtest du nicht berücksichtigen? Begründe deine Entscheidung.

c) Fasse die Umfrageergebnisse, die der Abbildung 5 zu entnehmen sind, zusammen. Erläutere mögliche Ursachen, die zu den Unterschieden zwischen Ideal und Realität führen.

2 Berechnung des body-mass-index.

Erwachsene Personen mittleren Alters mit einem BMI größer als 25 gelten als übergewichtig. Ab einem BMI größer 30 geht man von starkem Übergewicht aus. Ein BMI unter 19 spricht für Untergewichtigkeit. Berechne für die in Abbildung 3 genannten Personen den BMI und interpretiere die Ergebnisse.

3 Lebensmittel und Werbung.

a) Erläutere, welche Informationen der Abbildung 6 zu entnehmen sind.

b) Untersuche Zeitschriftenwerbung. Notiere, für welche Lebensmittel wie oft geworben wird. Fertige mit den von dir ermittelten Daten eine der Abbildung 6 ähnliche Grafik an.

	Körpergröße	Körpermasse
Angelina Jolie (Schauspielerin)	1,70 m	57,0 kg
Heidi Klum (Model)	1,78 m	54,0 kg
Michael Ballack (Fußballer)	1,89 m	80,0 kg
Ralf Möller (Mister Universum)	1,97 m	130,0 kg

3 *Körpergröße und Körpermasse verschiedener bekannter Personen*

4 *Ernährungspyramide*

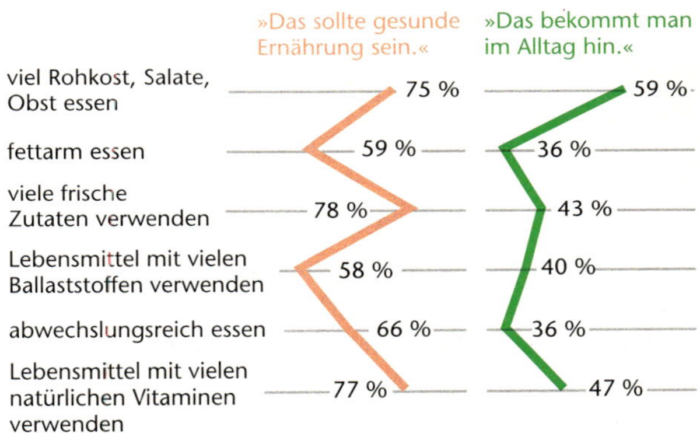

5 *Umfrageergebnis zur Ernährung, Selbsteinschätzung der Befragten*

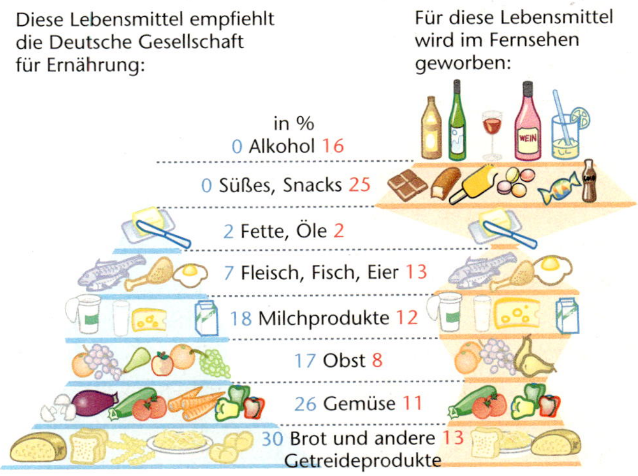

6 *Lebensmittel und Werbung*

7.3 Nahrung versorgt den Körper mit Energie

Tätigkeiten	Kilojoule pro Stunde
ruhiges Liegen	350
ruhiges Stehen	420
Gehen, 3 km/h	1000
Gehen, 8 km/h	2100
Schwimmen, 0,6 km/h	880
Schwimmen, 4,2 km/h	2500
Radfahren, 9 km/h	880
Radfahren, 30 km/h	3100
Laufen, 11 km/h	2200
Laufen, 19 km/h	4100
Büroarbeit	ca. 380 – 470

1 *Ungefährer Gesamt-Energiebedarf eines 35-jährigen Mannes mit 70 kg Körpermasse*

Die Bewegung unserer Muskeln, die Aufnahme und Verarbeitung von Sinnesreizen, Atmung, Herztätigkeit und die Aufrechterhaltung der Körpertemperatur: all dies sind Leistungen unseres Körpers, für die Energie benötigt wird. Auch in völliger Ruhe benötigt der Körper Energie, dieser Energiebedarf heißt **Grundumsatz.** Er beträgt beim Menschen etwa 6000–7000 Kilojoule pro Tag. Wenn wir Tätigkeiten verrichten, ist unser Energiebedarf höher (Abb. 1). Den über den Grundumsatz hinausgehenden Energiebedarf bezeichnet man als **Leistungsumsatz.** Der **Gesamtumsatz** ist die Summe aus Grundumsatz und Leistungsumsatz. Der Energiebedarf ist auch abhängig vom Alter und vom Geschlecht (Abb. 2).

Wir beziehen Energie aus dem Abbau von Nährstoffen. Diese Stoffe enthalten chemische Energie. Für die Energiefreisetzung sind vor allem Kohlenhydrate und Fette von Bedeutung. Bei der Verdauung werden die Nährstoffe zunächst in kleinere Bausteine zerlegt, Kohlenhydrate zum Beispiel in Glucose-Moleküle. Sofern die Moleküle nicht dem

Alter		durchschnittlicher Energiebedarf in kJ pro Tag
10–13	Jungen	9410
13–15	Jungen	10 460
15–19	Jungen	12 550
19–25	Männer	10 880
10–13	Mädchen	9000
13–15	Mädchen	9620
15–19	Mädchen	10 040
19–25	Frauen	9200

2 *Täglicher Gesamt-Energiebedarf und Alter*

Aufbau körpereigener Substanz dienen, werden sie in den Zellen bei der Zellatmung oxidiert. Dabei wird Energie frei, die der Körper nutzen kann.

Enthalten die mit der Nahrung aufgenommenen Nährstoffe mehr Energie, als vom Körper benötigt wird, kann es zu Übergewicht kommen. Überschüssige Kohlenhydrate werden in Fette umgewandelt und als Depotfett im Körper abgelagert. Es hängt von der Bilanz zwischen Nährstoffaufnahme und Energiebedarf ab, ob die Depotfette aufgebraucht oder vergrößert werden.

Was ist Energie ?

- Energie kann in verschiedenen Formen auftreten. Man spricht zum Beispiel von elektrischer, mechanischer, chemischer oder von Wärme-, Bewegungs- oder Lichtenergie.
- Energie kann nicht neu geschaffen oder verbraucht werden. Sie wird immer nur von einer Energieform in eine andere umgewandelt.
- In Stoffen ist chemische Energie gespeichert. Die in der Nahrung enthaltenen Nährstoffe enthalten viel chemische Energie, die unser Körper teilweise nutzen kann. Wenn wir uns bewegen, wird diese Energie in Bewegungsenergie und Wärme umgewandelt.
- Die Einheit der Energie ist das Joule (J). 1000 J sind 1 Kilojoule (kJ). 4,18 kJ werden etwa benötigt, um einen Liter Wasser um ein Grad Celsius zu erwärmen.
- 1 g Kohlenhydrate liefern im Körper etwa 17 kJ Energie, 1 g Fett liefert etwa 39 kJ Energie.

Eiweiß 17kJ 4,1 kcal
9,3 kcal

3 *Stichwort: Energie*

Nahrungsmittel 100 g enthalten:	Eiweiß in g	Fett in g	Kohlenhydrate in g
Joghurt	3,9	3,7	4,6
Käse	28,7	29,7	–
1 Ei	7,1	6,2	0,4
Butter	0,7	83,2	0,7
Schweinefleisch	16,4	19,0	–
Mettwurst	12,6	45,0	–
Huhn	22,8	0,9	–
Fischstäbchen	140	4,0	10,0
Haferflocken	13,5	7,4	66,4
Reis	7,4	2,2	75,4
Nudeln	13,3	2,78	71,9
Roggenbrot, 2 Scheiben	6,7	1,0	51,5
Kartoffeln	1,0	0,2	8,7

4 *Nährstoffgehalt verschiedener Lebensmittel*

Kohlenhydrate	Fett	Eiweiß
35 g	27 g	30 g

5 *Nährstoffgehalt eines Hamburgers*

1 Energie.

a) Erläutere mit eigenen Worten, was du unter Energie verstehst. Veranschauliche deine Ausführungen durch geeignete Beispiele.

b) Erläutere die Begriffe Grundumsatz und Leistungsumsatz. Gib mithilfe von Abbildung 1 an, wie hoch der Grundumsatz ist. Berechne den Leistungsumsatz bei den dort genannten Tätigkeiten. Begründe die Unterschiede.

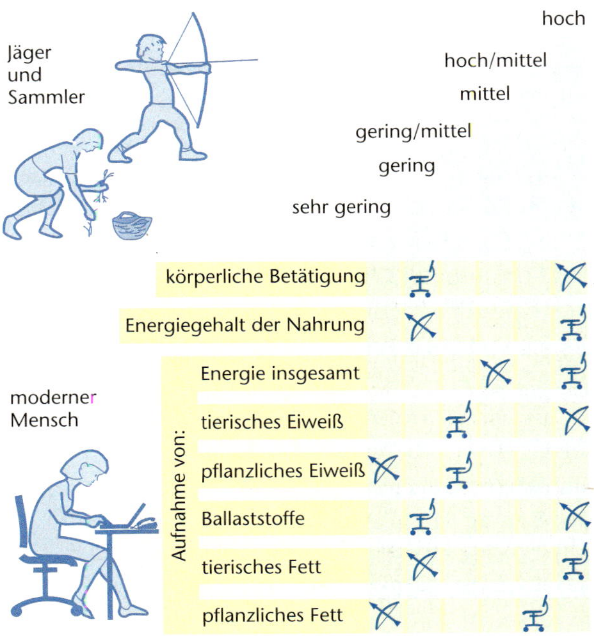

6 *Essen und Leben früher und heute*

2 Energie und Nahrung.

a) Berechne an 3 Beispielen den Energiegehalt von jeweils 100 g der in Abbildung 4 genannten Lebensmittel.

b) Ein 15-jähriger Junge hat einen täglichen Energiebedarf von 12 550 kJ. Der Junge isst im Verlauf des Tages vier Scheiben Roggenbrot, 50 g Käse, 50 g Mettwurst, 50 g Butter, 100 g Kartoffeln und 200 g Schweinefleisch. Kann er seinen Energiebedarf damit decken?

c) Bei einer Mahlzeit isst eine Person 300 g Nudeln. Wie lange könnte sie mit der darin enthaltenen Energie gehen oder laufen? Verwende die Daten aus Abbildung 1 und 4.

3 Ein Hamburger zwischendurch?

Der in Abbildung 5 abgebildete Hamburger wiegt 250 g. Er enthält 30 g Eiweiß, 35 g Kohlenhydrate und 27 g Fett. Berechne den Energiegehalt des Hamburgers. Wieviel Prozent des täglichen Energiebedarfs eines 15-jährigen Mädchens ließen sich damit decken? Berücksichtige die Daten aus Abbildung 2.

4 Essen und Leben früher und heute.

a) Vergleiche die in Abbildung 6 dargestellten Lebens- und Ernährungsweisen.

b) Gib für jeden der in der Abbildung 6 genannten Aspekte mögliche Gründe für die Unterschiede an.

c) Eskimos essen sehr fett. Erläutere, inwiefern es sich für diese Personengruppe um eine sinnvolle Ernährungsweise handelt?

7.4 Verdauung von Kohlenhydraten

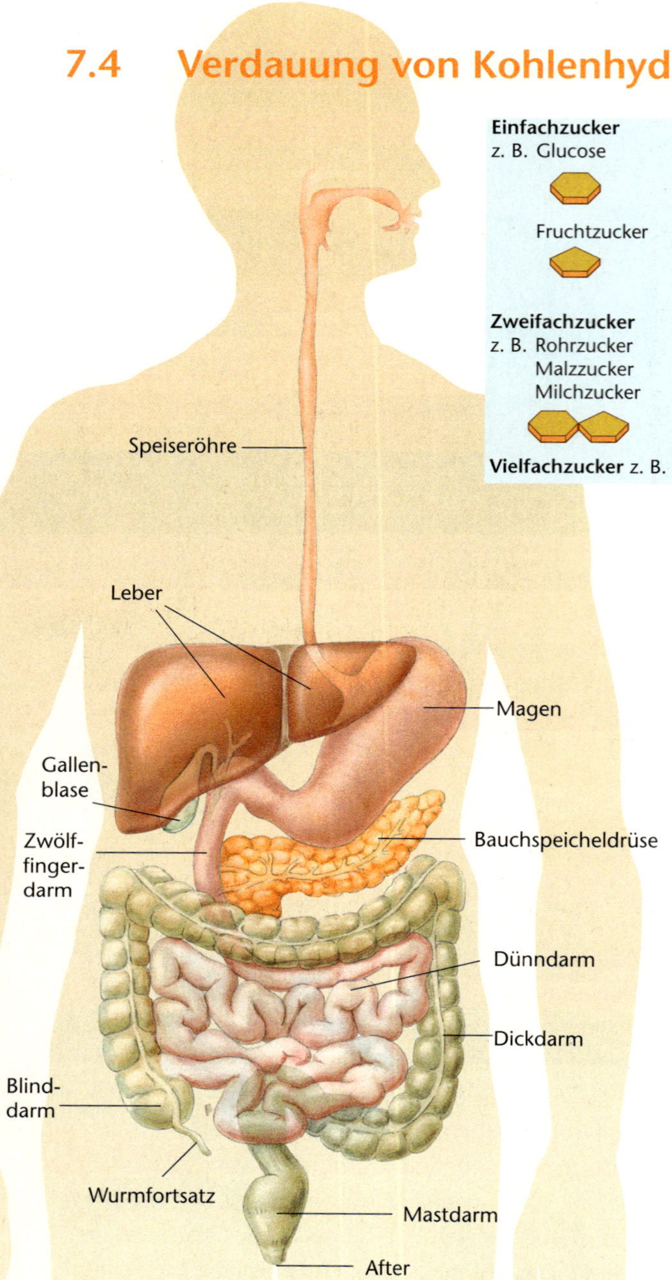

1 *Weg der Nahrung bei der Verdauung*

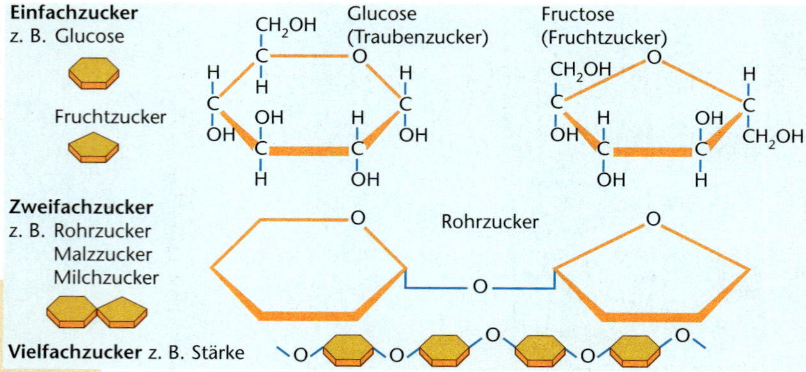

2 *Modelldarstellung von Zuckermolekülen*

Kohlenhydrate bestehen aus den Elementen Kohlenstoff, Wasserstoff und Sauerstoff. Kohlenhydrate sind aus Zuckermolekülen aufgebaut. **Einfachzucker** bestehen nur aus einem Zuckermolekül. Die häufigsten Einfachzucker sind Glucose (Traubenzucker) und Fructose (Fruchtzucker). Saccharose (Rohrzucker) und Maltose (Malzzucker) sind **Zweifachzucker.** Saccharosemoleküle sind aus je einem Molekül Glucose und Fructose zusammengesetzt. Maltosemoleküle bestehen aus zwei Glucosemolekülen. Stärkemoleküle sind Ketten aus mehreren Hundert Glucosemolekülen.

Kohlenhydrate werden vor allem mit pflanzlicher Nahrung wie Brot, Nudeln, Kartoffeln oder Obst aufgenommen. Im Körper dienen sie hauptsächlich als Energielieferanten. In pflanzlicher Kost liegen Kohlenhydrate überwiegend in Form von Stärke vor. Im Verlauf der **Verdauung** werden die wasserunlöslichen Stärkemoleküle schrittweise in wasserlösliche Einfachzucker gespalten, die dann vom Darm in das Blut aufgenommen werden.

Bereits der Anblick der Nahrung regt die Mundspeicheldrüsen zur Ausschüttung von Speichel an. Im Speichel ist das Enzym Amylase enthalten, das Stärkemoleküle in Maltosemoleküle zerlegt. Der Speisebrei gelangt durch Speiseröhre und Magen in den Dünndarm. Die Bauchspeicheldrüse gibt Verdauungssäfte in den Zwölffingerdarm, den ersten Teil des Dünndarms, ab. Unter anderem sind darin Enzyme enthalten, die die Kohlenhydrate in Einfachzucker wie Glucose oder Fructose spalten. Das Enzym Maltase zum Beispiel spaltet Maltosemoleküle in Glucosemoleküle. Als Einfachzucker werden Kohlenhydrate durch die Dünndarmwand in das Blut aufgenommen und mit dem Blut zu allen Zellen des Körpers transportiert.

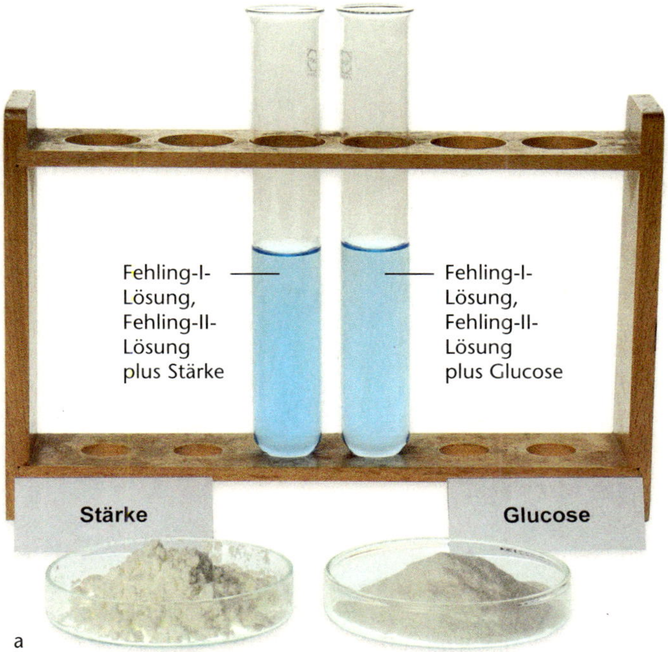

a

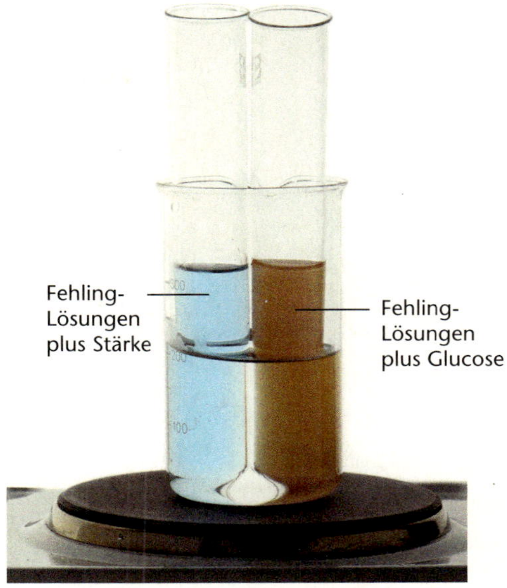

b

3 *Fehling-Test, a) Ausgangssituation, b) Erhitzen der Reagenzgläser im Wasserbad*

1 Versuch: Nachweis von Zucker und Stärke in Nahrungsmitteln.
a) Gib in vier Reagenzgläser je drei Milliliter Fehling-I- und Fehling-II-Lösung (C). Vermische die Lösungen. Gib dann in Reagenzglas
– 1 einige Haferflocken,
– 2 einige Apfelstückchen,
– 3 einige Zwiebelstückchen,
– 4 einige Brotkrümel.
Erwärme die Lösungen für einige Minuten in einem etwa 70 °C warmen Wasserbad. Erkläre die Versuchsbeobachtungen.
b) Überprüfe mit Iod-Kalium-Iodidlösung, ob die in Versuch a untersuchten Nahrungsmittel Stärke enthalten.
c) Formuliere ein zusammenfassendes Ergebnis der Versuche a und b.

2 Die Wirkung von Speichel.
a) Beschreibe die in Abbildung 4 dargestellten Versuche a, b und c.
b) Erläutere, welches Ergebnis du im Versuch c erwartest.
c) Beschreibe einen Versuch, mit dem du das von dir erwartete Versuchsergebnis in Versuch 3 praktisch belegen könntest. Wende dabei bekannte Nachweisreaktionen an.

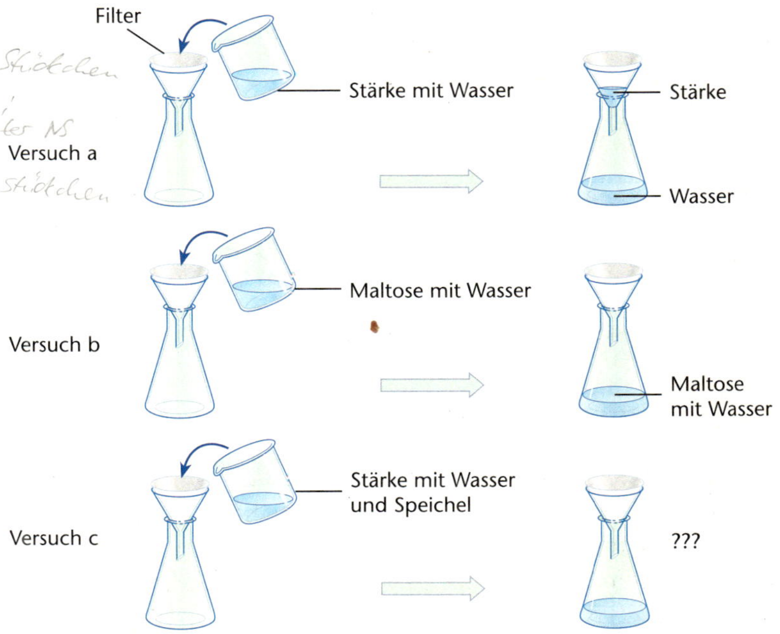

4 *Versuch zur Wirkung von Speichel*

7.5 Enzyme

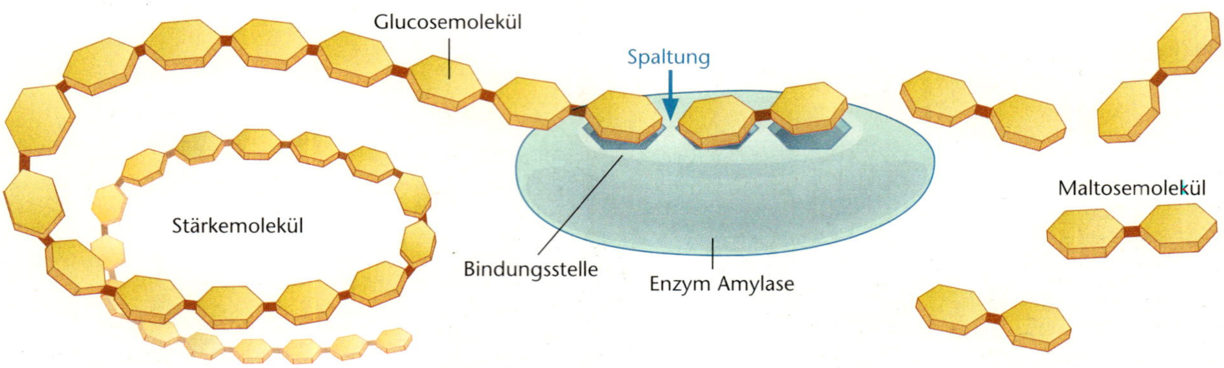

1 *Umwandlung von Stärke zu Maltose durch das Enzym Amylase*

Die in der Nahrung enthaltenen Nährstoffe werden in unserem Körper verdaut. **Verdauung** bedeutet, dass Nährstoffmoleküle in kleine wasserlösliche Moleküle zerlegt werden. Diese Moleküle werden durch den Darm in das Blut aufgenommen und dann im Körper verteilt. Für die Verdauung werden **Enzyme** benötigt. Enzyme werden in allen Zellen des Körpers gebildet. Enzyme sind Proteine mit besonderen Eigenschaften. Sie beschleunigen ganz bestimmte chemische Reaktionen, ohne sich selbst dabei bleibend zu verändern. Man bezeichnet Enzyme daher auch als **Biokatalysatoren.** In vielen Fällen ermöglichen Enzyme erst, dass chemische Reaktionen im Körper stattfinden.

In unserem Speichel ist das Enzym Amylase enthalten. Dieses Enzym ist darauf spezialisiert, Stärkemoleküle zu spalten. Stärkemoleküle sind lange Ketten aus Glucosemolekülen. Durch Amylase wird Stärke in Maltosemoleküle gespalten (Abb. 1). Ein Maltosemolekül besteht aus zwei Glucosemolekülen.

Den Ablauf einer durch ein Enzym katalysierten Reaktion kann man sich so vorstellen (Abb. 2): Der Stoff, der chemisch verändert werden soll, heißt **Substrat.** Im beschriebenen Beispiel ist das die Stärke. Das Ergebnis der Umwandlung nennt man **Produkt,** im Beispiel Maltose. Jedes Enzym hat eine ganz bestimmte räumliche Struktur. In diese Struktur passt das Substrat. Zu Beginn der Reaktion bindet ein Substrat an das Enzym. Es bildet sich ein **Enzym-Substrat-Komplex.** Anschließend wird das Substrat verändert. Dabei entsteht ein Enzym-Produkt-Komplex. Dann lösen sich das Produkt oder die Produkte vom Enzym. Das Enzym kann erneut an ein Substrat binden.

Voraussetzung dafür, dass das Enzym wirkt, ist das genaue Passen des Substratmoleküls zum Enzym. Diese Situation ist vergleichbar mit dem Zusammenpassen zwischen einem Schlüssel und einem Schloss, deshalb spricht man von einem **Schlüssel-Schloss-Prinzip.** Zu einem Enzym passt meistens nur ein ganz bestimmtes Substrat. Andere Stoffe können von dem Enzym nicht umgesetzt werden. Enzyme sind **substratspezifisch.** Enzyme können an den passenden Substraten auch nur eine ganz bestimmte Veränderung vornehmen. Man sagt, Enzyme sind **wirkungsspezifisch.**

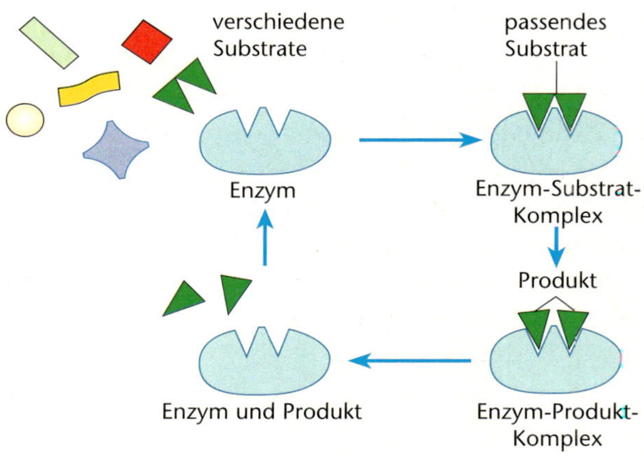

2 *Ablauf einer Enzymreaktion*

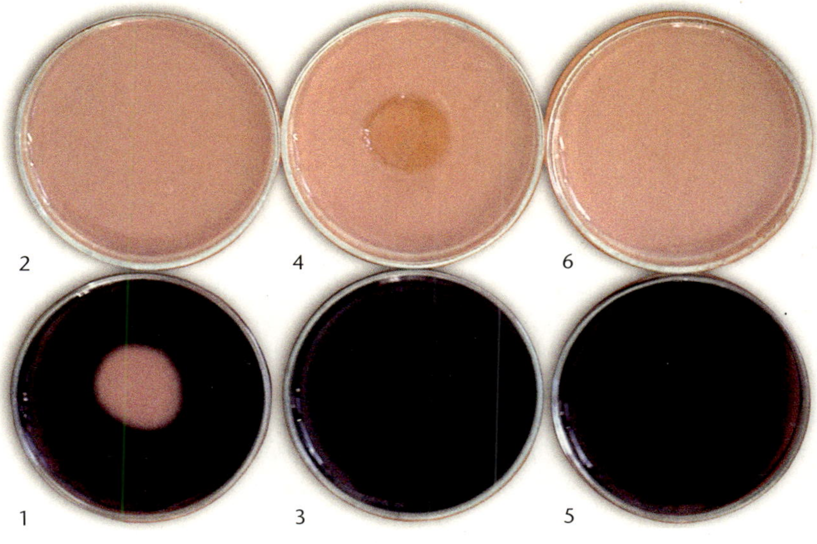

3 *Versuchsergebnis Enzymwirkung*

1 Wirkung von Enzymen.
a) Beschreibe die Wirkungsweise eines Enzyms am Beispiel der Abbildung 2. Werden die anderen vorhandenen Substrate ebenfalls umgesetzt? Begründe.
b) Fertige eine zeichnerische Lösung entsprechend der Abbildung 2 zur Umsetzung eines anderen Substrats mit einem anderen Enzym an.

2 Ein Modellversuch zur Wirkungsweise von Enzymen.
a) Stelle ein Pappmodell nach der Abbildung 2 her. Das Modell soll für die Präsentation der Vorgänge mit einem Tageslichtprojektor geeignet sein. Demonstriere dann mit dem Modell die typische Wirkungsweise eines Enzyms.
b) Erläutere, welche Aspekte der Enzymwirkung durch das Modell veranschaulicht werden können und wodurch die Veranschaulichung geschieht.

3 Ein Versuch zur Enzymwirkung. Für ein Experiment werden sechs Petrischalen mit Agar, einer gelartigen Substanz, gefüllt. Die Agarschalen 1, 3 und 5 enthalten Stärke. Die Stärke wird in diesen Agarschalen durch Iod-Kaliumiodidlösung blau gefärbt. Die drei anderen Agarschalen 2, 4 und 6 enthalten Albumin, ein Eiweiß. Das Albumin verursacht eine Trübung des Agars.
Auf den Agar in den Petrischalen 1 und 2 wird in die Mitte etwas Speichel aufgetragen, auf den Agar der Petrischalen 3 und 4 eine Lösung des Enzyms Pepsin, den Platten 5 und 6 wird nichts zugesetzt. Nach einiger Zeit erkennt man ein Versuchsergebnis wie in Abbildung 3.
a) Beschreibe das Versuchsergebnis und finde eine Erklärung.
b) Formuliere einen Merksatz zur Wirkung des Enzyms Pepsin.
c) Erkläre, zu welchem Zweck die Versuchsansätze 5 und 6 durchgeführt werden.

4 Versuche zur Wirkungsweise von Katalase. Im Stoffwechsel aller Organismen entsteht in geringen Mengen Wasserstoffperoxid (H_2O_2). Wasserstoffperoxid ist giftig. Zellen enthalten das Enzym Katalase. Dieses Enzym setzt Wasserstoffperoxid zu Wasser und Sauerstoff um.

$$2\,H_2O_2 \xrightarrow{\text{Katalase}} 2\,H_2O + O_2$$

Wasserstoffperoxid → Wasser + Sauerstoff

a) Gib einen Teelöffel Trockenhefe in etwa 50 ml Wasser und rühre gut um. Fülle einen Erlenmeyerkolben etwa einen Zentimeter hoch mit dreiprozentiger Wasserstoffperoxidlösung (Xi). Gib dazu die vorbereitete Hefesuspension. Halte nach einer Minute einen glimmenden Holzspan in den Gasraum oberhalb der Flüssigkeit. Formuliere die Versuchsbeobachtungen und finde eine Erklärung.
b) Wiederhole das Experiment. Koche aber bei diesem Durchgang die Hefesuspension kurz auf, bevor du sie zur Wasserstoffperoxidlösung gibst. Vergleiche die Ergebnisse der Versuche a und b und finde eine Erklärung für die unterschiedlichen Ergebnisse.

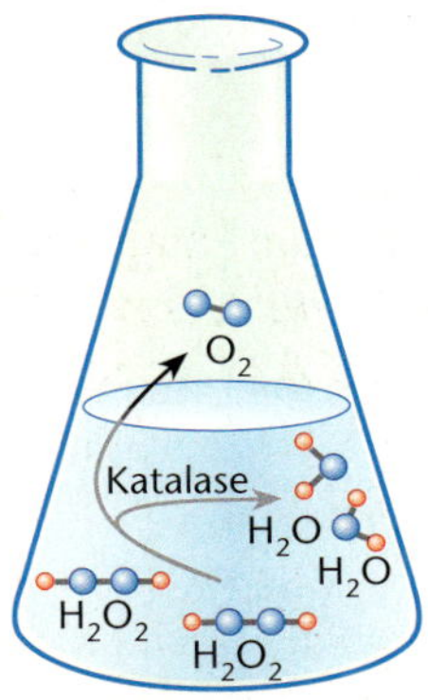

4 *Katalasewirkung*

7.6 Fette

Fettmoleküle sind Verbindungen aus einem Glycerinmolekül mit drei Fettsäuremolekülen (Abb. 1). Man unterscheidet **gesättigte** und **ungesättigte Fettsäuren.** Sind in den Fettsäuremolekülen Doppelbindungen vorhanden, handelt es sich um ungesättigte Fettsäuren.

Tierische Fette enthalten fast ausschließlich gesättigte Fettsäuren (Abb. 2). Ihr übermäßiger Verzehr, wie er in westlichen Industrienationen häufig ist, kann die Entstehung von Herz-Kreislauf-Erkrankungen begünstigen. Ungesättigte Fettsäuren sind für unsere Ernährung vorteilhafter. Sie sind vor allem in pflanzlichen Fetten enthalten. Mehrfach ungesättigte Fettsäuren sind unentbehrliche, essentielle Nahrungsbestandteile. Sie können von unserem Körper nicht selbst hergestellt werden. Omega-3-Fettsäuren sind eine Gruppe mehrfach ungesättigter Fettsäuren. Sie hemmen die Blutgerinnung und können mithelfen, Gefäßverschlüssen und Herzinfarkten vorzubeugen. Viele Ernährungswissenschaftler empfehlen heute keine allzu fettarme Ernährung mehr. Stattdessen sollte auf einen hohen Anteil ungesättigter Fettsäuren in den Nahrungsfetten geachtet werden. Mit den Fetten nehmen wir auch solche Vitamine auf, die sich in Fetten, aber nicht in Wasser lösen.

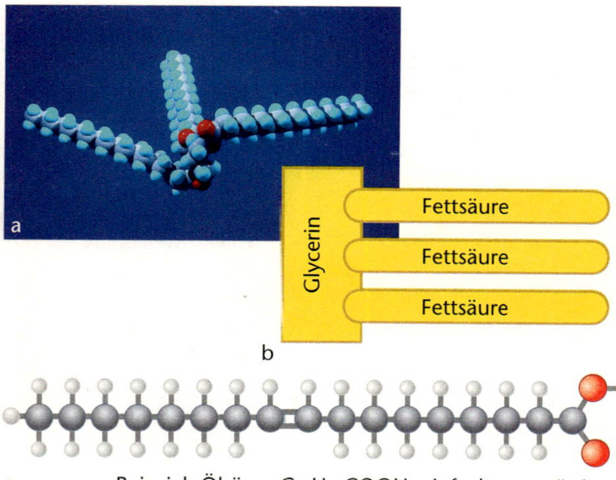

1 *a), b) Modell eines Fettmoleküls, c) Beispiel für eine Fettsäure*

Lebensmittel, wie Butter, Speiseöl, Wurst, Käse, Schokolade, Nüsse und Eier enthalten größere Mengen Fett. Wenn dies nicht offensichtlich ist, spricht man von versteckten Fetten. Etwa zwei Drittel unserer Tagesration an Fett nehmen wir in Form von versteckten Fetten zu uns.

Die **Fettverdauung** beginnt im Magen. Durch die Bewegung der Magenwand bilden sich Fetttröpfchen. Diesen Vorgang bezeichnet man als **Emulgieren.** Die eigentliche Fettverdauung findet hauptsächlich im ersten Dünndarmabschnitt, dem Zwölffingerdarm, statt. Gallensäuren aus der Leber bewirken als Emulgatoren eine noch feinere Verteilung der Fetttröpfchen. Dadurch wird die Oberfläche der Fette stark vergrößert und die Fett spaltenden Enzyme können sich besser an die Fettmoleküle anlagern. Das Enzym Lipase aus der Bauchspeicheldrüse spaltet Fettsäuren von den Glycerinmolekülen ab. Die Spaltprodukte werden von der Dünndarmwand aufgenommen. Ein Teil der Fettsäuren gelangt über das Pfortadersystem zur Leber und wird dort umgebaut. Andere werden in den Darmzellen mit einer Eiweißhülle versehen und gelangen dann in den Blutkreislauf. Fette haben in der Ernährung überwiegend die Funktion von Energielieferanten. Der größte Teil der Fette wird bei entsprechendem Energiebedarf in den Zellen durch die Zellatmung vollständig zu Kohlenstoffdioxid und Wasser oxidiert. Dabei wird sehr viel Energie freigesetzt.

Anteil der Fettsäuren in %	gesättigt	einfach ungesättigt	mehrfach ungesättigt
Distelöl	10	14	76
Sonnenblumenöl	11	25	64
Sojaöl	13	23	64
Erdnussöl	16	56	28
Olivenöl	14	77	9
Margarine	20	47	33
Kokosfett	91	7	2
Schweineschmalz	42	48	10
Butter	65	31	4

2 *Fettsäure-Zusammensetzung von Nahrungsfetten*

3 *Fetthaltige Lebensmittel*

1 Fettkonsum und Gesundheit.
a) Werte Abbildung 4 aus. Erläutere differenziert, welche Zusammenhänge sich zwischen Fettkonsum und Gesundheit formulieren lassen.
b) Entwickle ausgehend von Abbildung 4 eine Ernährungsempfehlung für den Verzehr von Fetten. Vergleiche sie mit den Empfehlungen der Deutschen Gesellschaft für Ernährung.
c) Fett, das ungesättigte Fettsäuren enthält, zersetzt sich beim Erhitzen. Frittierfett ist gehärtet, das heißt, Doppelbindungen sind durch Anlagerung von Wasserstoff in Einfachbindungen umgewandelt worden. Beurteile unter Verwendung des Grundwissentextes die häufige Verwendung frittierter Speisen als Nahrungsmittel.

2 Versuche zur Wirkung von Gallenflüssigkeit.
Gib in ein Reagenzglas 5 ml Wasser und fünf Tropfen Pflanzenöl. Schüttle gut und filtriere anschließend durch einen Papierfilter. Gib einen Tropfen des Filtrates auf ein neues Filterpapier. Wiederhole den Versuch; verwende dabei statt des Wassers 5 ml Gallenflüssigkeit.
Vergleiche die Ergebnisse der beiden Versuche und begründe die Unterschiede.

3 Versuche zur Fettverdauung. Fülle drei Reagenzgläser wie in Abbildung 5 dargestellt. Verschließe die Reagenzgläser dann mit einem Stopfen, schüttle jeweils kräftig und stelle die Reagenzgläser dann wieder in einen Reagenzglasständer.
a) Begründe den Versuchsansatz. Was soll untersucht werden? Welche Ergebnisse erwartest du?
b) Führe den Versuch durch. Notiere, wie die Reagenzglasinhalte unmittelbar nach Zugabe des Universalindikators, nach 10 und nach 30 Minuten, aussehen. Finde eine Erklärung für deine Ergebnisse. Erläutere jeweils, warum die einzelnen Teilversuche durchgeführt werden.

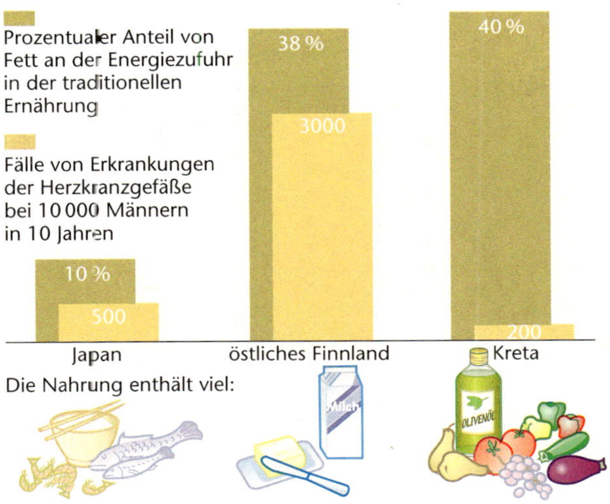

4 *Fettkonsum und Gesundheit*

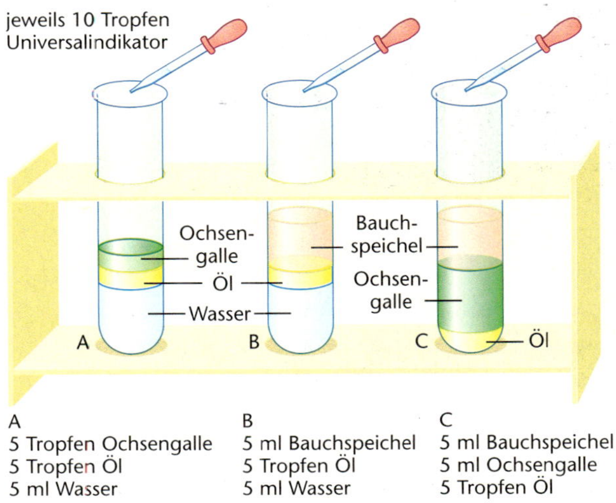

5 *Versuch zur Fettverdauung*

7.7 Proteine

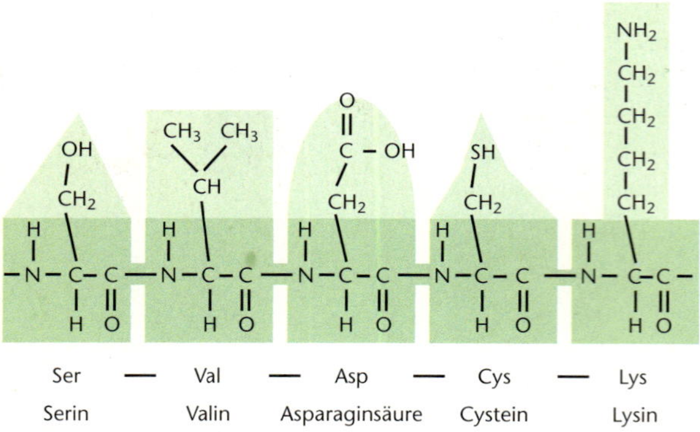

1 *Polypeptidkette aus fünf Aminosäuren*

Proteine gehören zu den Nährstoffen, die deutsche Bezeichnung ist Eiweiße. Hauptsächlich dienen sie im Körper zum Aufbau und zur Erneuerung körpereigener Proteine. Die Bedeutung von Proteinen für die Energiebereitstellung im Körper ist eher gering.

Die Bausteine der Proteine sind **Aminosäuren.** Zwanzig verschiedene gibt es davon. Die Aminosäuren eines Proteins sind durch Peptidbindungen miteinander verknüpft, dadurch entstehen **Polypeptidketten** (Abb. 1). Die Reihenfolge der Aminosäuren in einem Protein ist in der DNA festgelegt. Abhängig von dieser Reihenfolge der Aminosäuren falten sich die Polypeptidketten aufgrund von Anziehungskräften zwischen den Aminosäuren knäuelartig auf. Daraus ergeben sich räumliche Anordnungen (Abb. 2). Die Raumstrukturen sind Voraussetzung für die Funktion des Proteins. Proteine wirken zum Beispiel als Enzyme, haben Transportfunktionen, sind Bestandteile von Zellmembranen und spielen eine Rolle bei der Muskelkontraktion und als Antikörper bei der Immunabwehr.

Fehlende Aminosäuren kann der Körper selbst aus anderen Aminosäuren herstellen. Manche Aminosäuren können nicht vom Körper aufgebaut werden. Sie müssen als essentielle Nahrungsbestandteile mit der Nahrung aufgenommen werden. Die **biologische Wertigkeit** von Proteinen gibt an, wie viel körpereigenes Eiweiß aus den Nahrungseiweißen aufgebaut werden kann.

Die Verdauung der Eiweiße beginnt im Magen. Zunächst verändert Salzsäure aus den Magenschleimhautzellen die Raumstruktur der Eiweiße, so dass Enzyme die Polypeptidketten leichter angreifen können. Im Magensaft ist Pepsin enthalten. Dieses Enzym spaltet unter den im Magen herrschenden sauren Bedingungen die Polypeptidketten in kleinere Bruchstücke. Im Dünndarm wird der Nahrungsbrei alkalisch. Unter diesen Bedingungen bauen die Enzyme Trypsin und Chymotrypsin aus der Bauchspeicheldrüse die noch vorhandenen Peptidketten zu noch kleineren Bruchstücken ab. Peptidasen zerlegen diese anschließend zu Aminosäuren. Aminosäuren gelangen über die Dünndarmwand ins Blut und zu den Körperzellen.

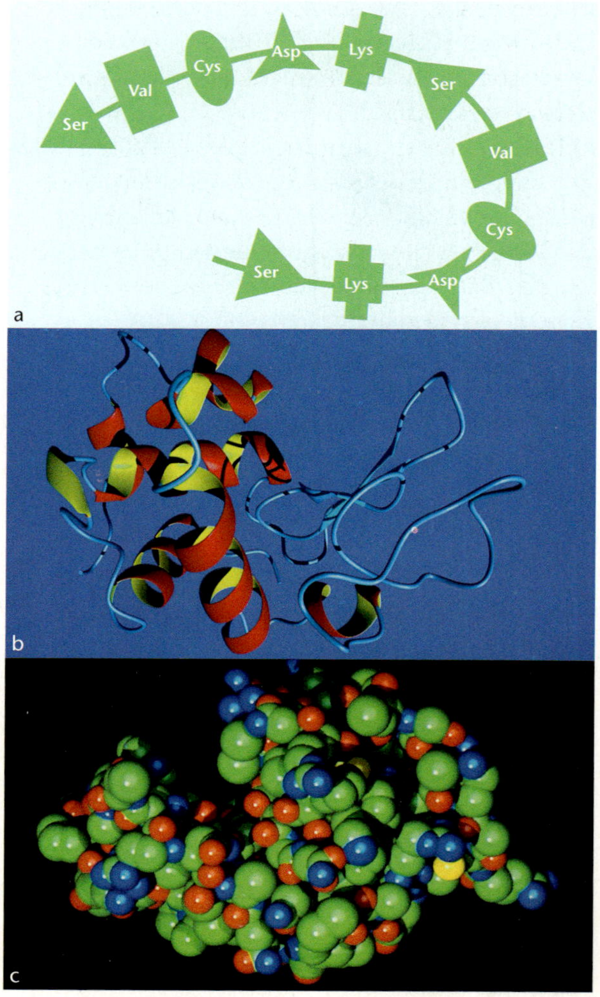

2 *Aufbau von Proteinen, a) Polypeptidkette aus verschiedenen Aminosäuren, b) Bändermodell, c) Kalottenmodell eines Proteins*

3 *Proteinhaltige Lebensmittel*

1 Versuche zur Eiweißverdauung. Ein Gramm Magerquark wird gründlich in 20 ml Wasser eingerührt. Dabei erhält man eine trübe Suspension. Die Trübung wird vor allem durch Eiweißflocken hervorgerufen. Magerquark enthält viel Eiweiß, aber fast kein Fett.
Eine Spatelspitze des Enzyms Pepsin wird in 10 ml Wasser eingerührt.
Nach Befüllen der Reagenzgläser (wie in Abbildung 4 angegeben) werden diese für 15 Minuten in einem Wasserbad auf knapp 40 °C erwärmt.
a) Formuliere mithilfe der Grundwissenseite und der Abbildung 2 die Versuchsbeobachtung und entwickle eine Deutung.
b) Welche Ergebnisse würdest du erwarten, wenn statt des Enzyms Pepsin das Enzym Trypsin eingesetzt würde? Formuliere eine Hypothese.
c) Führe den Versuch mit Trypsin statt mit Pepsin durch.

2 Biologische Wertigkeit von Eiweißen.
a) Erläutere, was unter „biologischer Wertigkeit" zu verstehen ist.
b) Vergleiche die biologischen Wertigkeiten der in Abbildung 5 genannten Lebensmittel. Welche Gründe könnten die unterschiedlichen Wertigkeiten haben?
c) Berechne an 3 Beispielen, wie viel Gramm der angegebenen Lebensmittel verzehrt werden müssten, um 100 g körpereigenes Eiweiß aufzubauen.
d) Vegetarier müssen besonders auf die Auswahl ihrer Speisen achten. Begründe diese Tatsache.

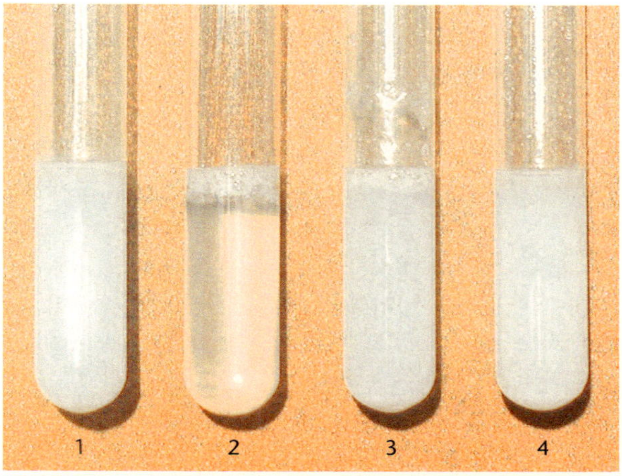

	Reagenzglas 1	Reagenzglas 2	Reagenzglas 3	Reagenzglas 4
Quarksuspension	3 ml	3 ml	3 ml	3 ml
Pepsinlösung	–	2 ml	2 ml	2 ml
Wasser	2 ml	–	–	–
Salzsäure (1 mol/l) (Xi)	–	3 Tropfen	–	–
Natronlauge (1 mol/l) (Xi)	–	–	–	3 Tropfen

4 *Ansätze nach dem Experiment*

	biologische Wertigkeit in %	Eiweiß-Anteil in %
Hühnerei (50 g)	100	11,0
Magerquark	81	13,5
Vollmilch	81	3,3
Edamer	80	24,8
Rinderfilet	79	21,0
Kartoffeln	67	2,0
Weißbrot	64	7,5
Tofu	53	8,0
Erbsen	47	5,8

5 *Biologische Wertigkeit von Eiweiß*

7.8 Verdauung im Überblick

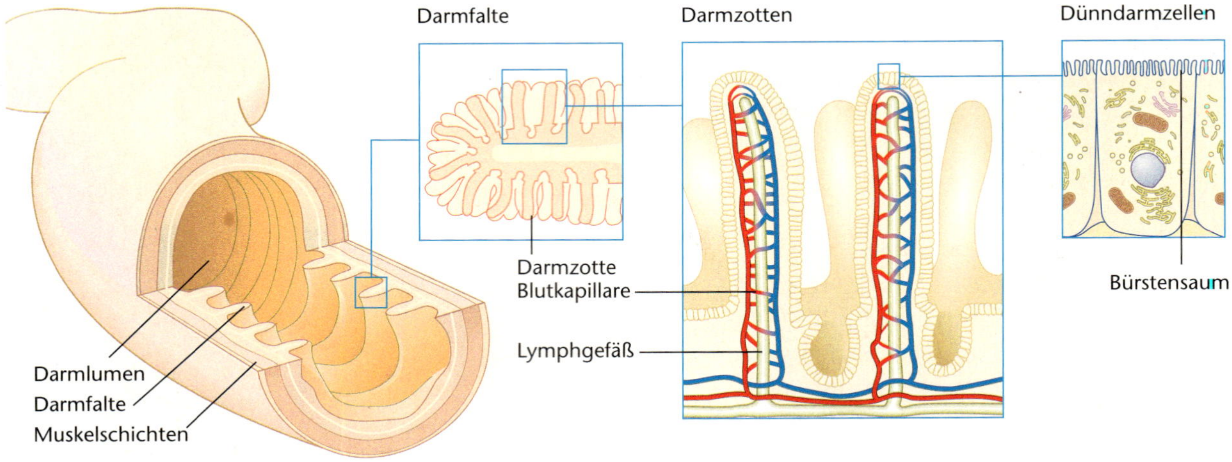

1 *Oberflächenvergrößerung im Dünndarm*

Im Mund wird die Nahrung zerkleinert und mit Speichel in einen flüssigen Nahrungsbrei verwandelt. Die im Speichel enthaltene Amylase beginnt mit dem Abbau von Kohlenhydraten.

Wenn der Magen mit dem Speisebrei gefüllt wird, beginnen die Magenschleimhautzellen Magensaft, der Salzsäure und Eiweiß abbauende Enzyme enthält, abzugeben. Die Salzsäure hat drei Funktionen: Sie tötet Bakterien, sie lässt Proteine aufquellen und sie aktiviert Pepsinogen zu Pepsin. Die Magenwand ist durch eine dicke Schleimschicht vor der Schädigung durch den Magensaft geschützt.

Im Zwölffingerdarm werden dem Speisebrei Gallensäuren und Bauchspeichel mit verschiedenen Enzymen zugesetzt. Durch das im Bauchspeichel enthaltene Hydrogencarbonat wird der Speisebrei leicht alkalisch. Unter diesen Bedingungen werden die Nährstoffe vollständig in ihre Bestandteile zerlegt. Lipasen spalten Fette in Glycerin und Fettsäuren, Amylasen spalten Kohlenhydrate in Zucker, und Peptidasen wie Trypsin und Chymotrypsin zerlegen Eiweißmoleküle in Aminosäuren.

Der Dünndarm ist etwa drei Meter lang. Die innere Oberfläche des Dünndarms besteht aus Darmzotten (Abb. 1). Diese haben eine Oberfläche von 200 Quadratmetern. Über diese große Oberfläche werden die Bausteine der Nährstoffe in Blut und Lymphe aufgenommen. Diesen Vorgang bezeichnet man als **Resorption.** Die Resorption kann passiv durch **Diffusion** erfolgen. Dabei gelangen die Bausteine entlang dem Konzentrationsgefälle vom Dünndarm in das Blut. Energie ist dafür nicht erforderlich. Werden die Bausteine unter Einsatz von Energie resorbiert, spricht man von **aktiven Transportvorgängen.** Diese können auch gegen ein Konzentrationsgefälle erfolgen.

Unverdauliche Nahrungsreste gelangen in den Dickdarm. Dort wird dem Speisebrei Wasser entzogen. Ballaststoffe regen Darmbewegungen an. Darmbakterien produzieren Vitamin K und kurzkettige Fettsäuren. Unverdaute Reste, zum Beispiel Cellulose aus pflanzlichen Zellwänden, werden mit abgestorbenen Darmzellen und Bakterien ausgeschieden.

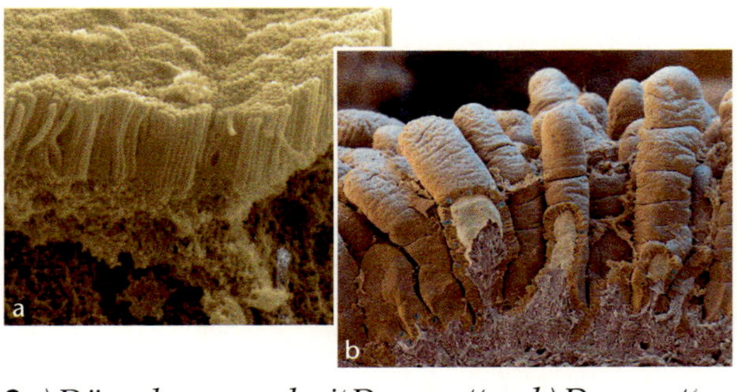

2 *a) Dünndarmwand mit Darmzotten, b) Darmzotten*

1 Verdauung im Überblick. Benenne die in Abbildung 4 durch Zahlen markierten Verdauungsorgane. Lege eine Tabelle mit diesen Verdauungsorganen an. Trage in die einzelnen Zeilen ein, welche Verdauungsvorgänge dort ablaufen.

2 Modelldarstellung zur Verdauung.
a) Erläutere die Darstellung der Verdauung in Abbildung 5.
b) Erläutere die Unterschiede zwischen aktiven und passiven Transportvorgängen.

3 Ein Modellversuch zur Resorption. Zwei Schachteln werden mit Agar gefüllt. Agar ist eine gelartige Masse. Beide Schachteln werden durch Filterpapier in zwei Hälften getrennt. Eine Hälfte des Agars ist jeweils mit einem Farbstoff angefärbt, der durch das Filterpapier diffundieren kann (Abb. 3a). Nach 20 Minuten werden die linken, ursprünglich farblosen, Agarportionen herausgelöst und in jeweils 50 ml Wasser gelöst. Abb. 3b zeigt die Lösungen nach Versuchsende.
Beschreibe und erkläre das Versuchsergebnis. Stelle Zusammenhänge mit den im Grundwissentext beschriebenen Fakten her. Inwiefern handelt es sich um einen geeigneten Modellversuch? Welche Aspekte werden nicht erfasst?

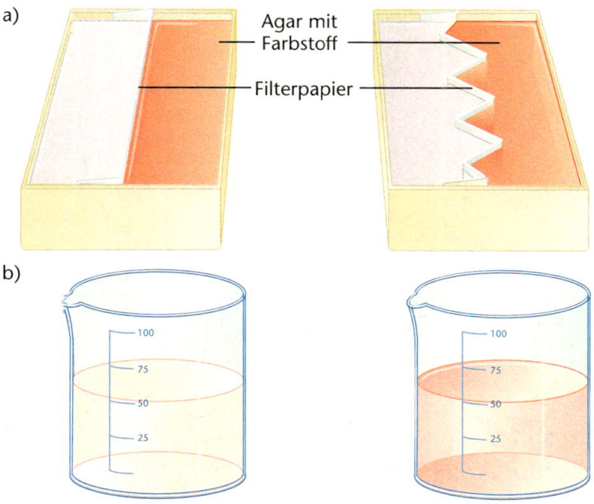

3 Modellversuch zur Resorption

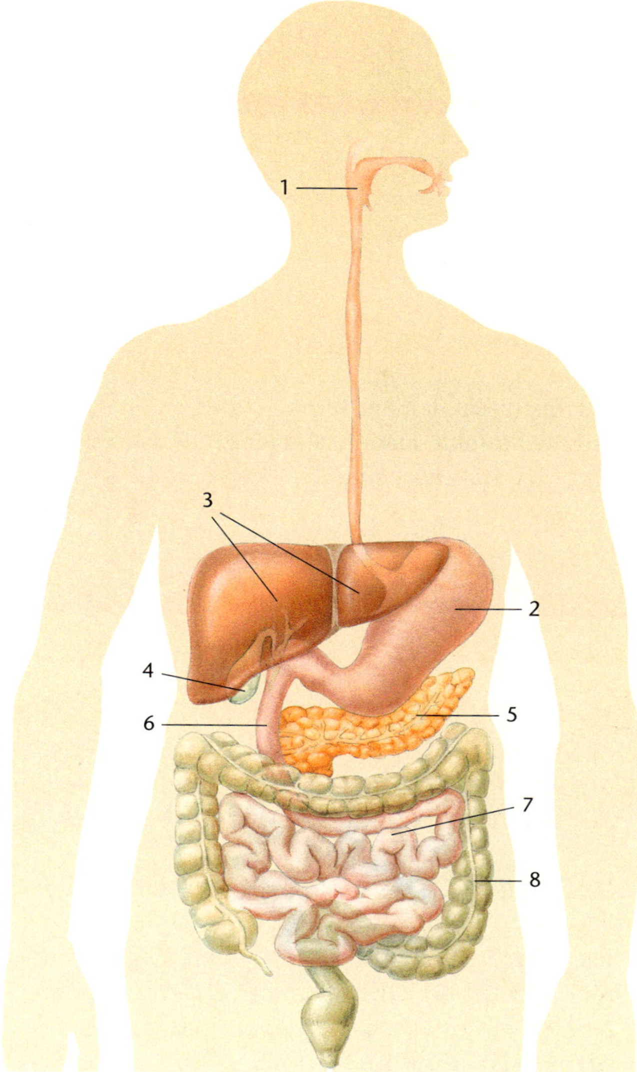

4 Weg der Nahrung bei der Verdauung

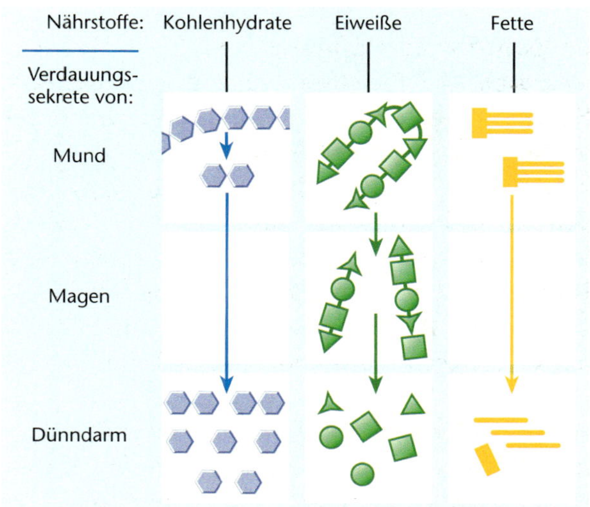

5 Verdauungsvorgänge

Eine Mindmap erstellen

Wenn du ein Referat über das Thema „Nährstoffe“ vorbereitest, hilft dir eine Mindmap, dein Wissen und deine Gedanken zu gliedern. Eine Mindmap erstellt man in sechs Schritten:

1. Schritt

Nimm ein Blatt Papier und schreibe alle Begriffe auf, die dir zu deinem Thema einfallen. Du kannst die Stichpunkte auch aus einem Buch oder anderem Material entnehmen.

Nährstoffe
Kohlenhydrate werden von Pflanzen gebildet
Fette liefern Energie
Eiweiße
Fleisch
Getreide
Einfachzucker
Aufbau von Zellen
Glycerin
…

2. Schritt

Suche zu deinen Begriffen passende Oberbegriffe.

Nährstoffe
Kohlenhydrate
* werden von Pflanzen gebildet
* Getreide
* Einfachzucker
…
Eiweiße
* Fleisch
* Aufbau von Zellen
…
Fette
* liefern Energie
* Glycerin
…

3. Schritt

Nimm ein zweites Blatt und schreibe dein Thema in die Mitte. Zeichne ein Oval um das Thema herum.

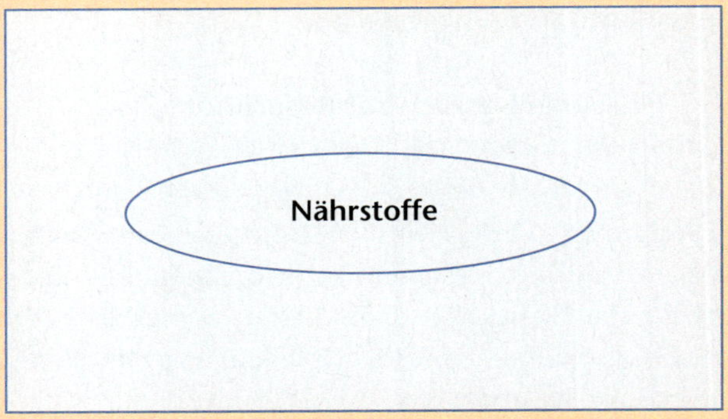

4. Schritt

Zeichne ausgehend vom Oval in der Mitte so viele Hauptäste (rote Linien) auf dein Blatt, wie du Oberbegriffe gefunden hast. Schreibe dann an jeden Hauptast den Oberbegriff.

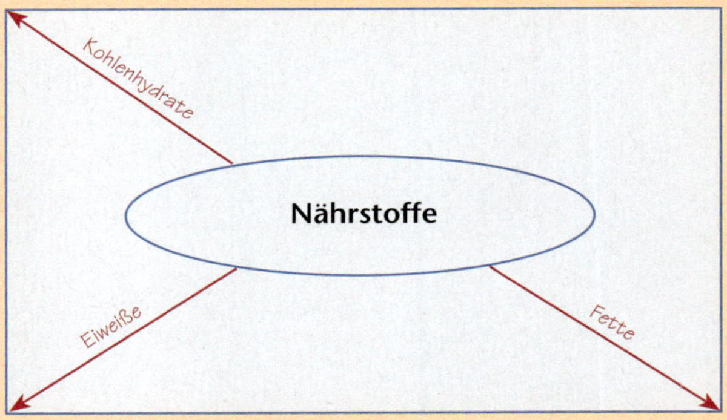

5. Schritt

Ordne deine Begriffe vom ersten Blatt den einzelnen Hauptästen zu. Dazu lässt du vom Hauptast einen Nebenast in einer anderen Farbe (blaue Linien) abzweigen. Schreibe die Begriffe auf die Nebenäste.

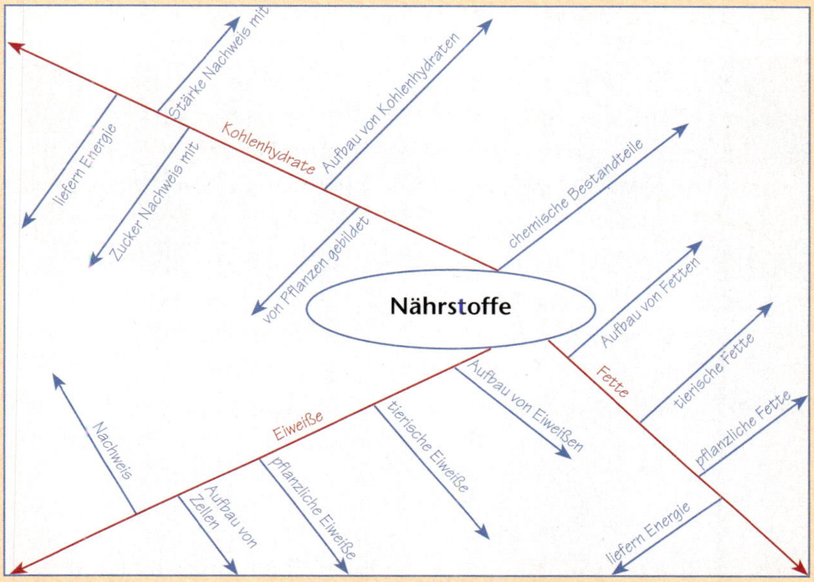

6. Schritt

Du kannst die Mindmap weiter untergliedern, indem du von den Nebenästen weitere Nebenäste wieder in einer anderen Farbe abzweigen lässt. Auch an diese Nebenäste werden die passenden Begriffe geschrieben.

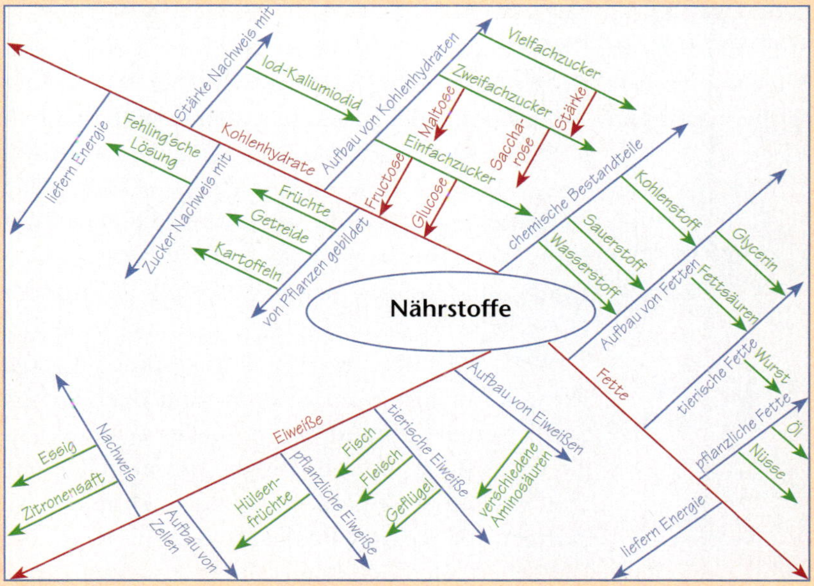

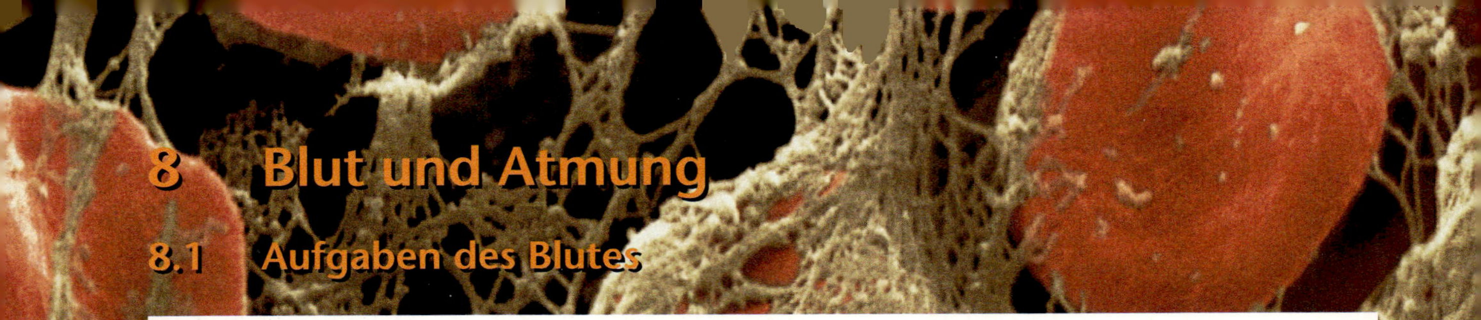

8 Blut und Atmung

8.1 Aufgaben des Blutes

55 % flüssiges Blutplasma

Entfernung des Fibrinogens

Blutserum besteht aus: Wasser, Fette, Kohlenhydrate, Vitamine, Salze, Hormone, Abwehrstoffe gegen Krankheitserreger, Abfallstoffe

45 % Blutzellen

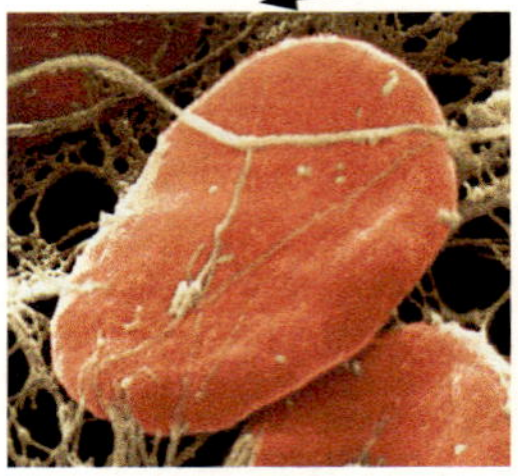

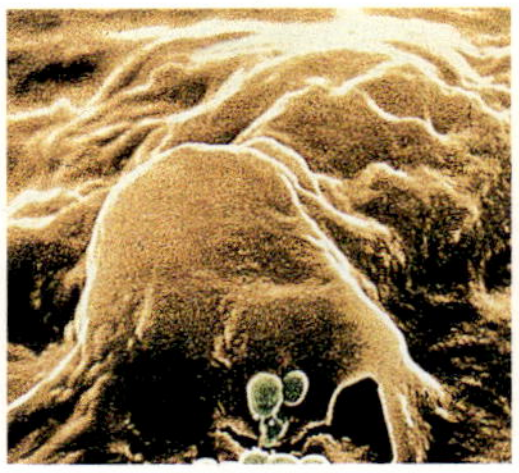

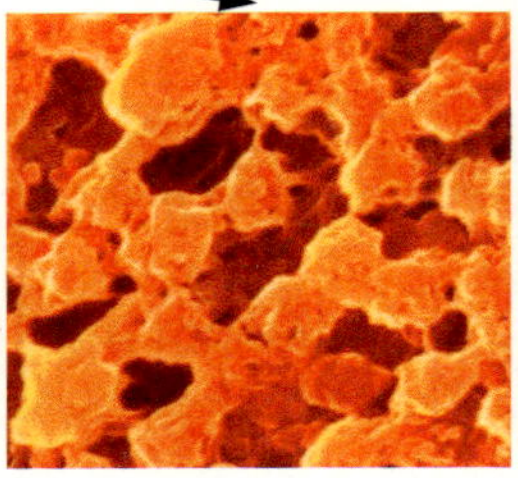

	rote Blutzellen	weiße Blutzellen	Blutplättchen
Anzahl in 1 mm³	4,5–5 Millionen	5000–8000	200 000–300 000
Lebensdauer	100–120 Tage	Stunden bis Jahre	5–10 Tage

1 *Zusammensetzung des Blutes*

In unserem Körper fließen etwa fünf bis sieben Liter Blut. Das Blut setzt sich zusammen aus den Blutzellen und dem flüssigen Blutplasma (Abb. 1). Alle Blutzellen werden im Knochenmark gebildet. Die **roten Blutzellen** sind Zellen ohne Zellkern. Ihre Hauptaufgabe ist der Transport von Sauerstoff. Der Farbstoff der roten Blutzellen, das Hämoglobin, verursacht die rote Farbe des Blutes. Hämoglobin ist ein Eiweißmolekül, das Eisen enthält. Es nimmt Sauerstoff auf, transportiert ihn und gibt ihn wieder ab. Die verschiedenen **weißen Blutzellen** sind alle an der Immunabwehr des Körpers beteiligt. Einige können die Blutgefäße verlassen, sich im Gewebe bewegen und dort Krankheitserreger vernichten. Die **Blutplättchen** sind kleine Zellbruchstücke. Sie spielen eine wichtige Rolle bei der Blutgerinnung. Bei einer Verletzung der Blutgefäße zerfallen die Blutplättchen und geben Enzyme frei. Die Enzyme setzen das im Blutplasma gelöste Fibrinogen zu unlöslichem Fibrin um. Das Fibrin bildet ein fädiges Netz, in dem die Blutzellen hängen bleiben und so die Wunde verschließen. Entfernt man das Fibrinogen aus dem Blutplasma, so erhält man das Blutserum (Abb. 1).

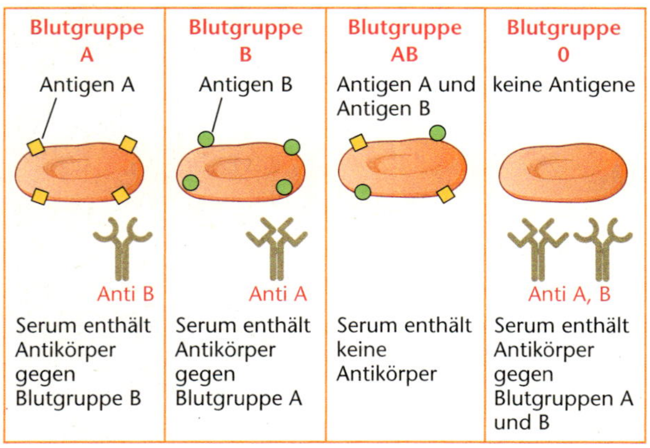

2 *Merkmale der vier Blutgruppen*

Blutübertragungen führten früher häufiger zum Tod des Patienten. Genauere Untersuchungen der Todesfälle zeigten, dass die feinen Äderchen durch miteinander verklumpte rote Blutzellen verstopft waren. Heute weiß man, dass es verschiedene Blutgruppen gibt. Die roten Blutzellen und das Blutserum der vier verschiedenen Blutgruppen A, B, AB und 0 unterscheiden sich (Abb. 2). Auf der Oberfläche der roten Blutzellen befinden sich besonders geformte Eiweißmoleküle, die Antigene. Diese können mit einem im Serum befindlichen Stoff, der als Antikörper bezeichnet wird, reagieren. Antikörper und Antigen passen dabei wie Schlüssel und Schloss zueinander. Durch diese **Antigen-Antikörper-Reaktion** verklumpen die Blutzellen. Heute werden Blutübertragungen nur mit gleichen Blutgruppen durchgeführt.

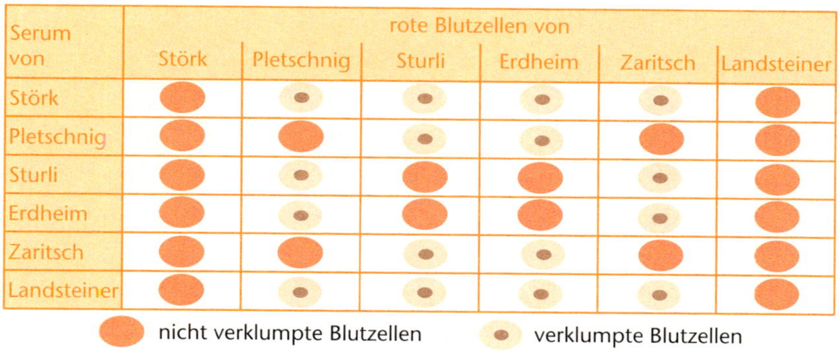

3 *Versuchsergebnisse von Landsteiner im Jahr 1901*

1 Aufgaben des Blutes. Fertige tabellarisch eine Übersicht über die Blutbestandteile, deren Funktion und Entstehungsort an.

2 Erforschung der Blutgruppen. Der Arzt KARL LANDSTEINER untersuchte 1901 als Erster systematisch die Verklumpungsreaktion des Blutes. Er verwendete sein Blut und das seiner Mitarbeiter und trennte es in rote Blutzellen und Serum. Dann vermischte er jede Serumprobe mit jeder Blutzellenprobe und erhielt das in Abbildung 3 dargestellte Ergebnis.

a) Bestimme anhand der Versuchsergebnisse, wie viele verschiedene Blutgruppen LANDSTEINER identifiziert hat und welche Personen die gleiche Blutgruppe haben.

b) Ordne anhand des Grundwissentextes den einzelnen Versuchsteilnehmern – so weit wie möglich – begründet eine Blutgruppe zu.

3 Blutgruppenbestimmung. Erläutere die Ergebnisse der Blutgruppenbestimmung in Abbildung 5. Zeichne ein entsprechendes Kästchenfeld mit vier Zeilen und drei Spalten in dein Heft. Trage in jedes Feld die richtigen Antigene und Antikörper entsprechend der Abbildung 2 ein.

4 Der Rhesusfaktor. Blut kann außer Antigen A und B zusätzlich das Antigen D, den so genannten Rhesusfaktor, enthalten. Menschen mit Antigen D bezeichnet man als rhesuspositiv, ohne Antigen D als rhesusnegativ. Wenn ein rhesusnegativer Empfänger Blut eines rhesuspositiven Spenders erhält, werden im Körper Antikörper gegen das fremde Antigen D gebildet. Der Rhesusfaktor hat eine besondere Bedeutung bei Eltern, bei denen der Vater rhesuspositiv und die Mutter rhesusnegativ ist. Die erste Schwangerschaft mit einem rhesuspositiven Kind hat für das Kind keine Folgen. Während der Geburt gelangt Blut des Kindes in den Blutkreislauf der Mutter. In einer zweiten Schwangerschaft mit einem rhesuspositiven Kind kann der Fetus stark geschädigt werden. Beschreibe mithilfe der Abbildung 4 die Ursache der entstehenden Probleme.

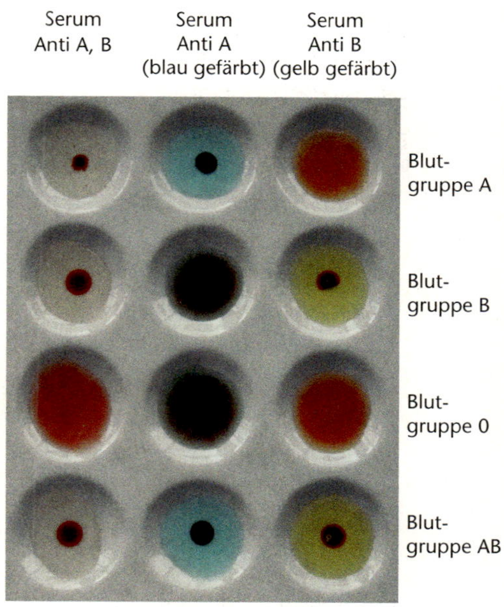

5 *Testplatte zur Blutgruppenbestimmung*

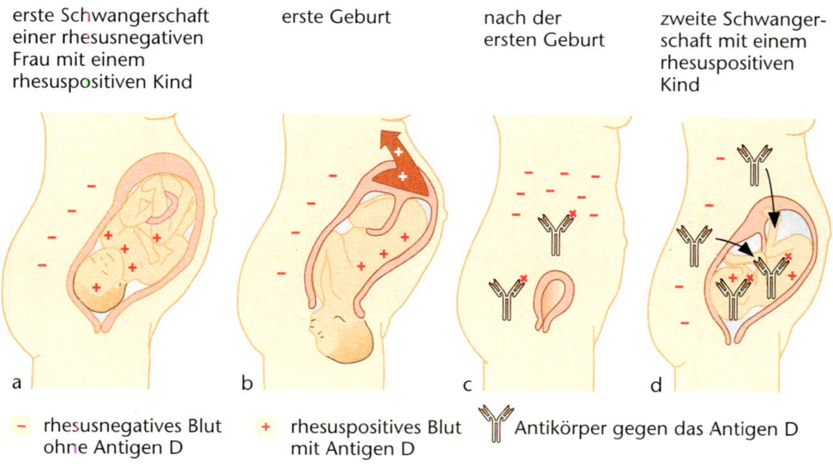

4 *Rhesusfaktor und Schwangerschaft*

8.2 Blutgefäßsystem

Die Blutgefäße und das Herz bilden ein wichtiges Transportsystem in unserem Körper. Unter anderem werden Sauerstoff und Nährstoffe mit dem Blut transportiert. Alle Blutgefäße, die vom Herzen wegführen, heißen **Arterien.** Die Blutgefäße, die zum Herzen hinführen, werden **Venen** genannt (Abb. 1).

Auf dem Weg durch den Körper verzweigen sich die Arterien immer weiter zu haarfeinen **Kapillaren** (Abb. 1, 6). Die Kapillaren versorgen die Zellen mit Sauerstoff und Nährstoffen. Die Kapillarwände sind sehr dünn und bestehen oft nur aus einer einzigen Zellschicht. Durch diese Schicht diffundieren Sauerstoff und Nährstoffe aus dem Blut in das Gewebe. Gleichzeitig werden Kohlenstoffdioxid und andere Stoffe in das Blut abgegeben. Das Blut gelangt dann über die Venen zurück zum Herzen.

Auf dem Weg vom Herzen durch den Körper nimmt der Blutdruck durch die Reibung an den Kapillarwänden ab. Der langsamere Fluss des Blutes und die insgesamt sehr große Oberfläche der Kapillaren ermöglicht einen optimalen Stoffaustausch mit dem Gewebe.

Die Herztätigkeit führt zu Blutdruckschwankungen in den Arterien. Die Arterienwände sind elastisch und zum Teil von einer dicken ringförmigen Muskelschicht umgeben (Abb. 2). Die Muskelschicht der Arterien wird gedehnt, wenn das Blut durch den Herzschlag mit Druck in die Arterien gepresst wird. In den Kapillaren und Venen ist der Blutdruck gering. Die Venenwände weisen eine dünnere Muskelschicht auf. Das Blut wird in ihnen mithilfe der umliegenden Skelettmuskeln und benachbarter Arterien befördert. In den Venen befindliche Venenklappen verhindern dabei das Zurückfließen des Blutes. Zusätzlich saugt das Herz bei seinen Pumpbewegungen Blut aus den Venen an.

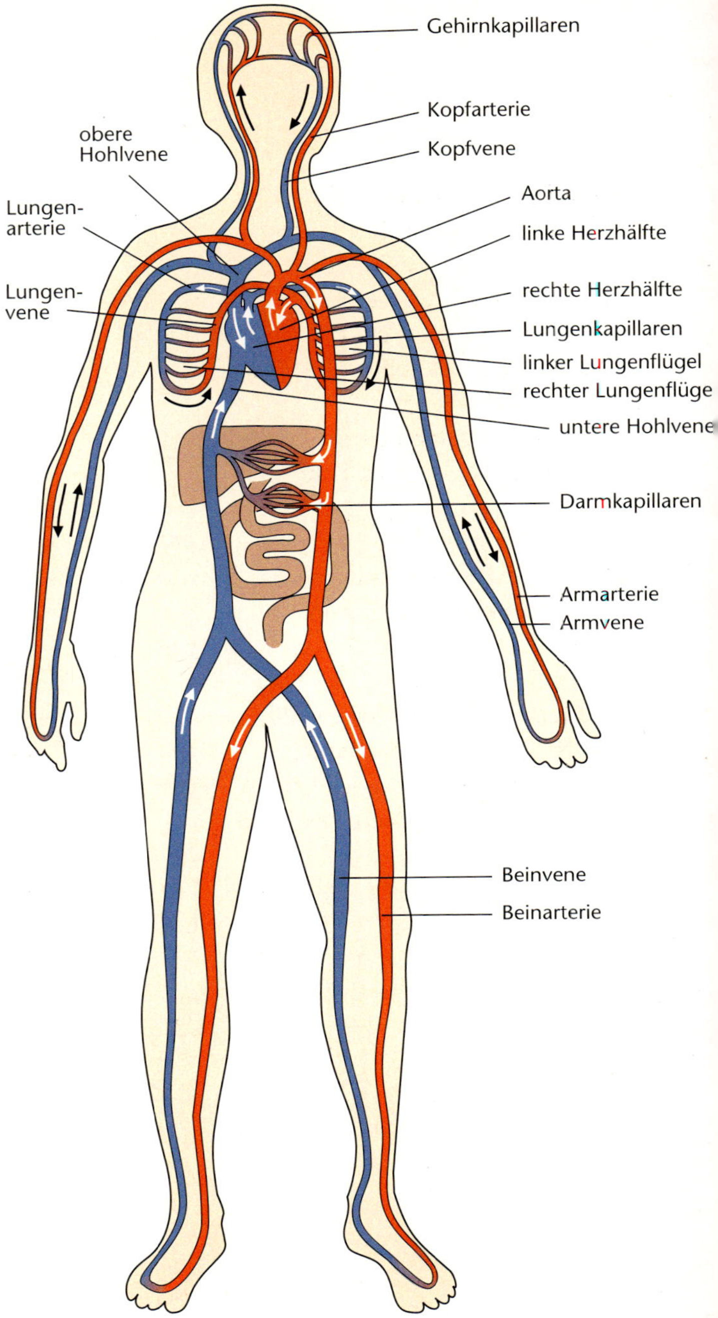

1 *Blutkreislauf, schematisch*

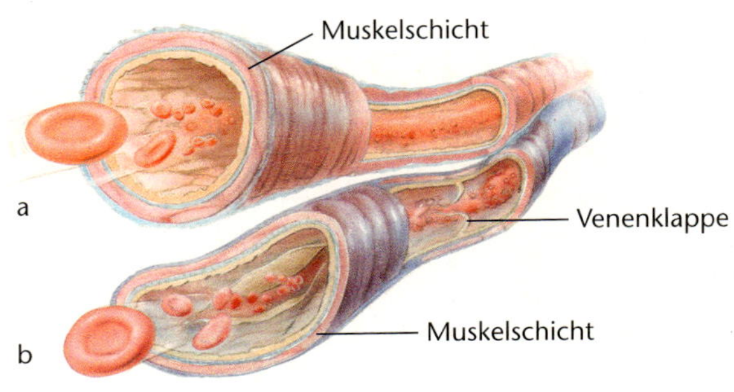

2 *Bau von a) Arterie, b) Vene*

1 Weg eines Sauerstoffmoleküls und eines Kohlenstoffdioxidmoleküls. Beschreibe anhand von Abbildung 4 detailliert den Weg eines Sauerstoffmoleküls und eines Kohlenstoffdioxidmoleküls durch den Körper. Ordne dabei den einzelnen Ziffern der Abbildung die richtigen Begriffe zu.

2 Aufgaben des Blutes. Erläutere mithilfe der Abbildung 3 die Transportaufgaben des Blutes.

3 Blutmenge. Beschreibe und erkläre die in der Abbildung 5 dargestellte Verteilung des Blutvolumens im Blutgefäßsystem.

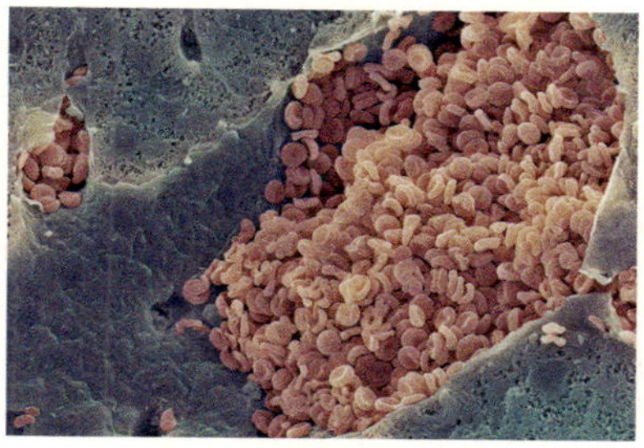

6 *Kapillare mit roten Blutzellen*

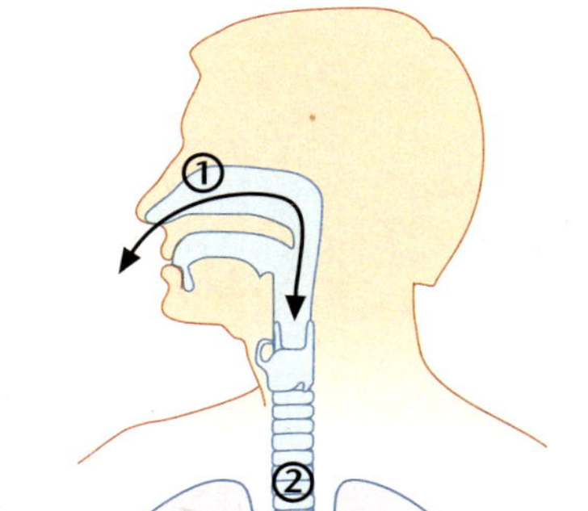
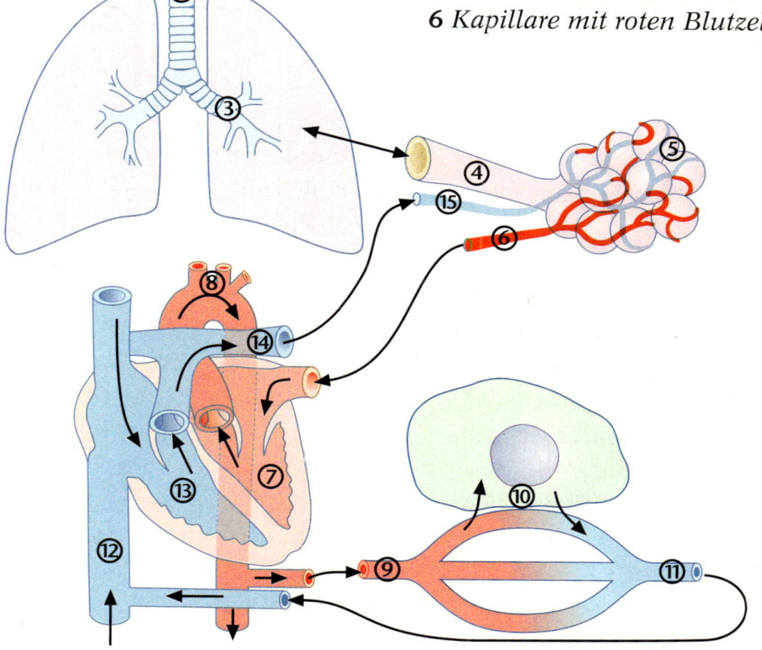

4 *Weg des Sauerstoffs und des Kohlenstoffdioxids durch den Körper*

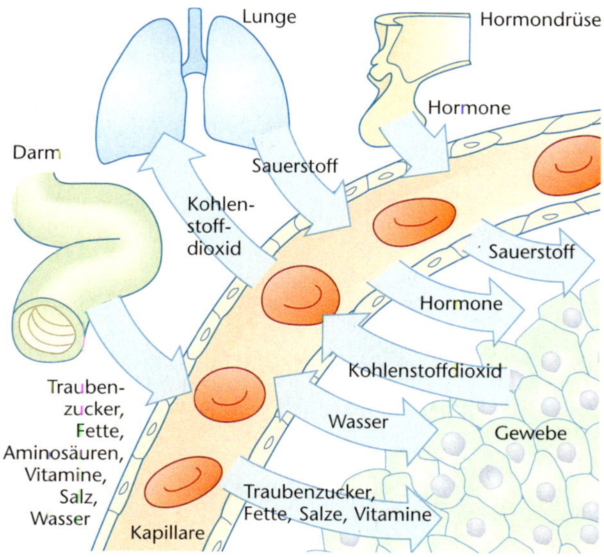

3 *Stoffaustausch zwischen Kapillare und Gewebe*

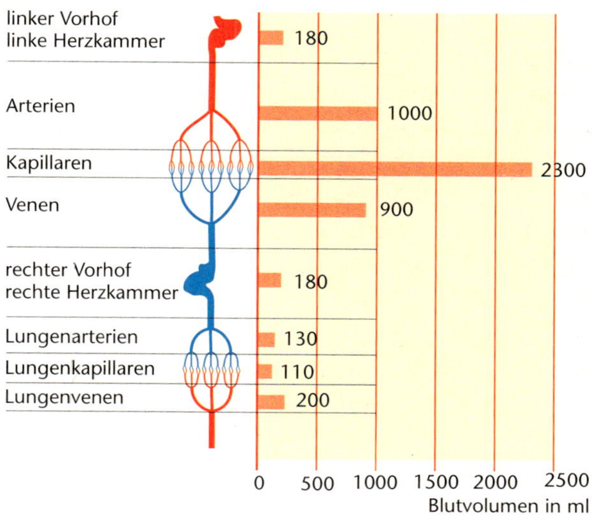

5 *Verteilung des Blutvolumens im Blutgefäßsystem*

8.3 Bau und Leistung des Herzens

Das Herz eines Erwachsenen ist ein faustgroßer hohler Muskel und liegt direkt unter dem Brustbein. Es ist durch die Herzscheidewand in eine kleinere rechte und eine größere linke Hälfte aufgeteilt. Jede Herzhälfte besteht aus einer Vorkammer und einer sehr dickwandigen Herzkammer (Abb. 1, 3).

Die Herzkammern kontrahieren und entspannen sich rhythmisch. Mit jedem Herzschlag treibt das Herz das Blut durch den Körper. Ein System von Klappen regelt dabei den Blutstrom durch das Herz. Die Tätigkeit des Herzens setzt sich bei jedem Herzschlag aus drei Phasen zusammen, die insgesamt etwa eine Sekunde dauern. Bei körperlichen Anstrengungen folgen die Phasen viel schneller aufeinander. Wenn der Herzmuskel entspannt ist, spricht man von Erschlaffungsphase oder **Diastole.** In dieser Phase füllen sich die Vorkammern mit Blut. In die rechte Vorkammer fließt dabei sauerstoffarmes Blut aus dem Körperkreislauf, in die linke Vorkammer sauerstoffreiches Blut aus dem Lungenkreislauf (Abb. 2a). Dann ziehen sich die Vorkammern zusammen und drücken durch die geöffneten Segelklappen Blut in die Herzkammern (Abb. 2b). In der Kontraktionsphase oder **Systole** ziehen sich die Herzkammern zusammen. Aus der rechten Herzkammer wird Blut in den Lungenkreislauf gedrückt, aus der linken Herzkammer durch die Aorta in den Körperkreislauf (Abb. 2c). Während der Systole sind die Segelklappen geschlossen und die Taschenklappen geöffnet. Zwischen der Systole und Diastole legt das Herz eine kurze Ruhepause ein. Das Schließen der Klappen ist als Herzton zu hören.

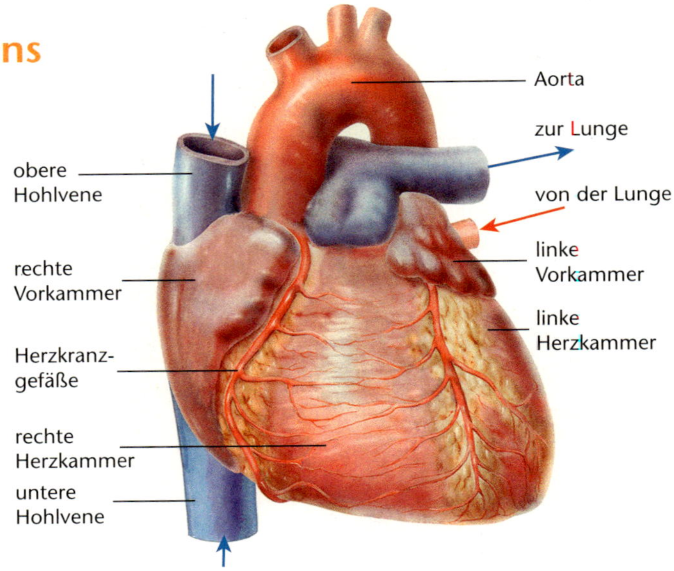

1 *Herz, Seitenansicht*

In Ruhe schlägt das Herz eines Menschen etwa 70-mal in der Minute. Pro Herzschlag werden etwa 75 Milliliter Blut transportiert, so dass das Herzminutenvolumen ungefähr fünf Liter beträgt. Bei Belastung kann das Herzminutenvolumen auf das Fünffache zunehmen, also auf etwa 25 Liter pro Minute. Neben der körperlichen Aktivität beeinflussen auch Emotionen wie zum Beispiel Freude und Angst den Herzschlag. Die Druckwelle, die durch die Kontraktion des Herzmuskels verursacht wird, ist in allen großen Arterien als **Pulsschlag** messbar. Der dabei fühlbare Puls ist das rhythmische Dehnen der Blutgefäße aufgrund der Blutdruckerhöhung.

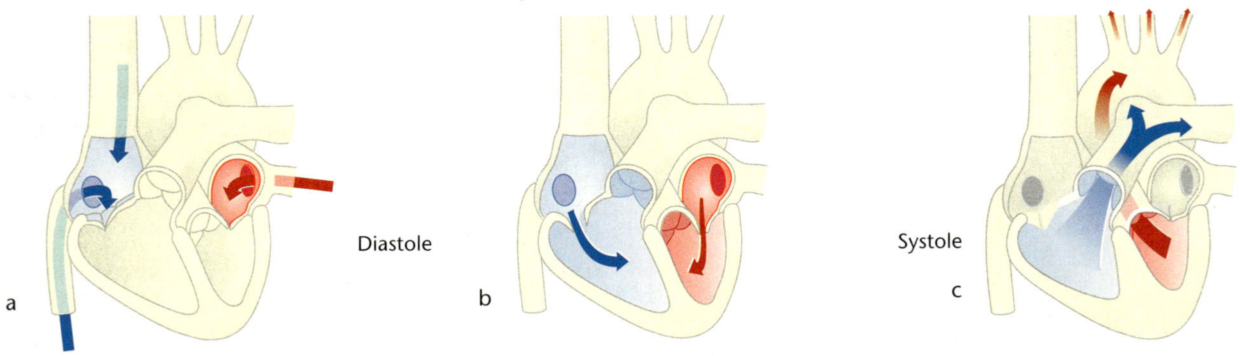

2 *Die Phasen der Herztätigkeit*

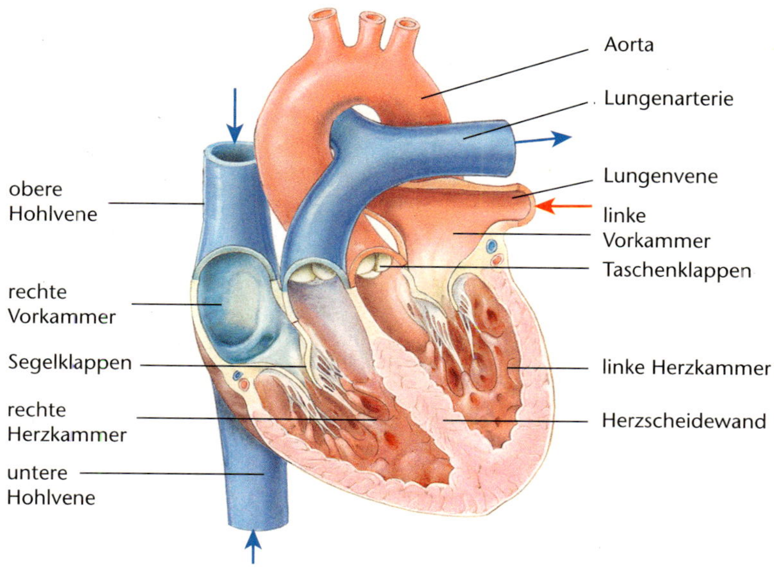

3 *Herz, Längsschnitt*

1 Herztätigkeit. Erstelle mithilfe des Grundwissentextes und der Abbildungen 1 bis 3 eine tabellarische Übersicht über die Herztätigkeit. Verwende als Vorlage die Tabelle in Abbildung 4.

2 Verschiedene Herzkammern. Abbildung 5 zeigt die schematischen Querschnitte durch die Herzkammern eines Neugeborenen, eines Erwachsenen und eines Sportlers. Entwickle Hypothesen über die Ursachen der Unterschiede.

	Diastole	Kontraktion der Vorkammern	Systole
Vorkammern			
Herzkammern			
Segelklappen			
Taschenklappen			

4 *Tabelle zur Herztätigkeit*

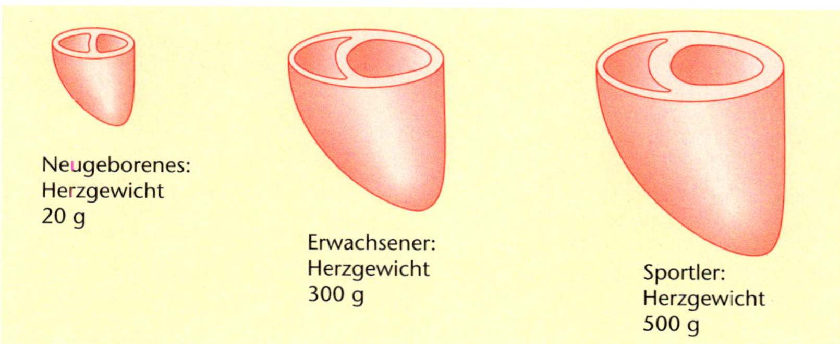

5 *Querschnitt durch die Herzkammern*

3 Blutdruck im Blutkreislauf. In Abbildung 6 wird der Blutdruck und die Strömungsgeschwindigkeit des Blutes sowie die Querschnittsfläche der Blutgefäße im Blutkreislauf dargestellt. Beschreibe die einzelnen Kurven und zeige Zusammenhänge zwischen ihnen auf.

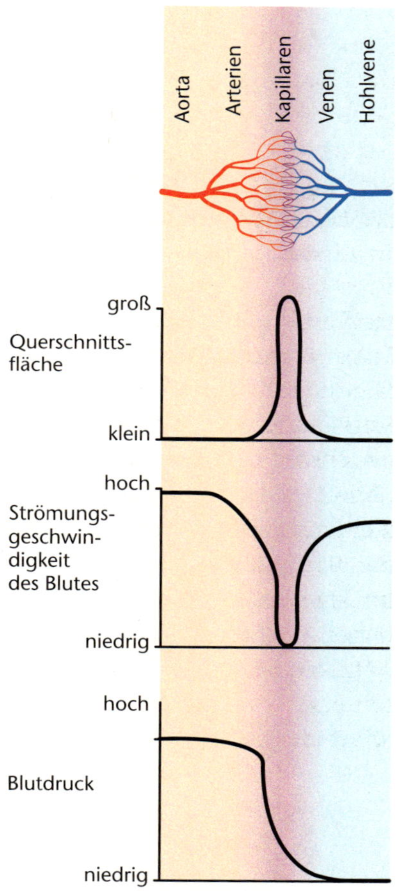

6 *Blutkreislauf und Blutdruck*

8.4 Lunge und Gasaustausch

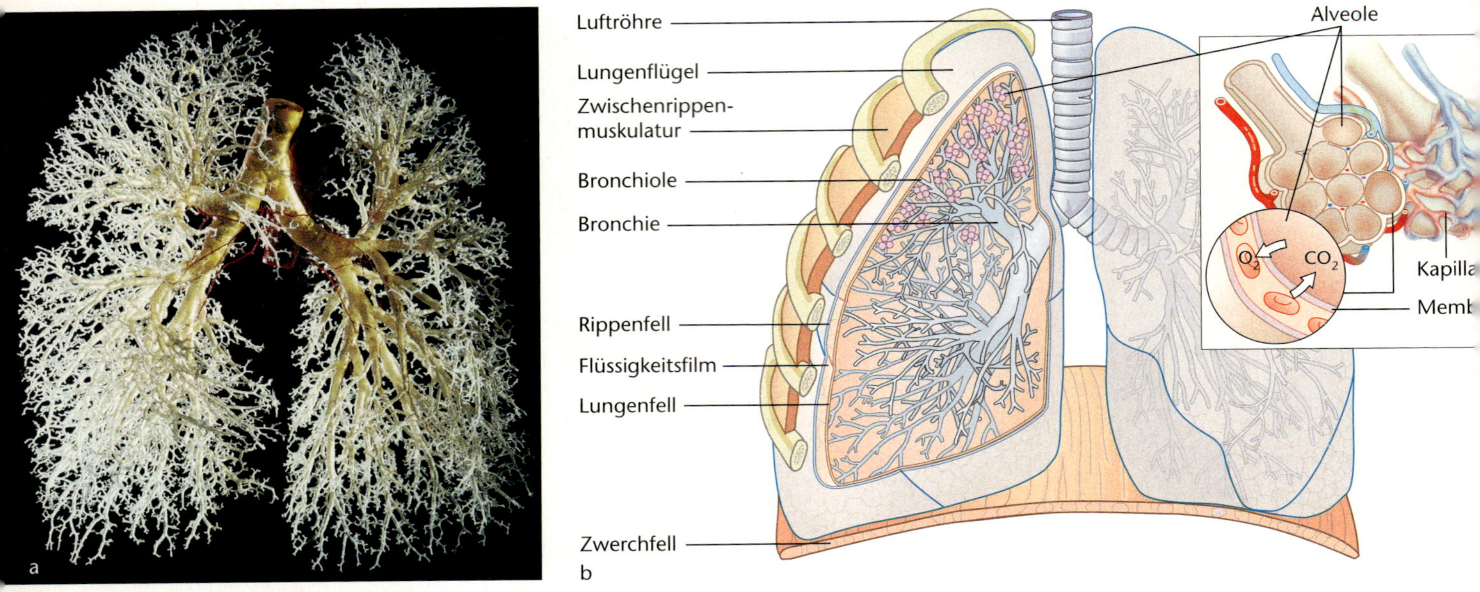

1 *a) Bronchien der Lunge, b) Aufbau und Funktion der Lunge*

Bei der **Atmung** wird Sauerstoff in den Körper aufgenommen und Kohlenstoffdioxid abgegeben. Die Aufnahme des Sauerstoffs und die Abgabe von Kohlenstoffdioxid in der Lunge bezeichnet man als **äußere Atmung.** In den Zellen findet die innere Atmung oder **Zellatmung** statt. Dabei werden energiereiche Stoffe aus der Nahrung mithilfe des Sauerstoffs in Kohlenstoffdioxid und Wasser umgewandelt. Ein Teil der in den Nährstoffen enthaltenen Energie wird dabei in eine für die Zellen nutzbare Form überführt.

Die Luft gelangt durch den Nasen- und Rachenraum in die Luftröhre. Im oberen Teil des Brustkorbes gabelt sich die Luftröhre in zwei Bronchien (Abb. 1). Diese verästeln sich in den Lungenflügeln immer mehr zu feineren Ästen, den Bronchiolen. Am Ende jeder Bronchiole befinden sich zahlreiche dünnhäutige Lungenbläschen, die Alveolen. Diese sind von einem dichten Netz winziger Blutgefäße, den Kapillaren, umgeben. Die Lunge liegt gut geschützt im Brustkorb. Das Lungenfell und das darüberliegende Rippenfell überziehen die beiden Lungenflügel. Zwischen diesen beiden dünnen Häuten befindet sich ein Flüssigkeitsfilm. Das muskulöse Zwerchfell trennt den Brustraum von der Bauchhöhle. Beim Einatmen vergrößert sich durch die Kontraktion der Zwischenrippenmuskulatur und des Zwerchfells der Brustraum. Der Flüssigkeitsfilm zwischen Lungen- und Rippenfell sorgt dafür, dass die Lunge der Erweiterung des Brustkorbs passiv folgt. Es entsteht ein Unterdruck in den Alveolen und die Luft wird wie bei einer Saugpumpe eingesaugt. Beim Ausatmen entspannt sich das Zwerchfell und die Zwischenrippenmuskulatur. Das Alveolenvolumen nimmt ab und die Luft wird herausgepresst.

Der Gasaustausch findet in den Alveolen statt. Die Atemluft und das Blut sind hier nur durch die sehr dünnen Membranen der Kapillaren und der Alveolen getrennt. Die Gase diffundieren vom Ort hoher Konzentration zum Ort niedriger Konzentration. Der Sauerstoff diffundiert aus den Alveolen durch die Membran in das Blut. Das Kohlenstoffdioxid gelangt auf dem umgekehrten Weg vom Blut in die Alveolen (Abb. 1). Das Atemzentrum im Gehirn regelt die Atmung. Sinneszellen messen ständig die Konzentration an Kohlenstoffdioxid und Sauerstoff im Blut.

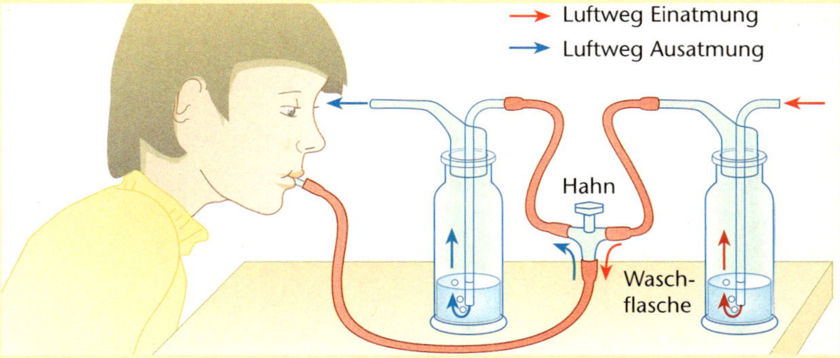

2 *Versuchsaufbau zum Nachweis von Kohlenstoffdioxid*

Kalkwasser ist eine farblose Lösung von Calciumhydroxid in Wasser. Leitet man in Kalkwasser Kohlenstoffdioxid ein, so fällt ein weißer Stoff aus. **Phenolphthalein** ist ein Nachweismittel für Säuren und Laugen. In Säuren ist es farblos und in Laugen violett.

1 Nachweis von Kohlenstoffdioxid. Abbildung 2 zeigt einen Versuchsaufbau, mit dem das ausgeatmete Kohlenstoffdioxid nachgewiesen werden kann.
Versuch 1: Die Waschflaschen sind mit jeweils 50 ml Kalkwasser gefüllt. Die Versuchsperson atmet durch das Schlauchstück mehrmals ein und aus. Der Hahn wird zwischen dem Ein- und Ausatmen umgestellt.
Versuch 2: Die Waschflaschen enthalten jeweils 50 ml 0,1 mol/l Natronlauge und drei Tropfen Phenolphthalein-Lösung. Die Versuchsperson atmet wieder über die rechte Waschflasche ein und über die linke aus, bis die Violettfärbung verschwindet. Die Anzahl der Atemzüge bis zur Entfärbung wird bestimmt. Hinweis: Beim Einleiten von Kohlenstoffdioxid in Wasser entsteht Kohlensäure.
a) Formuliere begründete Hypothesen über die zu erwartenden Beobachtungen.
b) Erkläre die in den Versuchen ablaufenden chemischen Vorgänge.

2 Modellversuch. Benetze einen Objektträger mit einem Tropfen Wasser. Lege dann einen zweiten Objektträger darauf. Versuche, die Objektträger gegeneinander zu verschieben sowie voneinander zu trennen. Übertrage das Modell auf die Atembewegung. Wofür stehen die Objektträger und das Wasser?

3 Gasaustausch. Grundlage des Gasaustausches in den Alveolen ist die Diffusion. Abbildung 3 zeigt den Partialdruck der Atemgase an verschiedenen Stellen des Kreislaufsystems.
a) Beschreibe anhand der Abbildungen 1 und 3 den Weg des Sauerstoffs und den Weg des Kohlenstoffdioxids im Körper.
b) Begründe die Veränderung der Partialdrücke von Kohlenstoffdioxid und Sauerstoff in der Abbildung 3 a) – f).

4 Erste-Hilfe-Maßnahme: Beatmung. Bei der Mund-zu-Mund-Beatmung atmet der Helfende ein und setzt den geöffneten Mund um die Nase des Verletzten herum dicht auf. Die eigene Ausatemluft wird in die Nase des Verletzten geblasen. Begründe, warum die ausgeatmete Luft für die Atemspende verwendet werden kann (Abb. 3).

Partialdruck: In einem Gemisch von verschiedenen Gasen übt jedes Gas einen Teildruck (Partialdruck) aus. In der Einatmungsluft übt das Gas Sauerstoff einen Teildruck von 212 kPa (Kilopascal) und das Gas Kohlenstoffdioxid einen Teildruck von 0,4 kPa aus. Mit den Teildrücken der anderen in der Luft enthaltenen Gase (z. B. Stickstoff) ergibt sich in der Summe der Gesamtluftdruck von 101,3 kPa. Der Partialdruck stellt somit ein Maß für die Sauerstoff- bzw. Kohlenstoffdioxidkonzentration dar.

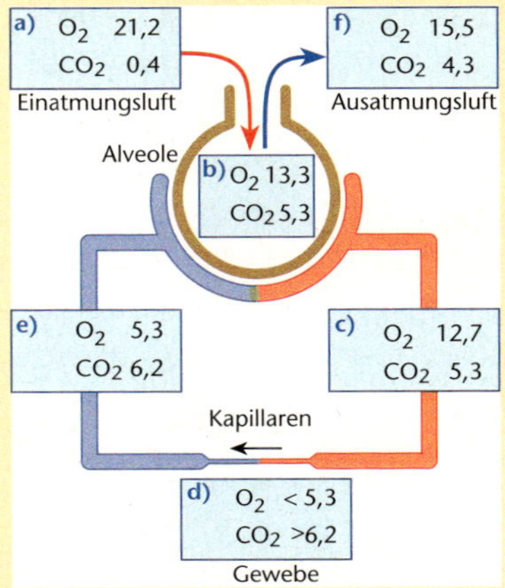

3 *Partialdrücke der Atemgase im Kreislaufsystem in hPa*

8.5 Rauchen

1 *Einige Inhaltsstoffe des Zigarettenrauchs*

Beim Rauchen gelangt eine Vielzahl von gesundheitsgefährdenden Stoffen in die Atmungsorgane und zum Teil mit dem Blut in den Körper (Abb. 1). Zum Schutz vor Fremdkörpern sind die Luftröhre und die Bronchien mit einer Schleimhaut ausgekleidet, die einen samtartigen Überzug aus Flimmerhärchen trägt (Abb. 2, 3). Abgegebener Schleim verklebt Staub, Pollen und andere eingeatmete Teilchen. Die Bewegung der Härchen transportiert die Teilchen in den Rachenraum, wo sie geschluckt oder abgehustet werden. Die im Rauch enthaltenen Stoffe schädigen dieses Selbstreinigungssystem der Lunge. Die Teerstoffe des Zigarettenrauchs verkleben die Flimmerhärchen. Der nicht mehr abtransportierte Schleim führt zu einem ständigen Hustenreiz, dem Raucherhusten. Der Schleim bildet einen guten Nährboden für Bakterien. Als Folge kann eine chronische Entzündung der Schleimhaut auftreten. Viele Stoffe im Tabakrauch sind krebserregend. Das Nikotin im Tabak ist ein starkes Nervengift. Es lähmt die

2 *Bau der Bronchialschleimhaut*

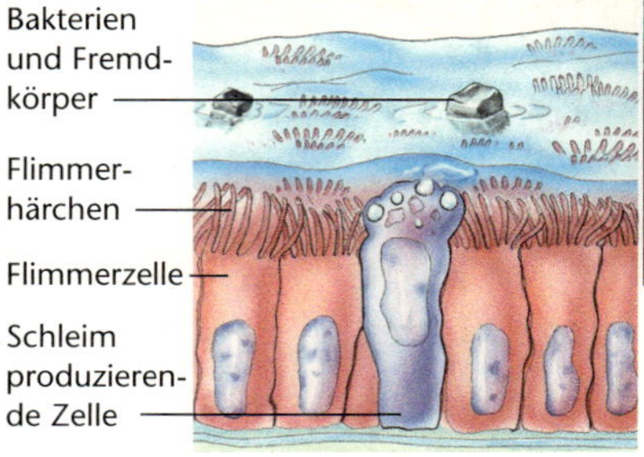

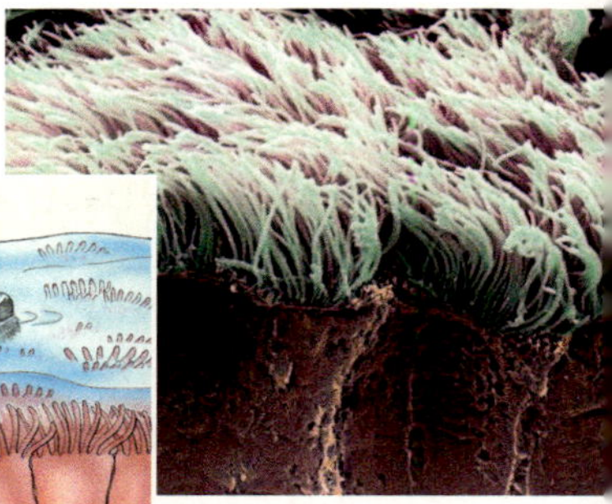

3 *Bronchialschleimhaut*

Aktivität der Flimmerhärchen. Durch Nikotin verengen sich die Blutgefäße, besonders in der Haut, im Gehirn und im Herzmuskel. Die schlechtere Durchblutung der Haut führt zu einer Absenkung der Hauttemperatur (Abb. 7). Nikotin ist eine Droge, die abhängig macht: Nikotin sorgt für eine erhöhte Ausschüttung des Botenstoffs Dopamin, was angenehme Empfindungen auslöst. So entsteht das Verlangen nach einer nächsten Zigarette.

Das Kohlenstoffmonoxid des Tabakrauches beeinträchtigt den Sauerstofftransport im Blut. Es bindet sich 325-mal stärker als Sauerstoff an den roten Blutfarbstoff Hämoglobin, der dann weniger Sauerstoff transportieren kann.

Wenn du jetzt mit dem Rauchen aufhörst, dann ...

... hat **20 Minuten** später dein Körper die gleiche Temperatur wie der eines Nichtrauchers.
... ist **nach acht Stunden** die Sauerstoffversorgung des Blutes wieder normal.
... hat **sich nach zwei Tagen** der Geruchs- und Geschmackssinn verfeinert.
... ist **nach drei Tagen** die Atmung merklich verbessert.
... hat **nach drei Monaten** die Verfärbung der Zähne, die Zahl der Fältchen und der Husten abgenommen.
... ist **nach zehn Jahren** das Lungenkrebsrisiko fast genauso gering wie bei Nichtrauchern.

4 *Nach der letzten Zigarette …*

1 Rauchen und Hauttemperatur. Wärmebilder zeigen die unterschiedlichen Temperaturbereiche eines Körperteils. Beschreibe die in Abbildung 7 dargestellte Verteilung der Hauttemperaturen. Vergleiche beide Messergebnisse und erkläre die Unterschiede.

2 Rauchstopp.

a) Bewerte die Auswirkungen eines sofortigen Rauchstopps (Abb. 4).

b) Entwirf ein Plakat, das Menschen auffordert, mit dem Rauchen aufzuhören.

3 Chronische Bronchitis. Zu den häufigsten Erkrankungen des Lungensystems gehört die chronische Bronchitis. Sie ist vor allem eine Folge der durch den Zigarettenrauch verursachten Dauerentzündung der Bronchialschleimhaut.

Der Text in Abbildung 6 beschreibt einen an chronischer Bronchitis Erkrankten. Erstelle ein Fließdiagramm, das die Entstehung der chronischen Bronchitis beschreibt. Berücksichtige dabei auch Abbildung 5 und den Grundwissentext.

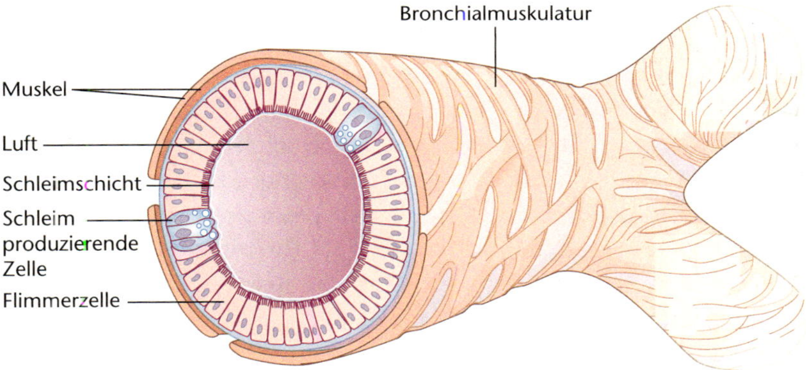

5 *Aufbau einer Bronchie*

Dirk A., 45 Jahre alt, leidet seit mehreren Jahren ständig unter Husten. Dabei gelangt oft ein schleimiger Auswurf, manchmal mit gelblichem Eiter vermischt, aus den Atemwegen in den Rachen und Mund. Dirk A. ist kurzatmig. Beim Treppensteigen leidet er unter Atemnot. Wenn er sich körperlich betätigt, merkt er, dass er schneller als früher müde wird. Sein Arzt sagt, dass die Entzündung der Bronchialschleimhaut ein Anschwellen der Schleimhaut und vermehrte Schleimproduktion bewirkt. Eine zusätzliche Verkrampfung der Bronchialmuskulatur führt zu akuter Atemnot. Dirk A. hat von seinem 16. bis 27. Lebensjahr geraucht, dann sechs Jahre mit dem Rauchen aufgehört. Seit seinem 33. Lebensjahr raucht er zwischen 25 und 35 Filterzigaretten täglich.

6 *Chronische Bronchitis*

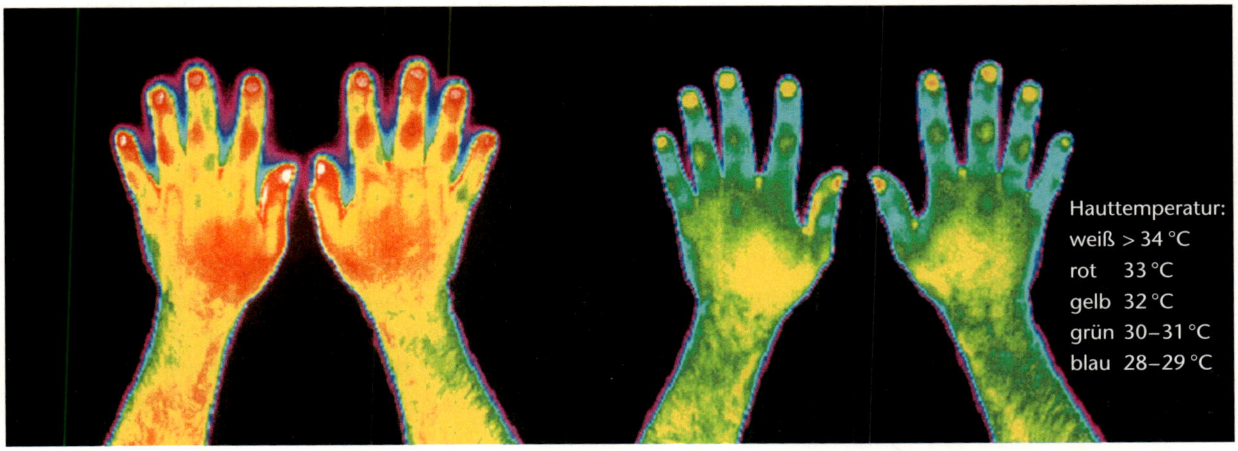

7 *Wärmebilder, links vor dem Rauchen, rechts fünf Minuten nach dem Rauchen einer Zigarette*

8.6 Herz-Kreislauf-Erkrankungen

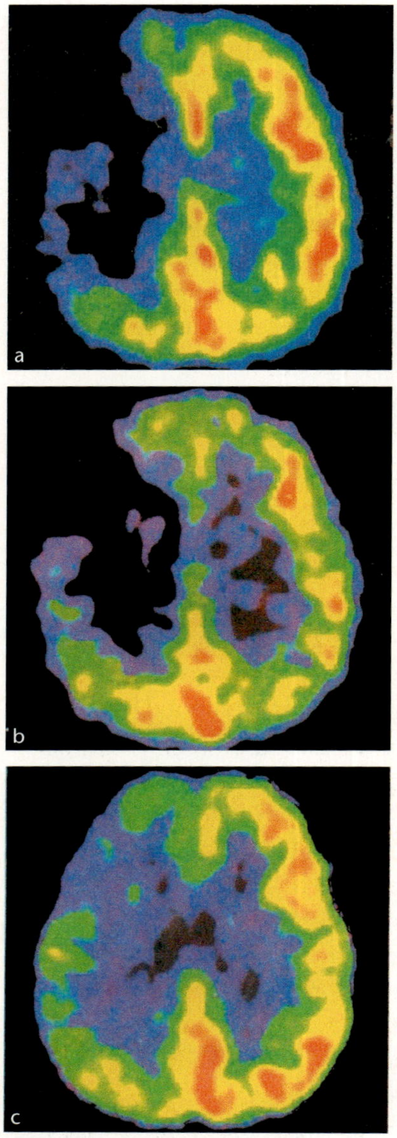

1 *Das Gehirn eines Schlaganfall-Patienten mit den beiden Hirnhälften, von oben betrachtet; a) zeigt die Hirndurchblutung, b) den Sauerstoff-Verbrauch und c) den Umsatz von Glucose. Die Farben bedeuten:*

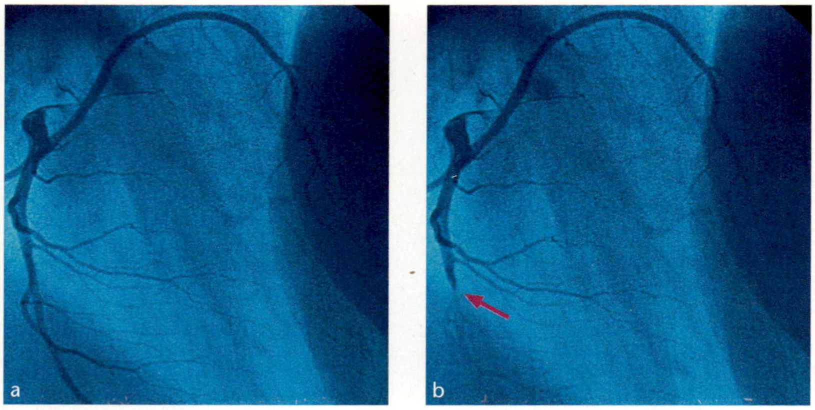

2 *a) Gesundes und b) verengtes Herzkranzgefäß*

Betrachtet man die Statistik der Todesursachen in Deutschland, stellt man fest, dass Krankheiten des Herz-Kreislauf-Systems an erster Stelle stehen. Ob ein Mensch an Herz und Kreislauf erkrankt, hängt auch davon ab, wie lange und wie stark bestimmte Risikofaktoren einwirken. In der Medizin versteht man unter **Risikofaktoren** alle Bedingungen, die zur Entstehung von Krankheiten beitragen. Risikofaktoren für Krankheiten des Herz-Kreislauf-Systems sind unter anderem Rauchen, Bewegungsmangel, dauerhafter Stress, Bluthochdruck und angeborene Faktoren. Viele Risikofaktoren für Krankheiten des Herz-Kreislauf-Systems kann jeder Einzelne durch einen gesunden Lebensstil gering halten.

Von **Bluthochdruck** spricht man, wenn der Blutdruck dauerhaft zu hoch ist. Bluthochdruck kann durch Verengung von arteriellen Blutgefäßen entstehen. Insbesondere das Herz, das Gehirn und die Nieren können durch dauerhaften Bluthochdruck geschädigt werden. Beim **Herzinfarkt** ist ein Herzkranzgefäß von einer Verengung der Blutgefäße betroffen (Abb. 2). Herzkranzgefäße versorgen den Herzmuskel mit Sauerstoff und Nährstoffen. Ist der Blutstrom in einem Herzkranzgefäß durch eine Verengung oder ein Blutgerinnsel blockiert, können Teile des Herzmuskels infolge Sauerstoffmangels absterben. Es kommt zu einer lebensbedrohlichen Situation.

Wenn Blutgefäße des Gehirns stark verengt oder verstopft sind, kann es zu einem lebensbedrohlichen **Schlaganfall** kommen (Abb. 1). Die Folgen eines Schlaganfalls hängen davon ab, wo im Gehirn der Schlaganfall entsteht, wie groß das mangelhaft versorgte Gehirngebiet ist und wie lange es nicht mit Sauerstoff versorgt wurde. Schlaganfall ist eine der häufigsten Todesursachen und die häufigste Ursache für Behinderung in Deutschland.

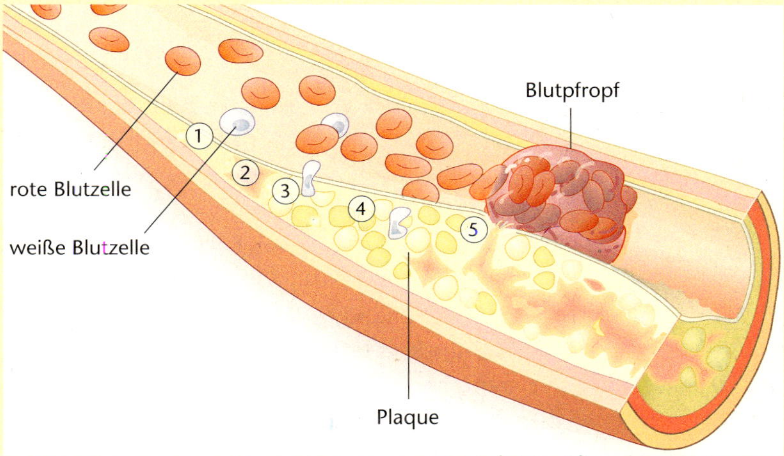

Wesentliche Ursache von Herzinfarkt und Schlaganfall ist Arteriosklerose, volkstümlich auch Arterienverkalkung genannt. Arteriosklerose ist Teil des natürlichen Alterungsprozesses.
Folgende Schritte können im Laufe vieler Jahre zur Bildung eines lebensbedrohlichen Blutgerinnsels führen. (1) Die Gefäßwand wird durch Rauchen, hohe Konzentrationen an Blutfetten (so genanntes „schlechtes Cholesterin", abgekürzt LDL), durch hohen Blutdruck oder andere Einflüsse vorgeschädigt. In die vorgeschädigte Gefäßwand lagern sich Blutfette ein und verändern sie dadurch. (2) Dadurch wird eine Entzündung hervorgerufen. Weiße Blutzellen dringen ein. (3) Sie nehmen die Fettpartikel auf. (4) Mit der Zeit bildet sich eine Ablagerung aus Blutfetten und schaumigen Zellen, die durch eine dünne Schicht von der Blutbahn getrennt ist – eine so genannte Plaque. Sie kann das Blutgefäß so weit verengen, dass der Blutfluss deutlich beeinträchtigt ist. (5) Reißt die Plaque plötzlich auf, gerinnt das Blut schlagartig. Ein Blutgerinnsel entsteht. Blockiert dieses Blutgerinnsel den Blutstrom, kann es im Fall der Herzkranzgefäße zu einem Herzinfarkt oder im Fall der Gehirnarterien zu einem Schlaganfall kommen.

3 *Entstehung von Arteriosklerose*

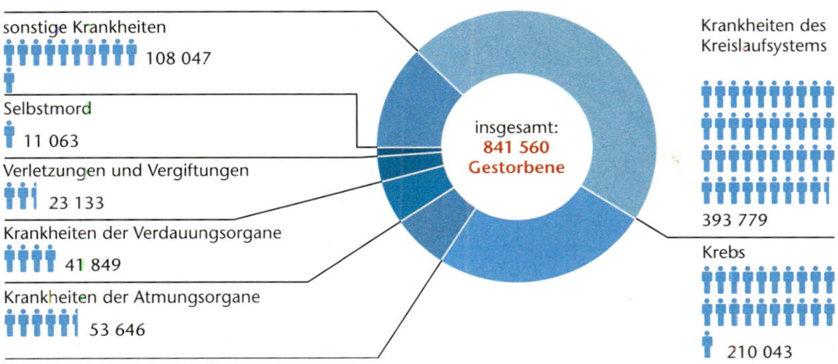

4 *Todesursachen in Deutschland heute, in absoluten Zahlen*

1 Hirnschädigung beim Schlaganfall. Beschreibe anhand der Abbildung 1 Zusammenhänge zwischen Durchblutung, Sauerstoff-Verbrauch und Glucose-Umsatz. Ermittle anhand der Abbildung 1 die Lage der vom Schlaganfall betroffenen Regionen im Gehirn.

2 Arteriosklerose.
a) Stelle die Entstehung von Arteriosklerose bis zur Bildung eines Blutgerinnsels als Fließdiagramm dar (Abb. 3).
b) Welche Bedeutung kommt Bluthochdruck bei der Entstehung der Arteriosklerose und beim plötzlichen Aufreißen der Plaque zu? Entwickle begründete Vermutungen dazu, dass Rauchen in diesem Zusammenhang einer der größten Risikofaktoren ist.

3 Todesursachen-Statistik.
a) Berechne unter Bezug auf die Angaben in Abbildung 4 den Prozentsatz der Todesfälle von Menschen, die an Krankheiten des Kreislaufsystems starben, und den Prozentsatz der Todesfälle, die an Krebs starben.
b) Vor über 100 Jahren, im Jahre 1900, stand Lungenentzündung an erster und Tuberkulose an zweiter Stelle der Todesursachen. Heutzutage spielen sie in Deutschland kaum eine Rolle. Entwirf begründete Vermutungen über die Ursachen dieses Wandels.

8.7 Anpassung an körperliche Anstrengungen

1 *Einige Wirkungen von regelmäßigem Training*

Bei körperlichen Anstrengungen, zum Beispiel bei sportlicher Betätigung, benötigen vor allem die Muskeln mehr Energie aus der Zellatmung. Das setzt voraus, dass den Zellen mehr Nährstoffe und den Mitochondrien mehr Sauerstoff für die Zellatmung zur Verfügung stehen. Der Körper passt sich diesen Erfordernissen kurzfristig an, indem er die Häufigkeit des Herzschlags und der Atmung erhöht. Dadurch wird Sauerstoff in größerer Menge aufgenommen und schneller im Körper transportiert.

Der Körper eines Menschen, der sich regelmäßig körperlich betätigt, zeigt langfristige, über Wochen, Monate und Jahre stattfindende Anpassungen (Abb. 1). Regelmäßiges körperliches **Training** kann den Herzmuskel vergrößern, so dass das Herz mehr Blut pumpen kann und auch in Ruhe effektiver arbeitet. Die Atmung kann im Vergleich zum Untrainierten bei Bedarf schneller gesteigert werden. Die Fähigkeit, Sauerstoff in den roten Blutzellen zu transportieren, wird durch regelmäßiges Training verbessert. In den Muskeln bilden sich mehr Blutkapillaren, so dass die Versorgung des Muskels mit Sauerstoff gefördert wird. Die meisten Menschen, die regelmäßig trainieren, fühlen sich besser.

Länger andauernder **Bewegungsmangel** kann dagegen zu einer Schwächung der Muskulatur führen. Der Herzmuskel wird leistungsschwach und das Atemvolumen gering. Schon kleine Anstrengungen erfordern eine hohe Herzfrequenz. Menschen mit längerfristigem Bewegungsmangel ermüden bei körperlichen Anstrengungen sehr viel schneller als trainierte. Längerfristiger Bewegungsmangel ist ein Risikofaktor für Herz-Kreislauf-Erkrankungen.

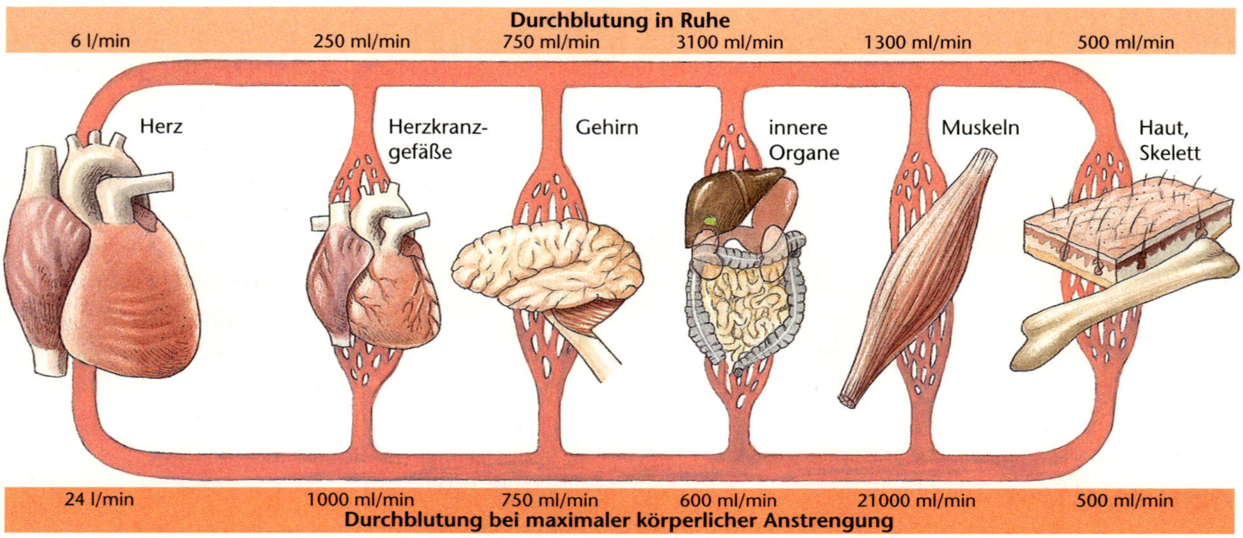

2 *Durchblutung verschiedener Organe bei Ruhe und körperlicher Anstrengung*

	Nichtsportler		Ausdauersportler	
	in Ruhe	maximal	in Ruhe	maximal
Herzgewicht (g)	250–300		350–500	
Herzgewicht (g/kg Körpergewicht)	4,8		8,0	
Blutvolumen (l)	5,6		5,9	
Herzfrequenz (1/min)	80	180	40	180
Schlagvolumen des Herzens (ml)	70	100	140	190
Herzzeitvolumen (l/min)	5,6	18	5,6	35
Atemzeitvolumen (l/min)	8,0	100	8,0	200

3 *Leistungen des Herzens und der Atmung bei einem Nichtsportler und einem Ausdauersportler (beide 25 Jahre alt, 70 kg)*

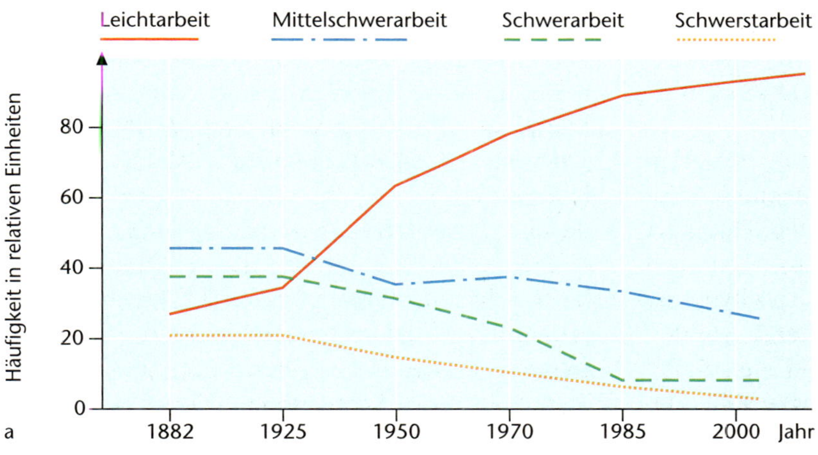

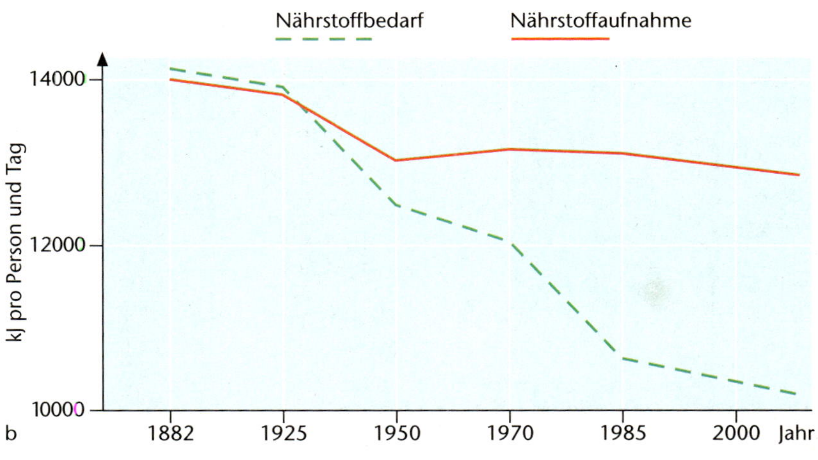

4 *a) Veränderung der Arbeitsschwere und b) Nährstoffbedarf und Nährstoffaufnahme von 1882 bis heute*

1 Durchblutung der Organe bei körperlichen Anstrengungen. Fertige auf der Grundlage von Abbildung 2 ein Diagramm an. Werte das Diagramm aus. Begründe, dass die Werte bei „körperlicher Anstrengung" eine kurzfristige Anpassung des Körpers sind.

2 Vergleich von Herzleistung und Atmung bei einem Nichtsportler und einem Ausdauersportler.

a) Erläutere die Begriffe in der linken Spalte der Abbildung 3 mit eigenen Worten.

b) Werte die Abbildung 3 aus. Erläutere an diesem Beispiel die Veränderungen beim Ausdauersportler als langfristige Anpassungen.

3 Veränderung von Arbeitsschwere und Nährstoffaufnahme von 1882 bis heute.

a) Beschreibe den Verlauf der Kurven in Abbildung 4 a und 4 b. Stelle Zusammenhänge zwischen den verschiedenen Kurven her.

b) Fasse die wesentlichen Aussagen der Abbildungen 4 a und 4 b zusammen.

c) Begründe anhand der Abbildung 4 a und 4 b, dass regelmäßiges körperliches Training gerade heutzutage für die Gesundheit vieler Menschen wichtig ist.

8.8 Die Niere

Die Nieren sind unser wichtigstes Ausscheidungsorgan. Sie filtern schädliche Stoffe, wie Harnstoff, aus dem Blut, die dann mit dem Harn ausgeschieden werden. Die beiden etwa faustgroßen Nieren liegen beiderseits der Wirbelsäule in der Mitte des Rückens. Die Niere besteht aus drei Teilen: der Nierenrinde, dem Nierenmark sowie dem Nierenbecken (Abb. 2a, b).

In der stark durchbluteten Nierenrinde befinden sich etwa eine Million **Nephrone,** die kleinsten Funktionseinheiten der Niere. Jedes Nephron produziert Harn. Ein Nephron besteht aus einem Nierenkörperchen und einem Nierenkanälchen (Abb. 2c). Das Nierenkörperchen wird aus Blutkapillaren und der Bowman-Kapsel gebildet, die sich wie ein Becher über ein Kapillarenknäuel stülpt. An die Bowman-Kapsel schließt sich das Nierenkanälchen an.

Die Nierenkörperchen wirken wie ein Filter. Im Kapillarknäuel staut sich das Blut, weil das wegführende Blutgefäß einen kleineren Durchmesser hat als das zuführende. Der entstehende Druck presst Wasser und darin enthaltene kleine Teilchen, wie Salze, Glucose und Harnstoff, aus den Blutkapillaren in das Nierenkanälchen (Abb. 3). Das Filtrat bezeichnet man als **Primärharn.** Durch diesen Filtervorgang werden täglich 180 Liter Primärharn gebildet. Anschließend werden aus dem

1 *Blutgefäßsystem der Niere*

Primärharn bestimmte Stoffe, wie zum Beispiel Glucose und Vitamine, unter Energieaufwand zusammen mit Wasser wieder in das Blut transportiert. Dieser Vorgang, der Rückresorption genannt wird, findet im Nierenkanälchen statt. Von der großen Menge des Primärharns bleiben dadurch täglich nur etwa 1,5 Liter Harn übrig.

Jeweils mehrere Nierenkanälchen münden in ein Sammelrohr, das durch das Nierenmark zum Nierenbecken führt. Vom Nierenbecken aus fließt der Harn über den Harnleiter in die Blase. Der Harn enthält neben bestimmten Abfallstoffen Wasser und eine geringe Menge Mineralsalze. Die Nieren sorgen außerdem dafür, dass der Wassergehalt im Körper konstant gehalten wird.

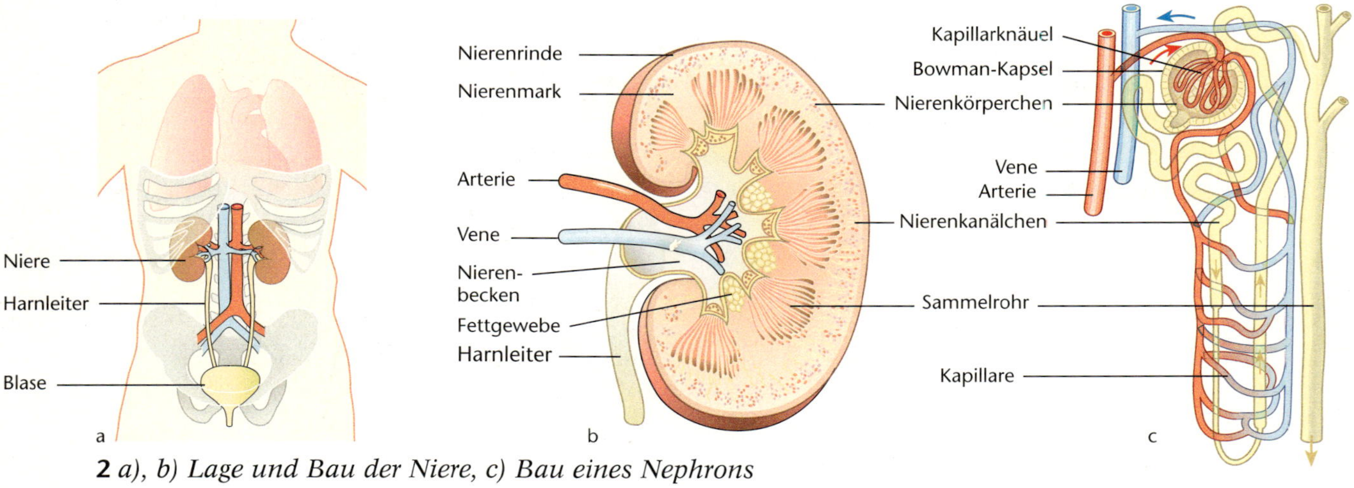

2 *a), b) Lage und Bau der Niere, c) Bau eines Nephrons*

1 Nierenfunktion. Beschreibe mithilfe der Abbildungen 2 und 3 die Harnbildung.

2 Zusammensetzung des Harns. An verschiedenen Stellen der Nephrone wurde die tägliche Durchflussmenge von Wasser, Kochsalz, Glucose und Harnstoff bestimmt (Abb. 4). Ordne den Zeilen ① bis ⑤ in Abbildung 4 begründet einer der Positionen a bis e in Abbildung 3 zu. Ziffer ① gehört zu a, …

3 Dialyse. Fallen die Nieren durch Erkrankung oder Schädigung aus, bleibt als einzige Behandlungsmöglichkeit neben der Nierentransplantation die Dialyse. In der Dialyse filtert eine künstliche Niere die Schadstoffe aus dem Blut heraus (Abb. 5). Die Dialyse erfolgt drei- bis viermal in der Woche für die Dauer von etwa vier bis fünf Stunden. Diese Behandlung ist lebenserhaltend, ersetzt die Niere aber nicht vollständig, da zum Beispiel Vitamine und Aminosäuren bei der Dialyse verloren gehen.
a) Erkläre die Funktionsweise dieser künstlichen Niere.
b) Dialysepatienten wird empfohlen, nur wenig zu trinken. Erkläre diese Empfehlung.

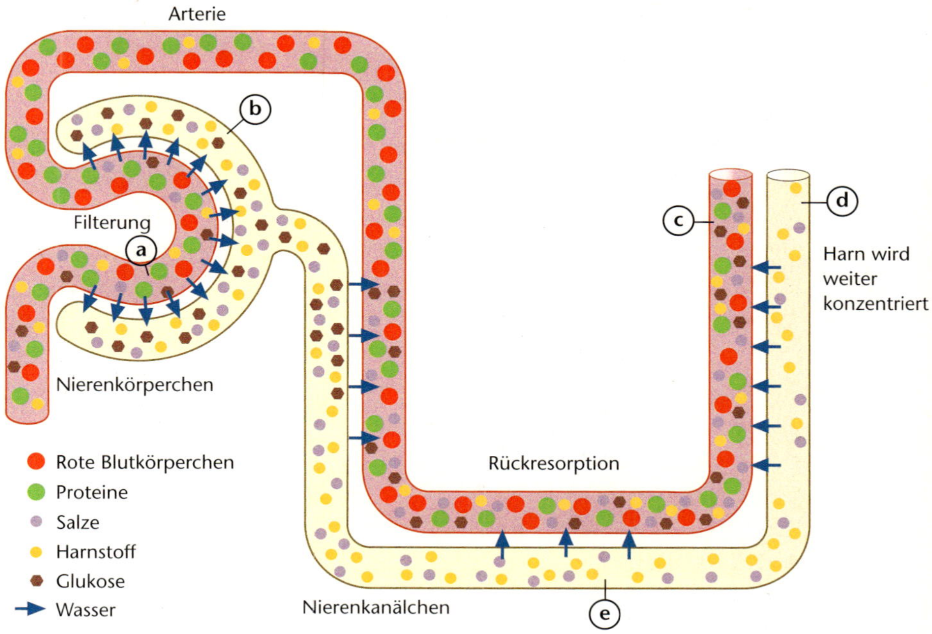

3 *Nierenfunktion*

	Wasser	Salz	Glucose	Harnstoff
①	900 l	7500 g	900 g	250 g
②	898,5 l	7495 g	900 g	220 g
③	180 l	1500 g	180 g	50 g
④	27 l	30 g	0 g	35 g
⑤	1,5 l	5 g	0 g	30 g

4 *Tägliche Durchflussmenge an verschiedenen Stellen der Nephrone*

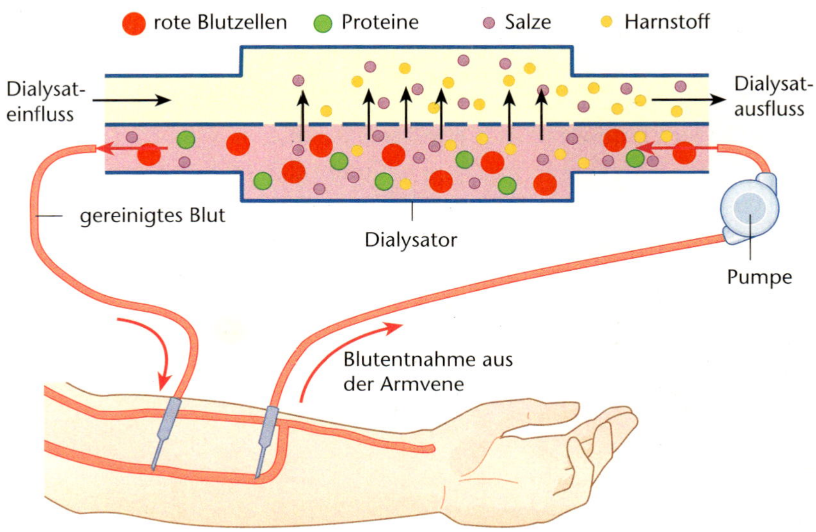

5 *Dialyse*

9 Bewegung

9.1 Bewegungssystem des Menschen

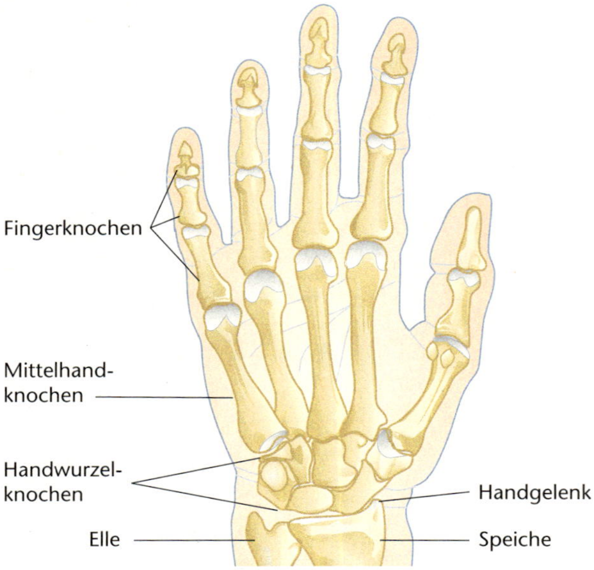

1 *Die rechte Hand von unten gesehen*

Ein Kennzeichen von Lebewesen ist die Fähigkeit zur Bewegung. Das **Bewegungssystem** ermöglicht Menschen vielfältige Bewegungen. In einem System wirken immer mehrere Teile zusammen. Beim Bewegungssystem sind das Nerven, Muskeln, Sehnen, Knochen und Gelenke.

In jeder Hand befinden sich 27 Knochen. Diese lassen sich in Handwurzel-, Mittelhand- und Fingerknochen einteilen (Abb. 1). Die Finger sind dreigliedrig, der Daumen besitzt nur zwei Fingerknochen. Die meisten Fingermuskeln befinden sich im Unterarm. Sie gehen von dort aus in Sehnen über. Die Sehnen der Fingermuskeln sind fest mit den entsprechenden Fingerknochen verwachsen (Abb. 3).

Wie fast alle Knochen sind auch die Handknochen über **Gelenke** miteinander verbunden und dadurch beweglich. Scharniergelenke verbinden die Fingerknochen miteinander und erlauben das Beugen und Strecken der Finger (Abb. 4). Ein Sattelgelenk verbindet den Daumen mit den Handwurzelknochen und ermöglicht, dass sich der Daumen den anderen Fingern gegenüberstellen lässt. Dies ermöglicht den so genannten Pinzettengriff mit Daumen und Zeigefinger. Dadurch können auch sehr kleine Gegenstände gegriffen werden. Säuglinge erlernen diese Bewegung im Alter von acht bis zehn Monaten. Die Fähigkeit zum fein abgestimmten präzisen Greifen war eine wichtige Voraussetzung für die Werkzeugherstellung unserer steinzeitlichen Vorfahren.

Damit die Enden der Knochen in einem Gelenk nicht aneinanderreiben, sind Gelenkpfanne und Gelenkkopf durch einen schmalen Gelenkspalt voneinander getrennt (Abb. 2). Darin befindet sich eine zähe Flüssigkeit, die Gelenkschmiere. Sie vermindert die Reibung der Knochenenden. Die Gelenkschmiere wird von der Gelenkkapsel produziert, die den Innenraum des Gelenkes dicht abschließt.

Bänder verbinden zwei Knochen miteinander. Ihre Beschaffenheit entspricht etwa den zugfesten Bindegewebsfasern der Sehnen. Bänder schränken die Beweglichkeit der Gelenke ein und schützen sie dadurch vor Überstreckungen. Können die Bänder den äußeren Belastungen nicht mehr standhalten, sind Bänderdehnungen, Bänderrisse, Gelenkkapselverletzungen oder sogar Knochenbrüche mögliche Folgen.

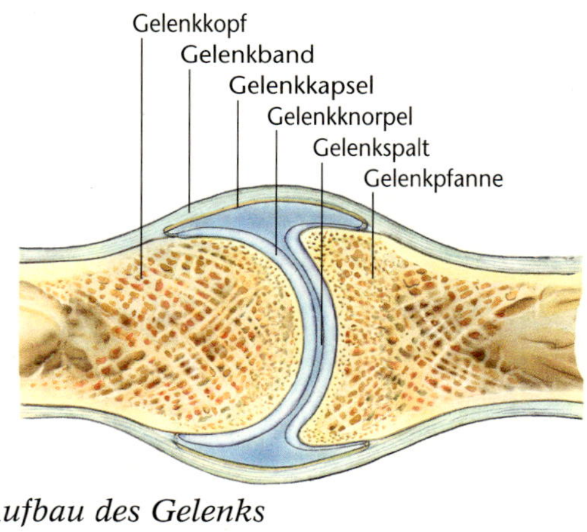

2 *Aufbau des Gelenks*

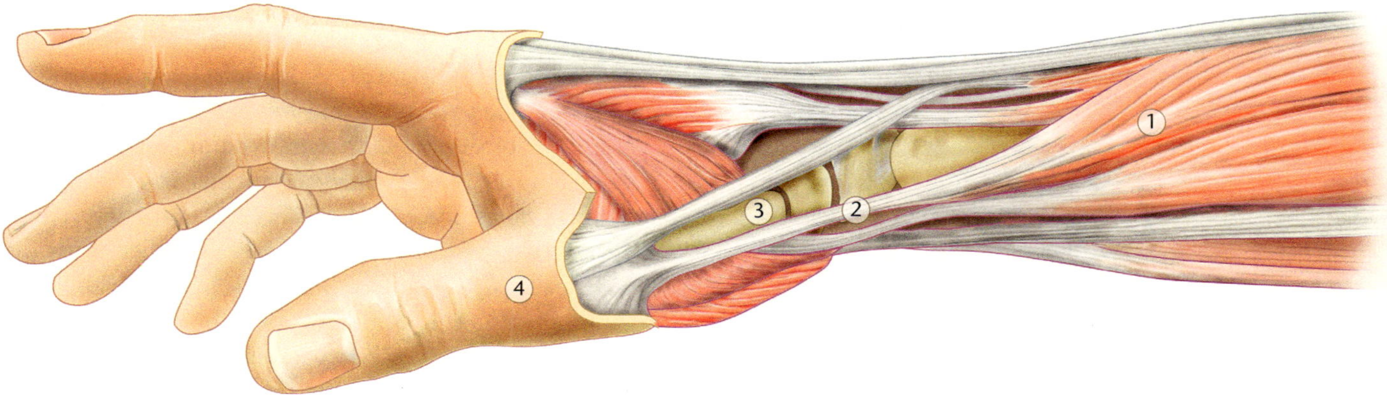

3 *Aufbau der rechten Hand*

1 Aufbau der Hände.
a) Beschreibe die Strukturen der menschlichen Hand mithilfe der Ziffern aus Abbildung 3. Verwende dazu die passenden Fachausdrücke.
b) Beschreibe, wie das Zusammenwirken der verschiedenen Strukturen beim Abspreizen des Daumens funktioniert.
c) Welche biologische Funktion hat die Auslagerung der Fingermuskulatur in den Unterarm? Stelle begründete Hypothesen auf.

2 Gelenktypen. Beschreibe die Bewegungsmöglichkeiten der verschiedenen Gelenktypen in Abbildung 4. Suche für jeden der dargestellten Gelenktypen ein Beispiel aus der Technik.

3 Versuch: Pinzettengriff. Lass dir den Daumen der rechten Hand mit Pflaster oder Klebestreifen fest an der Hand befestigen. Versuche anschließend
- deinen Namen mit einem Stift zu schreiben.
- eine Stecknadel zu greifen.
- einen Nagel mit einem Hammer in ein Stück Holz zu schlagen.
- mit einem Löffel zu essen.

4 Handgelenkschützer. Beschreibe den Aufbau eines Handgelenkschützers, der beim Inlineskaten getragen werden soll (Abb. 5). Erläutere, wie durch seinen Aufbau Verletzungen vermieden werden.

4 *Verschiedene Gelenktypen*

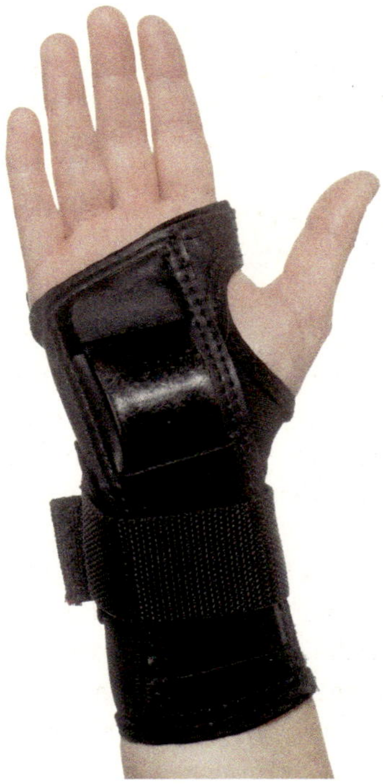

5 *Handgelenkschützer*

9.2 Knochen

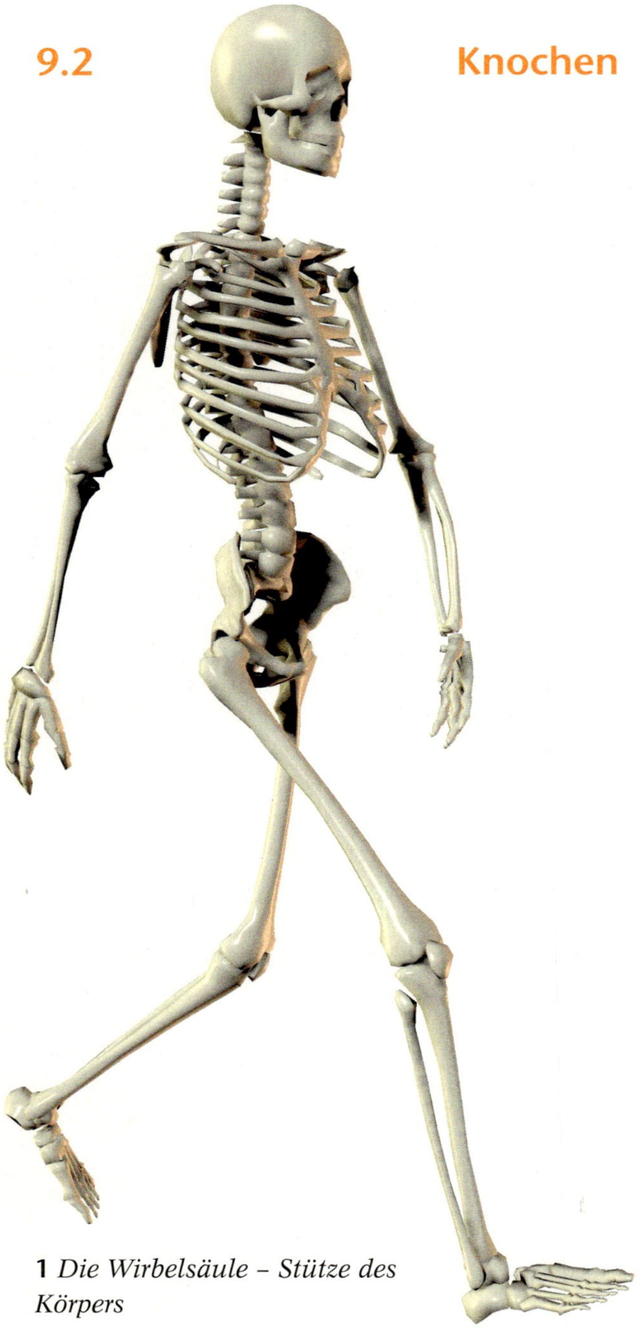

1 *Die Wirbelsäule – Stütze des Körpers*

Das Skelett des Menschen besteht aus über 200 Knochen (Abb. 1). Unsere Knochen leben. Zellen bauen den Knochen ständig auf, ab und um. Das aus den Zellen gebildete Knochengewebe wird durch Blutgefäße mit Nährstoffen und Sauerstoff versorgt.

Knochen erfüllen bestimmte Funktionen. So schützen beispielsweise die zusammengewachsenen Knochenplatten des Schädels das Gehirn. Die kleinsten Knochen des Menschen sind ebenfalls Teile des Schädels und funktionieren als Gehörknöchelchen im Ohr. Schädel und Rumpf werden von der Wirbelsäule getragen. Die doppelte S-Form der Wirbelsäule federt Stöße ab (Abb. 1). Ihre gegeneinander beweglichen Wirbelkörper schützen das Rückenmark. Die Wirbelkörper werden in Hals-, Brust- und Lendenwirbel eingeteilt. Zwischen den Wirbelkörpern befindet sich jeweils eine elastische Bandscheibe. Sie federt den Druck von Stößen ab. Mit der Wirbelsäule ist der Brustkorb verbunden. Er umschließt mit seinen Rippen und dem flachen Brustbein wichtige Organe wie Lunge und Herz, aber auch große Blutgefäße sowie Luft- und Speiseröhre.

Die großen Röhrenknochen der Gliedmaßen sind durch den Schultergürtel und das Becken mit der Wirbelsäule und dem Brustkorb verbunden (Abb. 1). Röhrenknochen sind von einer Knochenhaut umhüllt (Abb. 2). Darunter liegt eine Schicht aus fester Knochensubstanz. Im Innern der Röhrenknochen befindet sich in der Markhöhle das Knochenmark, in dem Blutzellen gebildet werden. Die Röhrenknochen sind an ihren Enden mit einem dreidimensionalen Netzwerk aus Knochenbälkchen durchzogen (Abb. 2, 3 a). Dadurch wird eine hohe Stabilität und eine optimale Verteilung der Last bei geringem Gewicht der Knochen erreicht.

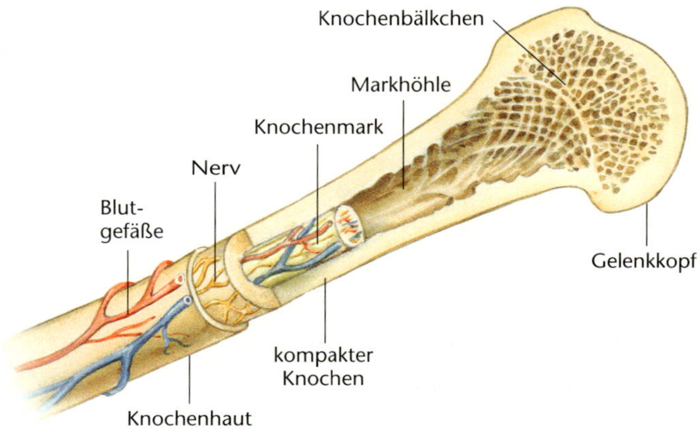

2 *Aufbau eines Röhrenknochens*

3 *a) Oberer Teil eines Oberschenkelknochens im Längsschnitt, b) Vogelknochen, mikroskopisch, c) Fahrradrahmen, d) Styropor®, mikroskopisch, e) Eiffelturm*

1 Knochenbau. Beschreibe mithilfe der Ziffern die Strukturen des aufgesägten Oberschenkelknochens in Abbildung 3 a.

2 Leichtbauweise von Knochen als Vorbild für technische Konstruktionen. Die technische Entwicklung stabiler Leichtbaukonstruktionen orientiert sich oft an Bauprinzipien von Knochen. Beschreibe vier Beispiele unserer technischen Umgebung, denen Knochenstrukturen als Vorbild dienten. Verwende dazu auch die Abbildungen 3 a–e.

3 Komplett erneuert in 10 Jahren. Pro Jahr werden etwa 10 % unseres Skeletts durch Knochenbildungszellen umgebaut. Bei körperlicher Aktivität überwiegt der Aufbau, bei länger andauerndem Bewegungsmangel der Abbau von Knochensubstanz. Regelmäßige Bewegung ist also die beste Vorbeugung vor Knochenschwund. Erläutere anhand der Abbildungen 2 und 3, wie sich die Struktur der Knochenbälkchen an Bewegungsmangel einerseits und Training andererseits anpassen kann.

4 Knochen und Calcium. Die Festigkeit und Härte eines Knochens wird durch den Einbau von Mineralsalzen gewährleistet. 96 % des Mineralsalzgehaltes eines Knochens sind Calcium-Salze. Calcium ist in unterschiedlichen Mengen in Nahrungsmitteln enthalten. Bei der Verdauung hilft Vitamin D, dass Calcium aus dem Darm über das Blut zu den Knochen gelangt. Vitamin D entsteht in der Haut unter dem Einfluss ultravioletter Strahlung.

a) Ordne die in Abbildung 4 genannten Nahrungsmittel nach ihrem Calciumgehalt.
b) Begründe die Empfehlung, dass Menschen mit sehr dunkler Hautfarbe bei uns vorsorglich Vitamin D zu sich nehmen sollen.

Nahrungsmittel	Calcium in mg/ 100 g Lebensmittel
Eier	54
Emmentaler	1090
Fisch	20–30
Fleisch	10–30
Grünkohl	210
Haselnüsse	290
Kresse, Petersilie	190
Kuhmilch	125
Lauch, Brokkoli	125
Milchschokolade	214
Obst	650
Parmesan	1220
Quark	68–75
Schwarzbrot	60

4 *Calciumgehalt in Nahrungsmitteln*

9.3 Feinbau und Arbeitsweise der Muskulatur

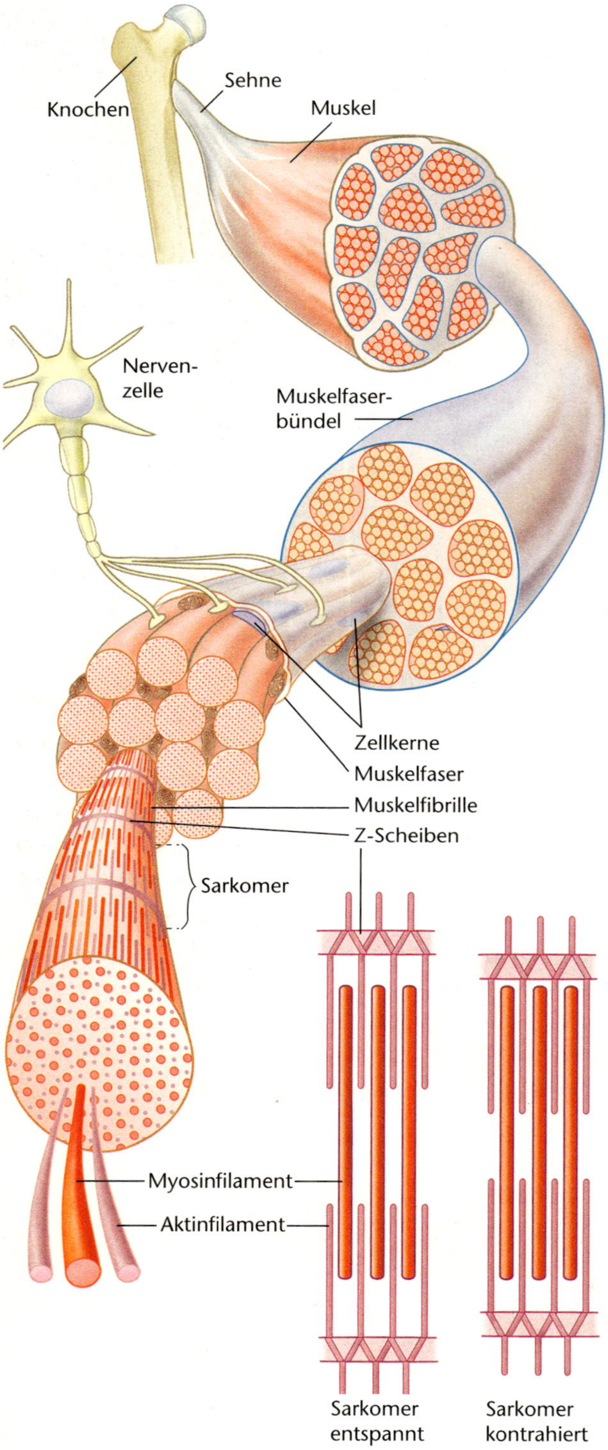

1 *Aufbau eines Muskels*

Knochen, Sehnen und Gelenke sind die passiven Teile des Bewegungssystems. Die Skelettmuskulatur kann sich aktiv zusammenziehen und ermöglicht dadurch Körperbewegungen.

Viele **Muskelfaserbündel** bilden einen Skelettmuskel. Die Muskelfaserbündel enthalten spindelförmige, mehrere Zentimeter lange **Muskelfasern** (Abb. 1). An den Muskelfasern enden Nervenzellen, die Impulse zum Zusammenziehen des Muskels übermitteln. Im Lichtmikroskop erkennt man in den Muskelfasern mehrere Zellkerne. Muskelfasern bestehen aus noch kleineren Einheiten, den so genannten **Muskelfibrillen.** Ihre Funktion liegt darin, sich bei Erregung der Muskelfaser durch die Nervenzellen zusammenzuziehen. Ein anderer Ausdruck für Zusammenziehen ist Kontraktion. Die Muskelfibrillen sind die kontraktilen Elemente des Muskels. Die Muskelfibrillen werden durch quer verlaufende Abtrennungen, die Z-Scheiben, in so genannte **Sarkomere** unterteilt. Diese sind etwa 2,5 Mikrometer lang. Die Z-Scheiben begrenzen jedes Sarkomer. In jedem Sarkomer befinden sich bestimmte, längs angeordnete Proteine, die Filamente. Mit den Z-Scheiben sind die **Aktinfilamente** verbunden. Diese reichen von beiden Seiten in das Sarkomer hinein. In der Mitte des Sarkomers befinden sich etwas dickere **Myosinfilamente.** Sie ragen mit ihren beiden Enden wiederum in die Aktinfilamente hinein.

Bei der Kontraktion eines Sarkomers gleiten Aktin- und Myosinfilamente ineinander; das Sarkomer wird dadurch verkürzt. Wenn sich viele Sarkomere verkürzen, verkürzt sich auch die jeweils übergeordnete Struktur, also Muskelfibrillen und Muskelfaserbündel: Der Muskel kontrahiert. Für die Kontraktionen wird Energie benötigt, die aus energiereichen, chemischen Verbindungen, wie Glucose, in den Mitochondrien durch die Zellatmung bereitgestellt wird. Muskeln wandeln chemische Energie aus der Nahrung in **Bewegungsenergie** und Wärme um.

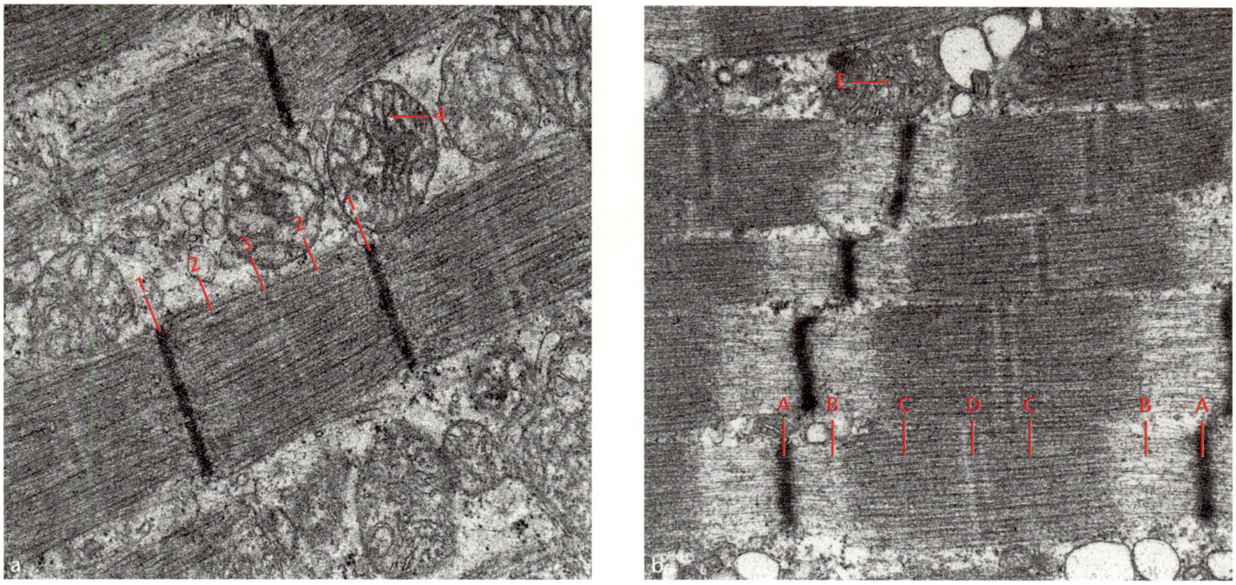

2 *Elektronenmikroskopische Aufnahmen vom menschlichen Augenmuskel*

1 Skelettmuskulatur, mikroskopisch.

a) Beschreibe, welche der im Grundwissentext beschriebenen Strukturen in Abbildung 2 zu finden sind.

b) Bei welcher der Aufnahmen handelt es sich um einen kontrahierten Muskel? Begründe deine Antwort.

c) Bei einer Kontraktion ist der Muskel nicht nur kürzer, sondern auch dicker. Begründe dies.

2 Feinsteuerung der Muskeltätigkeit beim Greifen. Das Gehirn steuert mithilfe von Nervenzellen die Tätigkeit der Fingermuskeln auf sehr genaue Weise. Das ist zum Beispiel beim Pflücken einer reifen Himbeere der Fall (Abb. 4). Beschreibe, welches Ergebnis bei zu schwacher und welches bei optimaler Greifkraft zu erwarten ist. Als Greifkraft bezeichnet man hier die Kraft, die von Daumen und Zeigefinger aufgewandt wird.

3 Zusammenarbeit von Gehirn, Nerven, Sinnesorganen und Muskeln. Beim Füllen eines Glases mit Wasser wird die Greifkraft ständig angepasst (Abb. 3). Mit einer Messvorrichtung wurde die Greifkraft beim Füllen eines Wasserglases gemessen. Das Glas war einmal mit Seide, einmal mit Wildleder und einmal mit Schleifpapier umspannt. Beschreibe die Versuchsergebnisse in Abbildung 3 und werte sie aus. Erläutere die Zusammenarbeit von Gehirn, Nerven, Muskeln und Sinnesorganen an diesem Beispiel.

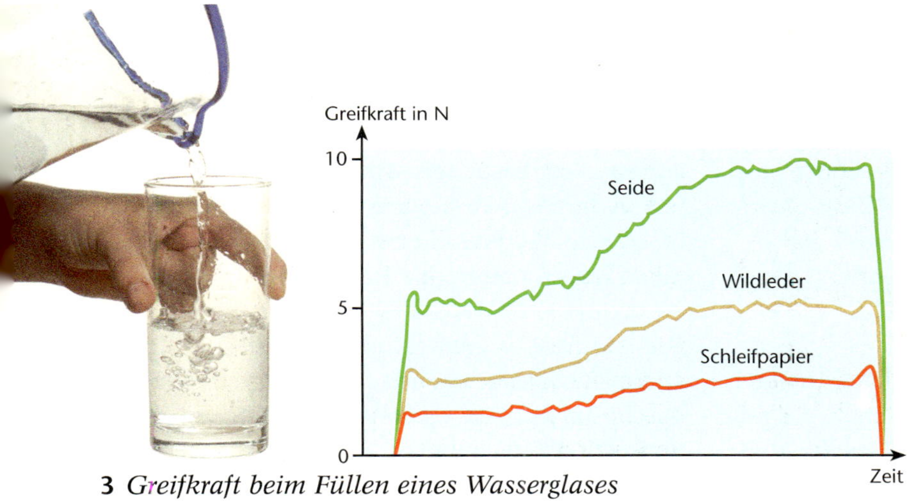

3 *Greifkraft beim Füllen eines Wasserglases*

4 *Eine Himbeere pflücken*

9.4 Auswirkungen von Training und Bewegungsmangel

1 *Inlineskaten – ein Volkssport*

Leistungsfähig und gesund bis ins hohe Alter – eine Wunschvorstellung vieler Menschen. Leistungsfähigkeit und Gesundheit lassen sich durch Verhaltensweisen beeinflussen. Neben einer gesunden Ernährung und einem Leben mit wenig negativem Stress ist Bewegung ein zentraler Ansatzpunkt.

Wer sich regelmäßig und nicht zu intensiv zwei- bis dreimal die Woche sportlich betätigt, lebt meistens gesünder als inaktive Menschen. Trainierte Menschen haben eine gut ausgebildete Muskulatur und können ihre Bewegungen besser koordinieren. Sie sind leistungsfähiger, beweglicher und haben ein besseres Körpergefühl. Oft sind bewegungsaktive Menschen ausgeglichener und zeigen weniger aggressive Verhaltensweisen.

Menschen mit einem höheren Muskelanteil am Körpergewicht verbrauchen auch in Ruhe mehr Energie. Die Energie der Nahrung wird bei ihnen vermehrt in Muskelaktivität umgesetzt; diese Menschen werden nicht so leicht dick.

Bewegungsmangel ist ein gesundheitlicher **Risikofaktor.** Risikofaktoren, wie auch das Rauchen, sind Faktoren, die die Entstehung von Krankheiten begünstigen. So gilt Bewegungsmangel nicht nur als Risikofaktor für Übergewicht, sondern auch für Herz-Kreislauf-Erkrankungen, wie etwa Bluthochdruck, Herzmuskelschwäche, Schlaganfall und Herzinfarkt. Weiterhin lassen sich auch oft Rückenleiden und Knochenschwund (Osteoporose) auf mangelnde Bewegung zurückführen. Körperliche Aktivität wirkt vorbeugend gegen diese Erkrankungen, von denen die meisten auch als **Zivilisationskrankheiten** bezeichnet werden.

Ausdauersportarten wie Laufen, Radfahren, Inlineskaten, Walking und Schwimmen verbessern die Kondition und damit auch das Herz-Kreislauf-System. Um die Muskulatur zu trainieren, sind Formen leichten Krafttrainings geeignet. Schwerpunktmäßig sollten dabei die Rumpfmuskulatur und große Muskelgruppen, wie Beine und Gesäß, trainiert werden, denn sie unterstützen das Bewegungssystem besonders wirkungsvoll. Ballsportarten sowie Turnen, Tanzen und Schwimmen verbessern in Verbindung mit geeigneten Dehntechniken Koordination und Beweglichkeit.

Die Motivation zum Sporttreiben liegt im Spaß an der Bewegung und am Spiel. Ob Volleyball im Verein, Joggen mit Freunden, Schwimmen in der Freizeit oder mit dem Rad zur Schule fahren spielt dabei keine Rolle.

2 *Dieses Fitness-Studio hat Tag und Nacht geöffnet*

1 Training im Alltag. Eine Krankenkasse verwendete Abbildung 2 zusammen mit der Bildunterschrift in einer Werbung.
a) Welche Botschaft soll an den Leser gerichtet werden? Beschreibe.
b) Nenne drei körperliche Aktivitäten, die dir Spaß machen könnten und mit geringem finanziellem Aufwand zu betreiben sind.

2 Herzarbeit, Blutdruck und Ausdauer. Werte die Abbildungen 3 a und 3 b aus. Nenne Gründe für die unterschiedlichen Kurvenverläufe.

3 Anabolika als Dopingmittel.
a) Übersetze den Text in Abbildung 4.
b) Erläutere, warum Anabolika als Dopingmittel eingesetzt werden (Abb. 5).
c) Formuliere Argumente, die das Dopingverbot begründen könnten.

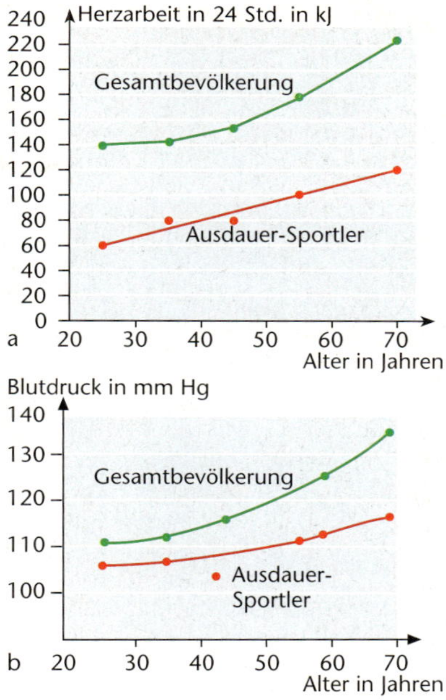

3 *Herzarbeit und Blutdruck (in Ruhe) verschiedener Menschen*

Five riders found guilty of doping
A judge in a Sanremo court found five Italian riders and a masseur guilty on Monday of doping offences during the 2001 Giro d'Italia. Human growth hormone and insulin were found during police raids on all 20 teams involved in the Giro when it passed through the northern Italian resort in June 2001.

4 *Gedopt*

Anabolika machen stark und kaputt
Ein Anabolikum ist eine Substanz, die – ähnlich wie das Hormon Testosteron – den Muskelaufbau fördert. Durch die Einnahme von Anabolika wird nach intensivem Training mehr Muskelmasse aufgebaut, indem Eiweiße aus der Nahrung vermehrt in Muskelproteine umgewandelt werden.
Im Sport, besonders bei Kraftsportarten, hat die Einnahme von größeren Dosen Anabolika eine leistungssteigernde Wirkung. Sich dadurch einen Vorteil zu verschaffen ist jedoch unsportlich und verstößt gegen den Gedanken der Fairness. Anabolika sind daher nicht nur aus gesundheitlichen Gründen als Dopingmittel verboten. Zur medizinischen Behandlung von Osteoporose und Wachstumsstörungen werden sie dagegen in niedriger Dosierung eingesetzt.
Findet ein Doping-Missbrauch von Anabolika über längere Zeit und in höheren Dosen statt, kann es zu erheblichen Nebenwirkungen kommen: bei Männern zu Aggressivität, Verkleinerung der Hoden, sinkender Spermienproduktion, Unfruchtbarkeit und Brustbildung. Bei Frauen zeigen sich neben Störungen des Zyklus und der Fruchtbarkeit hauptsächlich eine „Vermännlichung" mit breitem Kreuz, tieferer Stimme, starkem Haarwuchs und Rückbildung der Brüste. Unabhängig vom Geschlecht erhöht sich der Blutdruck mit schwerwiegenden Folgen für die Gesundheit. Außerdem können Akne, erhöhte Schweißbildung, Kopfschmerzen und bei Jugendlichen Wachstumsstörungen auftreten.

5 *Information zu Anabolika*

10 Krankheiten und Immunsystem

10.1 Bakterien

1 *Bakterienkolonie in verschiedenen Vergrößerungen*

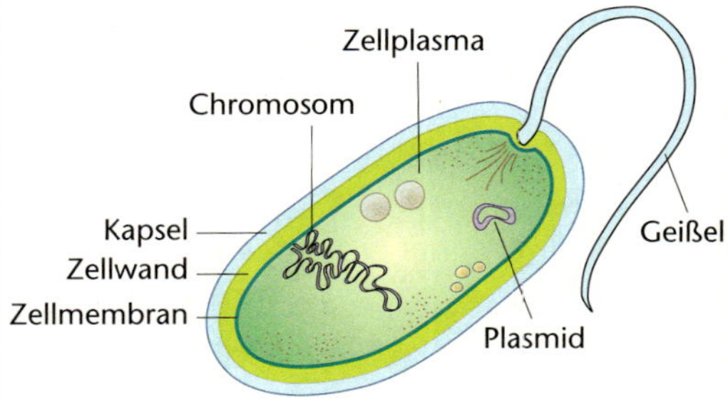

2 *Bau eines Bakteriums*

Bakterien sind einzellige Lebewesen ohne Zellkern. Die Erbinformation liegt als ringförmiges Chromosom im Zellplasma vor. Die einfach gebaute Zelle wird von einer Membran umschlossen (Abb. 2). Nach außen schließt sich eine Zellwand an, die jedoch anders aufgebaut ist als die Zellwand der Pflanzen. Manche Bakterien sind zusätzlich von einer klebrigen Schleimschicht umgeben, die man Kapsel nennt. Nach ihrer Form unterscheidet man stäbchenförmige Bakterien (Bazillen), kugelförmige (Kokken) und spiralig geformte Bakterien (Spirillen, Spirochäten). Viele Bakterienarten können sich mithilfe von Geißeln oder Wimpern fortbewegen. Alle Bakterien benötigen zum Leben eine feuchte Umgebung. Bakterien vermehren sich ungeschlechtlich durch Teilung. Unter günstigen Bedingungen kann eine Teilung alle 20 bis 30 Minuten erfolgen. Es entstehen Bakterienanhäufungen, die man als Kolonien bezeichnet (Abb. 1). Bakterien können untereinander Erbinformation austauschen, indem sie für eine kurze Zeit eine Plasmabrücke zwischen zwei Zellen aufbauen.

Bakterien nehmen Nährstoffe über ihre Zelloberfläche auf. Sie geben Stoffwechselprodukte an ihre Umgebung ab. Manche davon sind für uns giftig. Bakterien findet man nahezu überall. Es handelt sich in den allermeisten Fällen nicht um Krankheitserreger, sondern um Organismen, die im Naturhaushalt eine wichtige Rolle spielen. Sie bauen organisches Material ab und sind dadurch ein wichtiges Glied im Stoffkreislauf der Natur. In Kläranlagen werden sie zur Wasserreinigung genutzt. Bakterien im Darm sind für die Verdauung bei vielen Lebewesen lebensnotwendig. Teilweise werden Bakterien zur Lebensmittelherstellung genutzt, zum Beispiel Milchsäurebakterien bei Jogurt. Unter ungünstigen Bedingungen bilden manche Bakterienarten Endosporen aus. Das sind umgewandelte Bakterienzellen in einer Art Ruhephase, die unempfindlich gegen Wasser- und Nährstoffmangel sind. Sie können große Kälte und Hitze bis über 100 Grad Celsius sowie viele Gifte unbeschadet überstehen und auf diese Weise Jahrhunderte überdauern. Bei günstigen Bedingungen wandeln sie sich wieder in eine normale Bakterienzelle um.

Gelangen bestimmte Bakterienarten in unseren Körper, lösen sie Entzündungen oder Krankheiten aus, von denen einige tödlich verlaufen können. Viele Krankheiten werden durch winzige Speicheltröpfchen, die Bakterien enthalten, übertragen. Man nennt diese Art der Übertragung **Tröpfcheninfektion.** Die Zeit zwischen der Infektion und dem Ausbruch der Krankheit heißt **Inkubationszeit.** Je nach Krankheit kann sie wenige Stunden bis mehrere Wochen betragen. Bei der Krankheitsbekämpfung spielt Hygiene deshalb eine große Rolle.

Krankheit	Inkubationszeit	Übertragung und Symptome
Tetanus (Wundstarrkrampf)	4–14 Tage	Verschmutzung von Wunden durch Erde oder Kot; Schmerzen, Krämpfe, hohes Fieber
Keuchhusten	7–14 Tage	Tröpfcheninfektion; starke Hustenanfälle
Cholera	2–3 Tage	verunreinigtes Trinkwasser oder Nahrungsmittel, Kot; schwere Durchfälle
Scharlach	2–6 Tage	Tröpfcheninfektion; hohes Fieber, Hautausschläge, Ausschlag auf der Zunge
Typhus	2–3 Wochen	verunreinigtes Trinkwasser oder Nahrungsmittel, Kot; steigendes Fieber, erst Verstopfung, dann starke Durchfälle, Hautausschläge

3 *Krankheiten, die von Bakterien ausgelöst werden*

1 Vermehrung von Bakterien.

a) Berechne die Anzahl der Bakterien in einer Bakterienkolonie bei optimalen Vermehrungsbedingungen zu jeder vollen Stunde innerhalb eines Tages, wenn zur Startzeit (0 Uhr) ein Bakterium in die Kultur eingebracht wird und alle 30 Minuten eine Teilung erfolgt. Stelle die Ergebnisse in einem Diagramm dar.

b) Stelle Hypothesen auf, unter welchen Bedingungen die Vermehrung zum Stillstand kommt.

Die Pest wird durch Bakterien hervorgerufen. Sie wird durch den direkten Kontakt mit Nagetieren, den Biss des Rattenflohs, der auch Menschen befällt, oder durch Tröpfcheninfektion von Mensch zu Mensch übertragen. Die Inkubationszeit beträgt zwei bis acht Tage. Es gibt die Beulenpest, bei der besonders die Haut und die darunter liegenden Lymphknoten erkrankt sind. Bei der Lungenpest ist die Lunge betroffen. Lungenpest verläuft ohne sofortige medikamentöse Behandlung tödlich. Bei der Beulenpest sterben zwischen 30–75 % der unbehandelten Kranken.
Im Mittelalter wurden durch die Pest, die wegen der dunklen Hautstellen bei der Beulenpest der schwarze Tod genannt wurde, große Teile der Bevölkerung getötet. In Wien kam zum Beispiel 1679/80 ein Viertel der Bevölkerung ums Leben, es gab mehr als 50 000 Pesttote. Eine sinnvolle Behandlung und die eigentliche Ursache der Krankheit waren nicht bekannt.
Da es Hygiene im heutigen Sinn nicht gab, konnte sich die Krankheit in einer Stadt oder einem Dorf schnell ausbreiten. Durch panikartige Flucht wurde die Krankheit immer weiter verbreitet.

4 *Informationen zur Pest*

2 Krankheiten.

a) Überlege, warum Cholera und Typhus nach großen Naturkatastrophen gefürchtet sind, Tetanus, Scharlach und Keuchhusten dagegen meist nur sporadisch auftreten (Abb. 3).

b) Beschreibe die Rolle der Inkubationszeit bei der Ausbreitung und Bekämpfung von bakteriellen Krankheiten.

3 Pest.

a) Stelle Thesen auf, warum sich die Pest im Mittelalter nach dem ersten Auftreten meist schnell ausbreitete und viele Tote forderte (Abb. 4, 5).

b) Welche Maßnahmen wären auch ohne Medikamente geeignet gewesen, die Pest einzudämmen?

5 *Ausleeren eines Nachttopfes (Holzschnitt 15. Jh.)*

10.2 Antibiotika

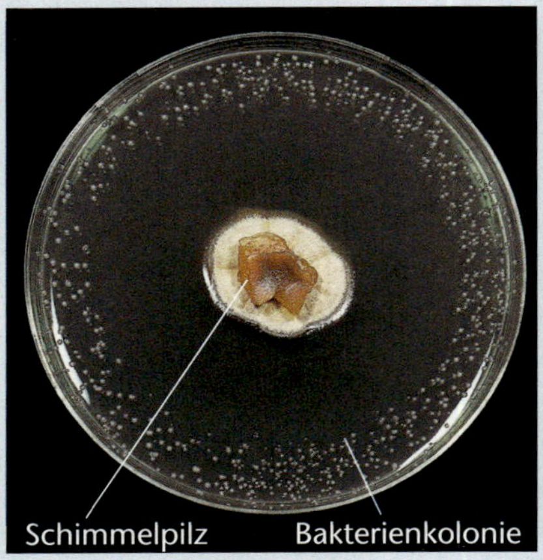

1 *Ein Schimmelpilz verhindert das Wachstum von Bakterien*

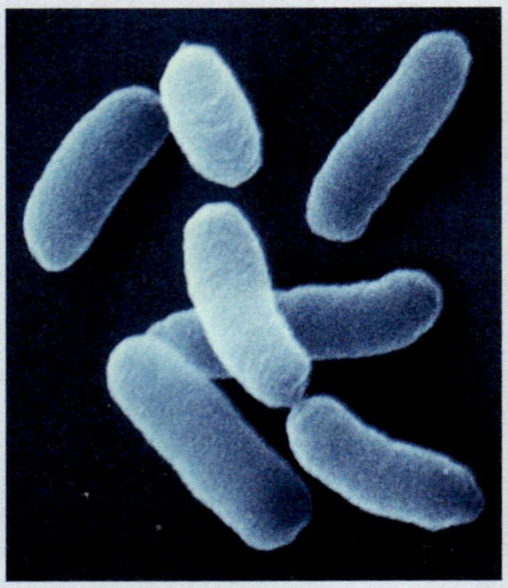

2 *Bakterien vor Penicillin-einwirkung*

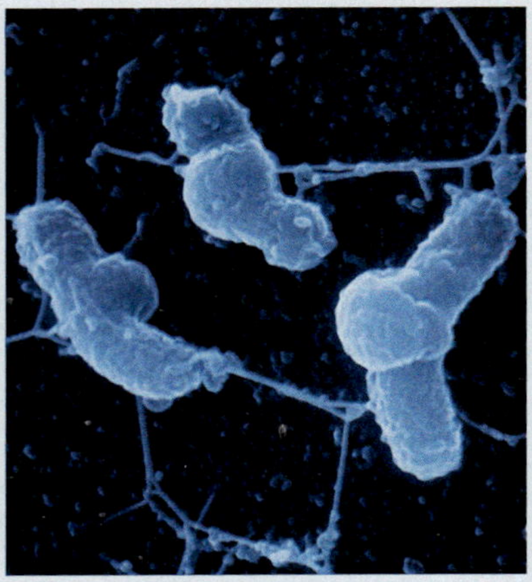

3 *Bakterien nach Penicillin-einwirkung*

Antibiotika sind Substanzen, die Bakterien abtöten, ohne die Zellen von Menschen und Tieren zu schädigen. Viele Antibiotika bewirken, dass Bakterien keine neuen Zellwände oder Membranen aufbauen können. Bei der Teilung wird ihre Umhüllung instabil und die Bakterien platzen (Abb. 2, 3). Das erste Antibiotikum, das Penicillin, wurde 1928 von ALEXANDER FLEMING entdeckt (Abb. 4). Seit etwa 1950 werden Patienten mit Antibiotika behandelt. Mit dem Penicillin war es erstmals möglich, bakterielle Infektionskrankheiten schnell und wirksam zu bekämpfen. Lange herrschte eine große Euphorie. Man glaubte, diese Krankheiten endgültig besiegt zu haben. Doch bald traten Bakterienstämme auf, bei denen das Antibiotikum nicht wirkte. Diese Bakterienstämme waren gegen das Medikament **resistent.**

In der Erbinformation von Bakterien treten wie bei allen Organismen zufällige Veränderungen auf. Man nennt sie **Mutationen.** Bei Bakterien ereignen sich Mutationen sehr häufig. Sie können dazu führen, dass ein Antibiotikum bei einem Bakterium nicht wirksam ist. Wird dieses Medikament eingesetzt, sterben alle Bakterien ab, nur das mit der Resistenz bleibt am Leben und kann sich nun ohne Konkurrenz durch andere Bakterien vermehren. Alle Nachkommen besitzen das Resistenzmerkmal, ein resistenter Bakterienstamm ist entstanden. Da die Resistenz in der DNA festgelegt ist, kann sie durch Austausch von DNA an andere Bakterien weitergegeben werden.

Im Laufe der Zeit wurden viele weitere Antibiotika entdeckt oder chemisch hergestellt. Inzwischen gibt es weltweit aber Bakterienstämme, die gegen fast alle Antibiotika resistent sind.

Im September 1928 kehrte der Bakteriologe ALEXANDER FLEMING nach einem Urlaub in sein Labor zurück. Er arbeitete zu dieser Zeit mit Bakterienkulturen. Beim Aufräumen entdeckte er Nährböden mit Kulturen, die einen grünlichen Schimmel aufwiesen. Ihm fiel auf, dass die Bakterien auf den verschimmelten Nährböden abgestorben waren. Weitere Versuche ergaben, dass der Schimmelpilz mit dem Namen Penicillium eine Substanz abscheidet, die Bakterien abtötet. FLEMING nannte sie Penicillin. Erst zehn Jahre später gelang es den Biologen FLOREY und CHAIN, die Substanz konzentriert zu gewinnen und erste erfolgreiche Tierversuche durchzuführen. 1941 wurde der erste Patient mit Penicillin behandelt. Nach einer ersten phänomenalen Besserung starb der Patient dennoch, weil die gewonnene Penicillinmenge nicht für eine Fortsetzung der Behandlung reichte.

4 *Die Entdeckung von Penicillin*

Grundwissen

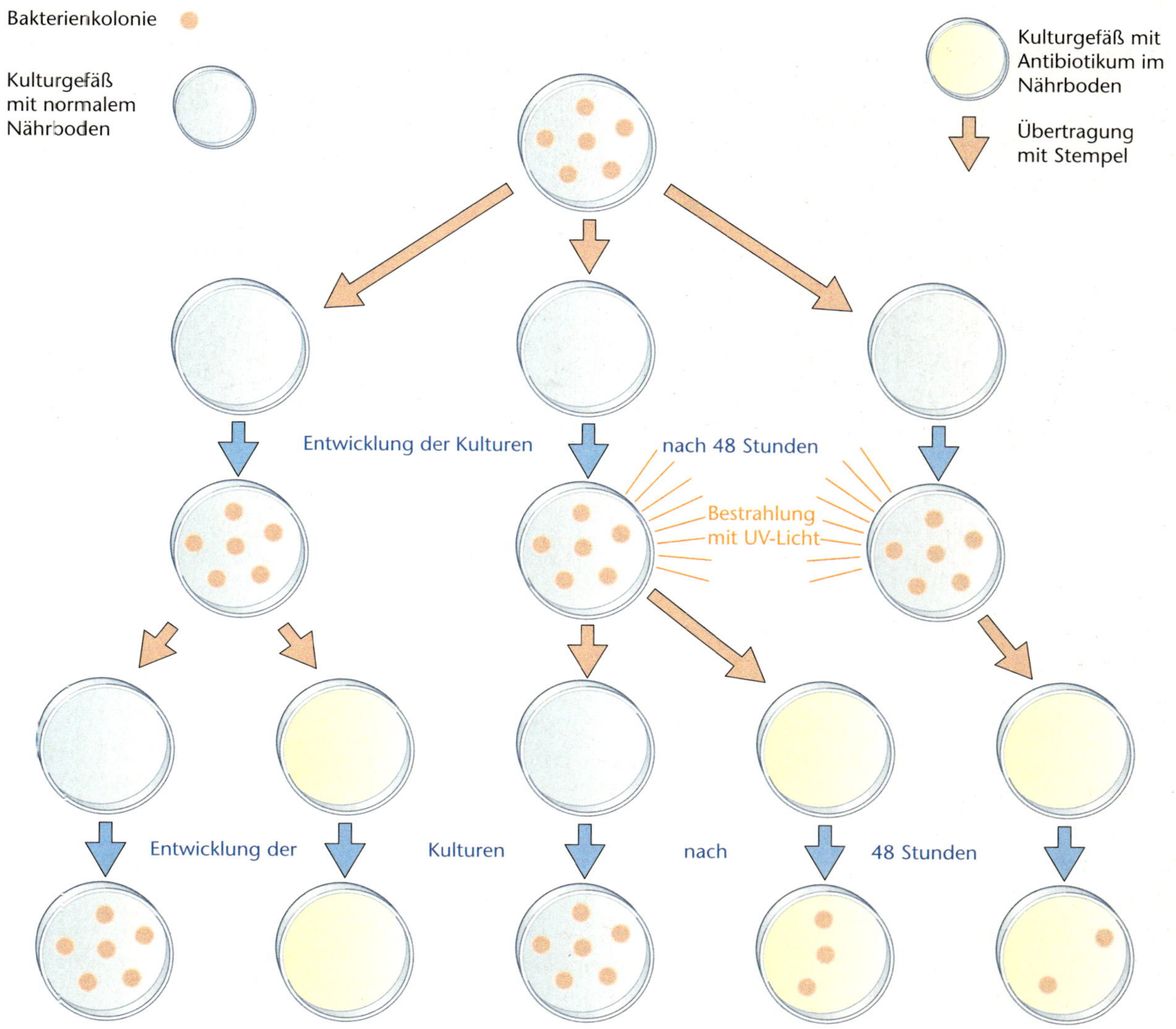

5 *Stempelversuche mit Bakterienkolonien*

1 Schimmelpilzwirkung. Beschreibe die Abbildung 1. Erkläre, wie die Verteilung der Bakterienkulturen zustande kommt.

2 Stempelversuche. Bakterien können auf speziellen Nährböden in Petrischalen gezüchtet werden. Hat man in ein solches Kulturgefäß Bakterien eingebracht, vermehren sich diese und bilden Bakterienkolonien. Mithilfe eines so genannten Stempels kann man von den Kolonien einen genauen Abdruck machen. Die Bakterien bleiben an dem Stempel hängen und werden auf einen neuen Nährboden übertragen.
Durch UV-Licht wird die Wahrscheinlichkeit von Mutationen sehr stark erhöht.
a) Erkläre die Vorgehensweise in den in Abbildung 5 dargestellten Versuchen. Begründe ausführlich die Ergebnisse.
b) Vergleiche die Bedingungen in der Petrischale in Abbildung 1 mit denen von Abbildung 4.

3 Wettlauf zwischen Medizin und Bakterien. Erkläre, wieso von einem ständigen Wettlauf zwischen Medizin und Bakterien gesprochen wird. Warum wird dabei von vielen Wissenschaftlern ein zu häufiger Einsatz von Antibiotika kritisiert?

10.3 Viren

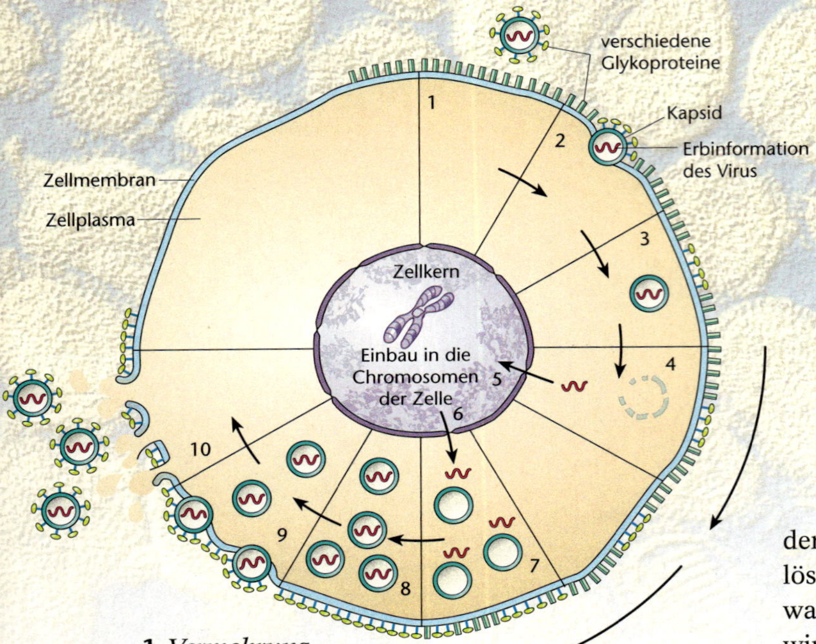

1 *Vermehrung des Influenzavirus*

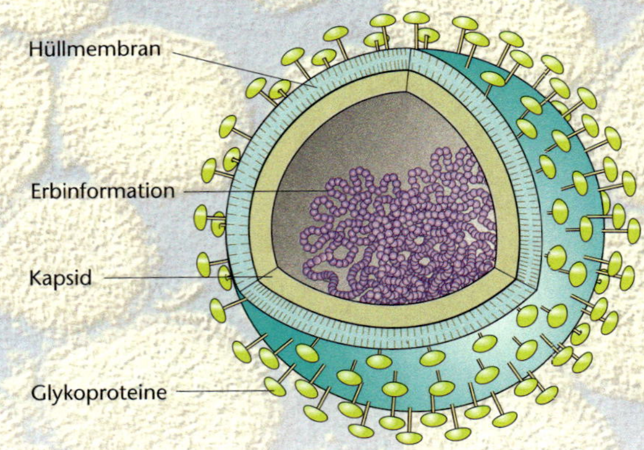

2 *Schema des Influenzavirus*

Viren sind winzige Gebilde, die nur im Elektronenmikroskop sichtbar gemacht werden können. Sie bestehen aus Erbinformation und einer Kapsel, die man Kapsid nennt. Viele Viren, z. B. das Influenzavirus, das die Grippe auslöst, sind zusätzlich von einer Hüllmembran umgeben (Abb. 2). Viren haben keinen Stoffwechsel und können sich nicht aktiv fortbewegen. Die Vermehrung von Viren erfolgt nur in Wirtszellen. Das sind Zellen von Menschen, Tieren oder Pflanzen, die vom Virus befallen werden. Das Virus programmiert die befallene Zelle so um, dass sie neue Viren produziert. Die befallene Zelle stirbt ab, wenn die Viren die Zelle verlassen.

Der **Vermehrungszyklus** des Virus beginnt mit der Anheftung an die Wirtszelle (Abb. 1 ①): Dabei dockt ein Virus mit den Glykoproteinen an ein dazu passendes Glykoprotein der Wirtszellenoberfläche an. Glykoproteine sind Bausteine der Membran von Zellen und Viren. Sie bestehen aus einem Protein, an das Zuckermoleküle gebunden sind. ②, ③: Die Hüllmembran des Virus verschmilzt mit der Membran der Wirtszelle und das Virus gelangt in das Innere der Zelle. Dort erfolgt das Auspacken der Erbinformation ④, indem sich das Kapsid auflöst. Die frei gewordene Erbinformation des Virus wandert in den Zellkern der Wirtszelle ⑤. Dort wird es in die Erbinformation der Wirtszelle eingebaut ⑥. Danach wird die Zelle umprogrammiert, so dass sie nun massenhaft neue Virenbestandteile produziert ⑦. Die Virenbestandteile werden schließlich zusammengesetzt ⑧. Gleichzeitig baut die Wirtszelle die Bestandteile der Virushülle in ihre eigene Oberflächenmembran ein. Bei der Ausschleusung ⑨ werden die neu gebildeten Viren mit dieser Membran umgeben, die die neue Hüllmembran des Virus bildet. Die Membran der Wirtszelle löst sich auf ⑩ und die Wirtszelle stirbt.

Bestimmte Krankheiten werden von Viren hervorgerufen (Abb. 3). Sie lassen sich teilweise nur schwer behandeln, weil Viren infolge des fehlenden eigenen Stoffwechsels nur wenige Angriffspunkte für Medikamente bieten. Krankheiten, die von Viren hervorgerufen werden, deren Membranoberfläche über lange Zeit konstant bleibt, lassen sich meist gut durch **Impfen** vorbeugend bekämpfen. Bei manchen Viren treten häufig Mutationen auf, so dass sie von Generation zu Generation unterschiedliche Membranoberflächen aufweisen. Dies erschwert die Bekämpfung durch das Immunsystem und die Wirksamkeit einer Impfung. Das HI-Virus und das Influenzavirus gehören zu diesen Viren.

Krankheit	Inkubationszeit	Übertragung und Symptome
Röteln	1–3 Wochen	Tröpfcheninfektion; kleine rötliche Flecken am Körper
Masern	9–11 Tage	Tröpfcheninfektion; Husten, Fieber, rote Flecken am ganzen Körper
Polio (Kinderlähmung)	3–20 Tage	Tröpfcheninfektion, Urin, Kot; hohes Fieber, Kopfschmerzen, steifer Nacken, Empfindlichkeit der Haut, Gliederschmerzen
Windpocken	2–3 Wochen	Tröpfcheninfektion; bläschenartiger Ausschlag, manchmal Fieber
Influenza (Grippe)	wenige Stunden bis 3 Tage	Tröpfcheninfektion; Gliederschmerzen, Mattigkeit, Kopfschmerzen, Entzündung der Atemwege, häufig hohes Fieber, kann besonders bei Menschen mit geschwächtem Immunsystem zum Tod durch Herz-Kreislauf-Versagen führen

3 *Krankheiten, die von Viren hervorgerufen werden*

1 Virenvermehrung. Stelle die Vermehrung der Viren anhand der Abbildung 1 in einem Flussdiagramm dar.

2 Viren als Krankheitserreger. Erkläre, warum Antibiotika bei Scharlach und Keuchhusten sinnvoll eingesetzt werden, bei Windpocken und Masern aber nicht wirksam sind.

3 Viren als Lebewesen. „Viren sind keine Lebewesen." Stelle Argumente für und gegen diese These zusammen.

4 Vermischung von Viren. Abbildung 5 zeigt schematisch die Vermischung zweier Viren in einem dritten Wirt.

a) Beschreibe in eigenen Worten die Aussagen der Abbildung 5.

b) Fertige eine Zeichnung für die in Abbildung 4 beschriebenen Vorgänge an. Vergleiche sie mit dem in Abbildung 5 dargestellten Vorgang.

Grippeviren existieren nicht nur bei Menschen, sondern auch bei Vögeln und Säugetieren. Da die Viren auf die Oberfläche ihrer Wirtszellen spezialisiert sind, erkranken in der Regel nur Tiere der gleichen Artengruppe. Erkrankt einmal ein Mensch an einer „Tiergrippe", kann die Krankheit nicht an andere Menschen weitergegeben werden. Durch Mutationen oder durch Vermischung mit einem auf den Menschen spezialisierten Grippevirus kann es dennoch vorkommen, dass ein solches tierisches Virus von Mensch zu Mensch überspringen kann. Dann droht Gefahr, da das menschliche Immunsystem auf das Virus nicht vorbereitet ist. Die Erkrankung verläuft deshalb oft sehr schwer und die Entwicklung eines Impfstoffes dauert viele Monate. Meist hat sich die Krankheit dann bereits weit ausgebreitet.

4 *Grippe bei Tieren und ihre Gefahren für Menschen*

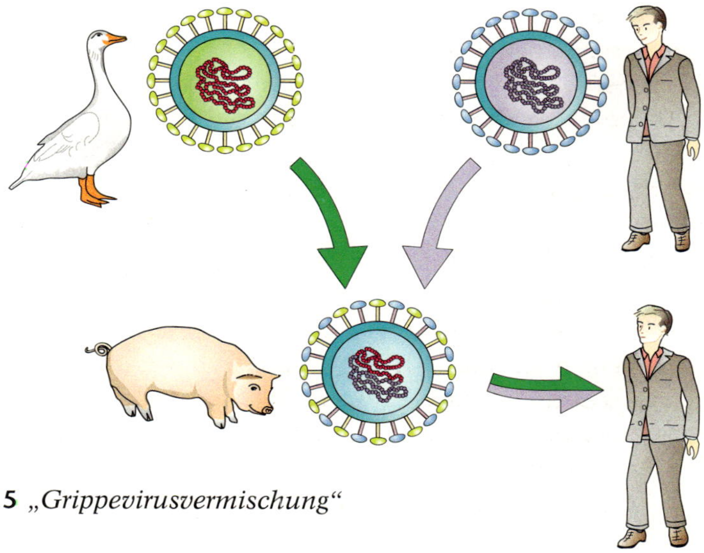

5 *„Grippevirusvermischung"*

Ein schriftliches Referat erstellen

1. Vorbereitung
Beginne die Arbeit damit, dass du überlegst, was du bereits über dein Thema weißt. Halte dein Wissen auf einem DIN-A4-Blatt fest.
Lege einen Ordner an, in den du alle Texte, Aufzeichnungen und Materialien für dein Referat einheften kannst.

2. Überblick verschaffen
Wenn du bislang nur wenig über dein Thema weißt, verschaffe dir mithilfe von Lexika, Zeitschriftenartikeln oder dem Internet einen ersten Überblick.

3. Fragen formulieren
Überlege dir Fragen, die durch das Referat beantwortet werden sollen. Halte diese auf einem „Fragenzettel" (DIN-A4-Blatt) fest (Abb. 1).

4. Materialien sammeln
Suche in der Bücherei oder im Internet nach passenden Büchern, Zeitschriften, Karten, Bildern und Internetseiten zu deinem Thema (Abb. 2).

5. Sichten des Materials
Verschaffe dir einen Überblick über das gefundene Material und entscheide, welche Texte, Bilder oder Karten zu deinem Thema passen. Prüfe, ob du mit dem bislang gefundenen Material deine Fragen beantworten kannst. Suche ansonsten nach weiteren Materialien.
Falls du beim Sichten auf weitere wichtige Gesichtspunkte deines Themas stößt, die du bislang noch nicht berücksichtigt hattest, ergänze sie auf deinem „Fragenzettel".
Überprüfe anschließend, ob sich manche Fragen vom Inhalt her überschneiden und sich deshalb zusammenfassen lassen. Streiche Fragen, die das Thema wenig oder gar nicht berühren.

6. Erstellen einer Gliederung
Überlege, welches die Kernpunkte deines Themas sind, die du auf jeden Fall in deinem Referat behandeln willst. Das gefundene Material und deine Fragen, die du dir zu Anfang gestellt hast, helfen dir dabei, mögliche Schwerpunkte zu finden. Diese Schwerpunkte, auch Gliederungspunkte genannt, stellen das Gerüst deines Referates dar. Achte beim Erstellen der Gliederung auf eine sinnvolle und logische Reihenfolge der Gliederungspunkte (Abb. 3).

7. Auswerten des Materials
Werte die Materialien aus, indem du die wichtigsten Informationen für dein Referat sicherst. Das kann beispielsweise so geschehen, dass du wichtige Textstellen oder Bilder kopierst, wichtige kurze Passagen abschreibst oder einen Textauszug anfertigst. Hefte dieses Material in deinen Ordner. Schreibe auf jede Seite, zu welchem Gliederungspunkt die Informationen passen. Trage auch den Titel des Buches oder die Adresse der Internetseite ein. So weißt du, woher die gefundenen Informationen stammen.

8. Das schriftliche Referat ausarbeiten

Nachdem du die gefundenen Informationen den einzelnen Gliederungspunkten zugeordnet hast, kannst du mit dem Ausarbeiten des Referates beginnen. Ausarbeiten bedeutet, dass du mithilfe der gesammelten Informationen einen zusammenhängenden Text verfasst. Wichtig beim Ausarbeiten ist, dass du nicht aus den Vorlagen abschreibst, sondern mit deinen eigenen Worten die Sachverhalte wiedergibst. Manchmal ist es jedoch sinnvoll, einen besonders gut formulierten Satz aus einer Quelle komplett zu übernehmen, das heißt ihn zu zitieren.

9. Regeln für das Zitieren

Zitieren bedeutet, einen oder mehrere Sätze aus einem Text wortwörtlich zu übernehmen.
Beachte, dass du ein Zitat als solches kenntlich machen musst. Das geschieht dadurch, dass das Zitat in Anführungszeichen gesetzt wird.
Zitiere genau, das heißt, dass du den Text wortwörtlich wiedergeben musst und ihn nicht verändern darfst. Wenn du längere Zitate kürzt, achte darauf, dass durch die Kürzung der Sinn nicht verfälscht wird. Kennzeichne die Auslassungen durch Punkte [...]. Gib auch die Quelle an, aus der das Zitat stammt, damit der Leser die Richtigkeit des Zitates überprüfen kann.

10. Ausgewogenheit der Darstellung

Achte vor allem bei strittigen Themen um eine ausgewogene Darstellung, das heißt, dass du sowohl die Argumente der Befürworter als auch der Gegner angemessen darstellst.

1) Wodurch wird die Pest ausgelöst?
2) Wodurch wird diese Krankheit übertragen?
3) Woran erkennt man, dass ein Mensch an der Pest erkrankt ist?
4) Ist die Pest heilbar?
5) In welchen Ländern gibt es die Pest noch heute?
6) Wie kann man sich vor der Pest schützen?

1 *Fragen zum Thema „Pest“*

2 *Wanderratte, Floh, Pestbakterien*

1. Definition
2. Arten
2.1 Beulenpest
2.2 Lungenpest
3 Übertragungswege
4 Behandlung
5 Geschichte der Pest
5.1 Pest in der Antike
5.2 Pest im Mittelalter
6 Pest heute

3 *Mögliche Gliederung*

Bergdolt, Klaus: Der schwarze Tod in Europa. Die große Pest und das Ende des Mittelalters. München 1994.
Herlithy, David: Der schwarze Tod und die Verwandlung Europas. Berlin 1998.
Meier, Mischa: Pest. Die Geschichte eines Menschheitstraumas. Stuttgart 2005.
Vasold, Manfred: Die Pest. Ende eines Mythos. Darmstadt 2003.

4 *Fachbücher zum Thema Pest*

10.4 Das Immunsystem

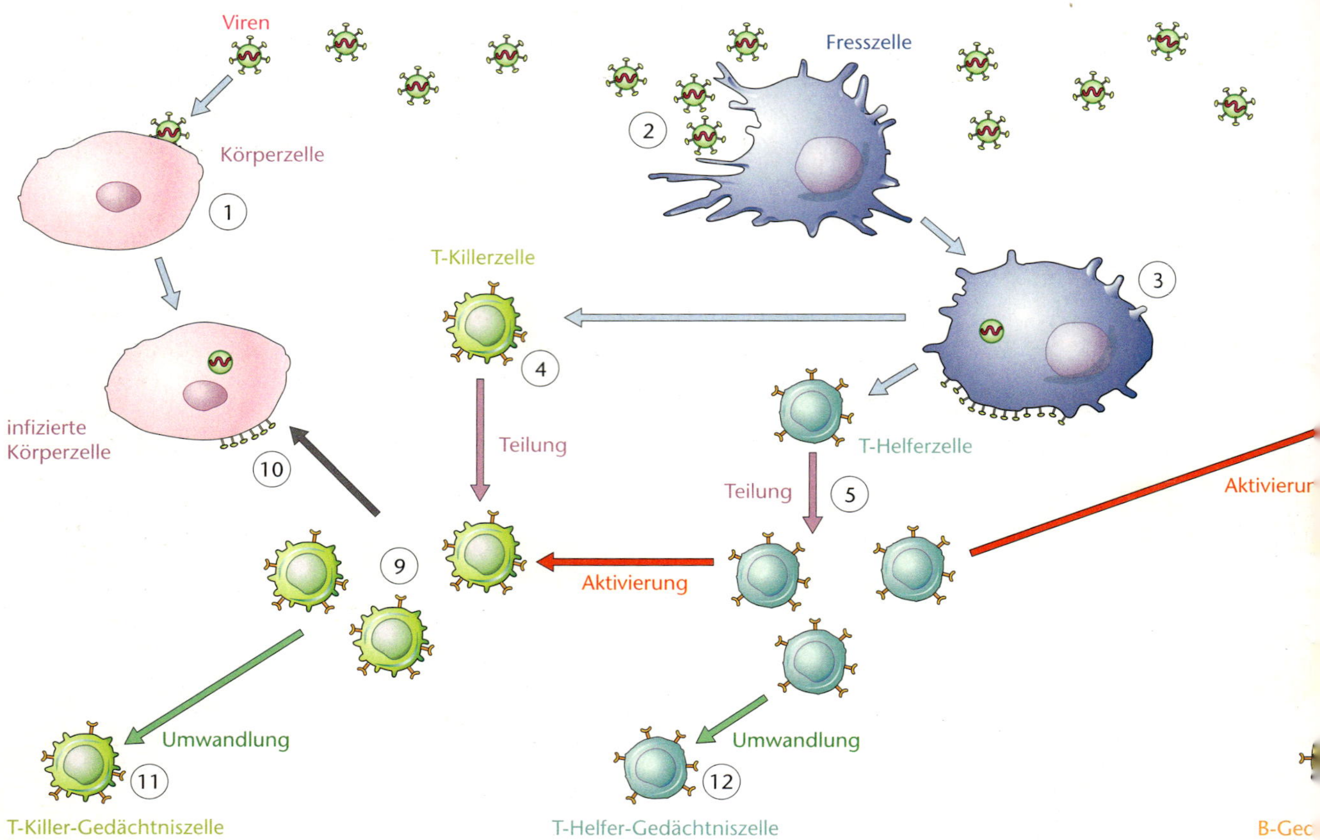

1 *So bekämpft das Immunsystem Influenzaviren*

Alle Zellen des Immunsystems werden im Knochenmark gebildet. Sie werden als Weiße Blutkörperchen oder **Leukozyten** bezeichnet. Zu den Leukozyten gehören Fresszellen, T-Zellen und B-Zellen. Bei ihrer Reifung „lernen" Leukozyten, Fremdkörper von körpereigenen Stoffen zu unterscheiden. Die Unterscheidung erfolgt durch Proteine auf der Oberfläche. Jede körpereigene Zelle enthält bestimmte Proteine, die man MHC-Marker nennt. Alle Zellen oder Stoffe, die auf ihrer Oberfläche diese Proteine nicht tragen, werden als körperfremd erkannt und bekämpft. Solche Zellen oder Stoffe bezeichnet man als **Antigene.** Die Reifung erfolgt bei den B-Zellen im Knochenmark (B kommt von bone = Knochen) und bei den T-Zellen in der Thymusdrüse, einer Drüse hinter dem Brustbein. Bei der Reifung werden **Rezeptoren** in die Oberfläche der B- und T-Zellen eingebaut, die auf Antigene passen. Jede Zelle entwickelt nur eine Sorte der Rezeptoren. B- und T- Zellen, deren Rezeptoren zu Oberflächenmolekülen körpereigener Zellen passen, werden getötet, damit sie sich nicht gegen den eigenen Körper wenden können. T-Zellen und B-Zellen reagieren spezifisch nur auf solche Antigene, die nach dem Schlüssel-Schloss-Prinzip zu den Rezeptoren auf ihrer Oberfläche passen (Abb. 2). Sie bilden daher die Grundlage der spezifischen Abwehr von Krankheitserregern, die in den Körper eingedrungen sind. Es gibt hunderttausende von T- und B-Zellen, die sich in ihren Rezeptoren für Antigene unterscheiden.

Fresszellen können sich amöbenartig zwischen den Zellen im Gewebe fortbewegen. Sie fressen eingedrungene Erreger, Fremdkörper, aber auch abgestorbene Körperzellen. Die Bekämpfung durch

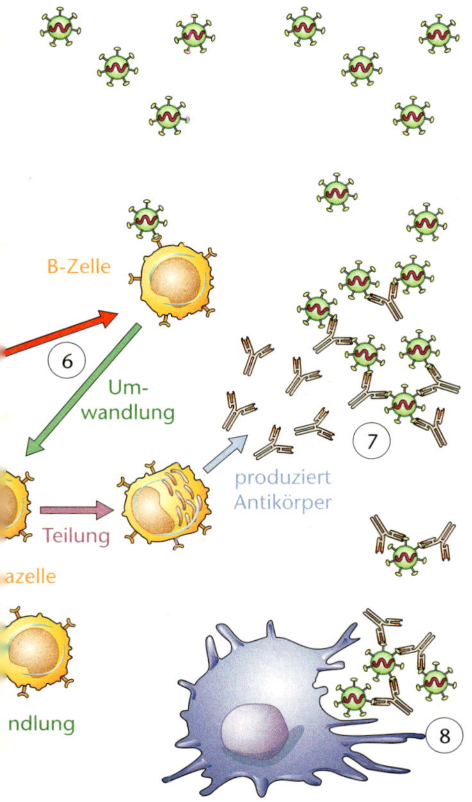

Influenzaviren, die in den Körper eingedrungen sind, befallen Körperzellen (1). Einige Viren werden von den Fresszellen direkt gefressen (2). Die Fresszelle baut Teile der Antigene in ihre Oberfläche ein (3). Anschließend treffen diese Fresszellen auf T-Helferzellen und T-Killerzellen. Wenn deren Rezeptoren zu den Antigenen passen, werden diese Zellen zur Teilung angeregt (4) (5). Die T-Helferzellen aktivieren passende B-Zellen, die sich daraufhin bei Kontakt mit dem Virus in Plasmazellen umwandeln und teilen (6). Die Plasmazellen produzieren Antikörper, die frei im Körper vorkommende Influenzaviren verklumpen (7). Fresszellen vernichten verklumpte Viren (8). T-Helferzellen aktivieren passende T-Killerzellen (9). Diese töten die Körperzellen, die vom Virus infiziert wurden (10). Ein Teil der aktivierten T-Killerzellen, T-Helferzellen und Plasmazellen wandelt sich in entsprechende Gedächtniszellen um (11) (12) (13).

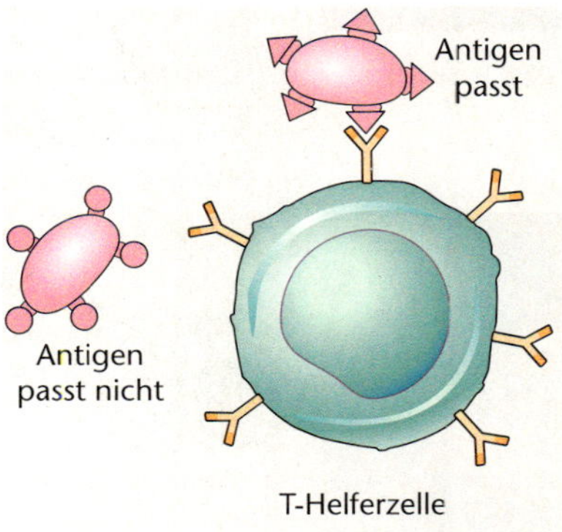

2 *Schlüssel-Schloss-Prinzip*

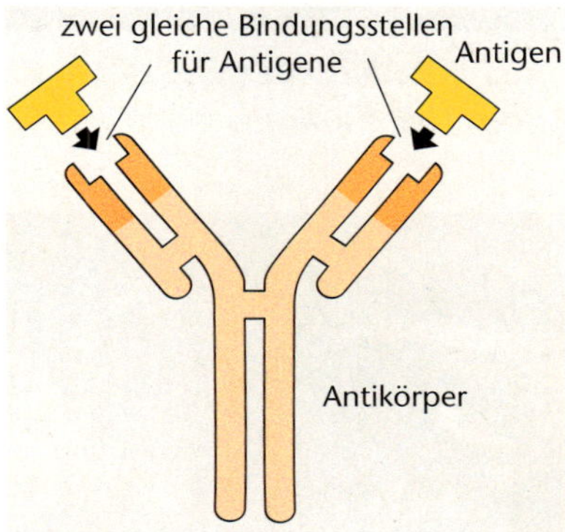

3 *Antikörper*

Fresszellen bezeichnet man als unspezifische Abwehr, weil sie sich gegen alle körperfremden Stoffe richtet. Dabei bauen die Fresszellen nach dem Verzehr Teile der Antigene in ihre eigene Oberfläche ein und kennzeichnen sie mit speziellen Molekülen. Die Kennzeichnung verhindert, dass die Fresszelle als infiziert angesehen wird. Trifft eine Fresszelle mit markierten Antigenteilen auf eine T-Zelle mit passendem Rezeptor, wird diese zur Teilung angeregt.

Bei den T-Zellen gibt es zwei Gruppen, die T-Helferzellen und die T-Killerzellen. T-Helferzellen, die Kontakt mit einer Fresszelle mit passendem Antigen hatten, aktivieren die T-Killerzellen sowie die B-Zellen und regulieren durch abgegebene Stoffe die Immunaktivität. T-Killerzellen töten nach ihrer Aktivierung alle Zellen, in die ein Virus eingedrungen ist. Dadurch wird die Virusvermehrung gestoppt. Die Erkennung erfolgt durch Antigene in der Oberfläche der infizierten Zelle.

Aktivierte **B-Zellen,** die zudem Kontakt mit einem passenden Antigen hatten, teilen sich sehr häufig. Sie produzieren große Mengen **Antikörper,** die sie an die Umgebung abgeben. Antikörper sind Proteine (Abb. 3). Ihre Bindungsstellen weisen die gleiche Form auf wie die Rezeptoren auf der Oberfläche der B-Zelle, die sie gebildet hat. Antikörper verklumpen Antigene und machen Erreger dadurch bewegungsunfähig. So können sie leichter von Fresszellen vernichtet werden. Ein Teil der aktivierten T- und B-Zellen wandelt sich in langlebige Gedächtniszellen um. Sie werden bei einer erneuten Infektion mit den gleichen Krankheitserregern sofort aktiv.

10.5 Abwehr von körperfremden Stoffen

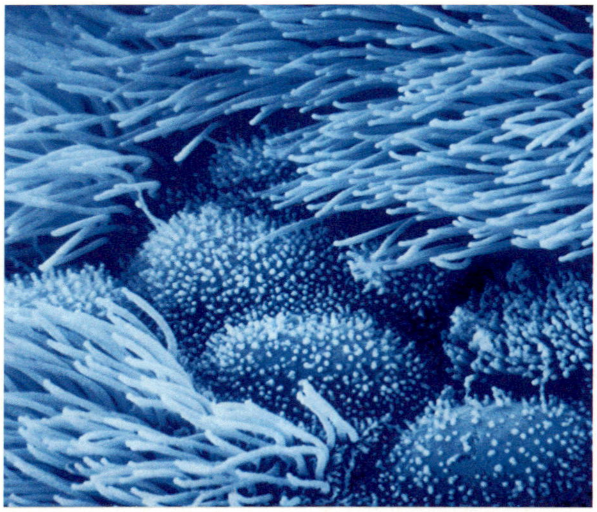

1 *Schleim bildende Zellen und Flimmerhärchen in der Schleimhaut*

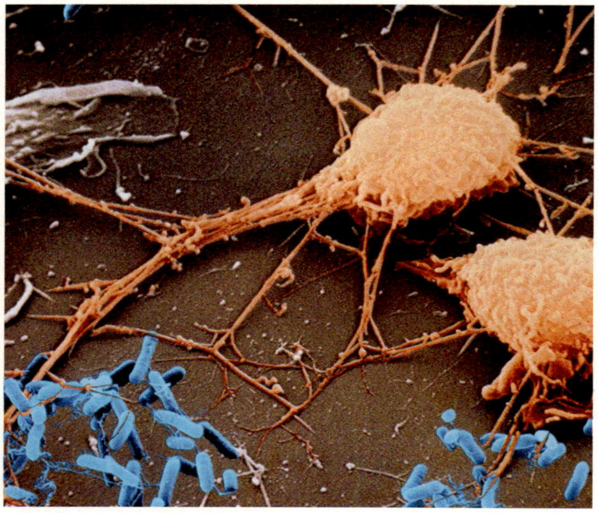

2 *Fresszellen (rot) beim „Aufsammeln" und Fressen von Bakterien (blau)*

Im täglichen Leben sind wir ständig von Bakterien, Viren und anderen Erregern umgeben. Eine gut funktionierende Immunabwehr kann uns davor schützen, zu erkranken. Alle Erreger dringen zunächst in den Körper ein. Dies geschieht entweder durch die Haut oder über die Atemwege und Verdauungsorgane. Die Haut weist fast immer kleinste Verletzungen auf. Sie hat einen natürlichen Schutzmantel aus Schweiß und Talg, die einen Säurefilm auf die Haut legen. Bei den Schleimhäuten in den Atemwegen und den Verdauungsorganen gibt es ähnliche Schutzmechanismen wie die Abgabe von Schleim oder Säure, zum Beispiel der Magensäure. Der Schleim wird mit eingeschlossenen Erregern durch Flimmerhärchen nach außen befördert (Abb. 1).

Gelingt es den Erregern dennoch, in den Körper einzudringen, treten zunächst die Fresszellen in Aktion (Abb. 2). Sie werden durch Entzündungsstoffe unterstützt. Entzündungsstoffe fördern die Durchblutung und locken weitere Fresszellen an. Fresszellen starten außerdem die spezifische Abwehr durch T- und B-Zellen bei einer Infektion. Damit diese Abwehr zuverlässig arbeitet, müssen gegen möglichst viele Erreger Gedächtniszellen vorliegen, um bei einer Infektion schnell reagieren zu können.

Die Wirksamkeit des Immunsystems kann durch eine gesunde Ernährung mit einem hohen Anteil an Obst und Gemüse und wenig Zucker und Fett gestärkt werden. Der Effekt wird durch regelmäßige Bewegung verstärkt. Die Psyche eines Menschen wirkt sich ebenfalls auf das Immunsystem aus. Stress und Angst setzen die Vermehrungsfähigkeit von Zellen des Immunsystems herab (Abb. 7). Es wird diskutiert, ob eine positive Lebenseinstellung das Immunsystem effektiver macht und damit Selbstheilungskräfte weckt.

Bei Organtransplantationen kann es zu Abstoßungsreaktionen des Körpers auf das neue Organ kommen. Dabei bekämpft das Immunsystem das Spenderorgan als körperfremde Substanz. Die Wahrscheinlichkeit einer solchen Abstoßung ist umso größer, je mehr MHC-Marker bei Spender und Empfänger unterschiedlich sind. MHC-Marker sind Oberflächenproteine, an denen körpereigene Zellen vom Immunsystem erkannt werden. Im Fall einer Abstoßungsreaktion muss das Immunsystem des Empfängers unterdrückt werden, wodurch die Infektanfälligkeit des Patienten steigt.

1 Krankheitsabwehr. Man spricht von drei Verteidigungslinien der Krankheitsabwehr. Benenne die drei Verteidigungslinien und beschreibe sie. Ordne die im Grundwissentext genannten Elemente den Verteidigungslinien zu.

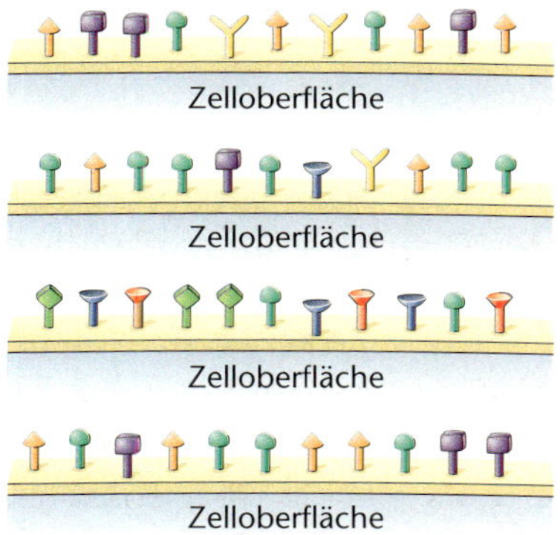

3 *MHC-Marker auf der Zelloberfläche*

2 Transplantationen.
a) Entscheide, welche Organe in Abbildung 3 für eine Organtransplantation am ehesten in Frage kommen. Begründe deine Entscheidung.
b) Täglich werden in Deutschland elf lebensrettende Organtransplantationen durchgeführt. Es sterben trotzdem täglich drei Patienten, weil sie nicht rechtzeitig ein Organ bekommen. Diskutiere unter Einbeziehung der Abbildung 4 und 5 diesen Sachverhalt.

3 Stress und Immunsystem. Setze die Aussagen der Abbildungen 6 und 7 zueinander in Beziehung.

Eine Organtransplantation ist nur sinnvoll, wenn möglichst viele MHC-Marker von Empfänger und Spender übereinstimmen. Eine 100-prozentige Übereinstimmung gibt es nur bei eineiigen Zwillingen. Bei einer Lebendspende wird ein Organ, z. B. eine Niere oder ein Leberlappen, von einem lebenden Menschen gespendet, meist von einem nahen Verwandten.
In der Regel werden die Organe aber einem gerade Verstorbenen entnommen. Voraussetzung dafür ist ein Organspendeausweis oder die Zustimmung der nächsten Angehörigen. Trotz Werbung führen zu wenig Menschen einen Organspendeausweis mit sich, um den Bedarf an Organen zu decken.

4 *Organspende*

Jahr 2004	Herz	Niere	Lunge
Transplantationen vom 01.01.–31.05.	123	789	69
auf der Warteliste am 01.06.	572	891	461
Wartezeit in Jahren	1–2	3–5	2–4

5 *Zahlen zu Transplantationen in Deutschland*

Ereignis	Stresswert
Tod des Ehepartners	100
Ehescheidung	73
Tod eines Familienmitglieds	63
Gefängnisaufenthalt	63
eigene schwere Krankheit	53
Heirat	50
Verlust des Arbeitsplatzes	47
Eintritt in den Ruhestand	45
Krankheit eines Familienmitglieds	44
starke Änderung der finanz. Lage	38
Wechsel des Arbeitsbereiches	36
Auszug von Tochter/Sohn	29
Wohnungswechsel	20

6 *Stresswerte von besonderen Ereignissen*

Eine Methode zur Messung der Körperabwehr besteht darin, Lymphozyten (Killerzellen und B-Zellen) aus dem Blut zu isolieren und künstlich zur Teilung anzuregen. Die Vermehrungsrate wird als ein Maß für die Aktivität des Immunsystems herangezogen. In der Abbildung sind die Ergebnisse bei einer Gruppe von Personen dargestellt, deren Ehepartner schwer krank waren und schließlich starben.

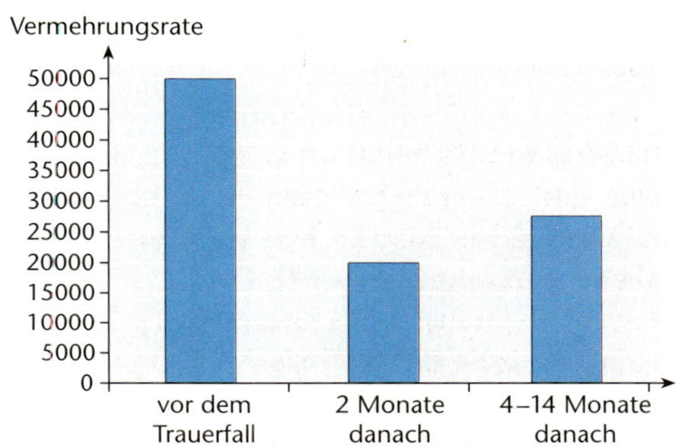

7 *Vermehrung von Lymphozyten*

10.6 Immunisierung

Edward Jenner (1749–1823)

Im Jahr 1796 führte der englische Arzt EDWARD JENNER die erste aktive Schutzimpfung durch. Ihm war aufgefallen, dass Menschen, die sich im Umgang mit Tieren an den harmlosen Kuhpocken infizierten, später nicht an den Pocken, die zur damaligen Zeit viele Todesfälle forderte, erkrankten. Er ritzte einem Jungen mit einem Messer, das er mit Blut eines an Kuhpocken erkrankten Menschen „verunreinigt" hatte, in die Haut. Der Junge erkrankte später nicht an den Pocken. Diese Behandlung wurde von seinen Kollegen missbilligt. JENNER erhielt Berufsverbot. Dank der Impfung gelten die Pocken heute weltweit als ausgestorben.

Emil von Behring (1854–1917)

1890 entwickelte EMIL VON BEHRING die erste passive Impfung. Er infizierte Pferde mit dem Erreger der Diphtherie, einer gefährlichen Erkrankung der Atemwege, die häufig zum Tode führte. Nach einigen Tagen isolierte er aus dem Blut der Tiere ein Serum, das er erkrankten Menschen injizierte. Bei den Patienten trat sehr schnell eine durchgreifende Besserung bis zur Heilung ein.

1 *Zur Geschichte der Impfung*

Bei einer **aktiven Immunisierung** werden Impfstoffe zum Schutz vor Infektionen durch Bakterien oder Viren verwendet (Abb. 2). Lebendimpfstoffe sind abgeschwächte Erreger, die normalerweise keine Infektion mehr auslösen können. Totimpfstoffe enthalten abgetötete Erreger oder deren Oberflächenbruchstücke. Diese Impfstoffe werden dem Menschen verabreicht. Sie lösen im Körper eine Immunreaktion aus, bei der Gedächtniszellen gegen diese Antigene produziert werden. Diese Gedächtniszellen leben sehr lang, meist mehrere Jahre. Bei erneutem Kontakt mit den Antigenen teilen sich die Gedächtniszellen sehr rasch, wobei die B-Zellen in sehr großer Anzahl Antikörper produzieren. Die Infektion kann dadurch schnell wirkungsvoll bekämpft werden, der Mensch erkrankt nicht oder nur schwach. Aktive Immunisierungen bieten einen mehrjährigen, manchmal sogar lebenslangen Schutz vor der Erkrankung.

Die Impfstoffe für die **passive Immunisierung** werden aus dem Blut zuvor infizierter Tiere oder aus dem Blut von Menschen gewonnen, die bereits erkrankt waren (Abb. 2). Diese Impfstoffe enthalten die Antikörper gegen das betreffende Antigen. Sie werden erkrankten Menschen verabreicht. Die Antikörper verklumpen die Antigene, die so besser von den Fresszellen beseitigt werden können. Zudem verhindert das Verklumpen das Eindringen von Viren in Wirtszellen. Die passive Immunisierung wirkt aber nur, solange die Antikörper noch nicht abgebaut wurden, meist nur wenige Wochen. Ein dauerhafter Schutz wird nicht erreicht.

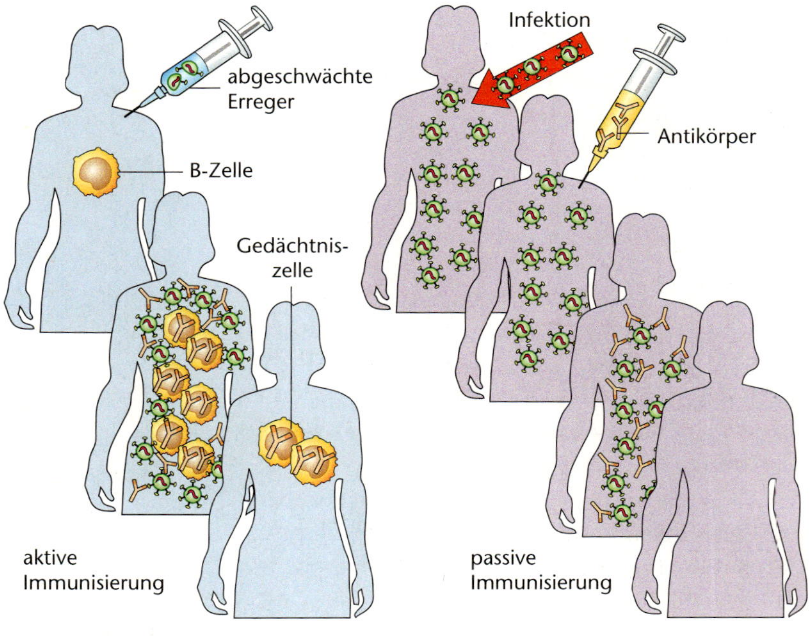

2 *Immunisierung*

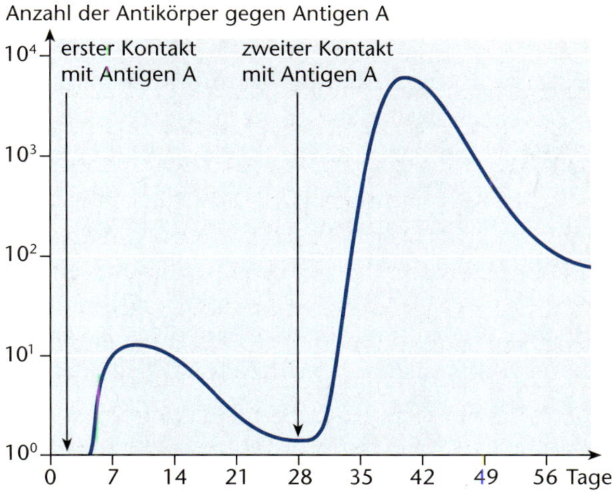

3 *Immunreaktion bei einer Infektion*

1 Impfung.
a) Vergleiche aktive und passive Immunisierung.
b) Überlege, warum bei vielen Impfungen nach einiger Zeit eine erneute Impfung nötig ist. Was passiert bei der erneuten Impfung?

2 Immunantwort.
a) Beschreibe die Vorgänge, die während des in Abbildung 3 dargestellten Zeitraums ablaufen.
b) Wie würde die Kurve bei einer aktiven Immunisierung und anschließendem Antigenkontakt aussehen?

3 Versuche von PASTEUR.
a) Stelle die Versuche PASTEURs in einem Verlaufsdiagramm dar (Abb. 4).
b) Stelle eine Hypothese über den Ausgang des Experimentes auf und begründe sie.

4 Kinderlähmung.
a) Fasse die Informationen aus der Abbildung 5 kurz in eigenen Worten zusammen.
b) Manche Mediziner beklagen, dass sich heute zu wenig Menschen in Deutschland gegen Kinderlähmung impfen lassen. Versuche, die Bedenken der Mediziner zu begründen.

5 Passivimpfstoffe. Gegen Schlangengifte werden Impfstoffe für passive Immunisierung produziert. Beschreibe, wie die Gewinnung eines solchen Impfstoffes vor sich gehen könnte.

Ende des 19. Jahrhunderts brach in Frankreich unter den Hühnern eine Cholera-Epidemie aus, die der Hühnerindustrie erhebliche Verluste brachte. LOUIS PASTEUR, einer der berühmtesten Forscher seiner Zeit, wurde um Hilfe gebeten. PASTEUR isolierte aus dem Kot erkrankter Hühner die Cholera-Bakterien und züchtete sie für Versuchszwecke in Kulturen. Mit den Bakterien infizierte er Brot, das er an Hühner verfütterte. Alle diese Hühner erkrankten an der Cholera und starben. Eines Tages nahm PASTEUR versehentlich eine alte Kultur mit geschwächten Bakterien für diese Versuche. Überrascht stellte er fest, dass die Hühner nicht erkrankten. Weitere Versuche mit überalterten Bakterienkulturen brachten das gleiche Ergebnis. Nun verfütterte Pasteur Brot, das mit Bakterien aus jungen Kulturen infiziert wurde, an eine Gruppe Hühner, die vorher mit Bakterien der alten Kultur Kontakt hatten und an eine zweite Gruppe von Hühnern, die noch nicht mit den Bakterien in Berührung gekommen waren.

4 *Versuche von Pasteur*

Die Kinderlähmung ist eine Viruserkrankung, die zu Lähmungen und Dauerschäden, häufig sogar zum Tode führt. Medikamente gibt es nicht, nur die Impfung bietet Schutz. 1962 wurde die Schluckimpfung in Deutschland eingeführt. Kinderlähmung tritt heute noch in Südasien und in vielen afrikanischen Ländern auf.

Jahr	Erkrankte	Todesfälle
1955	3109	234
1956	4159	258
1957	2402	193
1958	1698	131
1959	2118	127
1960	4236	281
1961	4661	305
1962	234	31
1963	234	17
1964	44	5
1965	45	6
1966	15	0
1967–2004	367	14

5 *Kinderlähmung in Deutschland*

10.7 Aids

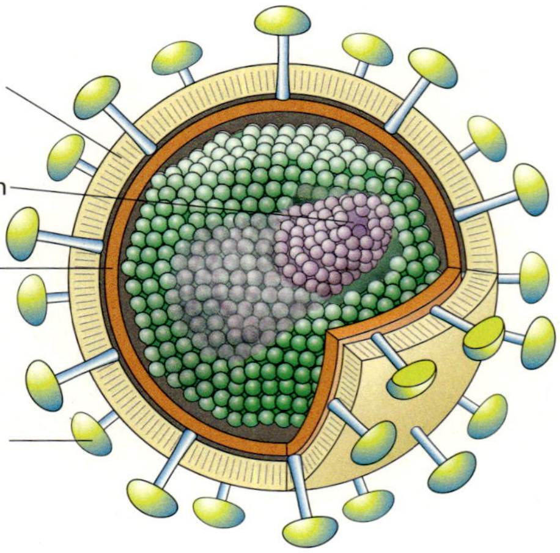

1 *Aids auslösender HI-Virus*

Aids: acquired **i**mmune **d**eficiency **s**yndrome = erworbenes Immunschwächesyndrom
(Unter dem Begriff Syndrom versteht man eine Krankheit mit vielen Symptomen.)
HIV: human **i**mmunodeficiency **v**irus = menschliches Immunschwächevirus

2 *Namenserklärung*

HIV ist ein Virus, das hauptsächlich die T-Helferzellen befällt (Abb.1). Diese sind notwendig, um das Immunsystem zu aktivieren. Das Virus dringt in die T-Helferzellen ein und vermehrt sich. Es kann aber auch für lange Zeit in der T-Helferzelle ruhen. Bei jeder Zellteilung wird seine Erbinformation an die neu entstandenen T-Helferzellen weitergegeben. In diesem Zustand kann das Virus nicht vom Immunsystem erkannt werden. Erst wenn irgendwann die massenhafte Vermehrung beginnt, die zum Tod der T-Helferzelle führt, kann das Immunsystem die Viren bekämpfen.

Am Anfang einer HIV-Infektion treten grippeähnliche Symptome auf. Die Viren in der Körperflüssigkeit werden vom Immunsystem bekämpft, doch können nicht alle Viren vernichtet werden. Mit der Zeit nimmt die Zahl der T-Helferzellen aufgrund der Vernichtung durch die Viren immer mehr ab, die Zahl der Viren in der Körperflüssigkeit dagegen zu. Durch die geringe Anzahl der T-Helferzellen verliert das Immunsystem an Wirksamkeit, bis es schließlich ganz zusammenbricht (Abb. 4). Das Endstadium der Krankheit bezeichnet man als Aids. Dann werden sonst harmlose Infekte zur tödlichen Bedrohung für den Patienten. Es treten seltene von Parasiten hervorgerufene Krankheiten und Krebsarten auf. Das Aids-Stadium kann ohne Medikamente zwischen wenigen Wochen und zehn Jahren nach der Infektion eintreten. Medikamente können den Ausbruch von Aids heute sehr lange hinauszögern. Aids führt schließlich immer zum Tod.

In allen Körperflüssigkeiten infizierter Personen findet man HIV, zum Beispiel in Blut, Lymphe, Spermaflüssigkeit, Scheidenflüssigkeit, Speichel, Tränenflüssigkeit. Eine Ansteckung erfolgt, wenn eine genügend große Anzahl von Viren in den Körper einer Person gelangen. HIV wird hauptsächlich durch Geschlechtsverkehr und durch Mehrfachverwendung von Spritzen in der Drogenszene übertragen. Beim Geschlechtsverkehr dringen Viren durch kleine Hautbeschädigungen, die meist unbemerkt bleiben, in den Körper ein. Die **Verwendung von Kondomen** bietet einen großen Schutz, aber keine absolute Sicherheit. Eine Übertragung von HIV durch Speichel, Schweiß oder Tränenflüssigkeit konnte bis heute nicht nachgewiesen werden.

Eine HIV-Infektion kann festgestellt werden, indem ein **Test auf Antikörper** gegen das HIV durchgeführt wird. Einen solchen Test kann man auch mit dem Partner gemeinsam durchführen lassen. Bei HIV treten sehr häufig Mutationen auf: Bei jedem Vermehrungszyklus haben die meisten neu gebildeten Viren eine andere Oberfläche als das Virus, das die Zelle befallen hat. Die Bekämpfungsmaßnahmen des Immunsystems werden dadurch unterlaufen. Alle bisher entwickelten Medikamente können den Verlauf einer HIV-Infektion zwar verzögern, aber nicht heilen. Eine vorbeugende Impfung existiert zurzeit noch nicht.

Region	HIV-Infizierte			Neu-infektionen 2007	AIDS-Tote 2007	HIV-Infizierte in der Bevölkerung
	1998	2003	2007			
Afrika südlich der Sahara	25,5	26,6	24,5	1,7	1,6	5,0 %
Südostasien	6,7	6,4	4,0	0,34	0,6	0,27 %
Süd- und Mittelamerika	1,4	1,6	1,6	0,01	0,058	0,5 %
Nordamerika, West- u. Zentraleuropa	1,39	1,6	2,06	0,077	0,033	0,5 %
Osteuropa und Zentralasien	0,27	1,5	1,6	0,015	0,055	0,9 %
Nordafrika und mittlerer Osten	0,21	0,6	0,38	0,035	0,025	0,3 %
Karibik	0,33	0,47	0,23	0,017	0,011	1,0 %
Ozeanien	0,56	1	0,075	0,014	0,0012	0,4 %
Deutschland	0,036	0,044	0,043	0,002	0,0006	0,05 %
Total	**36,36**	**39,77**	**33,2**	**2,5**	**2,1**	**1 %**

3 *HIV in Zahlen nach Schätzungen, Angaben in Millionen*

1 Medizinische Aspekte.
a) Beschreibe und erkläre den Verlauf der Kurven in Abbildung 4.
b) Begründe, warum ein HIV-Test ganz kurz nach der Infektion nicht zuverlässig ist.

2 Persönliche Aspekte.
a) Immer wieder kommt es dazu, dass HIV-infizierte Menschen gemieden werden, sobald die Diagnose bekannt wird. Suche Gründe, warum Mitmenschen auf diese Weise reagieren.
b) Versuche, die Probleme für einen HIV-infizierten jungen Menschen (Schülerin/Schüler) zu beschreiben. Überlege, welche Maßnahmen in der Umgebung eines solchen Menschen eine Erleichterung für ihn bedeuten könnten.
c) Stelle Verhaltensweisen zusammen, die das Risiko für eine Ansteckung mit dem HIV verringern.

3 Gesellschaftliche Aspekte.
a) Werte die Abbildung 3 aus. Vergleiche dabei die Situation in Deutschland mit den angegebenen Regionen.
b) In dem südafrikanischen Land Botsùana sind circa 40 Prozent der Erwachsenen mit HIV infiziert. Versuche, die wirtschaftlichen und sozialen Probleme infolge der Krankheit zu beschreiben.

4 Aussagekräftige Zahlen?
Die Zahlen in Abbildung 3 beruhen auf Schätzungen. Stelle Hypothesen auf, warum die Ermittlung von Zahlen so schwierig ist. Gib an, inwieweit nach deiner Meinung die Zahlen dennoch aussagekräftig sind. Begründe deine Meinung.

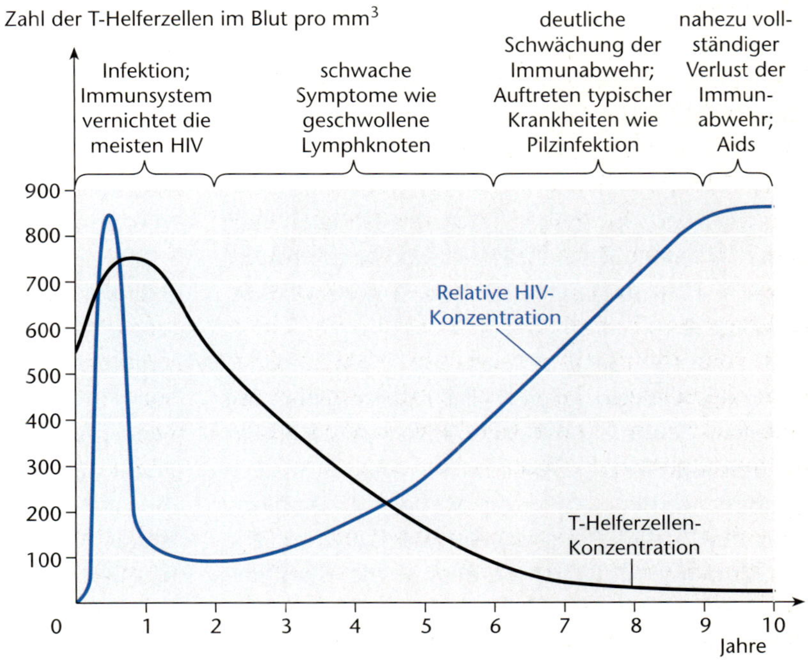

4 *Verlauf einer HIV-Infektion*

10.8 Allergien, Krebs und Autoimmunkrankheiten

1 *Birkenblüte*

2 *Killerzellen (gelb) an einer von ihnen getöteten Tumorzelle*

Bei einer **Allergie** reagiert das Immunsystem auf harmlose Stoffe sehr heftig. Durch den Kontakt mit dem betreffenden Allergen, so wird das Antigen genannt, werden sehr große Mengen an Antikörpern und Entzündungsstoffen ausgeschüttet. Die Schleimhäute schwellen an oder es tritt Hautausschlag auf. Oft genügen winzige Mengen des Allergens, um die allergische Reaktion auszulösen. In Extremfällen kann sie so stark sein, dass ein lebensbedrohlicher Schock hervorgerufen wird. Der Grund ist eine mit der Entzündung verbundene Erweiterung der Blutgefäße, durch die der Blutdruck stark absinken kann. Eine Allergie kann sich plötzlich entwickeln, auch wenn der betreffende Stoff jahrelang vertragen wurde. Die Gründe dafür sind noch nicht hinreichend bekannt. Jeder Stoff kann zu einem Allergen werden, doch verursachen bestimmte Stoffe gehäuft Allergien, zum Beispiel Pollen von Gräsern oder Bäumen (Heuschnupfen), Nickel (Schmuckallergien), die Ausscheidungen der Hausstaubmilbe (Hausstauballergie) und bestimmte Eiweißarten (Neurodermitis, Asthma).

Krebs entsteht durch Mutationen in der DNA von Zellen. Solche Mutationen entstehen zufällig. Manche Chemikalien, UV-Strahlung, Röntgenstrahlen und radioaktive Strahlung führen vermehrt zu Mutationen. Normalerweise sorgen Reparaturmechanismen in der Zelle dafür, dass sie wieder beseitigt werden. Nicht immer gelingen die Reparaturmaßnahmen. Dann kann es dazu kommen, dass die Kontrolle über die Zellteilung verloren geht und sich die Zelle ständig weiter teilt. Es ist eine Tumorzelle entstanden. Auch der Kontakt mit manchen Viren begünstigt die Entstehung von Tumorzellen. Wahrscheinlich werden in jedem Menschen täglich Tumorzellen gebildet. Sie unterscheiden sich in ihrer Oberfläche geringfügig von gesunden Zellen und können daher von den Zellen des Immunsystems erkannt und abgetötet werden (Abb. 2). Manchmal werden Tumorzellen jedoch nicht vom Immunsystem erkannt. Sie werden nicht abgetötet und teilen sich immer weiter. Es entsteht eine Gewebewucherung aus Tumorzellen, ein Tumor. So genannte gutartige Tumore wachsen nur langsam. Sie zerstören das umliegende Gewebe nicht und sind nach außen scharf abgegrenzt. Bei bösartigen Tumoren teilen sich die Zellen viel schneller. Sie dringen in benachbartes Gewebe ein und zerstören es dabei. Man spricht dann von Krebs. Einzelne Tumorzellen können sich aus dem Tumor lösen und an anderer Stelle Tochtertumore bilden. Diese nennt man Metastasen. Wenn Metas-

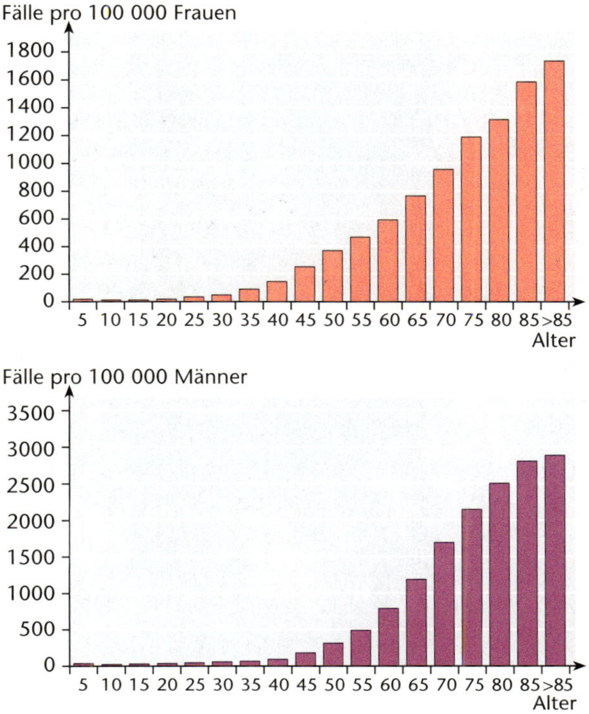

3 *Neuerkrankungen an Krebs*

tasen im Körper vorhanden sind, sinken die Heilungschancen erheblich. Daher ist eine Früherkennung des Krebses für eine erfolgreiche Therapie sehr wichtig. Im Alter steigt das Erkrankungsrisiko an Krebs stark an und ist bei Männern fast doppelt so hoch wie bei Frauen (Abb. 3). Die häufigsten Krebsarten bei Männern sind Prostatakrebs, Lungenkrebs und Darmkrebs. Bei Frauen treten Brustkrebs, Darmkrebs und Gebärmutterkrebs am häufigsten auf.

Als **Autoimmunkrankheiten** werden Krankheiten bezeichnet, bei denen Zellen des Immunsystems gegen bestimmte Zellen des eigenen Körpers vorgehen. Die genauen Ursachen sind noch nicht vollständig geklärt. Zu den Autoimmunkrankheiten gehören unter anderem Diabetes vom Typ I, Multiple Sklerose und die rheumatoide Arthritis.

Diabetes vom Typ I ist eine Form der Zuckerkrankheit, die schon in jungen Jahren auftreten kann. Dabei tötet das Immunsystem die insulinproduzierenden Zellen in der Bauchspeicheldrüse ab. Insulin senkt den Blutzuckerspiegel. Wird bei einem Diabetes vom Typ I nicht künstlich Insulin zugeführt, kommt es zu überhöhten Blutzuckerwerten, die langfristig große Schäden im Körper bewirken. Fünf Prozent aller Diabetiker leiden an diesem Typ des Diabetes.

Multiple Sklerose ist eine Krankheit, bei der die T-Zellen Nervenzellen im Gehirn und Rückenmark angreifen und durch die damit verbundenen Entzündungen schwere Schäden hervorrufen können. Die Krankheit tritt in Schüben auf, wobei nach jedem Schub die Behinderungen zunehmen. Sie kommen zustande, weil durch abgestorbene Nervenzellen die Bewegungskoordination zunehmend verloren geht. Stress und körperliche Belastungen erhöhen das Risiko eines erneuten Krankheitsschubs. Es gibt circa 80 Multiple-Sklerose-Patienten auf 100 000 Einwohner.

Auch die rheumatoide Arthritis tritt in Schüben auf, die durch Stress und körperliche Belastungen begünstigt werden. Dabei wird das Bindegewebe in den Gelenken, meist in den Füßen und an den Fingern, von den Zellen des Immunsystems angegriffen und entzündet sich. Es kommt dadurch zu Gewebeveränderungen und Deformationen der Gelenke (Abb. 4).

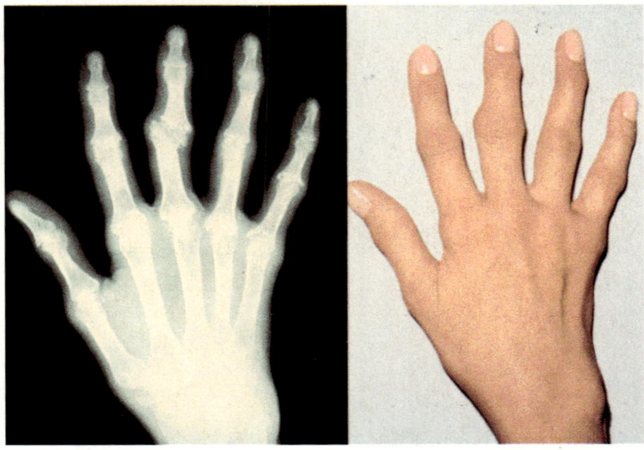

4 *Gelenkveränderung durch rheumatoide Arthritis*

SKATER
USA

Sinnesorgane, Gehirn und Hormone

11 Sinnesorgane, Gehirn und Hormone

11.1 Vom Reiz zur Wahrnehmung

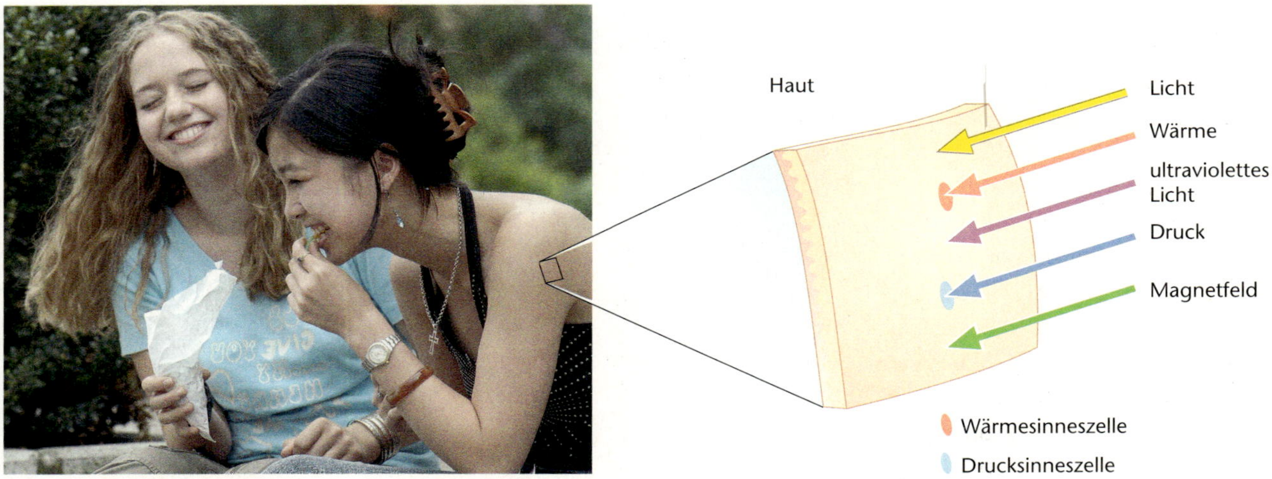

1 *Beispiele von Einflüssen und Reizen auf die Haut*

Lebewesen sind vielen Einflüssen ausgesetzt. Sie können aber nur solche Einflüsse als **Reize** wahrnehmen, für die sie Sinneszellen besitzen (Abb. 1). So können wir nur einen kleinen Ausschnitt der elektromagnetischen Wellen als Licht sehen, während wir andere Bereiche wie ultraviolettes Licht nicht wahrnehmen können. Wir haben keine Sinneszellen, die durch ultraviolettes Licht gereizt werden. Sinneszellen reagieren nur angemessen, wenn ein passender Reiz bei ihnen eintrifft. Solche Reize nennt man **adäquate Reize.** Das sichtbare Licht ist ein adäquater Reiz für die Sinneszellen im Auge. Druck auf das Auge, zum Beispiel durch einen Schlag, ist kein adäquater Reiz, obwohl die Sinneszellen im Auge reagieren: Der Betroffene sieht „Sterne“. Bei einem adäquaten Reiz muss auch die **Reizstärke** passen. Fällt zu viel Licht in das Auge, ist man geblendet. Ist zu wenig Licht vorhanden, kann man nicht sehen.

Sinneszellen mit ähnlichen Aufgaben sind oft ähnlich gebaut und in Sinnesorganen zusammengefasst, zum Beispiel die Geruchssinneszellen in der Nasenschleimhaut oder die Lichtsinneszellen im Auge. Die Haut ist als Grenzfläche des Körpers gegen die Umgebung mit besonders vielen unterschiedlichen Sinneszellen ausgestattet (Abb. 3). Über sie erfolgt zum Beispiel die Informationsaufnahme für Wärme, Kälte und Schmerz. Druckunterschiede werden durch Sinneszellen in der Haut registriert und ermöglichen das Tasten. Andere Sinneszellen zeigen an, in welche Richtung die Haut gedehnt wird. Sie werden auch aktiv, wenn zum Beispiel Haare in der Haut von Luftströmungen bewegt werden.

Sinneszellen wandeln Reize in elektrische Signale um, die von den Nerven zum Gehirn geleitet und dort verarbeitet werden. Im Gehirn, dem Hauptteil des zentralen Nervensystems, entsteht dadurch eine **Wahrnehmung.**

Lebewesen verschiedener Tierarten haben unterschiedliche Wahrnehmungen. So sehen Bienen im Vergleich zu Menschen ultraviolettes Licht. Fledermäuse und Hunde hören sehr hohe Töne, die für uns Menschen unhörbar sind. Elefanten können sehr tiefe Töne hören, die außerhalb des menschlichen Hörvermögens liegen. Für jede Tierart haben sich Sinneszellen so entwickelt, dass es für die Tiere in ihrer Lebensweise vorteilhaft ist.

1 Sinneszellen. Erläutere mit Bezug auf den Grundwissentext Eigenschaften und Wirkungsweise von Sinneszellen.

2 Technische Hilfen. Nenne technische Geräte, mit deren Hilfe die Wahrnehmung von Menschen erweitert wird.

3 Haut.
a) Stelle die Sinneszellen, die in der Haut vorkommen, mit ihren adäquaten Reizen in einer Tabelle zusammen. Füge eine Spalte mit Alltagssituationen hinzu, in denen die Sinneszellen reagieren.
b) Erläutere die Bedeutung der Wärme- und Kältesinneszellen für den Menschen.
c) Werte die Abbildung 2 aus. Mache Aussagen zum Abstand der Sinneszellen für Druck in der Haut und stelle einen Bezug zur Lebensweise des Menschen her.

2 *Raumschwellenwerte*

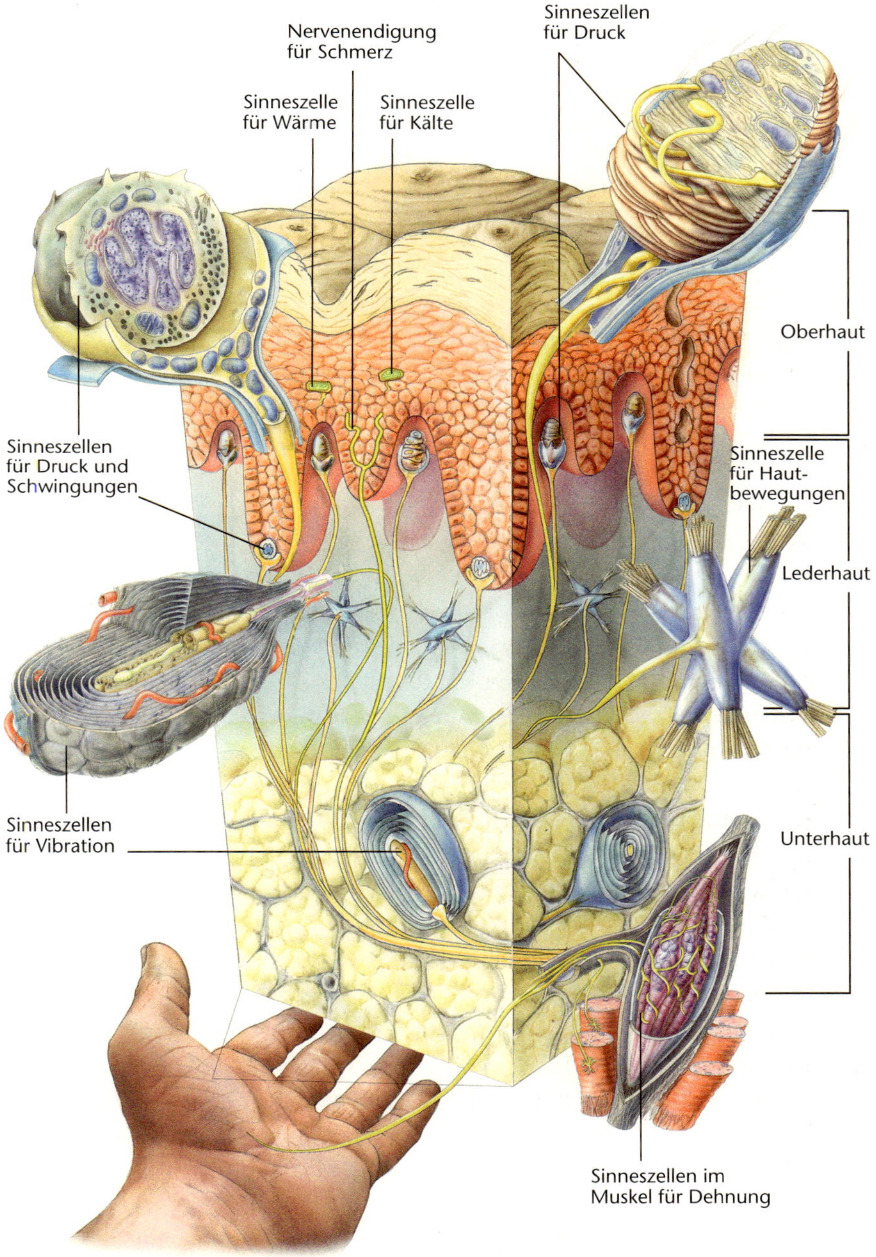

3 *Die Haut hat viele verschiedene Sinneszellen*

11.2 Das Auge

Die Augen sind die **Lichtsinnesorgane.** Sie liegen von Fettgewebe geschützt in den Augenhöhlen. Muskeln sorgen für die notwendige Beweglichkeit der Augen. Augenlider und Wimpern dienen dem Schutz vor Fremdkörpern. Die Augen werden durch Tränenflüssigkeit ständig feucht gehalten. Gelangen Fremdkörper auf das Auge, werden sie durch Tränenflüssigkeit herausgespült.

Das eigentliche Auge ist von der Lederhaut umgeben (Abb. 1a). Es folgt nach innen die Aderhaut. Sie enthält viele Blutgefäße und dient der Versorgung des Auges. Auf der Aderhaut liegt innen eine lichtundurchlässige Pigmentschicht. Nur der Bereich um die Linse ist davon ausgespart. Auf die Pigmentschicht folgt zum Glaskörper hin die Netzhaut, die die **Lichtsinneszellen** enthält. Der Innenraum des Auges ist vom Glaskörper, einer durchsichtigen, gallertartigen Flüssigkeit ausgefüllt. Das Licht gelangt durch die Hornhaut in das Auge. Die Iris dient dabei als bewegliche Blende. Sie bestimmt die Pupillenweite und reguliert so die einfallende Lichtmenge. Die elastische Linse sorgt für eine scharfe Abbildung der einfallenden Lichtstrahlen auf der Netzhaut.

Die Netzhaut ist schichtweise aufgebaut (Abb. 1b). Die Lichtsinneszellen bilden die vom Licht abgewandte Schicht, es folgen verschiedene Nervenzellen. Sehnervzellen bilden die Schicht zum Glaskörper hin. Das Licht muss erst die Schichten der Nervenzellen passieren und gelangt dann zu den Sinneszellen. In der Netzhaut gibt es zwei Typen von Sinneszellen, die **Zapfen** und die **Stäbchen.** Beide senden elektrische Signale aus, wenn Licht auf sie trifft. Zapfen ermöglichen das Farbensehen. Sie benötigen dazu mehr Licht als die Stäbchen. Es gibt drei verschiedene Zapfentypen. Sie reagieren unterschiedlich auf die Wellenlängen des Lichtes (Abb. 2). Ein Typ reagiert stärker auf rotes Licht, der zweite auf grünes und der dritte auf blaues Licht. Der Farbeindruck entsteht, indem die elektrischen Signale dieser Zapfentypen

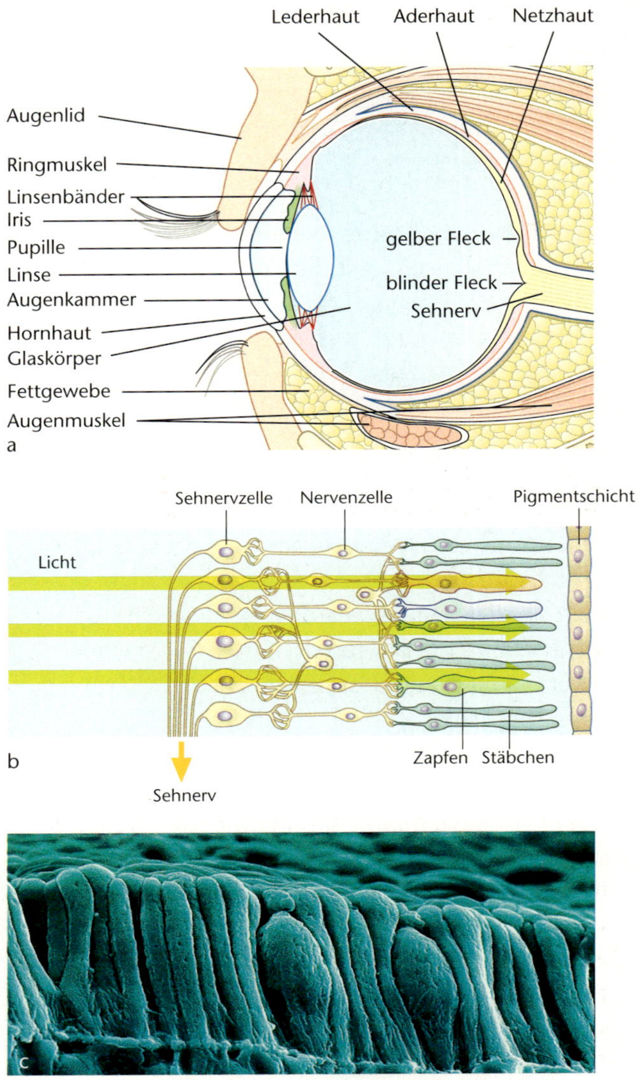

1 *a) Aufbau des Auges, b) Aufbau der Netzhaut, c) Stäbchen und Zapfen*

miteinander verarbeitet werden. Zapfen findet man hauptsächlich im Bereich des gelben Flecks. Dort stehen die Zapfen besonders dicht beieinander. Hier wird die größte Sehschärfe erreicht. Je größer die Entfernung vom gelben Fleck ist, umso weniger Zapfen findet man. Weit vom gelben Fleck entfernt gibt es in der Netzhaut nur Stäbchen. Sie benötigen weniger Licht und können nur Helligkeitsunterschiede wahrnehmen. Die elektrischen Signale aller Lichtsinneszellen werden an die Sehnervzellen weitergeleitet. Ihre Ausläufer werden gebündelt und bilden den Sehnerv. Dort, wo er das Auge verlässt, gibt es keine Sinneszellen. Diese Stelle bezeichnet man als blinden Fleck.

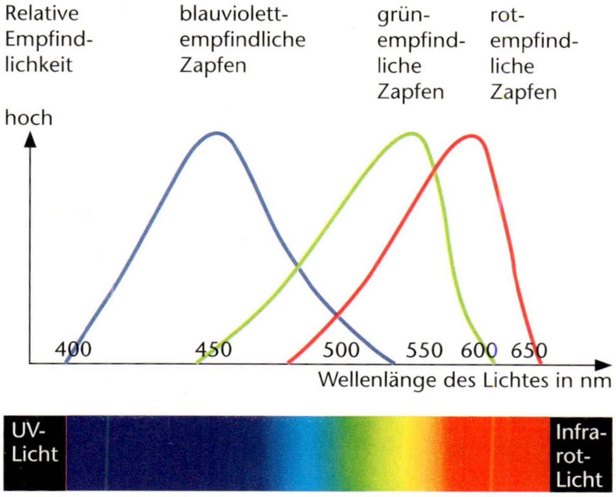

2 *Unterschiedliche Empfindlichkeit der Zapfen*

1 Stationen des Sehens. Fertige ein Fließdiagramm an, in dem die Stationen des Sehens vom einfallenden Licht bis zum Gehirn aufgeführt werden.

2 Versuch zum blinden Fleck. Halte Abbildung 3 mit ausgestrecktem Arm auf Augenhöhe. Führe das Buch nun langsam auf das Auge zu, wobei du mit dem rechten Auge das weiße Kreuz fixierst und das linke Auge mit der freien Hand abdeckst. Wiederhole den Versuch, indem du die Abbildung aus Augennähe langsam wieder entfernst.

a) Beschreibe deine Beobachtungen und versuche, sie zu erklären. Beachte dabei die Aussagen des Grundwissentextes.

b) Fertige eine entsprechende Abbildung mit einer anderen Farbe und wiederhole den Versuch. Beschreibe die Beobachtungen und stelle eine Hypothese zur Erklärung auf.

3 Farbensehen.

a) Beschreibe ausführlich, welche Zusammenhänge in Abbildung 2 dargestellt sind.

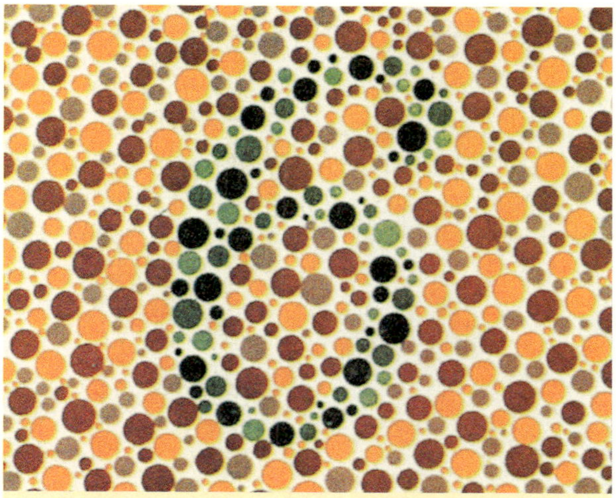

Ist die Funktion eines Zapfentyps gestört, können die betroffenen Menschen bestimmte Farbtöne nicht voneinander unterscheiden.
Man spricht, je nach Auswirkung, von einer Sehschwäche oder Farbenblindheit. Am häufigsten ist eine Sehschwäche, bei der Rot- und Grüntöne nicht unterschieden werden können. Sie ist vererbt und kommt bei circa 4 % der männlichen Bevölkerung vor. Man kann sie mit Testtafeln feststellen.

4 *Testtafel zum Rot-Grün-Sehen*

b) In den meisten Fällen einer Rot-Grün-Sehschwäche arbeitet der grün-empfindliche Zapfentyp nur eingeschränkt. Stelle Hypothesen auf, warum die Zahl 6 in der Abbildung 4 nicht erkennbar ist.

c) Warum dürfen Personen mit einer Rot-Grün-Sehschwäche trotzdem den Führerschein erwerben?

4 Dämmerungssehen. Liest man am Abend bei einsetzender Dämmerung einen Text, so kann man nach einiger Zeit die Buchstaben nicht mehr lesen. Die übrige Umgebung ist zu der Zeit noch gut zu erkennen, doch erscheinen alle Gegenstände nur noch in Grau. Erläutere diesen Sachverhalt.

3 *Versuchsbild zum blinden Fleck*

Augenpräparation

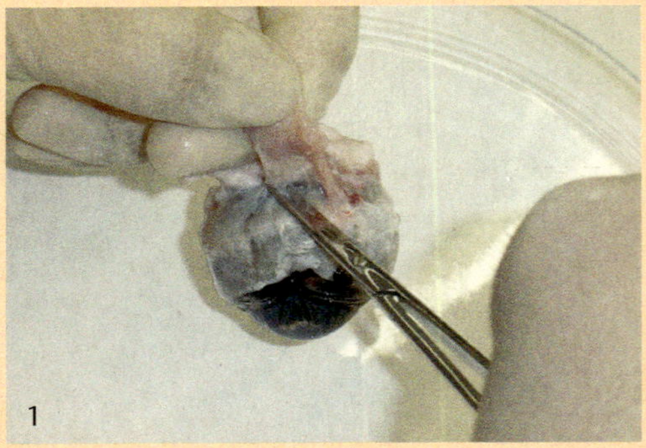

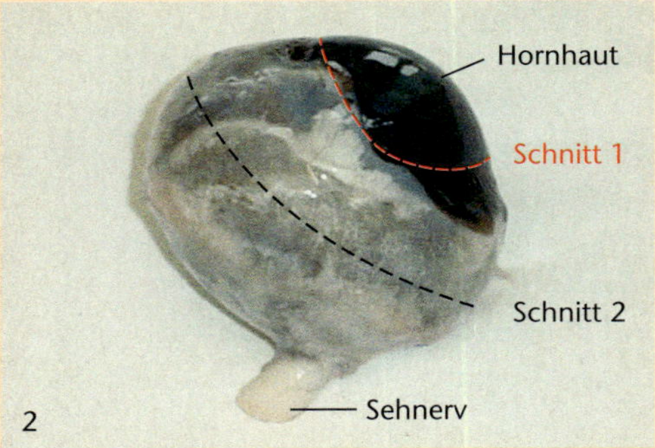

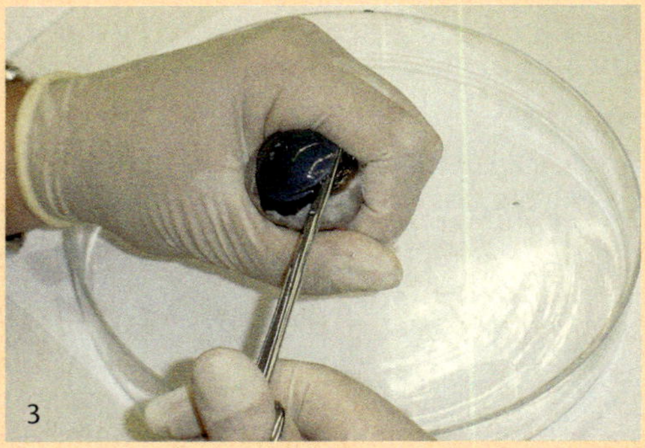

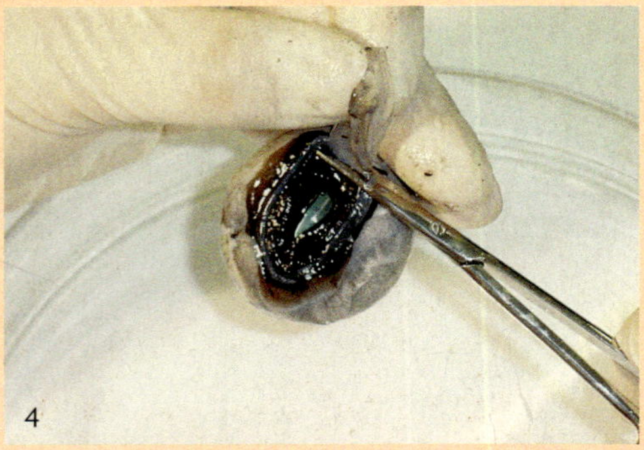

1–4 *Präparation I*

Material: Rinder- oder Schweineaugen von Tieren bis zum Alter von 12 Monaten. Präparierschale, Einweghandschuhe, Skalpell, Schere.

Lege das Auge in die Präparierschale. Du kannst die Hornhaut erkennen, die nach dem Tod des Tieres trübe wurde. Am Augapfel sitzen meist noch Reste der Augenmuskeln. Entferne diese Muskelreste und das damit verbundene Bindegewebe mit einer Schere (Abb. 1). Nun ist der Stummel des Sehnervs gegenüber der Hornhaut gut sichtbar (Abb. 2).

Entferne mit einer spitzen Schere die Hornhaut (Schnitt 1 in Abb. 2, Abb. 3). Achte dabei darauf, dass du nicht zu tief in das Auge einstichst und damit den Glaskörper zerstörst. Etwas Flüssigkeit tritt beim Einstechen immer aus, auch wenn der Glaskörper nicht beschädigt ist. Sie kommt aus der vorderen Augenkammer. Wichtig ist, dass während des Schneidens beim Festhalten möglichst wenig Druck auf das Auge ausgeübt wird, weil sonst die Linse aus ihrer Verankerung gedrückt wird. Nach dem Entfernen der Hornhaut kann man die Iris und die Linse gut erkennen (Abb. 4).

Setze nun ein scharfes Skalpell auf die als Schnitt 2 in Abbildung 2 angegebene Linie und ritze vorsichtig in die Lederhaut, bis eine Öffnung entsteht, in der man eine Schere ansetzen kann (Abb. 5). Vorsicht, unter der Lederhaut befindet sich der empfindliche Glaskörper. Auch bei dieser Tätigkeit darf möglichst kein Druck auf das Auge ausgeübt werden, weil sonst die Linse herausgedrückt wird. Schneide nun mit einer spitzen Schere gemäß Schnitt 2 in Abbildung 2 rund um das Auge (Abb. 6). Anschließend kann man das Auge aufklappen (Abb. 7). Man erkennt in der vorderen Augenhälfte den Glaskörper und die Linse. Die Öffnung, durch die normalerweise das Licht ins Auge fällt, ist deutlich zu sehen. Sie ist aber meist sehr unregelmäßig, weil durch das Entfernen der Hornhaut in der Regel die Iris beschädigt wird. In der hinteren Augenhälfte und zum Teil in der vorderen Augenhälfte sieht man eine in verschiedenen Farben schillernde Haut. Es ist die Pigmentschicht. Auf ihrer Rückseite ist sie schwarz. Zwischen Pigmentschicht und Lederhaut befindet sich die Aderhaut, die aber nur sehr schwer zu erkennen ist. Über der Pigmentschicht kann man eine fast durchsichtige Schicht erkennen. Es ist die

Netzhaut, die sich leicht von der Pigmentschicht ablösen lässt. Nur an einer Stelle der hinteren Augenhälfte ist das nicht möglich. Es ist der blinde Fleck, die Stelle, an der die Ausläufer der Nervenzellen zum Sehnerv gebündelt werden.

Aus dem geöffneten Auge kann nun vorsichtig der Glaskörper und die Linse entnommen werden (Abb. 8). An der Linse befinden sich dabei noch die Reste der Befestigung und der Iris. Die Linse ist fest, aber etwas elastisch. Gibt man den Glaskörper in ein mit Wasser gefülltes Glas, kann man ihn praktisch nicht erkennen, weil er die gleichen Lichtbrechungseigenschaften wie das Wasser hat.

Hat man noch ein weiteres Auge zur Präparation und Zeit zur Verfügung, kann man die optischen Eigenschaften des Auges deutlich machen. Dazu entfernt man wieder die Hornhaut. Gegenüber schneidet man aus der Lederhaut mit der anhaftenden Pigmentschicht ein Quadrat aus. Es soll geringfügig kleiner als ein Deckglas sein. Die Öffnung wird nun vorsichtig geschlossen, indem man ein Deckglas einfügt. Anschließend fixiert man das so präparierte Auge mit Stecknadeln so auf einer Styroporunterlage, dass man von der Hinterseite durch das Auge blicken kann (Abb. 9). Eventuell muss man vorsichtig Reste der Iris im vorderen Augenbereich entfernen. Ist die Präparation gut gelungen, kann man beim Durchblicken ein verkleinertes Bild sehen, das auf dem Kopf steht.

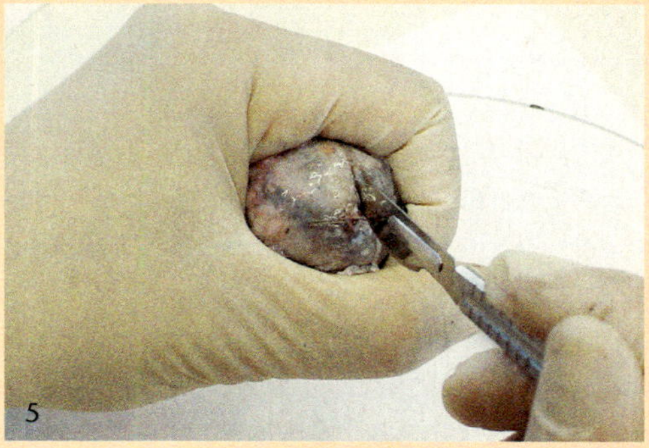

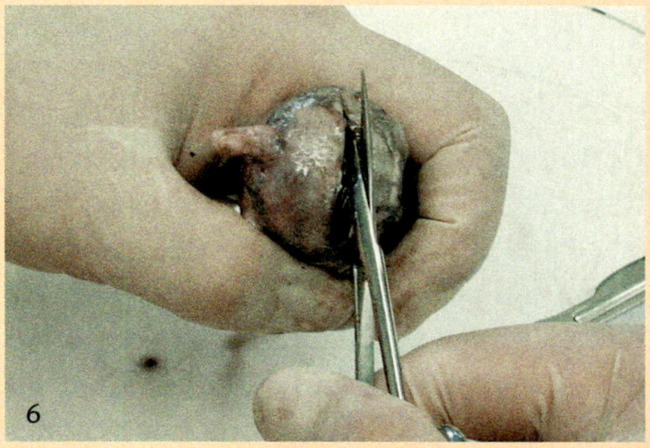

5–7 *Präparation II*

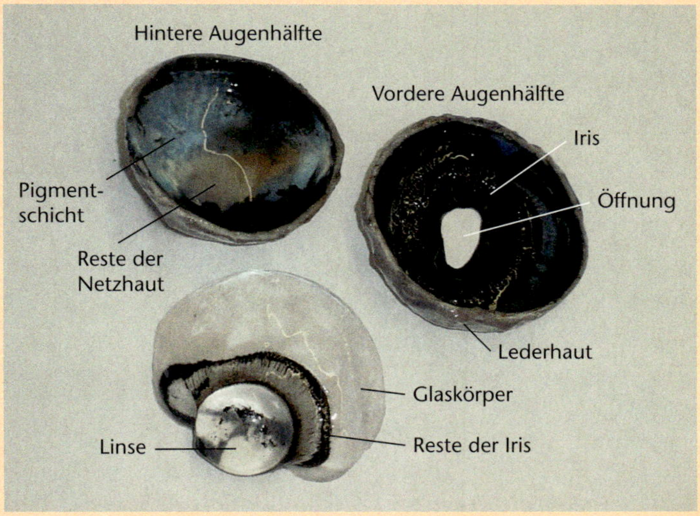

8 *Das zerlegte Auge*

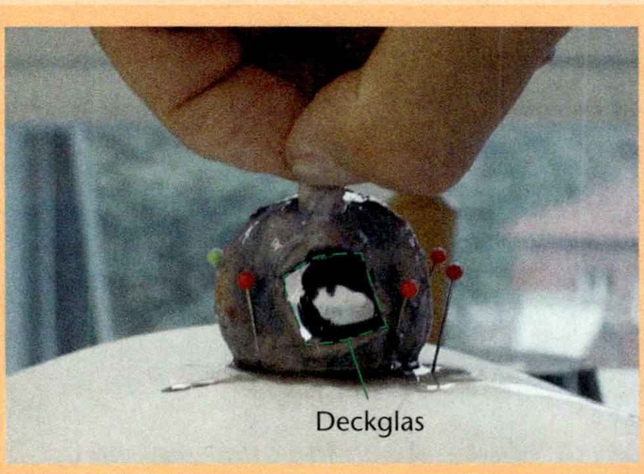

9 *„Durchsicht"*

11.3 Das Auge kann scharf sehen

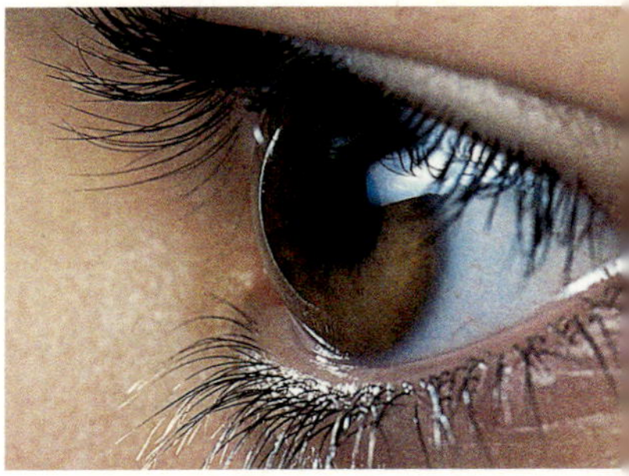

Treffen Lichtstrahlen auf die Netzhaut, werden die Sinneszellen an dieser Stelle gereizt. Um ein Bild scharf zu sehen, müssen die Lichtstrahlen, die von einem Punkt eines Gegenstandes ausgehen, auch in einem Punkt auf der Netzhaut zusammentreffen. Dies ist bei Gegenständen in unterschiedlicher Entfernung ohne Linse nicht möglich. Im Auge übernehmen die Hornhaut und die Linse diese Aufgabe. Die einfallenden Lichtstrahlen werden jeweils an den Grenzflächen zur Hornhaut und Linse gebrochen, so dass eine scharfe Abbildung möglich ist (Abb. 1, 2). Die Brechung der Hornhaut ist dabei immer gleich, während die genaue Anpassung zum Scharfsehen durch die Linse erfolgt. In den Abbildungen wird die Brechung von Hornhaut und Linse als Vereinfachung zusammengefasst. Man bezeichnet die Anpassung des Auges auf unterschiedliche Entfernungen als **Akkommodation.** Das im Auge entstehende Bild steht auf dem Kopf. Erst im Gehirn entsteht die Wahrnehmung des Bildes.

Wenn das Auge auf große Entfernungen eingestellt ist, ist der Ringmuskel nicht kontrahiert und die Linse wird durch die Linsenbänder flachgezogen (Abb. 1a). Ist das Auge auf kurze Entfernungen eingestellt, ist der Ringmuskel zusammengezogen. Die Linsenbänder erschlaffen so. Die elastische Linse nimmt dadurch automatisch eine kugelförmigere Gestalt an (Abb. 1b). Damit wird die Brechkraft der Linse erhöht. Man sieht in der Nähe scharf. Erschlafft der Ringmuskel wieder bei der Einstellung auf eine größere Entfernung, wird er durch die Befestigung an der Lederhaut nach außen gezogen. Die Linse wird wieder flacher, weil sie durch die wieder gespannten Linsenbänder auseinandergezogen wird.

Bei manchen Menschen ist auch bei einem auf große Entfernung eingestellten Auge die Brechung der Linse noch so groß, dass das Bild nicht auf, sondern vor der Netzhaut scharf abgebildet ist. Diese Menschen können also weit entfernt liegende Gegenstände nicht scharf sehen. Sie sind **kurzsichtig.** Sind Menschen **weitsichtig,** würde das scharfe Bild bei nahen Gegenständen hinter der Netzhaut entstehen, auch wenn das Auge ganz auf Nähe eingestellt ist. Die Brechung der Linse reicht nicht aus.

Diese Augenfehler lassen sich durch zusätzliche Linsen, in Form von Brillen oder Kontaktlinsen, korrigieren (Abb. 3). Heute kann auch durch eine operative Veränderung der Hornhaut die Brechkraft korrigiert werden.

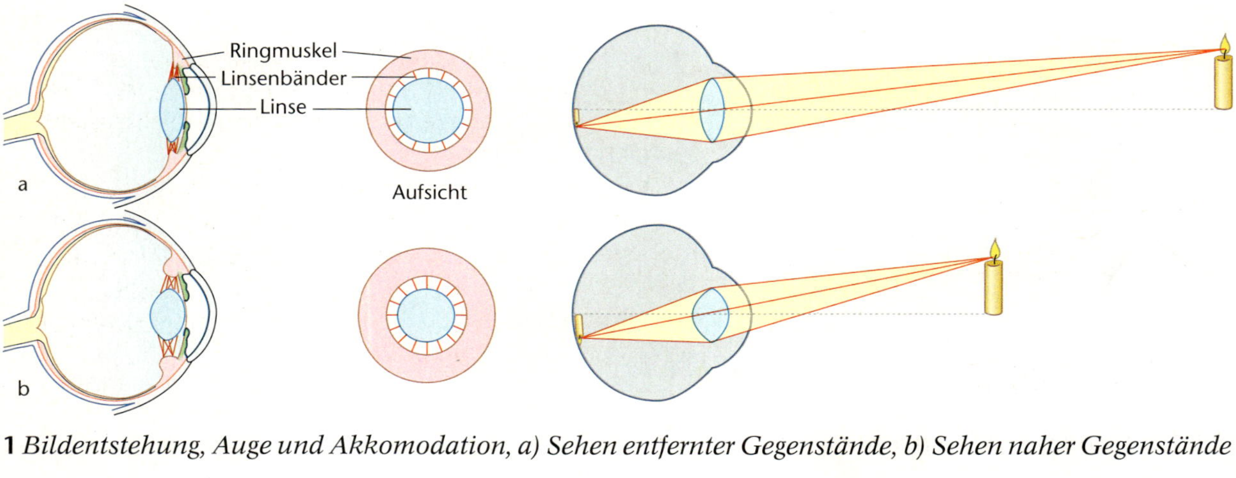

1 *Bildentstehung, Auge und Akkomodation, a) Sehen entfernter Gegenstände, b) Sehen naher Gegenstände*

1 Akkommodation. Erläutere die in Abbildung 1 dargestellten Zusammenhänge zwischen Entfernung des Gegenstandes, Linsenform und Schärfe des Bildes.

2 Augenfehler. Beschreibe die Korrektur von Nah- und Weitsichtigkeit in Abbildung 3.

3 Nahpunktentfernung. Die Nahpunktentfernung gibt an, welcher Mindestabstand vom Auge vorhanden sein muss, um einen Gegenstand scharf zu sehen.

a) Überlege dir, wie man die Nahpunktentfernung experimentell bestimmen kann. Führe eine solche Bestimmung mit deinem Nachbarn/deiner Nachbarin durch.

b) Sammle die Ergebnisse aller Gruppen. Berechne den Mittelwert und die Abweichung davon.

4 Lichtbrechung. Will man mit einem Speer vom Uferrand Fische fangen, so geht der Stoß eines Ungeübten fast immer daneben. Überlege anhand der Abbildung 2a, warum dies der Fall ist. Wie müsste der Stoß geführt werden, damit die Trefferwahrscheinlichkeit steigt? Berücksichtige dabei, dass Wasser eine höhere optische Dichte hat als Luft. Begründe deine Ansicht.

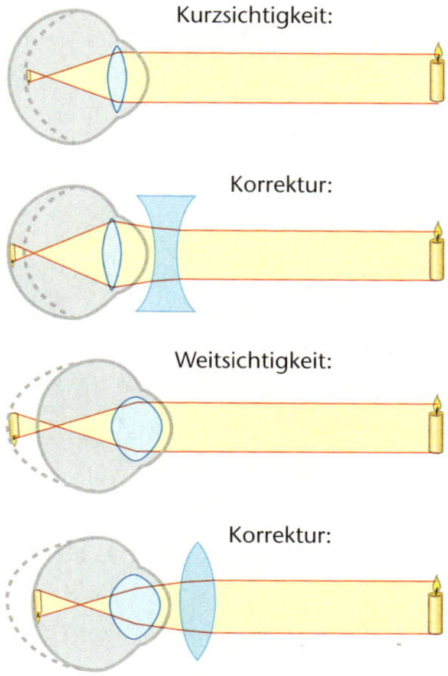

3 *Kurz- und Weitsichtigkeit und deren Korrektur*

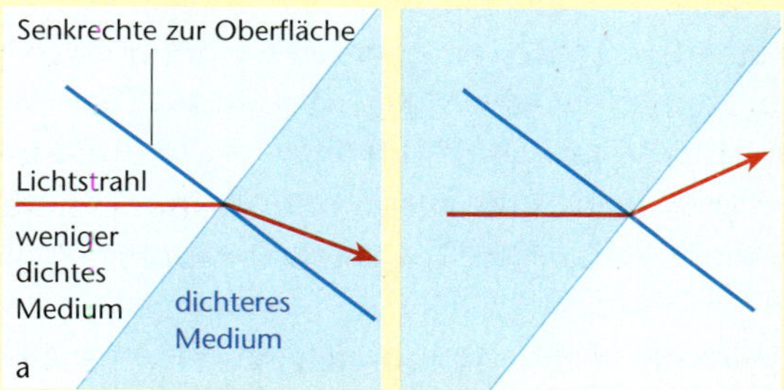

An der Grenzfläche zweier durchsichtiger Medien mit unterschiedlicher optischer Dichte wird ein Lichtstrahl, der nicht senkrecht auftrifft, gebrochen. Die Brechung erfolgt immer so, dass der Lichtstrahl beim Übergang zum optisch dichteren Medium zur Senkrechten hin und beim Übergang zum Medium mit geringerer optischer Dichte von der Senkrechten weg gebrochen wird (a).

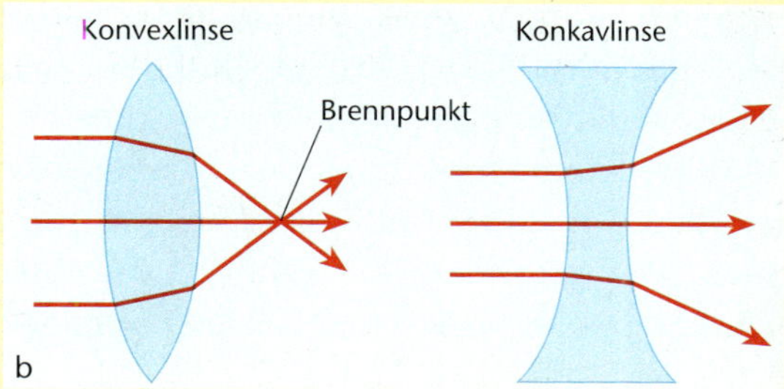

Strahlen, die durch den Mittelpunkt einer Linse fallen, werden nicht gebrochen. Konvexlinsen (Sammellinsen) führen parallel auftreffende Strahlen im Brennpunkt zusammen, Konkavlinsen (Zerstreuungslinsen) streuen das Licht (b).

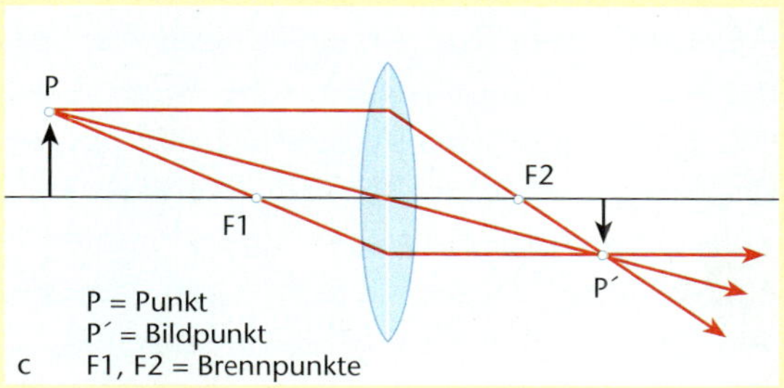

(c) zeigt den vereinfachten Strahlengang einer Konvexlinse. Wo sich die Strahlen, die von einem Punkt (P) ausgehen und durch die Linse gehen, schneiden, entsteht ein scharfes Bild (P´).

Je stärker die Krümmung einer Linse ist, umso stärker werden die Strahlen gebrochen. Ein Maß für die Brechkraft ist die Dioptrienzahl (dpt). Bei Konkavlinsen wird die Dioptrienzahl mit einem negativen Vorzeichen versehen. Die Brechkraft der Augenlinse liegt zwischen 18 und 32 dpt, die der Hornhaut bei 43 dpt.

2 *Informationen zur Lichtbrechung von Linsen*

11.4 Die optische Wahrnehmung

1 *Unterschiedlicher Kontrast*

2 *Sehen mit dem rechten und dem linken Auge*

Die elektrischen Signale der Sinneszellen im Auge werden über Nerven zum Gehirn geleitet und dort verarbeitet. Die eigentliche Wahrnehmung geschieht also im Gehirn. Oft nehmen wir die Dinge anders wahr, als sie von den Augen aufgenommen werden.

Ein Gegenstand kann nur als solcher erkannt werden, wenn er sich vom Hintergrund durch seine Helligkeit oder Farbe abhebt. Je größer der Kontrast ist, umso besser können wir ihn sehen (Abb. 1). Bei der Verarbeitung der elektrischen Signale, die von den Sinneszellen kommen, werden vorhandene Kontraste deshalb verstärkt.

Beim Betrachten eines Gegenstandes verwenden wir normalerweise beide Augen. Da diese den Gegenstand aber von unterschiedlichen Positionen aus betrachten, entstehen in den beiden Augen unterschiedliche Bilder (Abb. 2). Die Signale von beiden Augen gelangen zum Gehirn und werden dort zu einem Gesamtbild zusammengefügt. Dadurch erhalten wir einen räumlichen Eindruck. Menschen mit nur einem Auge können nicht räumlich sehen.

Beim Auswerten der Informationen sucht das Gehirn immer erst nach bekannten Strukturen aus unserem Gedächtnis. Sind sie vorhanden, werden sie bei der Verarbeitung mit herangezogen. So nehmen wir den Zeigefinger in Abbildung 3 größer wahr als die Windkraftanlage, doch wissen wir aus der Erfahrung, dass diese größer ist. Das Gehirn interpretiert daraus, dass die Windkraftanlage weiter entfernt ist. Dabei wird immer die sichtbare Umgebung mit einbezogen und verglichen. Auf diese Weise können wir auch auf zweidimensionalen Bildern eine Entfernungskomponente wahrnehmen. Widersprechen die Erfahrungen einem neuen Bild, können wir nichts damit anfangen oder wir sind irritiert (Abb. 4).

Die Wahrnehmung wird zudem von inneren Stimmungslagen beeinflusst, die unsere Aufmerksamkeit steuern. Wenn wir uns zum Beispiel mit dem Kauf eines Handys beschäftigen, werden wir in unserer Umgebung plötzlich viel mehr Handys sehen als sonst. Unser Gehirn filtert gewissermaßen unser Sehen. Sind Bilder mehrdeutig, wie zum Beispiel Abbildung 5, sehen wir oft nur das, was unserer Erfahrung am nächsten ist.

3 *Größenverhältnisse*

4 *Figur, die unseren Erfahrungen widerspricht*

1 Kontrast. Betrachte die unterschiedlichen Helligkeiten in Abbildung 6. Lege anschließend einen Stift auf die Grenzfläche zwischen hell und dunkel und beobachte erneut. Werte deine Beobachtungen aus.

2 Erkennen von Figuren.
a) Betrachte Abbildung 7. Beschreibe, was du siehst. Drehe anschließend das Bild um 180° und betrachte es erneut. Beschreibe, was du siehst. Erkläre die Unterschiede.
b) Drehe das Bild in die Ausgangslage. Ist es möglich, ohne das Bild zu drehen, zwischen den Sinneseindrücken „umzuschalten"? Versuche, eine Erklärung für das Ergebnis zu formulieren.

3 Die Logik einer Abbildung. Betrachte die Abbildung 4 und beschreibe deine Eindrücke. Lege anschließend einen Stift diagonal über die Abbildung und fasse nun deine Eindrücke zusammen. Wie sind sie zu erklären?

5 *Mehrdeutiges Bild von junger und alter Frau*

6 *Versuchsbild zum Kontrast*

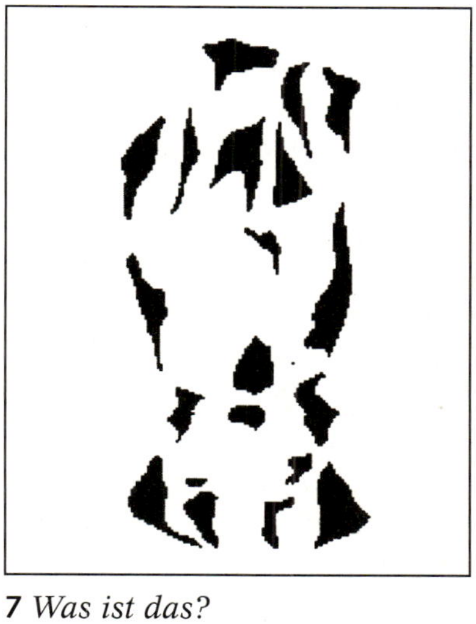

7 *Was ist das?*

11.5 Tiere sehen anders

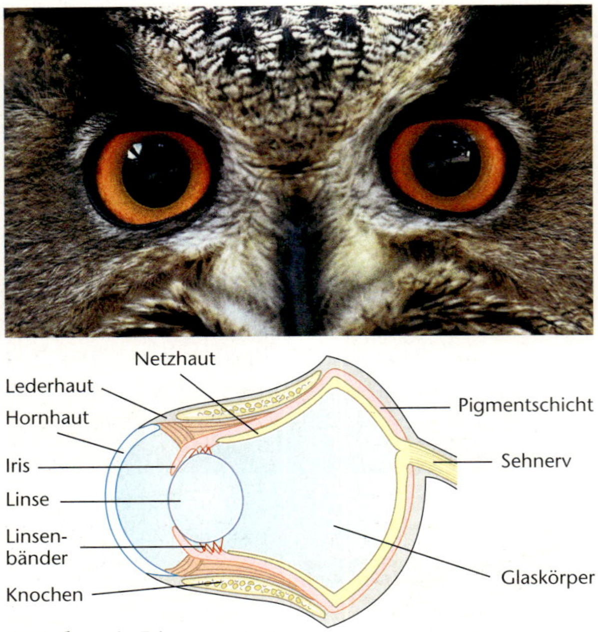

1 *Eule mit Linsenauge*

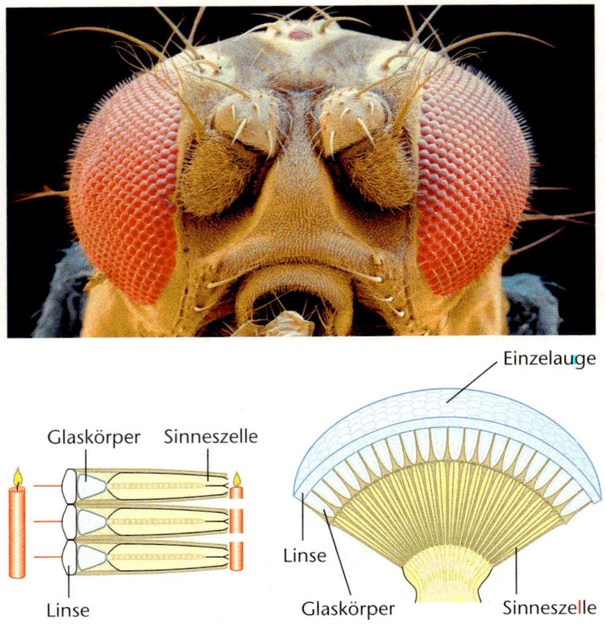

2 *Insekt mit Komplexauge*

Verschiedene Tierarten mit **Linsenaugen** können unterschiedliche Seheindrücke erhalten, da sich Linsenaugen trotz des gleichen Grundbauplans unterscheiden. Nachtaktive Tiere haben Augen, die im Vergleich mit dem Menschenauge über eine größere Pupille verfügen und daher mehr Licht aufnehmen können (Abb. 1). Im Verhältnis zur Körpergröße besitzen sie sehr große Augen. Nacht- und dämmerungsaktive Tiere haben Augen, die hauptsächlich oder sogar ausschließlich die lichtempfindlicheren Stäbchen besitzen.

Nur Tiere mit Zapfen in der Netzhaut können verschiedene Farben unterscheiden. Die Farbdifferenzierung ist umso besser ausgeprägt, je größer die Zahl der unterschiedlichen Sinneszelltypen ist. Menschen verfügen über drei zapfenförmige Sinneszelltypen, Katzen nur über zwei. Dementsprechend unterscheiden sich die Farbeindrücke. Manche tagaktive Vögel und manche Fische haben vier verschiedene Zapfentypen. Bei Fischen wird dadurch ein größeres Farbspektrum abgedeckt. Sie können zusätzlich ultraviolette Strahlung wahrnehmen und auch infrarote Strahlung ist für sie sichtbar.

Insekten haben **Komplexaugen.** Bei Komplexaugen wird das ganze Bild aus den Bildern der Einzelaugen zusammengesetzt (Abb. 2). Ein Komplexauge verfügt über eine geringere Sehschärfe. So kann die Biene nur zwei Punkte getrennt wahrnehmen, wenn sie bei einem Abstand von einem Meter mindestens 17,5 Millimeter auseinanderliegen. Dafür können mit Komplexaugen Bewegungen besser wahrgenommen werden. Werden bei uns Menschen mehr als 20 Abbildungen in der Sekunde gezeigt, verschmelzen diese zu einem Film. Bei Bienen verschmelzen die Bilder erst bei 55 Bildern pro Sekunde.

Insekten besitzen zwei oder drei Sinneszelltypen. Die Biene hat drei Sinneszelltypen. Damit kann sie ultraviolette Strahlung sehen, den roten Bereich des Lichtes aber nur ansatzweise erkennen (Abb. 4). Bienen sehen Blütenfarben daher anders als Menschen. Was wir zum Beispiel als weißes Blütenblatt erkennen, kann für Bienen als unterschiedlich gefärbte Fläche zu sehen sein (Abb. 5).

Das Eulenauge hat eine große Pupille. Die Stäbchen auf der Netzhaut können besser auf Licht reagieren als die der Menschen, weil sie mehr Pigmentstoffe enthalten, die das Licht absorbieren. Einen gelben Fleck gibt es bei Eulen nicht. Eulen haben auf ihrer Netzhaut fast keine Zapfen. Da die Stäbchen schlanker als die Zapfen sind, wird so eine hohe Dichte der Stäbchen erreicht. Allerdings werden die Signale mehrerer Stäbchen zusammengefasst und dann erst an das Gehirn weitergeleitet. Dadurch wird eine höhere Signalstärke bei wenig Licht erreicht.

3 *Information zum Eulenauge*

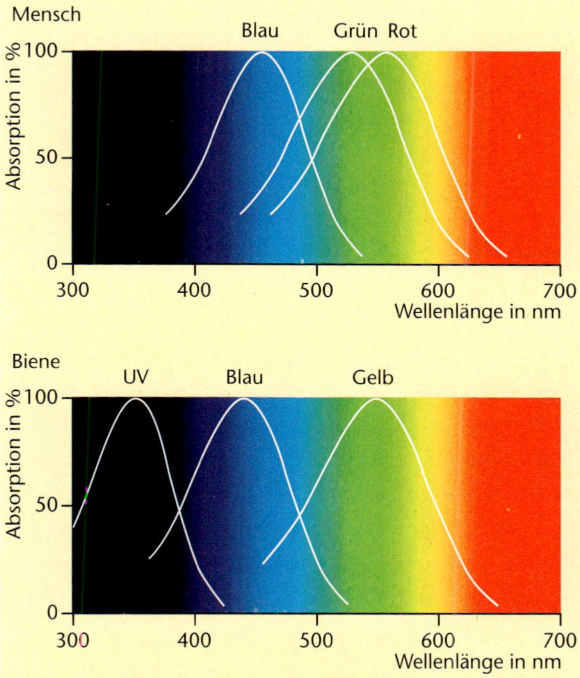

Gegenstände erscheinen farbig, wenn Teile des sichtbaren Spektrums vom Gegenstand absorbiert werden. Die reflektierten Lichtanteile bewirken den Farbeindruck. Werden alle Wellenlängen des sichtbaren Lichtes reflektiert, entsteht der Eindruck „Weiß". Werden alle Wellenlängen des sichtbaren Lichtes absorbiert, entsteht der Eindruck „Schwarz".

4 *Empfindlichkeit der drei verschiedenen Zapfentypen bei Mensch und Biene*

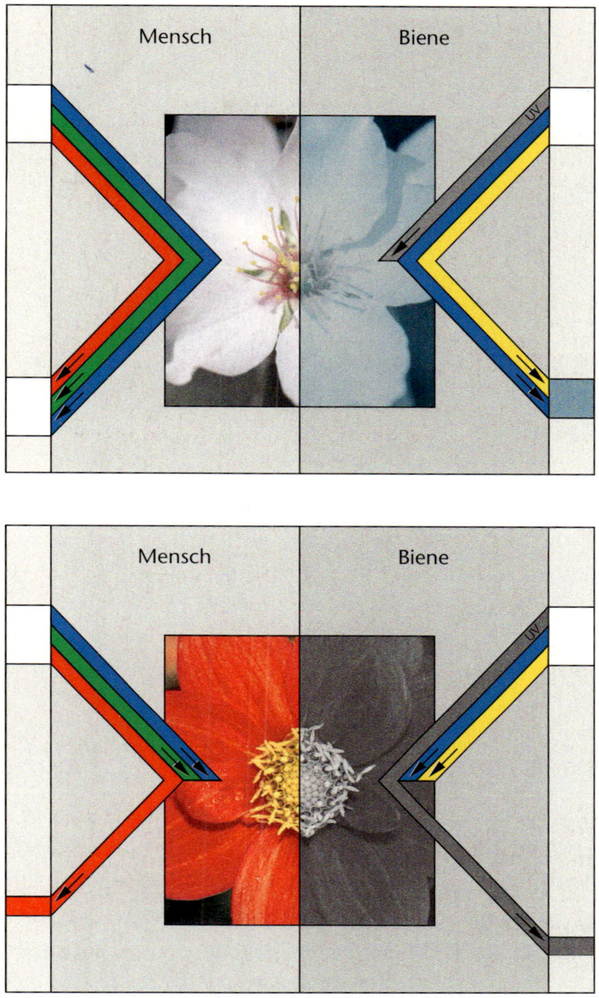

5 *Farbensehen bei Mensch und Biene*

1 Das Eulenauge. Erläutere die Eigenschaften der Eulenaugen anhand der Informationen in Abbildung 1 und 3 als Angepasstheit an die Lebensweise.

2 Linsenauge und Komplexauge.
a) Stelle die Gemeinsamkeiten und Unterschiede bei Linsenauge und Komplexauge tabellarisch zusammen. Lies dazu den Grundwissentext.
b) Erläutere die Auswirkungen, wenn bei einem Komplexauge einige Einzelaugen durch eine Verletzung zerstört werden. Begründe deine Ansicht.

3 Farbensehen bei Mensch und Biene. Erläutere das in Abbildung 5 dargestellte Farbensehen bei Mensch und Biene mithilfe der in Abbildung 4 enthaltenen Informationen.

11.6 Riechen und Schmecken

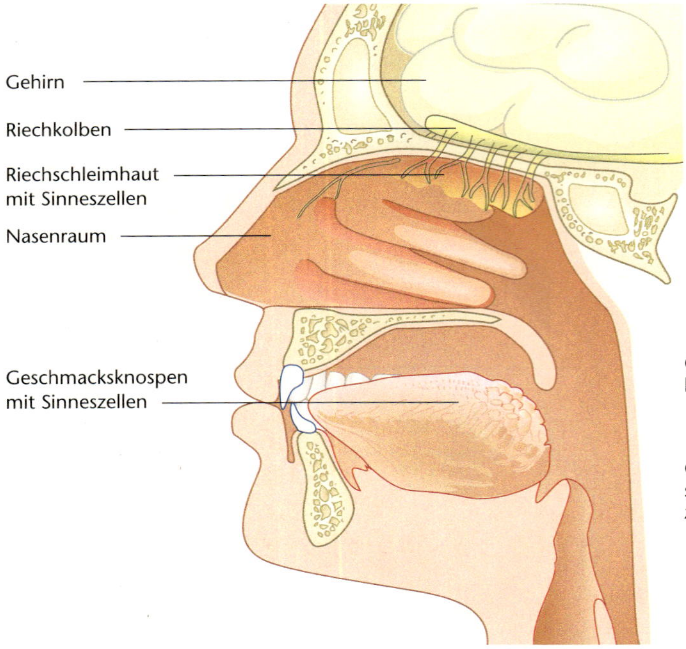

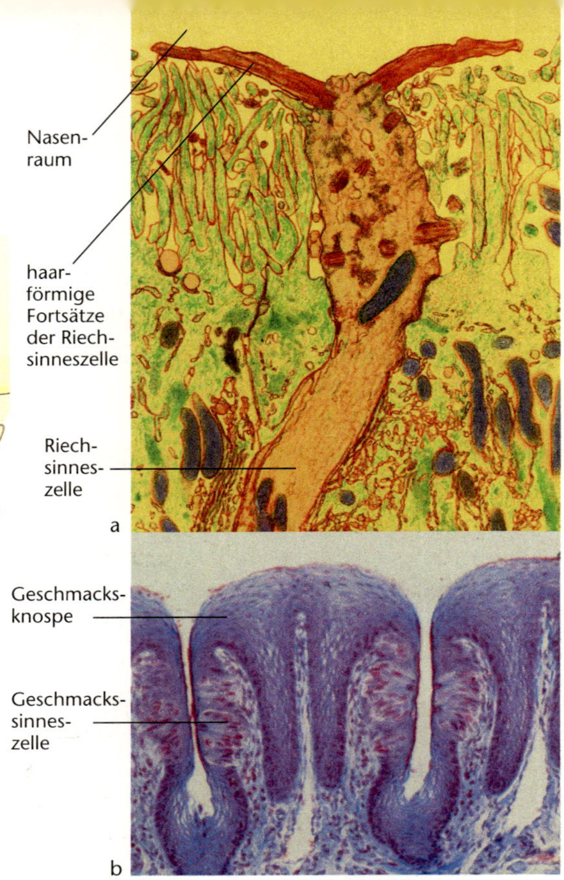

1 *Riechen und Schmecken, a) Riechsinneszelle, b) Geschmacksknospe der Zunge mit Sinneszellen*

Der Mensch verfügt etwa über 20 bis 30 Millionen Sinneszellen in der Riechschleimhaut der Nase (Abb. 1a). Mit ihrer Hilfe kann er circa 10 000 verschiedene Gerüche feststellen. Die Sinneszellen des Geruchs- und Geschmackssinns reagieren auf chemische Reize. Jede dieser Sinneszellen besitzt auf der Oberfläche verschiedene Rezeptoren. **Rezeptoren** sind Moleküle, die nach dem Schlüssel-Schloss-Prinzip passende Stoffe binden.

Gelangt ein Molekül mit der eingeatmeten Luft zu einer Riechsinneszelle, kommt es mit den haarförmigen Fortsätzen der Sinneszelle in Berührung. Gibt es einen passenden Rezeptor, wird es für eine gewisse Zeit daran gebunden. Dadurch entsteht in der Sinneszelle ein elektrisches Signal, das über Nerven in das Gehirn weitergegeben wird. Stoffe, für die kein passender Rezeptor vorhanden ist, können nicht wahrgenommen werden. Zum Beispiel können wir das giftige Gas Kohlenmonooxid nicht riechen.

Alle Sinneszellen des Geschmackssinns sind in kleinen Gebilden zusammengelagert, die man Geschmacksknospen nennt. Geschmacksknospen findet man auf der Zungenoberfläche (Abb. 1b). Man unterscheidet fünf verschiedene Geschmacksrichtungen: süß, sauer, salzig, bitter und uami (Fleischgeschmack). Bei den Geschmackszellen unterscheidet man fünf verschiedene Sinneszelltypen. Jeder Sinneszelltyp reagiert auf die Moleküle aller Geschmacksrichtungen, aber jeder Typ mit unterschiedlicher Intensität. Aus diesen verschiedenen Informationen entsteht im Gehirn die Wahrnehmung zum Beispiel des süßen Geschmacks.

Die Nerven der Sinneszellen der Riechschleimhaut führen in den Riechkolben (Abb. 1). Er steht auch mit Teilen des Gehirns in Verbindung, die für unsere Gefühle zuständig sind. Das Riechen ist daher sehr stark mit Gefühlen verbunden. Auch lösen Gerüche leicht Erinnerungen aus. Wissenschaftler gehen davon aus, dass durch Duftstoffe beeinflusst wird, ob man einen anderen Menschen sympathisch findet oder nicht. Vermutlich nehmen wir unbewusst auch noch andere Informationen über unsere Mitmenschen durch den Geruchssinn wahr.

1 Versuch: Geschmacksschwelle. Unter Geschmacksschwelle versteht man die unterste Grenze der Konzentration eines Geschmacksstoffes, die wahrgenommen werden kann. Überlege eine Versuchsanordnung, mit der die Geschmacksschwelle für Kochsalz bei verschiedenen Personen ermittelt werden kann. Führt den Versuch durch und protokolliert ihn.

2 Versuche zum Schmecken. In Experimenten wurde untersucht, wie verschiedene Sinneszellen auf unterschiedliche Stoffe gleicher Konzentration reagieren. Drei Sinneszelltypen wurden verglichen. Die Ergebnisse sind in Abbildung 3 dargestellt.
a) Gib an, auf welche Stoffe die drei Sinneszelltypen jeweils bevorzugt reagieren.
b) Zeige anhand der Abbildung 3, wie das Gehirn Ammoniumchlorid und Magnesiumchlorid unterscheiden kann.

3 Der Mensch, ein „Geruchstier"? Die Abbildung 2 zeigt die Wahrnehmungsschwellen für unterschiedliche Gerüche bei Mensch, Hund und Schmetterling. Unter der Wahrnehmungsschwelle versteht man die Mindestzahl der zur Wahrnehmung notwendigen Moleküle. Erkläre mithilfe der Angaben in den Abbildungen 2 und 4 die Bedeutung des Geruchs für den Menschen.

4 Anwendung von Gerüchen. Zunehmend werden Gerüche beim Verkauf angewendet, zum Beispiel bei Nahrungsmitteln oder in Warenhäusern. Nenne mögliche Gründe für den Einsatz. Welche Risiken können dadurch entstehen?

Lebewesen	Duft	Moleküle/ ml Luft
Mensch	Schweiß Birne Rosenöl faule Eier	10^{10} 10^{14} 10^{14} 10^{8}
Hund	Schweiß	10^{4}
Schmetterling	Pheromon	10^{2}

2 *Wahrnehmungsschwellen*

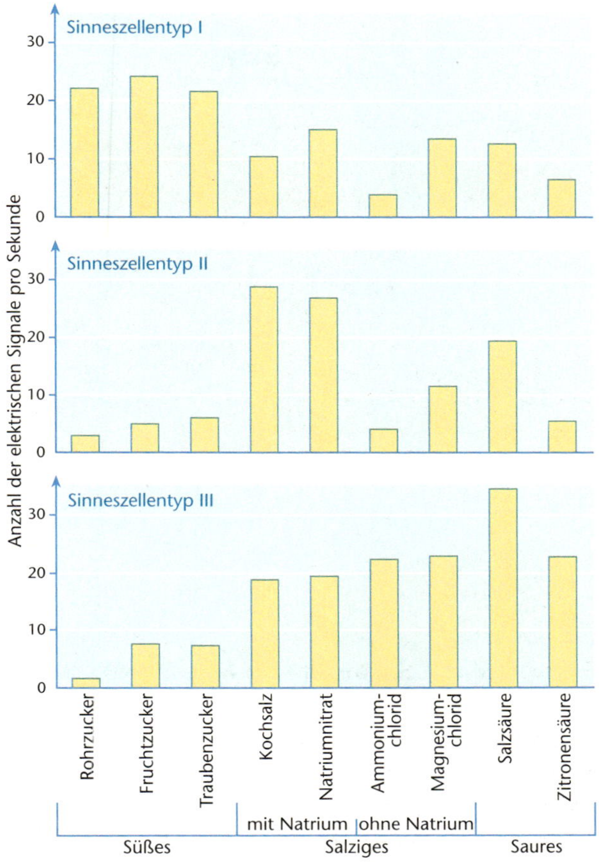

3 *Versuchsergebnisse zur Reaktion von verschiedenen Typen von Geschmackssinneszellen*

- Mütter können ihre Babys am Geruch erkennen.
- Ein Duftstoff steigerte den Umsatz an Spielautomaten in Las Vegas um 45 %.
- Blütenduft macht Schuhe attraktiver.
- Bekannte, positive Gerüche können den Erfolg bei Prüfungen steigern.
- Ob ein Geruch als positiv angesehen wird, ist abhängig von den begleitenden Umständen, unter denen er zum ersten Mal erlebt wird.
- Der natürliche Duft von Frauen ist an ihren fruchtbaren Tagen für Männer am attraktivsten.

4 *Wirkung von Gerüchen*

11.7 Das Ohr

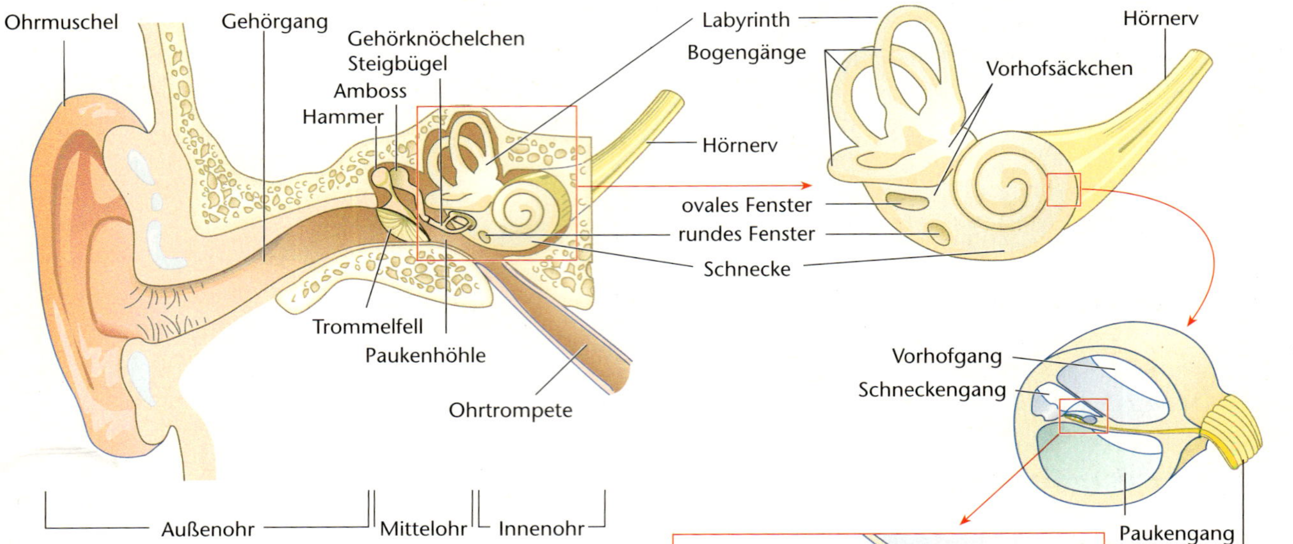

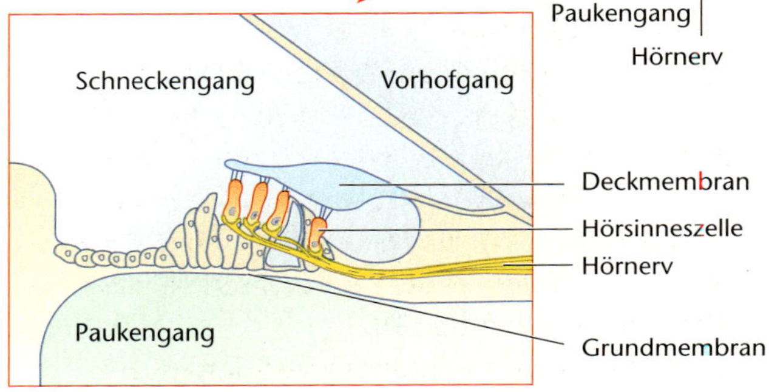

1 *Aufbau des Ohrs*

Bei der Erzeugung von Schall werden die Moleküle in der Luft in Schwingung versetzt. Diese Schwingungen breiten sich in Form von Schallwellen aus. Das Ohr ist auf die Aufnahme von Schallwellen aus der Luft spezialisiert. Dabei gelangen die Schallwellen durch den äußeren Gehörgang zum Trommelfell, einer Membran, die den Gehörgang verschließt (Abb. 1). Die Schallwellen versetzen das Trommelfell in Schwingungen. Diese übertragen sich auf die Gehörknöchelchen. Die Gehörknöchelchen sind so angeordnet, dass sie die Schwingungen verstärken. Der Raum, in dem dies stattfindet, heißt **Mittelohr.** Dem Mittelohr schließt sich das **Innenohr** an. Zu ihm gehören die Schnecke und das Labyrinth, ein Organ mit Sinneszellen zur Wahrnehmung von Bewegungen und Schwerkraft.

Die **Schnecke** besteht aus drei nebeneinander liegenden Gängen, die mit Flüssigkeit gefüllt sind (Abb. 1). Der mittlere Gang, der Schneckengang, enthält die Sinneszellen, die für das Hören verantwortlich sind. Sie liegen unter einer Deckmembran. Bei einem Geräusch werden die Schwingungen durch den Steigbügel am ovalen Fenster auf die Flüssigkeit des Vorhofganges übertragen. Die wellenartigen Schwingungen des Schalls drücken je nach Tonhöhe in unterschiedlichen Bereichen der Schnecke auf die Haut zwischen Vorhofgang und Schneckengang. Die dadurch entstehende Flüssigkeitsbewegung drückt auf die Deckmembran. Diese wiederum drückt auf die haarförmigen Fortsätze der Sinneszellen. Diese erzeugen elektrische Signale, die über Nerven zum Gehirn geleitet werden. Die Flüssigkeitsbewegungen werden auch auf den Paukengang übertragen und von dort bis zum runden Fenster weiter geführt. Der Druckausgleich erfolgt über das Mittelohr und die Ohrtrompete, die mit dem Rachenraum in Verbindung steht.

Treffen die Schallwellen einer Geräuschquelle zeitlich versetzt an den beiden Ohren ein, ermittelt das Gehirn aus der Zeitdifferenz der Signale aus den beiden Ohren die Richtung, aus der das Geräusch kam.

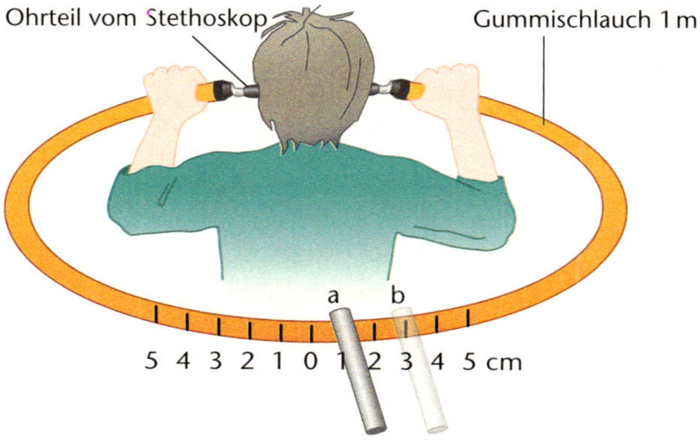

2 *Versuch zum Richtungshören*

Medium	Schallgeschwindigkeit
Luft	331 m/Sekunde
Wasser	1480 m/Sekunde

3 *Schallgeschwindigkeiten*

1 Richtungshören.

a) In einem Versuch zum Richtungshören wurde festgestellt, dass die Person eindeutig die richtige Richtung erkannte, wenn der Schlag mit dem Stab mindestens jeweils 1 cm links oder rechts von der Schlauchmitte erfolgte (Abb. 2). Berechne die Zeitdifferenz, mit der der Schall die Ohren bei diesem Abstand erreicht (Abb. 3).

b) Erkläre, warum Richtungshören unter Wasser nicht funktioniert.

2 Schalldruck.

a) Berechne, um welchen Faktor der Schalldruck bei einem Ereignis von 120 dB gegenüber einem lauten Gespräch zugenommen hat (Abb. 5, 6).

b) Erläutere mithilfe der Abbildung 6 den in Abbildung 4 dargestellten Hörschaden.

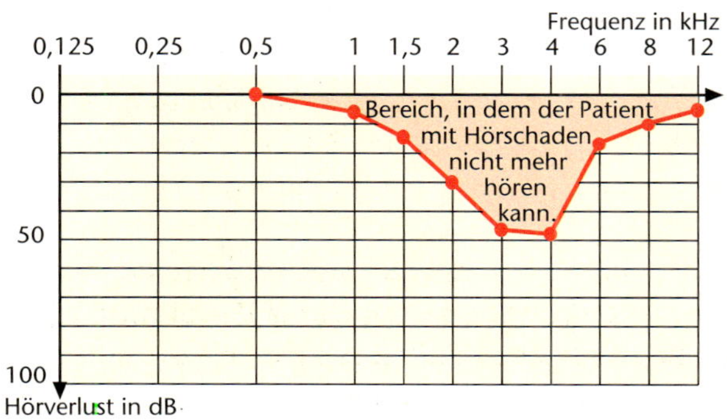

4 *Hörschaden*

Ereignis	Schalldruck (dB)
Flüstern	10–20
gedämpfte Unterhaltung	40
laute Unterhaltung	60
LKW – im Stadtverkehr	70–90
Walkman mit Kopfhörer	85–110
Rockkonzert	110–120
Düsenflugzeug Standlauf	105–130

5 *Schalldruck von Geräuschen*

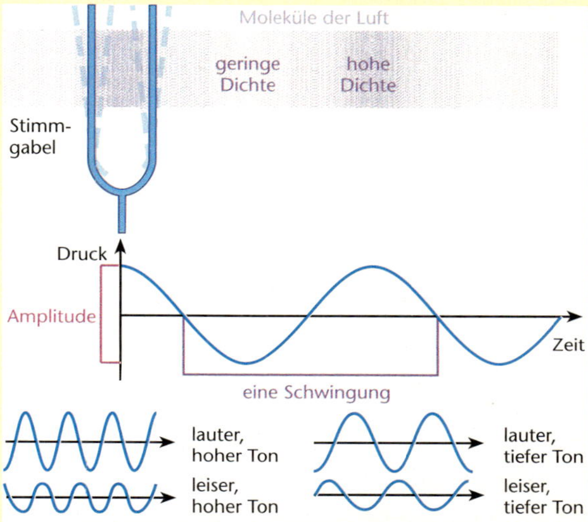

Die Tonhöhe wird in Hertz angegeben:
1 Hz ≙ 1 Schwingung pro Sekunde;
1 kHz ≙ 1000 Schwingungen pro Sekunde.
Je höher die Frequenz ist, umso höher ist der Ton. Der menschliche Wahrnehmungsbereich liegt bei Kindern zwischen 16 Hz und 21 kHz (21 000 Hz). Im Alter sinkt die wahrnehmbare Obergrenze auf 5000 Hz ab.
Je größer die Amplitude der Schwingung ist, umso lauter erscheint uns der Ton. Die Lautstärke wird in Dezibel (dB) angegeben. Sie beschreibt den Schalldruck, mit dem eine Schwingung auftrifft (z. B. die Zahl der Teilchen, die in einer bestimmten Zeit auf das Trommelfell auftreffen). Null Dezibel ist der Schalldruck, den ein junges, ungeschädigtes Ohr gerade noch wahrnehmen kann. Eine Erhöhung um 20 dB bedeutet jeweils eine Zunahme des Schalldrucks um das Zehnfache.
Beginn von Hörschäden: ab 85 dB
Taubheit: ab 130 dB

6 *Informationen zum Schall*

11.8 Gleichgewicht

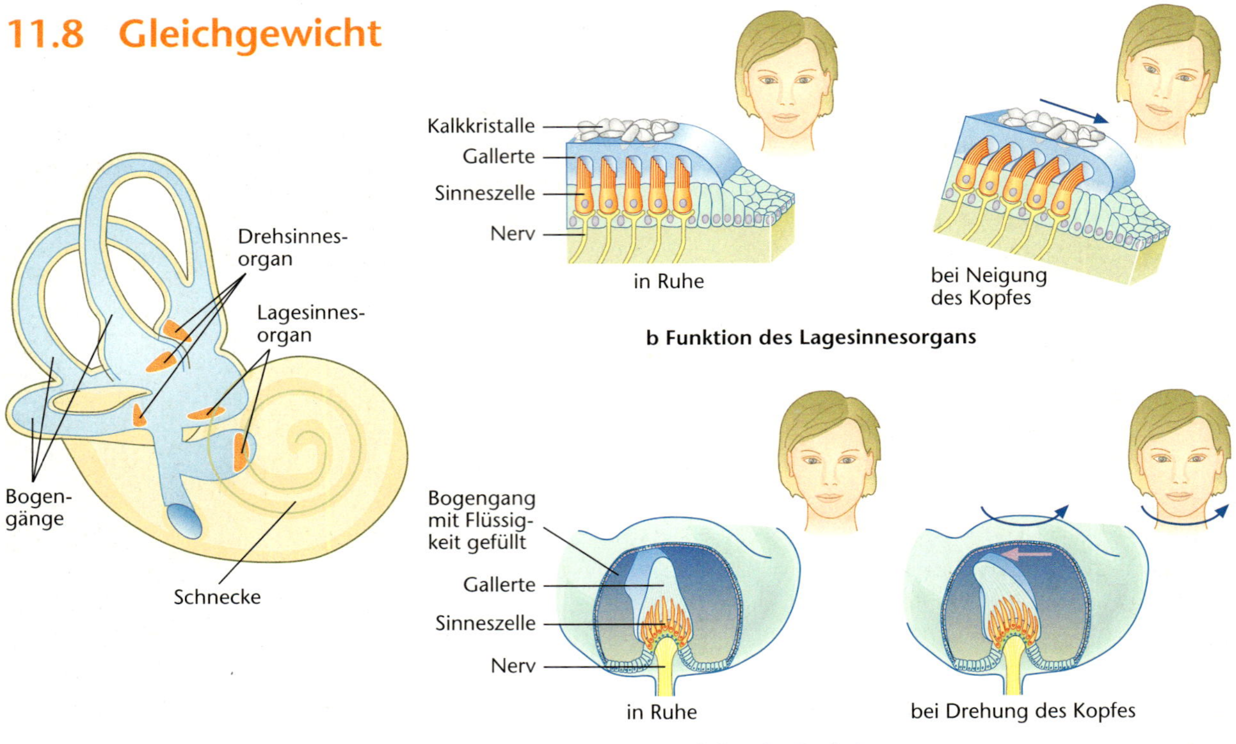

a Labyrinth

b Funktion des Lagesinnesorgans

c Funktion des Drehsinnesorgans

1 *Bau und Funktion von Lagesinnesorgan und Drehsinnesorgan*

Im Innenohr liegen die Sinneszellen, die uns ermöglichen zu erkennen, wo oben und unten ist oder ob wir unseren Kopf schräg oder gerade halten. Mit ihrer Hilfe bemerken wir, wie wir uns bewegen und ob sich die Bewegungsrichtung ändert. Diese Sinneszellen befinden sich im Labyrinth, einem mit Flüssigkeit gefüllten System von Gängen und Ausbuchtungen. Das Labyrinth enthält das Lagesinnesorgan und das Drehsinnesorgan (Abb. 1a).

Das **Lagesinnesorgan** besteht aus zwei Teilen, einem waagrecht angeordneten im oberen und einem senkrecht angeordneten im unteren Vorhofsäckchen. Die Sinneszellen enthalten haarförmige Fortsätze, die in eine Gallertmasse eingebettet sind (Abb. 1b). Auf der Gallertmasse befinden sich Kristalle. Bei einer Lageänderung des Kopfes verschieben sich Gallertmasse und Kristalle. Dadurch werden die haarförmigen Fortsätze der Sinneszellen abgeknickt. Die Richtung und die Stärke des Abknickens reizt die Sinneszellen. Es entstehen elektrische Signale, die im Gehirn ausgewertet werden.

Das **Drehsinnesorgan** besteht aus drei Bogengängen des Labyrinthes. Die drei Bogengänge sind senkrecht in drei Ebenen wie ein räumliches Koordinatensystem zueinander angeordnet. In jedem Bogengang befindet sich eine Erweiterung, die man Ampulle nennt. In ihr befinden sich die Sinneszellen für den Drehsinn. Auch diese Sinneszellen haben haarförmige Fortsätze, die in eine Gallerte eingebettet sind (Abb. 1c). Wird der Kopf bewegt, bleibt die Flüssigkeit in dem Bogengang, der sich in der Ebene der Bewegung befindet, aufgrund ihrer Trägheit gegenüber der Bewegung zurück. Es kommt in der Ampulle also zu einer Strömung, die die Gallertmasse verschiebt und damit die haarförmigen Fortsätze der Sinneszellen abknickt.

Die Informationen des Lage- und Drehsinnesorgans werden im Gehirn mit den Informationen aus den Augen abgeglichen. Alle weiteren Bewegungen des Körpers werden dann an diesen Informationen über die Lage und die Bewegung des Körpers ausgerichtet. So kann zum Beispiel der Körper immer im Gleichgewicht gehalten werden.

1 Das Drehsinnesorgan.
a) In Abbildung 2a sind die Bewegungsrichtung des Kopfes und seine Auswirkungen in einem Bogengang dargestellt. Erläutere genau, wie es zu den Auswirkungen kommt.
b) Übertrage die Skizzen aus Abbildung 2b und c in dein Heft und ergänze sie entsprechend der Abbildung 2a. Begründe jeweils deine Ergebnisse.
c) Beschreibe, welche Vorgänge im Labyrinth ablaufen, wenn der Kopf diagonal zu den drei Bogengängen bewegt wird.

2 Versuch mit dem Drehstuhl. Eine Versuchsperson wird entsprechend der Abbildung 3 mit verbundenen Augen auf einen Drehstuhl gesetzt, ohne dass die Füße den Boden berühren. Die Versuchsperson wird sowohl langsam als auch schnell von einem Mitschüler oder einer Mitschülerin beschleunigt und abgebremst. Dabei wird jede Form der Bewegung mehrmals mit unterschiedlichen Geschwindigkeiten und Bewegungsrichtungen durchgeführt. Die Versuchsperson macht Angaben zur Bewegungsrichtung und Geschwindigkeit. Eine weitere Person protokolliert die Aussagen der Versuchsperson.
Erkläre die Aussagen der Versuchsperson. Berücksichtige dabei die Vorgänge im Drehsinnesorgan.

3 Experiment zum Lagesinnesorgan. Tagaktive Fische schwimmen normalerweise mit der hellen Bauchseite nach unten. Beleuchtet man sie in einem Aquarium bei abgedunkelter Decke von unten, ändern sie ihre Schwimmlage nicht. Fische, deren Labyrinth entfernt wurde, schwimmen unter diesen Bedingungen mit dem Bauch nach oben. Wie ist das Verhalten der Tiere zu erklären?

3 *Versuch zum Drehsinnesorgan*

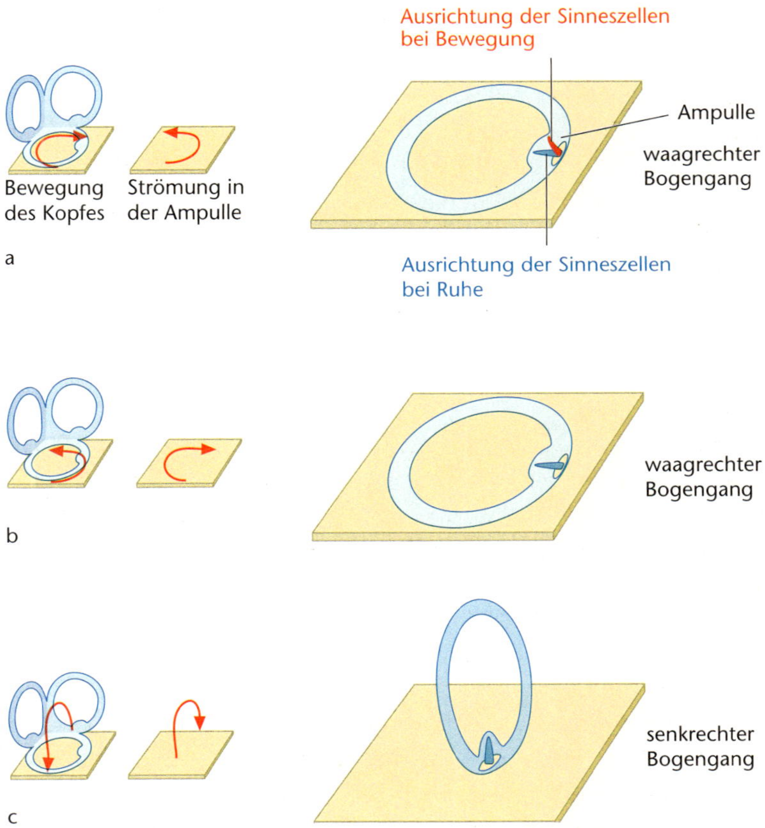

2 *Funktionsweise des Drehsinnesorgans in den Bogengängen*

Eine Präsentation mit Power Point erstellen

Nach dem Starten von Power Point ist im rechten Bildschirmfenster der Aufgabenbereich zu sehen (Abb. 1). Über den Aufgabenbereich kann man steuern, ob a) eine bereits vorhandene Präsentation geöffnet werden soll oder b) ob eine neue Präsentation erstellt werden soll.

Eine neue Präsentation kann auf der Vorlage einer Musterpräsentation mit dem Auto-Inhalt-Assistenten gestartet werden. Hier werden zu bestimmten Themen Präsentationsvorlagen dargestellt. Für naturwissenschaftliche Themen eignet sich häufig die Auswahl „generisch" (Abb. 2). Bestätige immer mit „Weiter". Als Ausgabeart wähle die Bildschirmpräsentation. Einen Präsentationstitel und eine Fußzeile braucht man nicht eingeben. Zum Schluss ist der Punkt „Fertig stellen" anzuklicken.

Es öffnet sich dann ein neues Fenster (Abb. 3). Das Fenster stellt im kleineren linken Bereich wahlweise, durch Buttons umschaltbar, die Gliederung der Präsentation oder die Miniaturansicht der bisher erstellten Folien dar. Durch Anklicken wird die ausgewählte Folie im rechten Bereich des Fensters angezeigt und kann dann bearbeitet werden. Die ausgewählte Präsentation hat bereits einen gestalteten Hintergrund, das Hintergrunddesign.

Im rechten Fenster kann man nun die Texte der ausgewählten Folie bearbeiten und nach individuellen Vorstellungen abändern. Klicke einfach auf die jeweilige Stelle, wo etwas geändert werden soll. Es öffnet sich ein Textfeld, in dem du die Änderungen eintragen kannst (Abb. 4). Die neu erstellten Texte können nun, genau wie im Textverarbeitungsprogramm, formatiert werden. Dazu kann die „Format-Symbolleiste" verwendet werden. Soll weiterer Text eingefügt werden, kann man die Größe des Feldes durch Anklicken und Ziehen der nun erscheinenden Punkte mithilfe der Maus verändern. Ein weiteres Textfeld kann durch Anklicken des Symbols „Textfeld" im unten angeordneten Symbolfeld „Zeichnen" erstellt werden. Der Mauszeiger wird dabei zu einem Kreuz, mit dem das Textfeld in gewünschter Größe und Anordnung auf der gerade bearbeiteten Folie erstellt werden kann. Auch hier kann wieder Text in frei gewählter Formatierung eingebracht werden. Bei der Texterstellung ist aus Gründen der Lesbarkeit auf eine Schriftgröße ab 18 aufwärts sowie auf ausreichenden Kontrast zum Hintergrunddesign zu achten.

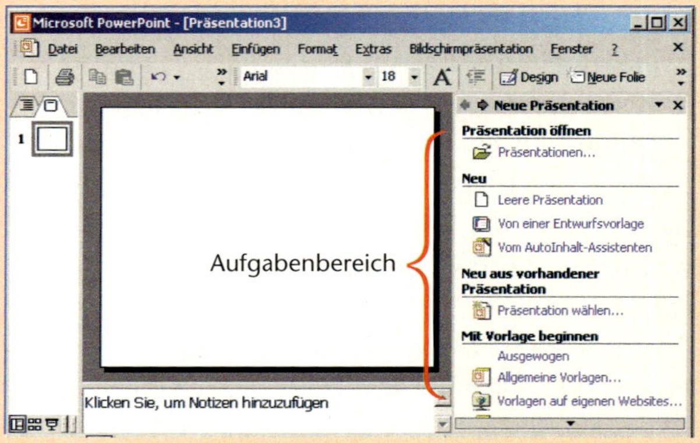

1 *Aufgabenbereich*

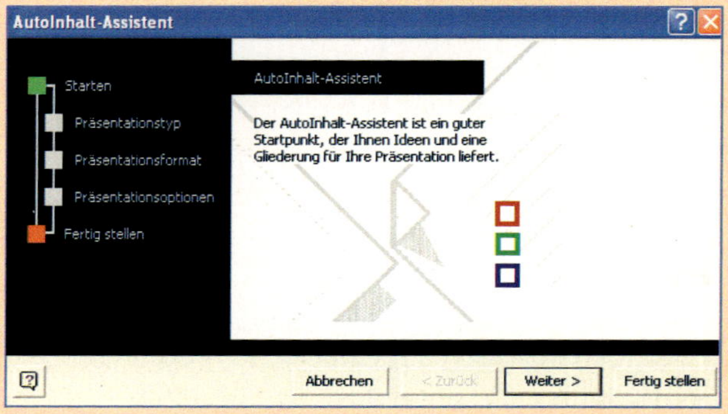

2 *Autoinhalt-Assistent*

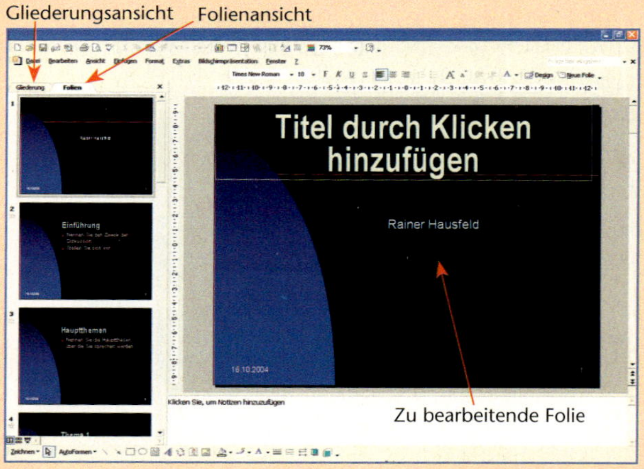

3 *Folienfenster*

Will man die Folie durch Bilder oder Grafiken interessanter gestalten, sucht man das passende Bild z.B. mit einer Internet-Suchmaschine. Nun klickt man mit der rechten Maustaste auf das Bild und wählt im aufklappenden Menü „Kopieren“. Jetzt wechselt man wieder zu Power Point, klickt mit der rechten Maustaste auf die bearbeitete Folie und wählt „Einfügen“. Das ausgewählte Bild erscheint nun auf der Folie und kann durch Ziehen mit der linken Maustaste auf die richtige Größe gebracht werden (Abb. 5). Durch Schieben mit der linken Maustaste kann das Bild dann an der richtigen Stelle platziert werden. Nach dieser Vorgehensweise kann man jetzt die verschiedenen Folien der Präsentation bearbeiten. Das Hintergrunddesign kann für jede Folie verändert werden (Abb. 6). Dazu klickt man auf das Ausklappmenü ganz rechts oben und wählt Foliendesign. Jetzt kann man eine der zur Verwendung vorhandenen Entwurfsvorlagen auswählen. Fährt man mit dem Mauszeiger über die ausgewählte Folie, erscheint rechts ein Pfeil. Hier kann man durch Anklicken auswählen, ob dieses Design nur für die ausgewählte oder für alle Folien übernommen werden soll. Eine neue Folie wird unter dem Menüpunkt „Einfügen“ in der oberen Menüleiste erzeugt. Hat man alle Folien bearbeitet, kann man die Präsentation vorführen. Das geschieht durch das Aufrufen des Punktes „Bildschirmpräsentation“ in der oberen Menüleiste. Hier klickt man dann den Punkt „Bildschirmpräsentation vorführen“ an. Eine neue Folie wird jeweils durch einen Klick mit der linken Maustaste aufgerufen. Bevor man die Präsentation startet, sollte man überprüfen, ob die Folien in der richtigen Reihenfolge angeordnet sind. Das geht am besten in der Foliensortieransicht (Abb. 7). Zum Verschieben klickt man die Folie an, lässt die linke Maustaste gedrückt und schiebt sie an die gewünschte Position. Die Normalansicht ist für die Bearbeitung der Folien (Abb. 7). Um die Präsentation von Anfang an beginnen zu lassen, achte darauf, dass die erste Folie aktiv ist. Hierzu kann z. B. in der Foliensortieransicht die erste Folie mit der Maus angeklickt werden. Mit der ESC-Taste beendest du sofort die Präsentation.

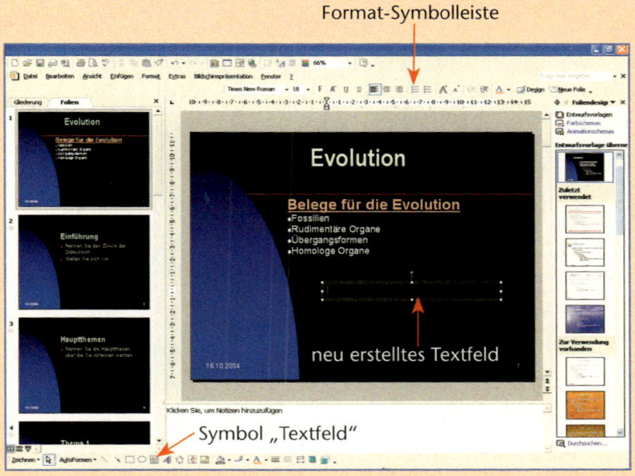

4 *Text einfügen*

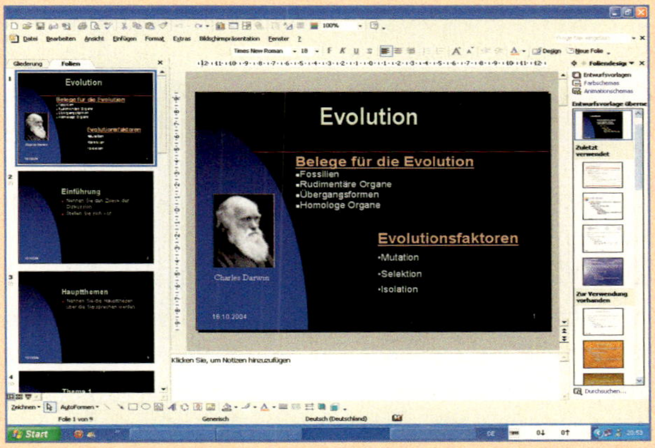

5 *Grafik einfügen*

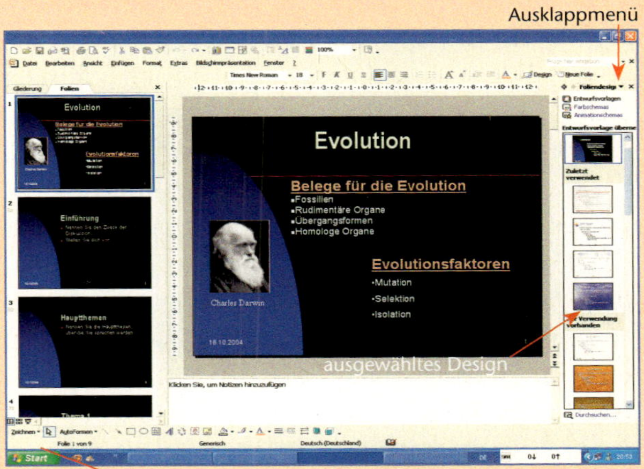

6 *Design gestalten*

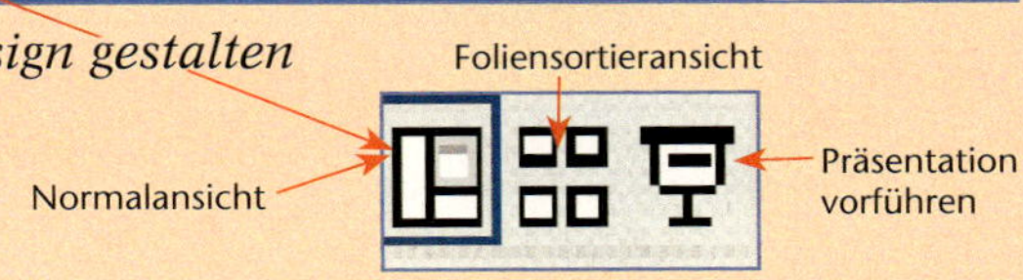

7 *Verschiedene Ansichten*

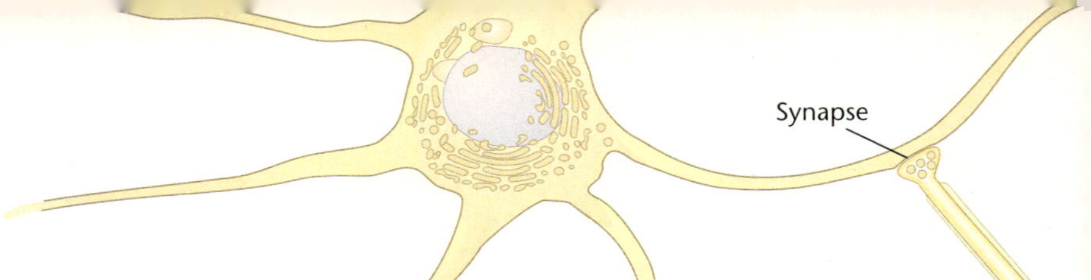

11.9 Nervenzellen

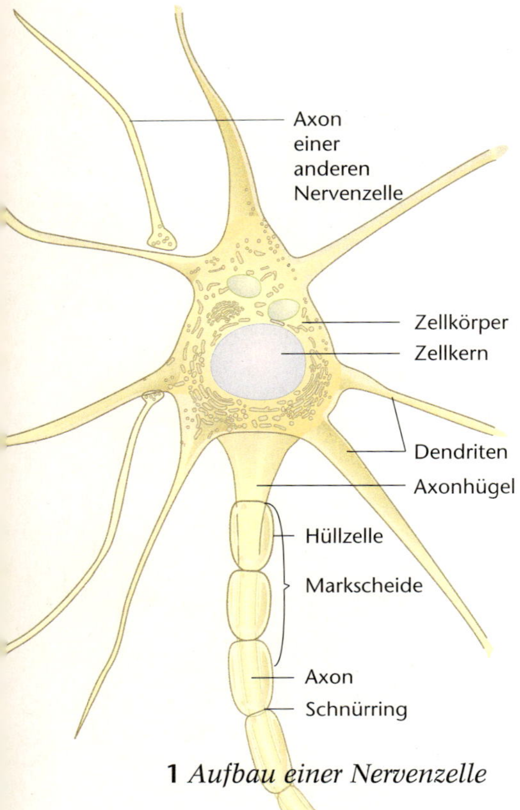

1 *Aufbau einer Nervenzelle*

Eine Nervenzelle besteht aus dem Zellkörper mit Zellkern und anderen Zellorganellen (Abb. 1). Am Zellkörper befinden sich zahlreiche dünne Ausläufer, die man **Dendriten** nennt. Sie nehmen die elektrischen Signale von Sinneszellen oder anderen Nervenzellen auf und geben sie in Richtung des Zellkörpers weiter. Dies geschieht, indem sich an der Membran die elektrische Spannung geringfügig ändert. Die Spannungsänderungen sämtlicher Signale, die am Zellkörper ankommen, werden addiert. Bei einer gewissen Spannung wird an einer Region des Zellkörpers ein elektrischer Impuls ausgelöst. Diese Region wird Axonhügel genannt, weil hier ein langer Ausläufer beginnt, der als **Axon** bezeichnet wird. Der elektrische Impuls wird vom Axonhügel durch das Axon weitergeleitet. Viele Axone bilden einen Nerv (Abb. 2). Ein Axon kann von einer Markscheide umgeben sein. Diese besteht aus Hüllzellen, die sich um das Axon gewickelt haben und als Isolationsschicht dienen. Die Einschnürungen zwischen den Hüllzellen heißen Schnürringe. Axone mit Markscheide leiten elektrische Impulse schneller als Axone ohne Markscheide. Ein Axon endet in einer oder mehreren Verdickungen, die man Endknöpfchen nennt. Sie liegen an einer Zielzelle an.

Jedes Endknöpfchen überträgt das Signal an eine Zielzelle. Dabei kann es sich um eine andere Nervenzelle, eine Drüsenzelle oder eine Muskelzelle handeln. Die Verbindungsstelle zwischen dem Endknöpfchen und der Zielzelle wird **Synapse** genannt. Zwischen dem Endknöpfchen und der Zielzelle liegt ein Spalt. Die Signalübertragung erfolgt hier nicht auf elektrischem Weg, sondern durch chemische Stoffe, die man Transmitter nennt. Ein im Endknöpfchen ankommender elektrischer Impuls bewirkt, dass mit Transmittermolekülen gefüllte Bläschen ihren Inhalt in den synaptischen Spalt entleeren (Abb. 3). Die Transmittermoleküle durchqueren den Spalt und binden an Rezeptoren der postsynaptischen Membran, die nach dem Schlüssel-Schloss-Prinzip genau zu ihnen passen. Dadurch werden an der postsynaptischen Membran so lange elektrische Signale ausgelöst, bis die Transmittermoleküle von den Rezeptoren gelöst sind. Die Transmittermoleküle an der postsynaptischen Membran werden von Enzymen zerlegt. Die Bruchstücke werden ins Endknöpfchen zurücktransportiert, dort wieder zusammengesetzt und wieder in Bläschen gespeichert.

2 *Viele Axone liegen nebeneinander und bilden einen Nerv*

① Ankommende elektrische Impulse bewirken, dass Bläschen zum Spalt wandern.

② Ausschüttung von Transmittermolekülen in den synaptischen Spalt

③ Binden der Transmittermoleküle am Rezeptor

④ Auslösung eines elektrischen Impulses

⑤ Zerlegung der Transmittermoleküle durch Enzyme

⑥ Rücktransport der Bruchstücke

⑦ Synthese der Transmittermoleküle und Speicherung in Bläschen

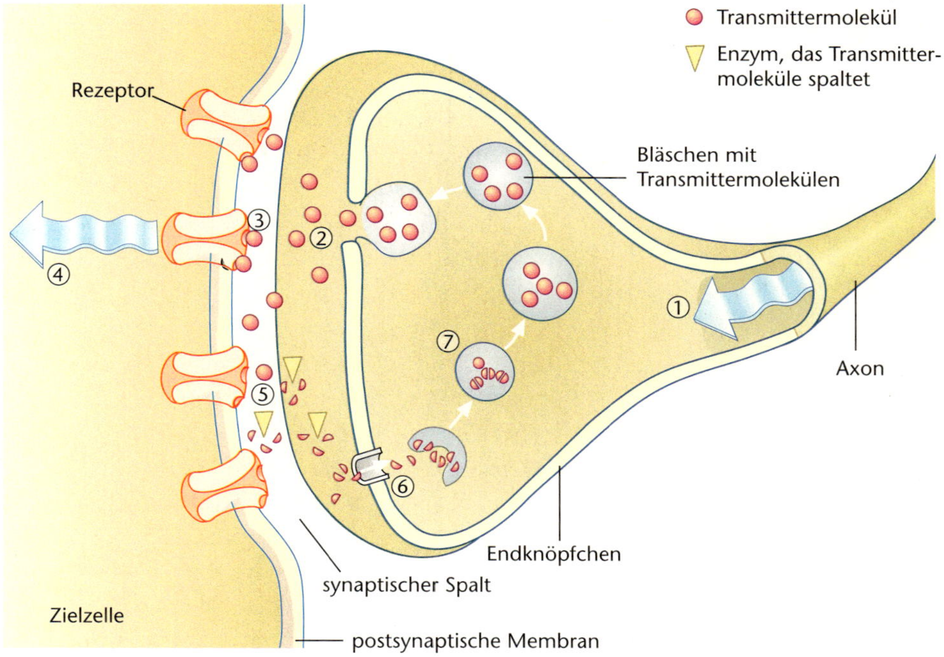

3 *Informationsübertragung an einer Synapse*

1 Informationsübertragung an Synapsen.

a) Stelle den Ablauf der Informationsübertragung an einer Synapse in einem Fließdiagramm dar.

b) Begründe, warum eine Informationsübertragung im Nerv, zum Beispiel von einer Sinneszelle zum Gehirn, nur in einer Richtung stattfinden kann.

2 Was wird bewirkt durch...?

- Viele Narkosestoffe verhindern, dass an den Rezeptoren der postsynaptischen Membran elektrische Signale ausgelöst werden.
- Bestimmte Nervengase blockieren die Enzyme im synaptischen Spalt.
- Manche Drogen wirken wie Transmittermoleküle.

Leite mögliche Auswirkungen auf die Nervenfunktionen ab.

3 Zum Nachdenken.

a) Berechne die durchschnittliche Synapsenzahl pro Nervenzelle (Abb. 4).

b) Berechne die Zeit, die ein elektrischer Impuls in einer Nervenfaser mit Markscheide für eine angenommene Entfernung Fingerspitze – Rückenmark von 80 cm benötigt (Abb. 4).

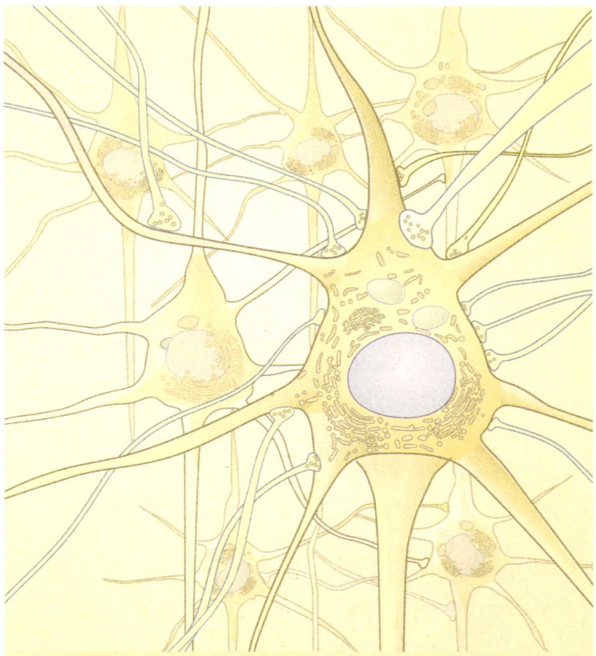

Ein junger Mensch besitzt circa 3×10^{10} Nervenzellen und circa 10^{14} Synapsen im Körper.
Die Gesamtlänge aller Nerven im Körper eines Erwachsenen beträgt etwa 768 000 km. Die Leitungsgeschwindigkeit eines Nervs mit Markscheide beträgt bis zu 120 m/s.

4 *Informationen zu Nerven*

11.10 Das Gehirn

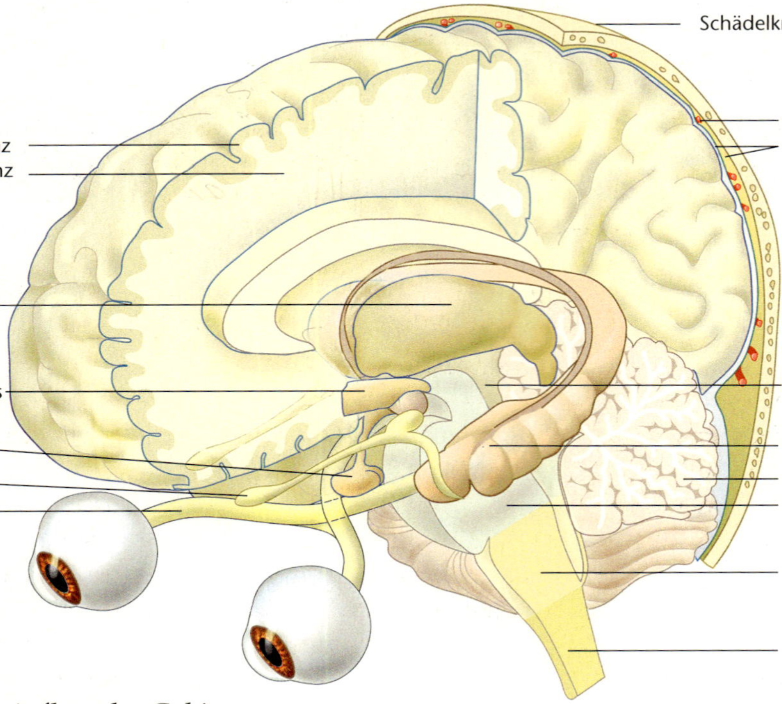

1 *Aufbau des Gehirns*

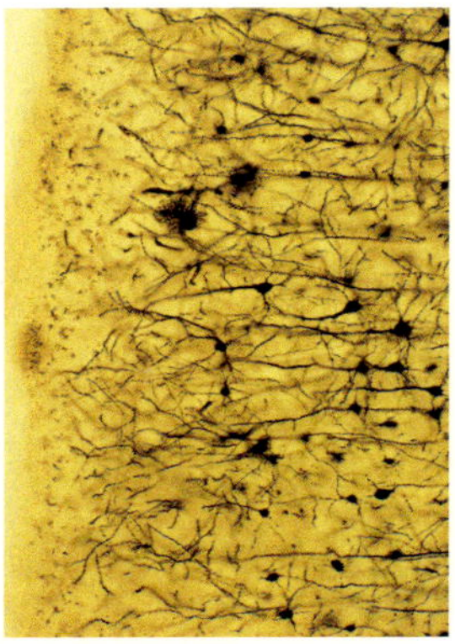

2 *Nervenzellen in der Großhirnrinde*

Die Zellkörper fast aller Nervenzellen liegen im zentralen Nervensystem. Ihre bis zu zwei Meter langen Axone reichen in alle Teile des Körpers. Das **zentrale Nervensystem** besteht aus dem Gehirn und dem Rückenmark. Mit einem Durchschnittsgewicht von etwa 1350 Gramm ist das Gehirn eines der größten Organe im Körper. Das Gehirn als zentrale Steuerungseinheit des Körpers ist durch den Schädelknochen und die Hirnhäute besonders gut geschützt (Abb. 1). Das Gehirn ist das komplizierteste Organ überhaupt. Seine Funktionsweise ist in vielen Bereichen noch nicht geklärt.

Das Gehirn besteht aus unzähligen Nervenzellen, die vielfältig miteinander verknüpft sind (Abb. 2). Alle Informationsübertragungen erfolgen über Axone und Synapsen, die an den Zellkörpern der Nervenzellen oder den Dendriten sitzen. Dabei gibt es mehr als 40 verschiedene Transmitter im Gehirn, wobei jede Nervenzelle nur eine Transmittersorte bildet. Synapsen können die Aktivität der nachgeschalteten Zelle steigern, manche aber auch hemmen. Dadurch und durch die große Anzahl der Synapsen bestehen unzählige Möglichkeiten, wie die Nervenzellen sich gegenseitig beeinflussen.

Man unterscheidet folgende Gehirnbereiche: Nachhirn, Brücke, Kleinhirn, Mittelhirn, Zwischenhirn und Großhirn. Großhirn, Zwischenhirn und Kleinhirn sind je in zwei Hälften unterteilt. Dabei ist jeweils die linke Hälfte für die rechte Körperseite zuständig und die rechte Hälfte für die linke Körperseite. Im Nachhirn und in der Brücke befinden sich die Zentren für die Kontrolle der Atmung, des Herzschlags, für Schlucken und Erbrechen sowie für die Verdauung. Das Kleinhirn ist unter anderem für die Feinabstimmung der Bewegungen und die Steuerung der Körperhaltung mit zuständig. Dadurch wird der Körper im Gleichgewicht gehalten. Das Mittelhirn ist eine Schaltstation, die die verschiedenen Signale der Sinneszellen zu den zuständigen Gehirnteilen leitet. Ein Teil des Zwischenhirns, der Thalamus, steht in enger Verbindung mit dem Großhirn. Der andere Teil, der Hypothalamus, steuert die wichtigste Hormondrüse des Körpers, die Hypophyse. Zusammen mit Teilen des Großhirns

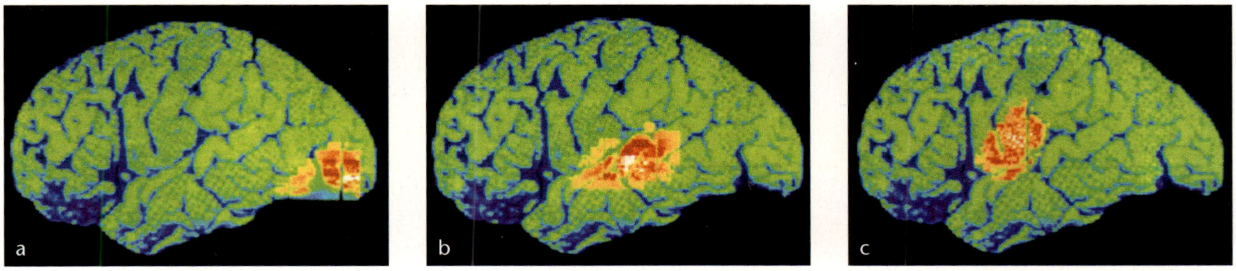

3 *Gehirnaktivität, a) beim Sehen, b) beim Hören, c) beim Sprechen*

ist das Zwischenhirn für unsere Gefühle wie Freude, Trauer, Liebe, Angst und Wut zuständig.

Denken, Lernen, Gedächtnis und Erinnern findet vor allem im Großhirn statt. Die Zellkörper der Nervenzellen, die das Großhirn bilden, liegen in den Außenbereichen. Man spricht von der Gehirnrinde. Wegen ihrer Färbung heißt sie auch graue Substanz. Die Großhirnrinde ist gefaltet. Heute geht man davon aus, dass nicht das Gewicht des Gehirns, sondern die Oberfläche der Rinde mit dem Leistungsvermögen des Gehirns zu tun hat. Weiter innen im Großhirn findet man die zugehörigen Axone der Nervenzellen und die Begleitzellen, die für die Versorgung zuständig sind. Sie bilden die weiße Substanz des Gehirns. Heute bieten Untersuchungsmethoden, bei denen die Gehirnaktivität sichtbar gemacht wird, genaue Möglichkeiten, die Gehirnaktivität zu erforschen. Man unterscheidet sensorische Bereiche, in denen ankommende Signale von Sinneszellen verarbeitet werden, und motorische Felder, die die Bewegungen steuern (Abb. 3).

Unser „Ich-Bewusstsein" steht ebenfalls im Zusammenhang mit dem Großhirn. Auch die Fähigkeit, sich in ein anderes Lebewesen hineinzuversetzen, ist an das Großhirn gebunden. Man nennt diese Fähigkeit Empathie. Ich-Bewusstsein, eigener Wille und Empathie gehören zu den höheren Gehirnfunktionen. Sie bestimmen die Persönlichkeit entscheidend mit. Es gibt Hinweise, dass sie auch bei Menschenaffen und Delfinen vorhanden sind. Durch Krankheiten kann sich eine Persönlichkeit sehr verändern. Dies kann zum Beispiel bei Hirntumoren oder bei Erkrankungen, wie der Alzheimer-Erkrankung, vorkommen. Bei ihr werden einzelne Bereiche im Gehirn zunehmend zerstört, was zunächst zu Vergesslichkeit, später aber zu massiven Persönlichkeitsveränderungen führt.

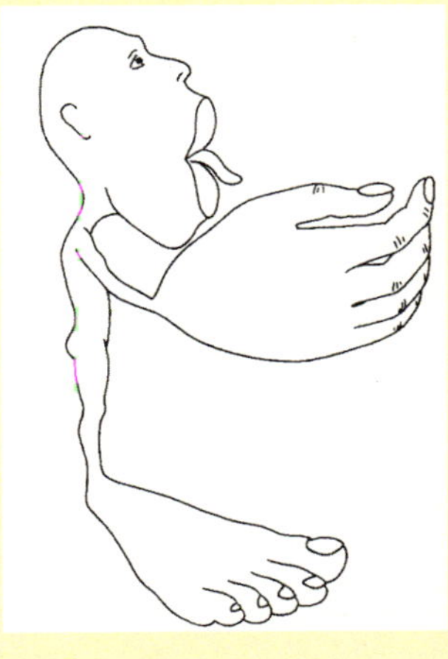

Haut mit einer großen Dichte an Sinneszellen hat im Gehirn eine größere Bedeutung als Regionen mit einer geringeren Dichte an Sinneszellen.

Das Bild gibt die Bedeutung der Hautoberfläche im „Empfinden" des Gehirns wieder.

4 *„gefühlter Mensch"*

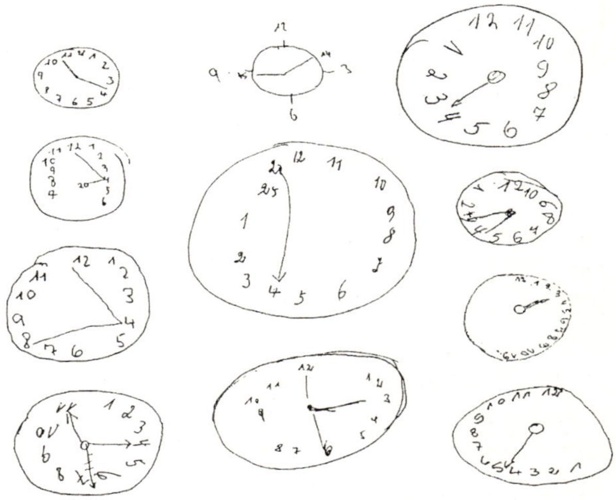

5 *Alzheimer-Patienten sollten eine Uhr zeichnen, die auf 10 Minuten vor 2 steht*

11.11 Nervensysteme im Körper

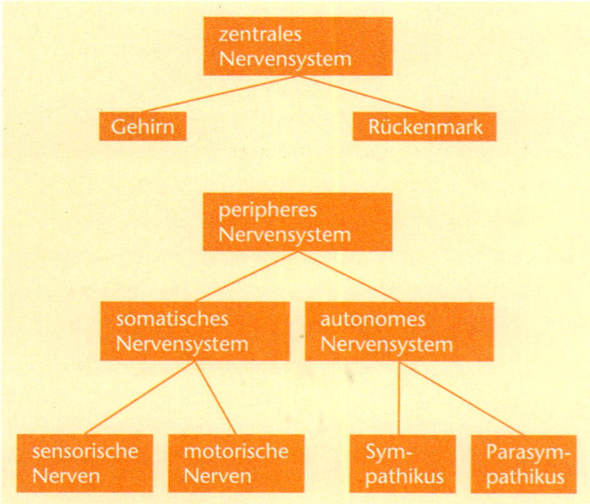

1 *Übersicht über das Nervensystem*

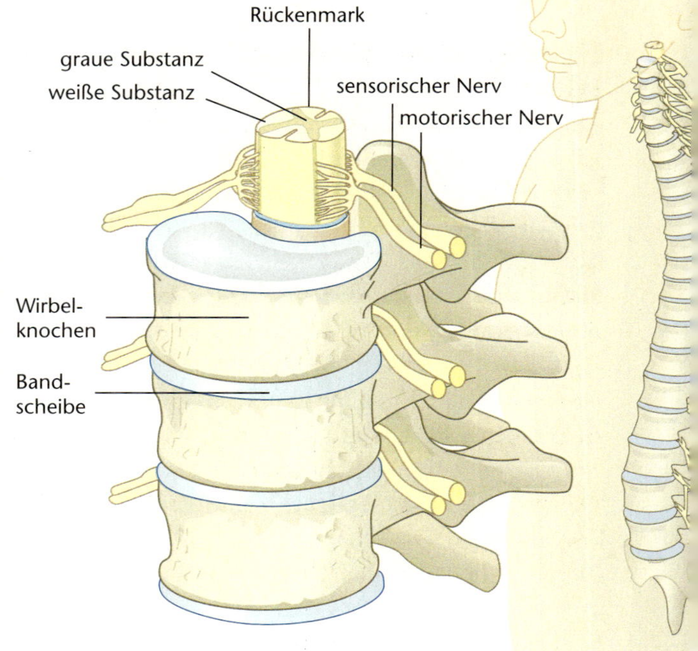

2 *Rückenmark und Wirbelsäule*

Man unterscheidet im Körper zwischen dem zentralen Nervensystem und dem peripheren Nervensystem (Abb. 1). Zum **zentralen Nervensystem** gehören das Gehirn und das Rückenmark. Das Rückenmark ist von den Wirbelknochen der Wirbelsäule umgeben und dadurch besonders geschützt. Im Rückenmark kann man graue und weiße Substanz unterscheiden. Die graue Substanz liegt innen. Sie enthält die Zellkörper der Nervenzellen. Die Axone bilden die weiße Substanz. Zwischen den Wirbelknochen zweigen Nerven vom Rückenmark in alle Teile des Körpers ab (Abb. 2).

Das **periphere Nervensystem** umfasst das somatische Nervensystem und das autonome Nervensystem (Abb. 1). Zum somatischen Nervensystem gehören die Nerven, die von den Sinnesorganen zum zentralen Nervensystem führen; sie heißen **sensorische Nerven.** Außerdem gehören dazu die Nerven, die vom zentralen Nervensystem zu den Skelettmuskeln führen; sie heißen **motorische Nerven.** Die inneren Organe wie Darm oder Leber werden vom autonomen Nervensystem gesteuert, ebenso wie Atmung, Herzschlag und Schweißbildung (Abb. 4). Dabei gibt es zwei Systeme, die sich in ihrer Wirkung entgegengesetzt verhalten: die Nerven des **Sympathikus** und die Nerven des **Parasympathikus.**

Sympathikus und Parasympathikus sind Gegenspieler. Durch sie wird der Körper auf Leistung oder Ruhe eingestellt. Stress und Angst fördern die Aktivität des Sympathikus, Entspannung fördert den Parasympathikus. Alle diese Reaktionen sind stark von Gefühlen abhängig und laufen unbewusst ab. Das autonome Nervensystem ist auch an der Freisetzung von Hormonen beteiligt. Die Nervenbahnen des autonomen Nervensystems stehen mit dem zentralen Nervensystem in Verbindung. Zum Teil entspringen sie dem Zwischenhirn, zum Teil dem Rückenmark. Ein wesentlicher Bestandteil des Sympathikus sind die Grenzstränge. Sie verlaufen parallel zur Wirbelsäule und stehen mit dem Rückenmark in Verbindung (Abb. 4).

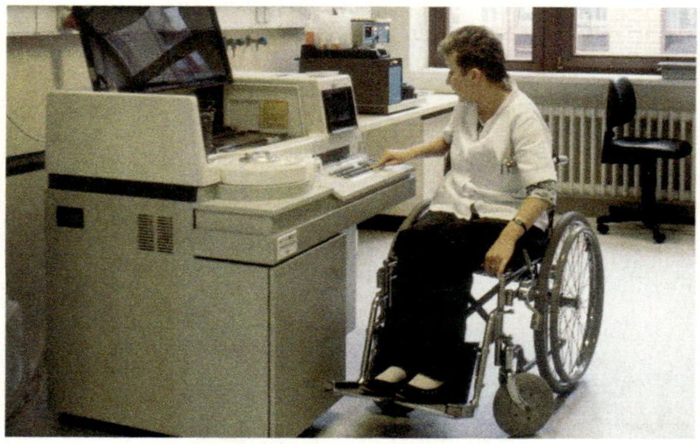

3 *Querschnittsgelähmte, berufstätige Frau*

1 Das autonome Nervensystem.
a) Der Sympathikus wird häufig als „Leistungsnerv“, der Parasympathikus als „Ruhenerv“ bezeichnet. Begründe anhand der Abbildung 4 diese Einteilung und überprüfe, ob diese Bezeichnungen uneingeschränkt gültig sind.
b) Stelle begründete Hypothesen auf, weshalb häufige Angstgefühle oder Dauerstress körperliche Beschwerden hervorrufen können.

2 Wirkung des Parasympathikus. Wird der Nerv des Parasympathikus zum Herzen betäubt, schlägt das Herz dauerhaft schneller als vorher. Durch eine Stresssituation wird die Herzfrequenz weiter erhöht.
Die Pupille des Auges erweitert sich, wenn der Nerv des Parasympathikus zum Auge betäubt wird. Versuche, eine Begründung für diese Sachverhalte zu finden.

3 Querschnittslähmung. Bei einer Querschnittslähmung sind die Nerven des Rückenmarks durchtrennt. Überlege, warum bei einer Querschnittslähmung im Brustbereich zwar die Bewegung aller Körperteile unterhalb der Verletzung nicht möglich ist, Herz, Lunge, Magen und Darm aber nach wie vor funktionieren. Welche Gründe könnten dafür vorliegen, dass die Kontrolle der Blase nach einer solchen Verletzung nicht möglich ist?

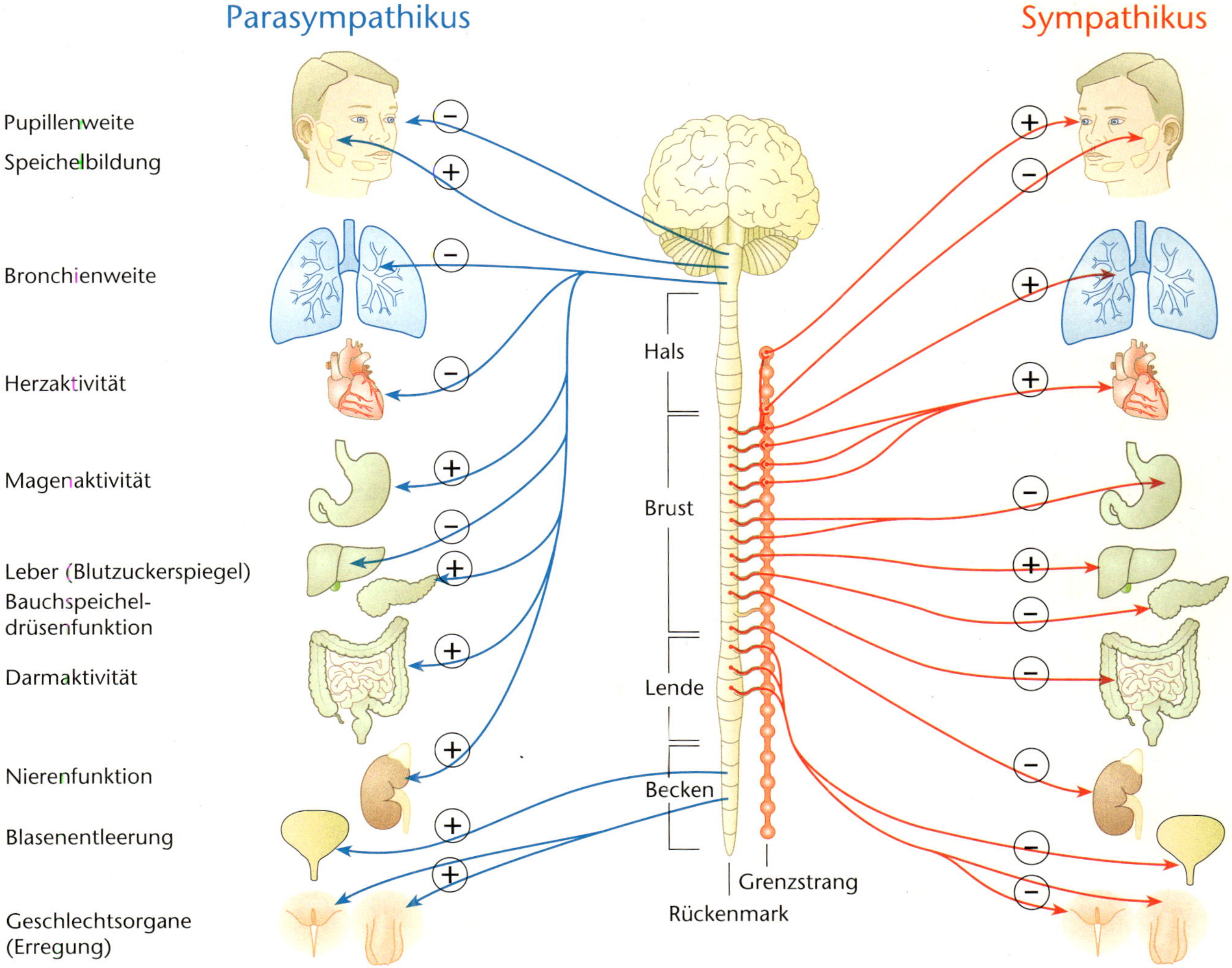

4 *Funktion des autonomen Nervensystems*

11.12 Reiz – Reaktion

1 *Verkehrssituation*

Computersysteme arbeiten nach dem **EVA-Prinzip.** Dabei stehen die Buchstaben für **E**ingabe, **V**erarbeitung und **A**usgabe. Eingabegeräte dienen dazu, Informationen an den Rechner zu geben. Dazu gehören zum Beispiel Tastatur, Scanner, Digitalkameras und Maus. Im Rechner werden die Informationen entsprechend der eingegebenen Befehle verarbeitet und die Ergebnisse über Ausgabegeräte wie Monitor und Drucker zugänglich gemacht. Eingabegeräte, Rechner und Ausgabegeräte müssen durch Kabel oder Funk miteinander verbunden sein. Ein Verarbeitungsprozess umfasst in der Regel viele Einzelschritte, wobei immer wieder neue Daten eingegeben, verrechnet und wieder ausgegeben werden. Das jeweilige Zwischenergebnis bestimmt dabei die nächste Eingabe; es ist also eine ständige Rückkopplung vorhanden.

Die Vorgänge, die bei den Verkehrsteilnehmern in Abbildung 1 ablaufen, lassen sich stark vereinfacht mit den Abläufen der Computertechnologie vergleichen. Wird ein **Reiz** durch ein Sinnesorgan, hier das Auge, aufgenommen, so wird er über sensorische Nerven zum zentralen Nervensystem geleitet. Dort erfolgt die Verarbeitung. Die Signale aus der Netzhaut des Auges werden im Großhirn mit Gedächtnisinhalten verglichen. Dadurch wird die Situation erkannt. Erst danach trifft das Großhirn eine Entscheidung über die **Reaktion.** Über motorische Nerven werden die Befehle, zum Beispiel zum Bremsen, an die entsprechenden Muskeln geleitet und von diesen ausgeführt. Während des Vorganges treffen laufend weitere Signale aus dem Auge und von anderen Sinnesorganen im Gehirn ein, so dass ständig auf Veränderungen der Situation reagiert werden kann. Durch ständiges Üben können solche komplexen Vorgänge beschleunigt werden, weil das Gehirn bei ständig wiederkehrenden Situationen die entsprechenden Verschaltungen zwischen den beteiligten Nervenzellen durch Bildung von zusätzlichen Synapsen stärken kann.

Bei einem **Reflex** wird direkt im zentralen Nervensystem eine Reaktion auf einen Reiz ausgelöst, ohne dass eine Verarbeitung und Entscheidung im Großhirn stattfindet. Dadurch kann die Reaktion viel schneller erfolgen. Reflexe sind angeborene Schutzreaktionen, die nach einem festgelegten Schema ablaufen. Sie können willentlich kaum beeinflusst werden. Beispiele sind der Lidschlussreflex, Husten und der Kniesehnenreflex. Bei manchen Reflexen wie dem Kniesehnenreflex wird die Reaktion im Rückenmark ausgelöst (Abb. 2).

Beim Kniesehnenreflex wird durch einen Schlag auf die Sehne der Muskel im Oberschenkel gedehnt. Der Reiz wird von den Dehnungssinneszellen im Muskel durch sensorische Nerven zum Rückenmark geleitet. Das Signal gelangt in die graue Substanz. Dort erfolgt die Umschaltung auf die motorischen Nerven. Sie verlassen die graue Substanz. Das Signal der motorischen Nerven veranlassen den Strecker des Beines zur Kontraktion: Es kommt zur Streckung des Beines. Unter natürlichen Bedingungen wird so beim Stolpern (Dehnung des Muskels durch das Hängenbleiben des Fußes) das Bein sehr schnell nach vorn gestellt und damit verhindert, dass man fällt.

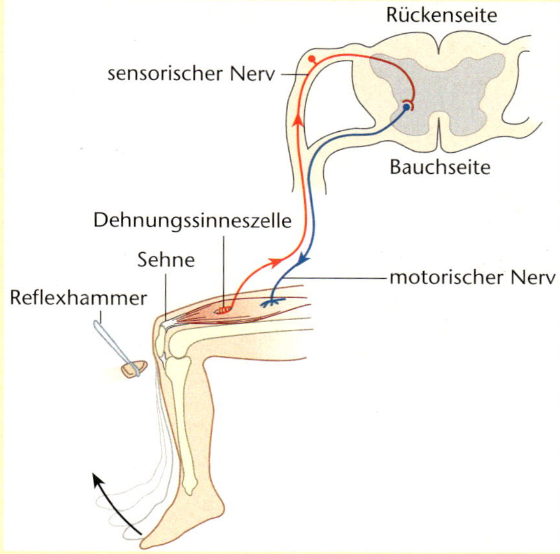

2 *Der Kniesehnenreflex*

1 **Bewegungsablauf.** Überlege dir den genauen Ablauf beim Fangen eines Balles. Schreibe in der entsprechenden Reihenfolge alle beteiligten Organsysteme mit ihren Aufgaben auf und vergleiche sie mit dem EVA-Prinzip der Computer.

2 **Kniesehnenreflex.** Erstelle für die Abläufe der in Abbildung 1 dargestellten Situation – für den Autofahrer – und den Kniesehnenreflex in Abbildung 2 je ein Fließdiagramm und vergleiche sie.

3 *Linealversuch zur Ermittlung der Reaktionszeit*

3 **Versuch: Reaktionszeit.** Mit dem „Linealversuch" lässt sich die Reaktionszeit eines Menschen bestimmen: Eine Person hält ein Lineal senkrecht mit der Nullmarke nach unten. Die Versuchsperson hält Zeigefinger und Daumen in Höhe der Nullmarke (Abb. 3). Sie versucht, das Lineal zu fassen, wenn die erste Person es loslässt. Aus der Fallstrecke des Lineals lässt sich die Reaktionszeit ablesen (Abb. 4).
a) Bestimme deine Reaktionszeit. Errechne aus 10 Versuchen den Mittelwert.
b) Nenne Faktoren, von denen du vermutest, dass sie die Reaktionszeit verlängern. Begründe deine Auswahl.

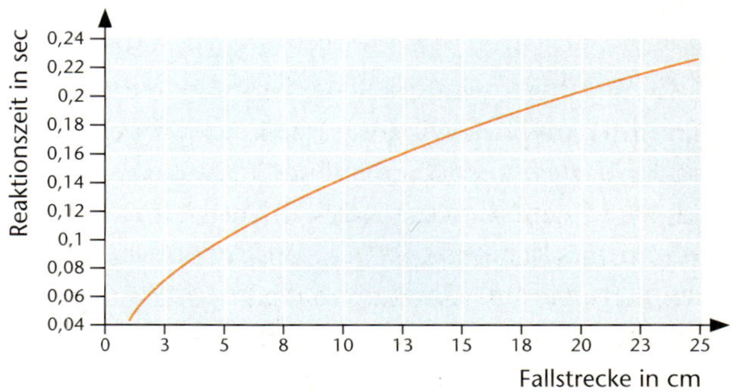

4 *Reaktionszeiten*

11.13 Lernen und Gedächtnis

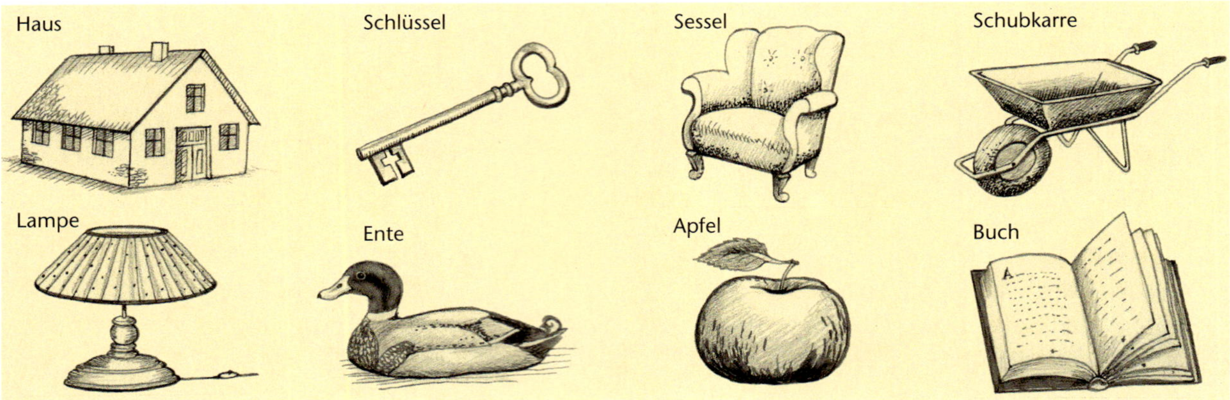

1 *Begriffe zum Einprägen*

Menschen lernen bei allem, was sie tun. Meistens ist es ihnen gar nicht bewusst. Das Gehirn ist auf Lernen programmiert und verändert sich unablässig. Die Veränderungen bestehen zum Beispiel darin, dass bei häufigen Wiederholungen im Gehirn neue Nervenzellverbindungen durch die Bildung neuer Synapsen entstehen. In einigen Bereichen des Gehirns können sogar neue Nervenzellen entstehen, während nicht genutzte Verbindungen abgebaut werden. Diese Vorgänge finden besonders im frühen Kindesalter statt.

Nur ein geringer Teil der Informationen, die die Sinneszellen der Sinnesorgane liefern, werden vom Gehirn weiterverarbeitet. Angeborene Filtermechanismen sorgen dafür, dass nur bestimmte Signale in einen Informationsspeicher des Gehirns gelangen, den man **Arbeitsgedächtnis** nennt. So wird einer Reizüberflutung entgegengewirkt. Das Arbeitsgedächtnis hat nur eine begrenzte Speicherkapazität. Eine Information bleibt umso länger im Arbeitsgedächtnis, je intensiver sie vom Gehirn bearbeitet wird, das heißt, je vielfältiger und häufiger sie unter verschiedenen Aspekten beleuchtet wird. Dies erleichtert schließlich die Aufnahme in das **Langzeitgedächtnis.** Nur Informationen, die hier abgelegt werden, sind langfristig verfügbar, wurden also gelernt. Die Speicherung von Informationen im Langzeitgedächtnis erfolgt leichter, wenn bereits Wissen vorhanden ist, in das die neue Information eingeordnet werden kann. Die Speicherkapazität des Langzeitgedächtnisses ist praktisch unbegrenzt. Dabei wird die Information immer zusammen mit den dabei erlebten Eindrücken gespeichert.

Eine Schlüsselstellung beim Lernen hat eine Gehirnregion, die Hippocampus genannt wird. Sie liegt in unmittelbarer Nähe des Zwischenhirns und gehört zu einer Region, die mit unseren Gefühlsempfindungen eng verbunden ist. Der Hippocampus stellt gewissermaßen das Tor zum Langzeitgedächtnis dar. Durch ihn gelangen alle Fakten, die gelernt werden sollen, ins Langzeitgedächtnis. Positive Gefühle begünstigen diesen Vorgang, negative können ihn blockieren. Der Hippocampus ist Bestandteil des Belohnungssystems in unserem Gehirn, das uns bei Erfolg und Zuwendung angenehme Gefühle verschafft. Es reagiert besonders auf Zuwendung, zum Beispiel auf ein freundliches Gesicht und auf Anerkennung. Lernen erfolgt daher am besten in Verbindung mit anderen Menschen und guten Gefühlen. Der Hippocampus veranlasst auch, dass in den Traumphasen während des Schlafes die Informationen im Arbeitsgedächtnis erneut verarbeitet werden. Dies führt zu Wiederholungen, die sich positiv auf die Aufnahme ins Langzeitgedächtnis auswirken. Wissenschaftler sehen darin eine wesentliche Aufgabe des Träumens.

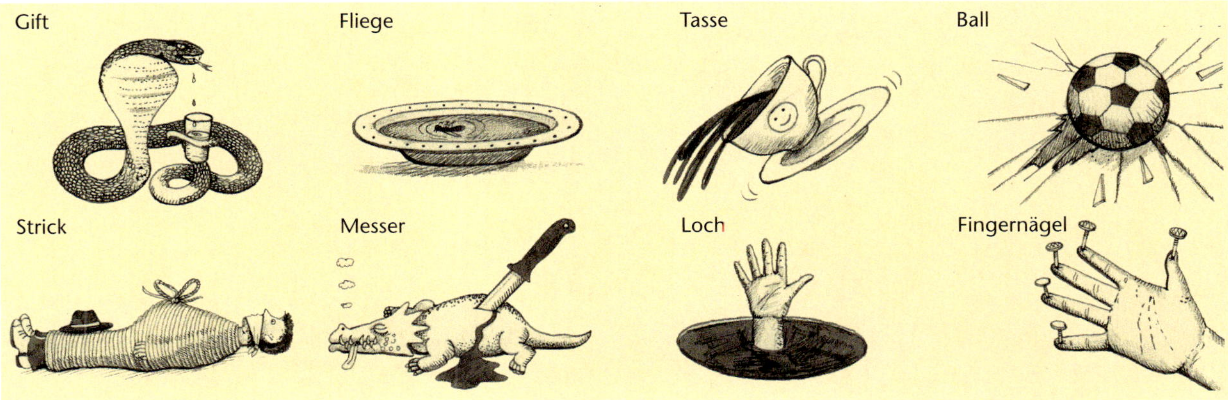

2 *Begriffe zum Einprägen*

1 Merktest. Präge dir in 10 Sekunden die Begriffe der Abbildung 1 ein. Schließe dann das Buch und schreibe die Begriffe auf einen Zettel. Überprüfe nach 15 Minuten, in denen du dich mit anderen Dingen beschäftigst, wie viele Begriffe noch in deinem Gedächtnis vorhanden sind. Verfahre anschließend in gleicher Weise mit den Begriffen der Abbildung 2. Vergleiche die jeweiligen Ergebnisse miteinander. Gibt es Unterschiede? Wenn ja, wie sind sie zu erklären?

2 Gedächtnismeisterschaften. Menschen, die sich Dinge besonders gut merken können, verfolgen zum Lernen bestimmte Strategien. So platzieren sie zum Beispiel die zu merkenden Begriffe an bestimmte Stellen in ihrer Wohnung. Beim Erinnern machen sie dann einen gedanklichen Spaziergang durch die Wohnung, wobei die Begriffe wieder abgerufen werden können. Teste das Verfahren anhand von 20 Tiernamen in der Klasse aus, wobei die eine Hälfte die Begriffe mit dieser Methode lernt, während die andere Hälfte als Kontrollgruppe sich die Begriffe nur so zu merken versucht. Beiden Gruppen steht die gleiche Zeit zur Verfügung.

3 Gedächtnis im Alltag. Wie kannst du dir folgende Begebenheiten erklären? Du willst etwas erledigen, machst dich auf den Weg und vergisst unterwegs, worum es geht. Es fällt dir erst wieder ein, wenn du zum Ausgangspunkt zurückkehrst.

4 Modell zum Gedächtnis. In Abbildung 3 ist ein Modell für die Speicherung von Informationen im Gedächtnis gezeichnet.
a) Ordne, soweit möglich, die einzelnen Strukturen des Modells den Aussagen des Grundwissentextes zu.
b) Zeige auf, wo das Modell die Wirklichkeit sinnvoll wiedergibt und wo seine Grenzen liegen.

5 Lernen. Ordne die Begriffe „Aufmerksamkeit", „Motivation" und „Fleiß" in den im Grundwissentext beschriebenen Prozess der Aufnahme von Informationen und ihrer Speicherung im Langzeitgedächtnis ein.

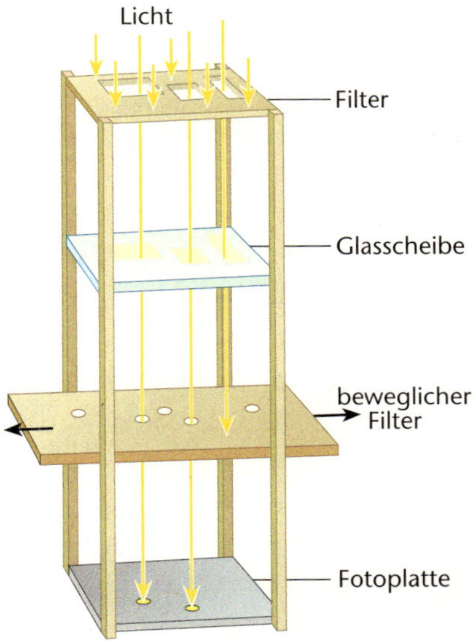

3 *Modell zum Gedächtnis*

6 Regeln für das Lernen. Stelle anhand des Grundwissentextes Regeln zum Lernen auf und begründe sie. Überprüfe in der Schule und bei Hausaufgaben, ob sie praktizierbar sind.

11.14 Das Hormonsystem im Überblick

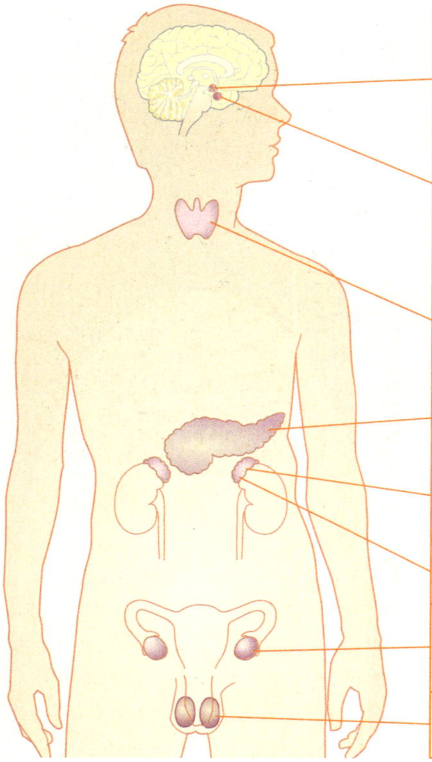

Drüse	Hormon	Wirkung
Hypothalamus	Freisetzungshormone	beeinflussen die Freisetzung von Hormonen in der Hypophyse
Hypophyse	Somatotropin, FSH, LH	Wachstum Follikelreifung in den Eierstöcken, Bildung der Muttermilch, Bildung der Spermazellen, Steuerung weiterer Hormone
Schilddrüse	Thyroxin	Förderung der Sauerstoffaufnahme und der Energieumwandlung in der Zelle, Förderung des Wachstums in der Jugend, erhöhte Aufnahme von Glucose aus dem Darm in das Blut
Bauchspeicheldrüse	Insulin, Glukagon	Senkung und Erhöhung des Blutzuckerspiegels
Nebennierenmark	Adrenalin, Noradrenalin	Erhöhung des Blutzuckerspiegels, Steigerung des Grundumsatzes, Glykogenabbau
Nebennierenrinde	Cortisol	Hemmung und Heilung von Entzündungen
Eierstöcke	Östrogene, Progesteron	Ausbildung weiblicher Sexualorgane, Regelung des Menstruations-Zyklus, Erhaltung der Schwangerschaft
Hoden	Testosteron	Ausbildung der männlichen Geschlechtsmerkmale, Muskelzunahme

1 *Wichtige Hormondrüsen, einige Hormone und ihre Wirkung*

Hormone sind Botenstoffe. Sie werden in Hormondrüsen gebildet und von dort in das Blut abgegeben. Mit dem Blut werden sie im ganzen Körper verteilt. Sie werden schon in kleinsten Mengen wirksam. Jedes Hormon wirkt nur auf bestimmte Organe oder Zellen, diese Zellen nennt man die Zielzellen eines Hormons.

Der Hypothalamus hat für die anderen Hormondrüsen eine übergeordnete Funktion. Er ist die Verbindungsstelle zwischen Nervensystem und Hormonsystem. Der Hypothalamus produziert Hormone, die die Freisetzung von Hormonen aus der Hypophyse beeinflussen. Die Hormone der Hypophyse regen andere Hormondrüsen im Körper an, ihrerseits Hormone zu bilden. Zum Beispiel regt das Hypophysenhormon Thyreotropin die Schilddrüse an, das Hormon Thyroxin zu bilden und in das Blut abzugeben. Thyroxin fördert die Sauerstoffaufnahme und die Zellatmung in allen Zellen des Körpers.

Es gibt auch Hormondrüsen, die nicht vom Hypothalamus und der Hypophyse gesteuert werden.

Hormonsystem und Nervensystem arbeiten eng zusammen (Abb. 2). Wenn ein neugeborenes Kind an der Brust der Mutter saugt, gelangen diese Informationen zum Gehirn (I) und zum Hypothalamus (II). Von der Hypophyse (III) wird daraufhin das Hormon Prolactin in das Blut abgegeben. Es gelangt an die Zellen der Brustdrüsen (V). Daraufhin produzieren die Brustdrüsenzellen Milch.

Hormone besitzen eine spezifische räumliche Struktur. Manche Zellen, die Zielzellen, haben Rezeptoren auf ihren Zellmembranen, an die die Hormone andocken können. Rezeptoren sind Moleküle, deren Struktur wie ein Schloss zum Schlüssel, dem Hormon, passt. Nur in diesen Zielzellen mit den passgenauen Rezeptoren können die Hormone ihre Wirkung entfalten.

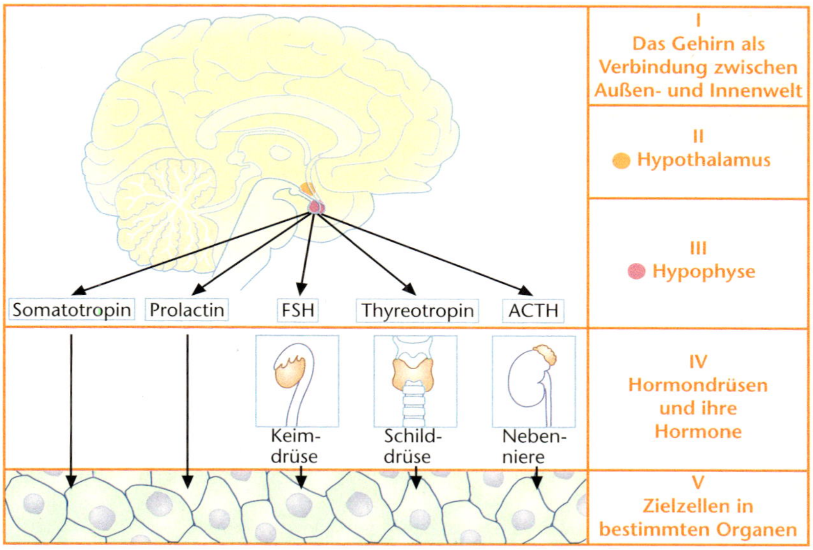

2 *Die fünf Ebenen der Hormonwirkung*

3 *Leonid Stadnik ist 2,53 m groß*

1 Die Ebenen des hormonellen Systems. Beschreibe die fünf Ebenen des hormonellen Systems in Abbildung 2 mithilfe des Grundwissentextes.

2 Schlüssel-Schloss-Prinzip.
a) Erläutere anhand von Abbildung 4 das Schlüssel-Schloss-Prinzip von Hormon und Rezeptoren auf der Membran der Zielzellen.
b) Ordne, soweit möglich, die Hormone der Hormondrüsen A–D den Zielzellen 1–4 zu.

3 Regulation durch Wachstumshormone. Im April 2004 wurde die Körpergröße des Ukrainers LEONID STADNIK (33) mit 2,53 Meter gemessen (Abb. 3).
Es wurde festgestellt, dass LEONID STADNIK noch weiter wachsen wird. Im Alter von 14 Jahren hatte er eine Gehirnoperation, die durch einen Tumor an der Hypophyse notwendig wurde. Erarbeite eine Hypothese, wie sich ein solches Riesenwachstum erklären lässt.

4 Körperlänge und Wachstumshormone. In einem Versuch wurden jungen Ratten Zellen in der Hypophyse, die das Wachstumshormon produzieren, zerstört. Einige Ratten erhielten danach ein Wachstumshormon. Erkläre die Versuchsergebnisse in der Abbildung 5 ausführlich.

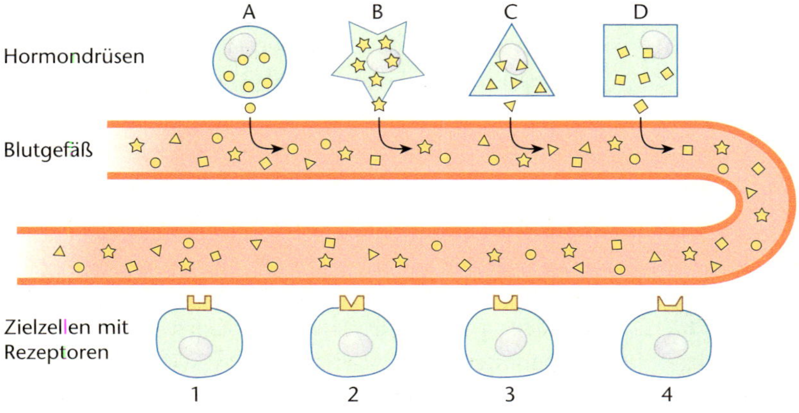

4 *Hormone und Zielzellen*

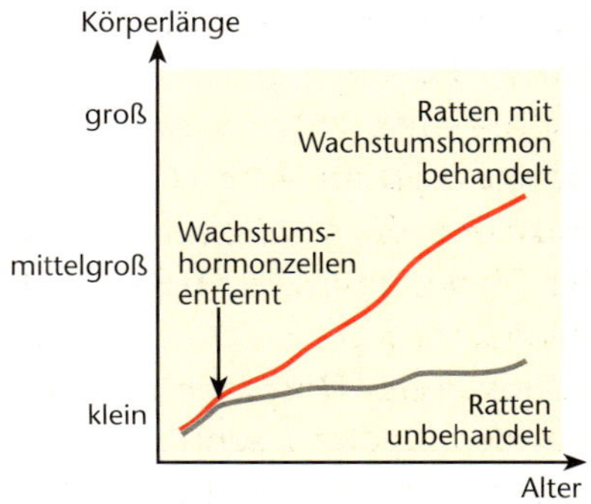

5 *Die Auswirkung von Wachstumshormonen auf die Körperlänge von Ratten*

Steuerung und Regelung

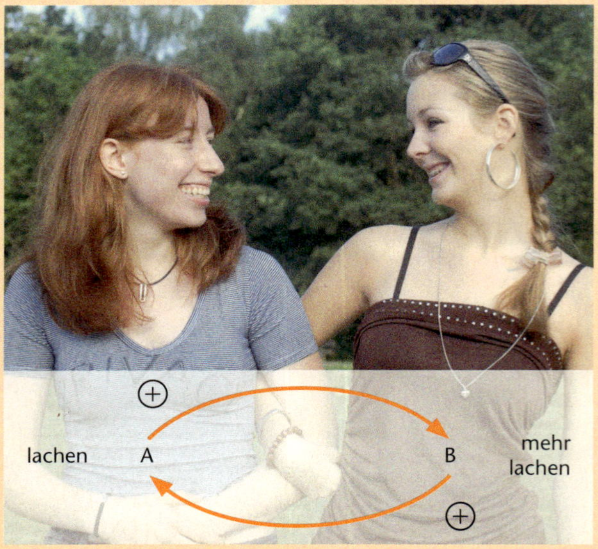

1 *Positive Rückkopplung*

2 *Negative Rückkopplung*

Steuerung:

- Wenn man einen Wasserhahn auf- oder zudreht, wird der Wasserdurchfluss gesteuert.
- Ein Autofahrer kann durch Treten des Gaspedals die Geschwindigkeit und durch Drehen des Lenkrads die Richtung der Fahrt steuern.
- Im Stoffwechsel steuern Enzyme und Hormone den Aufbau, Umbau und Abbau von Stoffen.

Unter Steuerung versteht man in den Naturwissenschaften die kontrollierte Veränderung von Bewegungen. Häufig handelt es sich dabei um die Bewegung einer Masse wie zum Beispiel bei der Steuerung eines Autos. Dabei ist in der Regel der Energieaufwand für die Steuerung erheblich kleiner als der Energieaufwand für die Bewegung der Masse. Zum Beispiel benötigt die Lenkung eines Fahrzeugs vieltausendfach weniger Energie als die Bewegung der Fahrzeugmasse.

Rückkopplung und Regelung:

- Jemand spart 1000 Euro auf einem Sparkonto mit einer jährlichen Verzinsung von zwei Prozent. Am Ende des Jahres hat er 1020 Euro.
- Ein rollender Schneeball wird durch Anlagerung von Schnee größer, was wiederum zur Folge hat, dass noch mehr Schnee angelagert wird. Es entsteht ein Lawinen-Effekt.
- Je größer die Anzahl der Hasen in einem bestimmten Gebiet ist, desto mehr Füchse finden dort Nahrung. Je mehr Füchse in einem bestimmten Gebiet leben, desto stärker nimmt die Anzahl der Hasen ab.
- Je höher der Kohlenstoffdioxid-Gehalt im Blut eines Menschen ist, desto intensiver erfolgt die Atmung. Je intensiver die Atmung, desto geringer wird der Kohlenstoffdioxid-Gehalt im Blut.

Unter Rückkopplung versteht man die Wirkung einer veränderlichen Größe auf sich selbst. Eine Rückkopplung heißt positiv, wenn die Wirkung zu einer Aufschaukelung führt. Positive Rückkopplung wird durch das Symbol ⊕ in einem Pfeildiagramm dargestellt (Abb. 1). Das Pluszeichen bedeutet eine gleichsinnige Beziehung. Je mehr … desto mehr oder je weniger … desto weniger. Ein Beispiel sind zwei Menschen, die sich gegenseitig in ihren Reaktionen steigern.

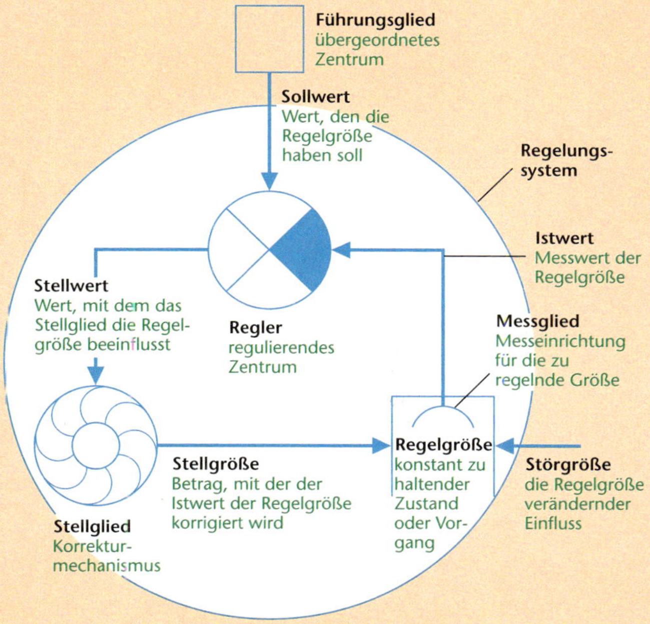

3 *Allgemeiner Regelkreis*

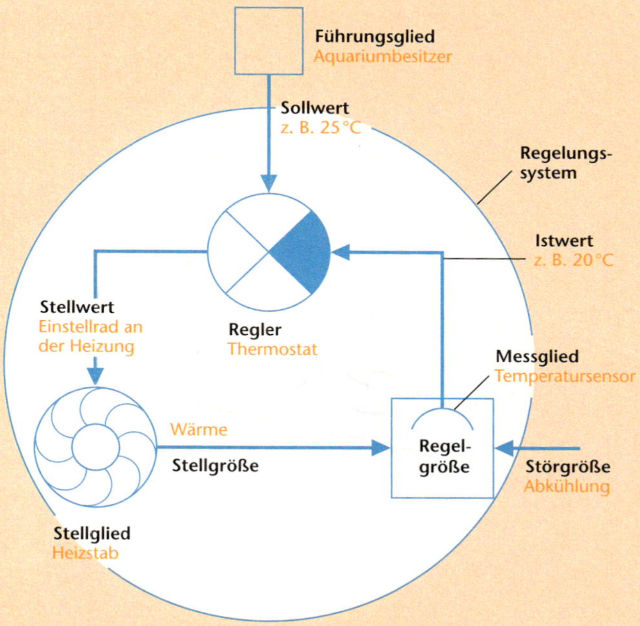

4 *Temperaturregelung im Aquarium*

Eine Rückkopplung heißt negativ, wenn die Wirkung abgeschwächt wird (Abb. 2). Sie wird durch das Symbol ⊖ dargestellt. Das Minuszeichen bedeutet eine gegensinnige Beziehung: Je mehr … desto weniger oder je weniger … desto mehr.

Wenn die Wirkung einer veränderlichen Größe auf sich selbst mit einer negativen Rückkopplung einhergeht, spricht man von Regelung. Ein Beispiel für Regelung ist die Aufrechterhaltung einer konstanten Wassertemperatur in einem Aquarium. Solche Regelungsvorgänge lassen sich in einem Regelkreis darstellen (Abb. 3).

Regelkreis:
Die Wassertemperatur in einem Aquarium soll auf 25 Grad Celsius geregelt werden (Abb. 4). Dazu werden ein Heizstab, ein Thermometer (Temperatursensor) und ein Thermostat benötigt. Zur automatischen Regelung muss eine Informationsübertragung vom Temperatursensor zum Thermostat und von dort zum Heizstab erfolgen.

Die Regelung kommt dadurch zustande, dass der Istwert und der Sollwert verglichen werden. Aus der Differenz von Ist- und Sollwert erhält man den Stellwert. Je nach Differenz erfolgt eine verminderte oder verstärkte Aktivität des Stellgliedes, bis der Istwert und der Sollwert übereinstimmen. Ein Regelkreis ist ein System, in dem der Istwert der Regelgröße möglichst gut dem Sollwert folgt. Beispiel für Regelkreise im menschlichen Körper sind die Regelung der Körpertemperatur, des Kohlenstoffdioxid-Gehalts im Blut, des Blutzuckerspiegels sowie die Regelung willkürlicher Bewegungen.

1 Pfeildiagramme. Erstelle jeweils für die folgenden Rückkopplungs- und Reglungsvorgänge ein Pfeildiagramm. Verwende dabei die angegebenen Begriffe.
a) Die Entstehung von Wut und Aggression zwischen zwei Menschen.
b) Die Entwicklung eines Minderwertigkeitskomplexes durch häufige Misserfolgserlebnisse.
c) Die Konstanz der Körpertemperatur bei großer Hitze.

11.15 Regelung des Blutzuckerspiegels

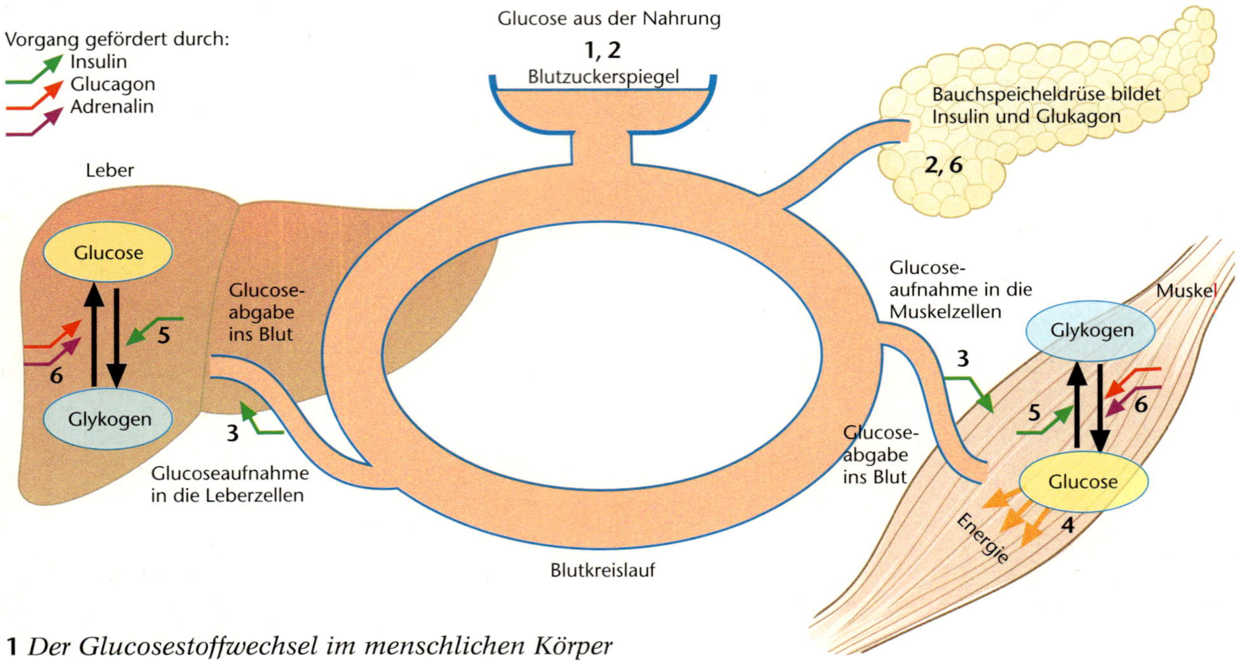

1 *Der Glucosestoffwechsel im menschlichen Körper*

Für die Energieversorgung aller Zellen in unserem Körper wird Glucose als Ausgangsstoff benötigt. Nach der Aufnahme von Nahrung, die Glucose enthält, geschieht Folgendes (Abb. 1):

1: Glucose gelangt nach der Verdauung kohlenhydrathaltiger Nahrung in das Blut.

2: Der Blutzuckerspiegel steigt zunächst an. Dadurch werden Zellen der Bauchspeicheldrüse angeregt, das Hormon **Insulin** herzustellen und in das Blut abzugeben.

3: Durch das Andocken von Insulinmolekülen an Rezeptoren auf der Zellmembran von Muskelzellen und Leberzellen können die Glucosemoleküle aus dem Blut in das Zellinnere gelangen. So sinkt der Blutzuckerspiegel.

4: Glucose dient als Ausgangsstoff für die Zellatmung und ermöglicht so die Energieversorgung der Zellen.

5: Insulin bewirkt auch die Umwandlung von Glucosemolekülen in Glykogen. Glykogen ist eine Speicherform von Glucose. Der Glykogenaufbau erfolgt in den Leberzellen und in den Muskelzellen.

6: Bei körperlichen Anstrengungen steigt der Energiebedarf der Zellen. Mehr Glucose geht vom Blut in die Muskel- und Leberzellen über: Die Glucosekonzentration im Blut nimmt ab, der Blutzuckerspiegel sinkt. Wird der Normalwert von circa 100 Milligramm Glucose pro hundert Milliliter Blut unterschritten, produzieren Zellen der Bauchspeicheldrüse das Hormon **Glucagon.** Glucagon bewirkt die Umwandlung von Glykogen zu Glucose in Leber- und Muskelzellen. Die Glucose wird an das Blut abgegeben und so der Blutzuckerspiegel erhöht. Bei Stress bewirkt das Hormon Adrenalin zusätzlich eine schnelle Mobilisierung der Glykogenreserven.

Bei der Regulation des Blutzuckerspiegels wirkt das Hormon Insulin gegensinnig zu den Hormonen Glucagon und Adrenalin, diese Hormone sind **Gegenspieler** oder Antagonisten. Durch ihre Wechselwirkung können Schwankungen des Blutzuckerspiegels ausgeglichen werden.

1 Regelung des Blutzuckerspiegels. Ordne die Beschreibungen in Abbildung 2 den Buchstaben der Zeichnung zu.

2 Einflüsse auf den Blutzuckerspiegel. Erläutere die Auswirkungen folgender Einflüsse auf die Regulation des Blutzuckerspiegels:
a: Zufuhr von Glucose (z. B. Schokolade)
b: Aufgrund einer krankhaften Veränderung können die Zellen der Bauchspeicheldrüse kein Insulin produzieren (Diabetes Typ I).
c: Die Anzahl der Insulinrezeptoren an den Leber- und Muskelzellen sinkt (Diabetes Typ II).
d: zu geringe Bildung von Glukagon
e: Erhöhung der Adrenalinkonzentration bei Stress

3 Pfeildiagramm. Übertrage die Abbildung 3 vergrößert in dein Heft. Ergänze die Beschriftung in den gelben Feldern.

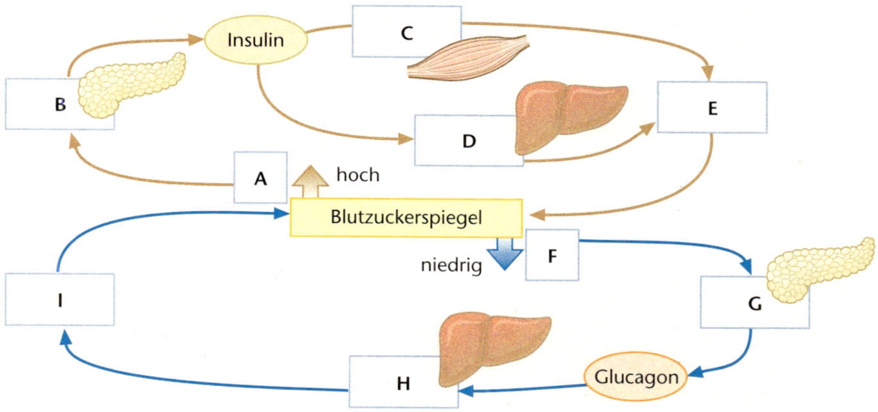

1. Anstieg der Blutzuckerkonzentration, z. B. nach einer kohlenhydrathaltigen Mahlzeit	4. erniedrigter Blutzuckerspiegel, z. B. durch Auslassen von Mahlzeiten	7. Der Blutzuckerspiegel sinkt auf den Normalwert; die Insulinabgabe lässt nach.
2. Die Leberzellen bauen Glykogen ab und geben Glucose in das Blut ab.	5. Der Blutzuckerspiegel steigt auf den Normalwert; die Glucagonabgabe lässt nach.	8. Die Zellen der Bauchspeicheldrüse geben Insulin in das Blut ab.
3. Die Leber- und Muskelzellen nehmen Glucose auf und speichern sie als Glykogen.	6. Die Zellen der Bauchspeicheldrüse geben Glucagon in das Blut ab.	9. Die Leber- und Muskelzellen nehmen mehr Glucose auf.

2 Schema zur Regulation des Blutzuckerspiegels durch Insulin und Glucagon

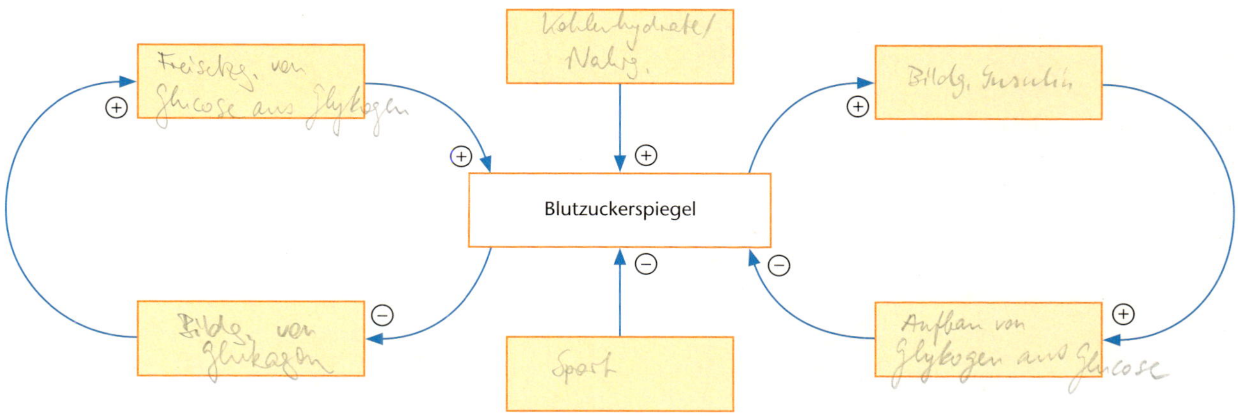

3 Pfeildiagramm zur Regulation des Blutzuckerspiegels

11.16 Die Schilddrüse

Im Halsbereich des Menschen liegt die Schilddrüse. Sie produziert das iodhaltige Hormon Thyroxin. Zur Bildung von Thyroxin muss Iod mit der Nahrung aufgenommen werden. Thyroxin fördert die Sauerstoffaufnahme und den Energiestoffwechsel. Bei Heranwachsenden ist Thyroxin an Entwicklungsprozessen wie Zelldifferenzierung und Wachstum beteiligt.

Wie viele andere Drüsen auch steht die Schilddrüse unter dem Einfluss übergeordneter Hormondrüsen. Man spricht in diesem Zusammenhang von der **Hierarchie des hormonellen Systems.**

Im Fall des Schilddrüsenhormons sieht die Hierarchie folgendermaßen aus (Abb. 1). Übergeordnet ist der Hypothalamus. Er bildet ein Hormon mit dem Namen Thyreotropin-Releasing-Hormon, abgekürzt TRH. Die Synthese und Freisetzung von TRH wird durch das Gehirn beeinflusst. Kälte und Stress regen die TRH-Freisetzung an. TRH lagert sich an einen passenden Rezeptor in der Zellmembran der Hypophyse an. TRH veranlasst in der Hypophyse die Synthese des Hypophysenhormons Thyroidea-stimulierendes Hormon, abgekürzt TSH. Rezeptoren für TSH befinden sich in der Membran von Zellen der Schilddrüse. Dort stößt TSH eine Signalkette an, die zur Synthese und Freisetzung des Schilddrüsenhormons Thyroxin führt. Zielzellen für Thyroxin sind fast alle Körperzellen. Der Rezeptor für Thyroxin befindet sich im Inneren der Zielzellen. Thyroxin wirkt durch negative Rückkopplung auf Hypothalamus und Hypophyse und hemmt dort die Synthese und Freisetzung von TRH und TSH.

Alle Hormone wirken nach dem Schlüssel-Schloss-Prinzip über bestimmte Proteine, die **Rezeptoren.** Diese können sich in der Zellmembran oder im Zellinneren befinden. Rezeptoren spielen eine wichtige Rolle bei der **Signalübertragung.** Wenn ein Hormon an einen passenden Rezeptor der Zellmembran bindet, löst der Rezeptor eine Signalkette im Inneren der Zelle aus. Das Ergebnis der Signalkette ist die Synthese eines bestimmten Hormons aus Vorstufen und die Freisetzung des Hormons in das Blut. In den Zielzellen steht die Hormon-Rezeptor-Verbindung am Anfang einer Signalkette, die zu einer für das jeweilige Hormon speziellen Veränderung des Stoffwechsels führt.

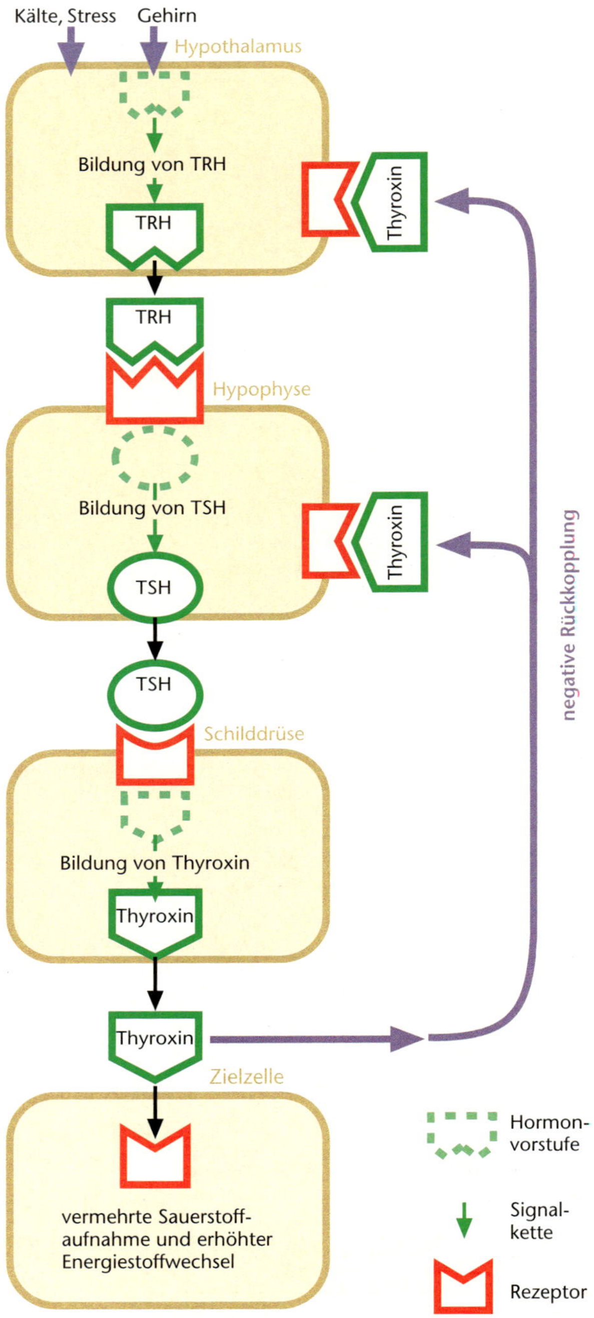

1 *Hierarchie von Hormondrüsen am Beispiel der Schilddrüse*

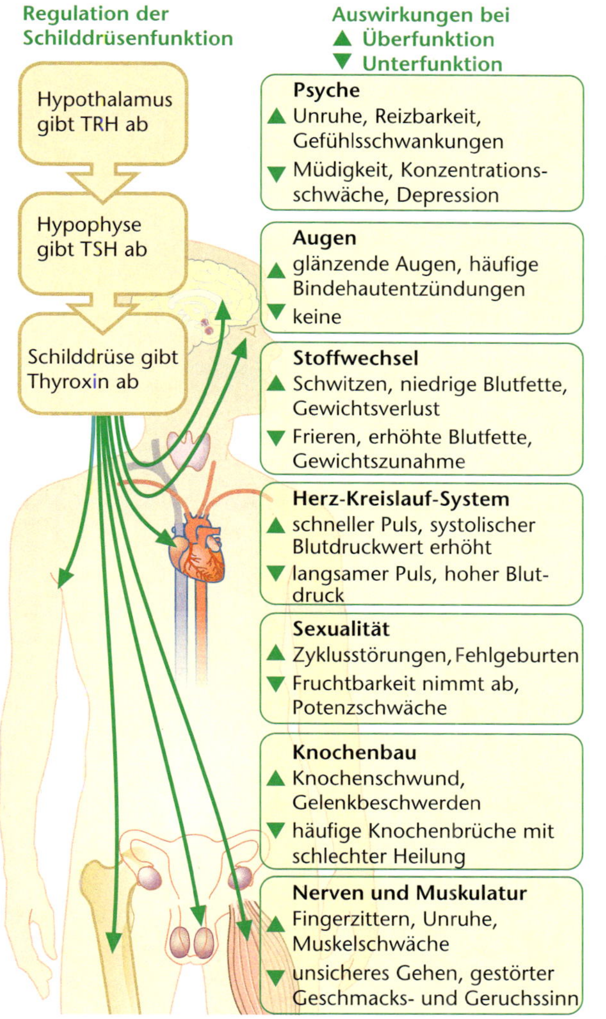

2 *Auswirkungen von Über- und Unterfunktion der Schilddrüse*

Versuch	Hypophyse	Schilddrüse	Hormonzusatz	Metamorphose
1. Experiment	nicht entfernt	nicht entfernt	–	ja
2. Experiment	entfernt	nicht entfernt	–	nein
3. Experiment	nicht entfernt	entfernt	–	nein
4. Experiment	entfernt	entfernt	Thyroxin	ja
5. Experiment	entfernt	entfernt	TSH	nein
6. Experiment	entfernt	nicht entfernt	TSH	ja

3 *Versuchsergebnisse zur Wirkung von Thyroxin und TSH auf die Metamorphose von Kaulquappen*

1 Kurzvortrag: Schilddrüse und hormonelle Hierarchie. Halte über die hormonelle Hierarchie am Beispiel des Schilddrüsenhormons einen zusammenhängenden Kurzvortrag von drei bis fünf Minuten. Erarbeite dir die Abbildung 1. Überlege den Einstieg in den Kurzvortrag und die Struktur deines Kurzvortrags. Decke dann den Grundwissentext ab und halte nur unter Bezug auf Abbildung 1 den Vortrag. Abschließend wird der Kurzvortrag hinsichtlich seiner Vorzüge, aber auch hinsichtlich weniger gelungener Aspekte beurteilt.

2 Ursachen von Über- und Unterfunktion einer Hormondrüse. Man kennt verschiedene Ursachen für die Unterfunktion und die Überfunktion einer Hormondrüse. Erläutere für die folgenden Fälle, welche Auswirkungen sich nach Abbildung 1 ergeben. Gib an, ob damit eine Unter- oder Überfunktion der Schilddrüse einhergeht:
1. In der Schilddrüse kann das Hormon nicht vollständig aus Vorstufen synthetisiert werden.
2. Der Rezeptor in der Zielzelle ist defekt.
3. Der Rezeptor in der Membran der Schilddrüsenzelle ist defekt: Unabhängig davon, ob das Hypophysen-Hormon vorhanden ist oder nicht, wird laufend die Signalkette zur Bildung des Hormons gestartet.
4. Die Rezeptoren für das Schilddrüsenhormon im Hypothalamus und in der Hypophyse sind defekt.

3 Thyroxin und die Metamorphose bei Fröschen. Bereits im Jahre 1912 fand man heraus, dass sich die Metamorphose von Kaulquappen erheblich beschleunigte, wenn man Schilddrüsengewebe an sie verfütterte. In weiteren Versuchen wurden die Zusammenhänge zwischen Schilddrüse, Hypophyse und ihren Hormonen untersucht (Abb. 3). Dabei wurden die Hypophyse und/oder die Schilddrüse der Kaulquappen operativ entfernt. Werte jeden Versuch in Abbildung 3 unter Bezug auf die hormonelle Hierarchie aus. Formuliere einen zusammenfassenden Text über die normale hormonelle Regulation der Metamorphose bei Fröschen.

11.17 Stress

1 *Ein Steinzeitmensch auf der Flucht vor einem Bären*

In den vielen Jahrtausenden, in denen die Vorfahren der Menschen als Jäger und Sammler lebten, war es lebenswichtig, auf bedrohliche Situationen schnell reagieren zu können, zum Beispiel durch Flucht oder Angriff. In solchen Alarmsituationen waren Menschen zu Leistungen fähig, die sie normalerweise nicht erbracht hätten. In einer schnellen Kette von Reaktionen des Nervensystems und bestimmter Hormondrüsen wird die Leistungsfähigkeit der Skelettmuskeln so erhöht, dass schnelle, kräftige Bewegungen für Flucht oder Angriff möglich werden.

Man bezeichnet die Vorgänge, die einen Menschen schnell in einen Zustand erhöhter Leistungsbereitschaft versetzen, als Stressreaktion. Das Wort **Stress** stammt aus dem Englischen und bedeutet ursprünglich Spannung, Druck, Belastung. Bei allen Menschen und den meisten Wirbeltieren läuft die Stressreaktion in stets gleicher Weise ab. Damit ist der Mensch an Belastungen und Gefahrensituationen angepasst. Im Notfall könnte er schneller laufen oder springen oder mit größerer Kraft handeln. Das war nicht nur in der Steinzeit wichtig, sondern hat auch heute eine lebenswichtige Bedeutung. Viele Gefahrensituationen im Straßenverkehr oder im Berufsleben werden mit der Stressreaktion gemeistert. Die Stressreaktion ist also durchaus positiv zu bewerten, weil sie wichtig für das Überleben sein kann. Kein Mensch kommt ohne die Stressreaktion aus, weil es viele Situationen gibt, in denen es wichtig ist, die körperliche Leistungsfähigkeit schnell zu erhöhen.

Alle Faktoren, die eine Stressreaktion auslösen, bezeichnet man als **Stressoren.** Das können Reize aus der Außenwelt oder aus dem Körper selbst sein. Als positiv empfundene Reize, wie zum Beispiel Erfolgserlebnisse, sportliche Aktivitäten, freudige Ereignisse oder Zärtlichkeiten, können ebenso eine Stressreaktion auslösen wie starke seelische oder körperliche Belastungen. Negative Stressoren können zum Beispiel Kälte, Hitze, Verletzungen, Krankheiten, Gefahren, Schreck, Lärm, schlechte Arbeitsbedingungen, Ehe- und Partnerkonflikte, Wohnortwechsel, falsche Ernährung, Zeitdruck, Bewegungsmangel, Angst, räumliche Enge, Eifersucht, berufliche Probleme oder Schuldgefühle sein.

Man unterscheidet Stress in nützlichen **Eustress** und schädlichen **Distress.** So erfährt ein Sportler, dessen körperliche Leistungsfähigkeit mobilisiert wurde, Eustress. Als Distress bezeichnet man alle Formen von Stress, die nicht in körperliche Aktivität umgesetzt werden. Dauerhafter Distress kann bestimmte Organschäden und Erkrankungen begünstigen. So kann eine dauerhafte Erhöhung des Blutdruckes das Herz-Kreislauf-System bis hin zum Herzinfarkt schädigen. Auch kann das Immunsystem geschwächt werden.

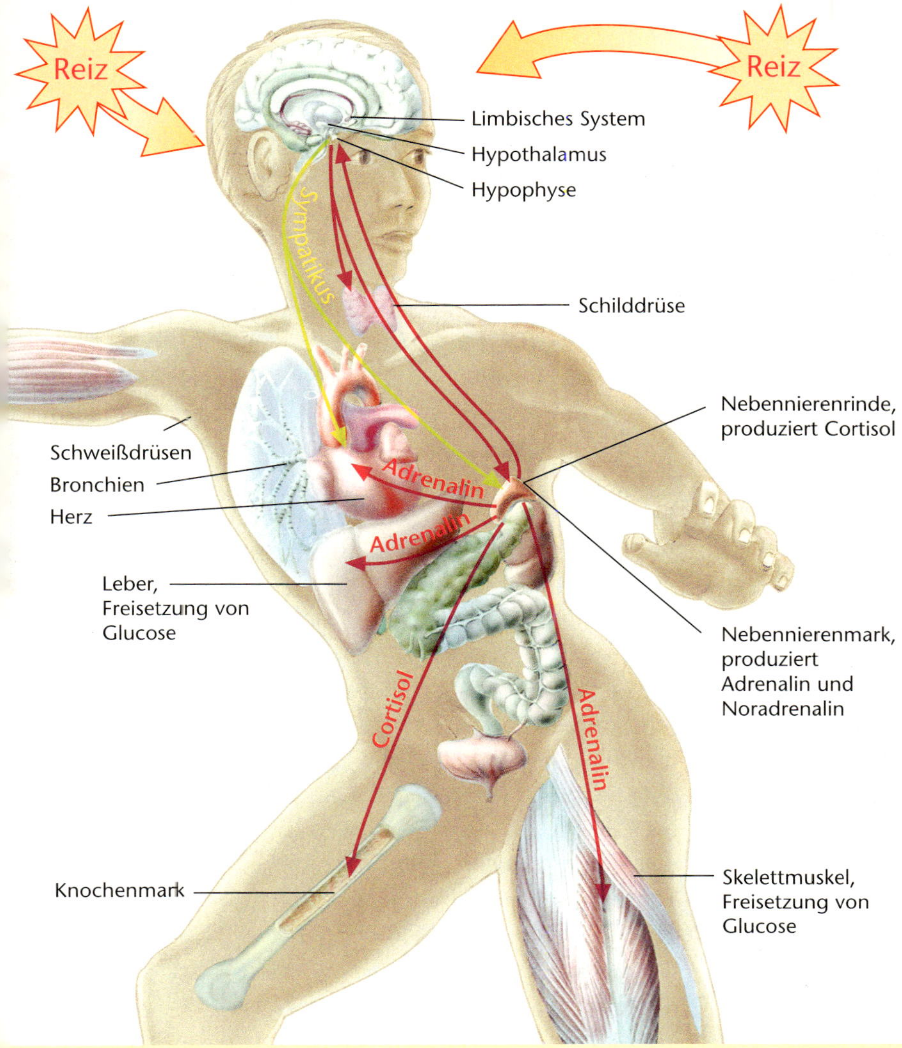

1 Die Stressreaktion ist überlebenswichtig. Beschreibe Situationen in der Steinzeit und heute, in denen sich die Stressreaktion als überlebenswichtig erweist.

2 Verlauf der Stressreaktion. Erstelle auf einem Blatt anhand von Abbildung 2 und 3 ein Pfeildiagramm zum Verlauf der Stressreaktion. Beachte dabei besonders die fett gedruckten Begriffe im Text der Abbildung 3.

3 Eustress – Distress. Beschreibe Unterschiede zwischen Eustress und Distress und nenne Beispiele.

2 *Ablauf der Stressreaktion*

Ein Urmensch liegt an seiner Feuerstelle und ruht sich aus. Plötzlich ein Knacken. Ein Raubtier nähert sich. Alarm! Ohne lange nachzudenken, reagiert sein Körper automatisch auf diese Stressoren mit einer schnellen Erhöhung der körperlichen Leistungsfähigkeit. Über Auge und **Ohr** werden Impulse an das **Großhirn** und von dort an das **Limbische System,** einen Teil des Zwischenhirns, gesendet. Das Limbische System signalisiert sofort Angst. Nervenimpulse laufen zum **Hypothalamus.** Von dort verzweigt sich die Signalkette. Blitzschnell gelangen Nervenimpulse über **Sympatikusnerven** zum **Herzen,** zu **Blutgefäßen** und zum **Nebennierenmark.** Herzfrequenz und Blutdruck steigen und Blutgefäße verengen sich. Im Nebennierenmark werden die Hormone **Adrenalin** und **Noradrenalin** in das Blut ausgeschüttet, die ebenfalls den Herzschlag beschleunigen. Adrenalin regt **Leber** und **Skelettmuskeln** zur Freisetzung von Glucose an. Glucose ist ein energiereicher Stoff, der in Muskeln für Bewegungen benötigt wird. Jetzt kann der Mensch „Vollgas" geben. – Zeitgleich regt der Hypothalamus über Hormone die **Hypophyse** an, bestimmte Hormone in das Blut abzugeben. Diese Hormone stimulieren die **Schilddrüse** und die **Nebennierenrinde,** ihrerseits Hormone abzugeben. Das Schilddrüsenhormon steigert den Stoffwechsel in allen Zellen. Cortisol aus der Nebennierenrinde bewirkt eine Ausschwemmung roter Blutzellen aus dem **Blut bildenden Gewebe,** dem Knochenmark, so dass mehr Sauerstoff transportiert werden kann. Cortisol beschleunigt auch die **Blutgerinnung;** so können sich Wunden im Fall einer Verletzung schneller schließen. Außerdem hemmt Cortisol **Verdauungsprozesse, Entzündungen** und **Sexualfunktionen,** so dass alle Energie für die Begegnung mit der Gefahr zur Verfügung steht.

3 *Stress beim Urmenschen*

12 Suchtgefahren und Gesundheit

12.1 Sucht ist vielfältig

Unter **Abhängigkeit** oder **Sucht** versteht man den Zustand eines Menschen, in dem er kaum oder gar nicht fähig ist, auf Drogen oder bestimmte Verhaltensweisen zu verzichten. Ein typisches Zeichen für eine Abhängigkeit ist, dass die abhängige Person sich nicht vorstellen kann, den Alltag ohne Drogenkonsum durchzustehen. **Drogen** sind Stoffe, die im Gehirn wirken. Sie beeinflussen die Stimmung, die Gefühle, das Bewusstsein, die Wahrnehmung und das Verhalten eines Menschen. Wenn von Drogen die Rede ist, denken die meisten Menschen zunächst an den Konsum illegaler Drogen. Das sind Drogen, deren Erwerb, Verbreitung und Gebrauch unter Strafe stehen. Beispiele hierfür sind Haschisch, Heroin, Kokain oder Ecstasy. Doch auch legale Drogen wie Alkohol, Tabak und bestimmte Arzneimittel machen abhängig und schädigen die Gesundheit. So stehen den jährlich ungefähr 200 000 alkohol- und tabakbedingten Todesfällen 2000 Tote gegenüber, die an anderen Drogen gestorben sind.

Eine Sucht entwickelt sich oft schleichend: Viele Jugendliche rauchen zunächst nur gelegentlich in ihrer Freizeit. Nach und nach gewöhnt sich ihr Körper an das Rauchen. Die Wirkung des Nikotins lässt nach und die Anzahl der Zigaretten wird erhöht. Dachte der Raucher am Anfang noch, er könne jederzeit aufhören, so muss er nun feststellen, dass er die Kontrolle über seinen Zigarettenkonsum verloren hat. Hört er auf zu rauchen, treten Entzugserscheinungen auf. Das können Unruhe, Zittern, Frieren, aber auch Erbrechen und Schmerzen sein. Von dieser körperlichen Abhängigkeit unterscheidet man die seelische Abhängigkeit als die Sehnsucht des Abhängigen nach der Wirkung der Droge. Manche Formen von Sucht sind nicht an Stoffe gebunden. Zu diesen stoffungebundenen Verhaltenssüchten zählt man unter anderem Spielsucht, Kaufsucht, Magersucht und die Arbeitssucht der so genannten Workaholics. Bei einer Verhaltenssucht verspüren die Betroffenen einen unwiderstehlichen Drang, bestimmte Handlungen immer wieder auszuführen. Jeder Mensch kann süchtig werden. Die Gründe dafür sind ebenso vielfältig wie die Suchtformen selbst. Beispielsweise können Menschen, die ihre Gefühle nur teilweise wahrnehmen und ausdrücken, oder Menschen, die Problemen und Konflikten aus dem Weg gehen, innere Spannungen aufbauen, die schließlich unerträglich werden. Mithilfe der Sucht werden diese Spannungen eine Zeit lang ausgehalten und ertragen. Die Sucht legt über die Gefühle einen Schleier. Trauer, Wut, Enttäuschung, Schmerz, Angst und Unsicherheit, aber auch Freude werden nur noch gedämpft wahrgenommen. Die Droge erleichtert scheinbar das Leben.

1 *Sehnsucht, Suchen und Sucht*

1 Gewohnheiten. Aus Langeweile essen, den Ärger herunterspülen, die Zeit mit dem Computer totschlagen, Kummer durch Arbeit unterdrücken, sich den Alltag versüßen mit ...
a) Was machst du, wenn dir langweilig ist, wenn du Kummer hast, wenn du enttäuscht bist oder wenn du dich geärgert hast?
b) Überlege, was du alternativ machen könntest.

2 Ausweichendes Verhalten. Beschreibe Abbildung 2. Beschreibe Probleme und verschiedene Möglichkeiten, sich damit auseinanderzusetzen. Diskutiert darüber, was mit „ausweichendem Verhalten" gemeint ist. Erörtert Zusammenhänge zwischen ausweichendem Verhalten und Sucht.

3 „Der Kleine Prinz". Der Franzose ANTOINE DE SAINT-EXUPÉRY schrieb die Geschichte vom kleinen Prinzen, der seinen Stern verlässt und eine lange Reise durch das Weltall unternimmt. Der kleine Prinz landet auf verschiedenen Planeten. Auf dem dritten Planeten trifft er auf einen Alkoholkranken. Lies den Text in Abbildung 3. Welches Hauptproblem eines Drogenabhängigen wird hier angesprochen?

4 Legale und illegale Drogen. Der Wissenschaftler KLAUS HURRELMANN stellt fest: „Die Wahrscheinlichkeit des Übergangs vom legalen in den illegalen Drogenkonsum liegt bei schätzungsweise 30 Prozent, doch umgekehrt ist die Wahrscheinlichkeit, dass ein Konsument illegaler Drogen bereits ein Konsument von legalen Drogen ist, bei 70 bis 80 Prozent anzusetzen." Stelle die Aussagen in zwei Balkendiagrammen dar. Beurteile die Aussagen.

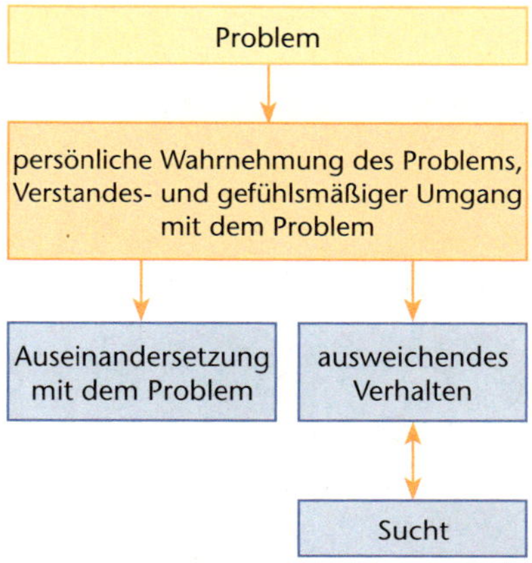

2 *Ausweichendes Verhalten und Sucht*

Der kleine Prinz trifft einen Säufer

Den nächsten Planeten bewohnte ein Säufer. Dieser Besuch war sehr kurz, aber er tauchte den kleinen Prinzen in eine tiefe Schwermut.
„Was machst du da?", fragte er den Säufer, den er stumm vor einer Reihe leerer und einer Reihe voller Flaschen sitzend antraf.
„Ich trinke", antwortete der Säufer mit düsterer Miene.
„Warum trinkst du?", fragte ihn der kleine Prinz.
„Um zu vergessen", antwortete der Säufer.
„Um was zu vergessen?", erkundigte sich der kleine Prinz, der ihn schon bedauerte.
„Um zu vergessen, dass ich mich schäme", gestand der Säufer und senkte den Kopf.
„Weshalb schämst du dich?", fragte der kleine Prinz, der den Wunsch hatte, ihm zu helfen.
„Weil ich saufe!", endete der Säufer und verschloss sich endgültig in sein Schweigen.
Und der kleine Prinz verschwand bestürzt.
Die großen Leute sind entschieden sehr, sehr wunderlich, sagte er zu sich auf seiner Reise.

3 *Auszug aus „Der Kleine Prinz" von Antoine de Saint-Exupéry*

Ein Portfolio anlegen

Ein Portfolio ist eine Mappe, in der du Materialien zu einem Thema sammelst. Begleitend zum Unterricht kannst du eigene Materialien anfertigen und sie gemeinsam mit weiteren Unterlagen aus dem Unterricht sinnvoll zusammenstellen. Was du zusammenträgst, hängt von deinem persönlichen Interesse, deiner Kreativität und deiner Fähigkeit ab, das Gelernte in einer Form zu präsentieren, die originell und überzeugend ist.

Überlege dir zunächst, welches Ziel du mit deinem Portfolio verfolgst. Wichtig ist, dass du die zur Verfügung stehende Zeit realistisch einschätzt. Wenn du vier Wochen Zeit hast, dann solltest du dir ein Ziel vornehmen, das auch in dieser Zeit zu verwirklichen ist. Zielformulierungen könnten z. B. lauten:

„In den nächsten vier Wochen möchte ich zeigen, welche Möglichkeiten es gibt, mit täglichen Problemen und Konflikten umzugehen, ohne Drogen zu nehmen oder süchtiges Verhalten zu zeigen."

„In den kommenden vier Wochen möchte ich mein Wissen über eine Drogensucht (Heroinsucht) und eine Verhaltenssucht (Abenteuersucht) vertiefen."

„Die Weltgesundheitsorganisation (WHO) versteht unter Gesundheit einen ‚Zustand vollkommenen körperlichen, sozialen und geistigen Wohlbefindens'. – In den nächsten vier Wochen möchte ich verschiedene Möglichkeiten erarbeiten, in diesem Sinne ein gesundes Leben zu führen."

Gestalte anschließend ein passendes Deckblatt und notiere darauf dein Ziel. In dein Portfolio kannst du alle „Dokumente" aufnehmen, die dem Erreichen deines Ziels dienen. Diese Dokumente können z. B. Textausschnitte aus Büchern, Zeitungsausschnitte, Material aus dem Internet, Beschreibungen von Unterrichtssituationen, Ergebnisse von Gruppenarbeiten, ein Bericht über eine Fernsehsendung und natürlich auch eigene Überlegungen zum Thema sein. Entscheidend ist, dass nicht irgendetwas gesammelt wird, sondern eine begründete Auswahl getroffen wird. Damit du nicht zu viel Material zusammenstellst, prüfe jeweils, ob du mit dem Material deinem Ziel näher kommst. Wenn dies nicht der Fall ist, nimmst du es nicht in deine Sammlung auf. Stellst du aber fest, dass das neue Material besser geeignet ist als das alte, tauschst du es aus. Diesen Austausch vermerkst du dann in einem „mitwachsenden" Inhaltsverzeichnis und begründest ihn.

In regelmäßigen Abständen, z. B. jede Woche, solltest du mit deinen Mitschülern oder deinem Lehrer/deiner Lehrerin betrachten, welches Ziel du dir gesetzt hast und was du bisher erreicht hast. Solltet ihr hierbei feststellen, dass die Zeit nicht ausreichen wird, denkt gemeinsam über eine neue Zielformulierung nach oder arbeite verstärkt an deinem Portfolio.

Am Ende deiner Arbeit wird in einem Schlusstext dargestellt, was dir beim Anfertigen des Portfolios besonders viel Spaß gemacht hat und was dir schwergefallen ist. Auch auf einzelne Materialien kannst du hier nochmals eingehen. Welches Material gefällt dir am besten? An welchem Material hast du am meisten gelernt?

- Was hat mich veranlasst, dieses Material anzufertigen bzw. auszuwählen?
- Welche neuen Erkenntnisse habe ich mit dem Material gewonnen?
- Wo gab es beim Anfertigen dieses Materials für mich Probleme? Was habe ich beim Lösen dieser Probleme gelernt?
- Weshalb passt das Material zu meinem Ziel?
- Welche Fragen sind für mich bei diesem Material noch offen?
- Wenn ich dieses Material noch einmal erstellen könnte, was würde ich anders machen?

1 *Diese Fragen helfen dir, die Auswahl deiner Materialien zu begründen*

Seite 1

Portfolio zum Thema:
„Suchtgefahren und Gesundheit“ von ...

Mein Ziel

In den nächsten vier Wochen möchte ich zeigen, welche Möglichkeiten es gibt, mit täglichen Problemen und Konflikten umzugehen, ohne Droge

Seite 2

Inhaltsverzeichnis

Seite 7

Was kann ich dagegen tun, wenn mich meine Freunde zum Rauchen überreden wollen?

Bei meinen Freunden erfahre ich Anerkennung und Zuneigung. Gemeinsam etwas zu unternehmen macht viel Spaß. Mit ihnen fühle ich mich stark. Aber muss ich auch das mitmachen, was mir nicht gefällt? Muss ich z. B. auch rauchen, nur weil die meisten in der Gruppe auch rauchen?

Ich kann einfach mitmachen, rauchen und
- meine eigene Abneigung gegen das Rauchen verdrängen,
- mich vor der Auseinandersetzung mit meinen Freunden drücken,
- meinen Ärger über den Zwang, den meine Freunde auf mich

Seite 10

Probleme gehören zum Leben – Lösungen auch

Die folgenden Ratschläge können bei d
innerhalb einer Gruppe helfen:

1. Der Ort des Gesprächs sollte möglich
   Alle Beteiligten sollen sich gleich wo
2. Der Zeitpunkt muss geeignet sein. Je
   Zeit und Ruhe mitbringen, damit das
   geführt werden kann.
3. Das Problem muss genau benannt w
4. Jede und jeder spricht für sich. Wenn
   muss sie bzw. er die Möglichkeit zum
5. Die wenigsten Probleme haben nur e
   Beteiligten zunächst alle möglichen L
   sammen. Die unterschiedlichen Vors
   bewertet oder abgelehnt werden.
6. Gemeinsam werden die Lösungsvors
   alle leben können.
7. Gemeinsam gefundene Lösungen sin
   zu werden. Also muss auch jede und
   dem Gespräch auch Taten folgen. Da
   am besten sofort die Aufgabenverteil
   weiß, was sie und er zu tun hat.

Rückmeldung

Meine Eindrücke zu deinem Portfolio
von ______________________
an ______________________

– Das hat mir an deinem Portfolio gut gefallen:

____

____

– Das hat mir nicht ganz so gut gefallen:

____

____

– Das habe ich anhand meines Portfolios gelernt:

____

____

– Außerdem ist mir an deinem Portfolio noch Folgendes aufgefallen:

____

____

2 *Beispielseiten*

12.2 Entstehung von Drogensucht

Die Entstehung einer Drogensucht zu erklären ist nicht einfach. Man hat zu diesem Zweck verschiedene Modelle entwickelt. Eines davon ist das 4M-Modell (Abb. 1). Ein Vorteil dieses Modells ist, dass es die vier Bereiche Mensch, Milieu, Mittel und Markt berücksichtigt. So wird deutlich, dass man die Gründe für die Entstehung einer Sucht nicht allein in der betreffenden Person finden kann. Aber auch ein aus Rauchern bestehender Freundeskreis macht aus einem Jugendlichen nicht automatisch einen Raucher. Wichtig ist zusätzlich, wie leicht der Jugendliche an die Zigaretten kommt und ob er sie überhaupt bezahlen kann.

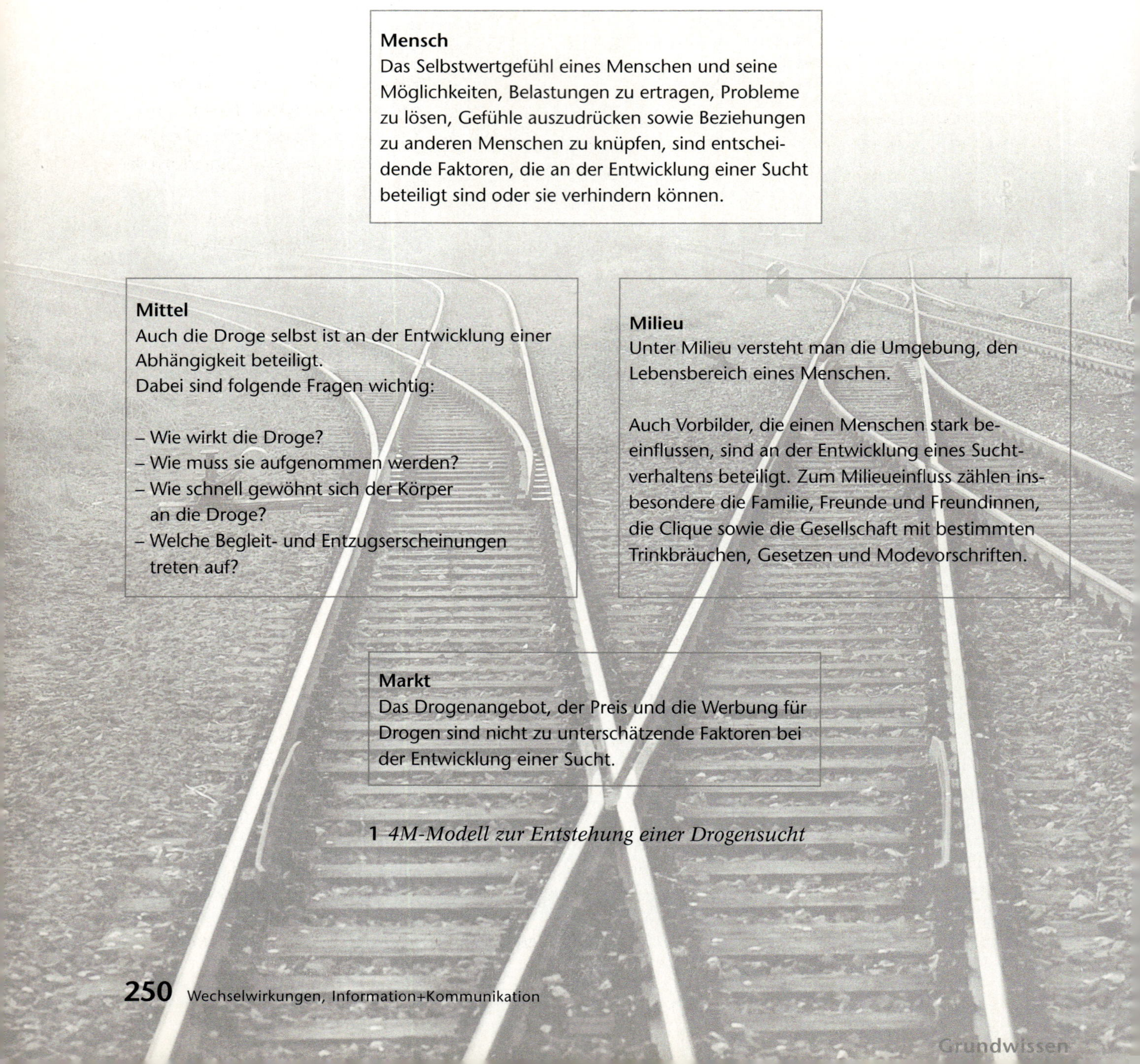

1 *4M-Modell zur Entstehung einer Drogensucht*

„In der Schule lief es damals gar nicht gut. Meine Mutter sagte dauernd: ‚Mensch, Max, wenn du dich nicht endlich anstrengst, versaust du dir dein ganzes Leben. Du kannst nicht immer nur Spaß haben, sondern musst auch etwas leisten. Eine Lehrstelle oder gar einen Studienplatz kannst du mit deinem Zeugnis vergessen. Glaubst du, dass du mit dieser Haltung später einmal eine Frau bekommen wirst?‘ So richtig angefangen hat es mit dem Alkohol nach unseren Fußballspielen im Vereinsheim. Als wir mit der B-Jugend Meister geworden waren, kam unser Trainer mit zwei Kisten Bier zu uns in die Kabine. Wir feierten ausgelassen und tranken gemeinsam. Wir tranken eine Runde nach der anderen. Und plötzlich merkte ich, dass ich mich verändert hatte. War ich sonst eher schüchtern, so war ich jetzt völlig aufgedreht und akzeptiert. Wir hatten alle einen unheimlichen Spaß miteinander. Und auch den Mädchen, die mittlerweile zu uns ins Vereinsheim zum Feiern gekommen waren, fiel meine Veränderung auf. Sonja kam sogar auf mich zu und sagte: ‚Mensch, du bist ja heute gar nicht so langweilig wie sonst! Du kannst ja echt cool sein!‘ In den nächsten Wochen fing ich an, regelmäßig zu trinken. Ich wollte einfach immer ein cooler Typ sein. Dabei merkte ich zunächst gar nicht, dass ich immer mehr trank. Aus zwei Bier wurden drei, vier und schließlich fünf Bier. Und das jeden Abend! Der Alkohol half mir aber nicht nur, meine Schüchternheit zu besiegen. Immer häufiger griff ich in unangenehmen Situationen zur Flasche. Auch die lästigen Hausaufgaben fielen mir so viel leichter. Meine Eltern haben von alldem überhaupt nichts bemerkt. Wohl auch, weil sie selbst gern einen tranken. Und im Supermarkt hat auch niemand nach unserem Ausweis gefragt, wenn wir neuen Alkohol holten. Zum Glück bekam ich viel Taschengeld. Wohl aus schlechtem Gewissen, denn meine Eltern waren nur selten zu Hause, weil sie den ganzen Tag in unserem Angel- und Bastelwaren-Geschäft arbeiteten. Die Schule habe ich schließlich geschmissen und eine Ausbildung als Einzelhandelskaufmann angefangen. Leider hat mich mein Chef vor zwei Wochen beim Wodka Trinken während der Arbeitszeit erwischt. Wenn er mich noch einmal mit einer Fahne bei der Arbeit antrifft, schmeißt er mich raus. Hoffentlich halte ich durch!“

2 *Alkoholsucht: Aus einem Interview mit Max S.*

1 Gedanken zum Foto.
Betrachte das Hintergrundfoto in Abbildung 1. Schreibe deine Gedanken über Zusammenhänge zwischen Foto und Sucht auf.

2 Analyse eines Fallbeispiels.
Erkläre mithilfe des 4M-Modells die in Abbildung 2 dargestellte Entwicklung der Alkoholsucht von Max S.

3 Das Eisberg-Modell. Neben dem 4M-Modell gibt es weitere Modelle, mit deren Hilfe man versucht, die Ursachen und Bedingungen einer Sucht zu ergründen. Das in Abbildung 3 dargestellte Eisberg-Modell ist eines davon.

a) Zeichne Abbildung 3 ab.

b) Erläutere das Modell und ergänze im unteren Teil weitere sinnvolle Begriffe.

c) Diskutiere Vor- und Nachteile des Modells bei der Erklärung von Sucht.

4 Sucht und Sehnsucht.
Nimm Stellung zu folgender Aussage: „Sucht kommt nicht von Drogen, sondern von unerfüllter Sehnsucht, gestorbenen Träumen, zerstörten Illusionen, verdrängten Gefühlen, zurückgehaltenen Tränen und heruntergeschluckter Wut.“

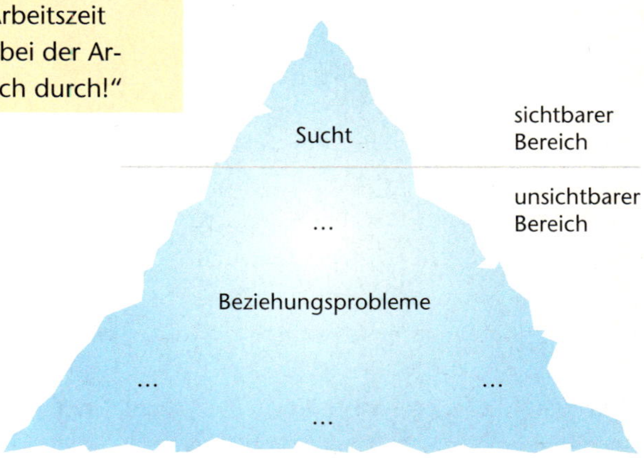

3 *Das Eisberg-Modell zum Drogenkonsum*

12.3 Die soziale Seite der Sucht

Maike und Uwe, beide 16 Jahre alt, sind seit drei Wochen zusammen. Schnell hat Maike bemerkt, dass ihr neuer Freund häufig Bier trinkt. Ihr Gespräch ist auf der linken Seite wiedergegeben. Rechts ist der Kommentar eines Pädagogen zu diesem Gespräch abgedruckt.

MAIKE: Ich finde es schrecklich, dass du offensichtlich auf jeder Party betrunken bist.

UWE: Ich weiß gar nicht, was du dagegen hast, wenn ich auf Partys ein paar Bier trinke.

MAIKE: Alkohol ist total ungesund. Das weißt du doch genau.

UWE: So viel, dass es ungesund sein könnte, trinke ich ja nicht. Guck mich doch an, sehe ich etwa krank aus? Außerdem trinken alle meine Freunde Alkohol auf Partys.

MAIKE: Mit meinen Freunden aus unserem Basketball-Team feiere ich auch oft. Da muss allerdings keiner Alkohol trinken, um akzeptiert zu werden. Wenn alle trinken, bist du doch gerade dann cool, wenn du es nicht machst.

UWE: Wenn ich es nicht mache, bin ich nicht cool, sondern raus aus unserer Clique! Und das will ich nicht. In der Clique sind nämlich alle immer gut drauf!

MAIKE: Glaubst du denn, ich sei immer schlecht drauf? Und überhaupt: Wer sagt denn, dass du immer gut drauf sein musst? Ich mag dich doch auch, wenn du mal nicht so gut drauf bist.

UWE: Ich höre andauernd „immer“. Ich geh mit meinen Freunden doch nur am Wochenende auf Partys und auch nur dann trinke ich etwas.

MAIKE: Etwas? Du hättest dich gestern mal sehen sollen! Bei einigen aus eurer Clique habe ich das Gefühl, dass sie erst richtig auftauen und den Mund aufkriegen, wenn sie ein paar Bier intus haben. Doch nicht nur das, mittlerweile trinken einige schon nachmittags nach der Schule!

UWE: Du meinst Martin und Jens. Was sollen die denn auch sonst machen? Den ganzen Tag bei ihren Eltern herumhängen? Mit denen streiten sie sich doch nur von morgens bis abends. Und in dem Dorf, in dem sie wohnen, können sie nichts machen, außer im Bushäuschen abzuhängen, zu reden und ein Bier zu trinken.

MAIKE: Sie könnten ja zur Abwechslung auch mal etwas Sinnvolles machen. Von Jens weiß ich, dass er dieses Schuljahr wiederholen muss, wenn er so weitermacht. Mit dem Zeugnis bekommt er bestimmt keinen Ausbildungsplatz.

UWE: Oh, jetzt redest du schon wie meine Eltern!

A: Bereits hier wird deutlich, dass Jugendliche sich durchaus der gesundheitlichen Gefahren des Alkohols bewusst sind. Offensichtlich schätzen sie jedoch die vermeintlichen „Vorteile“ wie z.B. soziale Anerkennung als höherwertig ein.

B: Hier geht es um die Funktion des Alkoholkonsums: Er dient als Mittel, um den Zusammenhalt innerhalb einer Gruppe herzustellen. Gleichzeitig demonstrieren die jugendlichen Konsumenten damit Stärke und Unabhängigkeit.

C: Die gesellschaftlichen Werte und Erwartungshaltungen üben einen großen Druck auf die Menschen aus. Zu hinterfragen ist, wie Maike dies richtigerweise tut, inwieweit wir diesen Erwartungen jederzeit entsprechen müssen. Wichtig sind hierbei auch die Werbung und die Medien, die bestimmte Bedürfnisse erst erzeugen und so die Menschen innerhalb einer Gesellschaft bewusst beeinflussen, um damit viel Geld zu verdienen.

D: Auch hier wird die enorme soziale Bedeutung des Alkoholkonsums deutlich: Alkohol wirkt oft enthemmend und spannungsregulierend. Selbst ein ansonsten schüchterner Mensch geht im betrunkenen Zustand auf die Menschen zu. Die hierbei erfahrene soziale Anerkennung führt zu einer Steigerung seines Selbstwertgefühls. Leider bleibt dieses Gefühl meist auf den Rauschzustand begrenzt, so dass dieser Zustand immer wieder angestrebt wird und sich so eine Alkoholsucht entwickeln kann.

E: Typisch für die Situation vieler Jugendlicher in unserer heutigen Leistungsgesellschaft ist das Fehlen von Möglichkeiten, Abenteuer und Spannung zu erleben.

F: Viele Jugendliche machen sich bereits Gedanken über ihre Zukunft, während sie noch auf der Suche nach sich selbst sind. Dabei fehlen ihnen häufig Vorbilder, an denen sie sich orientieren können. Die Eltern kommen als Vorbilder immer weniger in Frage, weil die Jugendlichen sich von diesen zunehmend abzugrenzen versuchen.

1 Soziale Einflüsse. Suche die Zeilen im Gespräch zwischen Uwe und Maike heraus, auf die sich die Kommentare A bis F des Pädagogen beziehen.

2 Ich sage, was ich möchte. Bekenne dich zu deiner eigenen Meinung. Erwarte aber von den anderen nicht, dass sie deine Meinung teilen. Hierbei ist es bereits sehr hilfreich, wenn du Ich-Aussagen statt verschlüsselter Botschaften formulierst. Ändere z. B.:
- Glaubst du nicht auch, du solltest ...? in: Ich glaube, es wäre besser, wenn ...
- Jeder glaubt, dass ... in: Ich glaube, dass ...

Formuliere weitere Beispielsätze um.

3 Umgang mit Gruppenzwang. Gebt an, welche Gefühle durch die einzelnen Fragen in Abbildung 1 angesprochen werden. Denkt euch selbst ähnliche Fragen aus, schreibt sie auf Karten und verteilt sie an eure Mitschüler. Wer an die Reihe kommt, liest seine Karte laut vor und versucht, sie zu beantworten.

Was machst du,
- wenn sich die meisten deiner Mitschülerinnen und Mitschüler auf eurer Klassenfahrt nachts heimlich zum Rauchen und Trinken treffen?
- wenn deine besten Freundinnen bzw. Freunde dich mit der Bemerkung begrüßen: „Du hast ja schon wieder zugenommen"?
- wenn dein Freund/deine Freundin sich nicht mehr mit dir trifft, weil seine/ihre Clique das so möchte?
- wenn dir auf einer Party eine Zigarette angeboten wird, obwohl alle wissen, dass du gar nicht rauchst?
- wenn du den Verdacht hast, dass in deiner Clique gekifft wird?

1 *Umgang mit Gruppenzwang*

4 Alkohol und Autofahren. Schon kleinste Mengen Alkohol beeinflussen das Gehirn (Abb. 2). Mit bis zu 0,5 ‰ Blutalkohol ist bei uns das Autofahren nach einer 2-jährigen Probezeit erlaubt. Während der Probezeit gilt eine 0 ‰-Grenze.

a) Welche Gründe sprechen für die 0,5 ‰-Grenze?

b) Was spricht für eine 0 ‰-Grenze während der Probezeit?

5 Argumente gegen einen übermäßigen Alkoholkonsum. Du gehst mit deinem Freund oder deiner Freundin auf eine Party. Auf früheren Partys hast du keinen Alkohol getrunken und möchtest auch heute nicht damit anfangen. Plötzlich kommt dein Freund oder deine Freundin von der Theke zurück und fordert dich zum Trinken auf. Spielt diese Szene im Rollenspiel nach und verwendet dabei Argumente dieser Doppelseite.

unter 0,5 ‰:
Die Fähigkeit zur Raumabschätzung nimmt ab. Jugendliche und ältere Menschen sind besonders gefährdet. Die Unfallgefahr im Straßenverkehr erhöht sich um das Fünffache.

0,5 ‰ – 0,8 ‰:
Abnahme der Anpassungsfähigkeit der Augen an wechselnde Lichtverhältnisse. Die Empfindlichkeit der Augen für rotes Licht lässt nach. Bei einer Geschwindigkeit von nur 50 km/h verlängert sich der Anhalteweg um 14 m, weil sich die Reaktionszeit verlängert.

0,8 ‰ – 1,2 ‰:
Beginn der Euphorie und Enthemmung mit Überschätzung der eigenen Fähigkeiten. Das Blickfeld verengt sich erheblich. Der Angetrunkene nimmt nicht mehr ausreichend wahr, was auf ihn zukommt. Die Wahrnehmung von Gegenständen und die Raumabschätzung verringert sich stark. Die Hell-Dunkel-Reaktion der Augen ist erheblich gestört. Durch Blendung vom Gegenverkehr werden Menschen und Gegenstände zu spät wahrgenommen.

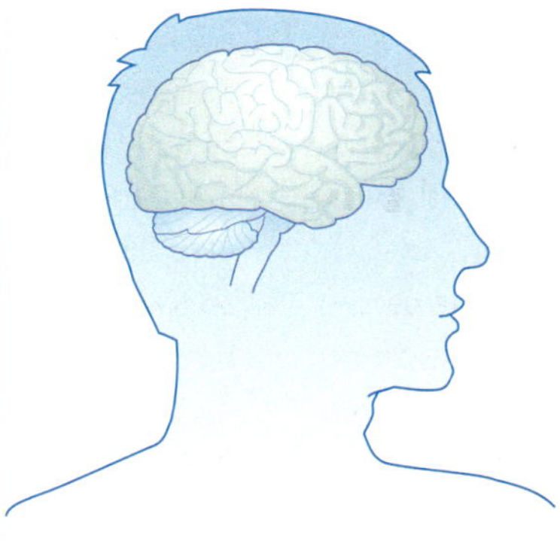

Das Gehirn ist beim Trinken von Alkohol unmittelbar betroffen. Bei einem 80 kg schweren Mann erreicht der Blutalkoholspiegel nach 1 Liter Bier ca. 0,6 ‰. Bei einer 60 kg schweren Frau erreicht der Blutalkoholspiegel nach 1 Liter Bier ca. 1‰.

1,2 ‰ – 2,4 ‰:
Erhebliche Minderung von Aufmerksamkeit und Konzentrationsfähigkeit. Deutlich ausgeprägte Euphorie und Enthemmung mit maßloser Überschätzung der eigenen Fähigkeiten. Stark verzögerte und gestörte Reaktionsabläufe. Leichte bis schwere Gleichgewichtsstörungen. Beginn der absoluten Fahruntüchtigkeit.

2,4 ‰ – 3,0 ‰:
Ausgeprägte Gleichgewichts- und Koordinationsstörungen. Schwer gestörte und verzögerte Reaktionsabläufe. Verminderte Erinnerungsfähigkeit, schwere Beeinträchtigung der Orientierungs- und Wahrnehmungsfähigkeit. Völliger Erinnerungsverlust und Bewusstseinstrübung bis zur Bewusstlosigkeit.

über 3 ‰:
Schwere akute Alkoholvergiftung mit Erinnerungslücken bis zum völligen Erinnerungsverlust. Bleibende organische Schäden sind möglich. Tiefe, eventuell tödlich verlaufende Bewusstlosigkeit.

2 *Wirkungen des Alkohols auf das Gehirn*

12.4 Essstörungen – Magersucht und Ess-Brech-Sucht

1 *Magersucht*

Mit **Magersucht** wird eine krankhafte Essstörung bezeichnet, bei der eine Person ein Körpergewicht herbeiführt, das mindestens 15 Prozent unter dem Normalgewicht liegt. Magersüchtige versuchen so wenig wie möglich zu essen. Außerdem versuchen viele Magersüchtige, einen Gewichtsverlust durch Erbrechen, durch übertriebene körperliche Aktivität oder durch Medikamente wie Appetitzügler und Abführmittel herbeizuführen.

Magersüchtige leiden an einer Störung der Wahrnehmung des eigenen Körpers. Obwohl sie bereits extrem an Gewicht verloren haben, halten sie sich für zu dick (Abb. 1). Aufgrund der verzerrten Körperwahrnehmung verändert sich das Essverhalten. Die Betroffenen bemühen sich, weiter abzunehmen. Sie entwickeln eine extreme Angst, an Gewicht zuzunehmen. Das Vermeiden von Essen, die Kontrolle des Körpergewichts im Grammbereich und die Kontrolle von Hungergefühlen nehmen den zentralen Stellenwert in ihrem Leben ein. Der Gewichtsverlust und die Mangelernährung können schwerwiegende körperliche Veränderungen nach sich ziehen. Die Menstruation bleibt aufgrund hormoneller Störungen aus. Niedriger Blutdruck, verlangsamter Herzschlag, sinkende Körpertemperatur, Hautprobleme, Muskelschwäche und Haarausfall sowie Erkrankungen durch Vitamin- und Mineralsalzmangel begleiten häufig eine Magersucht. Magersüchtige sind häufig in einem Teufelskreis gefangen: Schon eine Zunahme von wenigen Gramm kann Panik auslösen, was wiederum zu noch strengerer Kontrolle des Essverhaltens führt. Weil der Körper jedoch bei einer derart gedrosselten Zufuhr an Nährstoffen schon bei geringer Nahrungsaufnahme ein paar Gramm zulegt, ist die nächste Runde im Teufelskreis der Magersucht vorgezeichnet.

Magersucht tritt besonders bei 15- bis 25-jährigen Frauen auf. In dieser Gruppe ist etwa ein Prozent magersüchtig. Wahrscheinlich wird Magersucht durch das Zusammenwirken mehrerer Faktoren ausgelöst. Gesellschaftliche Einflüsse wie ein übertriebenes Schlankheitsideal, das von Werbung und Filmen zusätzlich betont wird, spielen sicherlich eine Rolle – ebenso wie seelische Einflüsse, die Fähigkeit zur Konfliktlösung und psychische Bedingungen in der Familie der Betroffenen. Hinzu kommen möglicherweise auch biologische Ursachen wie zum Beispiel Veranlagungen.

Die Kontrolle über das Körpergewicht vermittelt den Betroffenen offenbar Selbstwertgefühl, Sicherheit und Anerkennung. Magersucht hat einige Aspekte mit anderen Süchten gemeinsam. Dazu zählt der Kontrollverlust, also die Unfähigkeit, mit dem Hungern aufzuhören, fehlende Einsicht in die Erkrankung sowie der Wiederholungszwang und die zunehmende soziale Isolation der Betroffenen.

Im Gegensatz zur Magersucht haben von **Ess-Brech-Sucht** Betroffene in der Regel ein normales Gewicht. Bei dieser Form der Essstörung folgen auf Heißhungerattacken mit Essanfällen und dem Verzehr großer Mengen an Nahrung selbst ausgelöstes Erbrechen oder Missbrauch von Medikamenten, um Gewichtszunahme zu verhindern (Bulimie). Gemeinsam mit der Magersucht ist die extreme Angst vor Gewichtszunahme. Sowohl Magersüchtige als auch Ess-Brech-Süchtige benötigen dringend ärztliche und psychologische Hilfe.

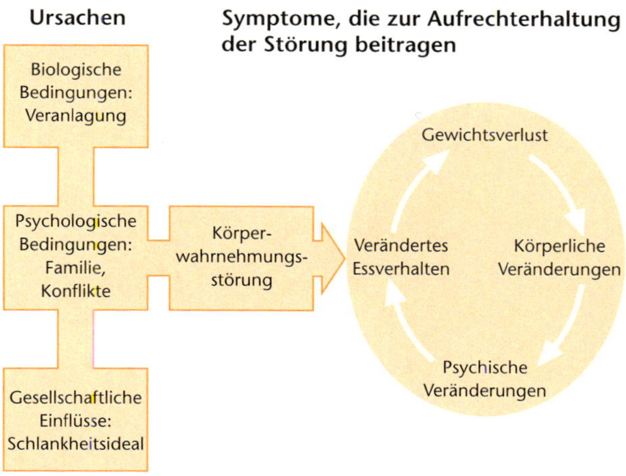

2 *Ursachen und Symptome der Magersucht*

„In der heutigen Gesellschaft gilt ein Schönheitsideal, das insbesondere für Frauen einen schlanken, gesunden und schönen Körper fordert. Dieses Ideal begegnet Frauen unter anderem Tag für Tag in der Werbung oder in Zeitschriften. Etwa 20 Prozent der Frauen führen regelmäßig Schlankheitsdiäten durch. Nach einer erfolgreichen Diät erfährt die Person zunächst positive Konsequenzen (Komplimente, Stolz wegen ihrer Willensstärke). So kann es geschehen, dass Gewichtskontrolle und Schlanksein zu einer wichtigen Quelle für das Selbstbewusstsein werden. Es ist deshalb nicht verwunderlich, dass gerade junge Frauen, die während der Pubertät bezüglich ihres Körpers sehr unsicher sind, besonders anfällig für Essstörungen sind."

3 *Schlankheitsideal*

1 Ursachen und Symptome der Magersucht. Erläutere jedes Element der Abbildung 2 mithilfe des Grundwissentextes.

2 Vergleich von Magersucht und Ess-Brech-Sucht.
a) Erläutere anhand von Abbildung 4 wesentliche Unterschiede von Magersucht und Ess-Brech-Sucht.
b) Begründe für beide Essstörungen, warum sie als „Sucht" bezeichnet werden können.

3 Schlankheitsideal.
a) Erörtert unter Bezug auf Abbildung 2, 3 und 5 die mögliche Bedeutung des gesellschaftlich vorgegebenen Schlankheitsideals für die Entstehung von Essstörungen wie Magersucht und Ess-Brech-Sucht.
b) Diskutiert die Frage, inwiefern Diäten einen Einstieg in die Entwicklung einer Essstörung bedeuten können.

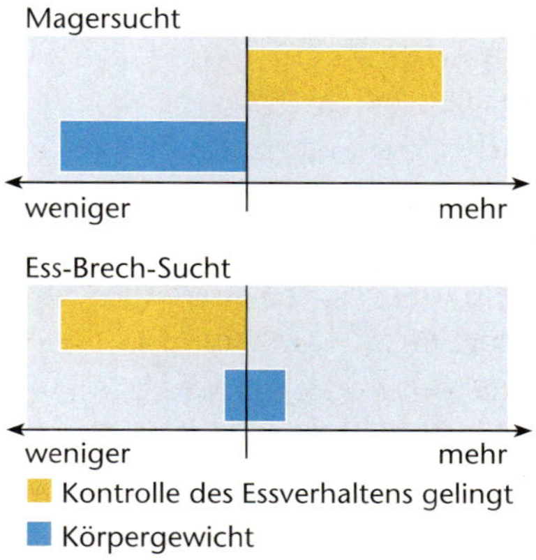

4 *Vergleich von Magersucht und Ess-Brech-Sucht*

5 *Mannequins 1948, 1968, 2005*

12.5 Sucht und Gehirn

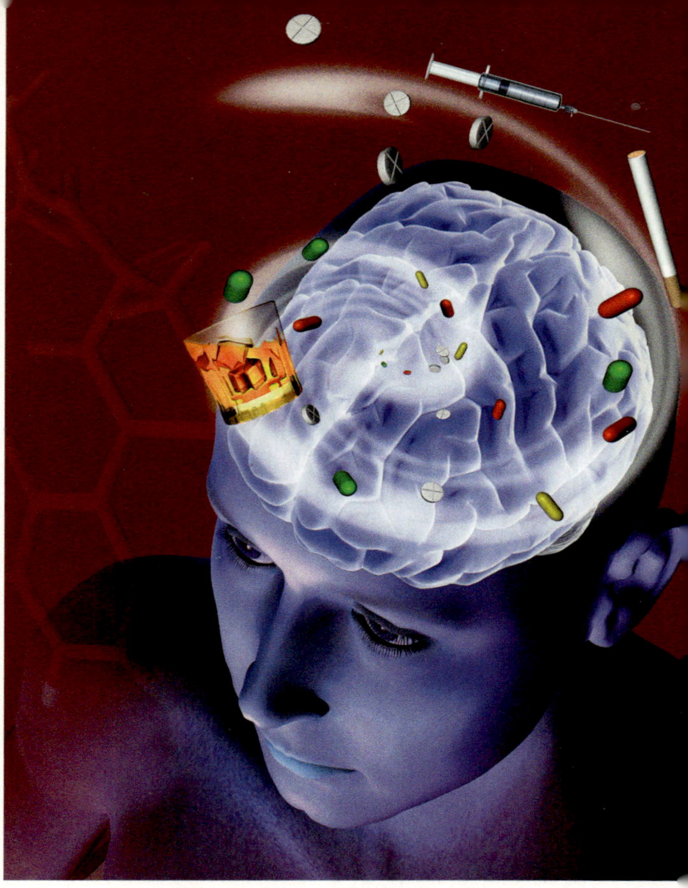

1 *Drogen beeinflussen Funktionen des Gehirns*

Alle Drogen, die süchtig machen können, wirken auf das Nervensystem, vor allem auf das Gehirn (Abb. 1). Je nach Stoff und Dosis beeinflussen Drogen verschiedene Gehirnfunktionen. Dabei können auch langfristige und bleibende Veränderungen im Gehirn auftreten. Besonders Abhängigkeit und Wahrnehmungsstörungen sind Ausdruck solcher Veränderungen.

Zu den Aufgaben des Gehirns gehören unter anderem die Regelung von Hunger, Durst und Schlaf, die Steuerung von Bewegungsabläufen, die Auswertung von Informationen der Sinnesorgane, Gedächtnis, Aufmerksamkeit und Denken. Darüber hinaus entstehen im Gehirn Gefühle wie Trauer, Wut, Ärger, Freude, Glücklichsein, Unlust und Wohlbefinden. Drogen können diese Funktionen des Gehirns verändern (Abb. 2).

Obwohl die verschiedenen Suchtstoffe unterschiedliche Wirkungen auf das Gehirn haben, wirken sie alle über das so genannte **Belohnungssystem** im Gehirn. Das Belohnungssystem liegt in einer bestimmten Region des Gehirns und ist bei allen Menschen vorhanden (Abb. 3).

Menschen neigen dazu, angenehme Erfahrungen und Zustände zu suchen und unangenehme zu meiden. Das Belohnungssystem ist dafür die Grundlage. Es bewertet Wahrnehmungen und Verhaltensweisen danach, ob sie angenehme oder unangenehme Folgen haben. Angenehmes wird vom Belohnungssystem verstärkt. Unter Verstärkung versteht man, dass das erfolgreiche Verhalten häufiger gezeigt wird oder die entsprechende angenehme Situation häufiger aufgesucht wird. Außerdem trägt das Belohnungssystem dazu bei, erfolgreiches Verhalten im Gedächtnis zu speichern.

	Cannabis	Amphetamine, Ecstasy	Kokain, Crack	Opiate	LSD	Alkohol	Medikamente
herabgesetzte Konzentration	X			X	X	X	X
gestörter Bewegungsablauf	X		X	X		X	
verlangsamte Reaktion				X		X	X
Verwirrtheit		X			X	X	X
Selbstüberschätzung		X	X			X	X
Halluzinationen					X		
Aggressivität			X			X	
Gleichgültigkeit				X		X	X
Müdigkeit	X			X		X	X
Erschöpfung bei abklingender Wirkung		X	X				
Sehstörungen	X	X	X	X	X		

2 *Einige Drogenwirkungen*

Jede Droge bewirkt zu Beginn eines regelmäßigen Konsums, dass angenehme Gefühle und Rauschzustände von den Konsumenten erlebt werden. In dieser Phase der Suchtentstehung sorgt das Belohnungssystem dafür, dass die betroffene Person die aus ihrer Sicht positiven Drogenwirkungen häufiger sucht. Das Verlangen nach der Droge steigert sich.

Drogen wirken vor allem im Bereich der Synapsen von Nervenzellen. Dort beeinflussen sie die Freisetzung und Wirkung der Transmitter, also der Überträgerstoffe zwischen zwei Nervenzellen (Abb. 4). Im Belohnungssystem ist Dopamin der wichtigste Transmitter. Vereinfacht kann man sagen: Je intensiver Dopamin die Nervenzellen des Belohnungssystems erregt, desto ausgeprägter sind Wohlbefinden, Glücksgefühle sowie Rauschzustände und desto ausgeprägter ist das immer wiederkehrende Verlangen nach der Droge. Fast alle Drogen sorgen dafür, dass die Synapsen der Nervenzellen des Belohnungssystems mit Dopamin überschwemmt werden. Das geschieht dadurch, dass sehr viel Dopamin gebildet wird oder der Abbau von Dopamin im synaptischen Spalt gehemmt wird (Abb. 4). Die Droge übernimmt allmählich das Kommando über die Nervenzellen des Belohnungssystems.

Allerdings schützt sich das Belohnungssystem auf die wiederholte, künstlich herbeigeführte Überschwemmung mit Dopamin mit einer Gegenreaktion. Es drosselt von sich aus die Dopamin-Ausschüttung. Außerdem werden weniger Rezeptoren für Dopamin ausgebildet. Das Belohnungssystem wird dadurch unempfindlicher gegenüber der Droge. In diesem Stadium hat eine gleich bleibende Drogendosis eine stark verminderte Wirkung. Daher muss der Drogenkonsument die Dosis erhöhen, um weiterhin die gleiche Drogenwirkung wie am Beginn des Drogenkonsums zu erreichen.

Das Absetzen einer Droge führt nicht sofort zu einer Normalisierung des Belohnungssystems. Drogenentzug geht mit einer erniedrigten Dopamin-Konzentration im Belohnungssystem einher. Das kann Unwohlsein, innere Unruhe, Angstzustände und starkes Bedrückt-Sein sowie schwere körperliche Symptome auslösen. Diese Entzugserscheinungen halten viele Drogenkonsumenten im Teufelskreis der Abhängigkeit.

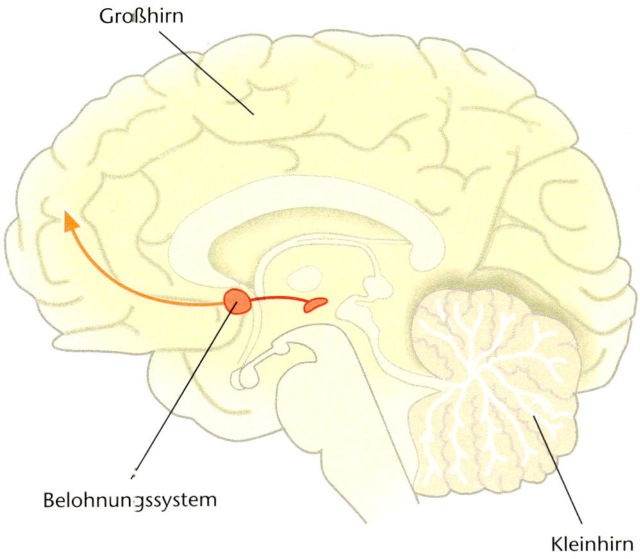

3 *Das Belohnungssystem im Gehirn*

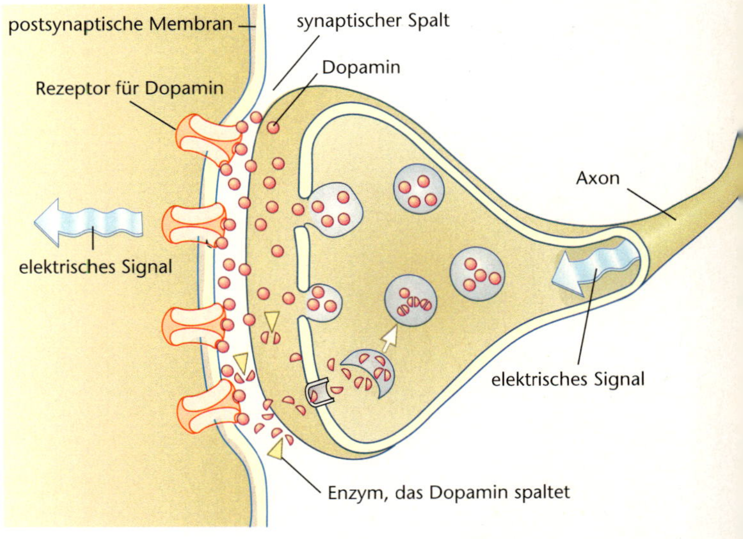

4 *Synapse an einer Nervenzelle des Belohnungssystems mit Dopamin*

Sexualität des Menschen

13 Sexualität

13.1 Pubertät

Pubertät bedeutet Geschlechtsreifung. Dieser Begriff umfasst die gefühlsmäßigen und körperlichen Veränderungen, die in dem Zeitraum stattfinden, in dem ein Mädchen zu einer geschlechtsreifen Frau und ein Junge zu einem zeugungsfähigen Mann werden. Die Pubertät kann schon im Alter von 9 Jahren oder erst mit 16 Jahren einsetzen. Verantwortlich für den genauen Zeitpunkt ist ein Bereich des Zwischenhirns, der Hypothalamus.

Hormone sind chemische Stoffe, die als Botenstoffe wirken. Sie werden in speziellen Zellen gebildet und meistens mit dem Blut transportiert. Verschiedene Organe im Körper enthalten Zellen, die für ganz bestimmte Hormone passende Rezeptoren besitzen. Werden Hormone gebunden, lösen sie in den betreffenden Organen Stoffwechselvorgänge aus. Mit Beginn der Pubertät beginnen viele durch Hormone gesteuerte Vorgänge.

Die Nervenzellen des Hypothalamus geben so genannte Freisetzungshormone an die Hirnanhangsdrüse, die Hypophyse, ab (Abb. 1, 2). Dies führt dazu, dass die Hypophyse zwei Arten von Hormonen ins Blut abgibt: das **F**ollikel **s**timulierende **H**ormon (FSH) und das **l**uteinisierende **H**ormon (LH). Diese Hormone gelangen zu den männlichen Keimdrüsen, den Hoden, beziehungsweise zu den weiblichen Keimdrüsen, den Eierstöcken. Unter dem Einfluss der Hypophysenhormone werden in den Keimdrüsen die Geschlechtshormone gebildet. Das Hormon LH bewirkt in den Hoden die Bildung der männlichen Geschlechtshormone. Sie werden unter dem Namen Androgene zusammengefasst, zu denen auch das Testosteron gehört. Die Androgene bewirken gemeinsam mit dem FSH, dass in den Hoden die männlichen Geschlechtszellen, die Spermien, heranreifen. Zusätzlich lösen sie das Wachstum von Hoden und Penis aus. Die Geschlechtsorgane erlangen ihre volle Funktionsfähigkeit. Nachdem sich die Geschlechtsorgane, die auch als primäre Geschlechtsmerkmale bezeichnet werden,

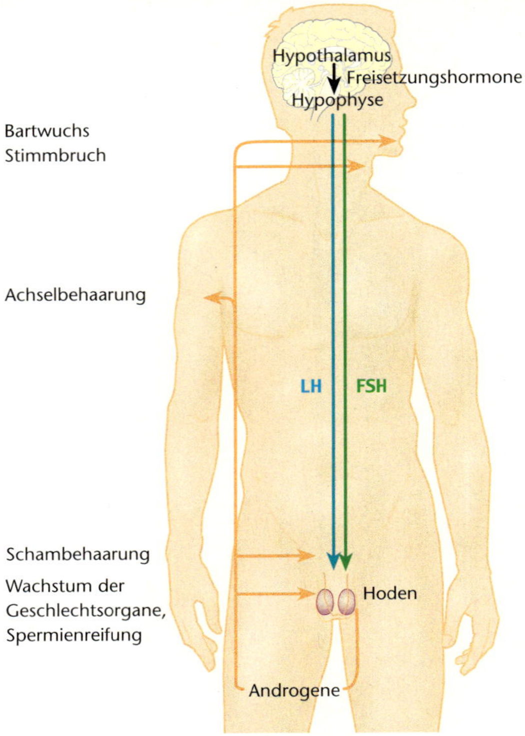

1 *Geschlechtshormone beim Mann*

weiterentwickelt haben, prägen sich auch die sekundären Geschlechtsmerkmale aus. Dies sind bei einem Jungen: Bartwuchs, Achsel-, Scham- und sonstige Körperbehaarung sowie Wachstum des Kehlkopfes, das zum Stimmbruch und schließlich zur tieferen Stimmlage führt.

In den Eierstöcken werden zwei Gruppen von weiblichen Geschlechtshormonen gebildet, die Östrogene und die Gestagene (Abb. 2). Die Abgabe der Hormone erfolgt nach und nach in einem bestimmten zeitlichen Muster. Östrogene entstehen vor allem unter dem Einfluss von FSH, Gestagene unter dem Einfluss von LH. Die Geschlechtshormone bewirken, dass die Eierstöcke wachsen und Eizellen heranreifen. Als sekundäre Geschlechtsmerkmale wachsen die Brustdrüsen, und die Achsel- und Schambehaarung bilden sich aus.

In der Pubertät setzt unter dem Einfluss der Geschlechtshormone bei beiden Geschlechtern ein vermehrtes Längenwachstum ein. Dabei verändern sich auch die Körperformen: Bei vielen Jungen bilden sich breitere Schultern aus. Bei vielen Mädchen prägen sich die Hüften stärker aus.

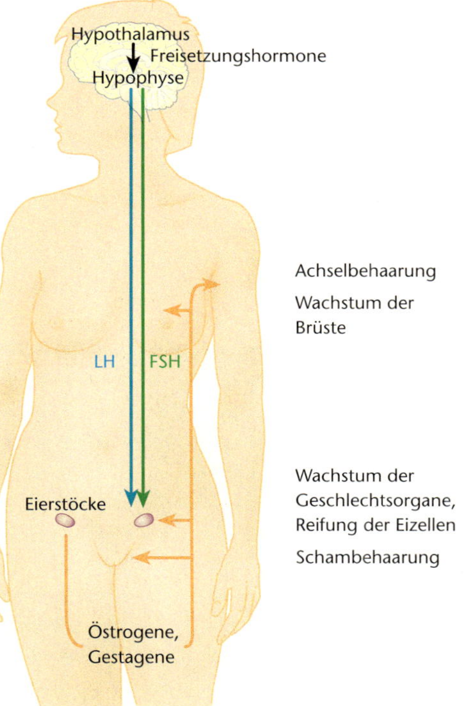

2 *Geschlechtshormone bei der Frau*

1 Hormone. Erstelle eine Tabelle mit den Spaltenüberschriften Hormone, Ausgangsort, Zielort, Wirkung und trage zu den in Abbildung 1 und 2 aufgeführten Hormonen entsprechende Angaben ein.

2 Mitesser und Akne.
a) Beschreibe die Entstehung von Mitessern und Akne mithilfe der Abbildung 3.
b) Leite aus dem Text eine begründete Vermutung ab, warum besonders häufig Jungen von Akne betroffen sind.

3 Erschließungsfelder. Gib mithilfe der Methodenseite „Erschließungsfelder" an, welche Erschließungsfelder auf diese Doppelseite zutreffen.

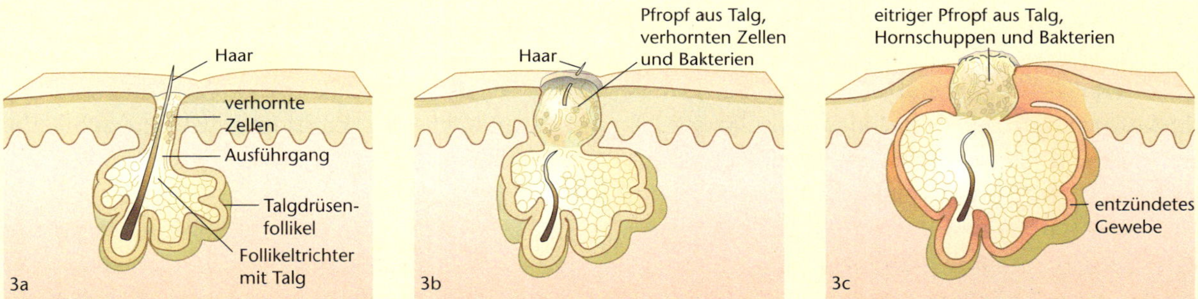

Vor allem Jugendliche in der Pubertät leiden unter Akne: Gerötete, große Pickel bilden sich im Gesicht, im Brust- und oberen Rückenbereich und an den Seiten der Oberarme. Diese Pickel entstehen durch eine Veränderung der Talgdrüsenfollikel (Abb. 3a). Normalerweise sondern die Talgdrüsen Talg in den Follikeltrichter ab. Der Talg schwemmt verhornte Zellen durch den Ausführgang des Follikels aus. Bei Akne kleben die verhornten Zellen zusammen und verstopfen den Ausführgang. Es entsteht ein sogenannter Mitesser – eine Ansammlung von Talg vermischt mit verhornten Zellen (Abb. 3b). Wenn in den Mitesser Bakterien einwandern, kann es zur Entzündung des Talgdrüsenfollikels kommen. Es entstehen oberflächlich mit Eiter gefüllte Bläschen (Abb. 3c). In tieferen Hautschichten können sich sehr schmerzhafte Knoten bilden. Akne entsteht vor allem bei Menschen mit entsprechender genetischer Veranlagung. Werden dann in der Pubertät von den männlichen Keimdrüsen vermehrt Androgene ins Blut abgegeben, regen diese die Talgdrüsen zu einer vermehrten Talgbildung an. Bei Frauen hemmen Östrogene die Entstehung von Akne. Wenn kurz vor der Menstruation der Östrogenspiegel niedrig ist, bilden sich auch bei ihnen vermehrt Pickel. Akne ist nicht ansteckend. Für die Betroffenen ist Akne oft eine große seelische Belastung. In den meisten Fällen kann der Hautarzt oder die Hautärztin helfen.

3 *Entstehung von Akne*

13.2 Geschlechtsreife bei Jungen

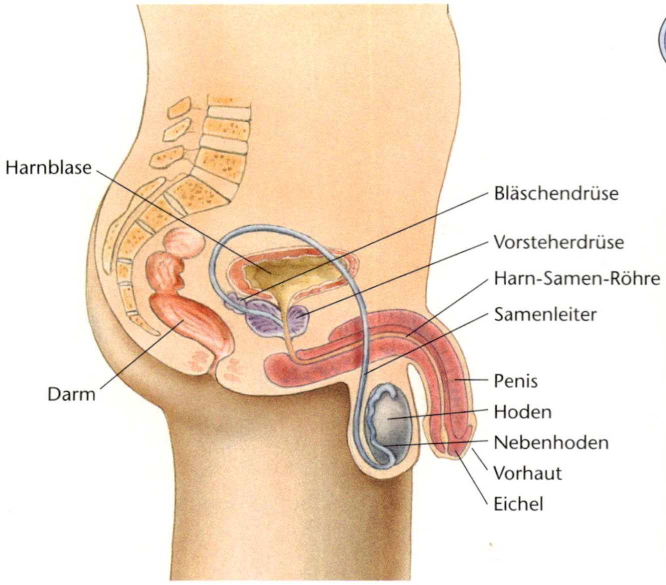

1 *Geschlechtsorgane des Mannes*

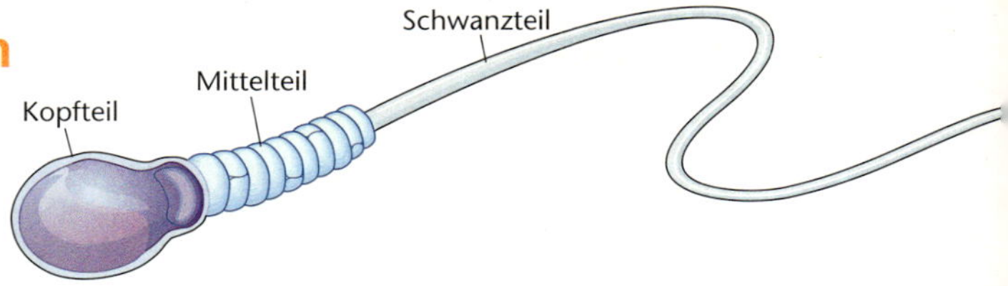

2 *Aufbau eines Spermiums*

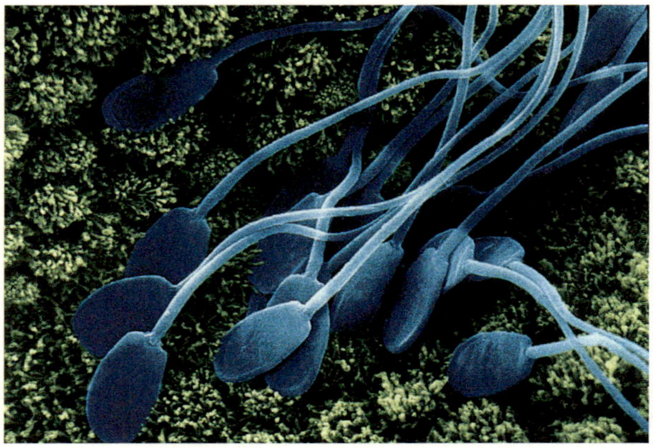

3 *Spermien*

In der Pubertät setzt die Entwicklung der Spermien ein. Spermien werden während des ganzen Lebens eines Mannes gebildet. Das bedeutet, dass ein Mann sein ganzes Leben lang zeugungsfähig ist. Ein Spermium ist etwa 0,06 Millimeter groß und gehört zu den kleinsten Zellen des menschlichen Körpers. Es besteht aus einem Kopfteil, einem Mittelteil und einem Schwanzteil (Abb. 2, 3). Das Kopfteil enthält den Zellkern mit den Chromosomen. Das sind die Träger der Erbinformation. Das Mittelteil liefert die Energie für die Fortbewegung des Spermiums. Durch das Schlagen des Schwanzteils erfolgt die Fortbewegung. Die Spermien werden in den Hoden gebildet. Von dort gelangen sie in die Nebenhoden, in denen sie vollständig ausreifen und gespeichert werden (Abb. 1). Die Spermien bleiben in den Nebenhoden über Wochen befruchtungsfähig und werden dann wieder abgebaut. Bevor es zu einem Samenerguss kommt, werden die Spermien durch die Samenleiter weiterbefördert. Dabei passieren sie die Bläschendrüse und die Vorsteherdrüse, die Prostata. Dort werden sie jeweils mit einem Sekret angereichert. Sekrete und Spermien bilden zusammen das Sperma. Im Bereich der Vorsteherdrüse vereinigen sich die beiden Samenleiter mit der Harnröhre zur Harn-Samen-Röhre, die umgeben von Schwellkörpern durch den Penis führt. Bei sexueller Erregung sind diese Schwellkörper stark mit Blut gefüllt, was zu einer Versteifung (Erektion) des Penis führt. Beim Samenerguss wird das Sperma herausgeschleudert. Die damit verbundene gefühlsmäßige starke Erregung ist der Orgasmus. Bei Frauen ist für das sexuelle Erleben bis hin zum Orgasmus die Stimulation der Klitoris wichtig.

Die erlangte Geschlechtsreife macht es notwendig zu lernen, mit der eigenen Sexualität angemessen umzugehen. Dazu gehört, dass die eigenen sexuellen Bedürfnisse nur so weit ausgelebt werden, dass die Bedürfnisse anderer dabei nicht missachtet werden. Hierbei ist auch Verhütung wichtig, insbesondere die richtige Benutzung eines Kondoms. Es schützt bei sachgemäßer Anwendung nicht nur vor einer Schwangerschaft sondern auch vor einer HIV-Infektion. In einer sexuellen Beziehung übernehmen beide Partner gemeinsam die Verantwortung sowohl für die Verhütung als auch für eine mögliche Schwangerschaft.

Rating-Skala

In Meinungsumfragen werden häufig Rating-Skalen eingesetzt, da sie sehr vielseitig und einfach zu handhaben sind. Bei diesem Verfahren werden die Befragten aufgefordert, ihre Haltung zu einer bestimmten Fragestellung in einer abgestuften Skala grafisch einzuschätzen. Diese Rating-Skalen geben durch Zahlen und/oder Formulierungen Abstufungen vor, die die Entscheidungen der Befragten erleichtern (Abb. 1). Im Gegensatz zu reinen Ja/Nein-Entscheidungen (Abb. 2) werden sie dem Empfinden der befragten Personen häufig eher gerecht und können so detailliertere Ergebnisse liefern. Es werden bei Rating-Skalen in der Regel 5 bis 7 Abstufungen als Antwortmöglichkeiten vorgegeben.
Beispielfrage:
Sind folgende Eigenschaften deiner Einschätzung nach typisch männlich?

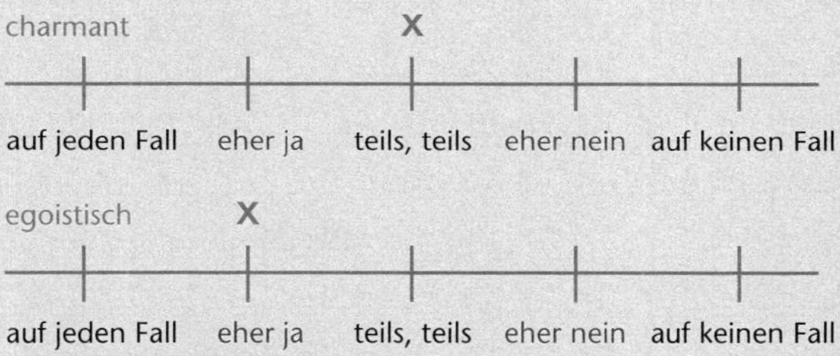

1 *Rating-Skala*

Eigenschaften	Ja	Nein
charmant	x	
egoistisch		x
…		

2 *Ja/Nein-Befragung*

1 Eine Befragung durchführen. Welche Eigenschaften sind deiner Meinung nach typisch männlich?
Antwortmöglichkeiten: charmant, egoistisch, einfühlsam, eitel, gefühlskalt, geizig, großspurig, humorvoll, hysterisch, mutig, natürlich, nörgelig, sentimental, stur, unpünktlich, untreu, unvernünftig, verschwendungssüchtig, wehleidig, zärtlich, zuverlässig.
a) Führe die Befragung nach dem Ja/Nein-Prinzip durch.
b) Führe die gleiche Befragung nach dem Rating-Prinzip durch. Wähle folgende Skala:

4 – auf jeden Fall
3 – eher ja
2 – teils, teils
1 – eher nein
0 – auf keinen Fall.

Vergleiche dein Ergebnis mit dem deiner Mitschüler und Mitschülerinnen. Gibt es Unterschiede zwischen den Ergebnissen von Jungen und Mädchen?
c) Stelle das Ergebnis deiner Befragung grafisch dar. Für die Ja/Nein-Befragung eignet sich ein Säulendiagramm. Überlege, wie du die Ergebnisse der Rating-Befragung sinnvoll darstellen kannst.

2 Männliche Geschlechtsorgane. Beschreibe die Stationen von der Entstehung von Spermien bis zu ihrem Abbau bzw. Verlassen des Körpers.

3 Samen oder Spermien? Pflanzen bilden Samen, aus denen neue Pflanzen heranwachsen können. Begründe, warum man heute den Begriff „Samen“ für die männlichen Spermien ablehnt.

4 Spermien und Temperatur. Spermien sind während der Reifephase sehr temperaturempfindlich. Sie benötigen eine Temperatur von 34 °C – 35 °C. Erläutere den Zusammenhang zwischen der Temperatur und der Lage der männlichen Geschlechtsorgane.

13.3 Geschlechtsreife bei Mädchen

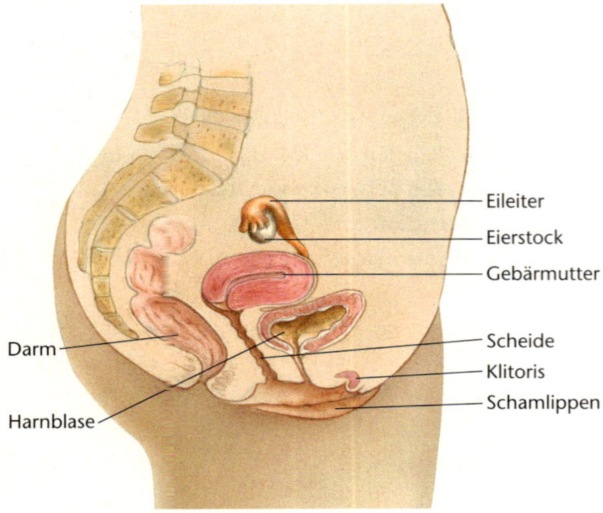

1 *Geschlechtsorgane der Frau*

Mit Beginn der Pubertät reifen in den Eierstöcken unter dem Einfluss des follikelstimulierenden Hormons (FSH) in Abständen von etwa 28 Tagen Follikel heran (Abb. 2). In jedem Zyklus reift in der Regel nur ein Follikel aus. Im Leben einer Frau sind das insgesamt etwa 450 Follikel. Ein Follikel hat eine kugelige Form und ist durch Zellschichten abgegrenzt. Die innen liegenden Granulosazellen haben zwei Funktionen: Ihre Zellen bilden weibliche Geschlechtshormone und sie betten eine Eizelle ein. Während der Follikelreifung bildet sich im Inneren eine Follikelhöhle aus. Sie ist mit Flüssigkeit gefüllt und vergrößert sich zunehmend. Im ausgereiften Follikel liegt die Eizelle schließlich an dessen Rand. Ein reifer Follikel kann im Durchmesser bis zu zwei Zentimeter groß sein. Die in ihm liegende Eizelle gehört mit 0,2 Millimeter Durchmesser zu den größten Zellen des menschlichen Körpers (Abb. 4). Sie besteht aus dem Zellkern, in dem sich die Chromosomen, die Träger der Erbinformation, befinden. Ein weiterer Bestandteil der Eizelle ist der Dotter, der viele Nährstoffe enthält. Der reife Follikel gelangt an die Oberfläche des Eierstocks. Dort kommt es zum Eisprung: Der Follikel platzt auf, die Eizelle wird mit der Follikelflüssigkeit ausgeschwemmt und vom Trichter des nahe gelegenen Eileiters aufgenommen (Abb. 2). Die Eileiter sind mit einer Schleimhaut ausgekleidet, die mit Flimmerhärchen besetzt ist. Deren Bewegung führt dazu, dass ein Flüssigkeitsstrom entsteht, mit dem die Eizelle in Richtung Gebärmutter bewegt wird.

Eine Eizelle ist nach dem Eisprung nur wenige Stunden befruchtungsfähig. Sie befindet sich in diesem Zeitraum im oberen Teil des Eileiters. Damit sie befruchtet werden kann, müssen Spermien bis dorthin gelangen. Eine befruchtete Eizelle kann sich in die Gebärmutterschleimhaut einnisten, eine unbefruchtete Eizelle wird abgebaut.

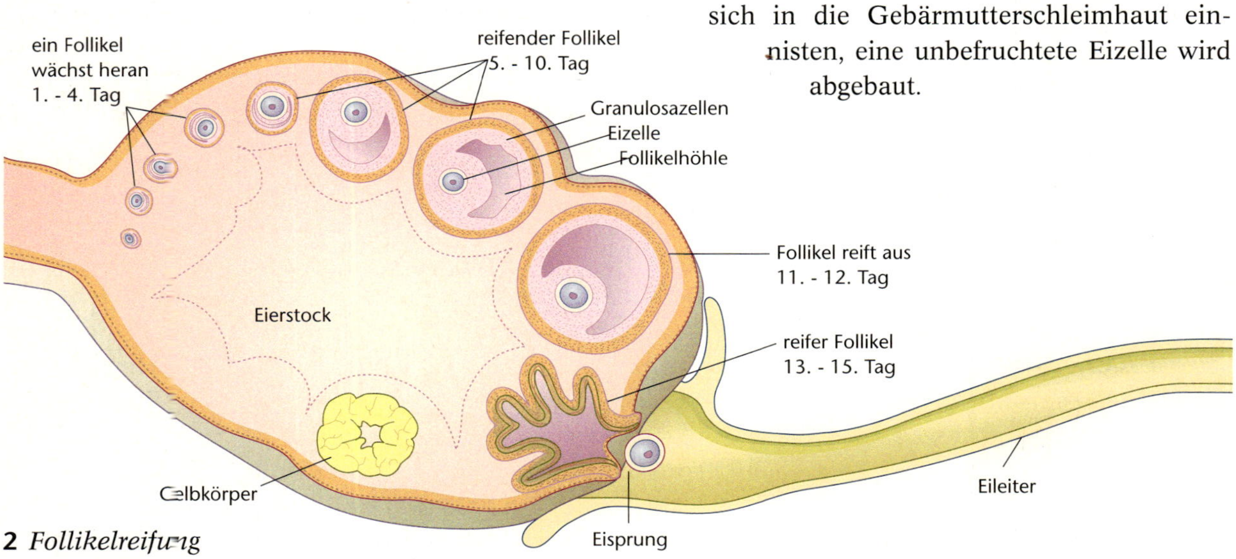

2 *Follikelreifung*

Follikel (Ø in µm)	Anzahl der Granulosazellen
40	wenig
130	4 000
210	15 000
400	74 000
950	374 000
2 000	1 870 000
5 000	9 400 000
10 000	47 000 000
16 000	60 000 000
20 000	

3 *Follikelentwicklung*

4 *Eizelle mit Spermium*

1 Follikelreifung. Beschreibe mithilfe von Abbildung 2 die Stadien im Verlauf der Follikelreifung.

2 Follikelentwicklung.
a) Erstelle ein Kurvendiagramm, indem du auf der x-Achse den Follikeldurchmesser (1 cm ≙ 1000 µm) und auf der y-Achse die Anzahl der Granulosazellen (1 cm ≙ 10 Millionen) aufträgst (Abb. 3). Beschreibe den Verlauf der Kurve.
b) In den Granulosazellen werden Östrogene gebildet. Welche Aussagen kannst du zur Östrogenmenge im Verlauf der Follikelreifung machen?

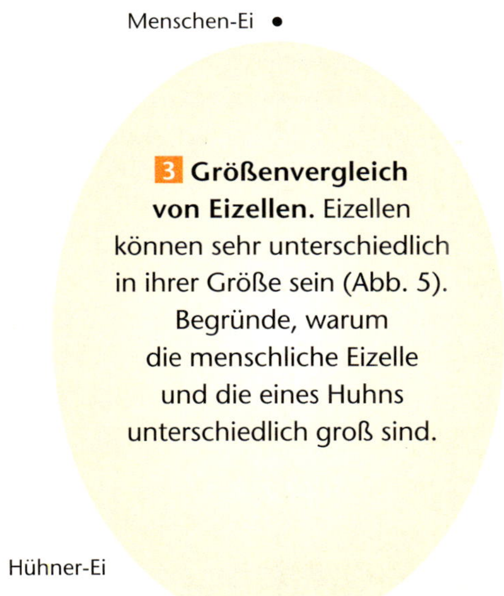

3 Größenvergleich von Eizellen. Eizellen können sehr unterschiedlich in ihrer Größe sein (Abb. 5). Begründe, warum die menschliche Eizelle und die eines Huhns unterschiedlich groß sind.

5 *Eizellen im Größenvergleich*

4 Suche Partner/Partnerin. Gib für jede Bekanntschaftsanzeige aus Abbildung 6 an, ob sie von einem Mann oder einer Frau stammt. Begründe deine Zuordnung.

Bin 23, 174, blond, mag verrückte Ideen, schätze gute Gespräche, große und kleine Kunst, Kneipen, mitreißende Kinofilme u. Theaterstücke. Suche lebendiges, unternehmungslustiges „Gegenstück". Bin begeisterungsfähig, auch gern sportlich u. mag die Natur. Schreib trotz aller Wenn und Aber! Chiffre ...

Ich, 23, suche gefühlsbetontes, aber auch energisches „Gegenstück" zum Verlieben. Du solltest an einer echten Beziehung und an mir interessiert sein und trotzdem du selbst sein. Eher flippig als durchschnittlich, selbstbewusst und offen. Ich bin ein bisschen kompliziert, mag Musik, über alles reden und suche noch nach meinem Weg. Bild wäre toll. Chiffre ...

Ich, 22, Zwilling, suche nervenstarkes „Gegenstück", mit dem man lachen, reden, träumen und weggehen kann, das weiß, dass das Wir auch aus zwei Ichs besteht. Chiffre ...

Ich, 22/176, schlank, sportlich, attraktiv, mag die Natur, Bücher, Skifahren, Musik von Klassik bis Liedermacher, gemütliche Kneipen, Zärtlichkeit und vieles mehr. Suche passendes „Gegenstück"!
Bitte Brief mit Bild. Chiffre ...

6 *Bekanntschaftsanzeigen*

13.4 Hormonelle Regelung des weiblichen Zyklus

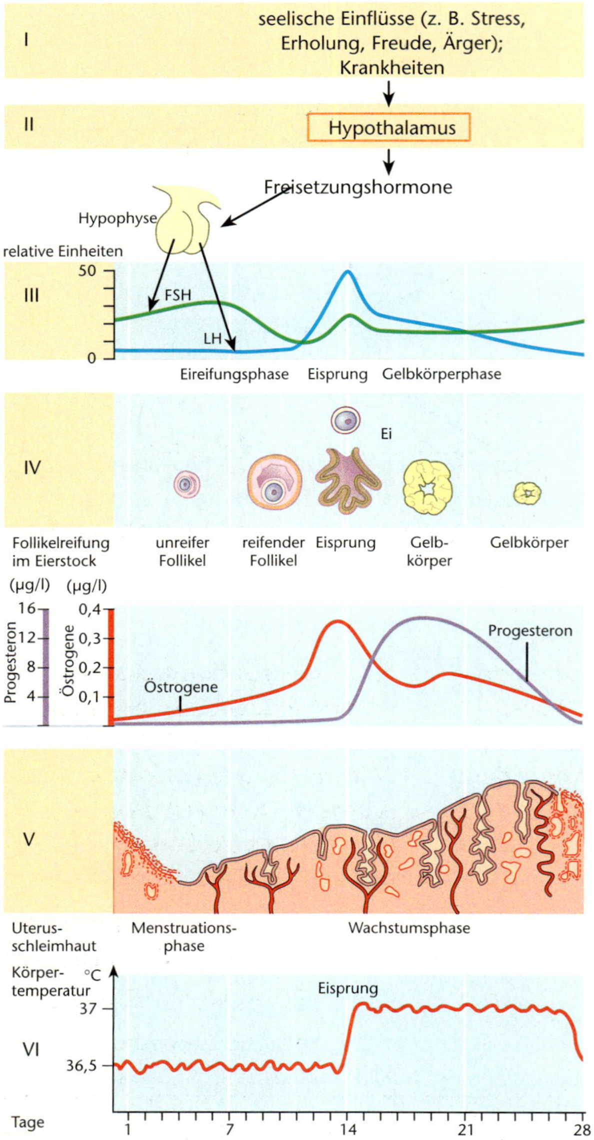

1 *Hormonelle Regulation des weiblichen Zyklus*

Geschlechtsreife bei einem Mädchen oder einer Frau bedeutet, dass in den Eierstöcken in durchschnittlich 28-tägiger Abfolge jeweils eine befruchtungsfähige Eizelle heranreift. Diese zyklischen Vorgänge werden durch Hormone verschiedener Hormondrüsen gesteuert. Aber auch äußere Einflüsse wie Stress oder Krankheiten haben Einfluss auf die Hormonproduktion (Abb. 1, I). Der erste Tag der Regelblutung wird als erster Tag des Zyklus gezählt.

Vom Hypothalamus, einem Teil des Zwischenhirns, wird die zeitliche Abfolge der Vorgänge vorgegeben (Abb. 1, II). Vom Hypothalamus gelangen Freisetzungshormone in die nur wenige Zentimeter entfernte Hypophyse (Hirnanhangsdrüse, Abb. 1, III). Dort beeinflussen sie die Freisetzung von Hormonen aus der Hypophyse. Das Follikel stimulierende Hormon (FSH) bewirkt, dass innerhalb der ersten 14 Tage des Zyklus eine Eizelle im Follikel heranreift (Abb. 1, IV). Für die vollständige Reifung ist das luteinisierende Hormon (LH) notwendig. Wenn es in einer bestimmten Konzentration im Blut vorliegt, platzt der reife Follikel und gibt die Eizelle frei (Abb. 1, IV). Man spricht von Eisprung oder Ovulation. Die Eizelle gelangt in den Eileiter und ist nun einige Stunden befruchtungsfähig. Aus dem Follikel entsteht der so genannte Gelbkörper.

Der heranreifende Follikel und der Gelbkörper bilden auch Hormone (Abb. 1, IV). In der ersten Hälfte des Zyklus werden zunehmend Östrogene freigesetzt, in der zweiten Hälfte zusätzlich Gestagene, vor allem Progesteron. Östrogene und Gestagene wirken auf die Schleimhaut der Gebärmutter (Abb. 1, V). Unter ihrem Einfluss wird die Gebärmutterschleimhaut nach der Menstruation um etwa sechs Millimeter dicker. Die Gebärmutterschleimhaut ist darauf vorbereitet, dass sich nach der Befruchtung der Eizelle der Embryo einnisten kann. Kommt es nicht zu einer Befruchtung, entwickelt sich der Gelbkörper zurück und stellt seine Hormonproduktion ein. In der Folge kommt es zur Menstruation. Östrogene und Gestagene haben Rückwirkungen auf Hypothalamus und Hypophyse. Östrogene hemmen die Freisetzung von FSH. Deshalb reift gewöhnlich nur eine Eizelle in einem Zyklus heran. Östrogene fördern die LH-Freisetzung, sodass es zum Eisprung kommt. Progesteron hemmt die LH-Freisetzung. Das hat zur Folge, dass sich der Gelbkörper zurückbildet.

Auch die Körpertemperatur verändert sich während des Zyklus (Abb. 1, VI). Ein bis zwei Tage nach dem Eisprung steigt die Temperatur.

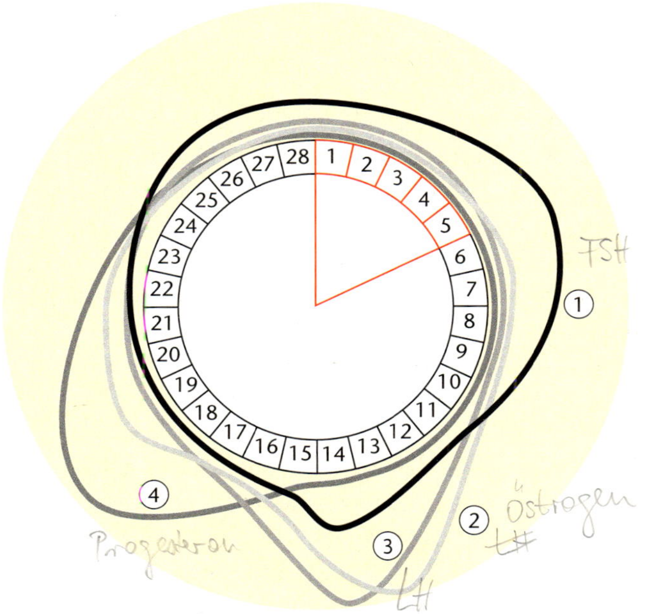

2 *Hormonelle Regulation des weiblichen Zyklus in Kreisdarstellung*

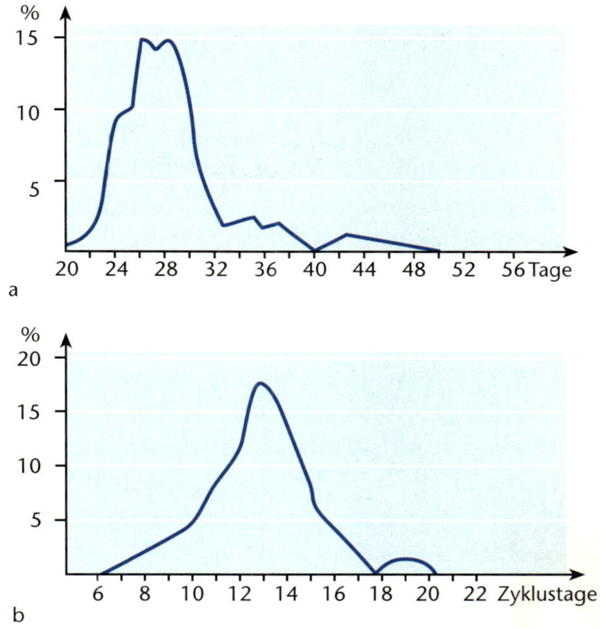

3 *Verteilung der Häufigkeit von a) Zykluslänge und b) Tag des Eisprungs bei geschlechtsreifen Frauen*

1 Weiblicher Zyklus. Beschreibe mithilfe der Grundwissenseite und der Abbildung 1 den Zyklus für die Tage 1, 5, 10, 15, 20, 25.

2 Hormonelle Regulation des weiblichen Zyklus. Ordne den verschiedenen Kurven in Abbildung 2 je ein Hormon zu. Begründe deine Zuordnungen.

3 Häufigkeitsverteilungen. Werte die Abbildung 3 aus. Was ist dargestellt? Welche Aussagen lassen sich der Abbildung entnehmen?

4 Menstruationskalender mit dem Computer erstellen. In Abbildung 4 findest du eine Vorlage für einen Menstruationskalender. Du kannst dir einen Menstruationskalender am PC erstellen.

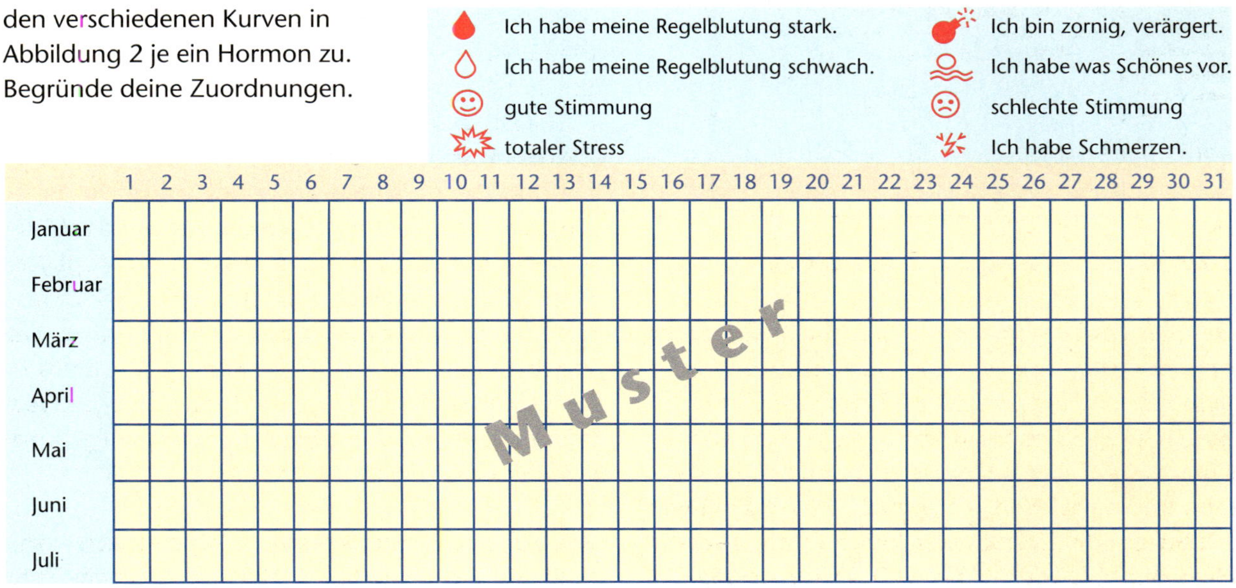

4 *So könnte ein Menstruationskalender aussehen*

13.5 Befruchtung und Einnistung

1 Bis etwa sechs Stunden nach dem Eisprung können Spermien die Eizelle befruchten. Sobald der Kopfteil eines Spermiums in die Eizelle eingedrungen ist, verändert sich die Oberfläche der Eizelle so, dass keine weiteren Spermien eindringen können. Bei der Befruchtung verschmelzen die Kerne von Eizelle und Spermium.

2 Etwa 30 Stunden nach der Befruchtung teilt sich der Embryo in zwei identische Tochterzellen. Es folgen mehrere Teilungen, aus denen jeweils kleinere, aber identische Zellen hervorgehen. Bis zum 8-Zellen-Stadium, das etwa 60 Stunden nach der Befruchtung vorliegt, könnte aus jeder Zelle ein neuer Mensch entstehen.

3 Etwa drei Tage nach der Befruchtung erreicht der Embryo die Gebärmutter. In diesem Stadium wird er als Blasenkeim bezeichnet. Es haben viele Zellteilungen stattgefunden. Einige Zellen haben eine äußere Hülle gebildet und ernähren den Embryo. An diese Hüllzellen haben sich von innen her Zellen angelegt, aus denen sich der Embryo entwickelt. Außerdem entsteht bei den Zellumlagerungen eine mit Flüssigkeit gefüllte Höhle, die zu der Bezeichnung Blasenkeim geführt hat.

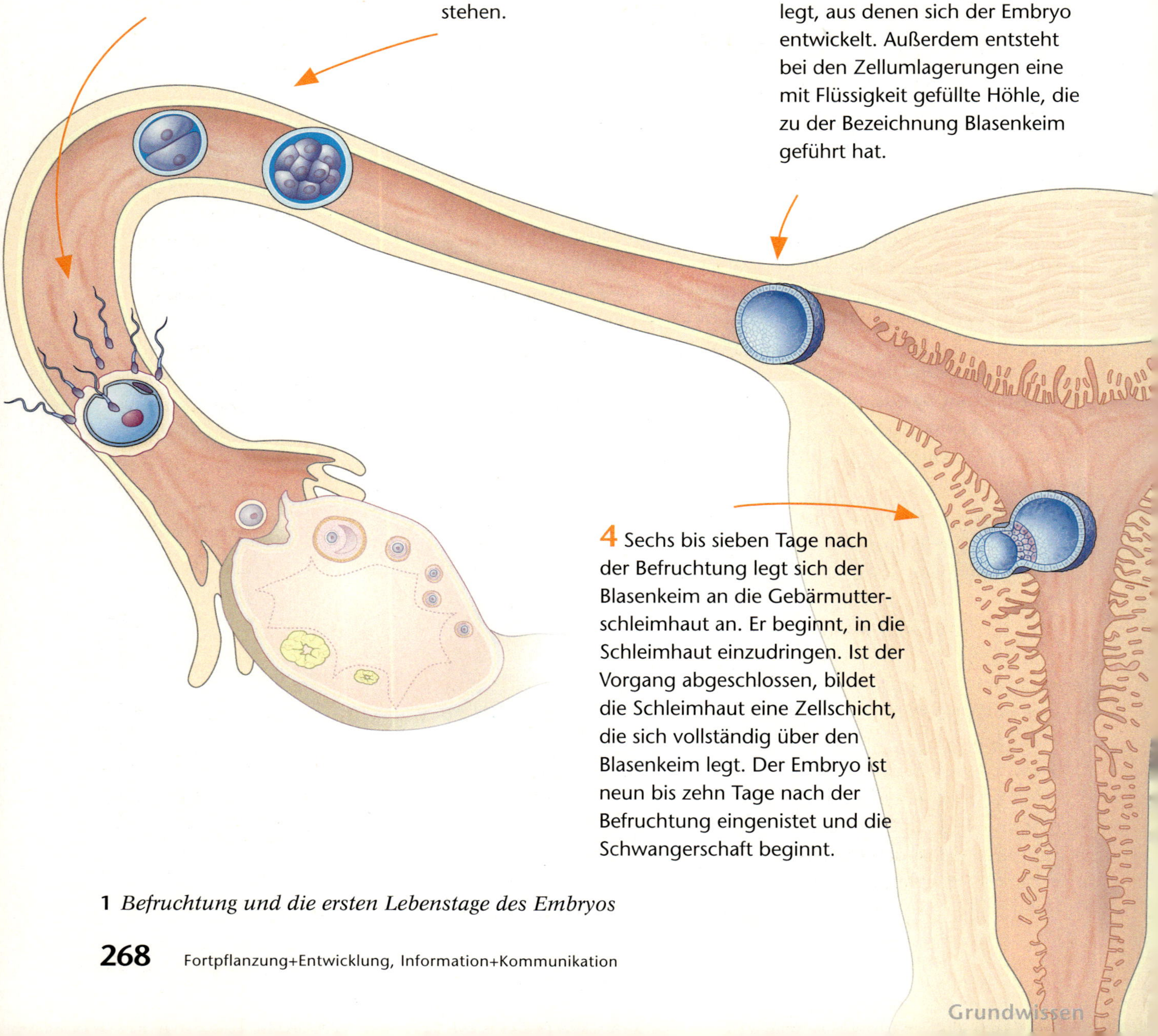

4 Sechs bis sieben Tage nach der Befruchtung legt sich der Blasenkeim an die Gebärmutterschleimhaut an. Er beginnt, in die Schleimhaut einzudringen. Ist der Vorgang abgeschlossen, bildet die Schleimhaut eine Zellschicht, die sich vollständig über den Blasenkeim legt. Der Embryo ist neun bis zehn Tage nach der Befruchtung eingenistet und die Schwangerschaft beginnt.

1 *Befruchtung und die ersten Lebenstage des Embryos*

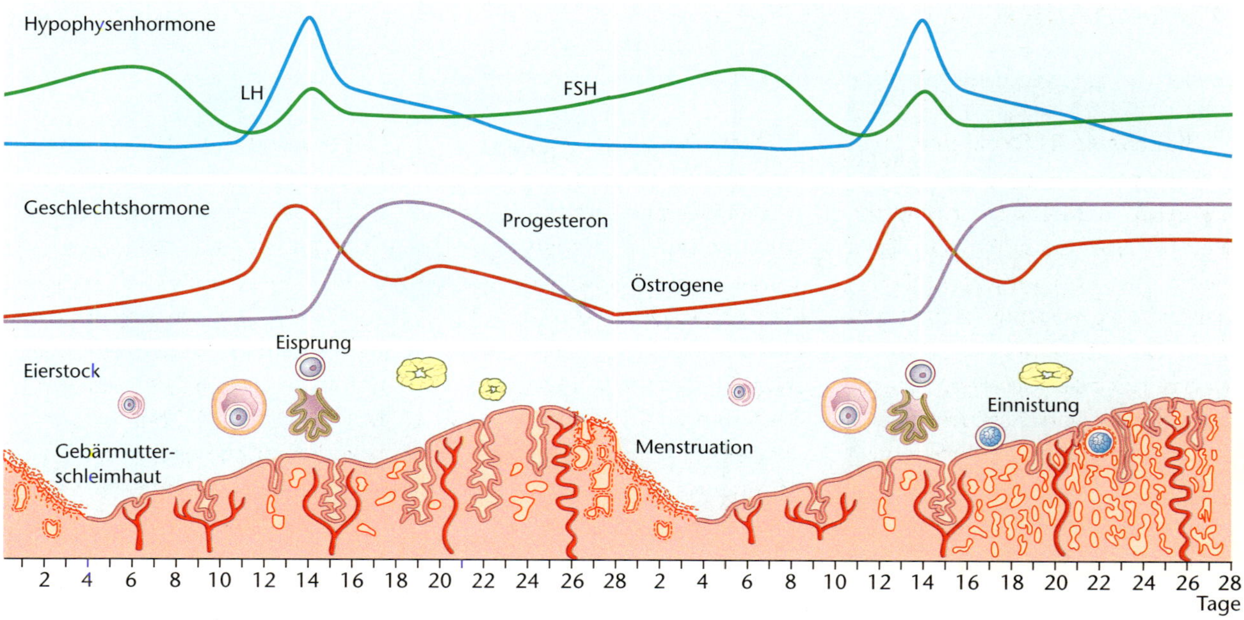

2 *Veränderungen in der Schwangerschaft im Vergleich zum normalen Zyklus*

1 Vom Eisprung zur Einnistung. Zeichne eine Zeitachse und trage darin möglichst genau den Ort und die Vorgänge ein, die in der Zeitspanne vom Eisprung bis zur Einnistung des Embryos geschehen.

2 Beispiele für Veränderungen in der Schwangerschaft. Beschreibe anhand der Abbildung 2 die Veränderungen, die mit der Einnistung des Embryos einhergehen. Vergleiche mit dem normalen Zyklusverlauf.

3 Das Schwangerschaftshormon HCG. Sobald der Embryo eingenistet ist, bilden seine Hüllzellen ein Hormon mit dem Namen humanes Choriongonadotropin, HCG. HCG bewirkt, dass der Gelbkörper erhalten bleibt und weiterhin Hormone bildet. HCG wird in den mütterlichen Blutkreislauf abgegeben. Ein wenig gelangt auch in den Urin der Mutter. Später in der Schwangerschaft bildet die Plazenta selbst Progesteron und Östrogene.

a) Begründe, warum der Nachweis von HCG im Urin als Schwangerschafts-Nachweis dient.

b) Erkläre, welche Bedeutung die hohen Progesteron- und Östrogengehalte während der Schwangerschaft haben.

c) Begründe, warum während einer Schwangerschaft keine weiteren Eizellen heranreifen.

4 Zwillinge. Beschreibe anhand der Abbildung 3 die Entstehung eineiiger und zweieiiger Zwillinge.

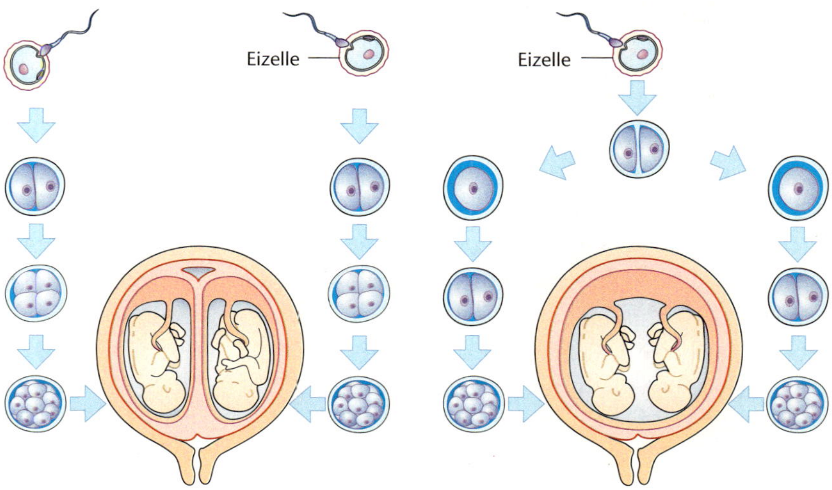

3 *Unterschiedliche Entstehung von Zwillingen*

13.6 Die Plazenta

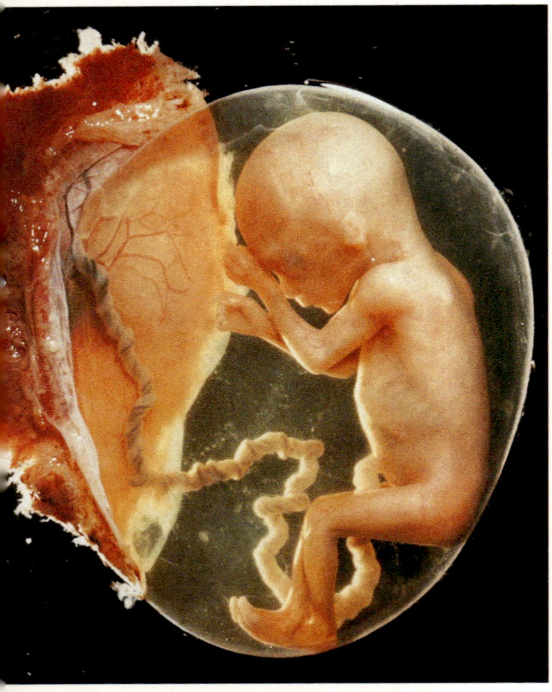

1 *Fetus mit Plazenta*

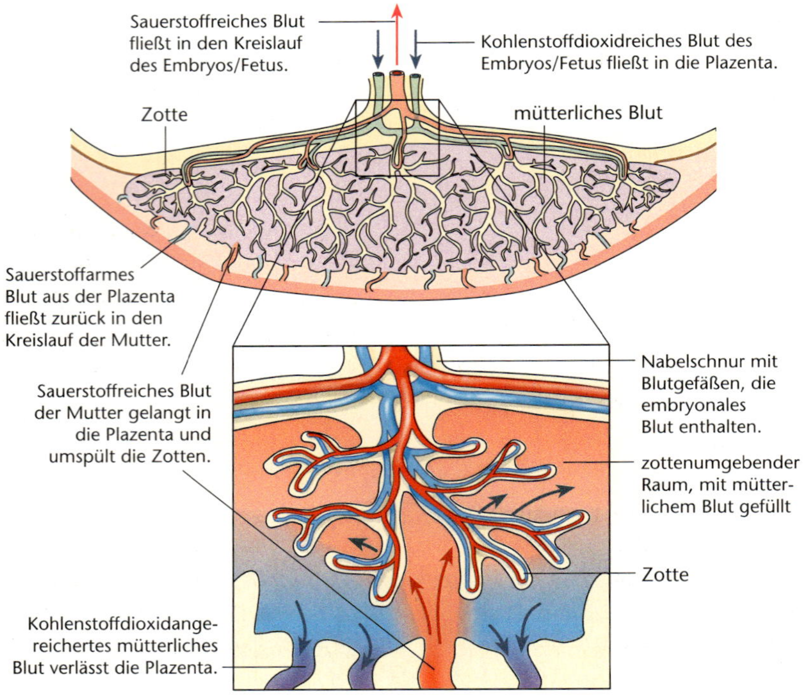

2 *Aufbau der Plazenta*

Der in der Gebärmutter eingenistete Blasenkeim bildet mit seinen äußeren Zellen kleine Fortsätze aus. Diese werden Zotten genannt. Die Zotten wachsen in die Gebärmutterschleimhaut ein und verzweigen sich stark. Die starken Verzweigungen und der von ihnen durchdrungene Bereich der Gebärmutterschleimhaut bilden zusammen die **Plazenta** (Abb. 1, 2). Der Embryo, der nach zehn Wochen Schwangerschaft Fetus genannt wird, ist über die Nabelschnur mit der Plazenta verbunden. Sein Herz pumpt pro Minute fast sein gesamtes Blutvolumen einmal durch die Plazenta. Dabei fließt sein kohlenstoffdioxidreiches Blut durch die Nabelschnur und gelangt in die Blutgefäße der Zotten. Die Zotten werden vom mütterlichen Blut umspült. Hier nimmt das Blut des Embryos Sauerstoff auf und gibt Kohlenstoffdioxid ab und fließt durch die Nabelschnur zurück zum Embryo. Dabei kommt es nicht zur Durchmischung des embryonalen mit dem mütterlichen Blut. Die Membran der Zotten ist auch für andere im Blut gelöste Stoffe durchlässig. Vom mütterlichen Blut gelangen Wasser, Vitamine, Fette und Eiweiße ins embryonale Blut. Das bedeutet, dass der Embryo über die Plazenta ernährt wird. In umgekehrter Richtung gelangen Wasser, Harnstoff und andere Stoffwechselprodukte aus dem Blut des Embryos in das mütterliche Blut.

Bestimmte schädliche Stoffe im mütterlichen Blut können die Plazenta passieren und somit in den Blutkreislauf des Embryos gelangen. Dazu gehören Viren. Zum Beispiel stören Rötelnviren zwischen dem 21. und 40. Tag nach der Befruchtung die Entwicklung von Herz und Gehirn des Embryos. Alkohol kann zu schwerwiegenden Fehlbildungen führen. Insbesondere kann das Gehirn des heranwachsenden Menschen dauerhaft geschädigt werden. Nikotin bewirkt, dass sich die Gefäße der Plazenta verengen. Die daraus folgende eingeschränkte Blutversorgung des Embryos kann zu einem deutlich geringeren Geburtsgewicht führen.

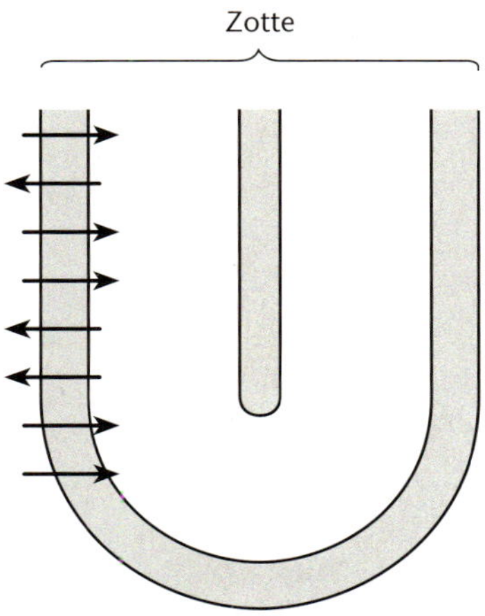

3 *Austauschvorgänge in der Plazenta*

1 Weg des Blutes. Kohlenstoffdioxidreiches Blut verlässt den Embryo und gelangt in die Nabelschnur. Beschreibe mithilfe der Abbildung 2 den weiteren Weg des embryonalen Blutes und die Vorgänge in den Zotten.

2 Plazenta. Übertrage die Abbildung 3 vergrößert in dein Heft und beschrifte sie mithilfe des Grundwissentextes.

3 Alkohol in der Schwangerschaft. Formuliere eine oder mehrere Schlagzeilen, die vor der Gefahr von Alkoholkonsum in der Schwangerschaft warnen (Abb. 4).

4 *Alkohol? Nein danke!*

4 Contergan früher – heute.
a) Werte das Diagramm in Abbildung 5 aus. Inwiefern stützen die Daten die Annahme, dass Thalidomid Grund für die Fehlbildungen war?
b) Erläutere, welche generelle Problematik bei der Einnahme von Medikamenten in der Schwangerschaft am Beispiel „Contergan" deutlich wird.

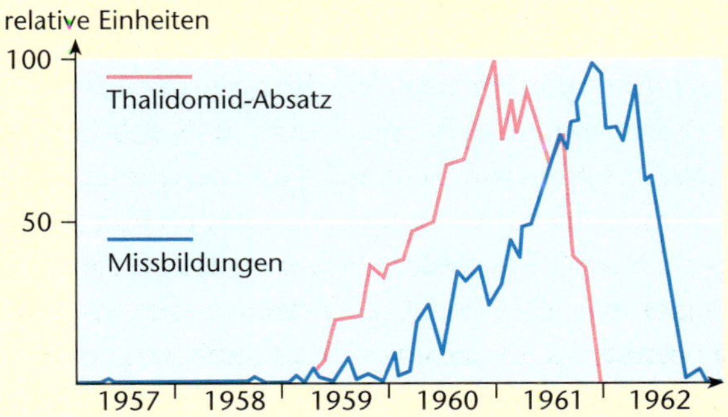

Im Oktober 1957 kam das Medikament „Contergan", ein Beruhigungs- und Schlafmittel, in den Handel. Es galt als besonders wirksam und gut verträglich. In den Jahren 1958 bis 1961 wurden allein in Deutschland etwa 4000 Kinder geboren, die besonders durch Fehlbildungen an Armen und Beinen auffielen, die aber häufig auch an Fehlbildungen der Ohren und inneren Organe litten. Der Verdacht kam auf, dass „Contergan" für die Fehlbildungen bei den Kindern verantwortlich war. Im November 1961 wurde „Contergan" aufgrund massiven Drucks durch die Presse und Öffentlichkeit vom Markt genommen.
Der Wirkstoff von „Contergan" heißt Thalidomid. Thalidomid gelangt ins Blut des Embryos und führt zu den beschriebenen Fehlbildungen. Thalidomid ist heute wieder ein Thema:
Zwischenzeitliche Untersuchungen haben gezeigt, dass Thalidomid eine stark entzündungshemmende Wirkung hat. Daher wird dieses Medikament in Deutschland zum Beispiel bei schmerzhaften Geschwüren und Krebserkrankungen eingesetzt. Thalidomid wird in Deutschland kostenlos abgegeben, aber nur an den behandelnden Arzt, der die Verwendung schriftlich begründen muss.

5 *Informationen zu Contergan*

13.7 Schwangerschaft und Geburt

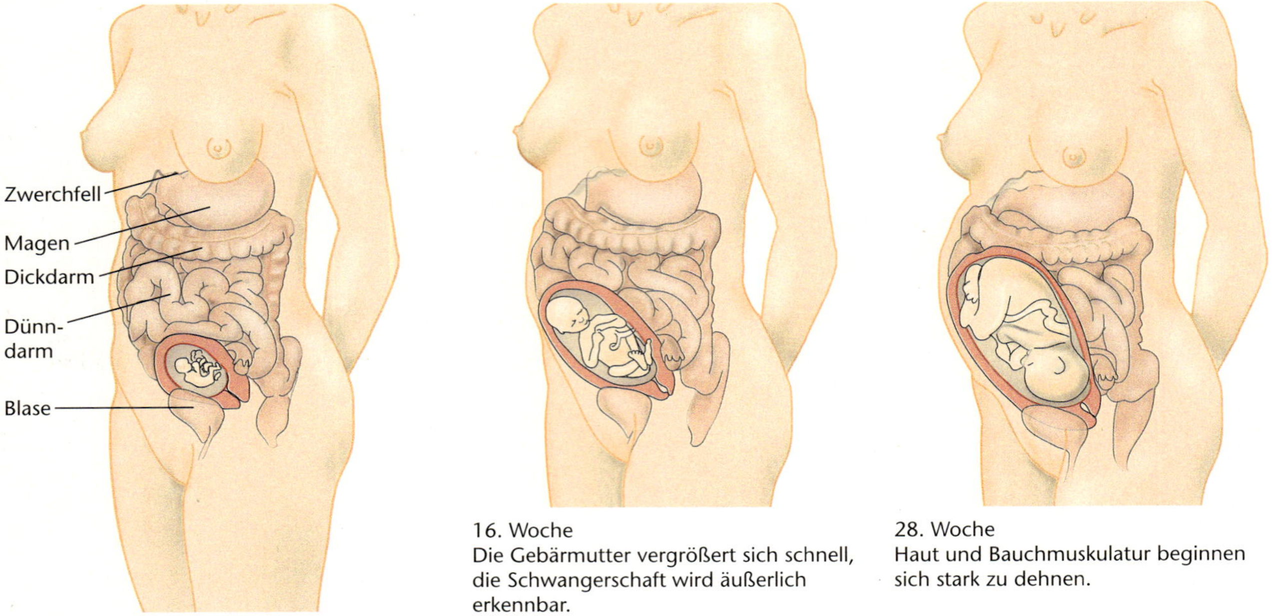

1 *Veränderungen während der Schwangerschaft*

Eine Schwangerschaft dauert im Durchschnitt 270 Tage oder etwa neun Monate. Der **Embryo** ist in der Gebärmutter von Fruchtwasser und Fruchtblase umgeben. Er ist am Anfang des zweiten Entwicklungsmonats etwa einen Zentimeter, am Ende des zweiten Monats bereits vier Zentimeter groß. Zu diesem Zeitpunkt sind an den Gliedmaßen Finger und Zehen zu erkennen. Am Ende des dritten Monats sind alle Organe angelegt. Damit ist die Embryonalzeit abgeschlossen und man spricht vom **Fetus.** Der Fetus ist nun neun Zentimeter groß. In der Fetalzeit wachsen und reifen die angelegten Organe. Obwohl der Fetus schon einige Wochen den Kopf drehen und Arme und Beine bewegen kann, spürt seine Mutter die Bewegungen erstmals etwa im vierten Monat. Das Gehör des Fetus ist so entwickelt, dass er Geräusche aus der Außenwelt wahrnehmen kann. Ab dem siebten Schwangerschaftsmonat sind die Organe ausgebildet, auch wenn sie ihre volle Funktionsfähigkeit erst mit der Geburt erlangen. In den letzten Monaten bis zur Geburt wächst der Fetus erheblich und nimmt stark an Gewicht zu. Etwa in der 34. Woche dreht sich der Fetus meistens mit dem Kopf in Richtung Gebärmutterausgang und verbleibt so bis zur Geburt.

In der fortschreitenden Schwangerschaft verändern sich die hormonellen Verhältnisse bei der Frau. So bewirken die vermehrt gebildeten Östrogene, dass die Hypophyse angeregt wird, das Hormon Prolactin auszuschütten. Unter dem Einfluss der weiblichen Geschlechtshormone sowie des Prolactins wachsen die Brustdrüsen. Am Ende der Schwangerschaft führt der Einfluss weiterer Hormone dazu, dass sich die Gebärmutter in immer kürzer werdenden Abständen stark zusammenzieht. Durch diese so genannten Wehen wird der Fetus mit dem Kopf voran gegen den Gebärmutterhals gedrückt. Dieser weitet sich, die Fruchtblase platzt und das Fruchtwasser fließt ab. Die anschließenden Wehen pressen den Fetus durch die Scheide aus dem mütterlichen Körper. Zwei bis drei Minuten nach der Geburt fließt kein Blut mehr durch die Nabelschnurgefäße, und die Nabelschnur kann durchtrennt werden. Etwa eine halbe Stunde nach der Geburt wird die Plazenta abgestoßen und zusammen mit einem Teil der Nabelschnur als so genannte Nachgeburt ausgeschieden.

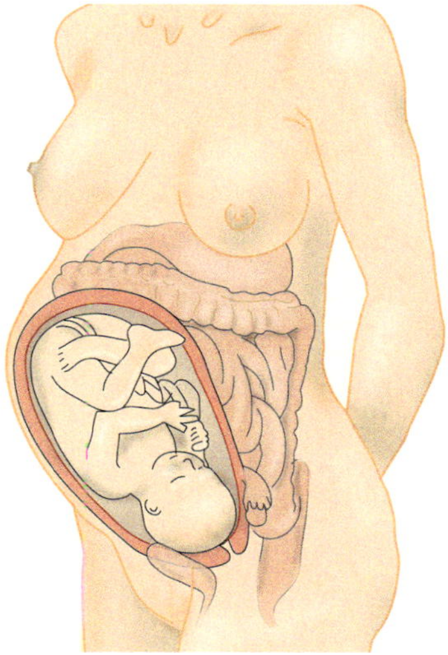

36. Woche
Die Gebärmutter drückt Darm und Zwerchfell nach oben.

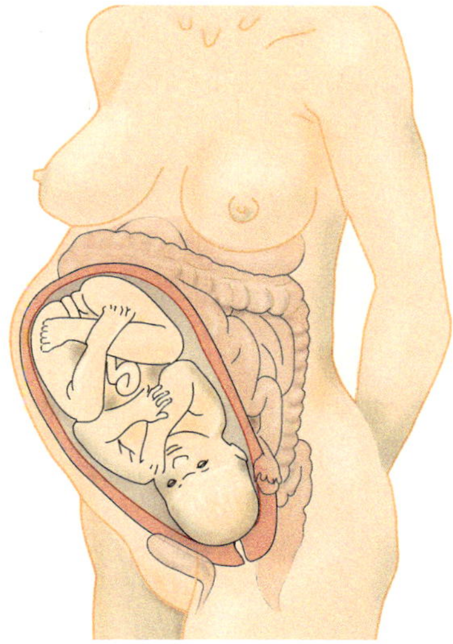

40. Woche
Der Kopf des Babys rutscht tiefer ins Becken.

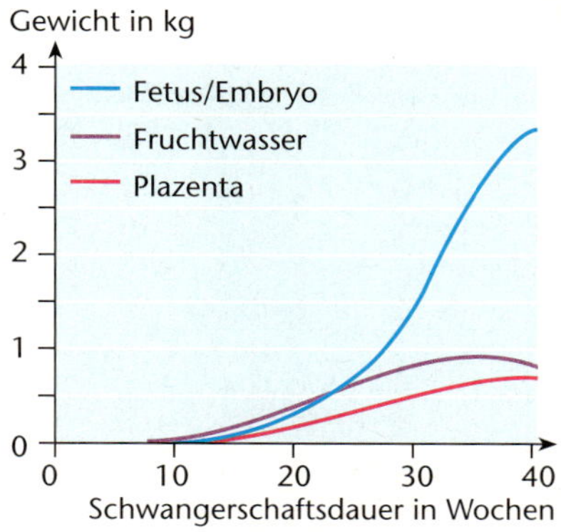

2 *Gewichtsveränderungen im Laufe der Schwangerschaft*

1 Schwangerschaft. Beschreibe die Bildfolge in Abbildung 1. Überlege, auf welche Weise man einer schwangeren Frau im Alltagsleben behilflich sein kann.

2 Schwangerschaftsverlauf. Ordne die Formulierungen entsprechend dem zeitlichen Verlauf in der richtigen Reihenfolge an: alle Organe angelegt – Blasenkeim in Gebärmutterschleimhaut eingenistet – Finger und Zehen an den Gliedmaßen erkennbar – Bewegungen des Fetus spürbar – Kerne von Eizelle und Spermium verschmolzen – Fetus Schädellage eingenommen – befruchtete Eizelle mehrfach geteilt – Entwicklung des Embryos in der Fruchtblase begonnen – Organe vollkommen ausgebildet.

3 Gewichtszunahme.
a) Beschreibe die Abbildung 2 und werte sie aus.
b) Berechne für die 20., 30. und die 40. Schwangerschaftswoche das Gesamtgewicht von Fetus, Fruchtwasser und Plazenta.

4 Umstellung des Blutkreislaufs. Nach der Geburt ändern verschiedene Organe des Neugeborenen ihre Funktionsweise. Betroffen sind insbesondere Lunge und Herz. Beschreibe mithilfe der Abbildung 3 den Blutkreislauf des Fetus und des Neugeborenen und arbeite die Unterschiede heraus.

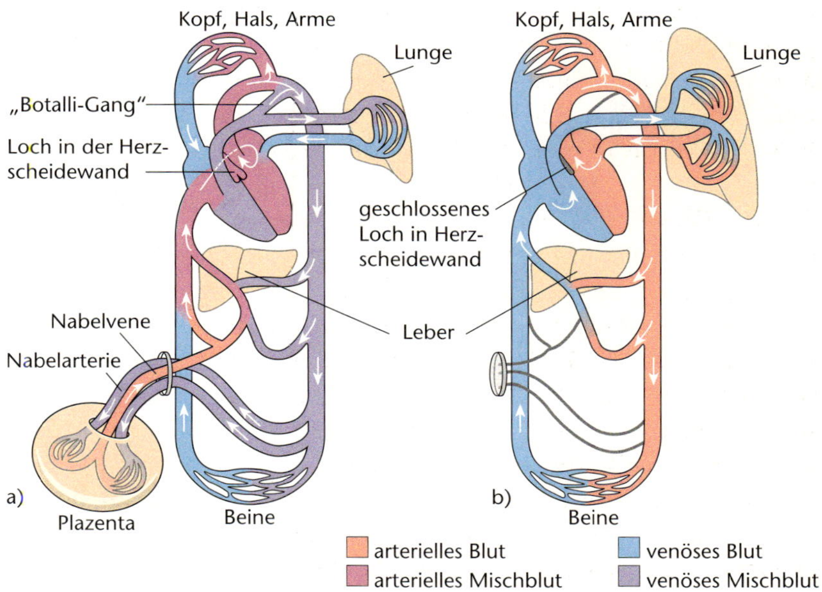

3 *Blutkreislauf von a) Fetus und b) Neugeborenem*

13.8 Hormonelle Empfängnisverhütung

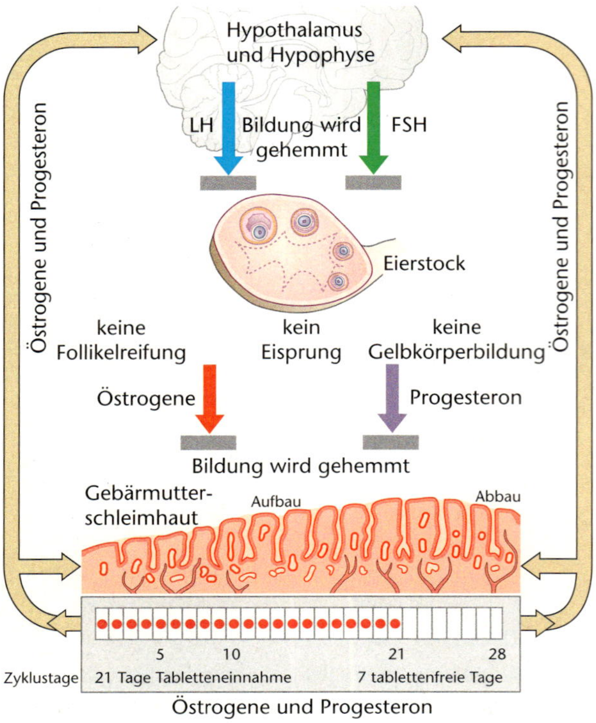

1 *Die Wirkung der Pille*

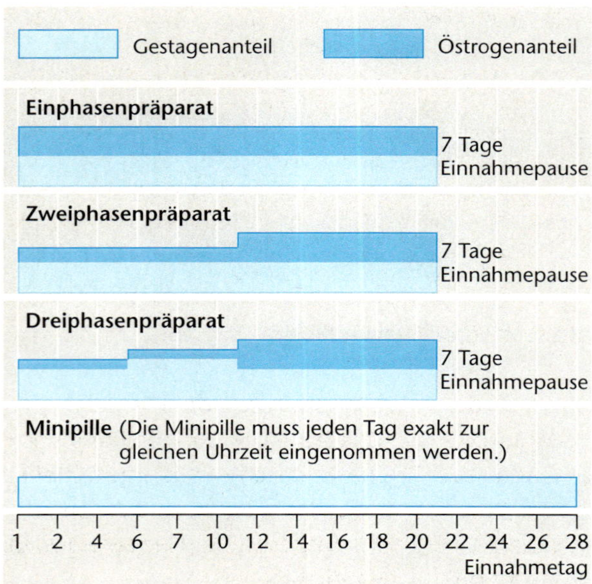

2 *Hormonelle Zusammensetzung verschiedener Pillentypen*

Der wirksamste Schutz vor einer ungewollten Schwangerschaft ist die hormonelle Empfängnisverhütung. Sie erfolgt durch die Einnahme der „Pille“. Unter dem Begriff „Pille“ werden Medikamente zusammengefasst, die künstlich hergestellte weibliche Geschlechtshormone enthalten. Sie werden auch als **Kontrazeptiva** bezeichnet. Diese Medikamente greifen ihrer hormonellen Zusammensetzung entsprechend auf unterschiedliche Weise in den weiblichen Zyklus ein. Sie haben das Ziel, entweder den Eisprung (Ovulationshemmer), das Aufsteigen der Spermien („Minipille“) oder das Einnisten des Blasenkeims in die Gebärmutterschleimhaut zu verhindern („Pille danach“).

Von den hormonellen Verhütungsmitteln werden diejenigen am häufigsten eingenommen, die den Eisprung verhindern. Sie enthalten eine gleich bleibende Menge an Östrogenen und bestimmte Mengen an Gestagenen während der gesamten Einnahmedauer von 21 Tagen (Abb. 1). Danach folgen sieben einnahmefreie Tage oder sieben Tabletten ohne Wirkstoffe. Die Hormone in diesen Präparaten wirken auf den Hypothalamus und infolge davon auch auf die Hypophyse. Sie bewirken, dass die Ausschüttung des Follikel stimulierenden Hormons (FSH) und des luteinisierenden Hormons (LH) stark heruntergesetzt wird. Durch die zu geringen Mengen FSH wird einerseits die Follikelreifung gestört, andererseits wird die körpereigene Östrogenproduktion stark verringert. Zu wenig LH im Blut verhindert den Eisprung (Abb. 1).

Anstelle der körpereigenen Östrogene bewirken nun die künstlich zugeführten Östrogene und Gestagene den Aufbau der Gebärmutterschleimhaut. Die Hormone sind so dosiert, dass der Aufbauvorgang beendet und die neu gebildete Schleimhaut abgestoßen wird. So entsteht auch unter der Einnahme dieser Hormonpräparate eine Blutung. Sie ist meistens schwächer als eine normale Regelblutung.

1 **„Pillen".**
a) Beschreibe anhand der Abbildung 1 die Wirkungsweise der „Pille".
b) Vergleiche die verschiedenen Pillentypen (Abb. 2).

2 **Geschichte der hormonalen Empfängnisverhütung.** Es war schon um 1900 bekannt, dass der Eierstock Hormone abgibt. Um genauere Erkenntnisse zu gewinnen, führte der Wissenschaftler HABERLANDT in den Jahren 1919 bis 1921 verschiedene Versuche an Kaninchen durch. Bei Kaninchen erfolgt der Eisprung etwa zehn Stunden nach der Begattung. Die Tragzeit dauert ca. 28 bis 30 Tage. Ein Versuch, der an mehreren Tieren durchgeführt wurde, begann damit, dass bei einem geschlechtsreifen Kaninchen B, das schon einmal Junge geworfen hatte, die Rückenhaut aufgeschnitten wurde (Abb. 3). Dann setzte man die Eierstöcke eines trächtigen Kaninchens A unter die Hautstelle und vernähte die Wunde. Nach dieser Eierstocktransplantation wurde Kaninchen B isoliert gehalten und anschließend mehrfach gedeckt.
a) Wann hätte Kaninchen B nach Versuchsbeginn erstmalig Junge werfen können? Wann ist bei Kaninchen B eine Befruchtung erfolgt? Über wie viele Wochen ist keine Befruchtung erfolgt?
b) Was kannst du aus dem Versuchsergebnis schließen?

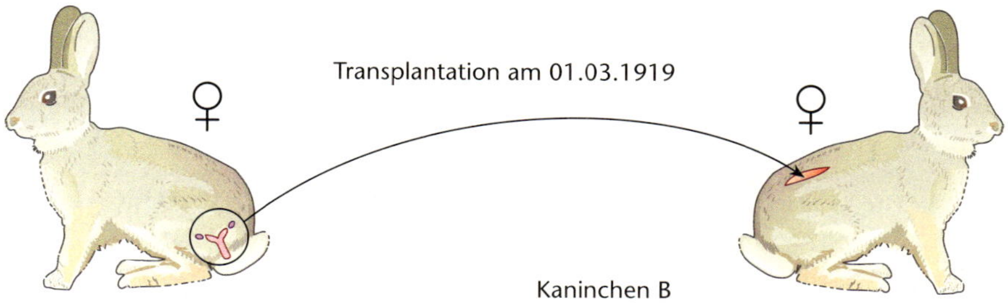

3 *Kaninchen im Transplantationsversuch*

Zusammensetzung
Arzneilich wirksame Bestandteile
1 Dragee enthält 0,1 mg Levonorgestrel und 0,02 mg Ethinylestradiol

Anwendungsgebiete
Hormonale Empfängnisverhütung

Gegenanzeigen
Sie dürfen die Pille nicht anwenden bei:
- Schwangerschaft
- Lebererkrankungen
- Gefäß- und Stoffwechselerkrankungen
- Raucherinnen.

Vorsichtsmaßnahmen für die Anwendung und Nebenwirkungen
Vor Beginn der Anwendung hormonaler Empfängnisverhütungsmittel soll eine gründliche allgemeine sowie gynäkologische Untersuchung durchgeführt werden.
Bei Raucherinnen, die hormonhaltige Arzneimittel zur Schwangerschaftsverhütung anwenden, besteht ein erhöhtes Risiko, an zum Teil schwerwiegenden Folgen von Gefäßveränderungen (z. B. Herzinfarkt, Schlaganfall) zu erkranken. Das Risiko nimmt mit zunehmendem Alter und steigendem Zigarettenkonsum zu.

Wodurch kann die empfängnisverhütende Wirkung herabgesetzt werden?
Einnahmefehler, Erbrechen oder Darmkrankheiten mit Durchfall, die gleichzeitige längere Einnahme bestimmter Medikamente sowie sehr seltene individuelle Stoffwechselstörungen können die schwangerschaftsverhindernde Wirkung beeinträchtigen.

Eigenschaften
Die Hormonpille bietet bei vorschriftsgemäßer Anwendung auf mehrfache Weise Schutz vor einer Schwangerschaft. Ein befruchtungsfähiges Ei kann im Allgemeinen nicht heranreifen; der Schleim im Gebärmutterhals verändert sich, sodass der männliche Samen nicht weit genug vordringen kann.

4 *Beipackzettelausschnitt einer Hormonpille*

3 **Auszug aus einem Beipackzettel (Abb. 4).** Erläuterung: Levonorgestrel ist ein Gestagen, Ethinylestradiol ein Östrogen.
a) Erkläre, woran du erkennst, um welche Art von Kontrazeptivum es sich handelt.
b) Fasse zusammen, welche Probleme bei der Einnahme von hormonellen Verhütungsmitteln auftreten können und welche Maßnahmen der Hersteller jeweils empfiehlt.

13.9 Partnerschaft und Verhütung

Methode/Mittel	Anwendung	Wirkung	Pearl-Index	Hinweise
Pille 	Hormontabletten zur täglichen Einnahme	verhindert Reifung des Eies bzw. dessen Einnistung	0,03–0,1	verschreibungspflichtiges Medikament; regelmäßige Kontrolle durch Frauenarzt/-ärztin; verschiedene Nebenwirkungen möglich
Kondom 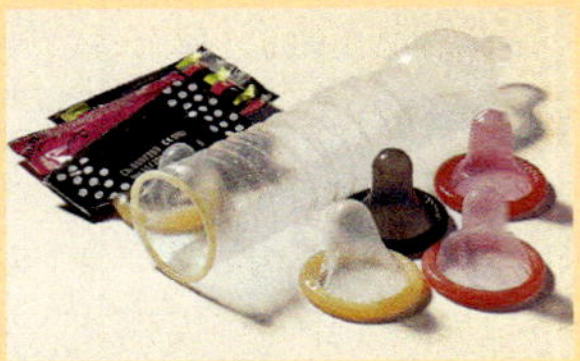	dünner Gummischutz, der über den steifen Penis gezogen wird	verhindert das Eindringen der Spermien in die Scheide	2–7	unkompliziert in der Anwendung; jederzeit verfügbar; preisgünstig erhältlich in Apotheken und Drogeriemärkten; Schutz vor Geschlechtskrankheiten
chemische Verhütungsmittel 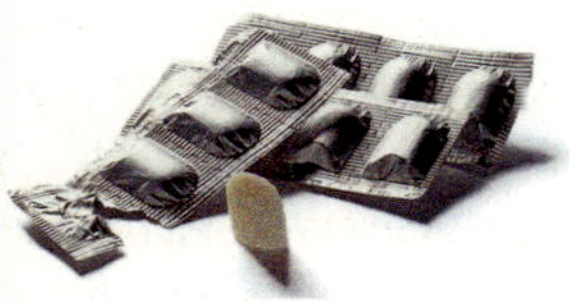	Creme, Gel, Zäpfchen werden etwa 15 Min. vor dem Geschlechtsverkehr in die Scheide eingeführt	tötet in einem Zeitraum von einer Stunde Spermien ab, bildet Sperre vor Gebärmuttermund	5–20	erhältlich in Apotheken und Drogeriemärkten; als alleinige Methode nicht zu empfehlen
Temperaturmessung 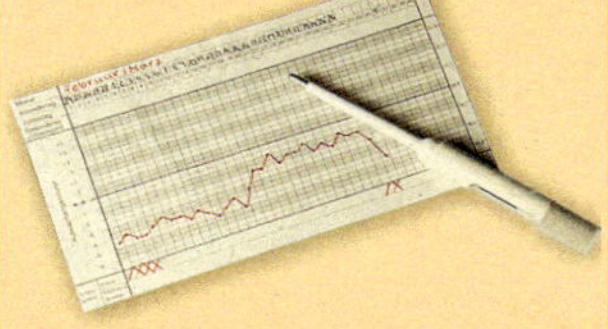	Messen und Aufschreiben der morgendlichen Temperatur; Temperaturanstieg nach dem Eisprung um etwa 0,4 °C	sexuelle Enthaltsamkeit um den Zeitraum des Eisprungs	1–10	Erfahrung und sorgfältige Durchführung sind notwendig; falsche Ergebnisse, wenn der Temperaturanstieg aus anderen Gründen erfolgt

1 *Ausgewählte Verhütungsmittel und -methoden im Vergleich*

Verliebtsein ist ein starker Gefühlszustand, der die ganze Person erfasst. Die verliebte Person wünscht sich sehnlichst, dass ihre Gefühle erwidert werden. Die innige Beziehung zwischen zwei Menschen kann Bestand haben, wenn die beiden Achtung und Vertrauen zueinander entwickeln und Verständnis für Wünsche und Bedürfnisse des anderen haben. Wichtig für eine dauerhafte Partnerschaft ist, dass Probleme offen und ehrlich angesprochen werden. Bei Streit bleiben die Partner fair zu einander, verletzen und erniedrigen sich nicht. Eine dauerhafte Bindung wird auch durch einen verantwortlichen Umgang mit Sexualität gestärkt.

Obwohl die meisten Menschen viele Jahrzehnte Sexualität erleben, besteht der Wunsch, ein Kind zu zeugen, häufig nur in einem bestimmten Zeitraum. Daher ist die **Empfängnisverhütung** ein ganz wesentlicher Aspekt des verantwortlichen Umgangs mit Sexualität. Informationen zur Verhütung oder Beratungen geben Frauenärzte und -ärztinnen in ihrer Praxis und in Beratungsstellen. Die

Gespräche unterliegen der Schweigepflicht. Untersuchung und Beratung werden von der Krankenkasse bezahlt, ebenso für Jugendliche verschiedene Verhütungsmittel. Die Entscheidung, welches Verhütungsmittel angewendet wird, sollten sich beide Partner genau überlegen. Das gewählte Verhütungsmittel muss entsprechend den Anweisungen des Herstellers eingesetzt werden. Ein Maß für die Zuverlässigkeit einer Verhütungsmethode ist der Pearl-Index (Abb. 1). Der Pearl-Index gibt die ungewollten Schwangerschaften pro 1200 Anwendungsmonate an.

Wenn ein Verhütungsmittel nicht richtig angewendet wurde oder wenn es zu einem ungeschützten Geschlechtsverkehr gekommen ist, kann in Notfällen der Arzt die „Pille danach" verschreiben. Dieses Hormonpräparat löst eine Blutung aus und verhindert so die Einnistung des Embryos hat jedoch viel Nebenwirkungen. Trotz dieser vielen Möglichkeiten, eine Empfängnis zu verhüten, wurden in Deutschland im Durchschnitt der Jahre 2000 bis 2005 jährlich 133 000 Embryonen abgetrieben, das sind 15 % aller entstandenen Schwangerschaften.

Zum verantwortlichen Umgang mit Sexualität gehört auch der Schutz vor der Übertragung von krankmachenden Viren und Bakterien. Aids wird durch das HI-Virus hervorgerufen, das bei infizierten Menschen in Körperflüssigkeiten wie im Sperma und in der Scheidenflüssigkeit vorkommt. Bestimmte Bakterien verursachen Erkrankungen wie Tripper und Syphilis. Diese Bakterien werden beim Geschlechtsverkehr übertragen. Um bleibende Schäden zu verhindern, muss eine Erkrankung so früh wie möglich medikamentös behandelt werden. Wird beim Geschlechtsverkehr ein Kondom benutzt, ist die Gefahr einer Ansteckung stark verringert.

Wenn eine Frau ungewollt schwanger geworden ist, beginnt oft ein schwieriger Entscheidungsprozess. Dabei spielt in vielen Fällen die Frage eine wichtige Rolle, ob die Schwangerschaft fortgesetzt wird. Das Ungeborene hat ein eigenes Recht auf Leben. Beim **Schwangerschaftsabbruch** entfernt ein Arzt oder eine Ärztin den Embryo aus der Gebärmutter. Jeder Schwangerschaftsabbruch ist problematisch. In Deutschland ist der Schwangerschaftsabbruch unter ganz bestimmten Bedingungen straffrei. Die rechtlichen Regelungen und Fristen sind im Paragraphen 218a des Strafgesetzbuches niedergeschrieben.

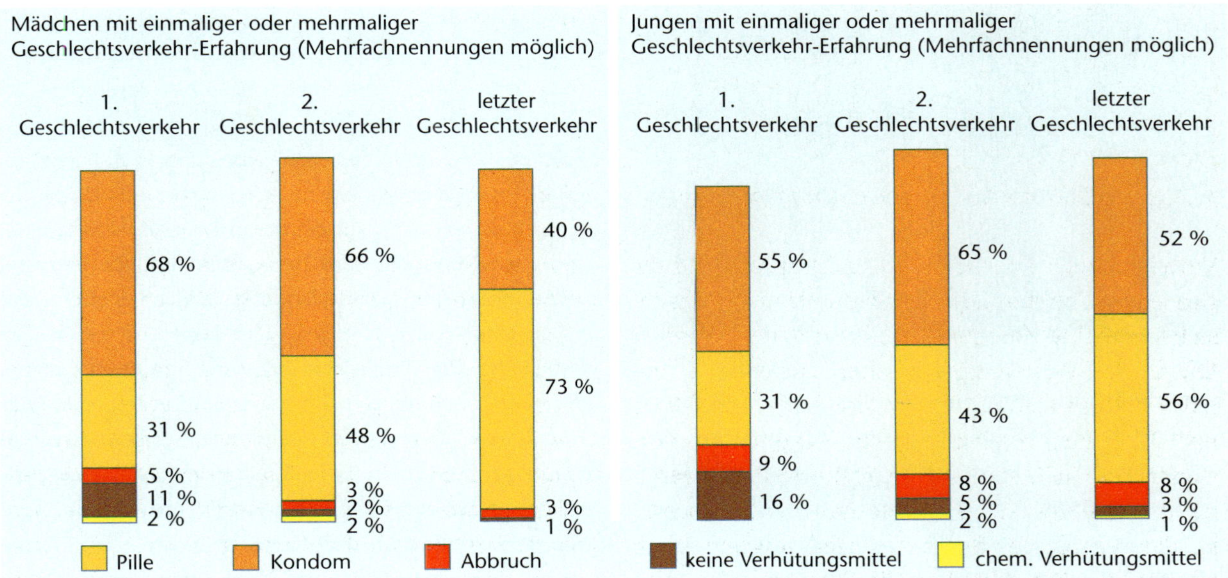

2 *Verhütungsverhalten von Jugendlichen*

13.10 Lexikon der Sexualität

Beschneidung. Bei der Beschneidung wird beim Jungen die Vorhaut des Penis ganz oder teilweise mittels eines kleinen operativen Eingriffs entfernt. In einer Reihe von Kulturen, so dem Judentum oder dem Islam, geschah oder geschieht dies in einem festlichen Akt. In den USA wurden im Jahre 2000 noch rund 60 % der männlichen Kleinkinder beschnitten. Bei den Europäern ist die Beschneidung eher unüblich. Erheblich anders ist die Beschneidung junger Mädchen zu beurteilen. Dabei wird entweder die Klitoris oder sogar die Klitoris mitsamt Schamlippen entfernt. Es handelt sich um Verstümmelungen, die mit großen Gefahren für Infektionskrankheiten und sogar das Leben der Betroffenen einhergehen. In vielen Ländern der Erde, vor allem in Afrika, in Teilen des Orients und in Teilen Südostasiens, wird auch heute noch die Beschneidung weiblicher Kinder durchgeführt. In der letzten Zeit haben zahlreiche Organisationen gegen diese Menschenrechtsverletzungen Partei ergriffen, zum Beispiel die Vereinten Nationen (UNO), die Weltgesundheitsorganisation (WHO) und das Kinderhilfswerk der Vereinten Nationen (UNICEF). In Deutschland und vielen westlichen Industrieländern wird die Beschneidung weiblicher Kinder und Jugendlicher als Körperverletzung verfolgt und bestraft.

Bisexualität (Lateinisch: bi = zweifach). Bisexuelle Menschen gehen sowohl homosexuelle als auch heterosexuelle Beziehungen ein: Sie können sich sowohl in Männer als auch in Frauen verlieben.

Freundschaft. Enge Beziehung zwischen zwei oder mehreren Personen, die auf gegenseitiger Zuneigung, Achtung und Vertrauen beruht. Intime Zärtlichkeiten und sexuelle Kontakte werden im Allgemeinen in Freundschaften nicht angestrebt. Freundschaften können zwischen Personen verschiedenen oder gleichen Geschlechts bestehen. Für Jugendliche und Erwachsene hat eine gute Freundin oder ein guter Freund große Bedeutung. Sie vertrauen ihm oder ihr vieles an und gestalten Teile der Freizeit gemeinsam.

Heterosexualität. Heterosexualität meint Verschiedengeschlechtlichkeit, also Liebe zwischen Mädchen und Junge oder zwischen Mann und Frau.

Homosexualität. Damit bezeichnet man Gleichgeschlechtlichkeit, also die sexuelle Vorliebe für einen Partner des gleichen Geschlechts. Homosexuelle Frauen werden umgangssprachlich als Lesben beziehungsweise lesbisch, homosexuelle Männer als Schwule beziehungsweise schwul bezeichnet. Man schätzt, dass in westlichen Industrieländern etwa sechs bis zehn Prozent der Menschen homosexuelle Neigungen haben.

Liebe. Wenn man Menschen fragt, was sie unter Liebe verstehen, erhält man meistens unterschiedliche Antworten. Im weit gefassten Sinne kann Liebe Folgendes bedeuten: Eine starke, gefühlsbetonte Beziehung zu nahe stehenden Personen (z. B. Elternliebe, Geschwisterliebe), zu anderen Personen (z. B. jemand ist kinderlieb), zu sich selbst (Eigenliebe), zu Lebewesen (jemand ist tierlieb), zu Sachen und Ideen (z. B. Heimatliebe, Friedensliebe, Liebe zum Beruf, Liebe zur Natur, zur Kunst), zu Tätigkeiten (z. B. mit Liebe Blumen züchten) oder als umfassende Zuneigung (z. B. Nächstenliebe). Im engeren Sinne bedeutet Liebe die individuelle Geschlechtsliebe; sie ist auf die gesamte Persönlichkeit eines vertrauenswürdigen Menschen gerichtet. Liebe bedeutet eine starke gefühlsmäßige Bindung, manchmal überschäumend, manchmal tief und still. Liebe beeinflusst das Denken und Fühlen eines Menschen. Liebende fühlen sich zueinander hingezogen, wollen sich geborgen fühlen, wollen füreinander da sein und vieles zusammen machen. Die meisten Menschen betrachten Liebe als ein ganz besonderes, partnerschaftliches Verhältnis. Liebe wird als Voraussetzung dafür angesehen, mit dem geliebten Menschen Zärtlichkeiten auszutauschen. Häufige Worte, die mit dem Begriff „Liebe" verknüpft werden, sind: Vertrauen, gegenseitige Achtung,

Verständnis füreinander, gegenseitige Verantwortung, Geborgenheit, Zärtlichkeit, Ehrlichkeit, Freude.

Pornografie. Darstellungen in Bild und/oder Sprache, in denen sexuelle Handlungen in meist obszöner (schamverletzender) Weise fast ganz auf die Genitalien reduziert werden. Pornografie will die Leser, Hörer und Zuschauer sexuell erregen. Zärtlichkeiten, Gefühle und Liebe haben in der Pornografie keinen Platz. Frauen werden häufig als passives, ständig bereites Lustobjekt dargestellt, Männer als ständig sexuell erregte, lieblose, demütigende Benutzer von Frauen. Pornografische Hefte, Filme und Gegenstände dürfen nicht an Kinder und Jugendliche unter achtzehn Jahren verkauft oder ausgeliehen werden. Herstellung, Vertrieb und der Besitz von kinderpornografischen Medien ist dagegen in jedem Fall ein kriminelles Delikt.

Prostitution. Frauen und Männer, die Sex gegen Bezahlung anbieten, bezeichnet man als Prostituierte.

Schwangerschaftsabbruch. In Deutschland bleibt ein Schwangerschaftsabbruch nur straffrei, wenn

1. die körperliche oder seelische Gesundheit der Mutter vom Arzt als gefährdet eingeschätzt wird (medizinische Indikation)
2. ein Mädchen beziehungsweise eine Frau durch eine Vergewaltigung schwanger geworden ist (kriminologische oder ethische Indikation)
3. ein schwer geschädigtes Kind zur Welt kommen könnte (eugenische Indikation)
4. nur durch den Eingriff eine Notlage von der Schwangeren abgewendet werden kann (Notlagenindikation).

Für die medizinische Indikation besteht keine zeitliche Befristung. Bei der eugenischen Indikation muss der Abbruch bis zum Ende der 22. Woche nach der Befruchtung durchgeführt werden, bei der ethischen und Notlagenindikation bis zum Ende der zwölften Woche nach Befruchtung. 97 % der Abtreibungen werden in Deutschland aufgrund der Notlagenindikation durchgeführt. Voraussetzung ist eine Beratung, die entweder von einem Arzt/einer Ärztin durchgeführt wurde oder die z. B. beim Gesundheitsamt, bei Pro Familia oder einer kirchlichen Einrichtung stattgefunden hat. Bei den Beratungen werden Hilfen bei bestehenden Konflikten und Notlagen angeboten sowie medizinische, rechtliche und soziale Informationen gegeben.

Selbstbefriedigung (Masturbation, Onanie). Darunter versteht man alle sexuellen Praktiken, die ohne Partner zur sexuellen Stimulation oder Befriedigung führen. Selbstbefriedigung ist eine normale Form menschlicher Sexualität. Sie hat keinerlei negative Auswirkungen auf die Gesundheit.

Sexuelle Nötigung, Vergewaltigung. Sexuelle Nötigung ist jede sexuelle Handlung, zu der die betroffene Person durch Drohungen oder durch Ausnutzen einer hilflosen Lage gezwungen wurde. Die Vergewaltigung stellt eine besonders schwere Form der sexuellen Nötigung dar. Bei Kindern wird in diesem Zusammenhang von sexuellem Missbrauch gesprochen. Sexuelle Nötigung, Vergewaltigung und sexueller Missbrauch sind brutale Verbrechen, die in Deutschland im § 174 bis § 178 des Strafgesetzbuchs (StGB) geregelt sind. Seit 1997 wird eine Vergewaltigung unter Eheleuten rechtlich wie jede andere Vergewaltigung beurteilt. Für Betroffene ist es wichtig, mit jemandem zu sprechen. Vielerorts gibt es Frauen-Notruf-Telefone, Frauen- und Mädchenhäuser, Selbsthilfegruppen, die Telefonseelsorge und Beratungsstellen.

Ethisches Bewerten

Leihmutterschaft: Eine Leihmutter ist eine Frau, die für eine andere Frau ein Kind austrägt. Meistens erfolgt die Leihmutterschaft gegen Bezahlung. Nach künstlicher Befruchtung wird der Embryo in einem sehr frühen Entwicklungsstadium in die Gebärmutter der Leihmutter übertragen. Nach der Geburt überlässt die Leihmutter der anderen Frau das Kind. Die Geschlechtszellen für die künstliche Befruchtung können unterschiedlicher Herkunft sein, zum Beispiel von Partnern in einer Ehe oder von einer fremden Eizellspenderin und/oder einem fremden Samenspender stammen. In den USA, wo Leihmutterschaft nicht verboten ist, gibt es Kinder mit „fünf Eltern": die sozialen Eltern, die das Kind bestellt haben und es aufziehen wollen, eine Eizellspenderin und ein Samenspender als genetische Eltern sowie die Leihmutter als biologischer Elternteil. Leihmutterschaft ist in Deutschland und einigen anderen Ländern verboten, in anderen Ländern dagegen nicht. Juristisch gilt in Deutschland diejenige Frau als Mutter, die das Kind geboren hat.

Der Fall: Sabine (31) und ihr Ehemann Sven (33) wünschen sich seit einigen Jahren sehnlichst ein eigenes Kind. Sabine wurde im Alter von 25 Jahren wegen einer Erkrankung die Gebärmutter entfernt. Sie kann daher das Kind nicht selbst austragen. Ihre Hoffnung besteht darin, eine Leihmutter in den USA zu finden, die ihr Kind austrägt. Die Eizellen für die künstliche Befruchtung sollen von Sabine, die Spermazellen von ihrem Mann stammen. Über das Internet hat Sabine Adressen für Leihmütter ausfindig gemacht und erste Kontakte geknüpft. Eine Frau hat sich bereit erklärt, für 25 000 Dollar das Kind auszutragen und es nach der Geburt Sabine und Sven zu überlassen. Rein finanziell betrachtet würden beide die Summe aus Erspartem aufbringen. Nun steht das Ehepaar vor der Entscheidung. Sabine ist für die Leihmutterschaft, Sven dagegen.

Wie soll sich das Paar entscheiden?

1 *Leihmutterschaft – Beispiel für ein ethisches Dilemma*

Ethisches Bewerten bedeutet, Handlungen von Menschen anhand von Wertvorstellungen als moralisch gut (richtig) oder moralisch schlecht (falsch) zu bewerten und diese Urteile zu begründen (Abb. 2).

Im Biologieunterricht geht es dabei nicht um alltägliches Verhalten einzelner Menschen, sondern um Handlungen in medizinischen und biologischen Bereichen. Vor allem sind das solche Bereiche, in denen es um die Verantwortung des Menschen gegenüber sich selbst, für andere Menschen, für andere Lebewesen und für die Umwelt geht. Beispiele sind die Forschung an Embryonen, moderne Fortpflanzungsmedizin, Anwendungen der Gentechnik, Sterbehilfe, Organtransplantationen, Tierversuche und Eingriffe in Ökosysteme.

Ethisches Bewerten erfolgt am besten in einer Abfolge von Schritten:

1 Die biologischen oder medizinischen Sachverhalte werden geklärt. Bei der Auswertung von Texten und anderen Materialien werden sachliche Informationen sorgfältig von Wertungen unterschieden.

2 Erste Abstimmung durch Handheben bei geschlossenen Augen zu folgender Frage (nur der Lehrer oder die Lehrerin weiß also zunächst das Ergebnis): Hat die Person richtig oder falsch gehandelt?

3 Was ist der Kern des Dilemmas? Erörterung im Plenum.

4 Aufzählen der Handlungsmöglichkeiten der Beteiligten sowie aller Wertvorstellungen, die

mit diesen Handlungsmöglichkeiten verbunden sind (Plenum).

5 Die Klasse wird in eine Pro- und eine Contragruppe und diese jeweils in Untergruppen von drei bis vier Schülerinnen und Schülern aufgeteilt. In den Gruppen werden Pro- beziehungsweise Contra-Argumente gesammelt und jeweils in eine Rangfolge gebracht.

6 Diskussion über die Ergebnisse der Pro- und Contragruppen im Plenum. Dabei werden folgende Regeln beachtet:
- Kein Argument darf von der Diskussion ausgeschlossen werden.
- Persönliche Angriffe unterbleiben; die mündlichen Beiträge werden nicht nach gut oder schlecht bewertet.
- Diskussionsregel: Der jeweils letzte Redner oder die letzte Rednerin der einen Gruppe (zum Beispiel der Contragruppe) ruft einen Schüler oder eine Schülerin der anderen Gruppe (Progruppe) auf, der oder die sich durch Handheben gemeldet hat.

7 In den Pro- und Contragruppen werden die Argumente der jeweiligen Gegenseite bewertet und in eine Rangfolge gebracht.

8 Die Ergebnisse der Pro- und Contragruppen werden im Plenum erörtert.

9 Die zweite Abstimmung erfolgt, jeder entscheidet sich nach seinem persönlichen ethischen Urteil. Das Ergebnis wird mit der ersten Abstimmung verglichen.

1 Ethisches Bewerten an einem Beispiel.

a) Führt in der Klasse eine ethische Bewertung des Beispiels in Abbildung 1 durch. Beachtet dabei die hier dargestellte Abfolge von Schritten.

b) Sammelt Vorschläge für Themen, die für eine ethische Bewertung besonders geeignet sind. Diskutiert eure Vorschläge.

Wertvorstellungen, Werte: Unter Wertvorstellungen oder Werten versteht man wichtige und wünschenswerte Eigenschaften, die Menschen Dingen, Ideen oder Handlungen anderer Menschen zuschreiben. Dabei können verschiedene Menschen unterschiedliche Wertvorstellungen haben: Was einem Menschen als wertvoll erscheint, kann bei einem anderen nur einen geringen Wert haben. Eine kleine Auswahl von Werten gibt folgende Aufzählung: Menschlichkeit, Freiheit, Gesundheit, Vertrauen, Besitz, Wohlstand, Schutz des Lebens, Gerechtigkeit, Schönheit, Wahrheit, Toleranz, Meinungsfreiheit, Zuverlässigkeit, Solidarität, Macht, Hilfsbereitschaft, Sicherheit, Nachhaltigkeit, Erfolg, Pünktlichkeit, gutes Benehmen, Selbstbestimmtheit. Manche Werte können in einem Konkurrenzverhältnis zueinander stehen, zum Beispiel Wohlstand und Nachhaltigkeit oder Gesundheit und Schutz des Lebens.

Gesellschaftliche Werte sind solche, die von einer Gesellschaft oder zumindest ihrem überwiegendem Teil anerkannt werden. Allerdings kann sich im Laufe der Zeit die Bedeutung von Werten in einer Gesellschaft verändern. Man spricht dann von Wertewandel. In freien, demokratischen Gesellschaften werden Wertvorstellungen diskutiert und können sich verändern.

Moral: Unter Moral versteht man gesellschaftliche Vorstellungen darüber, welche Handlungen von Menschen als sittlich gut oder sittlich schlecht zu bewerten sind. Als moralischer Maßstab dienen dabei oftmals gesellschaftlich anerkannte Werte. So wird zum Beispiel eine Lüge als moralisch schlecht bewertet, weil sie unter anderem gegen den gesellschaftlich anerkannten Wert der Wahrheit verstößt.

Ethik ist das Nachdenken über Moral und gesellschaftliche Werte. Ethik fragt auch nach Gründen, warum eine Handlung moralisch gut oder schlecht, richtig oder falsch sein soll.

Dilemma: Unter einem Dilemma versteht man eine Situation ähnlich einer Zwickmühle, in der sich zwei Handlungsmöglichkeiten so entgegenstehen, dass jede Entscheidung zu einem unerwünschten Resultat führt („egal was man macht, man macht etwas falsch"). In Hinblick auf Wertvorstellungen spricht man von einem Dilemma, wenn jede denkbare Entscheidung zur Verletzung einer Wertvorstellung führt.

2 *Wichtige Begriffe für ethisches Bewerten*

13.11 Embryonenschutz – wann beginnt menschliches Leben?

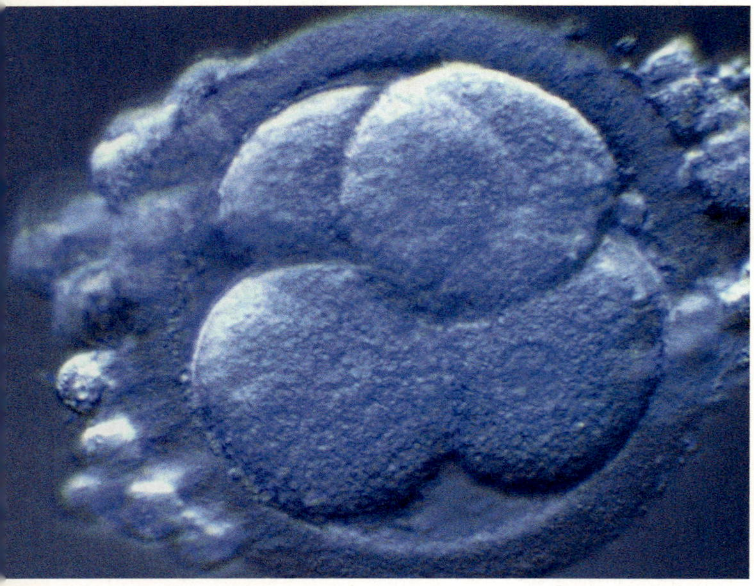

1 *Ein Mensch, zwei Tage nach der Befruchtung, ca. 1/10 mm Durchmesser, mit Hilfszellen*

„Die Würde des Menschen ist unantastbar. Sie zu achten und zu schützen ist Verpflichtung aller staatlichen Gewalt", lautet es im Paragrafen 1 des Grundgesetzes der Bundesrepublik Deutschland. Ist ein Embryo auf dem Wege zum Menschen oder ist er bereits ein Mensch? Wann hat ein Embryo Recht auf Leben? Wann hat er Menschenwürde? Die Antworten auf diese Fragen haben große Bedeutung, zum Beispiel für die Frage, ob man Embryonen für medizinische Zwecke nutzen darf oder nicht. In Einklang mit der katholischen und evangelischen Kirche und in Übereinstimmung mit der Rechtssprechung des Bundesverfassungsgerichtes wird im Deutschen **Embryonenschutzgesetz** der Zeitpunkt der Kernverschmelzung von Eizelle und Spermazelle als Beginn menschlichen Lebens festgelegt, und „wo menschliches Leben existiert, kommt ihm Menschenwürde zu" (Bundesverfassungsgericht 1975). Durch Teilungen entstehen aus der befruchteten Eizelle zunächst 2, dann 4, 8, 16 Zellen und so weiter (Abb. 1). Die Zellen sind untereinander erbgleich. Bis etwa zum 8-Zellen-Stadium kann aus jeder einzelnen Zelle ein Embryo heranwachsen. Man nennt diese Zellen **totipotent**.

Das Embryonenschutzgesetz definiert auch totipotente Zellen als Embryo mit Menschenwürde.

Der Wunsch nach einem gesunden Kind hat in Verbindung mit Fortschritten in der Genanalyse zur so genannten **Präimplantationsdiagnostik**, abgekürzt **PID**, geführt (Abb. 2). Damit ist die Erkennung von erblichen Krankheiten nach künstlicher Befruchtung und vor dem Einbringen des Embryos in die Gebärmutter gemeint. Bei der PID wird einem Embryo etwa drei Tage nach der künstlichen Befruchtung eine der totipotenten Zellen entnommen und genetisch untersucht. Werden Chromosomenschäden festgestellt, wird der Embryo verworfen. Werden keine Schäden festgestellt, wird er in die Gebärmutter eingebracht und kann sich dort weiterentwickeln.

Die PID ist in Deutschland und einigen anderen Ländern verboten, in anderen dagegen nicht.

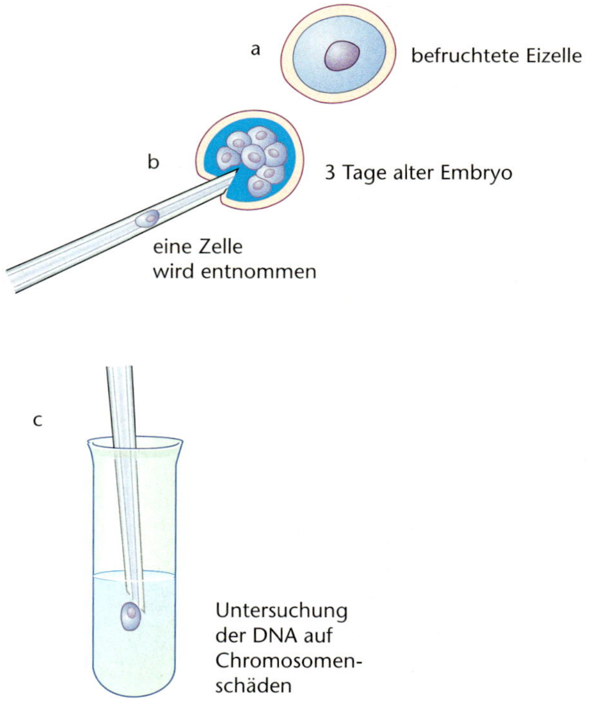

2 *Präimplantationsdiagnostik*

Deutschland, aus dem Gesetz zum Schutz von Embryonen, 1991: Als Embryo im Sinne dieses Gesetzes gilt bereits die befruchtete, entwicklungsfähige menschliche Eizelle vom Zeitpunkt der Kernverschmelzung an, ferner jede einem Embryo entnommene totipotente Zelle, die sich bei Vorliegen der dafür erforderlichen weiteren Voraussetzungen zu teilen und zu einem Individuum zu entwickeln vermag. Dem menschlichen Embryo kommt Menschenwürde und Schutz der Lebensrechte zu.

Ulrich Steinvorth (*1941), deutscher Philosoph: Menschen unterliegen erst dann dem Tötungsverbot, wenn sie Individualität zeigen. Individualität ist gegeben, sobald keine Möglichkeit mehr zur Zwillingsbildung besteht. Das ist in der Regel ab dem 14. Tag nach der Befruchtung der Fall.

Prophet Mohammed (570–632), Begründer des Islam: „Die Schöpfung eines jeden von euch wird im Leibe seiner Mutter in vierzig Tagen als Samentropfen zusammengebracht, danach ist er ebenso lang ein Blutklumpen, danach ist er ebenso lang ein kleiner Klumpen Fleisch, dann wird zu ihm der Engel gesandt, der ihm den Lebensgeist (Seele, Ruh) einhaucht." Diese Aussage wird in zweierlei Weise interpretiert: a) Bis zur Einhauchung der Seele dauert es 40 Tage, b) bis zur Einhauchung der Seele dauert es drei mal vierzig Tage. Je nach Interpretation beginnt menschliches Leben für einen Moslem mit dem 40. bzw. dem 120. Tag.

Judentum: Der Embryo gilt als schutzwürdiger Mensch, sobald er beseelt ist. Die Beseelung erfolgt am 49. Tag. Ein Embryo, der nicht beseelt und auch noch nicht in die Gebärmutter eingenistet ist, wird als Präembryo bezeichnet. Der Präembryo ist nur ein potenzielles menschliches Wesen ohne menschlichen Charakter. Diese Auffassung gilt z. B. für Embryonen im Reagenzglas.

Buddhismus: Einen Embryo in der ersten Phase seines Lebens zu töten ist dasselbe wie Tötung eines Menschen. Denn bereits wenn Same und Eizelle zusammenkommen und ein Wesen aus dem so genannten Zwischenzustand zwischen altem und neuen Leben in diese Verbindung eintritt, beginnt im gleichen Moment die neue Existenz, die zunächst „Phase der Menschwerdung" genannt wird. Die „Phase der Menschwerdung" gehört bereits zur „Phase des Menschseins", die es zu schützen gilt.

Anlehnung an § 218a des Strafgesetzbuches (Deutschland): Nach § 218 des Strafgesetzbuches ist ein Schwangerschaftsabbruch in Deutschland verboten. Der § 218a nennt Bedingungen, unter denen der Schwangerschaftsabbruch straffrei ist. In Anlehnung an den § 218a des Strafgestzbuches fordern manche, dass menschliches Leben erst nach der Phase des straffreien Schwangerschaftsabbruchs, also nach der 12-Wochen-Frist, beginnt.

Britisches Recht: Bis zum 14.Tag nach der Befruchtung handelt es sich beim Embryo um artspezifisches menschliches Leben („human life"), dem mit Respekt zu begegnen ist. Vor der Einnistung in die Gebärmutter ist er aber noch kein individuelles menschliches Leben („human being").

Denkweise in der Tradition von Immanuel Kant (1724–1804), einem Philosophen der Aufklärung: Menschliches Leben ist um seiner selbst willen, also ohne Bezug auf aktuelle Eigenschaften und Fähigkeiten wie denken, sprechen und urteilen können, moralisch schutzwürdig. Das Recht auf Leben und Unversehrtheit gilt als unumstößlich und absolut. Entscheidendes Kriterium für den Lebensbeginn ist die Verschmelzung von Ei- und Samenzelle, da es sich dabei um die einzige „willkürfreie" und eindeutig feststellbare Zäsur handelt.

3 *Einige Positionen zur Frage „Wann beginnt menschliches Leben?"*

1 Wann beginnt menschliches Leben? Ordne die in Abbildung 3 dargestellten Standpunkte zur Frage „Wann beginnt menschliches Leben?" nach dem Zeitpunkt, an dem einem Embryo Menschenwürde zugesprochen wird. Vergleiche und diskutiere die verschiedenen Positionen.

2 Genanalyse vor der Einnistung?
a) Erläutere anhand der Abbildung 2 das Verfahren der Präimplantationsdiagnostik. Mit welchen rechtlichen Begründungen wird die PID in Deutschland vermutlich abgelehnt?
b) Sammele Argumente pro und Argumente kontra PID.

13.12 Fortpflanzungsmedizin

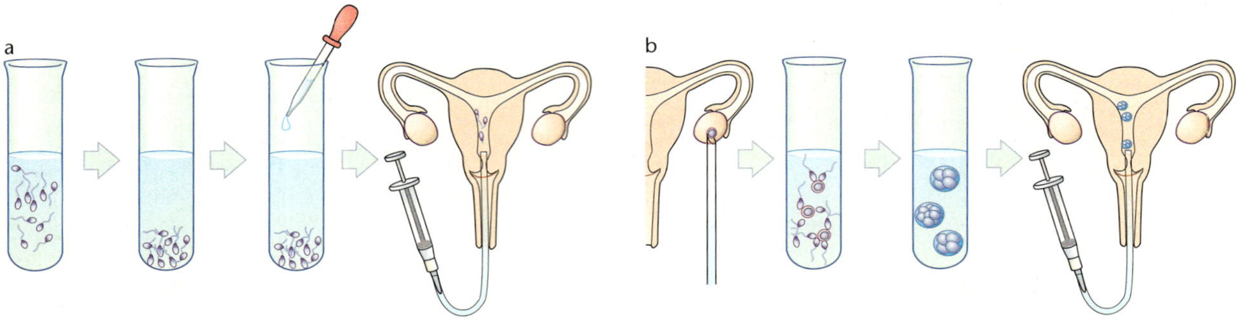

1 *Verschiedene Methoden medizinischer Fortpflanzungstechnik: a) künstliche Besamung, b) künstliche Befruchtung*

Man schätzt, dass in Deutschland zwei Millionen Paare ungewollt kinderlos sind. Manche Paare überlegen, ob sie ein Kind adoptieren. Andere Paare wünschen sich ein eigenes Kind. In vielen Fällen kann die Unfruchtbarkeit durch Psychotherapie, medikamentöse Behandlung oder durch Operationen behoben werden. Wenn das nicht hilft, stehen verschiedene medizinische Fortpflanzungstechniken zur Verfügung. Ihnen ist gemeinsam, dass Teilbereiche des Fortpflanzungsgeschehens außerhalb des Körpers stattfinden.

Bei der **künstlichen Besamung** werden Spermien konzentriert und mit einer Kanüle in die Gebärmutter übertragen (Abb. 1 a).

Künstliche Befruchtung (**In-vitro-Fertilisation**), ist eine Technik, bei der Eizellen außerhalb des Körpers im Reagenzglas befruchtet werden (Abb. 1 b). Durch Hormongaben wird die Reifung der Eizellen und später dann der Eisprung in den Eierstöcken der betreffenden Frau stimuliert. Kurz vor dem Eisprung werden die reifen Eizellen mit Hilfe einer feinen Kanüle abgesaugt. Im Reagenzglas werden sie mit Spermien zusammengebracht und befruchtet. Die entstandenen Embryonen werden im Stadium von vier bis acht Zellen in die Gebärmutter übertragen. Das nennt man **Embryotransfer.** In Deutschland dürfen pro künstlicher Befruchtung maximal drei Embryonen herangezogen werden, die alle zurückgepflanzt werden müssen.

Nach deutschem Recht müssen die Partner für eine künstliche Befruchtung verheiratet sein oder in einer eheähnlichen Gemeinschaft leben. Eine Fremdspende ist verboten, in einigen anderen Ländern jedoch erlaubt. Eine **Leihmutterschaft** ist in Deutschland nach dem Embryonenschutzgesetz ebenfalls verboten, in bestimmten anderen Ländern jedoch nicht. Unter Leihmutterschaft versteht man, dass eine fremde Frau und nicht die Eizellspenderin den Embryo austrägt.

Heute ist es möglich, Spermien, Eizellen und auch frühe Embryonen bei minus 196 Grad Celsius in flüssigem Stickstoff tiefzugefrieren. Man spricht von **Kryokonservierung** (Abb. 3). So können sie aufbewahrt und später wieder aufgetaut werden. Ungefähr 50 bis 80 Prozent der so eingefrorenen Eizellen oder Spermien überleben die Prozedur. In Deutschland dürfen befruchtete Eizellen und Embryonen nicht tiefgefroren werden.

1 Vergleich verschiedener medizinischer Fortpflanzungstechniken. Erstelle in Form einer tabellarischen Übersicht einen Vergleich der natürlichen Vorgänge bei der Fortpflanzung mit den in Abbildung 1 dargestellten Fortpflanzungstechniken. Beachte dabei folgende Gesichtspunkte:
- Herkunft der Eizelle(n)
- Herkunft der Spermien
- Ort der Befruchtung
- Zeitpunkt der Befruchtung
- Ort der ersten Zellteilungen des Embryos
- Ort der Einnistung des Embryos.

2 Ein Wunschkind um jeden Preis? Welche menschlichen Probleme siehst du in den Fällen der Abbildung 4 für alle Beteiligten? Diskutiere im Hinblick auf die Frage „Ein Wunschkind um jeden Preis?".

3 Späte Erstgeburten. „Eine wesentliche Ursache für ungewollte Kinderlosigkeit liegt darin, dass Paare immer später ein Kind haben wollen. Am fruchtbarsten ist eine Frau im dritten Lebensjahrzehnt, danach wachsen die Probleme. Eine 20-Jährige wird, wenn sie einen Kinderwunsch hat – statistisch gesehen – nach fünf Menstruationszyklen schwanger, eine 40-Jährige erst nach zwanzig."

a) Beschreibe Abbildung 2. Nenne mögliche Ursachen für die Veränderungen.

b) Welcher Zusammenhang könnte zwischen dem in Abbildung 2 sichtbaren Trend und der zunehmenden Nachfrage nach künstlicher Befruchtung bestehen?

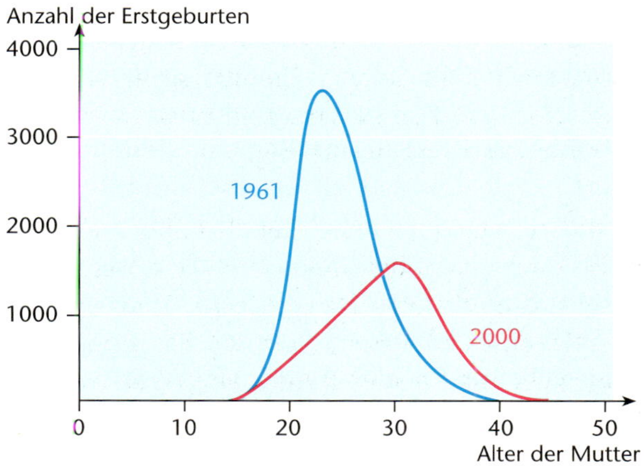

2 *Alter der Mutter bei der ersten Geburt im Jahr 1961 und 2000*

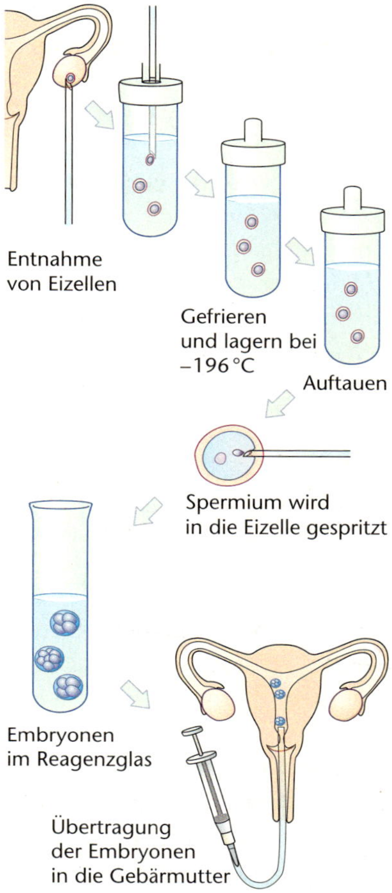

3 *Kryokonservierung von Eizellen*

Fall 1: „Das späte Kind"
Beschreibe die in Abbildung 3 dargestellte Technik. Erläutere die Abbildungsunterschrift. Mit dieser Technik gelang es, eine 55-jährige Frau Mutter werden zu lassen.

Fall 2: „Ein Kind für ein lesbisches Paar"
Ein lesbisches Paar möchte mit Hilfe medizinischer Fortpflanzungstechnik ein Kind bekommen. Erläutere ein mögliches Verfahren.

Fall 3: „Kind mit fünf Eltern"
In den USA gibt es Kinder mit fünf Eltern: Die biologischen Eltern (Eizellspenderin und Samenspender), eine Leihmutter und die beiden sozialen Eltern, die sich ein Kind gewünscht haben und bei denen es aufwächst. Beschreibe die medizinischen Fortpflanzungstechniken, die in diesem Fall notwendig sind.

4 *Ein Wunschkind um jeden Preis?*

13.13 Klonen und Stammzellen

Im Zellkern aller Körperzellen befindet sich die komplette genetische Information, so wie sie in der befruchteten Eizelle ganz am Anfang der Entwicklung vorlag. Bei der Technik des Klonens nutzt man diesen Umstand aus, um künstlich erbgleiche Lebewesen zu schaffen. An Säugetieren hat man die Technik des Klonens erprobt.

Unter einem **Klon** versteht man Zellen oder Lebewesen, die genetisch identisch sind. Natürliche Klone sind zum Beispiel eineiige Zwillinge beim Menschen, durch ungeschlechtliche Fortpflanzung entstandene Ableger bei Pflanzen oder Zellen einer Bakterienkolonie. Künstliche Klone können durch Zellteilungen im Reagenzglas oder durch Übertragung von Zellkernen erzeugt werden.

Unter Fortpflanzungsklonen oder **reproduktivem Klonen** versteht man beim Menschen einen künstlich gezeugten Klonembryo, der in die Gebärmutter einer Frau eingesetzt wird, damit sich daraus ein Mensch entwickelt und geboren wird (Abb. 1). Dieses Kind wäre hinsichtlich seiner Erbanlagen eine Kopie des Menschen, der den Zellkern gespendet hat. Das reproduktive Klonen ist weltweit geächtet. In Tierversuchen ergab sich, dass Klontiere ein erhöhtes Risiko für Entwicklungsschäden und bestimmte Krankheiten haben.

Beim **therapeutischen Klonen** wird der künstlich gezeugte Klonembryo zerlegt, um so genannte Stammzellen zu erhalten (Abb. 2). Stammzellen haben die Fähigkeit, sich zu verschiedenen Zelltypen entwickeln zu können. Man hofft, aus Stammzellen im Labor verschiedene Gewebe züchten zu können, die als Ersatz für krankes Gewebe beim Spender des Zellkerns dienen. Sowohl das reproduktive Klonen als auch das therapeutische Klonen sind bezüglich des Menschen in Deutschland verboten. Allerdings dürfen deutsche Forscher unter strengen Auflagen mit bestimmten Stammzellen aus anderen Ländern wissenschaftliche Untersuchungen betreiben.

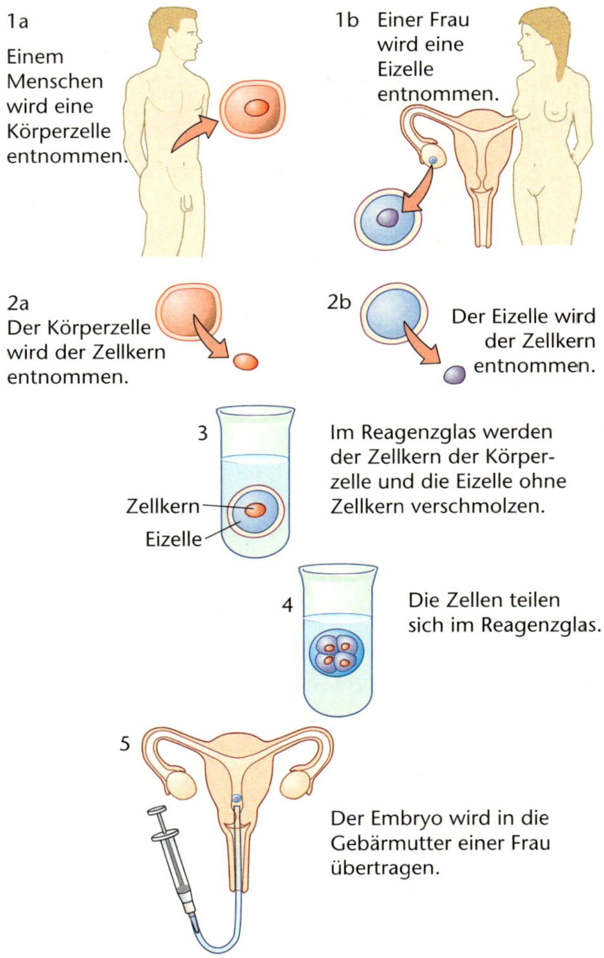

1 *Die Technik des reproduktiven Klonens*

Stammzellen haben die Fähigkeit, sich in Kultur unbegrenzt zu teilen. Sie können zu verschiedenen Zelltypen mit speziellen Aufgaben ausreifen, zum Beispiel zu Herz-, Muskel-, Haut- oder Leberzellen. **Embryonale Stammzellen** sind Stammzellen eines frühen Embryonalstadiums, die totipotent sind oder deren Fähigkeit zur Bildung verschiedener Zelltypen nur geringfügig eingeschränkt ist. **Adulte Stammzellen** kommen bei Kindern oder Erwachsenen vor, zum Beispiel im Knochenmark. Sie können noch zu bestimmten Zelltypen ausreifen. Adulte Stammzellen aus dem Knochenmark können verschiedene Blutzellen bilden.

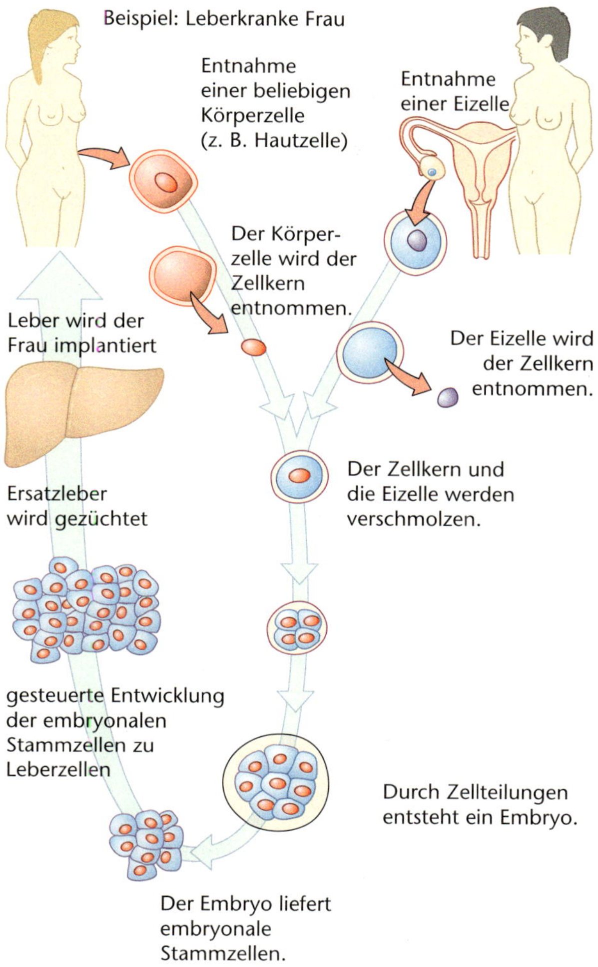

2 *Therapeutisches Klonen mit Embryonen*

1 Glossar anfertigen. Unter einem Glossar versteht man eine Liste von Wörtern mit Erläuterungen und Definitionen. Fertige anhand des Textes auf der linken Seite ein Glossar der fett gedruckten Begriffe.

2 Reproduktives und therapeutisches Klonen.
a) Beschreibe die Abläufe in Abbildung 2 in einem zusammenhängenden Text. Erarbeite anhand der Grundwissenseite und der Abbildung 2 Argumente für und gegen therapeutisches Klonen. Beachte dabei auch Herkunft und Eigenschaften embryonaler und adulter Stammzellen.
b) Vergleiche reproduktives und therapeutisches Klonen (Abb. 1, 2). Nenne Gemeinsamkeiten und Unterschiede. Nenne mögliche Gründe dafür, dass das reproduktive Klonen weltweit abgelehnt wird, das therapeutische Klonen jedoch nicht.

3 Eizellen und Spermazellen aus dem Labor. In den Jahren 2003 und 2004 ist es erstmals gelungen, aus embryonalen Stammzellen von Mäusen Eizellen sowie Spermazellen zu züchten. Abbildung 3 zeigt mögliche Folgen, wenn man die an Mäusen gewonnenen Erkenntnisse ohne Berücksichtigung rechtlicher und ethischer Fragen auf den Menschen überträgt.
Beschreibe und bewerte die Möglichkeiten der Fortpflanzungstechniken (Abb. 3). Welche ethischen Bedenken lassen sich formulieren?

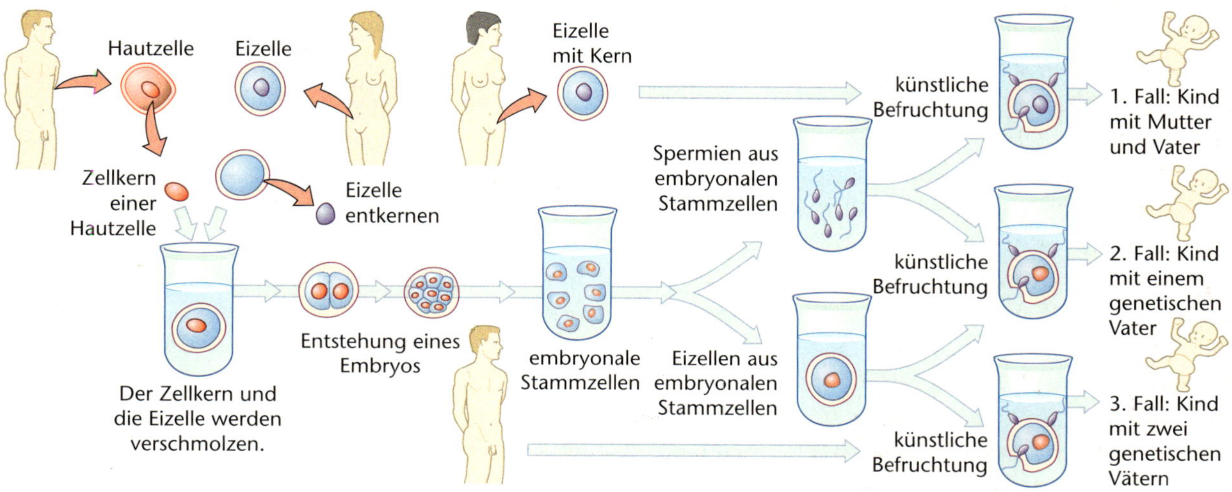

3 *Fortpflanzung mit Stammzellen, hier ohne Berücksichtigung rechtlicher und ethischer Fragen*

Vererbung

adidas
adidas

14 Grundlagen der Vererbung

14.1 Bedeutung des Zellkerns

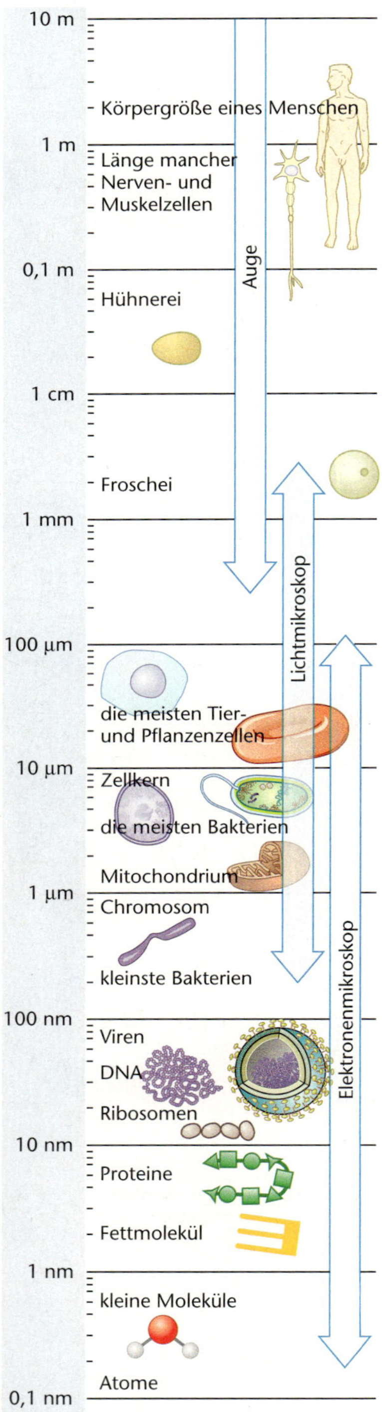

1 *Größenvergleich*

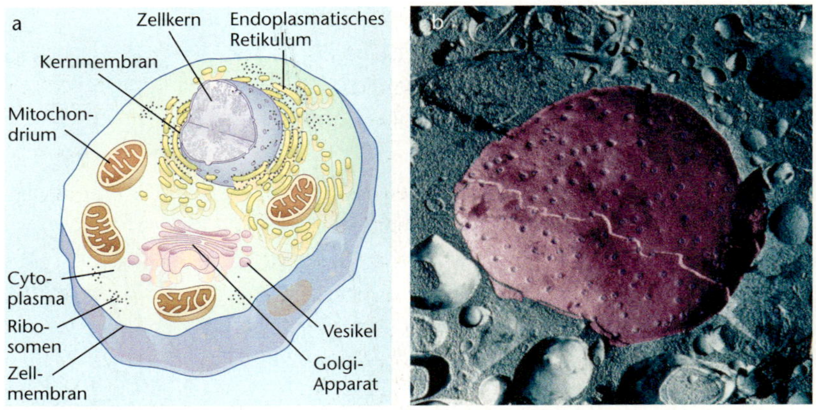

2 *a) Tierzelle mit Zellkern, b) angefärbter Zellkern mit Kernporen*

Alle Lebewesen mit einem Zellkern nennt man **Eukaryoten.** Im Zellkern, der von einer Membran umgeben ist, sind alle Erbinformationen gespeichert. Dazu gehören die Bauanleitungen für die Zellen und die Entwicklung des Körpers, die Informationen für den Stoffwechsel und für die Fortpflanzung. Jede Körperzelle eines Lebewesens enthält die gleichen Erbinformationen, die bereits im Zellkern der Zygote enthalten waren. Die Körperzellen eines Lebewesens sind untereinander erbgleich. Jede Zelle mit Zellkern enthält die Gesamtheit der Erbinformationen eines Lebewesens. Man bezeichnet die Gesamtheit der Erbinformationen eines Lebewesen als **Genom.**

Die Träger der Erbinformationen im Zellkern sind die Chromosomen. Sie bestehen unter anderem aus Desoxyribonukleinsäure, die abgekürzt als **DNA** (engl. deoxyribonucleic acid) bezeichnet wird. Die DNA ist ein langes, spiralig aufgebautes Molekül. Jedes einzelne Chromosom besteht aus einem DNA-Molekül.

Der Stoffwechsel in den Zellen wird durch die DNA gesteuert. Sie bestimmt, welche Stoffwechselvorgänge in der Zelle gerade ablaufen sollen. Dazu wird die benötigte Erbinformation im Zellkern gelesen und in Form von beweglichen Molekülen gespeichert. Diese gelangen durch Poren in der Kernhülle ins Cytoplasma und zu den Zellorganellen, wo die entsprechenden Stoffwechselreaktionen eingeleitet werden. Umgekehrt gelangen auch Informationen durch die Kernhülle in den Zellkern. Es findet also ein ständiger Informationsfluss zwischen der Steuerzentrale, dem Zellkern, und der übrigen Zelle statt. Auf diese Weise kann ein geregelter Ablauf aller Stoffwechselreaktionen erfolgen.

1 Größenvergleiche. Berechne unter Bezug auf Abbildung 1, wie groß ein Mensch (1,75 m) sein müsste, wenn ein Zellkern (9 µm Durchmesser) so groß wie ein Tennisball (Durchmesser 10 cm) wäre.

2 Versuche an Krallenfröschen. 1966 wurden die in Abbildung 4 dargestellten Versuche durchgeführt. Beschreibe die Versuche. Werte die Versuche in Hinblick auf die Bedeutung des Zellkerns aus.

3 Versuche mit Acetabularia. Die einzelligen Algen der Gattung Acetabularia bestehen aus einer „Wurzelregion", die den Zellkern enthält, einem Stiel und einem Schirm. Die einzelnen Arten unterscheiden sich in der Form des Schirms. Junge Algen besitzen noch keinen Schirm. Mit den in Abbildung 5 dargestellten Experimenten untersuchten Wissenschaftler die Regenerationsfähigkeit der Alge Acetabularia mediterranea.
Beschreibe die in der Abbildung 5a dargestellten Versuche. Stelle eine begründete Hypothese auf, die das unterschiedliche Regenerationsvermögen der einzelnen Algenteile in Teil a des Experiments erklären kann. Überprüfe, ob deine Hypothese das Versuchsergebnis von Experiment b schlüssig erklären kann. Begründe deine Ansicht.

4 Kombinationsversuche mit Acetabularia. In Abbildung 6 ist ein Versuch beschrieben, in dem Algenteile verschiedener Acetabularia-Arten kombiniert wurden. Stelle eine Hypothese auf, wie die Ergebnisse zu erklären sind.

3 *Acetabularia*

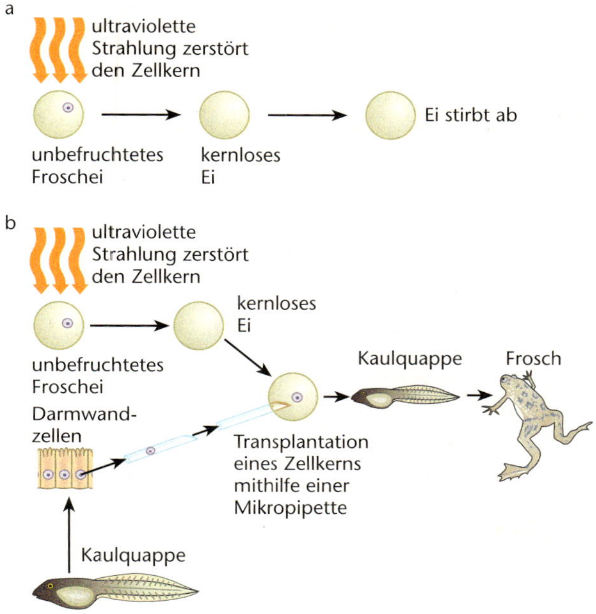

4 *Versuche an Krallenfröschen*

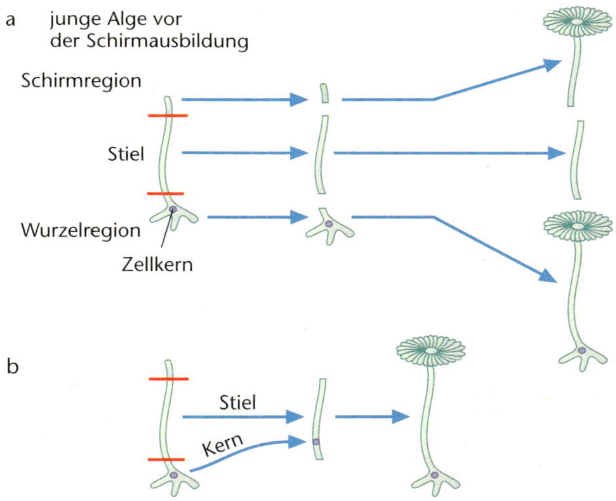

5 *Regenerationsversuche mit Acetabularia*

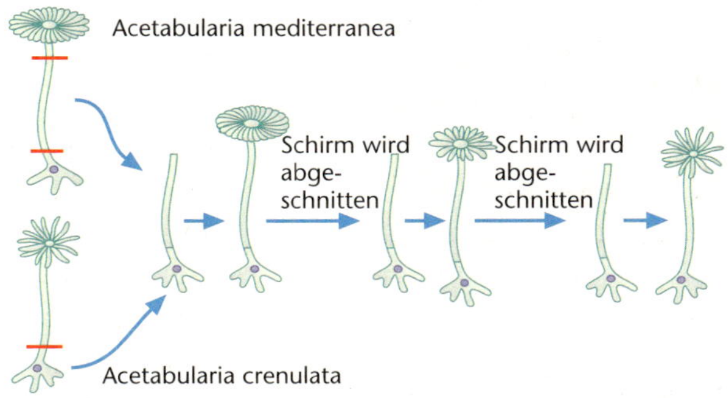

6 *Kombinationsversuche mit Acetabularia-Arten*

14.2 Chromosomen und Karyogramm

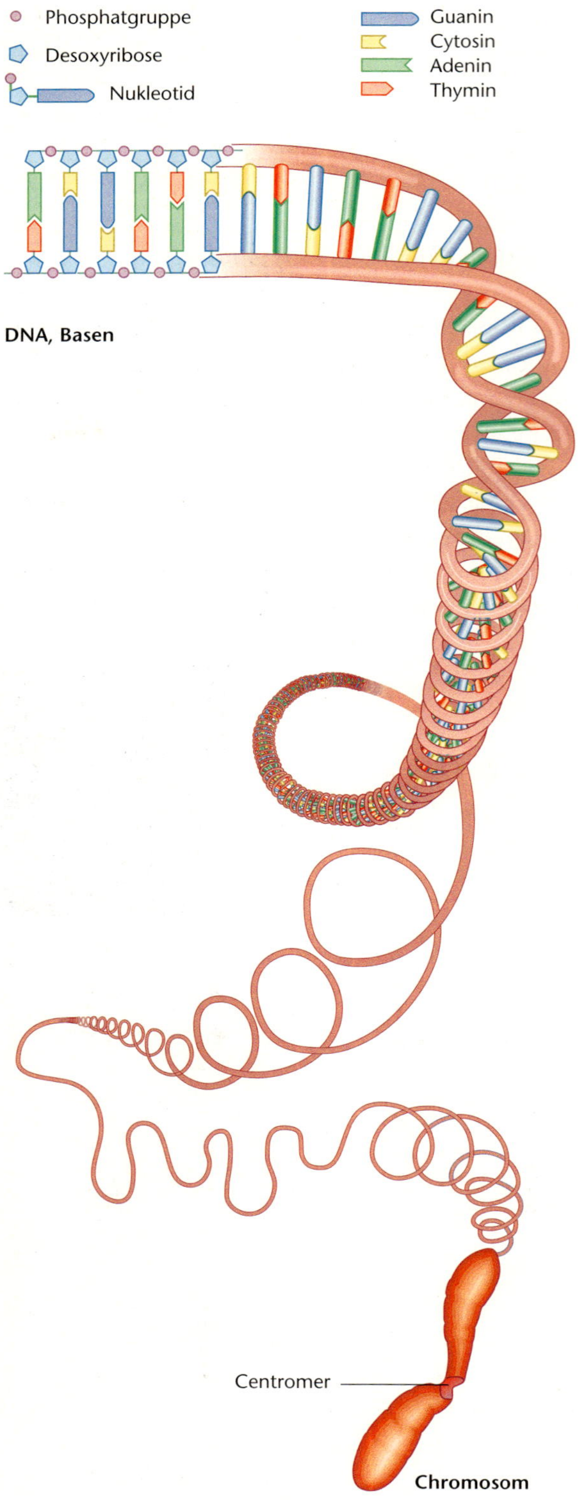

1 *Aufbau eines Chromosoms*

Jedes einzelne Chromosom besteht aus einem DNA-Molekül. Die **DNA** ist ein langes, spiralig aufgebautes Molekül aus vielen Bausteinen, den Nukleotiden. Jedes Nukleotid besteht aus einer Phosphatgruppe, dem Zucker Desoxyribose und einer Base. Es gibt vier verschiedene Basen, von denen jeweils zwei von ihrer Form zueinander passen (Abb. 1). Die Nukleotide sind paarweise angeordnet, so dass zwei zueinander passende Basen sich gegenüberstehen. Sie bilden die Sprossen einer Leiter, deren Holme aus den Phosphatgruppen und Zuckerbausteinen der Nukleotide bestehen. Diese Leiter ist wie eine verdrehte Strickleiter gewunden. In der Reihenfolge der Basenpaare im DNA-Molekül ist die Erbinformation codiert. Die einzelnen DNA-Moleküle unterscheiden sich in der Anzahl und Abfolge ihrer Basenpaare.

Normalerweise liegt die DNA als sehr langes Molekül im Zellkern. Vor der Zellteilung rollt sich die DNA auf, so dass sie im Lichtmikroskop sichtbar wird (Abb. 1). Jedes DNA Molekül entspricht einem **Chromosom.** Nach der Zellteilung nimmt die DNA wieder die fädige Form an.

Der Mensch besitzt in jeder Körperzelle 46 Chromosomen. Davon sind 22 je zwei Mal vorhanden. Sie heißen **Autosomen.** Die beiden Chromosomen dieser Chromosomenpaare werden als **homologe Chromosomen** bezeichnet. Hinzu kommen Chromosomen, die das Geschlecht des Menschen bestimmen. Sie heißen daher Geschlechtschromosomen oder **Gonosomen.** Bei den Gonosomen unterscheidet man X- und Y-Chromosomen. Frauen und Mädchen besitzen zwei X-Chromosomen, Männer und Jungen haben ein X-Chromosom und ein Y-Chromosom. Bei jedem Autosomenpaar stammt ein Chromosom von der Mutter und eines vom Vater. Auch von den beiden Gonosomen stammt eines von der Mutter und eines vom Vater. Die Körperzellen des Menschen haben also einen doppelten Chromosomensatz: 2 x 22 + XX bei einer Frau und 2 x 22 + XY bei einem Mann. Zellkerne mit einem doppelten Chromosomensatz nennt man **diploid.** Eizellen und Spermazellen haben von jedem Chromosomenpaar entweder nur das Chromosom von der Mutter oder das vom Vater. Sie haben nur einen einfachen Chromosomensatz, der aus 23 Chromosomen besteht. Man bezeichnet solche Zellen als **haploid.**

Vor einer Zellteilung verdoppelt sich jedes DNA-Molekül, wobei die beiden DNA-Moleküle völlig gleich sind. An einem Punkt berühren sie sich. Man nennt diese Stelle Centromer (Abb. 1). Zu Beginn einer Zellteilung haben die Chromosomen daher ein x-förmiges Aussehen. Sie bestehen dann aus zwei zusammengerollten DNA-Molekülen. Es sind zwei Chromosomen, die an einer Stelle, dem Centromer, zusammenhängen. Man bezeichnet sie in dieser Form als **Doppelchromosom.**

Die Zahl der Chromosomen des einfachen Chromosomensatzes einer Zelle bezeichnet man mit n.

Körperzellen		Geschlechtszellen
direkt vor der Zellteilung 	zwischen zwei Zellteilungen 	
46 Doppel-chromosomen	46 Chromosomen	23 Chromosomen

2 *Übersicht Chromosomenzahl*

Beim Menschen ist n = 23. Körperzellen besitzen von jedem Chromosom ein Exemplar von der Mutter und eines vom Vater. Ihr Chromosomensatz beträgt 2n. Vor der Zellteilung hat sich jedes DNA-Molekül verdoppelt. Die so entstandenen DNA-Moleküle bilden ein Doppelchromosom. Durch Kern- und Zellteilung werden die Chromosomen so verteilt, dass jede Tochterzelle den diploiden Chromosomensatz mit 2n hat.

a Während der Zellteilung werden die Chromosomen im Lichtmikroskop sichtbar. Sie liegen dann als Doppelchromosomen vor. Jedes Doppelchromosom ist zweifach vorhanden. Die Chromosomen werden fotografiert und ausgeschnitten. Anschließend ordnet man sie nach Form und Größe. Die jeweils gleichen Chromosomen werden dabei nebeneinander gelegt. Man nennt diese Zusammenstellung der Chromosomen Karyogramm. So kann man feststellen, ob alle Chromosomen vollständig sind und auch in der richtigen Anzahl vorliegen. Manche Krankheiten beruhen auf einer Abweichung der Chromosomenzahl oder darauf, dass einzelne Stücke eines Chromosoms fehlen.

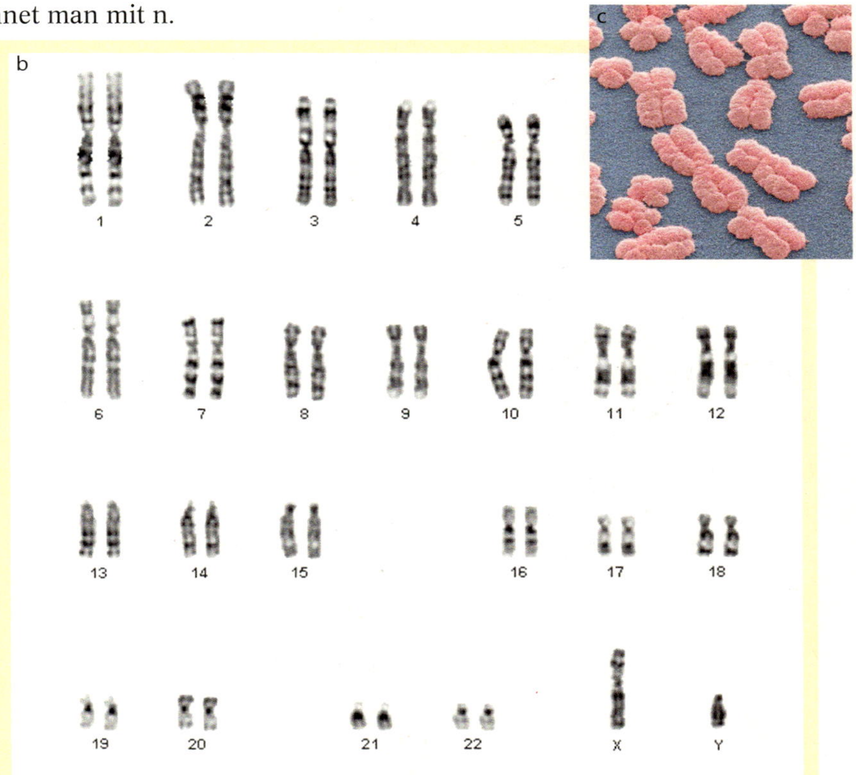

3 *a) Entstehung eines Karyogramms des Menschen, b) geordnetes Karyogramm, c) Ausschnitt aus einem ungeordneten Karyogramm*

14.3 Mitose – Zellteilung

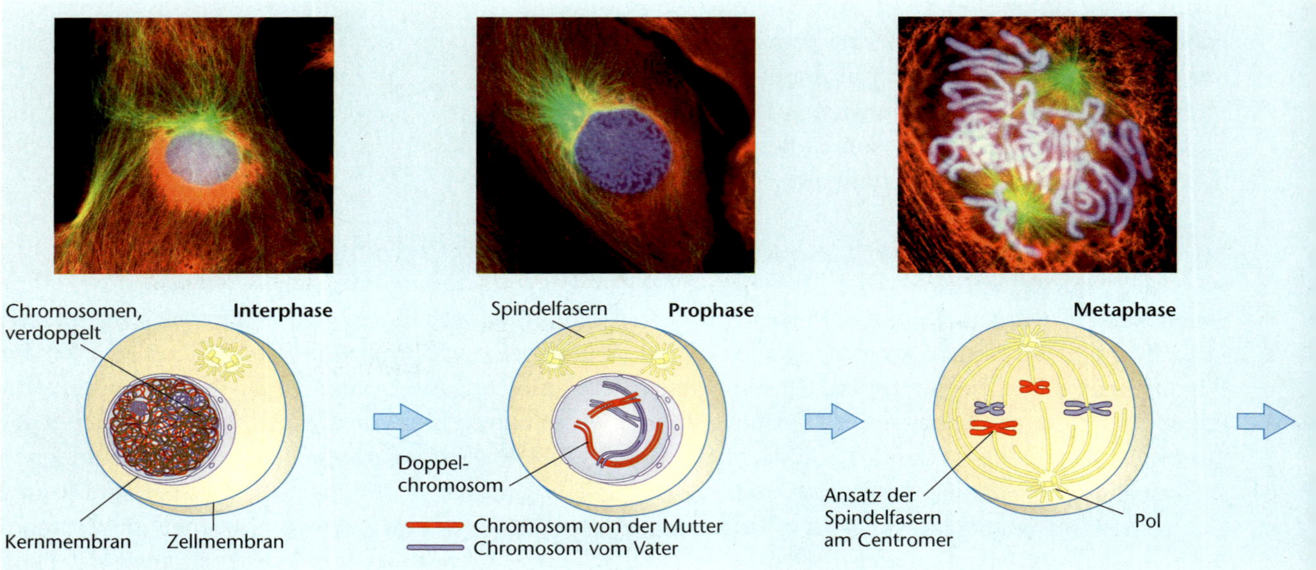

1 *Ablauf der Mitose*

Nach jeder Zellteilung haben die beiden neu entstandenen Zellen die gleiche Erbinformation wie die Zelle, aus der sie hervorgingen. Man spricht von erbgleicher Teilung. Die Vorgänge in der Zelle von einer Zellteilung bis zur nächsten bezeichnet man als **Zellzyklus.** Im Zellzyklus unterscheidet man **Mitose** und **Interphase.**

Die **Mitose** wird in folgende Phasen unterteilt (Abb. 1).

- Prophase: Zu Beginn der Mitose wird die Membran des Zellkerns aufgelöst. Die DNA wird aufgerollt, die Doppelchromosomen werden im Lichtmikroskop sichtbar. Die Spindelfasern entstehen.
- Metaphase: Die Chromosomen sind in der Zellmitte in einer Ebene angeordnet und mit den Spindelfasern verbunden.
- Anaphase: Die Doppelchromosomen werden getrennt. Je eines der beiden identischen Chromosomen wandert nun mithilfe der Spindelfasern zu einem Pol.
- Telophase: An jedem Pol wird eine neue Kernmembran gebildet, die die Chromosomen umschließt. Gleichzeitig verlieren die Chromosomen wieder ihre aufgerollte Struktur und können im Lichtmikroskop nicht mehr unterschieden werden. Das Cytoplasma wird auf die entstehenden Tochterzellen aufgeteilt; die Zellen durch Membranen vollständig getrennt. Es sind zwei Zellen mit gleichen Erbinformationen entstanden; die Mitose ist beendet.

In der folgenden **Interphase** wächst die Zelle und nimmt ihre Stoffwechselfunktion wahr. Während einer bestimmten Zeit in der Interphase findet die identische Verdopplung jedes Chromosoms, also jedes DNA-Moleküls, statt. Die beiden Chromosomen bleiben im Centromer verbunden. Damit ist der Ausgangszustand vor einer erneuten Mitose wieder erreicht. Die Zunahme an Zellen während des Wachstums eines Lebewesens ist nur auf den Vorgang der Mitose zurückzuführen.

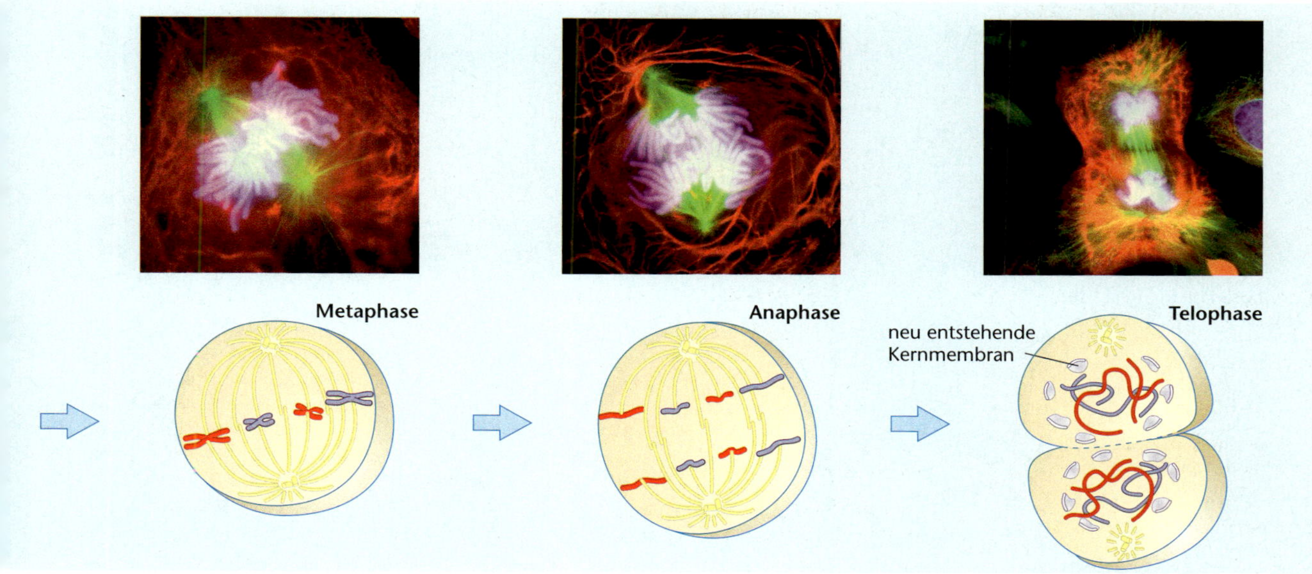

1 Kurzvortrag Mitose. Bereite einen Kurzvortrag von 3 bis 5 Minuten Dauer über die Mitose vor. Während deines Vortrags steht deinen Mitschülerinnen und Mitschülern Abbildung 1 zur Verfügung.

2 Zellen in der Mitose. Ordne die Zellen in der Abbildung 2 den Phasen der Abbildung 1 zu. Begründe deine Zuordnung.

3 Phasendauer im Zellzyklus. Werte die Tabelle in Abbildung 3 aus.

4 DNA-Gehalt von Zellen. In einem Gewebe, in dem sich ständig viele Zellen teilen, besitzen einige Zellen nur die Hälfte der DNA der übrigen Zellen. In welcher Phase des Zellzyklus können sich diese Zellen befinden? Begründe deine Ansicht.

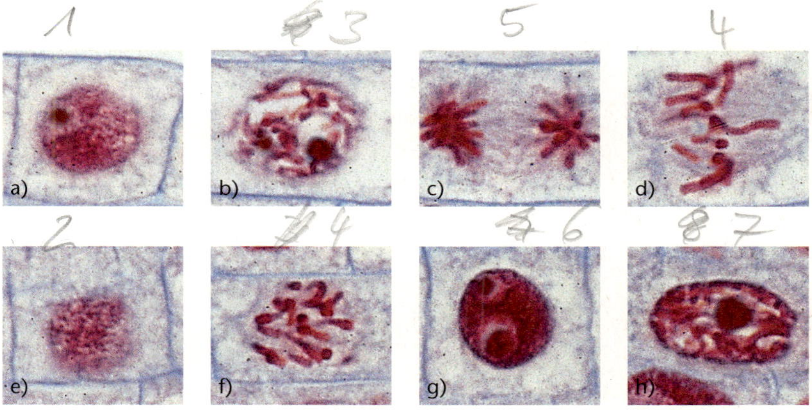

2 *Mitose in der Wurzelspitze einer Zwiebel*

Zelltyp	Interphase bis zur Verdoppelung der DNA	Dauer der Verdoppelung der DNA	Mitose
blutbildendes Knochenmark	2	8	0,7
Dünndarm	6	8	0,7
Dickdarm	22	8	0,7
Speiseröhre	170	8	0,7
Haut	989	8	0,7
Leber	9990	8	0,7

3 *Phasendauer im Zellzyklus in Stunden*

14.4 Meiose – Bildung von Geschlechtszellen

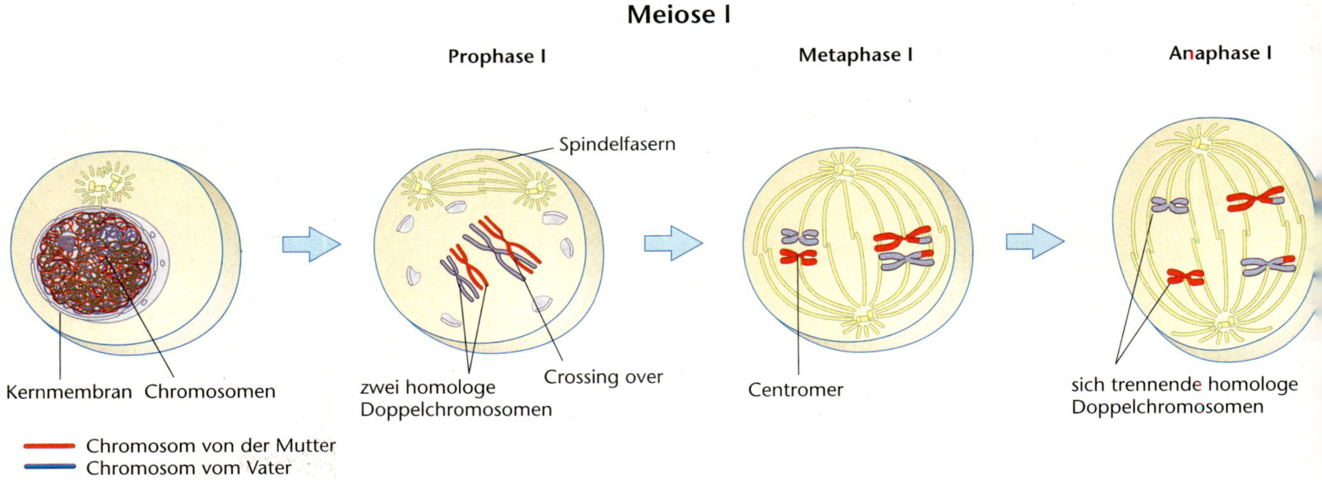

1 *Schematischer Ablauf der Meiose*

Der Vorgang, bei dem die Geschlechtszellen gebildet werden, heißt **Meiose.** Die Meiose findet bei der Frau in den Eierstöcken und beim Mann in den Hoden statt. Sie besteht immer aus zwei Teilungsschritten, der Meiose I und der Meiose II.

Zu Beginn der **Meiose I** hat die Verdopplung der DNA-Moleküle in der Ursprungszelle bereits stattgefunden. Jedes Chromosom liegt jetzt in Form von zwei homologen Doppelchromosomen vor (Abb. 1). In der Prophase I lagern sich die homologen Doppelchromosomen zusammen. Man spricht von der Paarung der homologen Doppelchromosomen. Bei diesem Vorgang kann es vorkommen, dass einzelne Abschnitte der Doppelchromosomen ausgetauscht werden, so dass zum Beispiel ein Doppelchromosom vom Vater nun DNA-Abschnitte vom Doppelchromosom der Mutter enthält und umgekehrt. Den Vorgang bezeichnet man als Stückaustausch oder **Crossing over.** In der anschließenden Metaphase I und Anaphase I werden die Doppelchromosomen so auf die Tochterzellen verteilt, dass von jedem Paar Doppelchromosomen ein Exemplar in jeder Tochterzelle vorliegt. Dabei ist es völlig zufällig, ob das Doppelchromosom von der Mutter oder das vom Vater in die neue Zelle gelangt. Auch die beiden Gonosomen werden zufällig auf die beiden Tochterzellen verteilt. Die Zahl der Chromosomen wird bei dieser Teilung also halbiert.

An diese erste Teilung schließt sich eine zweite Teilung an, die **Meiose II** (Abb. 1). In der Prophase II ordnen sich die Doppelchromosomen der Tochterzellen in der Mitte der Zelle an. Anschließend werden die einzelnen Chromosomen eines jeden Doppelchromosoms getrennt und zu den Zellpolen gezogen. Nach dem Ende der Teilung liegen vier haploide Zellen vor. Diese Zellen besitzen nicht die gleichen Erbinformationen, da die Chromosomen vom Vater und der Mutter zufällig verteilt wurden.

Beim Mann entstehen aus den in der Meiose gebildeten Zellen die Spermien. Aus einer Ursprungszelle entstehen vier Spermien. Bei der Frau wird bei den Teilungen der Meiose das Zellplasma ungleich verteilt. Es entstehen aus der Ursprungszelle eine große Zelle, die zukünftige Eizelle, und drei sehr kleine Zellen, die nahezu kein Zellplasma enthalten. Man nennt sie Polkörperchen. Sie gehen später zugrunde. Bei der anschließenden Befruchtung verschmelzen Eizelle und Spermazelle. Es entsteht die diploide Zygote.

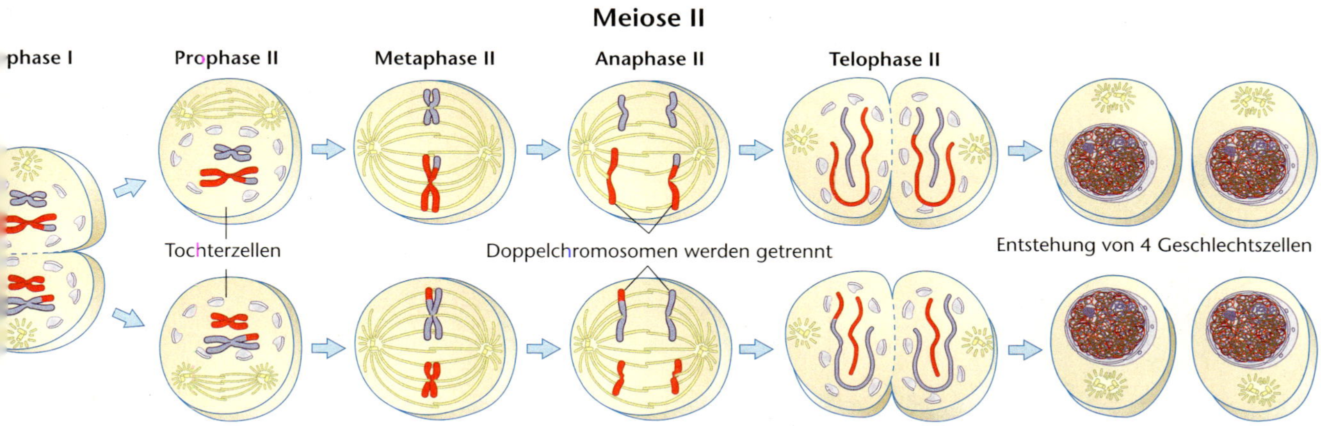

1 Meiose. Beschreibe den Ablauf der Meiose in eigenen Worten (Abb. 1). Gliedere deine Ausführungen.

2 Mitose/Meiose. Ordne die folgenden Begriffe und Aussagen der Mitose und/oder der Meiose zu.

A – erbgleiche Teilung
B – Verringerung der Chromosomenzahl
C – haploide Zellen
D – diploide Zellen
E – Centromer
F – Bildung von Geschlechtszellen
G – Crossing over
H – homologe Doppelchromosomen
I – Paarung homologer Doppelchromosomen
J – Eine neue Kernhülle wird gebildet.
K – DNA-Moleküle trennen sich.

3 Schema der Meiose. Zeichne ein Schema für die Meiose einer Zelle mit zwei verschiedenen Doppelchromosomen und Gonosomen wie in Abbildung 1. Ordne die Begriffe diploid und haploid den Abschnitten zu.

4 Geschlechtschromosomen. In welcher Phase der Meiose entscheidet sich, ob eine Spermazelle ein X oder ein Y-Chromosom enthält? Begründe deine Ansicht.

5 Zellteilungen im menschlichen Leben. Beschreibe die in Abbildung 2 dargelegten Vorgänge und gib für die Zellen 1–7 jeweils die Anzahl und Art der Chromosomen an.

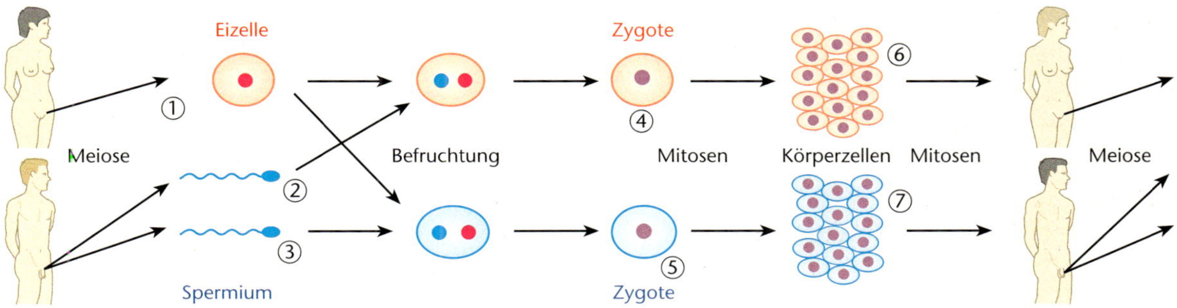

2 *Zellteilungen im menschlichen Leben*

14.5 Genetische Variabilität

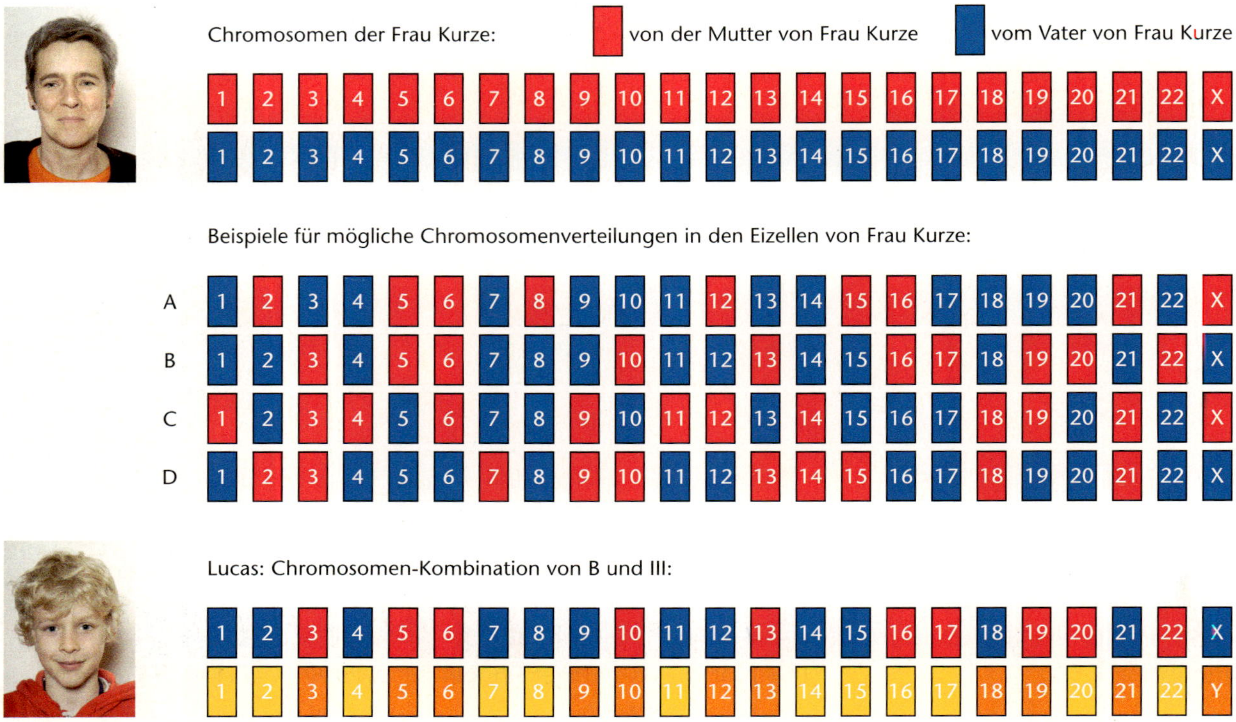

1 *Neukombination von Chromosomen bei der Bildung von Geschlechtszellen und der Befruchtung*

Die Körperzellen eines Menschen enthalten Chromosomen von dessen Mutter und Vater. In der Abbildung 1 ist vereinfacht davon ausgegangen, dass die Hälfte der Chromosomen von Frau Kurze von ihrer Mutter, die andere Hälfte von ihrem Vater stammen. Die Chromosomen werden bei der Bildung der Eizellen von Frau Kurze neu kombiniert, wobei eine unglaublich große Zahl von Kombinationsmöglichkeiten besteht (Abb. 1 A–D). Der gleiche Vorgang findet bei der Spermienbildung des Vaters statt (Abb. 1 I–IV). Durch die Befruchtung erfolgt anschließend die Kombination von mütterlichen und väterlichen Chromosomen in der Zygote. Die Zygote, und damit alle Zellen des daraus entstehenden Kindes, enthält so eine andere Kombination der Chromosomen als die Zellen der Eltern. Eine Neukombination erfolgt also sowohl bei der Bildung der Geschlechtszellen als auch bei der Befruchtung. Dadurch entsteht eine große Vielfalt, die auch **genetische Variabilität** genannt wird.

Alle Erbinformationen, die auf einem Chromosom liegen, werden gemeinsam vererbt. Sie stellen gewissermaßen ein Paket dar. Durch den Austausch von DNA zwischen homologen Doppelchromosomen beim Crossing over in der Meiose werden die Erbinformationen eines Chromosoms neu zusammengestellt. Dies hat zur Folge, dass dadurch die genetische Variabilität weiter erhöht wird.

Von Generation zu Generation hat die Fortpflanzung durch Geschlechtszellen zur Folge, dass die Erbinformationen neu gemischt werden. Es entstehen immer neue Kombinationen der Erbinformationen. Mit Ausnahme eineiiger Zwillinge haben alle Menschen neben gemeinsamen auch unterschiedliche Erbinformationen. Dies trifft auf alle Organismen zu, die sich geschlechtlich fortpflanzen. Infolge der unterschiedlichen Erbinformationen unterscheiden sich die einzelnen Individuen in ihren erblichen Eigenschaften.

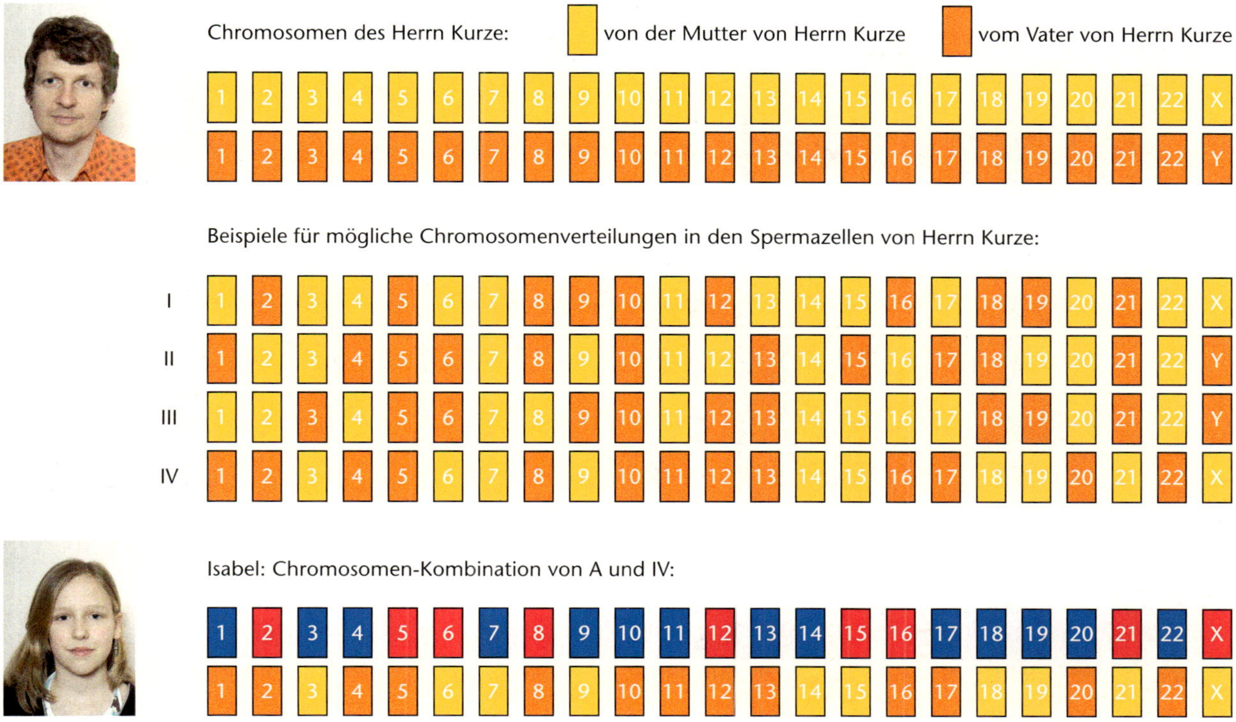

1 Kombinationsmöglichkeiten berechnen. Die Zahl der Kombinationsmöglichkeiten der Chromosomen väterlicher und mütterlicher Herkunft bei der Bildung der Geschlechtszellen berechnet sich bei diploiden Organismen nach folgender Formel:

$x = 2^y$

wobei gilt:
x = Zahl der Kombinationsmöglichkeiten

$$y = \frac{\text{Gesamtzahl der Chromosomen}}{2}$$

Berechne für den Menschen und die in Abbildung 2 genannten Organismen die Zahl der Kombinationsmöglichkeiten.

2 Vergleich der Kinder.
a) Vergleiche die Chromosomen-Kombinationen der beiden in Abbildung 1 dargestellten Kinder.
b) Vergleiche die Chromosomen-Kombinationen von Geschwistern allgemein mit der von eineiigen Zwillingen.

3 Kombinationsmöglichkeiten von Chromosomen.
a) Frau und Herr Kurze erwarten ein weiteres Kind, einen Jungen. Zeichne unter Bezug auf Abbildung 1 eine Kombinationsmöglichkeit in dein Heft.
b) Zeichne zwei mögliche Chromosomenverteilungen in den Eizellen von Isabel in dein Heft.

Art	Anzahl (2n)
Regenwurm	32
Stechmücke	6
Karpfen	104
Rind	60
Erbse	14

2 *Chromosomenzahl (2n) einiger Lebewesen*

14.6 Gen – Protein – Merkmal

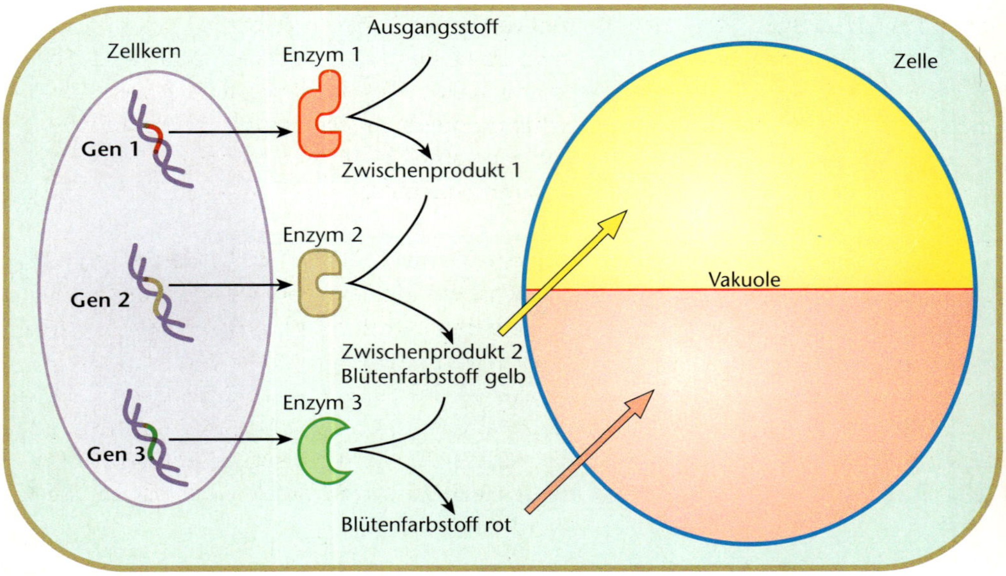

1 *Genwirkkette zur Blütenfarbe bei der Gauklerblume*

Verschiedene Zuchtsorten der Gauklerblume haben eine unterschiedliche Blütenfarbe (Abb. 1). Untersuchungen haben ergeben, dass die Blütenfarbe vom Bau eines DNA-Abschnittes in einem bestimmten Chromosom abhängt. Dieser Abschnitt ist für die Blütenfarbe zuständig.

Eine Funktionseinheit der DNA, die die Information für die Herstellung eines Proteins trägt, bezeichnet man als **Gen.** Das entsprechende Protein ist das zugehörige **Genprodukt.**

Eine große Gruppe der Proteine sind Enzyme, die Stoffwechselreaktionen katalysieren. Im Falle der Blütenfarbe der Gauklerblume ist in dem Gen die Information für die Bauanleitung eines Enzyms gespeichert. In den Zellen des Kronblattes wird dieses Enzym produziert. Zusammen mit anderen Enzymen bewirkt es, dass ein roter Farbstoff in der Zelle hergestellt wird. Der Farbstoff wird in der Vakuole der Zelle gespeichert und verleiht der Blüte die entsprechende Farbe. Die rote Farbe ist das für uns sichtbare **Merkmal.** In diesem Fall handelt es sich um ein erbliches Merkmal, weil es durch ein Gen bestimmt wird.

Häufig sind für die Ausbildung eines erblichen Merkmals mehrere Enzyme und damit die entsprechenden Gene erforderlich. So werden zur Herstellung des Blütenfarbstoffes bei der Gauklerblume mehrere Enzyme benötigt, weil die Synthese des Stoffes über mehrere Stufen verläuft. Jede Reaktion dieses Herstellungsprozesses wird von einem anderen Enzym katalysiert (Abb. 1). Im Falle der Gauklerblume ist nur die letzte Reaktion und damit nur ein Enzym verantwortlich, ob der hergestellte Farbstoff gelb oder rot aussieht. Die Abfolge von Stoffwechselreaktionen in dieser Art bezeichnet man als **Genwirkketten.** Das erbliche Merkmal, hier zum Beispiel die Blütenfarbe, ist das Ergebnis der Genwirkkette. Die Gene einer Genwirkkette müssen dabei nicht auf dem gleichen Chromosom liegen.

Die meisten Merkmale von Lebewesen sind nicht nur erblich bestimmt. Sie werden durch das Zusammenwirken von Genen und Umwelt bestimmt. Manche Merkmale eines Lebewesens werden nur durch die Umwelt beeinflusst.

A: Die Eizelle und der Pollen enthalten die Gene für die Gauklerblume. Nach der Befruchtung sind dadurch die Merkmale der Gauklerblume festgelegt. Die Gene sind damit der wichtigste Teil der Vererbung. Jedem Merkmal ist ein Gen zugeordnet, zum Beispiel das Merkmal „rote Blütenfarbe".

B: Bei der Gauklerblume gibt es rote Blüten und gelbe Blüten. Wenn man die Pflanzen kreuzt, kommt es darauf an, welche Merkmale aus dem Pollen kommen und welche aus der Eizelle. Wird die neue Blüte rot und stammte der Pollen von einer rot blühenden Pflanze, so stammt das Merkmal vom Pollen.

C: Häufig werden zur Ausbildung eines Merkmals viele Gene benötigt. Man spricht dann von einer Genwirkkette. Das ist auch bei der Blütenfarbe der Gauklerblume der Fall. Wenn nun ein Gen der Genwirkkette fehlt, so hat die Blume keine Blütenfarbe. Sie ist dann weiß, da das Merkmal „Blütenfarbe" nicht ausgebildet werden kann.

D: Auch bei der Blütenfarbe liegt eine Genwirkkette vor. Das Merkmal „rot" ist das Produkt dieser Kette, also das Genprodukt. Interessant ist bei der Züchtung, von welcher Elternpflanze die Genwirkkette vererbt wird. Sie bestimmt dann die Blütenfarbe.

E: Die Blütenfarbe ist bei der Bestäubung wichtig. Wenn eine Pflanze merkt, dass sie nicht von den Bienen bestäubt wird, ändert sie die Proteine, die die Genprodukte sind. So kann sie bestimmen, ob ihre Blüten rot oder gelb werden. Vielleicht kann die Pflanze ja auch aussuchen, welche Gene für sie besser sind.

2 *Aussagen – falsch oder richtig?*

Genwirkketten können wesentlich komplexer sein, als sie in Abbildung 1 dargestellt sind. So können aus einem Ausgangsstoff mehrere Zwischenprodukte entstehen oder mehrere Stoffe werden von einem Enzym zu einem neuen Stoff zusammengebaut.

Soll eine Genwirkkette erforscht werden, muss zunächst ermittelt werden, welche Stoffe und Gene daran beteiligt sind. Anschließend werden in einer Versuchsreihe die einzelnen Gene ausgeschaltet und jeweils überprüft, welche Stoffe noch von der Zelle gebildet werden können. Daraus lässt sich rekonstruieren, in welcher Reihenfolge die Stoffe durch die Genwirkkette gebildet werden.

Zerstörung von Gen	Stoffe, die nicht mehr gebildet werden
1	B, C, E, F
2	F
3	C, E, F
4	E, F
5	D, E, F

A = Ausgangsstoff; F = Endstoff; B, C, D, E = Zwischenprodukte

3 *Untersuchung einer Genwirkkette*

1 Genwirkkette.
a) Beschreibe die Genwirkkette in Abbildung 1.
b) Überlege, welche Folgen es in Hinblick auf das Merkmal Blütenfarbe hätte, wenn das Gen 3 in den Zellen der Blüte seine Funktion verlieren würde.

2 Sind die Aussagen richtig? Überprüfe anhand der Grundwissenseite, ob die Formulierungen in Abbildung 2 richtig sind. Begründe deine Entscheidung ausführlich. Berichtige die Aussagen in den Fällen, die du als nicht korrekt bewertet hast.

3 Erforschung einer Genwirkkette. Stelle aus den Angaben in Abbildung 3 eine mögliche Genwirkkette auf.

14.7 Veränderungen durch Mutationen

1 *Normal gefärbter Tiger und weißer Tiger*

Die DNA kann durch Einflüsse von außen verändert werden. Solche Einflüsse sind zum Beispiel UV-Strahlung, radioaktive Strahlung, Röntgenstrahlung oder auch eine Reihe von Chemikalien, wie sie zum Beispiel im Zigarettenrauch enthalten sind. Manche Veränderungen der DNA erfolgen auch ohne erkennbare äußere Einwirkung. Heute weiß man, dass Veränderungen der DNA häufig vorkommen. Die Zelle verfügt über Mechanismen, die Veränderungen in der DNA reparieren können, doch nicht immer gelingt eine Reparatur. Bleibende Veränderungen der DNA nennt man **Mutationen.**

Wenn eine Körperzelle mutiert, kann das dazu führen, dass das entsprechende Genprodukt in dieser Zelle nicht mehr funktionstüchtig ist. Wird der Stoffwechsel der Zelle dadurch schwer gestört, stirbt die Zelle. Manche Mutationen haben keine Auswirkungen auf die Lebensfähigkeiten der Zelle. Mutationen in Körperzellen werden bei der Zellteilung an die Tochterzellen weitergegeben. Bei manchen Mutationen gerät die Steuerung der Zellteilung außer Kontrolle. Teilt sich die Zelle aufgrund solcher Mutationen immer weiter, kann ein Tumor entstehen. Mutationen von Körperzellen werden nicht vererbt.

Bei mehrzelligen Lebewesen wird eine Mutation nur dann an die Nachkommen übertragen, wenn die Mutation in einer Zelle stattfindet, aus der sich eine Geschlechtszelle bildet. Eine solche Zelle gehört der **Keimbahn** an. Darunter versteht man die Abfolge derjenigen Zellen, ausgehend von der Zygote, aus denen sich schließlich die Geschlechtszellen entwickeln (Abb. 3). Werden Mutationen durch die Geschlechtszellen weitergegeben, besitzen alle Körperzellen des neuen Lebewesens diese veränderte Erbinformation. So fehlt dem Tiger in Abbildung 1 der rote Farbstoff im gesamten Fell.

Mutationen können nachteilig, vorteilhaft oder ohne erkennbare Auswirkungen sein. Mutationen tragen zur genetischen Variabilität einer Art bei. Bei Veränderungen der Umwelt hat möglicherweise ein Individuum mit einer solchen Mutation einen Überlebensvorteil, während andere Individuen mit der Veränderung nicht zurechtkommen. Mutationen sind in der Geschichte der Lebewesen, der Evolution, eine Ursache für Neues.

2 *Schneehase im Winter und im Sommer*

1 Diploide Organismen. Begründe, warum bei diploiden Organismen eine Fehlfunktion nicht immer auftritt, obwohl die Mutation, die diese Fehlfunktion zur Folge hat, auf einem Chromosom vorhanden ist.

2 Bedeutung von Mutationen in der Evolution. Der Schneehase ist mit dem Feldhasen eng verwandt; er stammt wahrscheinlich von ihm ab. Er lebt im hohen Norden in schneereichen Gebieten. Im Gegensatz zum Feldhasen hat er im Winter ein weißes Fell (Abb. 2). Stelle eine begründete Hypothese zur Entstehung der weißen Fellfarbe beim Schneehasen auf.

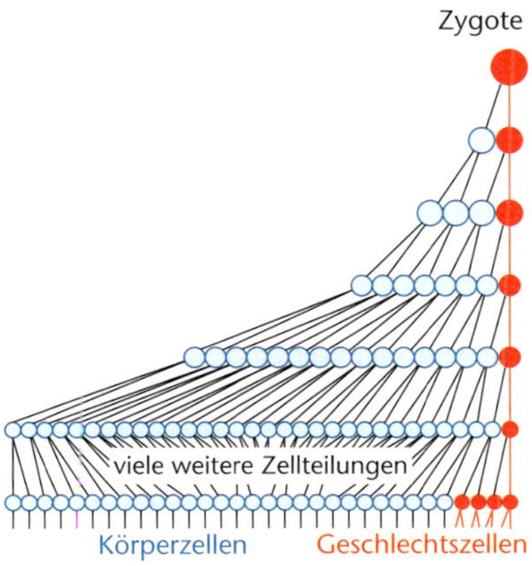

3 *Keimbahn*

3 Bedeutung von Mutationen in der Ökologie. Nach wiederholtem Einsatz von Insektiziden beobachtet man häufig, dass die bekämpften Insekten wieder an Zahl zunehmen, nun aber gegen das Insektengift resistent sind. Abbildung 4 zeigt die Vorgänge, die dazu führen. Beschreibe diese Vorgänge. Erläutere die Rolle von Mutationen dabei.

4 Bedeutung von Mutationen in der Medizin. Abbildung 5 zeigt den typischen Verlauf der Behandlung eines Aids-Patienten mit dem Medikament 3TC, das die Vermehrung von HI-Viren verhindern soll. Interpretiere die Abbildung und nimm zur Anwendung des Medikaments in der Aids-Therapie Stellung.

5 Röntgen. Begründe, warum beim Röntgen besonders die Geschlechtsorgane durch Blei abgeschirmt werden und man Schwangere nicht röntgt.

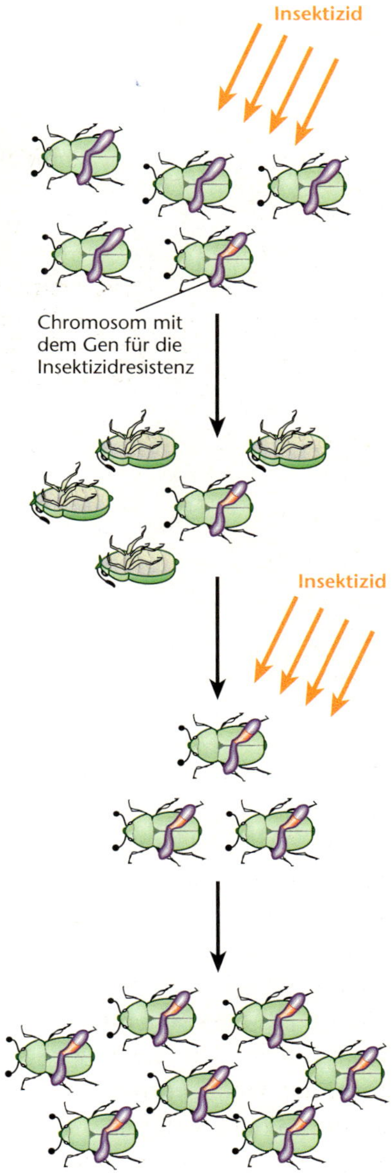

4 *Resistenzbildung bei Insekten*

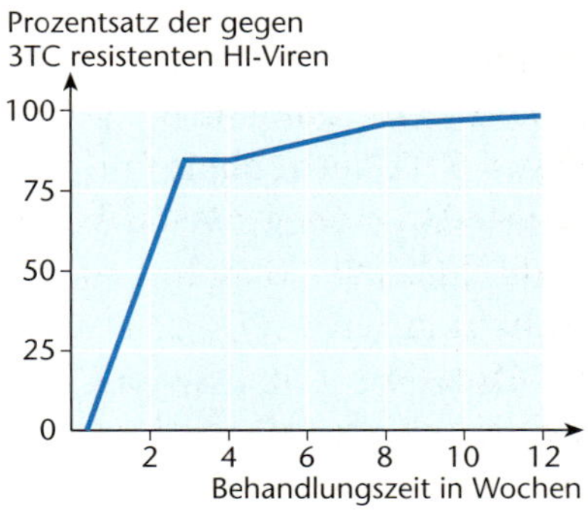

5 *Behandlungsergebnis von Aids-Patienten mit 3TC*

14.8 Gene können an- und abgeschaltet werden

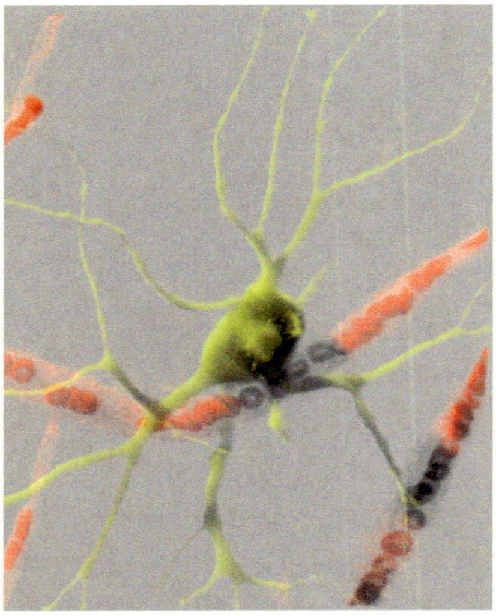

1 *Nervenzelle des Menschen mit Blutkapillaren und Roten Blutkörperchen*

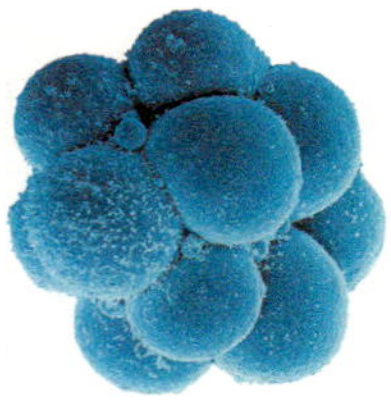

2 *Menschlicher Embryo einige Stunden nach der Befruchtung*

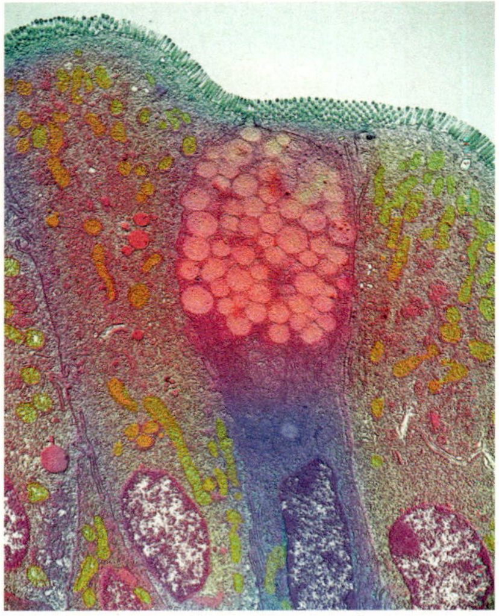

3 *Darmzellen des Menschen. Eine Becherzelle produziert Schleim (rosa Kreise), der in den Darm abgegeben wird.*

Beim Menschen entsteht, wie bei allen mehrzelligen Organismen aus der Zygote ein vollständiger Organismus. Die ersten Zellen in der Entwicklung sind noch gleich gebaut. Je weiter die Embryonalentwicklung fortschreitet, umso mehr verschiedenartige Zelltypen entstehen. Man nennt diese Vorgänge **Zelldifferenzierung.** Je nach Entwicklungsstadium und Ort im Organismus werden in den verschiedenen Zellen einzelne Gene an- oder abgeschaltet. Nur bei aktiven Genen werden die Informationen abgelesen und die entsprechenden Proteine beziehungsweise Enzyme hergestellt. Dadurch wird die Entwicklung der Zelle gesteuert. Ob eine Drüsenzelle oder eine Nervenzelle entsteht, hängt davon ab, welche Gene in der Zelle aktiv sind.

Während der Zelldifferenzierung wird in den verschiedenen Zellen ein Teil der Gene dauerhaft abgeschaltet. Diese Zellen können dann keine andere Funktion mehr wahrnehmen. Nur einige spezielle Zellen können auf alle Gene zurückgreifen. Man nennt sie **Stammzellen.** Stammzellen spielen eine große Rolle bei der Erneuerung von Organen und zum Beispiel bei der Heilung nach Verletzungen.

Die Zellen eines Organs haben eine bestimmte Aufgabe. Dafür laufen in den Zellen bestimmte Stoffwechselreaktionen ab, zum Beispiel produziert eine Darmzelle bei Bedarf Verdauungsenzyme. Die dazu benötigten Enzyme werden von der Zelle hergestellt. Die entsprechenden Gene für die Enzymherstellung werden in Darmzellen nach Bedarf an- und abgeschaltet. Zellen können auch auf äußere Einflüsse reagieren. So produzieren Hautzellen nach UV-Bestrahlung verstärkt Melanin, das die Haut dunkler färbt und einen Schutz vor erneuter UV-Einstrahlung bietet. Für die Melaninproduktion werden Gene aktiviert und später wieder abgeschaltet. Auch Krankheiten verursachen in Zellen, zum Beispiel in Zellen des Immunsystems, eine veränderte Genaktivität. Die Genaktivität hängt also auch von der Umwelt ab.

4 *Stammesgeschichtliche alte Merkmale treten manchmal wieder auf*

1 Gedankenmodell: „Genombuch". Ein Buch mit vielen Kapiteln, das eine Fülle von Informationen über Arbeitsabläufe enthält, stellt ein Modell für die Arbeitsweise der Gene dar. Das Buch wird von Personen mit unterschiedlichen Arbeitsbereichen genutzt. Einige Einführungskapitel werden von allen Personen gelesen, die weiteren Kapitel nur, soweit sie zu den eigenen Arbeitsbereichen gehören. Vergleiche die Arbeitsweise der Gene mit diesem Modell. Gehe dabei auf die Spezialisierung von Zellen ein. Was kann das Modell leisten und wie könnte es verbessert werden?

2 Proteine im Erbsenkeimling. Werte die Abbildung 5 aus und setze die Ergebnisse der Untersuchung in Beziehung zum Grundwissentext.

3 Gene in der Entwicklung des Grasfrosches. Werte die Abbildung 6 aus und setze die Ergebnisse des Versuches in Beziehung zu den Aussagen des Grundwissentextes.

4 „Rückschläge" der Evolution. In seltenen Fällen findet man bei Menschen Körpermerkmale, die man als „Rückschläge" der Evolution ansieht. Ein Beispiel dafür ist eine fellartige Körperbehaarung bei manchen Menschen (Abb. 4). Versuche, das Auftreten dieses Merkmals mithilfe des Grundwissentextes zu erklären.

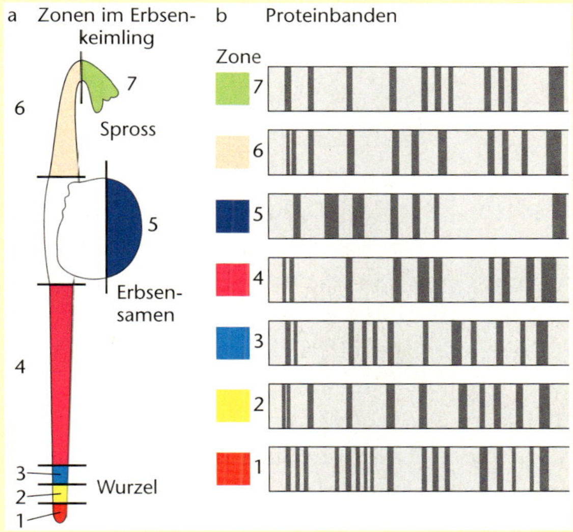

Bei einem Erbsenkeimling wurden Gewebeproben aus den verschiedenen Zonen entnommen und auf Proteine untersucht. Bei der Untersuchungsmethode steht in der Übersicht in b jede Bande für ein Protein. Banden, die in der Abbildung 5 b vertikal übereinanderstehen, repräsentieren gleiche Proteine.

5 *Proteine im Erbsenkeimling*

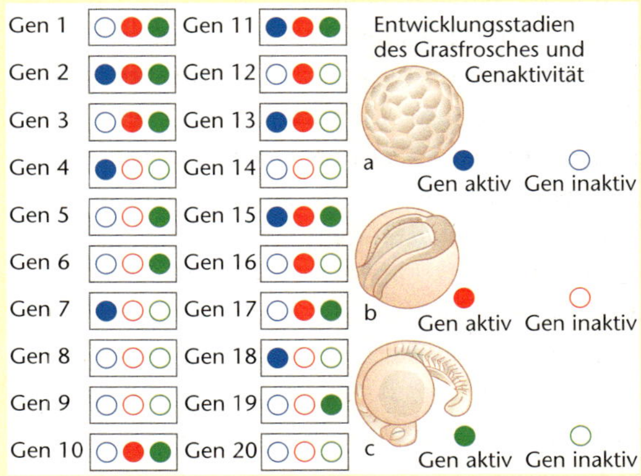

Im Versuch wurde die Aktivität von 20 Genen in Zellen der gleichen Region während der Grasfroschentwicklung untersucht. Die Aktivität jedes der 20 Gene ist in den drei Entwicklungsstadien durch drei unterschiedliche Farben dargestellt.

6 *Genaktivität beim Grasfrosch*

15 Regeln der Vererbung

15.1 Gregor Mendels Versuche zur Vererbung

GREGOR MENDEL (1822–1884), ein Augustinermönch, hat als erster genauere Erkenntnisse darüber gewonnen, wie es zur Ähnlichkeit zwischen Eltern und ihren Nachkommen kommt (Abb. 1). Er nutzte für seine Untersuchungen Erbsenpflanzen. MENDEL säte in mehreren Versuchen gelbe und grüne Erbsensamen aus. Die Pflanzen wuchsen heran und entwickelten Blüten (Abb. 3). Bei der Bestäubung der Blüten gelangt unter natürlichen Bedingungen nur Pollen der eigenen Blüte auf die Narbe. Dieser Vorgang wird **Selbstbestäubung** genannt. Nach der Befruchtung entwickeln sich die Samen, die man Erbsen nennt. Sie liegen in einer Hülse (Abb. 3). Einige der Erbsenpflanzen, die sich bei MENDELs Versuchen entwickelten, enthielten in der Hülse gelbe und grüne Samen. MENDEL zog daraus den Schluss, dass jede Pflanze zwei Erbfaktoren in sich tragen müsse, die die Ausbildung dieser Merkmale bewirken. Diese Erbfaktoren werden heute als **Gene** bezeichnet. MENDEL nannte Pflanzen mit grünen und gelben Samen **mischerbig,** da er davon ausging, dass sie sowohl Gene für grüne als auch für gelbe Samenfarbe aufwiesen. Die Gene für die Samenfarbe konnten nach seiner Hypothese entweder zur Ausbildung von grüner oder gelber Samenfarbe führen. Diese beiden möglichen Ausprägungen des Gens werden heute **Allele** genannt.

1 *Gregor Mendel*

Die meisten Erbsenpflanzen enthielten in den Hülsen entweder nur gelbe oder nur grüne Erbsen. MENDEL säte diese Erbsen erneut aus. Nach dem Heranwachsen der Erbsenpflanzen fand in den Blüten Selbstbestäubung statt. Aus den ausgesäten gelben Erbsen wuchsen in der nächsten Generation Erbsenpflanzen heran, die ausschließlich gelbe Erbsen in ihren Hülsen enthielten. Erbsenpflanzen, die aus grünen Samen hervorgingen, erzeugten nur grüne Erbsensamen. Erbsenpflanzen, die in vielen weiteren Generationen immer ausschließlich die gleiche Samenfarbe aufwiesen, nannte MENDEL **reinerbig.** Seiner Hypothese nach besaßen sie zwei identische Allele für die Ausprägung des Merkmals Samenfarbe.

Als Elterngeneration für weitere Untersuchungen wählte MENDEL ausschließlich die von ihm herangezogenen, reinerbigen Erbsenpflanzen. Er bestäubte in einem ersten Versuch Erbsenpflanzen aus gelben Samen mit Pollen von Erbsenpflanzen aus grünen Samen. Da dieses unter natürlichen Bedingungen nicht geschieht, führte er eine **künstliche Fremdbestäubung** durch (Abb. 2). Bei der Auswertung dieser Versuche mittels statistischer Analyse konnte er mathematische Gesetzmäßigkeiten feststellen, die er veröffentlichte. Sie blieben aber unbeachtet und wurden erst Anfang des 20. Jahrhunderts wieder entdeckt.

2 *Künstliche Fremdbestäubung bei Erbsenpflanzen*

3 *Erbsenpflanzen mit Blüten, Hülsen und Samen*

1 Künstliche Fremdbestäubung. Beschreibe anhand von Abbildung 2, wie die künstliche Fremdbestäubung abläuft. Begründe, warum MENDEL ein solch kompliziertes Verfahren gewählt hat.

2 MENDELs Versuchsansatz. MENDEL suchte die Erbsenpflanzen, die er als Elterngeneration für seine Vererbungsversuche nutzte, sehr sorgfältig aus. Er verwendete nur Erbsenpflanzen, die reinerbig für das untersuchte Merkmal waren. Um dies herauszufinden führte er Vorzuchten durch, bei denen jeweils Selbstbestäubung stattfand. Die Ergebnisse einiger Vorzuchten für das Merkmal „gelbe" beziehungsweise „violette Blütenfarbe" sind in Abbildung 4 dargestellt. Die Vorzucht 1a und 1b führte er mit gelb blühenden Erbsenpflanzen. Die Zahl der daraus entstehenden Pflanzen mit den beiden unterschiedlichen Blütenfarben ist in der folgenden Zeile dargestellt (Abb. 4). Aus diesen ersten Nachkommen wählte er wieder eine Pflanze zur Selbstbestäubung aus, die die gleiche Blütenfarbe wie die Elterngeneration hatte. Deren Nachkommen sind in der nächsten Zeile dargestellt. Dieses Verfahren führte er über mehrere Generationen durch. Bei den Vorzuchten 2a und 2b verfuhr er genauso, nur dass er immer Pflanzen mit violetten Blüten zur Selbstbestäubung auswählte.

a) Beschreibe MENDELs Versuchsergebnisse. Bei welchen Vorzuchten konnte er von reinerbigen Pflanzen ausgehen? Begründe deine Entscheidung.

b) Welche Allele weisen die Pflanzen der Elterngeneration der verschiedenen Vorzuchten auf?

	Vorzucht 1a		Vorzucht 1b		Vorzucht 2a		Vorzucht 2b	
Elterngeneration								
1. Nachkommengeneration	24	0	14	0	2	11	0	13
2. Nachkommengeneration	15	0	17	0	0	9	0	15
3. Nachkommengeneration	23	1	21	0	3	11	0	11
4. Nachkommengeneration	19	0	11	0	3	13	0	18
5. Nachkommengeneration	17	0	13	0	1	17	0	14
6. Nachkommengeneration	16	2	16	0	1	16	0	19

4 *Versuchsergebnisse von Mendels Vorzuchten*

3 Hypothesen zur Vererbung. Vergleiche anhand der Abbildung 5 die Hypothese von FRANCIS GALTON zur Vererbung der Erbanlagen mit der von MENDEL. Nenne wesentliche Unterschiede.

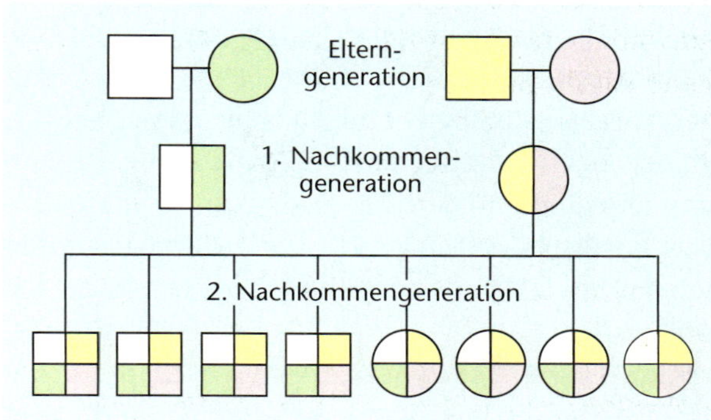

5 *Theorie von Galton 1822–1911 zur Weitergabe der Erbanlagen*

15.2 Mendel stellt Regeln zur Vererbung auf

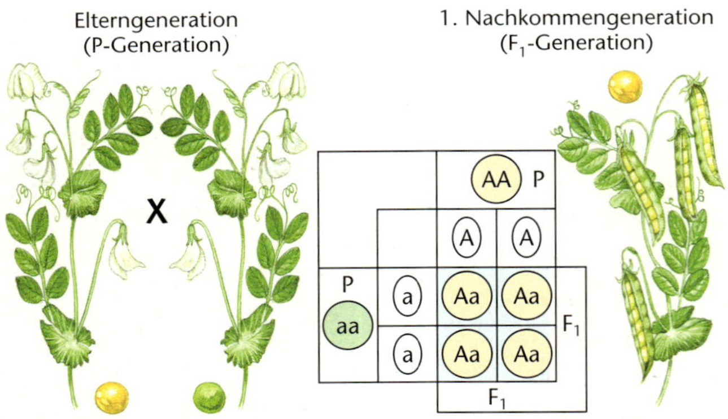

1. Mendelsche Regel – Uniformitätsregel
Wenn reinerbige Individuen einer Art gekreuzt werden, die sich in einem Merkmal unterscheiden, dann ist bei allen Nachkommen in der F_1-Generation das betrachtete Merkmal gleich (uniform).
A = Erbanlage für gelbe Samenfarbe
a = Erbanlage für grüne Samenfarbe

1 *Uniformitätsregel*

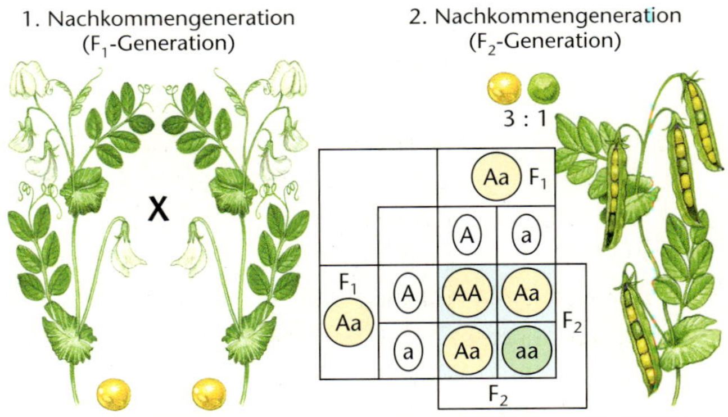

2. Mendelsche Regel – Spaltungsregel
Wenn in Bezug auf ein Merkmal mischerbige Individuen der F_1-Generation miteinander gekreuzt werden, treten in der F_2-Generation beide betrachteten Merkmale im Zahlenverhältnis 3:1 wieder auf.
A = Erbanlage für gelbe Samenfarbe
a = Erbanlage für grüne Samenfarbe

2 *Spaltungsregel*

MENDEL führte eine künstliche Fremdbestäubung mit einer reinerbigen Erbsenpflanze aus grünen Samen und einer reinerbigen Pflanze aus gelben Samen durch. Die beiden Pflanzen sind die Elterngeneration, die so genannte Parental-Generation (P-Generation). Die Samen, die die erste Nachkommengeneration oder auch 1. Filialgeneration (F_1-Generation) bildeten, waren ausschließlich gelb. Aus den Ergebnissen dieser Versuche leitete er die **Uniformitätsregel** ab (Abb. 1).

MENDEL säte die gelben Erbsen der F_1-Generation aus und untersuchte die Samen, die sich nach Selbstbestäubung an den Erbsenpflanzen entwickelten. Sie stellen die 2. Filialgeneration, die F_2-Generation, dar. Die neu entstandenen Pflanzen besaßen neben Hülsen mit ausschließlich gelben beziehungsweise grünen Samen auch solche, die sowohl gelbe als auch grüne Samen enthielten. Aus der Tatsache, dass sich dabei immer wieder das Zahlenverhältnis 3:1 zwischen gelben und grünen Samen ergab, leitete er die **Spaltungsregel** ab (Abb. 2). An der äußeren Erscheinung der F_1-Generation, hier den gelben Samen, kann man nicht erkennen, ob die Pflanzen auch ein Allel für die Ausprägung der grünen Samenfarbe besitzen. Deshalb unterscheidet man das Erscheinungsbild eines Lebewesens, den **Phänotyp,** von seinem **Genotyp.**

MENDELs Beobachtungen lassen sich anhand eines Erbschemas erklären (Abb. 1). Im Genotyp weisen die reinerbigen Individuen der P-Generation je zwei gleiche Allele, gelb/gelb (AA) beziehungsweise grün/grün (aa), für das Merkmal „Samenfarbe“ auf. Jedes Elternteil gibt nur eines seiner beiden Allele an die Nachkommen der F_1-Generation weiter, ein Elternteil das Allel für gelbe Samen und das andere ein Allel für grüne Samen. Die Individuen der F_1-Generation erhalten auf diese Weise von ihren Eltern für das Merkmal „Samenfarbe“ zwei unterschiedliche Allele (Aa). Trotz zweier unterschiedlicher Allele entwickelt sich in der F_1-Generation nur der Phänotyp „gelbe Samen“. Das Allel für gelbe Erbsen setzt sich also bei der Ausbildung des Phänotyps durch. MENDEL nannte dieses Allel **dominant,** das Allel für den nicht ausgebildeten Phänotyp „grüne Samen“ **rezessiv.** Wenn sich bei mischerbigen Individuen ein dominantes Allel gegenüber einem rezessiven durchsetzt, spricht man von einem **dominant-rezessiven Erbgang.**

1 Kreuzungsversuche MENDELs.
a) Erläutere das Erbschema der Spaltungsregel (Abb. 2). Gib das Zahlenverhältnis der verschiedenen Phänotypen und Genotypen an.
b) In Abbildung 3 sind Ergebnisse von weiteren Kreuzungsversuchen MENDELs zusammengestellt. Ermittle für jedes untersuchte Merkmal, welches Allel für die Ausbildung des dargestellten Merkmals dominant und welches rezessiv ist. Begründe deine Aussagen. Berechne jeweils das Zahlenverhältnis der Phänotypen in der F_2-Generation.

2 Vererbung der Fellfarbe bei der Maus. Eine reinerbige weiße Maus wird mit einer reinerbigen schwarzen Maus gekreuzt. Die Erbanlage für die schwarze Fellfarbe bei Mäusen ist dominant. Zeichne ein Erbschema für die F_1-Generation. Finde passende Symbole für die Phänotypen und Genotypen. Verfahre für die F_2-Generation entsprechend. Beschreibe deine Ergebnisse und vergleiche sie mit MENDELs Ergebnissen.

3 Vererbung beim Mais. Der Blütenstand der Maispflanze, der Maiskolben, besteht aus vielen kleinen Einzelblüten. Aus jeder Einzelblüte entsteht ein Maiskorn. Reinerbiger gelber wird mit reinerbigem blauen Mais gekreuzt (Abb. 4). Die Individuen der F_1-Generation werden wieder miteinander gekreuzt. Welcher Generation ist der Maiskolben mit den gelben und blauen Maiskörnern zuzuordnen? Was kannst du über die Allele und den Erbgang aussagen? Zeichne ein Erbschema.

4 Modellversuch zur Spaltungsregel.
a) Besorge 100 Centstücke und zwei Kästen. Lege 50 Münzen in jeden Kasten. Nun verbinde einem Mitschüler/einer Mitschülerin die Augen und fordere ihn/sie auf, aus jedem Kasten jeweils eine Münze zu holen und sie paarweise auf den Tisch zu legen. Es sind ebenso wie bei den Genotypen der F_2-Generation drei Kombinationsmöglichkeiten vorhanden, nämlich Kopf/Kopf, Kopf/Zahl und Zahl/Zahl. Nachdem alle Münzen gelegt sind, zähle aus, wie häufig jede Kombination aufgetreten ist. Wiederhole diesen Versuch mehrmals und vergleiche das Zahlenverhältnis der entstandenen Kombinationen mit dem Zahlenverhältnis der Genotypen in der F_2-Generation in Abbildung 2.
b) Stelle dar, inwieweit dieser Versuch auch die Vorgänge bei der Meiose und der Befruchtung modellhaft repräsentiert.

Methode

Erstellen eines Erbschemas

Im Erbschema werden die Gene durch Buchstaben symbolisiert. Dominante Allele werden mit großen Buchstaben, rezessive mit entsprechenden kleinen Buchstaben bezeichnet. Der Großbuchstabe steht im Genotyp vorne.
Der Phänotyp in Bezug auf die Samenfarbe wird zum Beispiel durch grün beziehungsweise gelb gefärbte Kreise veranschaulicht.

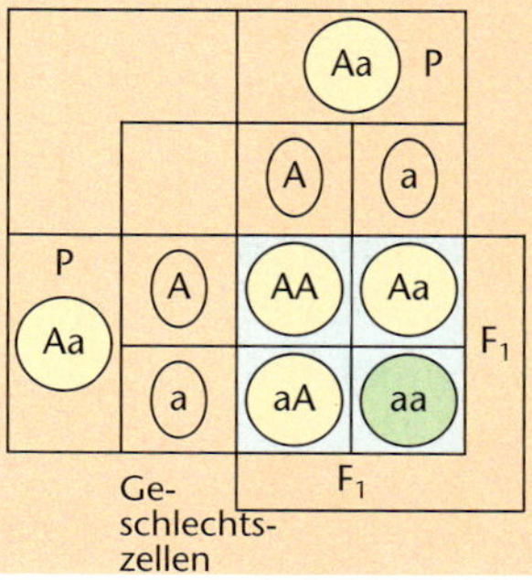

Färbung der Samen	gelb 	grün	P: gelbe oder grüne Samen F_1: nur gelbe Samen F_2: 6022 gelbe Samen und 2001 grüne Samen
Gestalt der Samen	rund 	runzelig	P: runde oder runzlige Samen F_1: nur runde Samen F_2: 5474 runde Samen und 1850 runzelige Samen
Gestalt der Hülse	einfach gewölbt 	eingeschnürt	P: einfach gewölbte oder eingeschnürte Hülsen F_1: nur einfach gewölbte Hülsen F_2: 882 einfach gewölbte und 299 eingeschnürte Hülsen
Färbung der Hülse	grün 	gelb	P: grüne oder gelbe Hülsen F_1: nur grüne Hülsen F_2: 428 grüne Hülsen und 152 gelbe Hülsen

3 *Versuchsergebnisse Mendels*

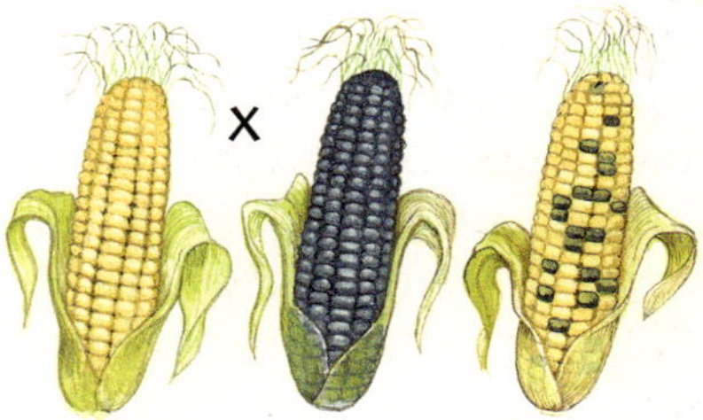

4 *Maiskolben*

15.3 Die Mendelsche Regel von der Neukombination

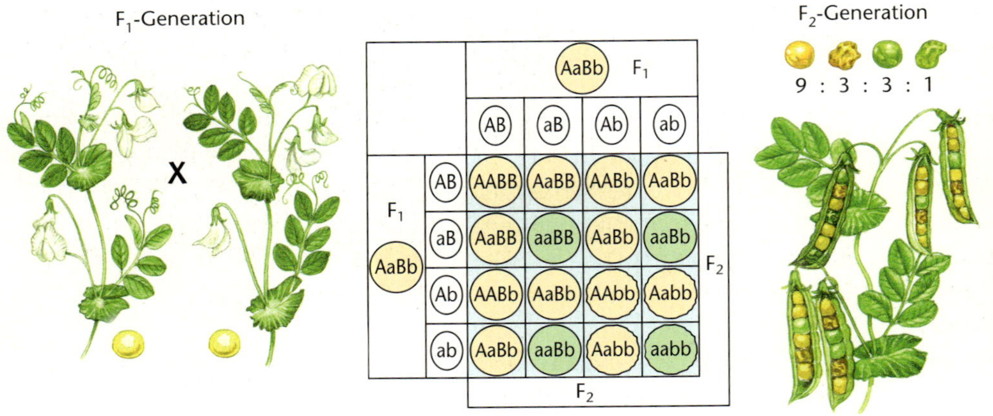

3. Mendelsche Regel
Regel von der Neukombination
Bei der Kreuzung von Individuen, die sich in mehreren Merkmalen unterscheiden, können bei Individuen der Folgegenerationen neue Merkmalskombinationen auftreten. Die Erbanlagen werden unabhängig voneinander vererbt.
A = gelb
a = grün
B = rund
b = runzlig

1 *Regel von der Neukombination*

MENDEL kreuzte auch Erbsenpflanzen, bei denen sich zwei Merkmale unterschieden, nämlich Farbe und Form der Samen (Abb. 1). Er wählte als Elterngeneration reinerbige Erbsenpflanzen mit glatten, gelben Samen und solche mit grünen, runzeligen Samen. Nach der Fremdbestäubung bildeten sich in den Hülsen ausschließlich gelbe und glatte Samen. Sie bilden die F_1-Generation. Bei der Kreuzung der Pflanzen der F_1-Generation untereinander entwickelten sich insgesamt 556 Samen. MENDEL zählte 315 gelb-glatte, 101 gelb-runzelige, 108 grün-glatte und 32 grün-runzelige Samen. Er errechnete daraus für die vier unterschiedlichen Phänotypen ein Zahlenverhältnis von ungefähr 9:3:3:1. Er wiederholte diese Kreuzung mehrfach. Dabei erhielt MENDEL immer ähnliche Ergebnisse. Die Merkmalskombination „grün-runzelige" Samen, die in der F_1-Generation gefehlt hatte, trat in der F_2-Generation erneut auf. Es waren aber auch zwei völlig neue Phänotypen, nämlich gelb-runzelige und grünglatte Samen, entstanden. Bei einer Kreuzung von Lebewesen, die sich in zwei Merkmalen unterscheiden, können in der F_2-Generation völlig neue Merkmalskombinationen auftreten. MENDEL nahm deshalb an, dass Allele unabhängig voneinander vererbt werden. Seine Ergebnisse fasste MENDEL in der **Regel von der Neukombination** als 3. Mendelsche Regel zusammen (Abb. 1).

MENDELs Ergebnisse lassen sich mithilfe eines Kreuzungsschemas nachvollziehen (Abb. 1). Die F_1-Generation besitzt einen einheitlichen Genotyp (AaBb) und einen einheitlichen Phänotyp (gelber, glatter Samen). Auch in diesem Fall trifft also die 1. Mendelsche Regel, die Uniformitätsregel, zu.

Von der F_1-Generation können vier unterschiedliche Kombinationen der Allele weitergegeben werden. Dies sind die Allelkombinationen AB, Ab, aB oder ab (Abb. 1). Für die F_2-Generation ergeben sich daher 16 Möglichkeiten, wie die Allele kombiniert werden können. In der F_2-Generation gibt es neun verschiedene Genotypen. Zwei neue Phänotypen, die weder in der P-Generation noch in der F_1-Generation vorkamen, treten auf: Erbsenpflanzen mit gelb-runzeligen Samen, deren Genotyp durch die Buchstaben AAbb oder Aabb gekennzeichnet ist, und Pflanzen mit grün-glatten Samen, die den Genotyp aaBB oder aaBd besitzen. Dieses Ergebnis lässt sich so erklären: Jede Pflanze der F_1-Generation besitzt für die beiden Merkmale „Samenfarbe" und „Samenform" jeweils zwei Allele. Diese trennen sich vor der Bestäubung und sind unabhängig voneinander. In den nachfolgenden Generationen können sie neu kombiniert werden.

1 Vererbung der Fellfarbe beim Rind – ein Erbgang mit zwei Merkmalspaaren. Einfarbige rotbraune Rinder wurden mit schwarzgescheckten Rindern gekreuzt (Abb. 2, 3). Die Rinder der F_1-Generation sind einfarbig schwarz. Diese Rinder werden wiederum untereinander gekreuzt. Welche Allele sind dominant, welche rezessiv? Lege ein Kreuzungsschema für die F_2-Generation an und notiere, welchen Genotyp und welchen Phänotyp die Individuen aufweisen. Verwende für die Allele geeignete Buchstaben und überlege dir, wie du den Phänotyp darstellen kannst.

2 *Schwarzgeschecktes Rind*

3 *Rotbraunes Rind*

2 Vererbung des Fells beim Meerschweinchen. In Abbildung 4 findest du einen Ausschnitt aus einer alten Schullehrtafel zur 3. Mendelschen Regel. Ermittle zunächst die Genotypen der P-Generation und der F_1-Generation. Begründe, welche Phänotypen in der F_2-Generation entstehen werden und in welchem Verhältnis sie auftreten.

3 Vererbung der Hülsenfarbe. Zwei reinerbige Erbsenpflanzen werden gekreuzt. Ein Elternteil ist aus gelbem, rundem Samen entstanden, der in einer grünen Hülse heranreift. Der andere Elternteil hat sich aus grünem, runzeligem Samen entwickelt, dessen Hülse vor der Reife gelb gefärbt war (Abb. 5). Das Allel für die Ausbildung der grünen Hülsenfarbe ist dominant. Stelle ein Kreuzungsschema für die F_1- und die F_2-Generation auf. Welche Geno- und Phänotypen entstehen in der F_2-Generation? Berechne das Verhältnis der Geno- und Phänotypen.

4 Weiße Leistenkrokodile. In einem Zoo gibt es ein Leistenkrokodil mit einem weißen Panzer und roten Augen, ein so genanntes Albino-Krokodil. Diese Merkmale sind auf rezessive Allele zurückzuführen. Alle anderen Krokodile besitzen einen bräunlichen Panzer und grünliche Augen (Abb. 6). Man kennt kein Leistenkrokodil, das einen bräunlichen Panzer und rote Augen oder einen weißen Panzer und grünliche Augen aufweist. Es ist noch nie gelungen, durch Kreuzungen weiße Krokodile mit grünlichen Augen zu züchten. Inwiefern ist dies ein Widerspruch zu MENDELs Aussage, dass Allele unabhängig voneinander vererbt werden? Stelle begründete Hypothesen auf, die diesen Widerspruch erklären.

4 *Alte Schullehrtafel*

5 *Samen- und Hülsenfarbe von Erbsen*

6 *Leistenkrokodil*

15.4 Intermediäre Erbgänge

1 *Wunderblumen mit roten, weißen und rosa Blüten*

Einige Jahrzehnte nach MENDELs Untersuchungen führte KARL CORRENS, ein deutscher Forscher, Vererbungsversuche mit der Wunderblume durch. Die Wunderblume kommt in einer rot blühenden und in einer weiß blühenden Form vor (Abb. 1). CORRENS überprüfte zunächst die Reinerbigkeit der Elternpflanzen. Dann kreuzte er weißblütige Wunderblumen mit rotblütigen Pflanzen. Sämtliche Pflanzen der F_1-Generation entwickelten rosa gefärbte Blüten (Abb. 1, 2). Diese Blütenfarbe kam in der Elterngeneration nicht vor. Die Allele des Gens für die Ausbildung der Blütenfarbe wirken bei der Ausbildung des Phänotyps offensichtlich beide gleich stark. CORRENS nannte diesen Erbgang zwischenelterlichen oder **intermediären Erbgang.**

Die rosa blühenden Wunderblumen der F_1-Generation wurden in einem weiteren Schritt untereinander gekreuzt. In der F_2-Generation traten rosa blühende, aber auch wieder wie in der Elterngeneration weiß und rot blühende Individuen auf. (Abb. 2). Die Blütenfarben Rot, Rosa und Weiß traten dabei im Zahlenverhältnis von 1:2:1 auf.

MENDEL hatte angenommen, dass in der F_2-Generation drei verschiedene Genotypen im Verhältnis 1:2:1 entstehen. Das Zahlenverhältnis der Genotypen stimmt beim dominant-rezessiven Erbgang nicht mit dem Verhältnis der Phänotypen überein. Beim intermediären Erbgang ergibt sich dieses Verhältnis auch für den Phänotyp. MENDELs Vermutungen wurden also auch durch die Versuchsergebnisse von CORRENS bestätigt.

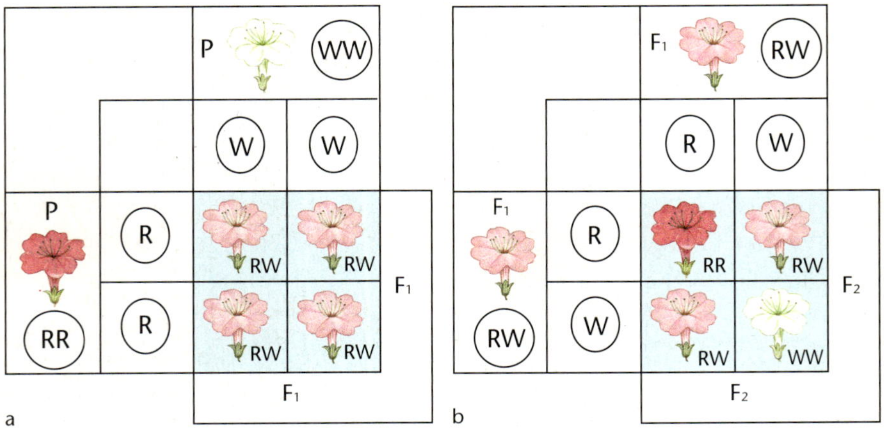

2 *Erbgang bei der Wunderblume*

Anwendung der 2. MENDELschen Regel beim intermediären Erbgang. Wenn in Bezug auf ein Merkmal mischerbige Individuen der F_1-Generation miteinander gekreuzt werden, treten in der F_2-Generation die Merkmale der P-Generation wieder auf, aber auch das Merkmal der F_1-Generation. Das Zahlenverhältnis ist 1:2:1.

3 *Minorkarasse-Hühner*

1 Minorkarasse-Hühner. Bei der Kreuzung schwarzer Hühner mit weißen Hühnern entstehen Hühner mit einem mosaikartig gefärbten Gefieder, diese wird auch Minorka-Rasse genannt. In Abbildung 3 ist ein Erbgang dieser Kreuzung dargestellt. Notiere für die mit Ziffern gekennzeichneten Tiere den Genotyp. Verwende zum Beispiel S für Schwarz und W für Weiß. Kann der Versuch, die Minorka-Form reinerbig weiterzuzüchten, erfolgreich sein? Begründe deine Ansicht.

2 CORRENS Versuchsergebnisse. In der F_2-Generation zählte CORRENS bei seinem ersten Versuch 121 Wunderblumen mit weißen Blüten und 119 mit roten Blüten, 241 Wunderblumen besaßen rosa Blüten. In einem anderen Versuch wurden in der F_2-Generation 187 rote, 186 weiße und 372 rosa blühende Wunderblumen gezählt. Berechne jeweils die Zahlenverhältnisse und werte die Ergebnisse aus.

3 Erbgang mit zwei Merkmalspaaren. Es wird eine Kreuzung einer reinerbigen Wunderblume mit weißen Blüten und hellgrünen Blättern mit einer reinerbigen Wunderblume, die rote Blüten und dunkelgrüne Blätter besitzt, durchgeführt. Kein Allel ist dominant. Welche Phänotypen und welche Genotypen erhält man? Gib die Ergebnisse für die F_1- und die F_2-Generation an.

4 Dunkelfaktor beim Wellensittich. Der Dunkelfaktor ist für die Dunkelheit der Grundfarbe des Wellensittichs verantwortlich. Es gibt drei Gefiederfarben (Abb. 4). Die Züchter nennen sie hellgrün (a), dunkelgrün (b) und olivgrün (c). Olivgrün besitzt zwei Allele des Dunkelfaktors. Bei den in Abbildung 4 dargestellten Wellensittichen handelt es sich um zwei reinerbige Eltern sowie einen Nachkommen. Begründe, ob es sich um einen intermediären oder dominant-rezessiven Erbgang handelt. Ordne die Tiere den Generationen zu.

4 *Gefiederfarbe von Wellensittichen*

5 Rückkreuzung bei der Rose. Bei der Kreuzung einer Rose mit gelber Blüte und einer mit roter Blüte entstehen in der F_1-Generation Rosen mit orangen Blüten (Abb. 5). Stelle den Erbgang bis zur F_2-Generation dar, wenn die Rose mit roter Blüte mit einer Rose mit oranger Blüte gekreuzt wird.

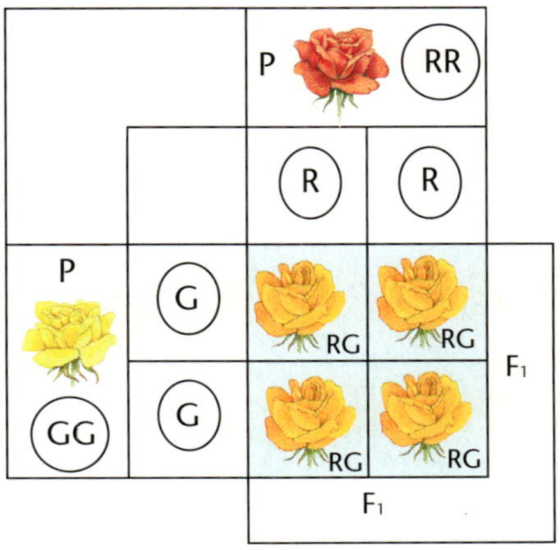

5 *Vererbung der Blütenfarbe bei der Rose*

Eine Modifikationskurve mit Excel© erstellen

In der Tabelle der Abbildung 1 ist die Länge von Bohnen, die von einer Pflanze geerntet wurden, aufgeführt. Diese Daten kann man auch anhand einer grafischen Darstellung als Diagramm deutlich machen. Dafür eignet sich ein Tabellenverarbeitungsprogramm wie zum Beispiel Excel©.

Zuerst muss man die Tabelle eingeben. Dazu überträgt man die Daten und die Überschriften (Anzahl und Länge).

Anzahl	Länge
2	7–10 mm
9	11–14 mm
13	15–18 mm
17	19–22 mm
13	23–26 mm
9	27–30 mm
2	31–34 mm

1 *Bohnenlänge*

1. Man markiert die erste Tabellenspalte ohne die Überschrift. (Abb. 2: grau markierter Bereich). Die Markierung ist sehr wichtig, sie entscheidet über die Art der Darstellung.

2. In der Symbolleiste das Symbol für den Diagramm-Assistenten anklicken oder über das Menü „Einfügen" den Eintrag „Diagramm" auswählen.

3. Es öffnet sich der Diagramm-Assistent, der durch die Bearbeitung führt. Man kann nun entscheiden, welche Art der Darstellung man auswählen möchte. Man entscheidet sich in diesem Fall für die Liniendarstellung mit Datenpunkten (Abb. 2 [1]).

4. Über die Schaltfläche „Weiter" (Abb. 2 [2]) führt der Assistent durch die weiteren Menüpunkte, in denen man zum Beispiel im Register „Legende" die Position der Legende verändern kann oder im

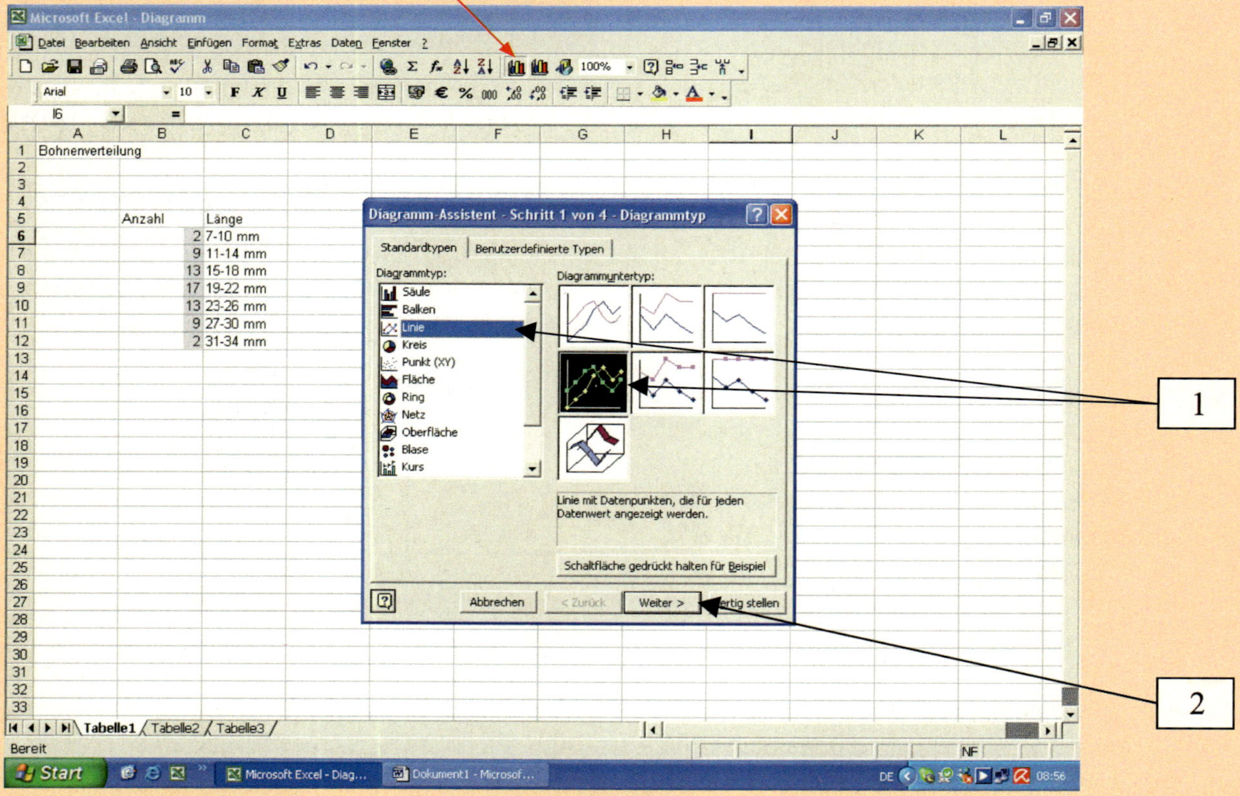

2 *Diagrammtyp auswählen*

Register „Datenbeschriftungen“ zusätzlich noch die Werte in das Diagramm eintragen kann.

All diese Menüpunkte können am Ende nachträglich über das Kontextmenü (Diagramm markieren und dann rechte Maustaste betätigen) geändert werden.

Sinnvoll wäre allerdings bei diesem Diagramm sofort im Schritt 3 von 4 (Abb. 3 [3]) im Diagramm-Assistenten in der Kategorie Titel (Abb. 3 [4]) den Diagrammtitel, Rubrikenachse und Größenachse mit dem jeweiligen Text in der nebenstehenden Abbildung einzutragen.

5. Über die Schaltfläche „Weiter“ (Abb. 3 [5]) führt der Diagramm-Assistent zum letzten Menüpunkt (Schritt 4 von 4).
Hier gibt es die Möglichkeit über den Menüpunkt „Zurück“ nochmal etwas zu ändern oder aber man entscheidet sich für den Menüpunkt „Weiter“. Hier hat man die Auswahl, ob das Diagramm neben der Tabelle eingefügt werden soll oder aber in einem neuen Tabellenblatt.
Entscheidet man sich jedoch gleich für den Menüpunkt „Fertig stellen“, so erhält man ein fertiges Diagramm, das neben der Tabelle dargestellt wird.

Störend in diesem Diagramm ist die Legende „ Reihe 1“ (Abb. 4 [6]). Man kann ein Diagramm nachträglich bearbeiten, indem man, wie bereits oben im Text erwähnt, das Kontexmenü, in diesem Fall für die Legende, öffnet. Hierzu markiert man die Legende (den Text „Reihe 1 mit linker Maustaste anklicken). Man öffnet das Menü, indem man die rechte Maustaste betätigt. Es öffnet sich ein Menü, das sich ausschließlich mit der Legende befasst. Es wird der Befehl „Markierung löschen“ ausgewählt.

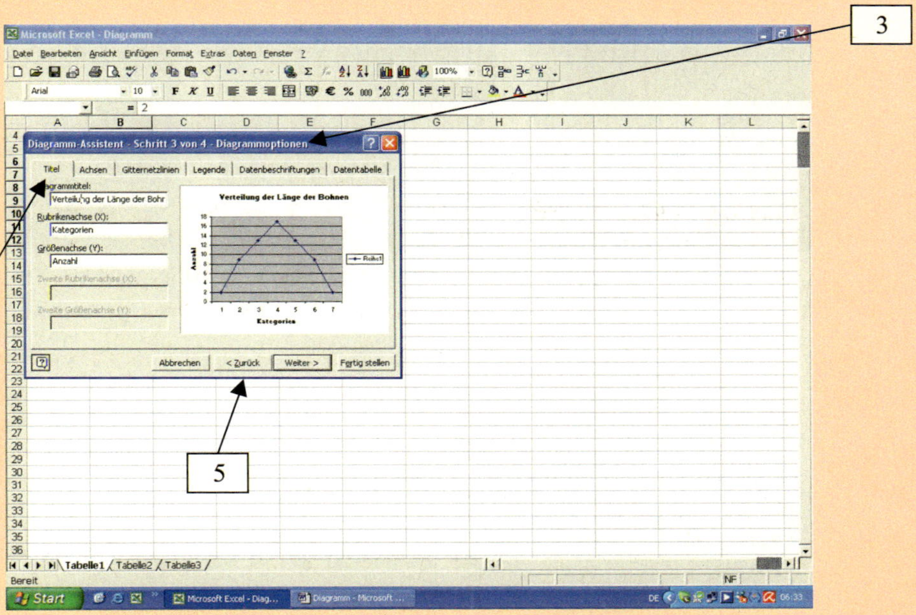

3 *Diagrammoptionen*

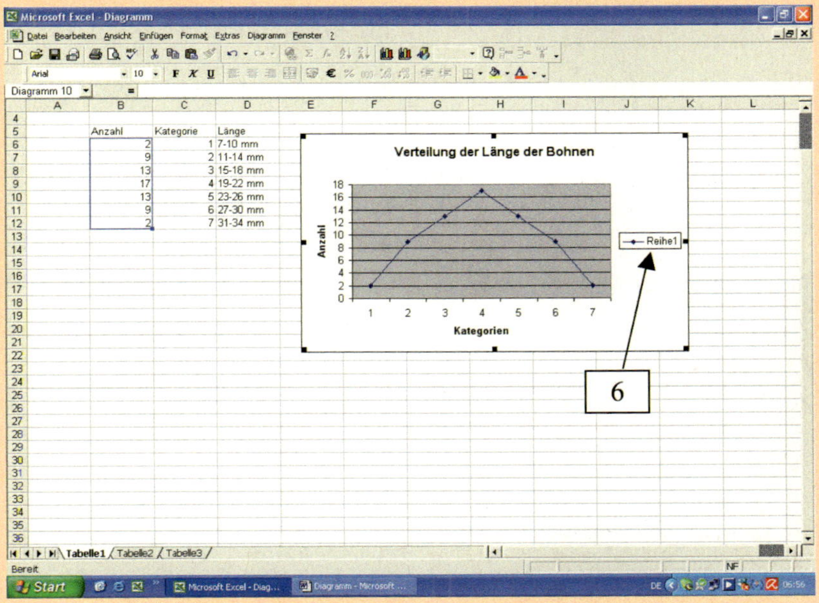

4 *Fertiges Diagramm mit Legende*

15.5 Züchtungsmethoden

Durch Kreuzung verschiedener Wildgräser entstanden die heutigen Getreidesorten. Im Laufe der Züchtung erhöhte sich die Zahl der Chromosomen im Genom der Pflanzen. Wildgras 1 hat zum Beispiel 14 Chromosomen, Triticale 42.

1 *Wildformen und Zuchtformen bei Getreidesorten. Die Buchstaben A, B, E, R stehen jeweils für alle Chromosomen der entsprechenden Pflanze.*

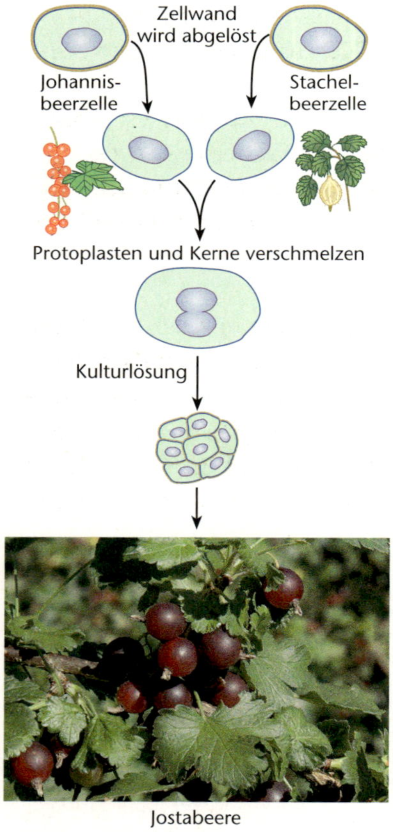

2 *Züchtung der Jostabeere durch Protoplastenfusion*

Bei der Züchtung gibt es unterschiedliche Verfahren, die auch kombiniert werden können. Bei der **Auslesezüchtung** wird ein Tier oder eine Pflanze mit einem gewünschten Merkmal weiter vermehrt. Häufig wird dabei durch Rückkreuzung angestrebt, ein Merkmal reinerbig zu erhalten. Bei der **Kombinationszüchtung** werden aufgrund der Mendelschen Regeln zwei Individuen gekreuzt, die je ein gewünschtes Merkmal reinerbig besitzen. Die Nachkommen sollen beide Merkmale reinerbig aufweisen. Die **Mutationszüchtung** erhöht die Mutationsrate bei Pflanzensamen (zum Beispiel durch Röntgenbestrahlung), mit der Absicht, dass dabei auch positive Mutationen entstehen, die dann durch Auslesezüchtung und Kombinationszüchtung weitergegeben werden. Bei vielen Pflanzen hat man die Erfahrung gemacht, dass der Ertrag höher ausfällt, wenn man zwei verschiedene reinerbige Pflanzen kreuzt. Die Ertragssteigerung ist dabei auf die mischerbige F_1-Generation beschränkt. Diese Art der Züchtung bezeichnet man als **Heterosiszüchtung.**

Entstehen bei der Meiose durch einen Fehler diploide Geschlechtszellen, erhält man bei der Befruchtung **polyploide** Organismen. Sie haben einen vielfachen Chromosomensatz. Haben sie zum Beispiel einen vierfachen Chromosomensatz, sind sie tetraploid. Viele Pflanzen mit polyploidem Chromosomensatz sind lebensfähig und bringen in der Regel größere Früchte hervor. Auch durch Protoplastenfusion kann man polyploide Pflanzen erhalten. Dabei werden zwei Pflanzenzellen durch Stromstöße dazu gebracht, miteinander zu verschmelzen. So werden auch neue Arten gezüchtet (Abb. 2).

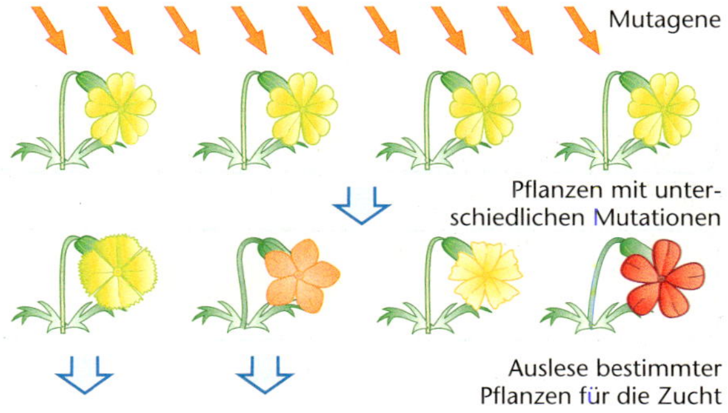

3 *Mutationszüchtung*

1 Mutationszüchtung. Beschreibe die Vor- und Nachteile der Mutationszüchtung (Abb. 3). Gib den günstigsten Zeitpunkt für die Anwendung der Mutagene an und begründe deine Meinung.

2 Merkmalkombination durch Züchtung. Bei der diploiden Lupine existieren zwei reinerbige Formen. Die erste enthält Bitterstoffe in ihren Früchten, besitzt aber eine Hülse, die unempfindlich gegen Aufplatzen ist. Die zweite Sorte hat Früchte ohne Bitterstoffe, jedoch platzen die Hülsen bei der geringsten Berührung auf. Das Merkmal „Bitterstoffe (B)" ist dabei dominant über das Merkmal „ohne Bitterstoffe (b)" und das Merkmal „unempfindlich gegen Berührung (p)" rezessiv gegenüber dem Merkmal „empfindlich (P)". Durch Kombinationszüchtung soll aus beiden Sorten eine neue Sorte gezüchtet werden, deren Früchte ohne Bitterstoffe sind und deren Hülsen unempfindlich gegen das Aufplatzen sind. Beschreibe, wie man am besten diese neue Sorte erhalten kann, und begründe den aufgezeigten Weg.

Bei den meisten Pflanzen entstehen die männlichen Geschlechtszellen nicht unmittelbar aus der Meiose. Aus den haploiden Zellen am Ende der Meiose entsteht durch Zellteilung erst eine mehrzellige haploide Spore, das Pollenkorn. Man nennt sie Mikrospore. In ihr bilden sich durch Mitosen die Geschlechtszellen.
Zellen des haploiden Pollenkorns werden in Gewebekultur mit Colchizin behandelt. Colchizin verhindert die Ausbildung der Spindelfasern in der Mitose. Dadurch erfolgt keine Trennung der Doppelchromosomen. So entsteht eine nicht lebensfähige Zelle ohne Chromosomen und eine diploide Tochterzelle. Aus ihr wächst nach Auswaschung des Giftes in der Kultur eine reinerbige, diploide Pflanze heran.

5 *Mikrosporenkultur*

3 Mikrosporenkultur. Die Mikrosporenkultur wird verwendet, um möglichst schnell Inzuchtlinien herzustellen. Darunter versteht man reinerbige Organismen, die zu Züchtungszwecken eingesetzt werden (Abb. 5).
a) Stelle den Ablauf in einem Fließdiagramm dar.
b) Fertige eine Skizze zur entscheidenden Zellteilung an, die den Einsatz von Colchizin deutlich werden lässt. Beschränke dich dabei auf eine Zelle mit zwei Chromosomen.

4 Gewebekultur. Die Abbildung 4 beschreibt eine Methode, um aus einzelnen Zellen von Pflanzen wieder ganze Pflanzen zu regenerieren. Beschreibe den Ablauf dieser Methode. Begründe, warum diese Gewebekulturmethode als Schlüssel für viele moderne Züchtungsmethoden bei Pflanzen angesehen werden kann.

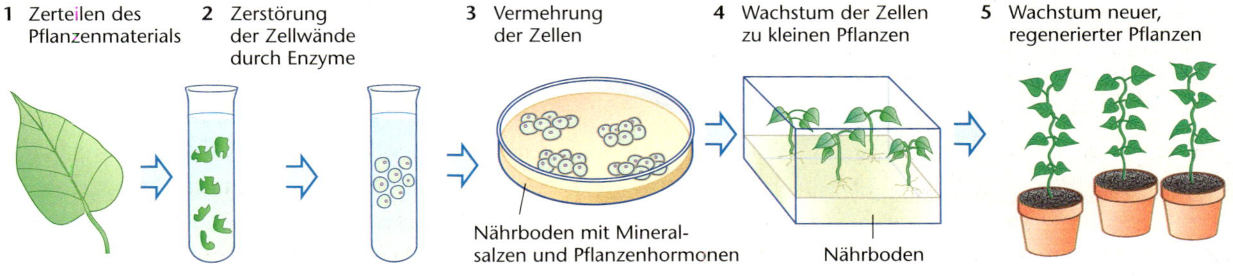

4 *Gewebekultur*

15.6 Modifikationen

1 *Chinesische Primel, weiß und rot blühend*

2 *Russenkaninchen, schwarzweiß und mit weißem Fell*

Die chinesische Primel wird von Gärtnern mit weißen oder roten Blüten angeboten (Abb. l). Beide Pflanzen können aus dem gleichen Samen gezogen werden. Wird die chinesische Primel kurz vor dem Aufblühen bei Temperaturen unter 30 Grad Celsius gehalten, bringt sie rote Blüten hervor. Bei Temperaturen über 30 Grad Celsius entwickeln sich hingegen weiße Blüten, die auch bei anschließender Abkühlung erhalten bleiben. Bei der chinesischen Primel verursachen also Umwelteinflüsse die Ausprägung des Merkmals „Blütenfarbe". Diese aufgrund von Umwelteinflüssen unterschiedlich ausgeprägten Merkmale nennt man **Modifikationen.** Wird Samen der weiß blühenden Form der chinesischen Primel ausgesät, so entwickeln sich bei Temperaturen unter 30 Grad Celsius erneut Primeln mit roten Blüten. Wenn die Primeln bei höheren Temperaturen gehalten werden, bilden sich weiße Blüten aus. Modifikationen werden also nicht vererbt.

Das weiße Russenkaninchen ist eine Zuchtform unseres Hauskaninchens. Hält man Jungkaninchen des gleichen Wurfes in Ställen bei unterschiedlichen Temperaturen, so unterscheiden sich die Tiere bald durch ihre Fellfärbung. Die Tiere, die im warmen Stall leben, sind fast reinweiß. Die Tiere im kalten Stall zeigen an den Körperspitzen, den kältesten Teilen des Körpers, dunkle Färbungen. Sie haben schwarze Pfoten, schwarze Schwanzspitzen, Ohren und Nasen (Abb. 2). In einem Kontrollversuch wurde das schwarze Haar entfernt und die Tiere wurden in einem warmen Stall untergebracht. Unter diesen Bedingungen wuchsen die Haare weiß nach.

Buchenblätter, die von demselben Baum stammen, weisen unterschiedliche Längen auf (Abb. 3). Beim Messen der Länge zeigt sich, dass bestimmte Längen häufiger sind als andere. Sehr kurze und sehr lange Blätter sind selten, mittellange dagegen verhältnismäßig häufig. Da die Buchenblätter alle von derselben Pflanze stammen, kann die unterschiedliche Länge nur auf unterschiedlich wirkende Umwelteinflüsse zurückzuführen sein. Schon an demselben Zweig sind die Blätter verschieden lang, da nicht alle gleich gut mit Mineralsalzen und Wasser versorgt werden. Längenunterschiede können auch durch die unterschiedliche Lichtintensität, der die Blätter ausgesetzt sind, verursacht werden. Die Buche besitzt für die Ausbildung des Merkmals „Blattlänge" erblich festgelegte Grenzen, innerhalb derer sie auf bestimmte Umwelteinflüsse wie Lichtintensität oder Temperatur mit unterschiedlicher Blattlänge reagieren kann. Den Bereich, in dem ein Tier oder eine Pflanze mit Abwandlungen des Phänotyps auf Umwelteinflüsse reagieren kann, nennt man **Reaktionsnorm.** Die Reaktionsnorm weist bestimmte Grenzwerte auf. So wird ein Buchenblatt niemals länger als 20 Zentimeter. Die Reaktionsnorm ist genetisch festgelegt, sie bleibt bei allen Nachkommen gleich.

1 Modifikation.
a) Beschreibe mögliche Ursachen für die unterschiedliche Blattlänge der in Abbildung 3 dargestellten Blätter, die alle von demselben Baum stammen. Wie könnte man beweisen, dass die unterschiedliche Blattlänge nicht genetisch bedingt ist?
b) Wissenschaftler nennen die Form der Modifikation bei den Buchenblättern fließende Modifikation, während die Modifikation bei den Russenkaninchen umschlagende Modifikation genannt wird. Definiere diese beiden Formen und grenze sie voneinander ab.

2 Unterschiedliche Größe von Bohnensamen. In Abbildung 4 sind zwei unterschiedlich lange Bohnensamen dargestellt, die von derselben Elternpflanze stammen. Diese beiden Bohnensamen ließ man unter unterschiedlichen Umweltbedingungen zu Bohnenpflanzen heranwachsen. Der Pflanze, die aus dem kleinen Samen heranwuchs, bot man günstige, der Pflanze, die aus dem großen Samen heranwuchs, ungünstige Umweltbedingungen. Die Bohnensamen, die von den Pflanzen gebildet wurden, waren wieder unterschiedlich groß. Beschreibe das Ergebnis und erkläre es.

3 *Modifikation bei Buchenblättern eines Baumes*

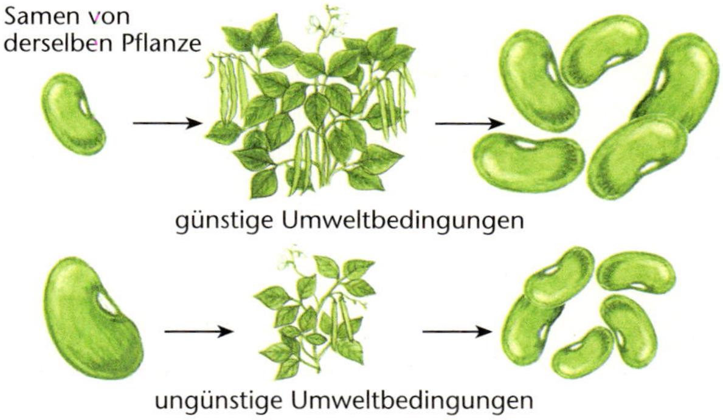

4 *Modifikation bei Bohnensamen*

3 Modifikationskurve. Die Länge von Bohnensamen, die durch Selbstbestäubung an einer Bohnenpflanze entstanden, kann in einer Kurve dargestellt werden (Abb. 5).
a) Beschreibe diese Kurve. Die X-Achse ist nicht benannt. Was wird auf ihr abgetragen?
b) Würde man die Größe der Menschen in Deutschland grafisch auftragen, ergäbe sich eine ähnliche Kurve. Begründe, warum dies keine Modifikationskurve ist.

4 Anzahl der Roten Blutkörperchen bei unterschiedlicher Höhe. Bei zwölf Teilnehmern einer Hochgebirgsexpedition wurde über längere Zeit die Anzahl der Roten Blutkörperchen gemessen (Abb. 6). Beschreibe die Veränderungen. Worauf führst du die Veränderungen zurück? Begründe, warum manche Hochleistungssportler an hoch gelegenen Orten wie z. B. Mexico-Stadt trainieren.

5 Variabilität. Beschreibe die genetische Variabilität und die Variabilität durch Modifikation. Grenze beide Begriffe voneinander ab.

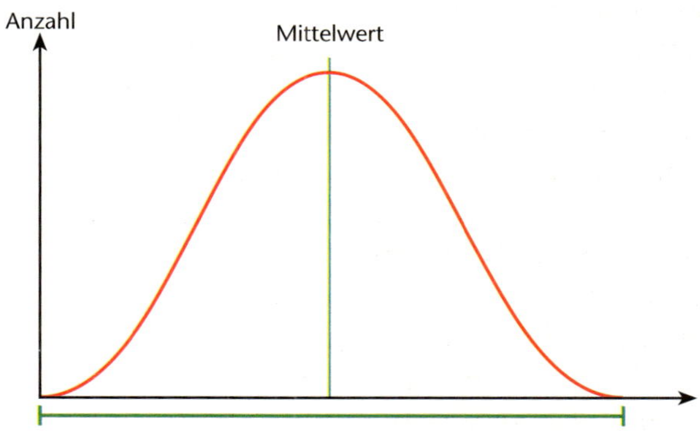

5 *Modifikationskurve*

Datum	Höhe	Anzahl der Roten Blutkörperchen (Durchschnittswerte der zwölf Teilnehmer)
10.4.	210 m	4,5 Mio./mm³
12.5.	1350 m	5,2 Mio./mm³
28.5.	3050 m	6,6 Mio./mm³
21.6.	4050 m	7,7 Mio./mm³
27.6.	5500 m	8,3 Mio./mm³

6 *Zahl der Roten Blutkörperchen bei unterschiedlicher Höhe*

15.7 Chromosomentheorie der Vererbung

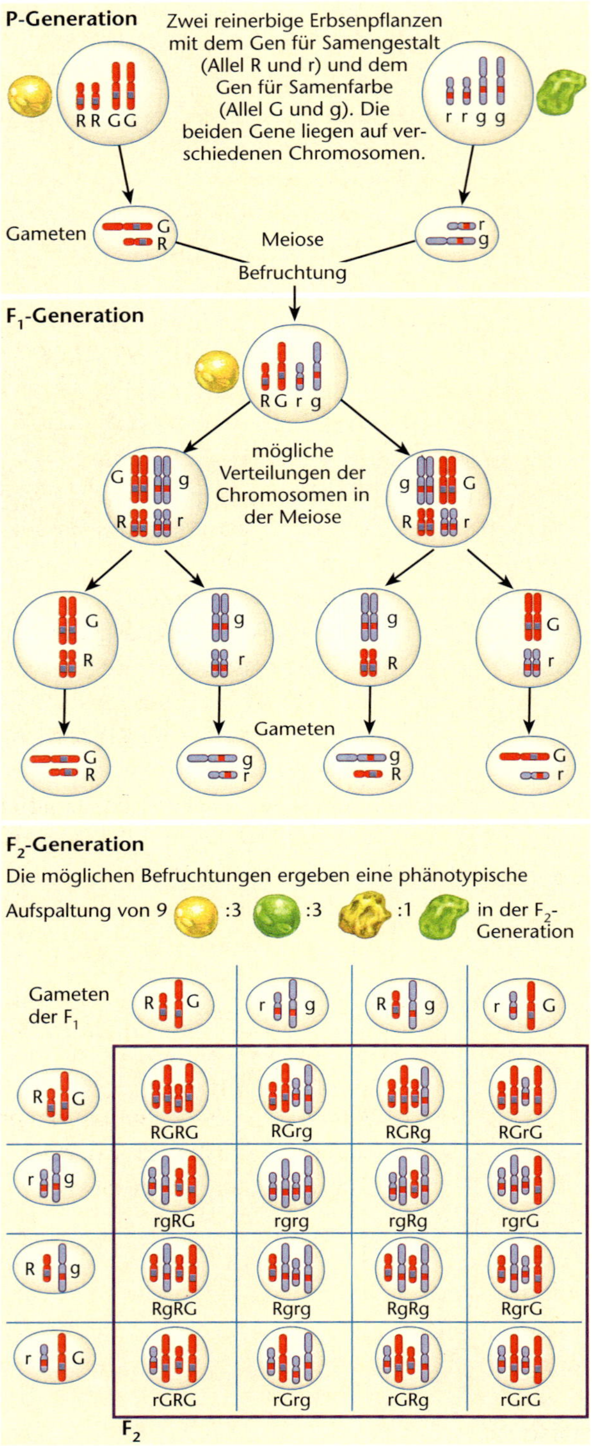

1 *Mendels Versuchsergebnisse und die Chromosomentheorie der Vererbung*

MENDEL folgerte aus seinen Versuchen auf die Existenz von Erbfaktoren, ohne Kenntnis von der Bedeutung von Zellkern und Chromosomen zu haben. Nach MENDELs Tod entdeckten Zellforscher 1884, dass in Geschlechtszellen nur halb so viele Chromosomen wie in den Körperzellen enthalten sind. Man erkannte, dass die Reduktion der Chromosomenanzahl bei der Keimzellenbildung durch die Meiose mit der von MENDEL vermuteten Reduktion der Zahl der Erbfaktoren in Einklang stand (Abb. 1). Nach MENDEL werden die Erbfaktoren der Keimzellen so an die Nachkommen weitergegeben, dass sie nach der Befruchtung doppelt vorhanden sind. Je ein Erbfaktor beziehungsweise Gen stammt vom Vater, eines von der Mutter (Abb. 1). Dass die Chromosomen in Körperzellen paarweise vorkommen, war gegen Ende des 19. Jahrhunderts ebenfalls bekannt. Man erkannte auch, dass die genetische Information im Zellkern lokalisiert ist und über Keimzellen weitergegeben wird. Diese Ergebnisse der Zellforschung konnten also die Versuchsergebnisse MENDELs erklären (Abb. 1, 2). Daher stellte man 1903 die Theorie auf, dass die Chromosomen die Träger der Erbanlagen (Gene) sind. Man nannte diese Theorie die „Chromosomentheorie der Vererbung".

Ergebnisse MENDELS	Ergebnisse der Zellforschung
1. Die Erbfaktoren bewahren bei der Weitergabe durch die Generationen ihre Eigenständigkeit.	**1.** Die Chromosomen werden als selbstständige Einheiten durch die Generationen weitergegeben. Die Gene sind auf den Chromosomen lokalisiert.
2. In den Körperzellen ist für jedes Merkmal ein Erbfaktorenpaar vorhanden.	**2.** Die Chromosomen sind in den Körperzellen paarweise vorhanden.
3. In jede Geschlechtszelle gelangt je ein Erbfaktor dieses Paares.	**3.** Bei der Meiose gelangt von den beiden homologen Chromosomen jeweils eines in die Geschlechtszellen.
4. Die Erbfaktoren eines Paares werden unabhängig voneinander auf die Geschlechtszellen verteilt. Sie können bei der Befruchtung neu kombiniert werden.	**4.** Bei der Geschlechtszellenbildung werden die homologen Chromosomen unabhängig voneinander auf die Geschlechtszellen verteilt. Sie können bei der Befruchtung neu kombiniert werden.

2 *Mendels Ergebnisse und die der Zellforschung*

Heute weiß man, dass auf jedem Chromosom zahlreiche Gene lokalisiert sind. MENDEL stellte in seiner Regel der Neukombination (3. Mendelsche Regel) die Hypothese auf, dass die Erbfaktoren unabhängig voneinander von einer Generation zur nächsten weitergegeben werden. Diese von MENDEL postulierte unabhängige Weitergabe von Erbfaktoren (Genen) ist nur gegeben, wenn die Gene auf unterschiedlichen Chromosomen liegen.

Allel: Zwei Gene, die auf den homologen Chromosomen am gleichen Ort liegen, das heißt für dasselbe Merkmal zuständig sind, bezeichnet man als allele Gene oder Allele.

reinerbig (homozygot): zwei gleichartige Allele für die Ausprägung eines Merkmals

mischerbig (heterozygot): zwei verschiedene Allele für die Ausprägung eines Merkmals

Genotyp: die Gesamtheit der Erbinformation eines Lebewesens im Zellkern

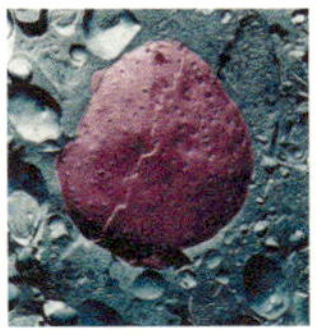

Phänotyp: das Erscheinungsbild eines Lebewesens

dominant-rezessiver Erbgang: Beim dominant-rezessiven Erbgang tritt im Phänotyp nur eines der Allele zutage, und zwar das dominante. Das andere Allel wird vom dominanten unterdrückt und als rezessiv bezeichnet. Am Phänotyp kann man nicht erkennen, ob das dominante Gen homo- oder heterozygot auftritt.

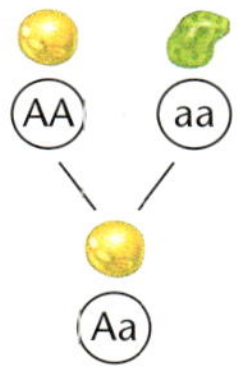

intermediärer Erbgang: Beim intermediären Erbgang liegen zwei verschiedene Allele vor. Sie wirken gleich stark und sind im Phänotyp sichtbar.

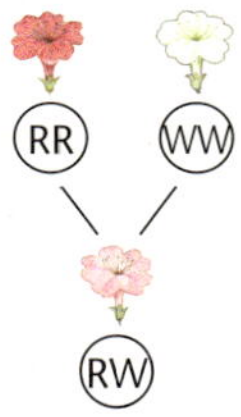

haploid: Zellen, die den einfachen Chromosomensatz besitzen (n)

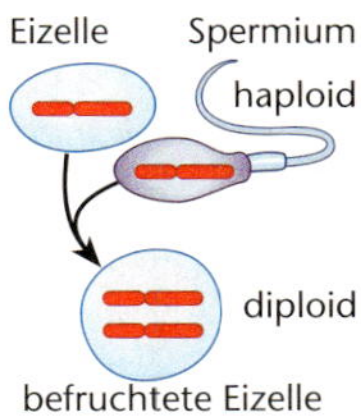

diploid: Zellen, die den doppelten Chromosomensatz besitzen (2n)

Autosomen: die Gesamtheit der nicht geschlechtsbestimmenden Chromosomen; jeweils zwei Chromosomen sind homolog zueinander

Gonosomen: Geschlechtschromosomen, beim Menschen x- und y-Chromosom

genetische Variabilität: Die Erbinformation von Eltern und ihren Nachkommen ist ähnlich, aber niemals identisch. Ursachen dafür sind:
- die zufällige Verteilung der homologen väterlichen und mütterlichen Chromosomen in der Meiose bei der Keimzellenbildung
- die freie, zufällige Kombination der Keimzellen bei der Befruchtung
- Mutationen.

modifikatorische Variabilität: die nichterbliche, umweltbedingte Veränderung des Phänotyps innerhalb einer Reaktionsnorm, die durch die Gene vorgegeben ist

3 *Kleines Lexikon der Genetik*

Untersuchung von Stammbäumen

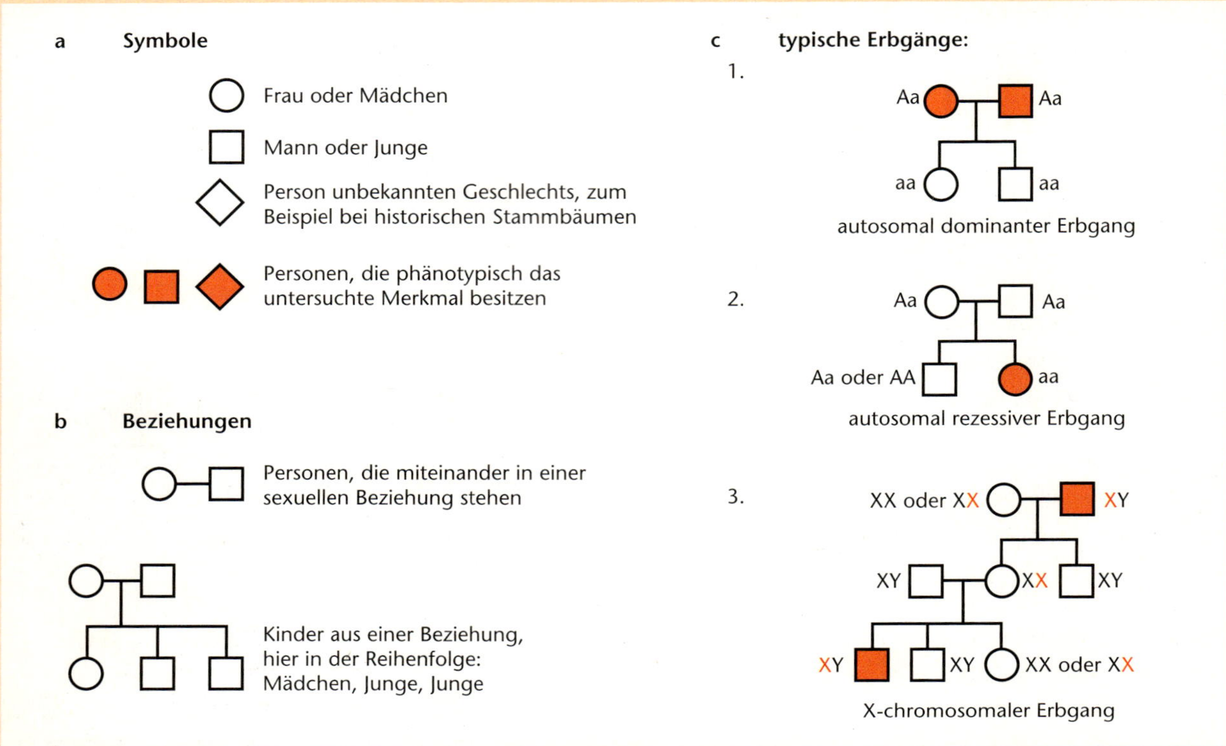

1 *Informationen zum Lesen von Stammbäumen*

Ahnenforschung und der Stammbaum der eigenen Familie sind für viele Menschen von großem Interesse. Um die verwandtschaftlichen Verhältnisse übersichtlich darzustellen, wird der Stammbaum grafisch mit Symbolen gezeichnet (Abb. 1a, b).

Will man herausfinden, wie ein Merkmal vererbt wird, muss man die Mendelschen Regeln beachten. Beim Menschen werden bestimmte Merkmale dominant oder rezessiv vererbt. Allele dominanter Merkmale werden durch Großbuchstaben gekennzeichnet, rezessive durch Kleinbuchstaben. Manche Menschen haben zum Beispiel erblich verkürzte Finger (Abb. 2). Das Merkmal Kurzfingrigkeit wird dominant vererbt. Man kann das entsprechende Allel also mit dem Buchstaben K benennen. Ein Mensch, der in seinen Erbinformationen die Kombination KK oder Kk besitzt, hat also die verkürzten Finger. Der Buchstabe k steht hier für das rezessive Allel.

Ist das zu untersuchende Gen auf einem Autosom, spricht man von einem **autosomalen Erbgang.** Befindet sich ein Gen auf einem Gonosom (Geschlechtschromosom), spricht man von einem **gonosomalen Erbgang.** Häufig wird angeführt, auf welchem Geschlechtschromosom sich das Gen befindet, zum Beispiel „X-chromosomaler Erbgang“, wenn das Gen auf einem X-Chromosom liegt.

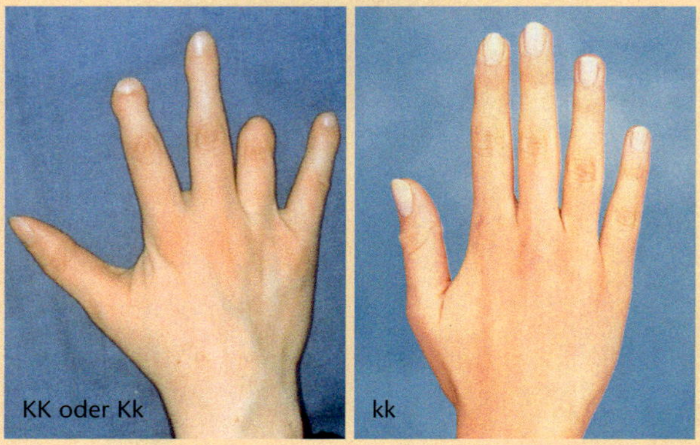

2 *Kurzfingrigkeit und normale Hand*

1 Stammbäume und ihr Vererbungsmuster. Ordne folgende ungeordnete Aussagen je einem Stammbaum der Abbildung 3 zu. Begründe die Zuordnung. Gib jeweils an, wie das Merkmal vererbt wird.

A: Nur Männer haben das Merkmal.
Merkmalsträger haben immer einen Vater, der auch Merkmalsträger ist.
Alle Söhne eines Mannes mit dem Merkmal besitzen das Merkmal auch.

B: Die Merkmalsträger haben häufig Eltern ohne das Merkmal.
Die Eltern von Merkmalsträgern sind normalerweise Überträger, die das Merkmal nicht besitzen.
Beide Geschlechter sind betroffen.

C: Fast nur Männer sind betroffen.
Betroffene Männer haben in der Regel Eltern ohne das Merkmal.
Normalerweise ist die Mutter eine Überträgerin ohne Merkmalsausbildung, kann aber betroffene männliche Verwandte haben.
Frauen können das Merkmal besitzen, wenn der Vater betroffen ist und die Mutter eine Überträgerin oder Merkmalsträgerin ist.

D: Mindestens ein Elternteil der Person mit dem Merkmal ist auch Merkmalsträger.
Beide Geschlechter sind betroffen.
Das Merkmal wird von beiden Geschlechtern übertragen.

E: Beide Geschlechter sind betroffen, Frauen häufiger als Männer.
Wenn die Mutter das Merkmal besitzt, hat das Kind eine Wahrscheinlichkeit von 50 %, das Merkmal zu bekommen.
Wenn der Vater betroffen ist, haben alle seine Töchter das Merkmal, aber nicht seine Söhne.

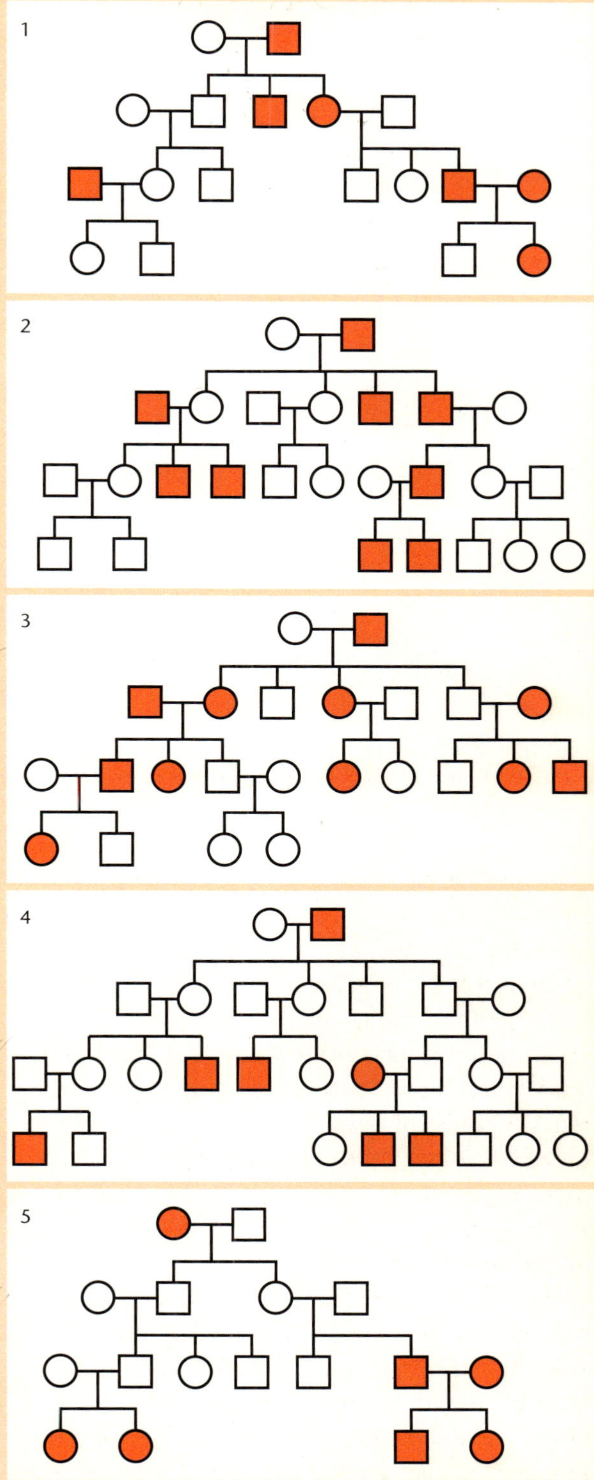

3 *Verschiedene Stammbäume*

15.8 Beispiele und Anwendungen von Stammbäumen

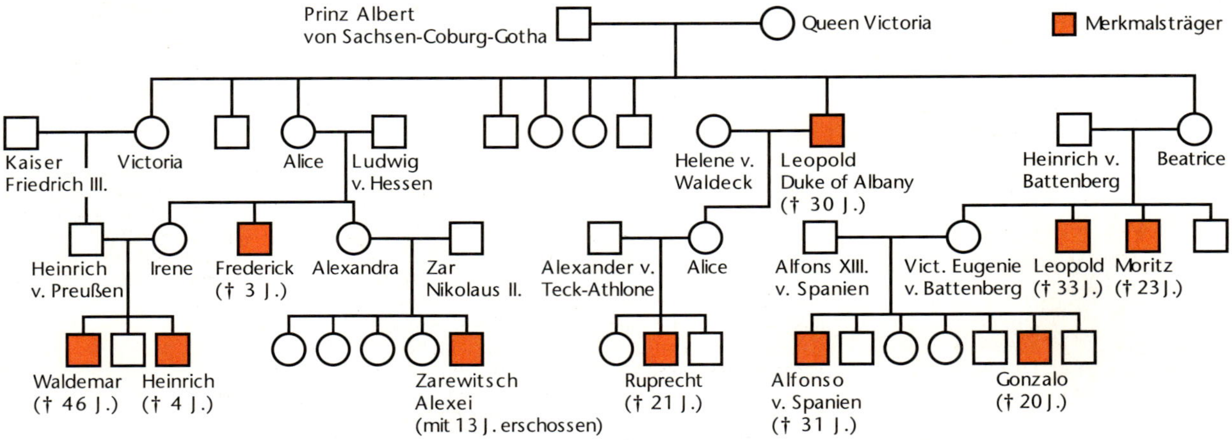

1 *Bluterkrankheit im europäischen Hochadel*

Bei der Bluterkrankheit ist die Blutgerinnung gestört. Harmlose Verletzungen können dadurch lebensbedrohend sein. Die Bluterkrankheit wird vererbt. Sie war besonders im Adel weit verbreitet (Abb. 1). Treten in einer Familie Erbkrankheiten auf, lässt sich aus dem Stammbaum häufig ermitteln, wie groß die Wahrscheinlichkeit für ein weiteres Kind ist, die Erbkrankheit zu haben (Abb. 2). Dies ist wichtig für eine genetische Beratung, wenn Eltern aus Familien, in denen Erbkrankheiten vorkommen, vor der Entscheidung stehen, ein weiteres Kind zu bekommen.

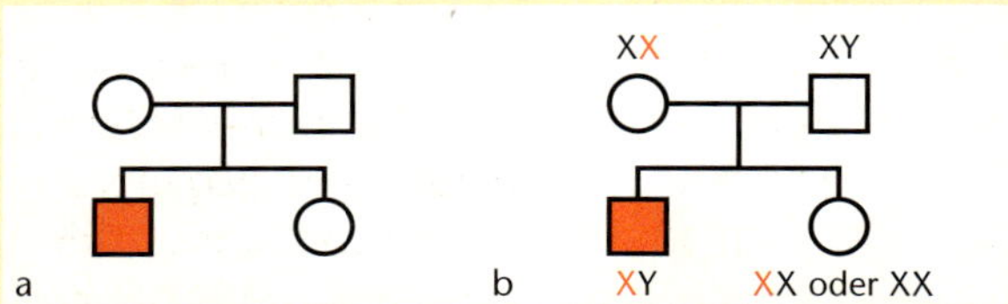

Ein Elternpaar hat einen Sohn, der Bluter ist und eine gesunde Tochter (a). Keiner der Eltern ist Merkmalsträger. Bei der Frage, wie groß die Wahrscheinlichkeit ist, dass ein weiteres Kind mit der Bluterkrankheit geboren wird, geht man so vor: Das Merkmal wird X-chromosomal-rezessiv vererbt. Daraus ergeben sich die Genotypen bezüglich des Merkmals (b). Die Wahrscheinlichkeit, dass das Merkmal in der nächsten Generation auftritt, muss für jedes weitere Kind neu betrachtet werden. Dazu muss man alle möglichen Geschlechtszellen des Vaters mit den möglichen Geschlechtszellen der Mutter im Erbschema kombinieren (c).

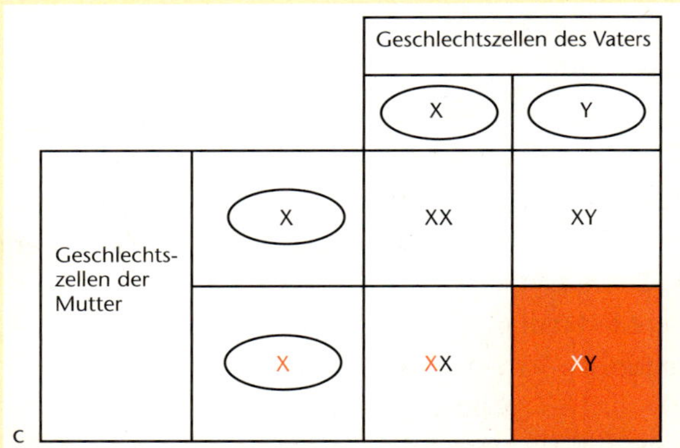

Die vier Möglichkeiten zeigen, dass zu 50 % Söhne gezeugt werden, wobei die Wahrscheinlichkeit, dass ein Sohn bluterkrank ist, 1:1 beträgt. Zu 50 % treten Töchter auf, die alle gesund sind, wobei sie zu 50 % Überträgerinnen des Gens für das Merkmal Bluterkrankheit sind. Die Wahrscheinlichkeit für das Auftreten des Blutermerkmals im Phänotyp beträgt also 1:3.

2 *Wahrscheinlichkeit für ein Merkmal*

A
Von Natur aus lockige Haare treten bei der Kombination ll, glatte Haare bei LL und gewellte Haare bei Ll auf.

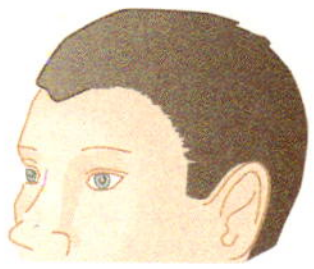

B
Ein vorgezogener Haaransatz wird durch ein dominantes Allel H, ein gerader Haaransatz durch die Kombination hh hervorgerufen.

C
Ein rezessives Allel d bewirkt, dass das oberste Daumenglied weit zurückgebogen werden kann.

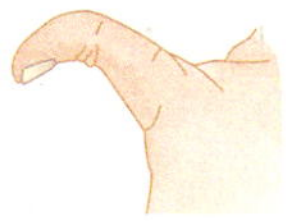

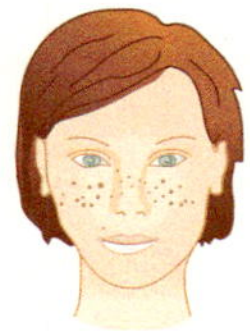

G
Jemand hat von Natur aus Sommersprossen im Gesicht, wenn die Kombination der Allele Rr oder RR ist. Sommersprossen fehlen bei der Kombination rr.

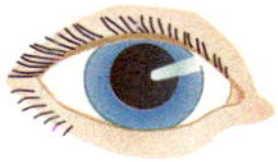

D
Bedingt durch die Kombination zweier rezessiver Allele pp wird fast kein Pigment in die Regenbogenhaut eingelagert. Dann ist die Augenfarbe blau.

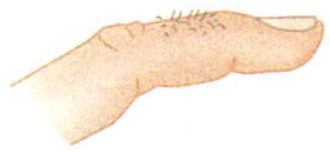

E
Ein dominantes Allel F bewirkt, dass auf einem oder mehreren der mittleren Fingerglieder Haare wachsen. Das Fehlen von Haaren auf dem mittleren der drei Fingerglieder aller Finger wird durch die Kombination ff hervorgerufen.

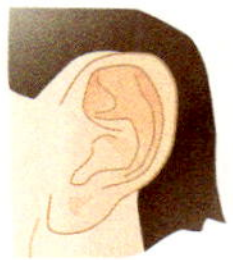

F
Die Kombination OO oder Oo bewirkt, dass die Ohrmuschel unten ein freies Ohrläppchen hat, bei oo ist das Ohrläppchen an die Kopfhaut angewachsen.

3 *Vererbte Merkmale beim Menschen*

1 Genetische Vielfalt. Abbildung 3 zeigt genetisch bedingte Merkmale des Menschen. Es wird angenommen, dass jede dieser Eigenschaften nur durch ein Allelpaar eines autosomalen Gens hervorgerufen wird. Untersucht anhand dieser Angaben die genetische Vielfalt in eurer Klasse. Überlegt vorab, wie ihr dabei vorgehen wollt.

2 Rot-Grün-Sehschwäche. Der Erbgang ist X-chromosomal-rezessiv. Zeichne den Stammbaum der Familie von Mr. SCOTT und trage alle Genotypen der Familienmitglieder ein. Werte dazu den Text in Abbildung 4 aus. Erkläre, warum eine Rot-Grün-Sehschwäche bei Männern häufiger vorkommt als bei Frauen.

3 Verwandtenehen. Nimm anhand der Abbildung 5 zum Verbot von Ehen zwischen Geschwistern und der Warnung vor Verwandtenehen begründet Stellung.

„Ich kenne kein Grün in der Welt. Vor einigen Jahren habe ich meine Tochter mit einem vornehmen Mann vermählt. Am Tage vor der Hochzeit kam er in einem neuen Mantel aus bestem Stoff in mein Haus. Ich war sehr gekränkt, dass er, wie ich glaubte, in Schwarz gekleidet war, der Farbe der Trauer. Ich sagte ihm, er solle gehen und den Mantel wechseln. Aber meine Tochter sagte, dass mich meine Augen trögen. Der Mann trug einen feinen weinroten Mantel. Dieser aber war für meine Augen schwarz. Es handelt sich um ein altes Familienleiden. Mein Vater hatte genau dieselbe Krankheit. Meine Mutter und eine meiner Schwestern konnten fehlerfrei sehen. Meine zweite Schwester war farbuntüchtig wie ich. Sie hatte zwei Söhne, die beide an dieser Krankheit litten. Ihre Tochter war dagegen normalsichtig. Ich selber habe einen Sohn und eine Tochter, die beide alle Farben ohne Ausnahme sehen können. Das Gleiche gilt für meine Frau. Der Bruder meiner Mutter hat denselben Fehler wie ich."

4 *Im Jahr 1777 schrieb Mr. Scott diesen Brief an einen Freund*

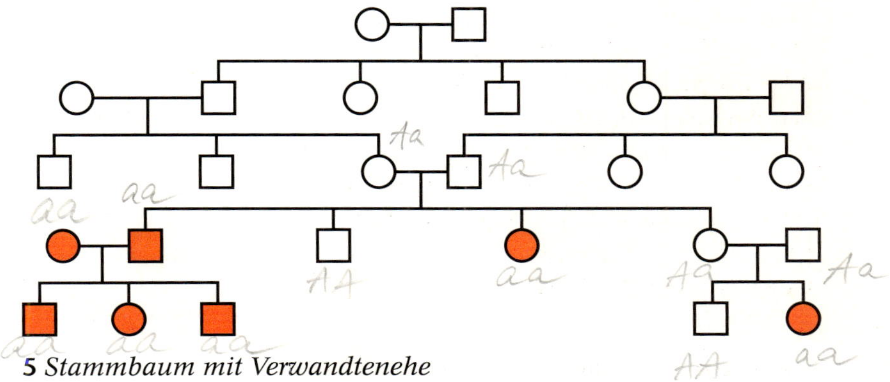

5 *Stammbaum mit Verwandtenehe*

15.9 Die Hautfarbe – ein Beispiel für Polygenie

1 *Familie Simmons mit ihren Zwillingen und dem älteren Sohn*

Die Hautfarbe wird durch einen dunklen Farbstoff, das Melanin, hervorgerufen. Melanin wird in den Pigmentzellen der Oberhaut hergestellt. Von hier aus gelangt der Farbstoff in die benachbarten Hautzellen und wird dort in Bläschen konzentriert eingelagert. Je mehr dieser Bläschen pro Fläche vorhanden sind, umso dunkler ist die Haut. Melanin schützt die Haut vor UV-Strahlung.

Man kann die unterschiedliche Intensität der Hautfarbe nur erklären, wenn mehrere Gene für sie verantwortlich sind. Man geht heute davon aus, dass wahrscheinlich vier Gene mit jeweils einem Allelpaar für die Hautfarbe verantwortlich sind. Diese Gene befinden sich auf verschiedenen Chromosomen. Jedes Allel verursacht eine bestimmte Melaninbildung, wobei sich diese zu einer Gesamtfarbe summiert. Man nennt diese Art der Vererbung, bei der ein Merkmal durch die Aktivität mehrerer Gene bestimmt ist, **Polygenie.** Je mehr Allelpaare ein Merkmal bestimmen, umso feiner ist die Abstufung. So entstehen fließende Übergänge. Allerdings ist das Zusammenwirken der verschiedenen Allele noch nicht ganz geklärt. Neben der Hautfarbe werden zum Beispiel auch die Haarfarbe und die Körpergröße und manche Krankheiten polygen vererbt.

Zwar ist die Hautfarbe erblich festgelegt, doch kann die Produktion von Melanin bei vielen helleren Hauttypen durch UV-Strahlung innerhalb genetisch festgelegter Grenzen zusätzlich angeregt werden. Hierbei handelt es sich um eine Modifikation. Die dadurch erhaltene Bräunung verblasst wieder, wenn die Haut längere Zeit keiner UV-Strahlung ausgesetzt ist.

1 Modell zur Vererbung durch Polygenie.
Zum Verständnis der Vererbung der Hautfarbe nehmen wir ein stark vereinfachtes Modell zu Hilfe. Das Modell geht von der Annahme aus, dass drei Gene, die auf verschiedenen Chromosomen liegen, mit je einem Allelpaar die Hautfarbe bestimmen. Beim ersten Gen treten die Allele a und A, beim zweiten die Allele b und B sowie beim dritten die Allele c und C auf. Die Allele, die durch kleine Buchstaben gekennzeichnet sind, führen zur Ausbildung eines Pigmentpunktes pro betrachteter Fläche, Allele, die durch Großbuchstaben dargestellt sind, zu zwei Pigmentpunkten pro Fläche. Ein Mensch mit der Allelkombination aabbcc ist also demnach hellhäutig, ein Mensch mit AABBCC dunkelhäutig (Abb. 2).
a) Nenne die möglichen Allelkombinationen der Geschlechtszellen, die in der F_1-Generation einer Kreuzung von hell- und dunkelhäutig gebildet werden können:

aabbcc x AABBCC.

b) Ermittle in einem größeren Erbschema alle möglichen Genotypen der F_2-Generation. Ordne den Genotypen die entsprechenden Phänotypen zu und mache Aussagen zur statistischen Häufigkeit dieser Phänotypen.

2 Genorte. Die Gene für die Hautfarbe befinden sich auf verschiedenen Chromosomen. Welche Folgen hätte es, wenn mehrere Gene für die Hautfarbe sich auf einem Chromosom befänden? Begründe deine Ansicht.

3 Fragen zur Familie Simmons.
a) Erkläre kurz das unterschiedliche Geschlecht der Zwillinge (Abb. 1, 3).
b) Beschreibe die Erwartungen bezüglich der Hautfarbe des Kindes, wenn Eltern unterschiedlicher Hautfarbe ein Kind zeugen. Begründe diese Erwartungen.
c) Stelle Hypothesen auf, die die unterschiedliche Hautfarbe der Zwillinge erklären können.

4 Polygenie und Mendelsche Regeln.
a) Vergleiche Polygenie mit der Vererbung nach den Mendelschen Regeln.
b) Erbschemen sind eine Methode, um Erbgänge nach den Mendelschen Regeln zu untersuchen. Die gleiche Methode wird auch bei Polygenie angewendet. Begründe, warum dies zulässig ist.

Pigmentpunkte pro Hautfläche:
a: ●
b: ●
c: ●
A: ●●
B: ●●
C: ●●

Kombinationsbeispiele:

hellhäutig			mittel			dunkelhäutig		
●	●	●	●●	●●	●●	●●	●●	●●
●	●	●	●	●	●	●●	●●	●●
a	b	c	A	B	C	A	B	C
a	b	c	a	b	c	A	B	C

2 *Modell zur Vererbung der Hautfarbe*

1994 kamen in Tottenham in Großbritannien Zwillinge zur Welt, die Geschichte machten, weil sie unterschiedliche Hautfarben hatten. Abbildung 1 zeigt ein Foto der Familie mit den Zwillingen und dem älteren Sohn. Der kleine Junge ist wie sein Vater dunkel gefärbt, die kleine Tochter ist wie ihre Mutter hellhäutig. Die Mutter stammt aus Großbritannien, die Eltern des Vaters kamen aus der Karibik nach Großbritannien.

3 *Ein unwahrscheinliches Ereignis?*

15.10 Genetisch bedingte Behinderung: Trisomie 21

25 Kinder lernen gemeinsam in dieser Klasse. Eins von ihnen ist Merle. Sie ist ein Kind mit Trisomie 21.

Merle hat zwei ältere gesunde Geschwister. Nach der Geburt war Merle häufig krank, unter anderem musste ein Herzfehler operiert werden. Heute ist sie fit und mit ihrer besonderen Art in der Klasse beliebt. Schreiben und lesen fällt ihr zwar viel schwerer als den anderen Kindern, dafür ist sie fast immer gut gelaunt und hilfsbereit.

1 *Merle – ein Kind mit Trisomie 21*

Als behindert gelten Menschen, die in ihrem Lernen, im sozialen Verhalten, in der sprachlichen Kommunikation oder in ihren motorischen Fähigkeiten so weit beeinträchtigt sind, dass ihre Teilnahme am Leben in der Gesellschaft wesentlich erschwert ist. Sie bedürfen besonderer pädagogischer Förderung. Viele Behinderungen entstehen während des Lebens durch Unfall oder Krankheit. Angeborene Behinderungen sind meistens durch Vererbung oder neue Mutationen bedingt.

Ein Beispiel dafür ist die Trisomie 21, auch Down-Syndrom genannt. Unter 700 Neugeborenen befindet sich im Durchschnitt ein Kind mit Trisomie 21 (Abb. 1). Im Karyogramm des Kindes zeigt sich, dass das Chromosom 21 drei Mal in Form von Doppelchromosomen vorkommt (Abb. 2). Die Ursache liegt in einer ungleichmäßigen Verteilung der Chromosomen bei der Meiose der Eizellenbildung (Abb. 4). Die Häufigkeit dieses Fehlers steigt mit zunehmendem Alter der Mutter an (Abb. 5). Die Bildung der Eizellen beginnt im Eierstock des weiblichen Fetus. Bis zur Geburt erfolgt nur der erste Teil der Meiose. Die Meiose wird dann unterbrochen und erst mit Beginn des Menstruationszyklus fortgesetzt. Mit steigendem Alter der Frau nimmt deshalb die Zeit zu, in der die Eizelle im Entwicklungsstadium der unterbrochenen Meiose bleibt.

Die individuelle Ausprägung der Behinderung bei Trisomie 21 variiert sehr stark. Während einige Kinder eine starke geistige Behinderung zeigen, können andere sogar eine Fremdsprache erlernen. Durch Einrichtungen wie Integrationsgruppen und -klassen in Kindergärten und Schulen wird versucht, die Behinderten zu integrieren und zu fördern.
Schwangeren über 35 Jahren wird heute oft die Durchführung einer Amniozentese empfohlen (Abb. 3). Durch diese Untersuchung ist eine Trisomie 21 des ungeborenen Kindes zu erkennen.

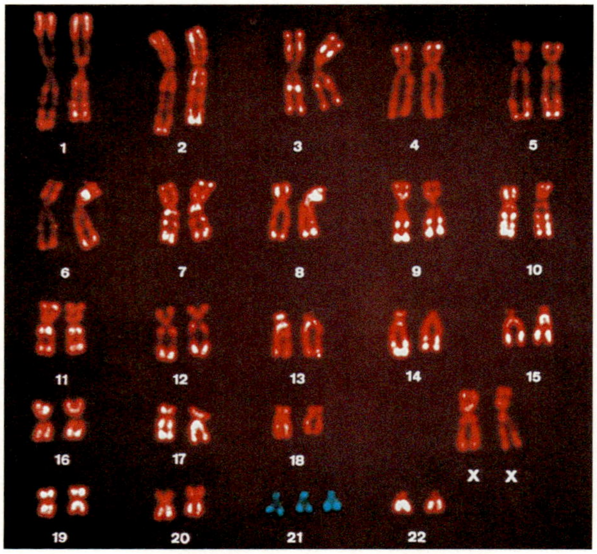

2 *Trisomie 21 im Karyogramm, gefärbt*

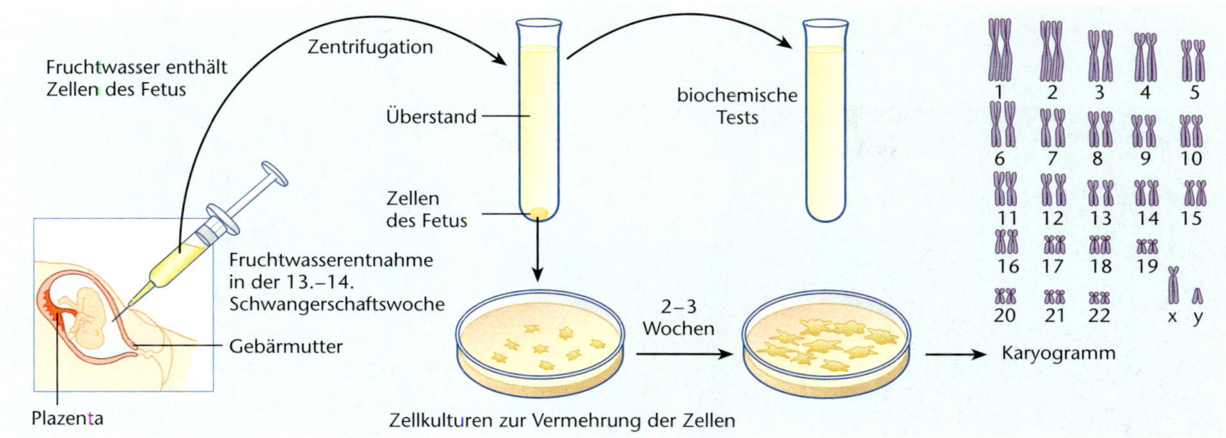

3 *Amniozentese*

1 Entstehung von Trisomie 21. Erkläre die Entstehung der Trisomie 21 anhand der Abbildung 4.

2 Alter und Trisomie 21.

a) Werte mithilfe des Grundwissentextes Abbildung 5 aus.

b) Das Alter der Frauen, die ihr erstes Kind bekommen, steigt kontinuierlich an: 1961 bekamen Frauen ihr erstes Kind im Durchschnitt mit 25 Jahren, im Jahr 2005 mit 29 Jahren. Zugleich wächst die Zahl der spät gebärenden Mütter: Waren 1990 nur fünf Prozent der Erstgebärenden über 35 Jahre alt, so lag ihr Anteil im Jahr 2005 bereits bei 16 Prozent. Erläutere die Problematik, die sich aus der Zunahme der späten Geburten ergibt.

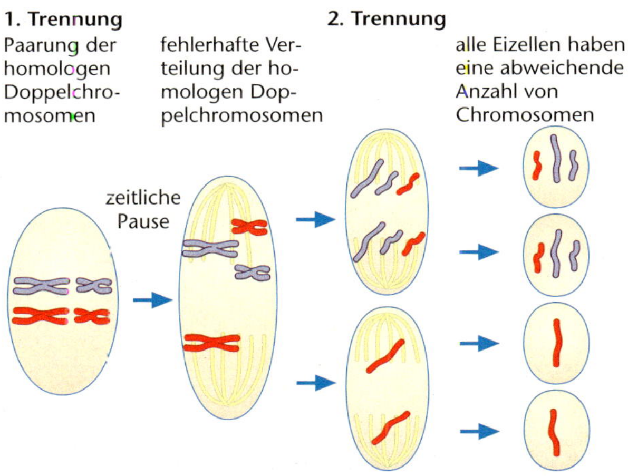

4 *Trisomie 21 durch Nichttrennung homologer Doppelchromosomen in der Meiose*

3 Amniozentese. Die Amniozentese ist ein wichtiges Verfahren der vorgeburtlichen Diagnostik. Beschreibe den Ablauf anhand von Abbildung 3.

4 Vier Positionen zur Amniozentese. Schwangeren, die über 35 Jahre alt sind, wird häufig die Durchführung einer Amniozentese empfohlen. Im Folgenden werden vier mögliche Positionen dazu genannt:

– Ich will nichts wissen und werde keine Amniozentese machen lassen.

– Ich traue mir ein Leben mit einem behinderten Kind nicht zu und werde gegebenenfalls abtreiben.

– Ich will das Ergebnis wissen, werde aber nicht abtreiben, wenn eine Trisomie 21 vorliegt.

– Ich weiß gar nicht, wie ich mich verhalten soll.

Erläutere für jede der vier Positionen, welche Überlegungen zu der Aussage geführt haben könnten.

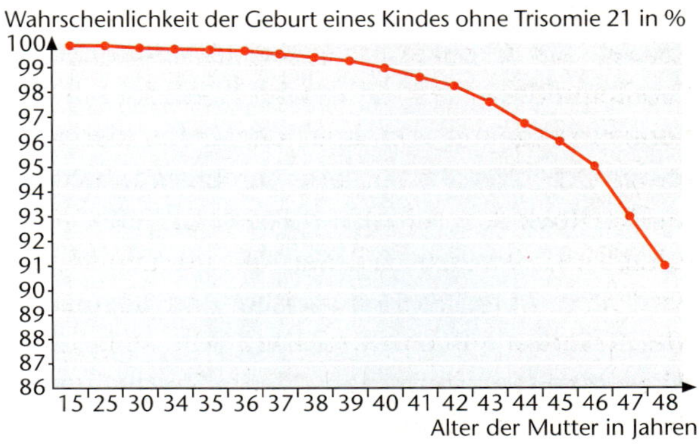

5 *Häufigkeit der Trisomie 21*

15.11 Der Mensch – Gene und Umwelt

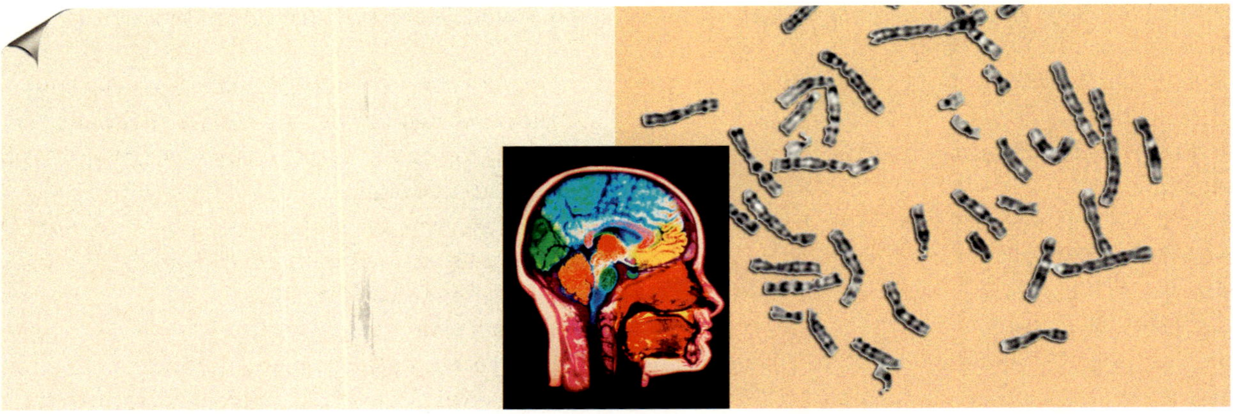

1 *Der Mensch: ein Produkt seiner Umwelt und/oder seiner Gene?*

Wenn du diese Zeilen liest, arbeiten Millionen Nervenzellen in deinem Gehirn an der Informationsverarbeitung. Dein Gehirn hat sich vor und nach deiner Geburt unter Beteiligung der ererbten Gene von deinem Vater und deiner Mutter zu einem komplexen Organ entwickelt. Dass du lesen und sprechen kannst, wurde dir auch durch deine Gene ermöglicht. Dass du speziell deine Muttersprache gut verstehst, ist dagegen deinem Elternhaus und damit deiner Umwelt zu verdanken.

In der Diskussion darüber, ob der Mensch Produkt seiner Umwelt und/oder seiner Gene ist, gibt es drei grundlegende Positionen (Abb. 1, 2). Die Position des **genetischen Determinismus** nimmt an, dass der Mensch und sein Verhalten allein durch seine Gene festgelegt ist. In der gegensätzlichen Position des **Umwelt-Determinismus** kommt der Mensch als „tabula rasa“, als „unbeschriebenes Blatt“, auf die Welt und wird allein durch die Umwelt zu dem, was er ist. Diese beiden extremen Positionen übersehen, dass Gene und Umwelt keine Gegensätze sind, die sich ausschließen. Wie das Beispiel der Sprache zeigt, arbeiten Gene und Umwelt im Menschen zusammen. Angeboren und erlernt sind miteinander verschränkt.
Bei seiner Geburt ist ein Mensch kein „unbeschriebenes Blatt“. Die Millionen Jahre währende Evolution des Menschen hat Angepasstheiten hervorgebracht, zum Beispiel im Hirnaufbau, im Wahrnehmungsvermögen, in den Emotionen, im Verhalten und im Lern- und Gedächtnisvermögen. Der heutige Mensch trägt sein evolutionäres Erbe in Form von Genen in sich. Zum evolutionären Erbe des Menschen gehört auch, dass er mit einem Gehirn ausgestattet ist, das ein einzigartiges Lern- und Gedächtnisvermögen ermöglicht. Gene sind in Wechselwirkung mit der Umwelt maßgeblich an der Ausbildung und Tätigkeit des Gehirns eines Menschen beteiligt. Allerdings legen Gene einen Menschen nicht schicksalhaft fest. Vielmehr ermöglicht das Gehirn individuelles Verhalten, individuelle Erfahrungen, individuelle Gedächtnisinhalte und individuelle Gefühle. Gene und Umwelt wirken also untrennbar im Menschen zusammen. Menschen sind weder allein durch ihre Gene festgelegt noch sind sie allein Produkt ihrer Umwelt.

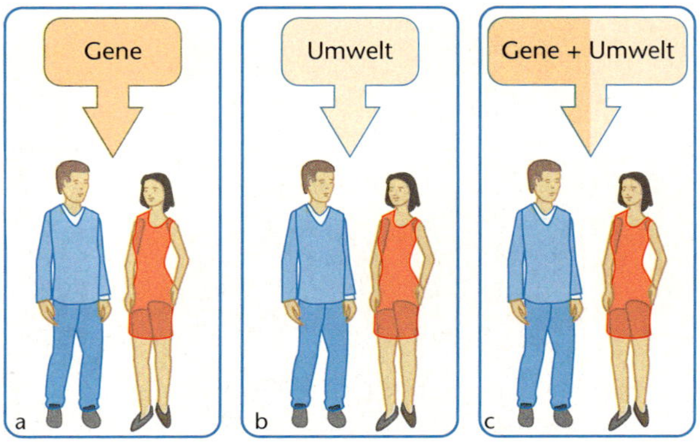

2 *Drei grundlegende Positionen*

1 Gene und/oder Umwelt? Erläutere anhand der Abbildungen und des Textes auf der Grundwissenseite die drei in Abbildung 2 dargestellten Positionen. Zeige am Beispiel des Spracherwerbs begründet auf, welche Positionen nicht zutreffen und welche Positionen zutreffen.

2 Modelle zum Zusammenwirken von Genen und Umwelt.
a) Beschreibe das Modell in Abbildung 3 im Hinblick auf das Zusammenwirken von Genen und Umwelt im Menschen. Erläutere die Positionen I, II und III in Abbildung 3.
b) „Tatsächlich ähneln unsere Erbanlagen nicht so sehr einem Programm, das einen Computer steuert, als einer Partitur, die nur unter ganz spezifischen Umweltbedingungen ... zum Klingen gebracht, ja eigentlich zum Leben erweckt wird." Erläutere anhand der Abbildung 4 das Zusammenwirken von Genen und Umwelt im Modell.

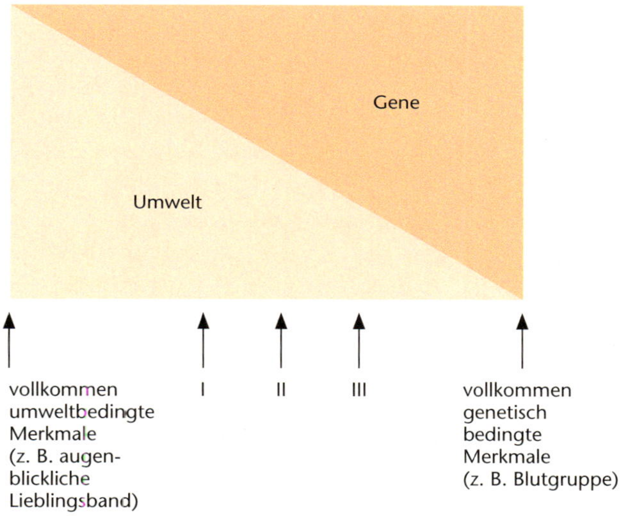

3 *Gene und Umwelt*

3 Gedankenexperiment: Folgerungen für verschiedene Aspekte des menschlichen Lebens. Diskutiert für jeden der nachfolgenden Lebensbereiche, welche Folgerungen und Konsequenzen sich ergeben würden, wenn a) der genetische Determinismus zutreffen würde, b) der Umwelt-Determinismus zutreffen würde (Abb. 2):
- Erlernen einer Fremdsprache
- Geschlechterrolle als Mann oder Frau
- aggressives Verhalten gegenüber anderen Menschen.

4 „Tabula rasa", das „unbeschriebene Blatt" – Ist alles möglich? Von JOHN B. WATSON (1878–1958), einem Lernforscher, stammt folgende Formulierung: „Gebt mir ein Dutzend gesunde, gut gebaute Kinder und meine eigene spezifische Welt, um sie darin großzuziehen, und ich garantiere, dass ich irgendeines aufs Geratewohl herausnehme und es so erziehe, dass es irgendein beliebiger Spezialist wird, zu dem ich es erwählen kann – Arzt, Jurist, Künstler, Kaufmann, ja sogar Bettler und Dieb, ungeachtet seiner Talente, Neigungen, Absichten, Fähigkeiten und Herkunft seiner Vorfahren." Ordne diese Behauptung einer der drei Positionen in Abbildung 2 begründet zu. Diskutiert und bewertet die Behauptung WATSONS.

4 *Modell für das Zusammenwirken von Genen und Umwelt*

16 Molekulargenetik

16.1 DNA als Erbsubstanz

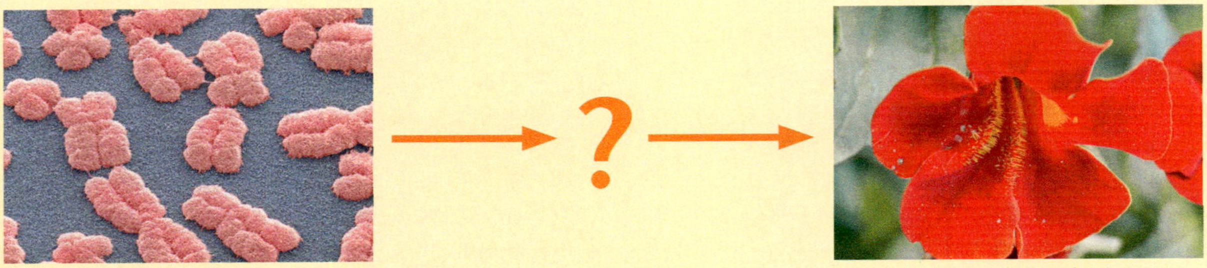

Chromosomen sind die Träger der Erbanlagen.
Sie bestehen aus DNA und Proteinen.

Erblich bedingte Merkmale eines Lebewesens

1 *Stand des genetischen Wissens um 1940*

Um das Jahr 1940 war der Stand des genetischen Wissens etwa folgendermaßen: Man wusste, dass Chromosomen die Träger der Erbanlagen sind und dass sie aus DNA und Proteinen bestehen. Außerdem wusste man, dass Gene Informationen für die Ausbildung von Merkmalen enthalten. Ebenfalls bekannt waren die Regeln der Vererbung, wie sie MENDEL entdeckt hatte. Nicht bekannt war dagegen, ob die Erbinformation in Proteinen oder in DNA festgelegt ist (Abb. 1).

Noch ehe die Erbsubstanz eindeutig identifiziert wurde, war klar, welche Anforderungen sie erfüllen muss:
- Die Erbsubstanz muss Informationen speichern können.
- Die Erbsubstanz muss sich identisch verdoppeln können.
- Die Informationen der Erbsubstanz müssen gelesen werden können.
- Die Erbsubstanz muss den Zellstoffwechsel steuern können.
- Die Erbsubstanz muss mutieren können.

Um 1940 hatten die meisten Forscherinnen und Forscher die Hypothese, dass Gene aus Proteinen bestehen. Im Jahr 1944 wurde diese Hypothese durch Versuche von AVERY widerlegt und die DNA eindeutig als Erbsubstanz festgestellt (Abb. 5).

Bei diesen Versuchen wurden Bakterien benutzt (Abb. 2). Sie haben ein ringförmiges Chromosom. Bakterien vermehren sich schnell. Manche Bakterien können fremde DNA-Bruchstücke durch ihre Zellwand aufnehmen und in ihre eigene DNA einbauen (Abb. 3). Man bezeichnet diesen Vorgang als Umwandlung oder **Transformation.** Auf diese Weise erhält eine Bakterienzelle neue genetische Information.

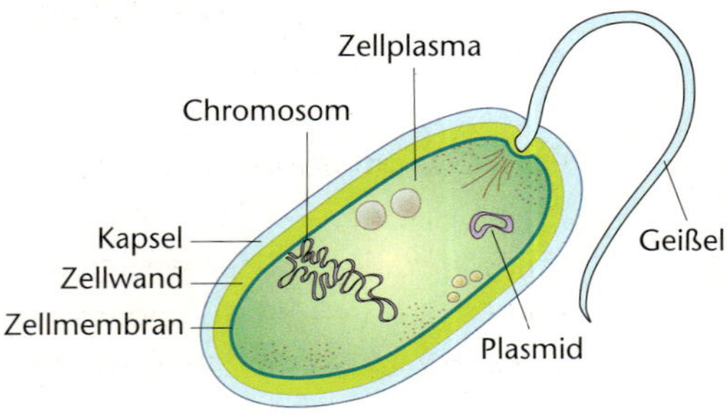

2 *Aufbau einer Bakterienzelle*

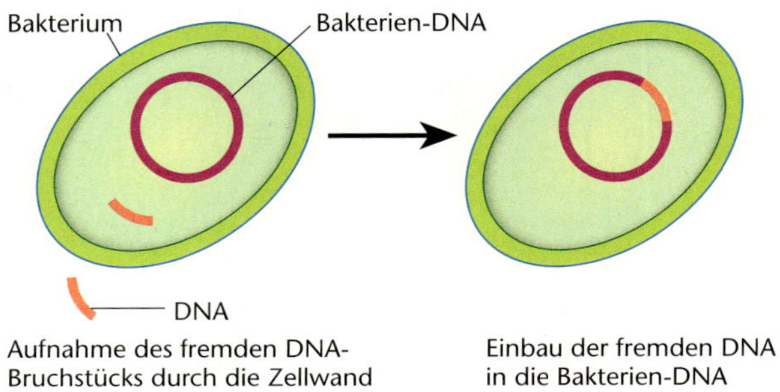

3 *Transformation einer Bakterienzelle*

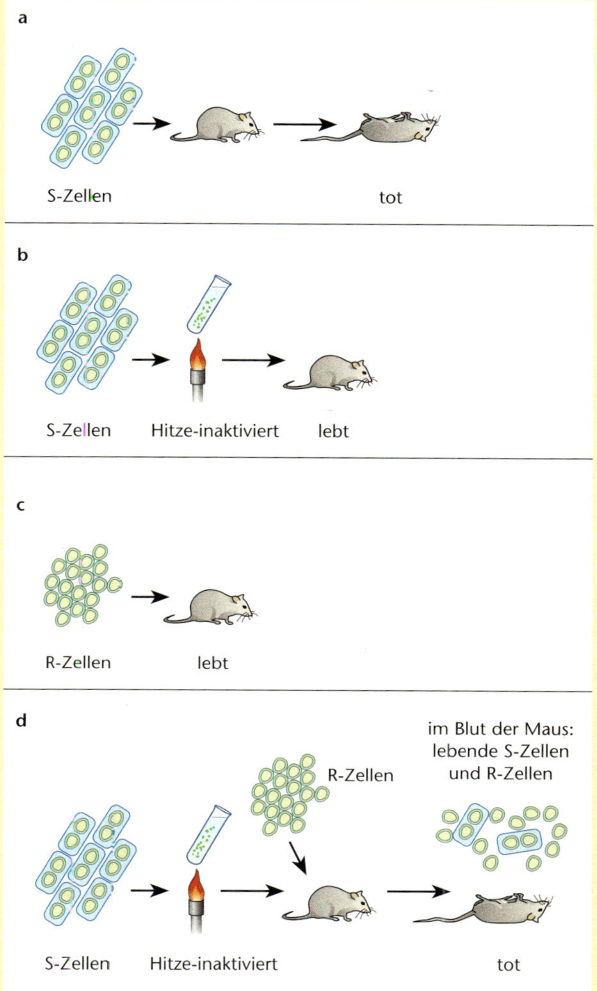

1928 führte der Mikrobiologe FRED GRIFFITH Versuche mit zwei Stämmen der Bakteriengattung Pneumococcus durch. Der S-Stamm (engl. smooth = glatt) bildet auf Nährboden glatte Kolonien. Beim S-Stamm sind je zwei Zellen von einer Schleimkapsel umgeben. Verantwortlich dafür ist das S-Gen. Injizierte man Mäusen lebende S-Zellen, so erkrankten die Mäuse an Lungenentzündung und die meisten starben daran (a). Heute weiß man, dass die S-Pneumokokken wegen ihrer Schleimkapsel nicht schnell genug von den weißen Blutzellen der Mäuse erkannt und vernichtet werden können. Durch Erhitzen verlieren die S-Pneumokokken ihre Gefährlichkeit (b). Erhitzen zerstört Zellwand und Zellmembran, verformt Proteine und zerstückelt die ringförmige Bakterien-DNA in kleine Bruchstücke.
Der R-Stamm der Pneumokokken (engl. rough = rau) bildet auf Nährboden Kolonien mit rauer Oberfläche. Diesen Bakterien fehlt das S-Gen. Daher bilden sie keine Schleimkapsel aus. Das Immunsystem der Mäuse kann die Bakterien des R-Stammes wirkungsvoll bekämpfen (c).
GRIFFITH mischte in dem entscheidenden Versuch durch Hitze zerstörte S-Zellen mit lebenden R-Zellen (d). Die Injektion dieses Gemisches führte zur Lungenentzündung und zum Tod der Mäuse. Im Blut dieser Mäuse konnten neben lebenden R-Zellen auch lebende S-Zellen gefunden werden.

4 *Die Versuche von Griffith (1928)*

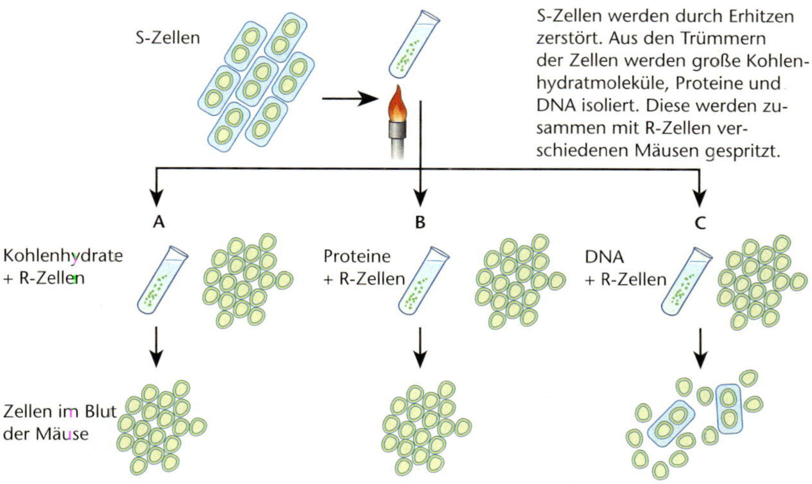

5 *Die Versuche von Avery (1944)*

1 Beweis für DNA als Erbsubstanz. Erläutere unter Bezug auf die Grundwissenseite und die Abbildungen 4 und 5, inwiefern die Versuche von GRIFFITH und AVERY als Beweis für die DNA als Erbsubstanz gelten.

2 Transformation. Erläutere mithilfe geeigneter Skizzen die Transformation im Teilversuch d von GRIFFITH (Abb. 4) und im Teilversuch c von AVERY (Abb. 5).

16.2 Bau der DNA

Alle Lebewesen haben genetische Information in chemischer Form gespeichert. Der Informationsträger heißt Desoxyribonukleinsäure. Die Abkürzung für dieses Molekül ist DNA. Bei den Eukaryoten liegt die DNA in den Chromosomen des Zellkerns als dünnes, stark aufgeknäueltes Molekül vor. Mitochondrien und Chloroplasten enthalten ebenfalls DNA. Die Aufklärung des Baus der DNA im Jahr 1953 war ein wissenschaftlicher Meilenstein und wurde mit dem Nobelpreis gewürdigt.

DNA ist ein Kettenmolekül, das aus vielen hintereinander geknüpften Bausteinen, den **Nukleotiden,** besteht. Jedes Nukleotid besteht aus einer Phosphatgruppe, die sich von der Phosphorsäure ableitet, und aus einem Zucker mit fünf Kohlenstoffatomen, der Desoxyribose (Abb. 1). Zusätzlich gehört zu jedem Nukleotid eine von vier stickstoffhaltigen Basen. Diese Basen heißen Adenin (A), Cytosin (C), Guanin (G) und Thymin (T). Sie werden mit ihren Anfangsbuchstaben abgekürzt (Abb. 1). Nukleotide unterscheiden sich also nur in der Base. Die Abfolge der Basen in einem DNA-Molekül bezeichnet man als **Basensequenz** oder DNA-Sequenz. In ihr ist die genetische Information verschlüsselt. Nukleotide werden im Stoffwechsel einer Zelle gebildet. Letztlich stammen die dafür notwendigen Baustoffe aus der Nahrung.

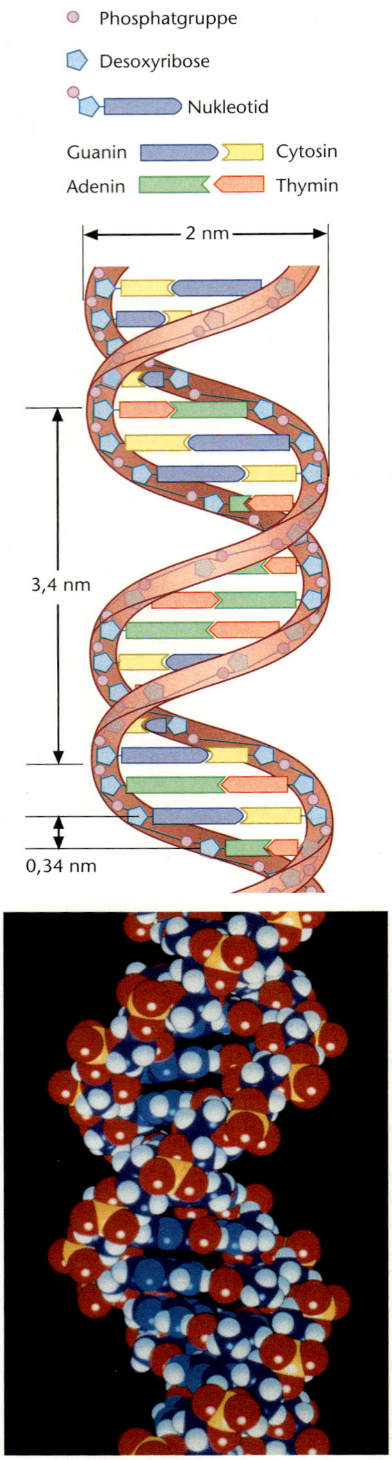

1 *Nukleotide sind die Bausteine der DNA*

Ein DNA-Molekül besteht aus zwei Strängen, die sich schraubig umeinander winden (Abb. 1). Man spricht von **Doppelhelix-Struktur.** Dabei bilden die einander gegenüberstehenden Nukleotide mit ihren Basen ein Paar. Man kann die Doppelhelix modellhaft vereinfacht mit einer Wendeltreppe vergleichen, die an beiden Seiten ein Geländer hat. In diesem Modell entspricht die regelmäßige, hunderttausendfache Abfolge von Phosphatgruppe und Desoxyribose dem Geländer der Wendeltreppe. Phosphatgruppe und Desoxyribose sind durch Atombindungen fest miteinander verbunden. Die senkrecht zum Geländer stehenden Basenpaare sind im Modell der Wendeltreppe die Stufen oder Sprossen. Die Basen jedes Paares sind durch Wasserstoffbrücken miteinander verbunden (Abb. 4).

Die einzelnen Basen eines Paares sind nicht beliebig. Bei allen Lebewesen bildet Adenin (A) immer nur mit Thymin (T) und Cytosin (C) nur mit Guanin (G) ein Paar. Wenn Adenin und Thymin oder Cytosin und Guanin einander gegenüberliegen, passen sie wie Schlüssel und Schloss zusammen. Man sagt, die zueinander passenden Basen sind komplementär. Die Anordnung der komplementären Basen ist ein Beispiel für das Schlüssel-Schloss-Prinzip.

2 *Aus Tomaten isolierte DNA*

1 Versuch: DNA aus Tomaten isolieren.
Material: 100 ml Wasser, 3 g Kochsalz, 10 ml Spülmittel, 20 ml Brennspiritus (F), ein Faltenfilter und ein passender Trichter, ein Glas, ein Reagenzglas, ein Pürierstab, eine Tomate, ein Messer, ein Glasstab, ein Holzstab.
Durchführung: Die Tomate wird klein geschnitten. 3 g Kochsalz werden in 10 ml Spülmittel gegeben und unter Rühren mit 100 ml Wasser aufgefüllt. Zusammen mit den klein geschnittenen Tomatenstückchen wird der Ansatz bei Zimmertemperatur mindestens eine Viertelstunde stehen gelassen. Das Spülmittel zerstört in dieser Zeit Membranen. Danach wird die Probe etwa 10 Sekunden püriert und das Gemisch durch eine Filtertüte in ein Glas gegossen. Etwa 20 ml des Filtrats werden in ein Reagenzglas gegeben und langsam 20 ml Brennspiritus hinzugefügt. In der Flüssigkeit bilden sich zwei Phasen: oben der Brennspiritus (F), unten das Filtrat aus der Tomate. An der Grenze zwischen beiden Phasen fällt die isolierte DNA als weißgelber Ring aus (Abb. 2). Mit einem Holzstab kann die DNA aus dem Reagenzglas gehoben werden.

2 Basenzusammensetzung der DNA bei verschiedenen Lebewesen und einem Virus.
Werte die Abbildung 3 aus.

3 Berechnungen zur DNA. Ein menschlicher Säugling besitzt etwa 2×10^{12} Zellen. Die Masse der DNA in jeder dieser Zellen ist etwa 6 pg (Pikogramm). Die DNA einer Zelle enthält etwa 5500×10^6 Basenpaare. Berechne die Masse (in g) und die Länge (in km) der gesamten DNA eines menschlichen Säuglings. Beachte dabei auch Angaben in Abbildung 1. Hinweis: 1 pg (Pikogramm) = 10^{-12} g; 1 nm (Nanometer) = 10^{-9} m.

4 DNA-Trennung durch Erhitzen. Bei verschiedenen Versuchen wurde DNA erhitzt. Dabei lösten sich bei bestimmten Temperaturen die Wasserstoffbrücken-Bindungen zwischen den Basenpaaren und das DNA-Doppelhelix-Molekül zerfiel in zwei Einzelstränge.
Beschreibe Abbildung 4. Begründe, warum sich ein DNA-Molekül mit einem hohen Gehalt an den Basen Cytosin und Guanin erst bei höheren Temperaturen in Einzelstränge trennt.

	Adenin	Cytosin	Guanin	Thymin
Mensch	31 %	19 %	19 %	31 %
Schaf	30 %	20 %	20 %	30 %
Seeigel	33 %	17 %	17 %	33 %
Weizen	27 %	23 %	23 %	27 %
E. coli (Bakterium)	24 %	26 %	26 %	24 %
Virus T7	26 %	24 %	24 %	26 %

3 *Anteil der vier Basen an allen Basen der DNA*

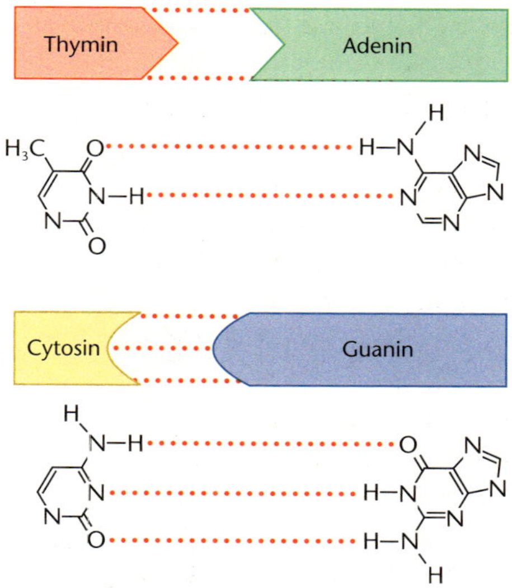

4 *Wasserstoffbrücken zwischen den komplementären Basen Adenin und Thymin sowie Cytosin und Guanin*

16.3 Identische Verdopplung der DNA

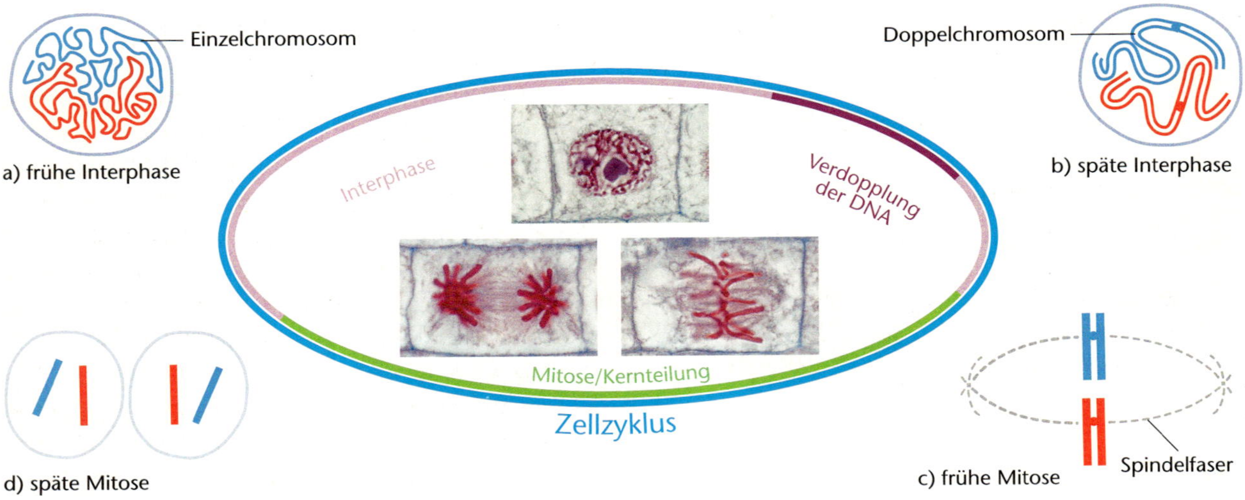

1 *Zellzyklus*

Die identische Verdopplung der DNA ist der Grund dafür, dass aus jeder Zell- und Kernteilung (Mitose) erbgleiche Tochterzellen hervorgehen (Abb. 1). Dadurch haben alle Körperzellen die gleichen genetischen Informationen.

Die identische Verdopplung der DNA und damit der Chromosomen findet in der Interphase des Zellzyklus statt (Abb. 1a, b). Da der Mensch von jedem Chromosom zwei hat, ergeben sich durch identische Verdopplung von jedem Chromosom vier Chromosomen, die dann in Form von zwei Doppelchromosomen vorliegen (Abb. 1b, c). Jedes Doppelchromosom besteht in dieser Phase aus zwei identischen DNA-Molekülen. Diese werden so voneinander getrennt, dass die Tochterzellen untereinander und zur Zelle, aus der sie hervorgingen, erbgleich sind (Abb. 1d, a).

Der Vorgang der identischen Verdopplung beginnt damit, dass sich der DNA-Doppelstrang durch Trennen der Wasserstoffbrückenbindungen zwischen den Basenpaaren ähnlich einem Reißverschluss öffnet (Abb. 2). Dann wird entsprechend zu der Basenabfolge der vorhandenen Einzelstränge des DNA-Moleküls je ein neuer Strang gebildet. Im Ergebnis liegen zwei DNA-Doppelstränge vor, die untereinander, aber auch im Vergleich zum Ausgangsmolekül, identische Basensequenzen haben und daher erbgleich sind (Abb. 2). Man nennt die Art der Verdopplung der DNA **semikonservativ,** was so viel wie „halb bewahrend" bedeutet. Die eine Hälfte des DNA-Moleküls ist unverändert der alte Molekülteil, die andere Hälfte ist neu gebildet.

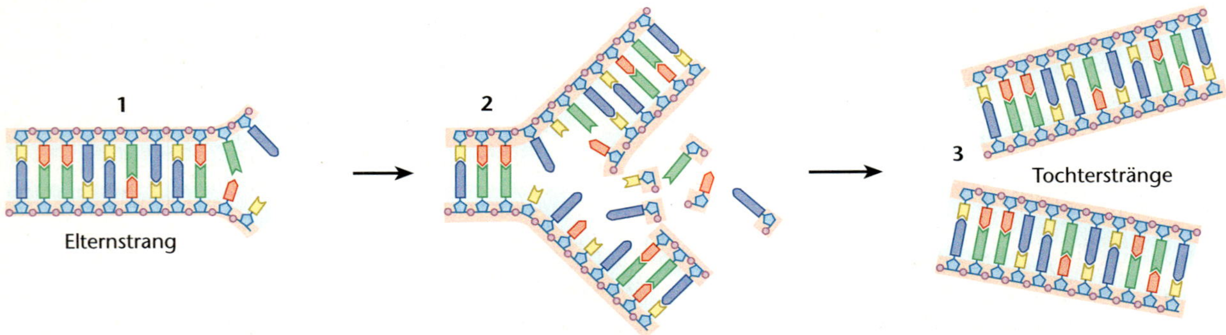

2 *Identische Verdopplung eines DNA-Moleküls*

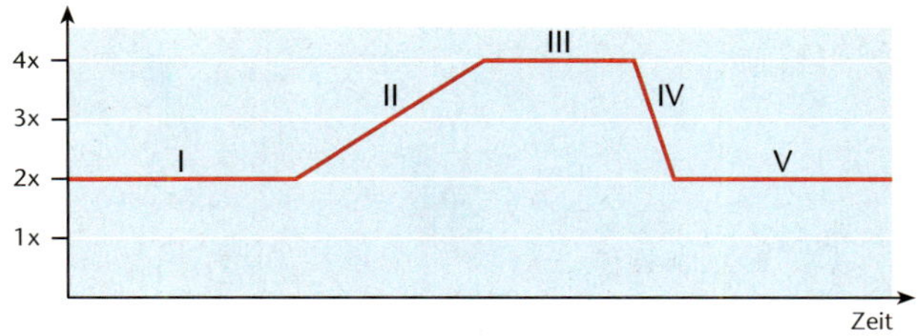

3 *DNA-Gehalt des Zellkerns während des Zellzyklus*

1 Identische Verdopplung der DNA und Zellzyklus. Beschreibe die Abbildung 3. Ordne die Phasen I bis V in Abbildung 3 dem Geschehen im Zellzyklus zu.

2 Experimenteller Beweis der semikonservativen Verdopplung der DNA. Mithilfe von Stickstoff-Isotopen konnten die beiden Forscher MATTHEW MESELSON und FRANKLIN STAHL 1958 an Bakterien beweisen, dass die Verdopplung der DNA semikonservativ erfolgt (Abb. 4, links). Eine alternative Hypothese war damals die konservative Verdopplung, bei der eine vollständig neue Kopie des DNA-Moleküls hergestellt wird (Abb. 4, rechts).
Isotope sind Atome eines Elements mit unterschiedlicher Massezahl. Beim Stickstoff (N) gibt es ein schwereres Isotop mit der Massezahl 15 (^{15}N) und ein leichteres Isotop mit der Massezahl 14 (^{14}N). Bakterien benötigen Stickstoff zum Aufbau der DNA.
Das Experiment von MESELSON und STAHL nimmt als Ausgangspunkt Bakterien, die zu hundert Prozent die etwas schwerere ^{15}N-DNA besitzen (Abb. 4, oben). Diese Bakterien wurden auf einen Nährboden überführt, der nur ^{14}N als Stickstoffquelle enthielt. Dort vermehrten sich die Bakterien durch Zellteilungen. Somit enthielt neu gebildete DNA ausschließlich leichtere ^{14}N-DNA. MESELSON und STAHL verfügten über technische Möglichkeiten, um schwere, mittelschwere und leichte DNA voneinander zu trennen. Von jeder Bakteriengeneration wurde die DNA isoliert und der Anteil der unterschiedlich schweren DNA-Moleküle bestimmt.
a) Vergleiche semikonservative und konservative Verdopplung der DNA (Abb. 4, erste Generation).
b) Welche Anteile schwerer, mittelschwerer und leichter DNA finden sich voraussichtlich in der dritten Bakteriengeneration, wenn die DNA-Verdopplung dem semikonservativen oder dem konservativen Mechanismus folgt? Fertige zur Beantwortung der Frage in Anlehnung an Abbildung 4 eine Skizze an.

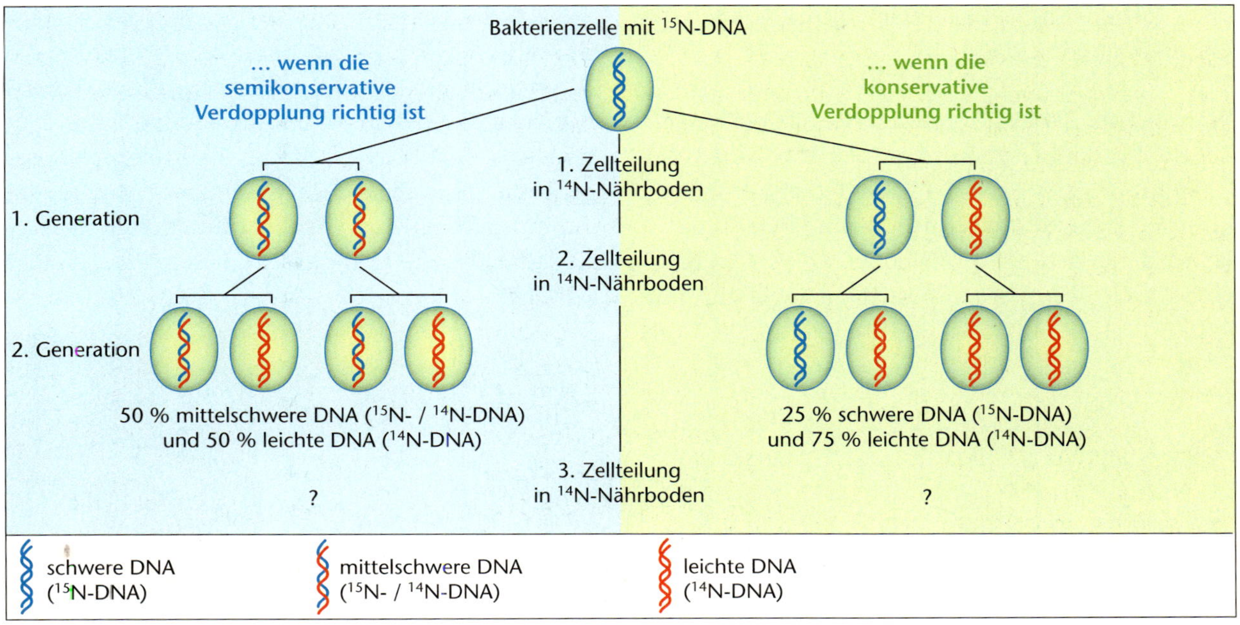

4 *Hypothesen für den Versuch von Meselson und Stahl (1958) für die semikonservative und die konservative Verdopplung der DNA*

16.4 Die Entschlüsselung des genetischen Codes

生 日 快 樂

Chinesische Schriftzeichen („Herzlichen Glückwunsch zum Geburtstag")

Von einem Wort lässt sich kein Jota rauben.

... Zweitausendste Zeile aus „Faust I" (Goethe)

64	32	16	8	4	2	1
Ø	1	Ø	Ø	1	Ø	1
1	1	Ø	1	1	1	Ø
Ø	1	1	Ø	1	Ø	1

Binäre Codierung von Dezimalzahlen. Beispiel: Die binäre Zahl 0100101 in der zweiten Zeile codiert die Dezimalzahl 37

TAAGAGTGGC TTTTAGTTCC AAATAATGAA GATAATTCTA GATTCACTAA AAAAATTTTC
GCCTCAGAAA CACAAGTAGA TTAAATTCAA CTATGAGTAA ACATGTGACT ATBBCAACAC
TTCAAAATAT TTAACTTATG ATAATGTGAA TTTTATAATT TCTTCTCTTT AAATACACCT
GGGAAAAGTA AAAGAATACC TTTATTAAGA AGAAGCAAGC CACACCCCCA TCGCACGCCC

Winziger Ausschnitt der Basensequenz des Chromosom 4 des Menschen

	Telegraphenalphabet Zeichengruppen	Morsealphabet Zeichengruppen
A	LLOOO	· — /
B	LOOLL	— · · · /
C	OLLLO	— · — · /
D	LOOLO	— · · /
E	LOOOO	· /
F	LOLLO	· · — · /
G	OLOLL	— — · /
H	OOLOL	· · · · /
I	OLLOO	· · /
J	LLOLO	· — — — /
K	LLLLO	— · — /
L	OLOOL	· — · · /
M	OOLLL	— — /
N	OOLLO	— · /
O	OOOLL	— — — /
P	OLLOL	· — — · /
Q	LLLOL	— — · — /
R	OLOLO	· — · /
S	LOLOO	· · · /
T	OOOOL	— /
U	LLLOO	· · — /
V	OLLLL	· · · — /
W	LLOOL	· — — /
X	LOLLL	— · · — /
Y	LOLOL	— · — — /
Z	LOOOL	— — · · /

L = Loch   O = kein Loch   / = Pause   · — = Zeichen

1 *Verschiedene verschlüsselte Informationen*

Informationen werden zwischen einem Sender und einem Empfänger ausgetauscht. Der Sender verschlüsselt (codiert) die Information. Nur dann, wenn der Empfänger die Informationen entschlüsseln (decodieren) kann, sind die Informationen für ihn nutzbar (Abb. 1).

Während die DNA im Zellkern lokalisiert ist, findet die Proteinbiosynthese an den Ribosomen im Zellplasma statt (Abb. 2). Daher ist eine Informationsübertragung notwendig: Wenn ein Gen aktiv ist, wird von dem entsprechenden DNA-Abschnitt eine Abschrift in Form eines Boten-Moleküls, der messenger-RNA (mRNA), angefertigt. Die mRNA ist einsträngig. Die Basenabfolge auf der mRNA ist komplementär zur Basenabfolge der abgelesenen DNA. Statt der Base Thymin enthält die mRNA die Base Uracil (U). Die mRNA verlässt durch Poren den Zellkern und gelangt zu den Ribosomen (Abb. 2). Nach Anleitung der mRNA erfolgt an den Ribosomen die Bildung eines Proteins aus Aminosäuren. Immer drei Basen, ein Basentriplett, codieren den Einbau einer bestimmten Aminosäure in das entstehende Protein. Dieser Zusammenhang ist in der Code-Sonne dargestellt (Abb. 3).

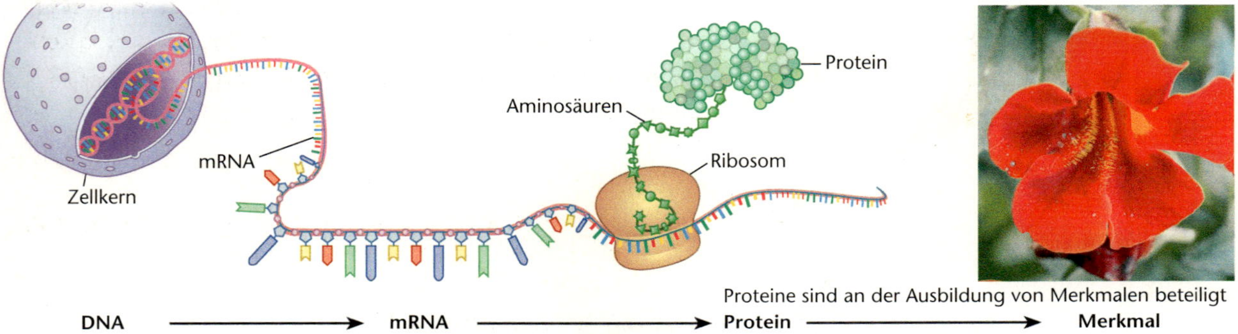

2 *Proteinbiosynthese: Gene enthalten die Information für die Bildung von Proteinen*

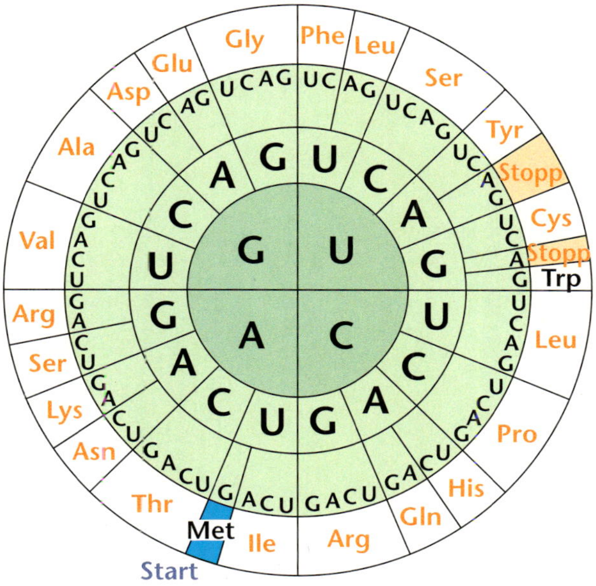

Kurzbezeichnung der Aminosäuren

Gly = Glycin
Val = Valin
Ile = Isoleucin
Phe = Phenylalanin
Cys = Cystein
Ser = Serin
Asn = Asparagin
Tyr = Tyrosin
Asp = Asparaginsäure
Glu = Glutaminsäure
Lys = Lysin
His = Histidin
Ala = Alanin
Leu = Leucin
Pro = Prolin
Met = Methionin
Thr = Threonin
Gln = Glutamin
Trp = Tryptophan
Arg = Arginin

Lesebeispiel:
Die Leserichtung ist von innen nach außen.
Das mRNA-Basentriplett AUG codiert die Aminosäure Met = Methionin oder den Start.

3 *Code-Sonne für mRNA-Basentripletts; Basen: A = Adenin, C = Cytosin, G = Guanin; U = Uracil*

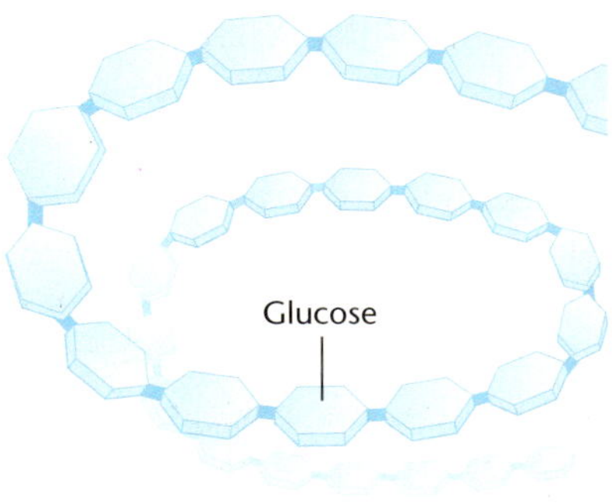

4 *Ausschnitt aus einem Stärkemolekül*

1 Informationen verschlüsseln und entschlüsseln.
a) Beschreibe die verschiedenen Formen der Codierung in Abbildung 1.
b) Denke dir ein Wort aus, dass du mithilfe des Morsealphabets sowie mit dem Telegraphenalphabet verschlüsselt aufschreibst. Dein Nachbar oder deine Nachbarin soll das Wort entschlüsseln. Verdeutliche an diesem Wort, welche Folgen es hat, wenn man ein Zeichen vergisst.
c) Verschlüssele die Dezimalzahlen 16 und 79 im binären Code.
d) Was ist beim genetischen Code der „Sender" und was ist der „Empfänger"?
e) Begründe, warum ein Kohlenhydrat wie Stärke nicht als Träger für chemisch verschlüsselte Information geeignet ist (Abb. 4).

2 Informationsfluss bei der Proteinbiosynthese. Übersetze mithilfe von Abbildung 3 die Abfolge der mRNA-Basentripletts in Abbildung 5 in eine Abfolge von DNA-Basentripletts und in eine Abfolge von Aminosäuren. Beispiel: Das Basentriplett AAG auf der mRNA codiert den Einbau der Aminosäure Lysin (Lys) in das entstehende Protein. Das Basentriplett AAG auf der mRNA ist durch die Basenpaarung komplementär zum Basentriplett TTC auf der DNA.

DNA .... ?
mRNA .... AUG AAG GAC UUU CCA UCU AUG AGA UAA
Aminosäuren ... ?

5 *Beispiel für mRNA-Basentripletts*

16.5 Proteinbiosynthese: Transkription

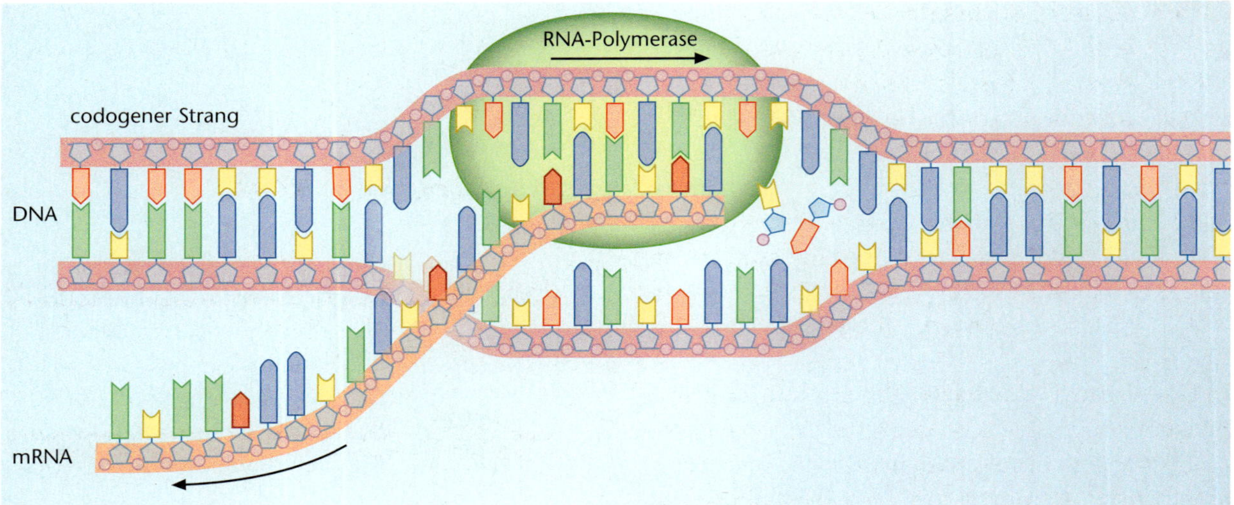

1 *Ablauf der Transkription*

In der genetischen Information der DNA sind direkt keine Informationen über Merkmale, zum Beispiel über das Merkmal „rote Blütenfarbe“, niedergelegt, sondern Informationen für die Bildung von Proteinen. Proteine sind an der Ausbildung von Merkmalen unmittelbar beteiligt. Proteine sind mit Werkzeugen vergleichbar. Sie sind als Enzyme an allen chemischen Umsetzungen beteiligt, transportieren Stoffe im Körper, geben Zellen Form und Struktur, bekämpfen Fremdkörper, sind als Muskelproteine beweglich oder wirken an der Gedächtnisbildung im Gehirn mit. Proteine bestehen aus Aminosäuren. Proteine unterscheiden sich in der Anzahl und Anordnung der 20 verschiedenen Aminosäuren.

Einen Abschnitt auf der DNA, der die Information für die Bildung eines Proteins enthält, bezeichnet man als **Gen.** Die Chromosomen des Menschen enthalten etwa 25 000 Gene.

Die **Proteinbiosynthese** beginnt mit der Transkription. Die **Transkription** ist das Umschreiben von DNA in mRNA. Die DNA weist besondere Abschnitte auf, die den Startpunkt von Genen markieren. Den DNA-Strang, der abgelesen wird, nennt man **codogenen Strang.** Er enthält die Erbinformation, die in ein Protein übersetzt wird. Jeweils drei aufeinanderfolgende Basen bilden die kleinste Einheit des genetischen Codes. Sie wird Basentriplett genannt. Ein Basentriplett codiert eine Aminosäure. Die Basentripletts der DNA werden auch Codogene genannt.

Die **RNA-Polymerase** ist ein Enzym, das die Bildung der mRNA-Moleküle an der DNA katalysiert. RNA-Moleküle sind ähnlich aufgebaut wie DNA-Moleküle, bestehen aber nur aus einem einzelnen Nukleotidstrang und weisen statt der Base Thymin die Base Uracil (U) auf (Abb. 1).

Nach der Bindung der RNA-Polymerase an die DNA beginnt die Trennung der beiden DNA-Stränge. Die RNA-Polymerase kann aufgrund ihres Aufbaus die DNA nur in eine Richtung ablesen. Die mRNA wird durch die Anlagerung immer neuer Nukleotide gebildet. Die Basensequenz der DNA wird durch die RNA-Polymerase in eine komplementäre Basensequenz der mRNA umgeschrieben. Die Transkription wird durch ein bestimmtes Basentriplett, das Stopp-Codogen beendet. Daraufhin wird die fertige mRNA freigesetzt, verlässt durch die Poren den Zellkern und gelangt ins Zellplasma zu den Ribosomen.

1 Der codogene Strang der DNA. In Abbildung 3 sind ein DNA-Abschnitt sowie das komplementäre mRNA-Molekül dargestellt. Welcher der beiden DNA-Stränge ist der codogene Strang? Begründe deine Entscheidung.

2 Ablauf der Transkription. Ordne die in Abbildung 4 dargestellten Schemata der Transkription in eine chronologische Abfolge. Beschreibe in deinem Heft die Abläufe in Form von Überschriften.

3 Lebensdauer der mRNA. Die mRNA-Moleküle zerfallen bei Bakterien schon nach einigen Minuten, bei Säugetieren nach wenigen Stunden. Stelle Hypothesen auf, warum diese Kurzlebigkeit biologisch sinnvoll ist.

4 Schema der Proteinbiosynthese. Beschreibe das Schema (Abb. 2). Inwiefern kann die im Schema dargestellte Einsträngigkeit der mRNA anhand der Basenverhältnisse, wie sie in Abbildung 2 aufgeführt sind, belegt werden? Führe eine Modellrechnung durch.

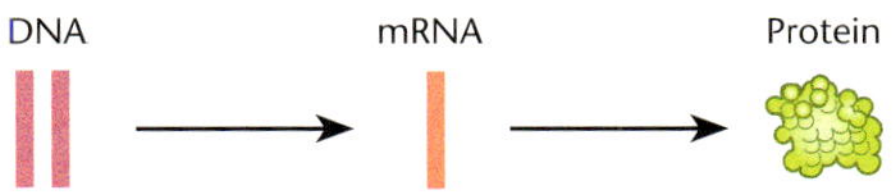

DNA-Basenverhältnis	mRNA-Basenverhältnis	
(A+T)/(G+C)	(A+U)/(G+C)	(A+G)/(U+C)
0,96	1,00	0,90

2 *Proteinbiosynthese und Basenverhältnisse*

5 EM-Bild. Beschreibe und erläutere das elektronenmikroskopische Bild der Proteinbiosynthese bei einem Bakterium (Abb. 5). Nimm den englischen Text zu Hilfe. Beschreibe Unterschiede zu Lebewesen, deren Zellen eine Kernmembran besitzen.

C A G C C G C C A G T T C C G T G G C G G C A T T T
| | | | | | | | | | | | | | | | | | | | | | | | | | DNA
G T C G G C G G T C A A G G C A C C G C C G T A A A

C A G C C G C C A G U U C C G U G G C G G C A U U U mRNA

3 *DNA und zugehörige mRNA*

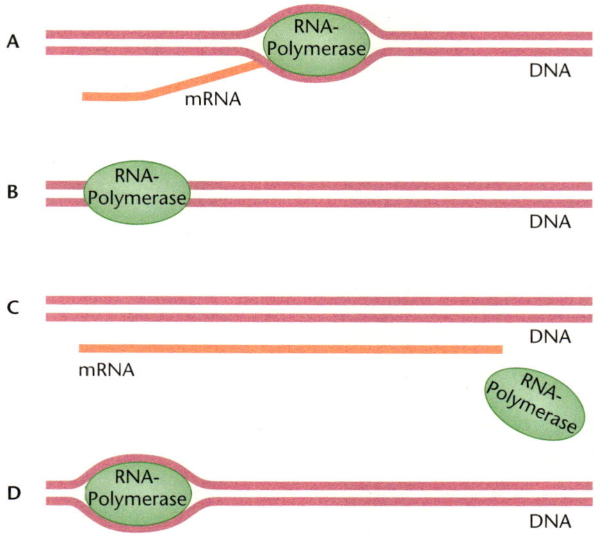

4 *Ablauf der Transkription*

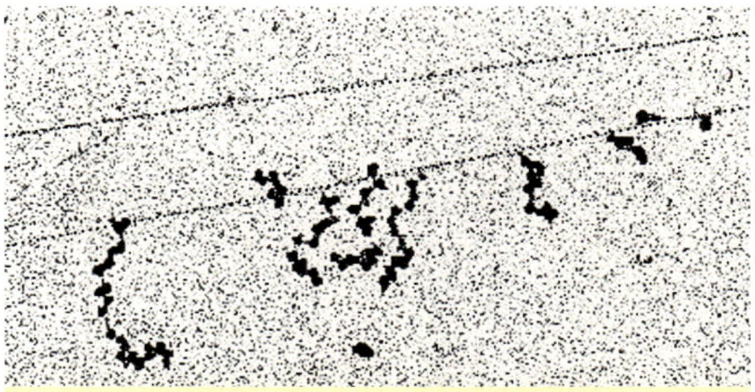

Transcription of a DNA segment of Escherichia coli. The DNA looks like a thread. It is transcribed by several RNA polymerases simultaneously. In the picture the direction of transcription can be recognized by the lengths of the synthesized RNA. As soon as a part of the RNA has been synthesized is it bound by ribosomes. The number of bound ribosomes grows with the length of the RNA.

5 *Elektronenmikroskopisches Bild der Proteinbiosynthese mit englischer Beschreibung*

16.6 Proteinbiosynthese: Translation

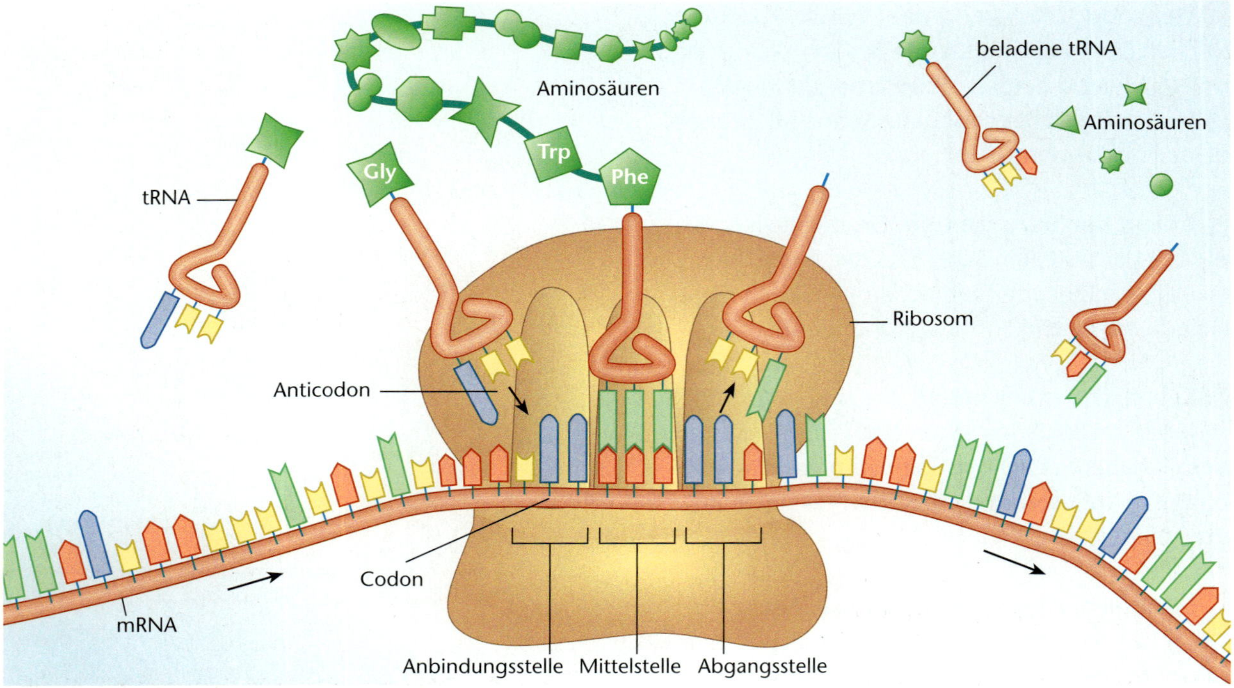

1 *Translation im Ribosom*

Nachdem die mRNA durch die Kernporen in das Zellplasma gelangt ist, fädelt sie sich in ein Ribosom ein. Dort wird sie schrittweise abgelesen und in eine Folge von Aminosäuren umgesetzt. Diese Folge von Aminosäuren bildet schließlich ein Protein mit einer typischen Raumstruktur.

Auf der mRNA besteht zu jedem Basentriplett auf der DNA, dem **Codogen,** ein komplementäres Basentriplett, das **Codon** (Abb. 1). An einer bestimmten Stelle des Ribosoms kann sich an dieses Codon eine andere Ribonucleinsäure binden. Diese Transfer-RNA (tRNA) besitzt an einem Ende eine Bindungsstelle für eine Aminosäure. Am anderen Ende befindet sich ein Basentriplett, das so genannte **Anticodon.** Es gibt verschiedene tRNAs, die jeweils durch ein spezifisches Anticodon gekennzeichnet sind. TRNAs, die das gleiche Anticodon besitzen, transportieren immer die gleiche Aminosäure. Bisher kennt man 20 verschiedene Aminosäuren, die bei der Synthese von Proteinen verwendet werden.

Ein Ribosom besitzt drei Bindungsstellen für tRNA (Abb. 1). An der Anbindungsstelle verbindet sich das Anticodon der tRNA mit dem entsprechenden Codon der mRNA. Wenn das Ribosom beim Ablesen der mRNA eine Stelle weiterrückt, gelangt die gerade gebundene tRNA an die Mittelstelle, wo die mitgeführte Aminosäure an die wachsende Proteinkette gebunden wird. Beim Weiterrücken gelangt die nun entladene tRNA an die Abgangsstelle, von wo aus sie das Ribosom verlässt. Im Cytoplasma bindet die entladene tRNA erneut unter Mitwirkung eines Enzyms die passende Aminosäure. Das tRNA-Molekül kann somit rasch wieder an der Proteinbiosynthese teilnehmen.

Das Ribosom wandert so lange auf der mRNA entlang, bis es an ein Stopp-Codon, zum Beispiel UAA, gelangt, für das es keine passende tRNA gibt. Das gesamte Protein ist nun entsprechend den Anweisungen der DNA hergestellt worden.

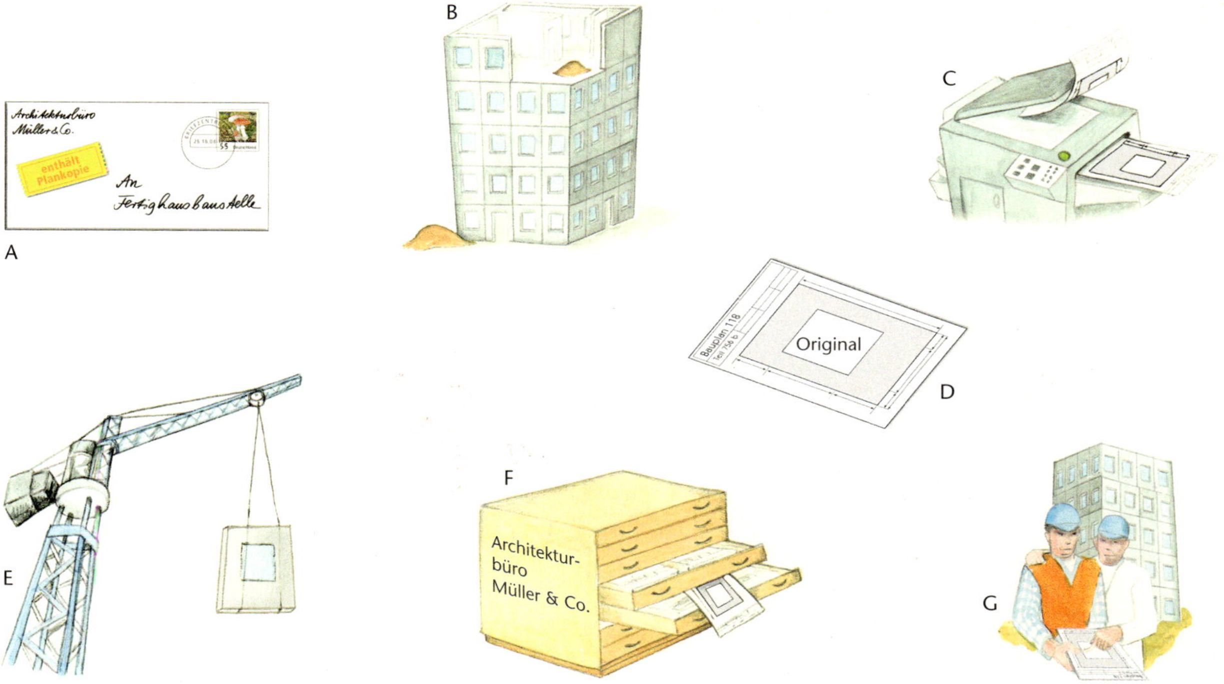

2 *Proteinbiosynthese als Modell*

1 Proteinbiosynthese als Modell. Die Proteinbiosynthese kann mit dem Bau eines Fertighauses verglichen werden. Die Abbildungen 2 A bis G stellen verschiedene Schritte bei der Erstellung eines Gebäudes dar. Lege eine Tabelle mit drei Spalten an: Trage in die erste Spalte die Buchstaben der Abbildung ein. In der zweiten Spalte beschreibe die Abbildung kurz und in der dritten Spalte übertrage das Modell auf die Vorgänge bei der Proteinbiosynthese.

2 Von der DNA zum Protein. Erläutere die Abbildung 3. Verwende in deiner Darstellung auch die in Anführungszeichen gesetzten Begriffe und erläutere sie dabei.

3 Vom Codogen zum Anticodon. Übertrage die Tabelle aus Abbildung 4 in dein Heft. Ergänze die fehlenden Basentripletts, so dass jede Zeile die Informationsübertragung vom codogenen Strang der DNA über die mRNA bis zur tRNA darstellt.

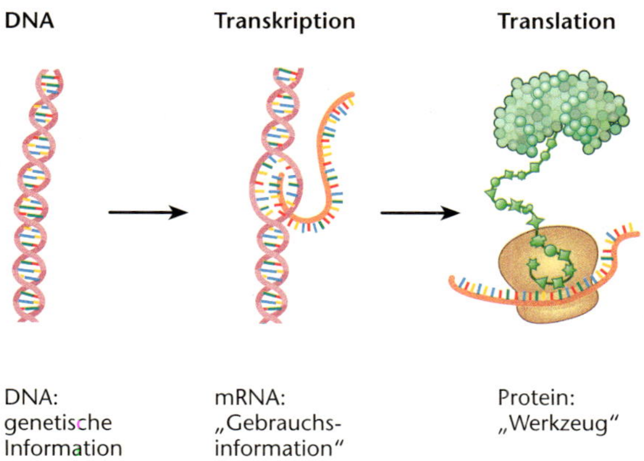

3 *Von der DNA zum Protein*

Codogen (DNA)	Codon (mRNA)	Anticodon (tRNA)
ACG		
	UAG	
		UCG
TTA		
		UUA
	AUC	
GAA		
TCG		

4 *Vom Codogen zum Anticodon*

16.7 Proteinbiosynthese – ein Überblick

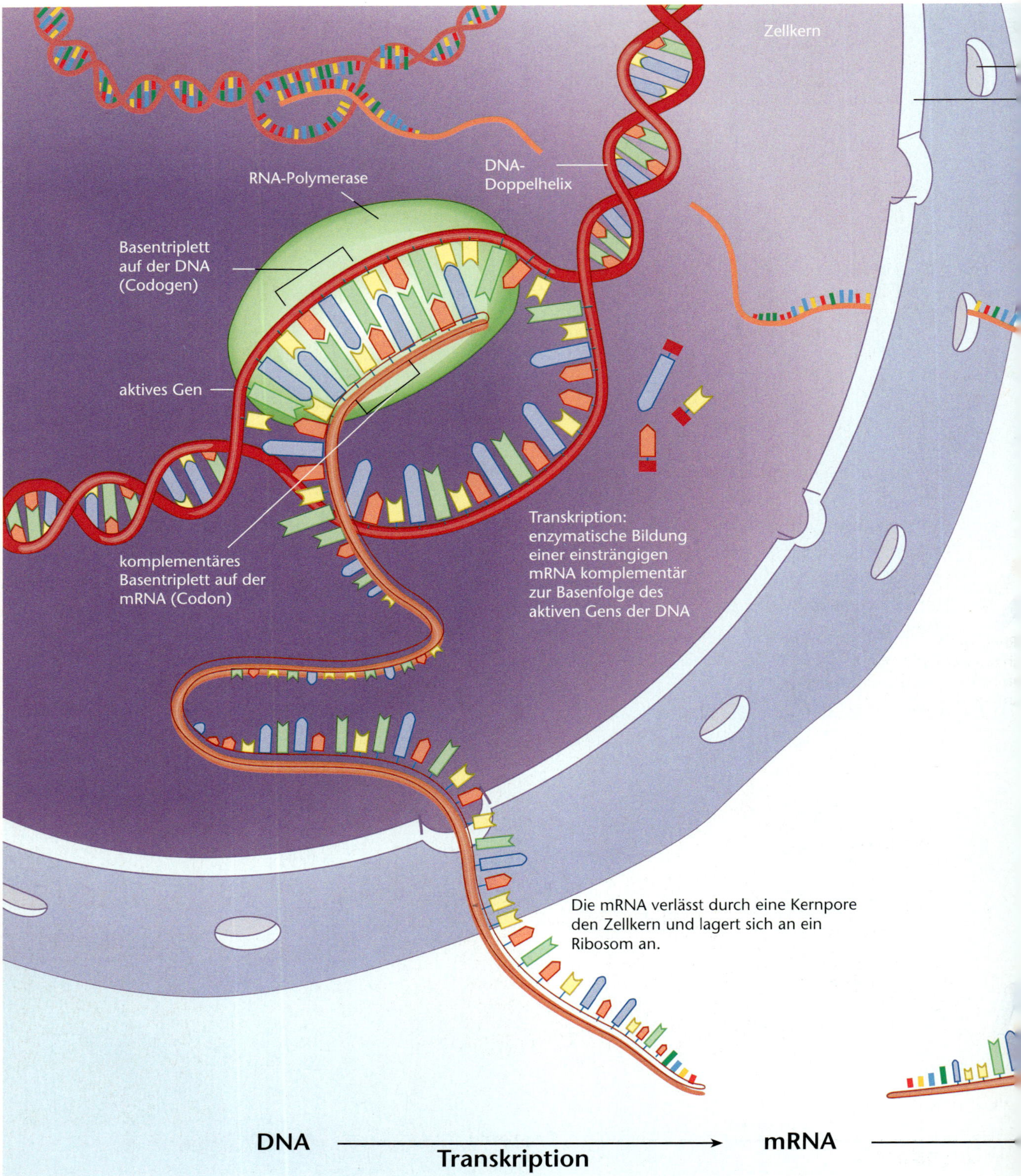

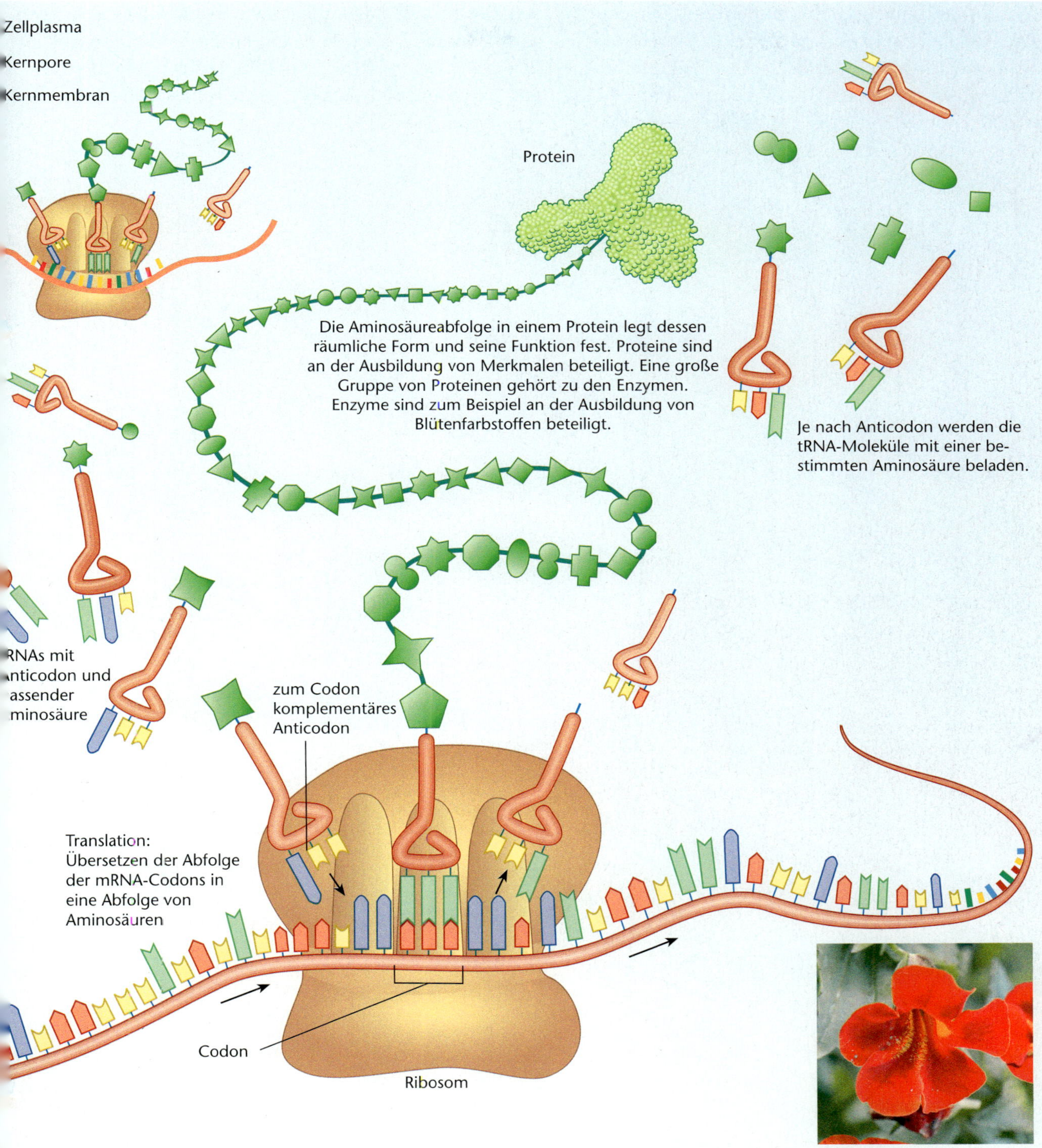

Translation → **Protein** → **Merkmal**

16.8 Die Vielfalt der Proteine

Jeder Organismus enthält viele tausend verschiedene Proteine mit jeweils unterschiedlicher Größe, Form und Aufgabe (Abb. 1, 2). Die Bauanleitung für die Herstellung von Proteinen ist in der DNA im Zellkern niedergelegt. In jeder Zelle wirken bestimmte Proteine als molekulare Werkzeuge oder als Baumaterial. Proteine sind an der Ausbildung von erblichen Merkmalen und Eigenschaften, also am Aussehen und dem Verhalten eines Lebewesens, beteiligt.

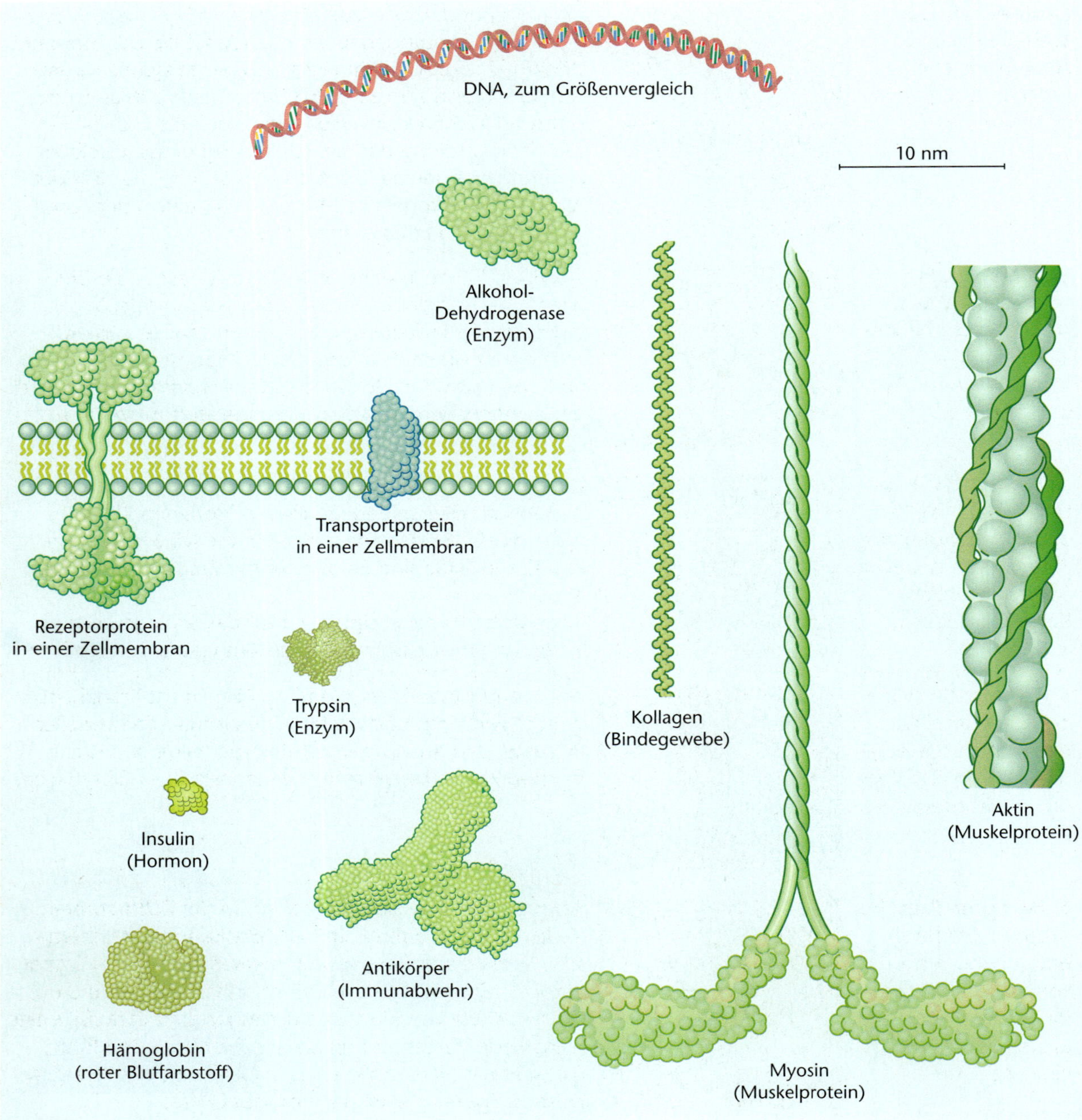

1 *Verschiedene Proteine des Menschen*

1. Struktur-Proteine sind für die Form, Festigkeit und Elastizität von Zellen und Geweben verantwortlich.		Beim Menschen ist Kollagen das häufigste Protein. Es befindet sich unter anderem im Bindegewebe sowie in Sehnen, Gelenkbändern und in der Haut. Kollagen besitzt eine enorme Zugfestigkeit. Keratin ist ein Strukturprotein in Hörnern, Hufen, Federn, Nägeln und Haaren. Ob jemand von Natur aus lockige oder glatte Haare hat, hängt auch vom Keratin ab. Die Seiden der Spinnenfäden und der Insekten-Kokons sind weitere Beispiele für Strukturproteine.
2. Enzyme ermöglichen, beschleunigen und steuern alle chemischen Reaktionen im Körper.		Enzyme sind chemische Werkzeuge in Zellen, die an dem Auf-, Um- und Abbau von Stoffen beteiligt sind. Die Aufgaben und Leistungen jeder lebenden Zelle erfordern beständig eine große Zahl verschiedener Enzyme. Enzyme wie das Trypsin sind zum Beispiel an der Verdauung der Nahrung, der Energieversorgung von Zellen sowie der DNA-Verdopplung und der Zellteilung beteiligt. Blütenfarbstoffe werden aus Vorstufen durch Enzyme gebildet. Alkohol-Dehydrogenase ist ein Enzym, das in der Leber am Abbau von Ethanol mitwirkt.
3. Transport-Proteine dienen dem Transport von Stoffen in Zellen, durch Zellmembranen hindurch und im Körper.	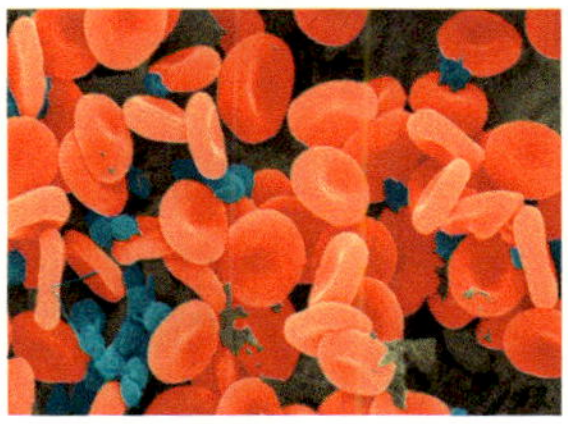	Die roten Blutzellen sind angefüllt mit dem roten Blutfarbstoff Hämoglobin. Jedes Hämoglobin-Molekül besteht aus vier Proteinen, die in einem großen Molekül zusammenwirken. Hämoglobin transportiert Sauerstoff im Körper vom Ort der Sauerstoffaufnahme, zum Beispiel den Lungen, zum Gewebe, wo Sauerstoff benötigt wird.
4. Bewegliche Proteine sind Moleküle, die Bewegungen von Zellorganellen, Zellen oder des ganzen Körpers bewirken.		Der größte Teil der Muskeln von Tieren und Menschen besteht aus den beiden länglichen Proteinen Aktin und Myosin. Beide wirken zusammen. Millionen dieser Proteinmoleküle sind an der Kontraktion eines Muskels beteiligt. Bewegliche Proteine sind auch für das Schlagen von Wimpern und Geißeln bei Einzellern verantwortlich.
5. Abwehr-Proteine gehören zum Immunsystem des Körpers und bekämpfen Krankheitserreger.	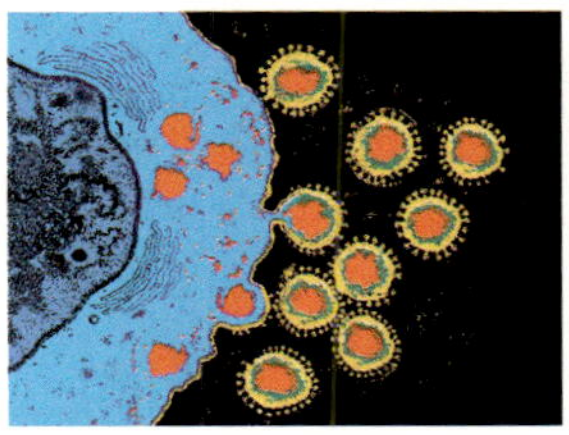	Das Immunsystem des Menschen bekämpft Krankheitserreger wie Viren und Bakterien auch mithilfe spezieller Proteine, den Antikörpern. Antikörper erkennen Krankheitserreger an bestimmten Merkmalen ihrer Oberfläche.
6. Rezeptor-Proteine sitzen in Zellmembranen und setzen von außen kommende chemische Signale in Signale innerhalb einer Zelle um.		Rezeptor-Proteine sitzen vor allem in der Zellmembran. Sie können von außerhalb der Zelle kommende chemische Signale empfangen und in ein intrazelluläres Signal umwandeln. Rezeptoren in Riechsinneszellen können Duftmoleküle von Blumen empfangen und daraufhin eine Signalkette starten, die zu elektrischen Impulsen führt, die über das Nervensystem zum Gehirn geleitet werden. Dort erfolgt die Wahrnehmung des Duftes.

2 *Beispiele für die Vielfalt von Proteinen*

17 Anwendung der Molekulargenetik

17.1 Mutationen und Mutagene

Mutationen sind bleibende Veränderungen der genetischen Information. Zum Beispiel kann eine bestimmte Mutation dazu führen, dass kein funktionsfähiges Enzym gebildet wird, das für die Herstellung des dunklen Hautfarbstoffs Melanin notwendig ist (Abb. 1, 2).

Mutationen können durch **mutagene Faktoren** oder **Mutagene** verursacht werden. Das sind physikalische und chemische Einflüsse, die die Erbinformation verändern. Zu den physikalischen mutagenen Faktoren gehören unter anderem kurzwelliges ultraviolettes Licht (UV-Licht) sowie radioaktive Röntgenstrahlung. Zu den chemischen mutagenen Faktoren zählt eine Reihe von Chemikalien. In Deutschland und in der Europäischen Union (EU) gelten rechtliche Vorschriften zum Schutz der Menschen vor Mutagenen. Wenn Mutationen nicht durch Mutagene ausgelöst werden, sondern durch Fehler bei den molekularen Vorgängen in einer Zelle, zum Beispiel bei der DNA-Verdopplung, spricht man von **spontanen Mutationen.**

Manche Mutationen treten nur in Körperzellen auf. Das ist bei verschiedenen Tumoren der Fall, zum Beispiel bei Hautkrebs. Mutationen in Körperzellen werden nicht vererbt. Mutationen, die in den Geschlechtszellen auftreten, können über die Keimbahn an die Nachkommen weitergegeben werden. Solche Mutationen sind erblich.

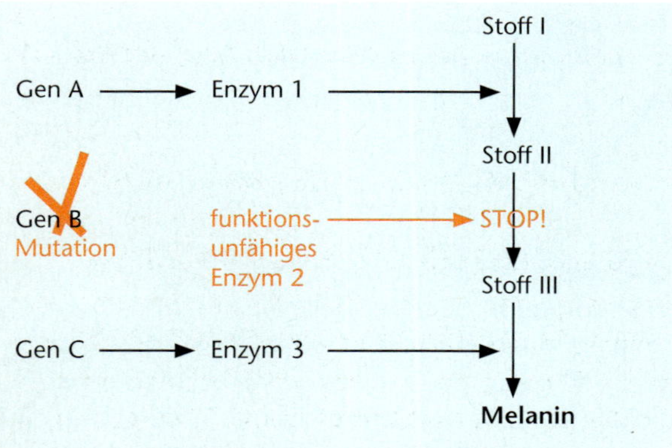

Melanin wird durch Enzyme aus Vorstufen gebildet. Bei vielen Formen von Albinismus ist ein Gen mutiert, das für die Melaninbildung notwendig ist.

1 *Eine Mutation führt zum Albinismus*

2 *Albino-Gorilla Snowflake starb an Hautkrebs*

Genmutationen sind Veränderungen in der Basensequenz eines Gens. Den meisten Fällen von Albinismus liegen Genmutationen zugrunde (Abb. 1). Genmutationen werden in zwei Untergruppen unterteilt (Abb. 3). Bei **Punktmutationen** wird eine Base eines Basentripletts durch eine andere Base ausgetauscht. Punktmutationen sind die häufigsten Mutationen. Bei **Leserastermutationen** wird durch Hinzufügen oder Entfernen einer oder mehrerer Basen das Leseraster verändert. Bei einer Leserastermutation werden ab der Stelle, wo die Mutation auftritt, alle nachfolgenden Basentripletts verändert. Das führt zu schwerwiegenden Veränderungen der Erbinformation.

Viele Mutationen sind für ihren Träger nachteilig. Manche Mutationen haben jedoch Vorteile. Solche Mutationen sind die Grundlage für die Vielfalt der Lebewesen auf der Erde. Für die Evolution spielen Mutationen eine große Rolle, denn Mutationen sind eine Quelle für neue erbliche Eigenschaften von Lebewesen.

Normale Abfolge der Basentripletts auf der mRNA:	AUG AAG UUU GGC UAA
Punktmutationen	
1. Stumme Mutation:	AUG AAG UUU GGU UAA
2. Missense-Mutation (Fehlsinn-Mutation):	AUG AAG UUU AGC UAA
3. Nonsense-Mutation (Unsinn-Mutation):	AUG UAG UUU GGC UAA
Leserastermutationen	
4. Missense-Mutation (Fehlsinn-Mutation):	AUG AAG UUG GCU AA
5. Nonsense-Mutation (Unsinn-Mutation):	AUG UAA GUU UGG CUA A

3 *Verschiedene Typen von Genmutationen*

1 Mutagene Faktoren. Erläutere den Fachbegriff „mutagene Faktoren" und nenne Beispiele.

2 Verschiedene Typen von Genmutationen. Schreibe die normale Basenfolge und die fünf Beispiele für Genmutationen aus Abbildung 3 in dein Heft. Übersetze dann mithilfe der Code-Sonne in Abbildung 4 die normale Abfolge der Basentripletts und die Abfolge bei den fünf verschiedenen Mutationen in ein Protein (einschließlich Start-Codon und Stopp-Codon). Beschreibe für jedes Beispiel die Art der Mutation. Erläutere die Begriffe „stumme Mutation", „Fehlsinn-Mutation" und „Unsinn-Mutation".

3 Modell zur Genmutation. Die Basensequenz kann in einem Modell auf die Wortfolge in einem Satz übertragen werden (Abb. 5). Beschreibe die vier Modellbeispiele für Genmutationen und ordne sie Mutations-Typen aus Abbildung 3 zu.

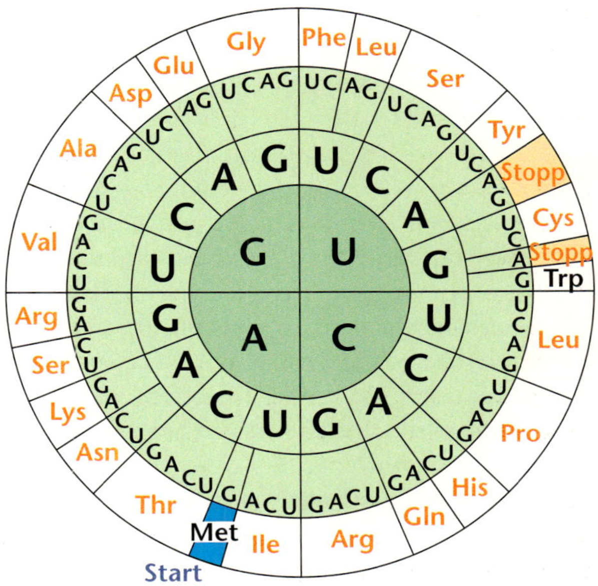

4 *Code-Sonne für Basentripletts auf der mRNA*

Normale, lesbare Buchstabensequenz:	DIE KUH LAG AUF DEM HEU UND TAT NIX
„Mutation" I:	DIE KUH LAG RUF DEM HEU UND TAT NIX
„Mutation" II:	DIE KUH LAG MAU FDE MHE UUN DTA TNI X
„Mutation" III:	DIE KUH LAG UFD EMH EUU NDT ATN IX
„Mutation" IV:	DIE KUH LAG DEM HEU UND TAT NIX

5 *Modell für Genmutationen*

17.2 Mukoviszidose und Sichelzellanämie

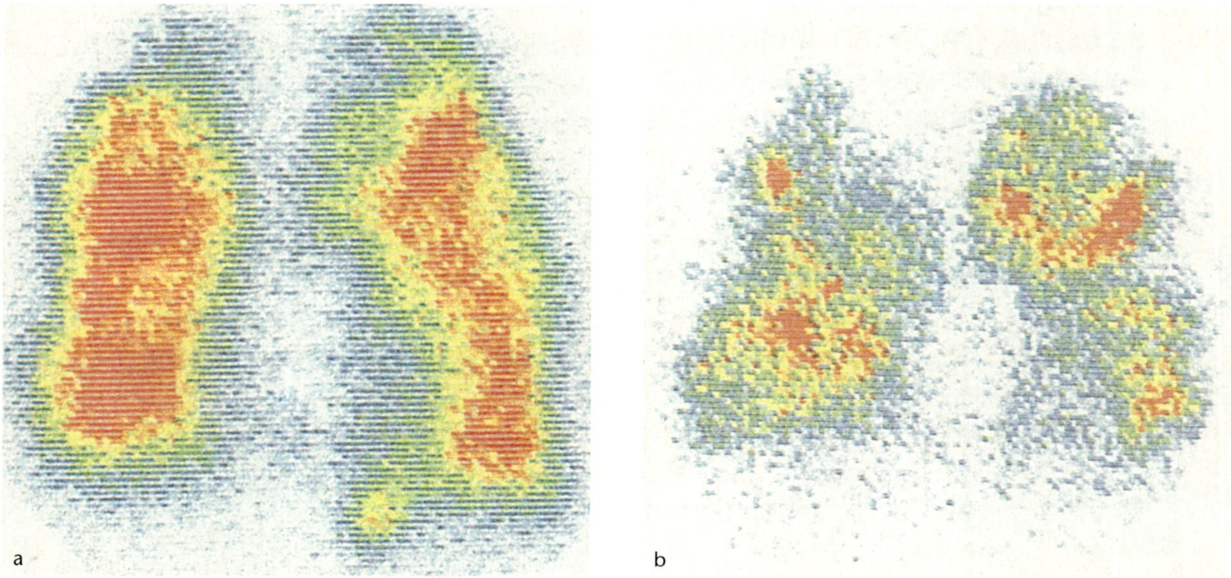

1 *a) Luft in den Lungen eines gesunden und b) eines an Mukoviszidose erkrankten Mädchens. Rot und gelb gefärbt sind die gut mit Luft gefüllten Teile der Lunge.*

Die **Mukoviszidose** ist in Europa die häufigste erbliche Stoffwechselstörung. Ein Kind von 2500 Neugeborenen leidet an der Krankheit, die rezessiv vererbt wird. Ursache ist die Mutation eines Gens auf dem Chromosom 7. Das Gen trägt die Information für ein Protein, das in Schleimhautzellen am Austausch von Chorid-Ionen beteiligt ist. Die Mutation führt dazu, dass die Schleimhautzellen einen sehr zähen Schleim abgeben. Er häuft sich vor allem in den Atemwegen, im Darm und in der Bauchspeicheldrüse an und schädigt die Organe. Bereits in den ersten Lebensmonaten tritt Mukoviszidose in Erscheinung. Vor allem die Lungen sind betroffen. Der zähe Schleim bildet einen Nährboden für Infektionen. Häufige Lungenentzündungen können die Folge sein. Die ständige Auseinandersetzung der Zellen des Immunsystems mit den Erregern führt dazu, dass das Lungengewebe geschädigt wird und zunehmend schlechter in der Lage ist, den Gasaustausch zu gewährleisten (Abb. 1). In der Behandlung der Mukoviszidose steht daher an erster Stelle, Infektionen der Lunge, so gut es geht, zu verhindern. Erkrankte müssen mehrmals täglich inhalieren und den Schleim abklopfen. Starben noch vor wenigen Jahrzehnten die meisten Erkrankten im Kindesalter, so kann mit heutigen medizinischen Möglichkeiten eine Lebenserwartung von ungefähr vier Jahrzehnten erreicht werden.

Die **Sichelzellanämie** ist eine erbliche Stoffwechselstörung, bei der eine winzige Ursache lebensbedrohliche Auswirkungen haben kann. Rote Blutzellen enthalten den roten Blutfarbstoff Hämoglobin. Dieses Protein transportiert Sauerstoff. Die Sichelzellanämie ist eine erbliche Erkrankung der roten Blutzellen. Die Betroffenen haben aufgrund einer Punktmutation im Chromosom 11 ein verändertes Hämoglobin, das zur sichelförmigen Gestalt der roten Blutzellen führt (Abb. 2). Die Krankheit wird rezessiv vererbt. Beim Genotyp aa wird die lebensbedrohliche Erkrankung voll ausgebildet. Bei Heterozygoten mit dem Genotyp Aa sind etwa die Hälfte der roten Blutzellen sichelförmig. Sichelförmige rote Blutzellen können sich leicht untereinander verhaken. Es kommt zur Verklumpung mit der Folge, dass Blutkapillaren verstopft werden.

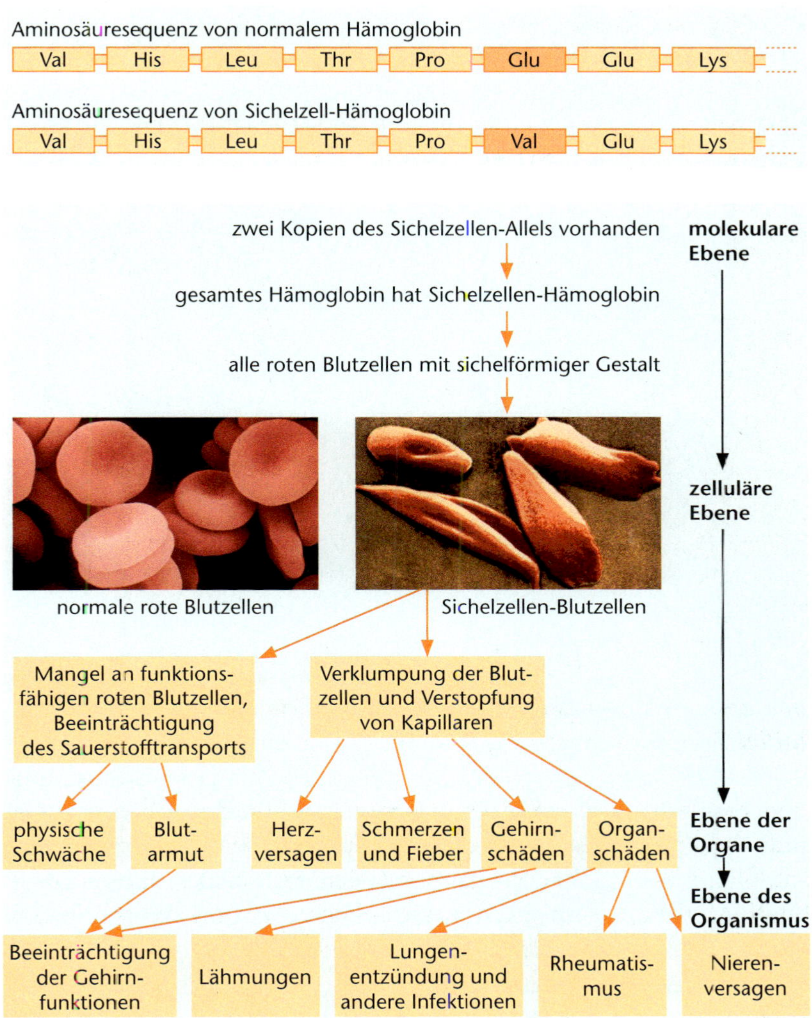

2 *Sichelzellanämie*

Was soll genetische Beratung leisten?
Bei der genetischen Beratung versuchen Fachleute, dem Einzelnen, dem Paar oder der Familie zu helfen …

1) die medizinischen Fakten einschließlich der Diagnose des mutmaßlichen Verlaufs und der zur Verfügung stehenden Behandlungen zu erfassen;
2) den erblichen Anteil der Erkrankung und das Wiederholungsrisiko für bestimmte Verwandte zu begreifen;
3) eine Entscheidung zu treffen, die ihrem Risiko, ihren familiären Zielen, ihren ethischen und religiösen Wertvorstellungen entspricht und in Übereinstimmung mit dieser Entscheidung zu handeln und
4) sich so gut wie möglich auf die mögliche Behinderung des betroffenen Familienmitgliedes einzustellen.

3 *Was soll genetische Beratung leisten?*

1 Sichelzellanämie: Von der Mutation zur Erkrankung. Beschreibe anhand der Abbildung 2 die Auswirkungen und Zusammenhänge auf den verschiedenen Ebenen – von der DNA über das Hämoglobin-Protein, die roten Blutzellen bis zum Organismus.

2 Mukoviszidose: Fallbeispiele zur genetischen Beratung.
a) In Abbildung 4 stehen die roten Personen für an Mukoviszidose Erkrankte. Wofür stehen die grünen und blauen Personen?
b) Gib für die Personen der Beispiele A bis E die jeweiligen Genotypen an. Gib für jedes Beispiel die Wahrscheinlichkeiten an, dass die Nachkommen der Eltern homozygot gesund, heterozygot oder an Mukosviszidose erkrankt sein werden.
c) Simuliert an selbst gewählten Beispielen aus Abbildung 4 die genetische Beratung eines Elternpaares. Beachtet dabei die Aussagen in Abbildung 3.

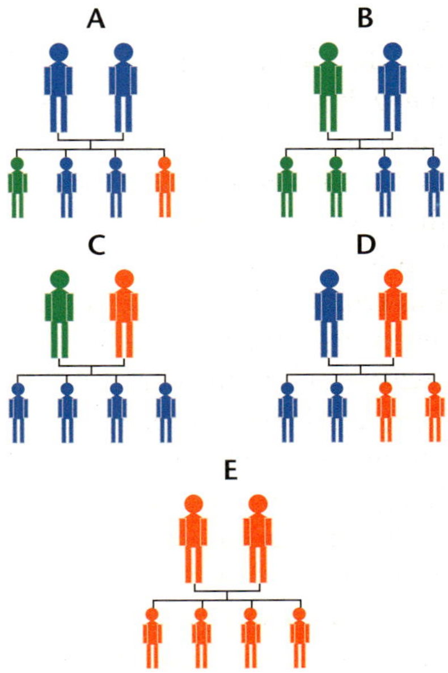

4 *Mukoviszidose, Fallbeispiele*

17.3 Phenylketonurie

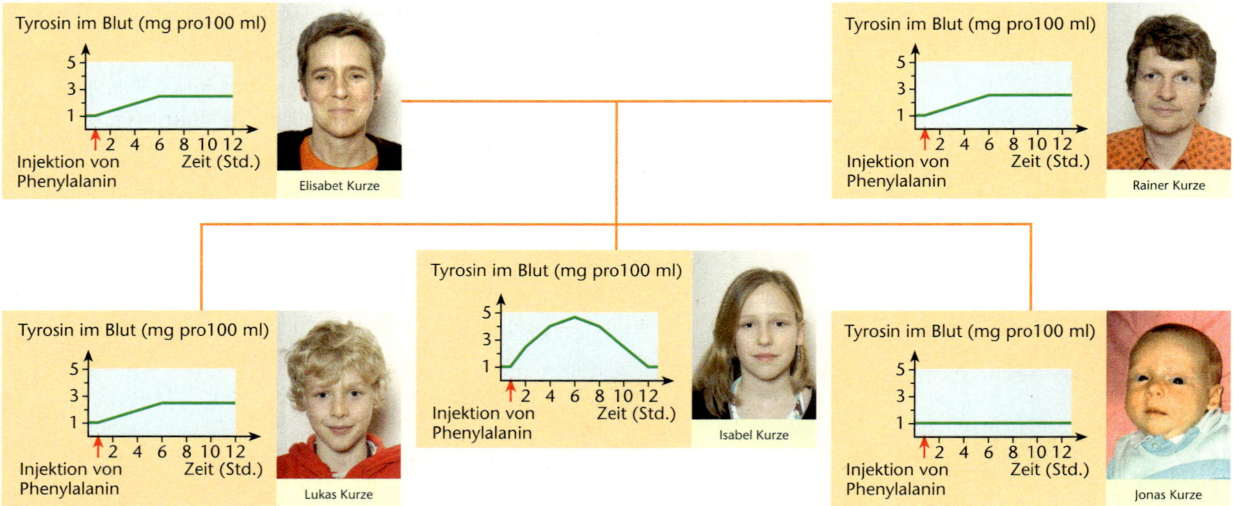

1 *Familie Kurze mit den Ergebnissen des Phenylalanin-Belastungstests*

Mit der Nahrung nehmen Menschen Proteine zu sich. Bausteine der Proteine sind Aminosäuren. Eine der 21 verschiedenen Aminosäuren heißt Phenylalanin. Wir nehmen sie mit der Nahrung auf. Normalerweise wird Phenylalanin aus der verdauten Nahrung in Leberzellen mithilfe eines Enzyms, das abgekürzt PAH genannt wird, zu der Aminosäure Tyrosin umgewandelt (Abb. 2). Tyrosin wiederum ist eine Vorstufe für die Bildung zum Beispiel von Schilddrüsenhormon, Dopamin und Melanin. Ein Übermaß an Phenylalanin im Blut kann über längere Zeiträume zu schweren Schädigungen führen.

Das Gen für das Enzym PAH liegt auf dem Chromosom 12. Eine Punktmutation des Gens verändert seine Information derart, dass kein funktionsfähiges PAH in Leberzellen gebildet werden kann. Wenn beide Eltern jeweils das mutierte Gen an ein Kind weitergeben, ist es nicht in der Lage, Phenylalanin in Tyrosin umzuwandeln. Dann häuft sich Phenylalanin im Körper an. Man spricht von einer **erblichen Stoffwechselstörung.** Sie hat den Namen **Phenylketonurie,** abgekürzt PKU. Kinder, die von Phenylketonurie betroffen sind und nicht behandelt werden, entwickeln im Laufe der ersten Lebensjahre unter anderem schwere geistige Defekte. Das hängt damit zusammen, dass bei hoher Konzentration an Phenylalanin im Körper verstärkt Phenylpyruvat gebildet wird (Abb. 2). Dieser Stoff beeinträchtigt die Gehirnentwicklung. Heute werden in Deutschland alle Neugeborenen mithilfe eines Bluttests auf Phenylketonurie untersucht. Durchschnittlich ein Neugeborenes von 12 000 hat diese erbliche Stoffwechselstörung. Wird die Krankheit erkannt, muss viele Jahre, meistens lebenslang, eine Diät mit wenig Phenylalanin eingehalten werden. So behandelte Kinder zeigen eine normale Entwicklung.

Phenylketonurie wird rezessiv vererbt. Heterozygote (Mischerbige mit dem Genotyp Aa) sind selbst nicht erkrankt, können aber das mutierte Gen übertragen. Bei Heterozygoten ist nur eines der beiden Allele für das Enzym PAH mutiert. Das andere Allel arbeitet normal. Beim **Heterozygoten-Test** (Phenylalanin-Belastungstest) wird Personen eine bestimmte Menge Phenylalanin durch Injektion verabreicht und über einen Zeitraum von mehreren Stunden der Gehalt an Tyrosin im Blut gemessen. Auf diese Weise können heterozygote Personen erkannt werden (Abb. 1, 3).

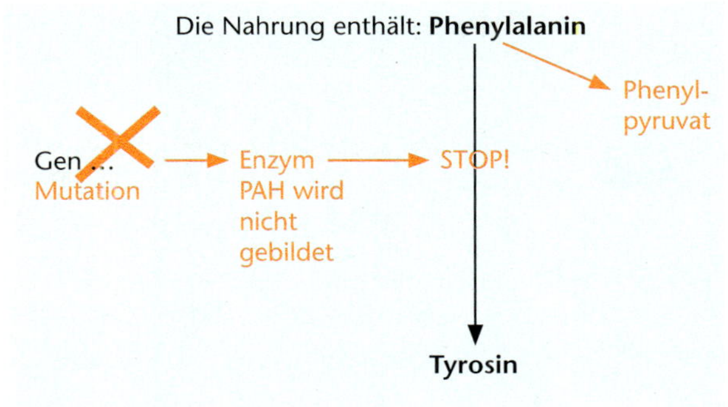

2 *Phenylalanin-Stoffwechsel*

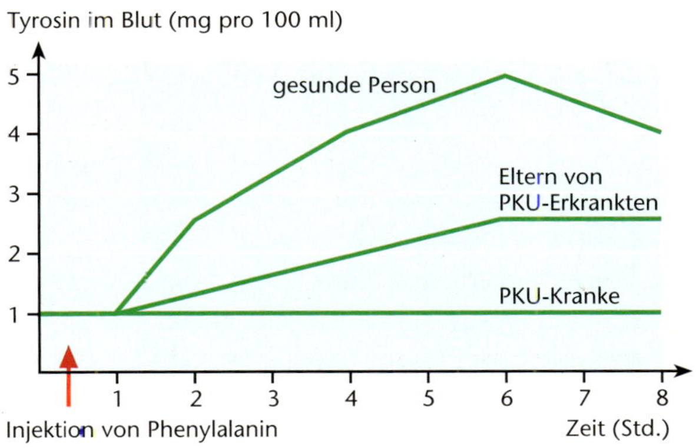

3 *Heterozygoten-Test (Phenylalanin-Belastungstest) bei verschiedenen Personengruppen*

1 Phenylalanin-Stoffwechsel bei verschiedenen Genotypen. Erläutere unter Bezug auf Abbildung 4 den Phenylalanin-Stoffwechsel bei homozygot Gesunden, Heterozygoten und bei PKU-Kranken.

2 Molekulare Grundlagen des Heterozygoten-Tests. Bei diesem Test wird allen Testpersonen die gleiche Menge an Phenylalanin je Kilogramm Körpermasse durch Injektion verabreicht. Dann wird der Tyrosin-Gehalt im Blut über die nächsten Stunden gemessen. Vergleiche die Kurvenverläufe in Abbildung 3. Ordne jeder der drei Kurven in Abbildung 3 eine Teilabbildung in Abbildung 4 zu. Begründe dann die Unterschiede im Verlauf der Kurven in Abbildung 3 unter Bezug auf Abbildung 4.

3 PKU in der Familie Kurze.
a) Nenne für jede Person in der Familie Kurze die möglichen Genotypen. Beachte dabei die Ergebnisse des Phenylalanin-Belastungstests (Abb. 1, 3).
b) Mit welcher Wahrscheinlichkeit wäre ein weiteres Kind von Herrn und Frau Kurze PKU-krank? Beantworte die Frage mithilfe eines selbst gefertigten Erbschemas.

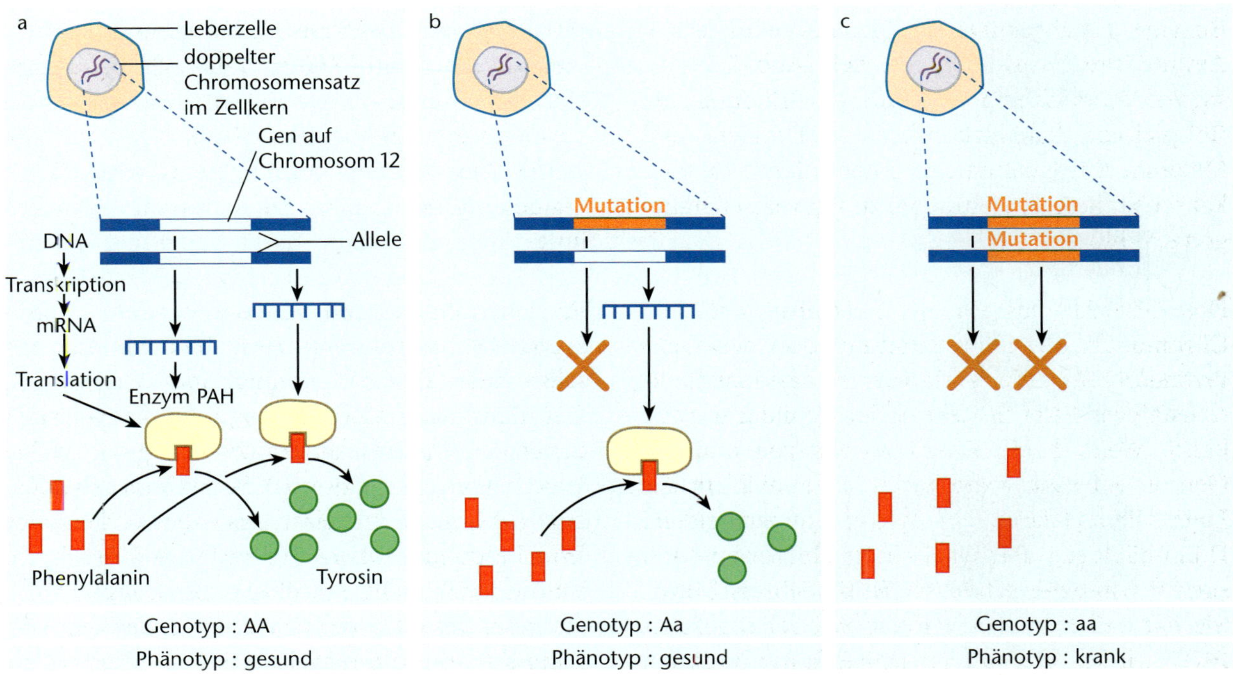

4 *Modell zum Stoffwechselgeschehen bei a) homozygot Gesunden, b) Heterozygoten und bei c) PKU-Kranken*

17.4 Ultraviolette Strahlung und Hautkrebs

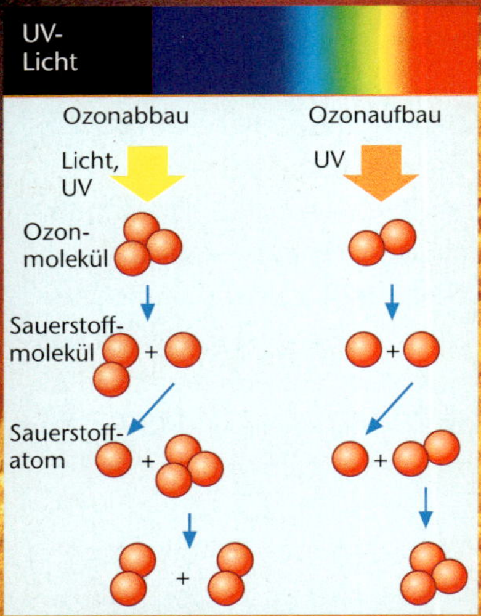

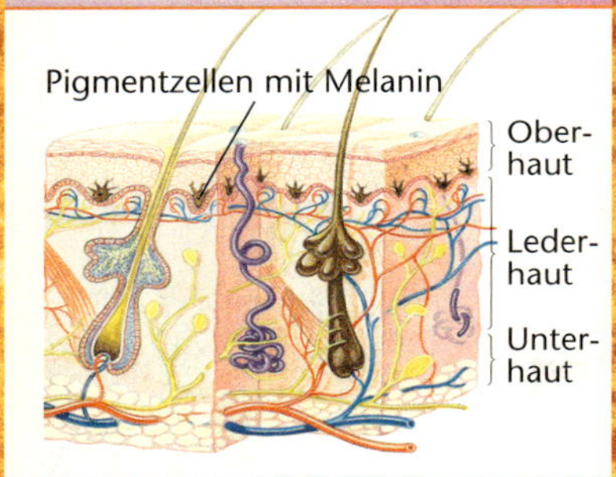

UV-Strahlung bewirkt:
- Durchblutung der Haut
- Hautbräunung
- Sonnenbrand
- Hautalterung, Faltenbildung
- Bildung von Vitamin D
- Zerstörung von Folsäure
- Mutationen

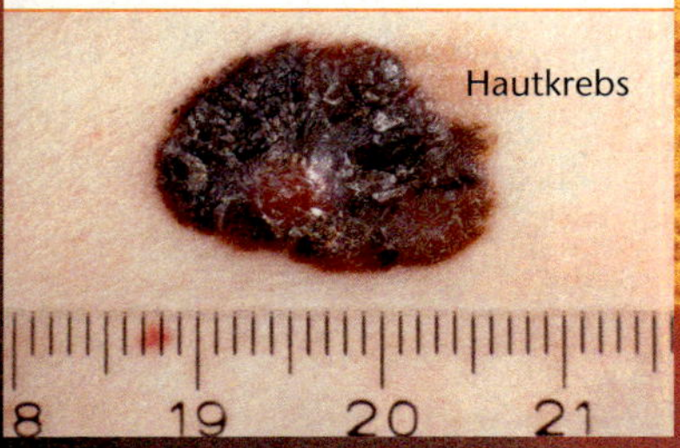

1 *Wirkung von UV-Strahlung*

In der Sonne verschmelzen durch Kernfusion in jeder Sekunde 600 Millionen Tonnen Wasserstoff zu 595 Millionen Tonnen Helium. Dabei wird die Energie von fünf Millionen Tonnen Wasserstoff pro Sekunde freigesetzt und gelangt in Form von Strahlung von der Sonne in den Weltraum. Die Strahlung der Sonne besteht unter anderem aus dem für uns Menschen sichtbaren Licht sowie aus der ultravioletten (UV) Strahlung (Abb. 1). Auf dem Weg zur Erde trifft die UV-Strahlung in ungefähr 35 Kilometern Höhe auf die Ozonschicht der Erdatmosphäre. Die Ozonschicht bewirkt, dass nur Teile der UV-Strahlung zur Erde gelangen. Die Ozonschicht ist lebenswichtig, da UV-Strahlung für Lebewesen gefährlich ist.

Auf die menschliche Haut hat die UV-Strahlung verschiedene Wirkungen: UV-Strahlung kann in die Haut eindringen. UV-Strahlung fördert kurzfristig die Durchblutung der Haut, diese rötet sich. UV-Strahlung führt auch zu einer Bräunung der Haut, da der Farbstoff Melanin in den Pigmentzellen der Haut vermehrt gebildet wird. Melanin verhindert das tiefe Eindringen von UV-Strahlung in die Haut. Starke UV-Strahlung führt zu einer Entzündung der Haut, dem Sonnenbrand. UV-Strahlung beeinflusst das Bindegewebe und trägt so zur schnelleren Hautalterung und Faltenbildung bei. UV-Strahlung regt außerdem die Bildung von Vitamin D im Körper an, ein Vitamin, das für den Aufbau der Knochen wichtig ist. Andererseits zerstört UV-Strahlung in den Blutgefäßen der Haut die Folsäure, ein wichtiges Vitamin der B-Gruppe.

Eine der gefährlichen Folgen von UV-Strahlung ist das Auslösen von Mutationen. UV-Strahlung kann Brüche in den DNA-Molekülen und bestimmte Punktmutationen hervorrufen, bei denen sich zwei benachbarte Basen miteinander verbinden. Diese Schäden können durch Reparatur-Enzyme beseitigt werden. Wenn die DNA-Reparatur zum Beispiel durch ungeschütztes und allzu häufiges Sonnenbaden – vor allem in der Kindheit – überfordert wird, kann dies unter bestimmten Bedingungen die Entstehung von Hautkrebs begünstigen. Ein Sonnenbrand hat zur Folge, dass stark geschädigte Hautzellen sich nicht weiter teilen und schließlich sogar absterben. Fachleute sehen die biologische Bedeutung dieser Vorgänge als eine Schutzreaktion der Haut. Denn würden Zellen, die durch UV-Strahlung mutiert sind, sich weiter teilen und nicht absterben, würde die Mutation der DNA von Zellteilung zu Zellteilung an die Tochterzellen weitergegeben. Das würde die Entstehung von Hautkrebs stark begünstigen.

1 Haut und UV-Strahlung. Diskutiere anhand der Abbildung 1 und des Grundwissentextes folgende Aussage einer Wissenschaftlerin: „Die Pigmentierung der Haut ist ein Balanceakt. Gegenüber der ultravioletten Strahlung darf sie weder zu dunkel noch zu hell sein."

2 Bedeutung der Ozon-Schicht.

a) Beschreibe mithilfe der Abbildung 1 die chemischen Vorgänge in der Ozonschicht.

b) Fluorchlorkohlenwasserstoffe (FCKW) wurden früher häufig als Treibmittel für Spraydosen, als Kühlmittel in Kühlschränken und zum Aufschäumen von Kunststoffen verwendet. FCKW sind sehr reaktionsträge und können zum Teil mehr als hundert Jahre in der Atmosphäre verweilen. In der Ozonschicht sind FCKW sehr schädlich, weil sie zur Ausdünnung der Ozonschicht beitragen. In Deutschland und einer Reihe anderer Länder ist deshalb der Einsatz von FCKW inzwischen verboten. Erläutere anhand der Abbildung 3 die durch FCKW ausgelösten chemischen Vorgänge. Welche Folgen ergeben sich daraus für die Ozonschicht. Entwickle begründete Vermutungen darüber, welche Folgen eine Ausdünnung der Ozonschicht für Menschen haben könnte.

3 „Mondscheinkinder", UV-bedingte DNA-Schäden und die DNA-Reparatur.

a) Erläutere anhand der Informationen in Abbildung 2 und 5, warum Menschen mit Xeroderma pigmentosum (XP) umgangssprachlich „Mondscheinkinder" genannt werden. Erläutere die Folgen, die XP für den Alltag der Betroffenen hat.

b) Beschreibe anhand der Abbildung 4 die Vorgänge der Reparatur von UV-bedingten DNA-Schäden.

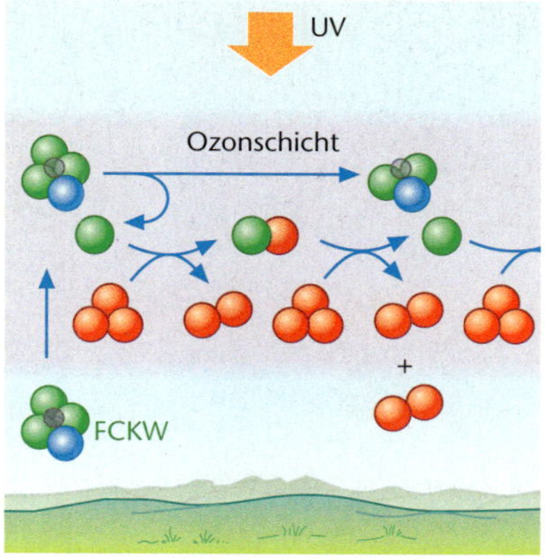

3 *Wirkung von FCKW auf Ozon*

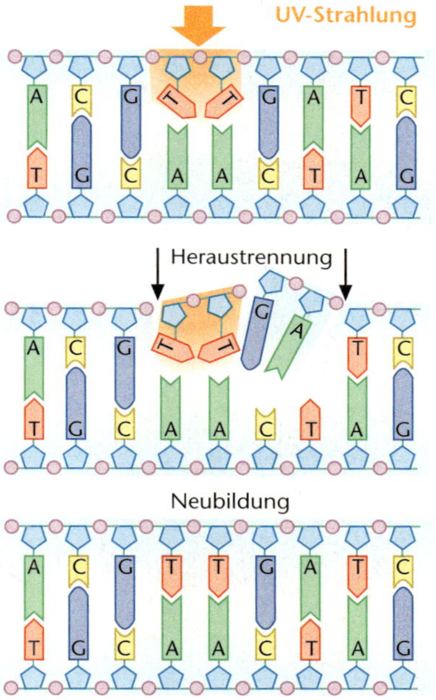

4 *Reparatur eines UV-bedingten DNA-Schadens*

Man nennt sie Mondscheinkinder:

„Du liebst mich nicht, Sonne! Ich sehe dich nur hinter Vorhängen. Du sperrst mich in die Dunkelheit. Du bist sehr schön, alle lieben dich. Aber was du nicht weißt, Sonne, du bist da oben genauso alleine wie ich hier unten" (Merve, ein Mondscheinkind. Mittlerweile ist Merve gestorben.).
Merve war eine von etwa hundert Menschen in Deutschland, die an einer seltenen, autosomal dominanten Erbkrankheit leiden. Die Krankheit heißt Xeroderma pigmentosum, abgekürzt XP. Bei Menschen mit XP ist das DNA-Reparatursystem defekt, das die UV-bedingten Mutationen erkennt und beseitigt. Daher häufen sich Mutationen an. Die Wahrscheinlichkeit, Hautkrebs zu entwickeln, ist bei Menschen mit XP im Vergleich zu Gesunden vieltausendfach erhöht. Daher müssen Menschen mit XP konsequent das Sonnenlicht und vor allem jede UV-Strahlung meiden.

2 *Mondscheinkinder*

5 *Merve bei einem Tagesausflug*

17.5 Genetischer Fingerabdruck und PCR

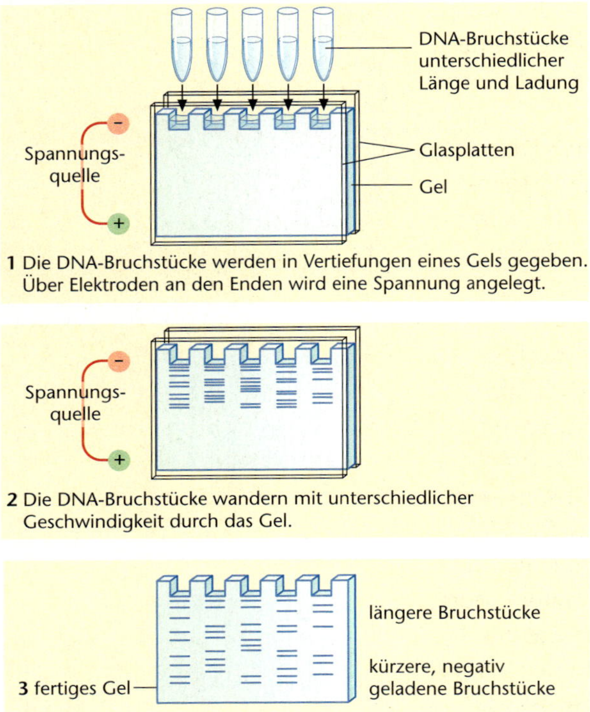

1 *DNA-Analyse (genetischer Fingerabdruck)*

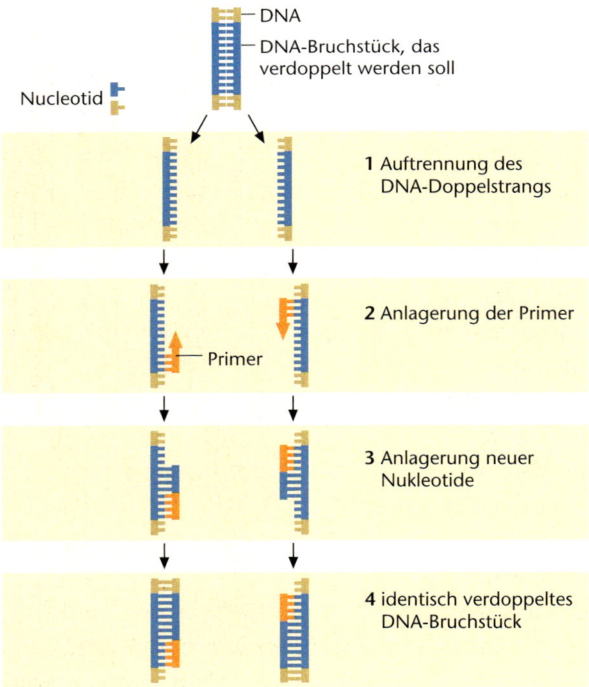

2 *Die Polymerase-Kettenreaktion (PCR)*

Seit dem Jahr 1990 hat der Bundesgerichtshof erlaubt, DNA-Analysen als Beweise in Strafverfahren zuzulassen. Seit dieser Zeit werden zunehmend Täter anhand ihres so genannten genetischen Fingerabdruckes überführt. Zur Erstellung eines **genetischen Fingerabdruckes** wird die DNA-Probe eines Menschen durch Einwirkung bestimmter Enzyme in Bruchstücke unterschiedlicher Länge gespalten. Die Bruchstücke werden einer elektrischen Spannung ausgesetzt. Dabei wandern sie zur positiven Elektrode. Kleine Bruchstücke wandern dabei schneller als größere. Es entsteht ein Bandenmuster, das für jeden Menschen genauso individuell ist wie sein Fingerabdruck (Abb. 1).

Ist nur wenig DNA als Ausgangsmaterial vorhanden, wird die **PCR-Technik** (engl.: **p**olymerase **c**hain **r**eaction) eingesetzt, bei der DNA-Bruchstücke identisch vervielfältigt werden (Abb. 2). Zur DNA-Vervielfältigung werden als Ausgangsstoffe Nucleotide, das Enzym DNA-Polymerase sowie „Primer" benötigt. Primer sind kurze, einzelsträngige DNA-Moleküle, die komplementär zu den Anfängen der zu kopierenden DNA-Bruchstücke sind. Diese Primer dienen zur Kennzeichnung der Startsequenz an beiden Einzelsträngen und sind der Start der DNA-Synthese.

In dem ersten Reaktionsschritt der PCR erfolgt durch Erhitzen auf etwa 90 bis 95 Grad Celsius die Auftrennung der DNA in Einzelstränge. Nach dem Abkühlen auf etwa 70 Grad Celsius binden sich die Primer an beide DNA-Einzelstränge. Die DNA-Polymerase katalysiert dann die Anlagerung der Nucleotide an ein spezifisches Ende jedes Primers. Grundsätzlich lässt sich dieser Ablauf mit dem der identischen DNA-Verdopplung in lebenden Zellen vergleichen. Ein einzelner PCR-Zyklus dauert nur etwa fünf Minuten. Am Ende des Zyklus ist die zu vermehrende DNA-Sequenz verdoppelt. Die PCR-Technik wird heute bei vielen biologischen, medizinischen und kriminologischen Fragestellungen eingesetzt.

1 Die Polymerase-Kettenreaktion (PCR). Erkläre den Ablauf der PCR anhand von Abbildung 2.

2 Auswertung eines Bandenmusters. In Abbildung 3 ist das Bandenmuster des Opfers eines Gewaltverbrechens, das Bandenmuster einer fremden Blutprobe auf der Kleidung des Opfers sowie die Bandenmuster von drei Tatverdächtigen dargestellt.

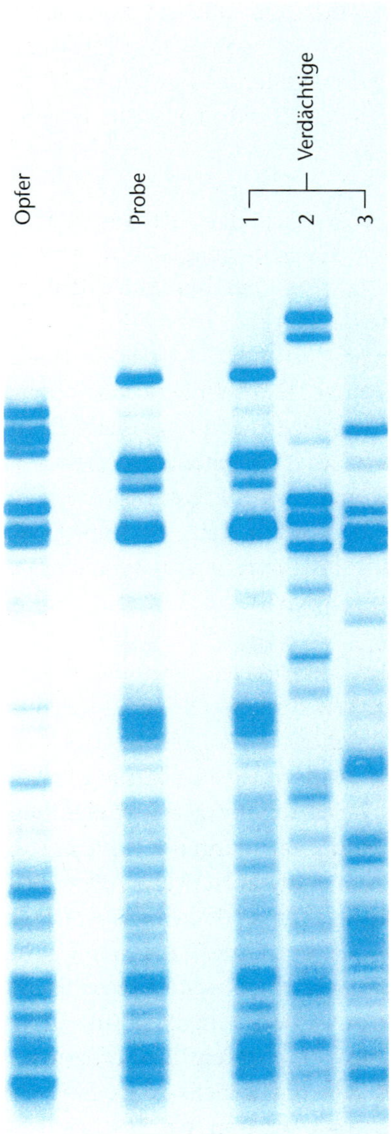

3 *Genetischer Fingerabdruck*

a) Werte Abbildung 3 aus und ermittle den Täter.
b) Der genetische Fingerabdruck wird auch für Vaterschafts-Nachweise eingesetzt. Erläutere eine mögliche Vorgehensweise.

3 Spurensuche durch DNA-Analyse. Erläutere das Zusammenwirken der PCR-Methode und der DNA-Analyse anhand von Abbildung 3 ausführlich.

4 DNA in Fossilien. Auch in mehreren zehntausend Jahre alten Skelettteilen findet man noch DNA-Bruchstücke. Trockene und kühle Bedingungen verlangsamen den Zerfall der DNA in kleine Bruchstücke; feuchte und warme Bedingungen sowie saure und basische Verhältnisse beschleunigen dagegen den Zerfall der DNA in kleine Bruchstücke. Meistens liegt DNA in Fossilien in sehr geringen Mengen vor. Die Erforschung dieser DNA ist daher eng mit der Erfindung der PCR verbunden.
a) Erläutere mögliche Anwendungsgebiete der Untersuchung von DNA aus Fossilien.
b) Seit 30 000 Jahren gibt es keine Neandertaler mehr. Hinsichtlich der Verwandtschaftsverhältnisse zwischen Neandertalern und Vorfahren der heutigen Menschen werden zwei Modelle diskutiert (Abb. 5). Nenne wesentliche Aussagen der beiden Modelle. Erläutere eine mögliche Vorgehensweise, mit der die Untersuchung von DNA aus Fossilien zur Lösung der Frage beitragen kann, welches der beiden Modelle zutrifft.

4 *Fossile Skelette enthalten noch geringe Mengen DNA*

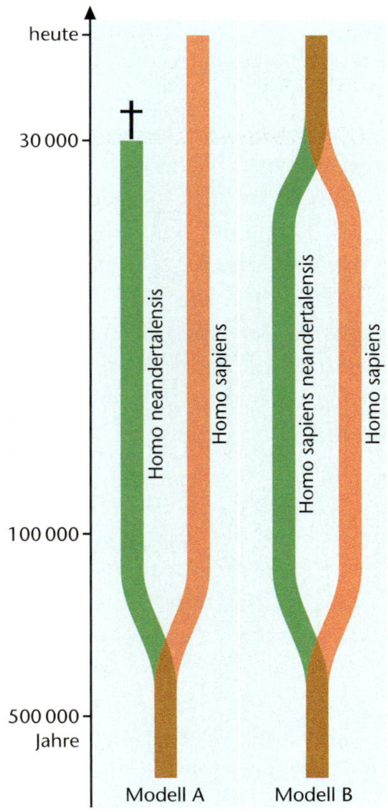

5 *Zwei Stammbaum-Modelle von Neandertalern und den Vorfahren der heutigen Menschen*

17.6 Genanalyse – wie gehen wir mit dem neuen Wissen um?

1 *Die Genanalyse als neuer Ausweis?*

- Das menschliche Genom ist grundlegender Bestandteil des gemeinsamen Erbgutes aller Menschen.
- Jeder Mensch hat seine eigene genetische Identität. Dabei lässt sich die Persönlichkeit eines Menschen nicht auf seine genetischen Merkmale reduzieren.
- Jeder Mensch hat unabhängig von seinen genetischen Eigenschaften ein Recht auf Achtung seiner Würde. Niemals darf er aufgrund seiner Merkmale diskriminiert werden.
- Jedem Individuum soll das Recht auf das ihn betreffende krankheitsrelevante genetische Wissen garantiert sein. Gleichzeitig soll er aber das Recht haben, auf solches Wissen verzichten zu können.
- Die Würde und Freiheit des Menschen muss absoluten Vorrang vor jedem wissenschaftlichen Fortschritt haben.

2 *Auszug aus der „Allgemeinen Erklärung über das menschliche Genom und Menschenrechte" (UNESCO, 1997)*

Die Gesamtheit der Erbanlagen eines Lebewesens bezeichnet man als **Genom.** Mit einer Reihe von internationalen wissenschaftlichen Projekten ist das menschliche Genom mittlerweile vollständig entschlüsselt worden. Die ungleich schwierigere Aufgabe ist es nun, das Genom und seine Funktionen zu verstehen, zum Beispiel zu wissen, wann, wie und warum ein Gen abgelesen wird.

Das Wissen um das Genom eines Menschen greift tief in die Persönlichkeitssphäre und das Selbstverständnis eines Menschen ein. Der enorme Zuwachs an Kenntnissen über das menschliche Genom birgt große Chancen, aber auch Risiken. Besonders die Fähigkeiten zur Analyse der Erbanlagen eines einzelnen Menschen mithilfe von Gentests zum Beispiel zum Erkennen von erblichen Veranlagungen bedürfen daher ethisch begründeter Regeln (Abb. 1). Es gibt immer mehr Krankheiten, die mit Gentests nachgewiesen werden können. Aber viele dieser Erkrankungen sind (noch) nicht behandelbar. Wie können wir mit dem neuen Wissen umgehen?

Erbkrankheit Chorea Huntington – Wissen oder Nicht-Wissen?

Chorea Huntington ist die Bezeichnung für eine bestimmte, fortschreitend verlaufende Erkrankung des Nervensystems, die mit Bewegungsstörungen und allmählichem geistigen Verfall einhergeht. Durchschnittlich haben 10 von 100 000 Personen diese Erbkrankheit. Sie wird durch ein dominantes Gen auf dem Chromosom Nr. 4 vererbt. Die Krankheit bricht meistens erst nach dem 40. Lebensjahr aus, in einem Alter, in dem die meisten Menschen ihre Familienplanung abgeschlossen haben. Bis zum Ausbruch der Krankheit sind die Betroffenen frei von Symptomen. Wer das Gen geerbt hat, wird mit hundertprozentiger Sicherheit krank. Zur Zeit gibt es keine Heilung dieser Krankheit. Kinder von Erkrankten erfahren meist erst als junge Erwachsene, dass sie ein 50%iges Risiko für die Krankheit haben.
Herr B. (27 Jahre, von Beruf Pilot) hat erfahren, dass seine Mutter an Chorea Huntington erkrankt ist. Herr B. ist sehr unentschlossen, ob er wissen oder nicht wissen will, ob er das Gen von seiner Mutter geerbt hat.

Erblich erhöhtes Risiko für Brustkrebs.

Von den 46 000 Frauen, die jährlich in Deutschland an Brustkrebs erkranken, sind 5–10 % erblich vorbelastet, das heißt, es gibt eine erbliche Veranlagung für ein höheres Brustkrebsrisiko. Meistens tritt in diesen Fällen Brustkrebs in der Familie und ihren Vorfahren häufiger auf als in der Bevölkerung insgesamt (Abb. 4). Heute können Frauen vorsorglich einen Gentest machen, um festzustellen, ob sie die Veranlagung für einen solchen „familiären Brustkrebs" haben. Die Früherkennung von Brustkrebs ist durch Mammografie, eine Röntgenuntersuchung, möglich (Abb. 5).
Frau M. ist 26 Jahre alt und hat ein Kind. Ihre Mutter war mit 31 Jahren an Brustkrebs erkrankt und mit 37 Jahren an den Folgen des Tumors gestorben. Eine Tante von Frau M. hatte ebenfalls früh Brustkrebs bekommen.

3 *Wissen oder Nicht-Wissen? Zwei Beispiele*

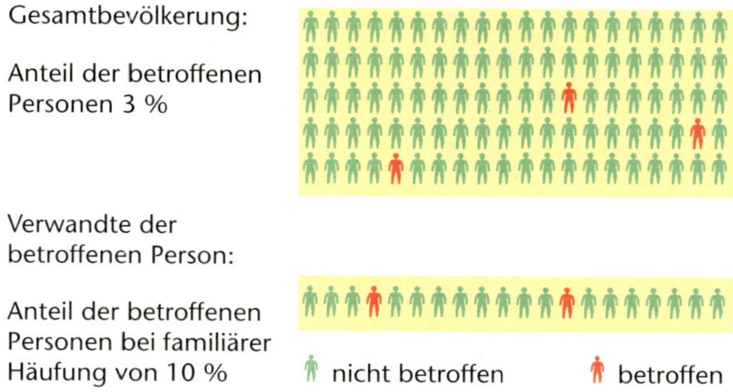

4 *Familiäre Häufung an einem Beispiel verdeutlicht*

1 Problemfelder der Genanalyse. Nenne Probleme und Konflikte, die die Möglichkeiten der Genanalyse beim Menschen mit sich bringen können a) für Partner mit Kinderwunsch, b) wenn sie für Arbeitnehmer und Versicherungsnehmer zugelassen würde.

2 Kurzvortrag „Genom und Menschenrechte". Erläutere deinen Mitschülerinnen und Mitschülern im freien Vortrag die Aussagen in Abbildung 2. Gib eine persönliche Antwort auf die Frage in der Überschrift dieses Abschnitts.

3 Recht auf Wissen und Recht auf Nicht-Wissen. Versetze dich in die Lage von Herrn B. und Frau M. (Abb. 3). Welche Fragen werden diese Personen vermutlich haben, bevor sie sich für oder gegen den jeweiligen Gentest entscheiden? Diskutiert für jedes der beiden Fallbeispiele Vor- und Nachteile des Gentests. Beachtet im Fall von Frau M. auch die Abbildung 4.

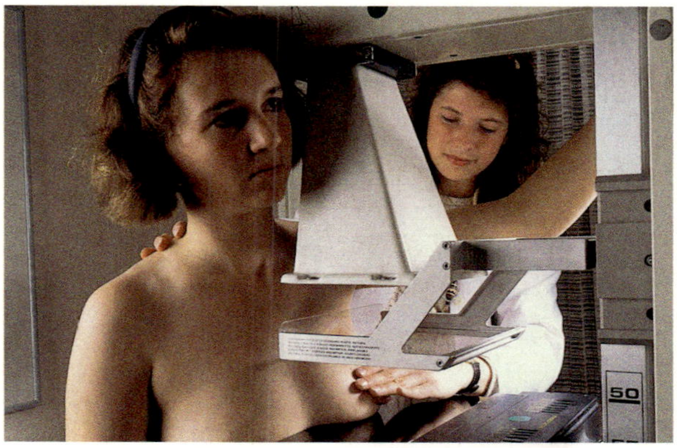

5 *Brustkrebsvorsorge durch Mammografie*

17.7 Bakterien produzieren Humaninsulin

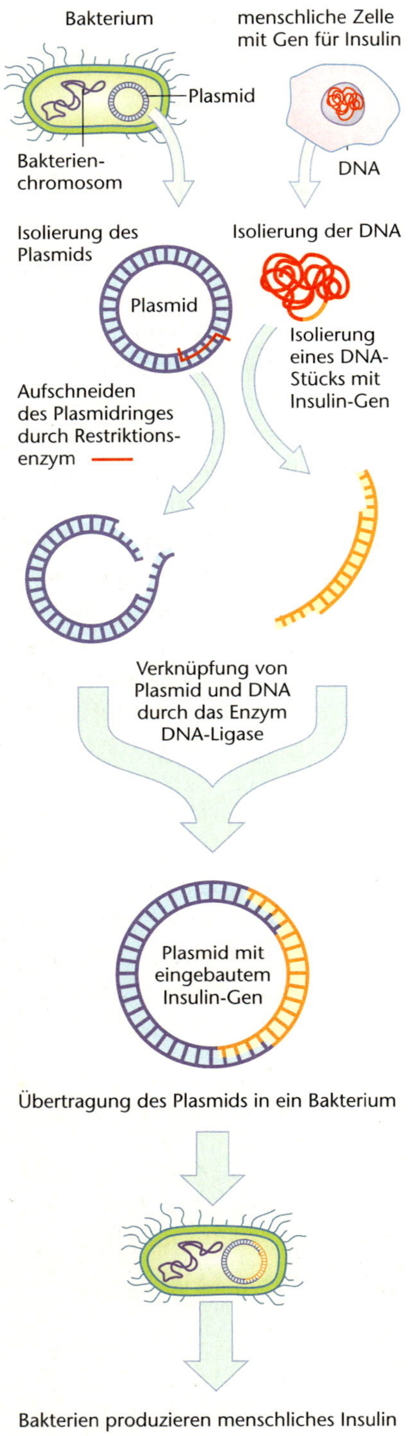

1 *Verfahren zur gentechnischen Veränderung von Bakterien*

Schon früh haben Menschen die Stoffwechselleistungen bestimmter Lebewesen für sich genutzt. So werden Hefepilze zum Brotbacken und Bierbrauen und Milchsäurebakterien zur Herstellung von Sauermilch, Joghurt, Kefir und Käse genutzt. Heute nennt man die Produktion von Waren und Dienstleistungen durch Lebewesen **Biotechnologie.** Ein jüngeres Teilgebiet der Biotechnologie ist die **Gentechnik.** Gentechnische Verfahren sind möglich, weil die Erbinformation aller Lebewesen aus DNA besteht. Das ist der Grund, warum Bakterien auch Gene des Menschen lesen können und so Stoffe herstellen können, die sonst nur im menschlichen Körper gebildet werden. Im Jahr 1982 gelang es erstmals, das menschliche Insulin mithilfe gentechnisch veränderter Bakterien zu produzieren. Insulin ist ein Protein, das als Hormon an der Regelung des Blutzuckerspiegels beteiligt ist. Von den Menschen, die an Diabetes erkrankt sind, benötigen viele Insulin als Medikament. Vor der gentechnischen Herstellung wurde Insulin aus Bauchspeicheldrüsen von Rindern und Schweinen gewonnen.

Grundlegende Verfahren der Gentechnik sind die **Genanalyse** und der **Gentransfer** (Abb. 2). Mithilfe des Gentransfers können Bakterien gentechnisch so verändert werden, dass sie Proteine des Menschen wie etwa das Insulin herstellen (Abb. 1). Für dieses Verfahren sind zwei verschiedene Enzyme von großer Bedeutung. Ein Restriktionsenzym erkennt eine bestimmte Abfolge von Basen auf der DNA und schneidet die DNA an dieser Stelle auf. Es gibt verschiedene Restriktionsenzyme, die jeweils eine andere Basenabfolge auf der DNA erkennen und dort schneiden. Weil Restriktionsenzyme vereinfacht wie eine Schere wirken, nennt man sie auch „molekulare Scheren". Ein anderes Enzym, die DNA-Ligase, verknüpft die zueinander passenden Enden von DNA-Stücken.

Bakterien enthalten oft zusätzlich zu ihrem Chromosom kleine, ringförmige DNA-Moleküle, die **Plasmide** (Abb. 1). Plasmide können aus Bakterien isoliert und mithilfe eines Restriktionsenzyms aufgeschnitten werden. In die Schnittstelle kann mittels DNA-Ligase ein neues Gen, zum Beispiel das für Insulin, eingefügt werden. So entsteht ein Plasmid mit neukombinierter DNA. Solche Plasmide werden in Bakterien übertragen und von den Bakterien identisch vervielfältigt. Die neukombinierten Plasmide sorgen in den Bakterien für die Bildung des gewünschten Proteins, in diesem Fall des Insulins. Das Insulin wird aus den Bakterien isoliert und kann als Medikament für diabeteskranke Menschen verwendet werden.

Genanalyse bei Viren, Bakterien, Pflanzen, Tieren, Menschen:
- den Code eines Gens analysieren;
- das An- und Abschalten von Genen erforschen;
- die Bedeutung von Genen im Organismus erforschen;
- neue Gene entdecken.

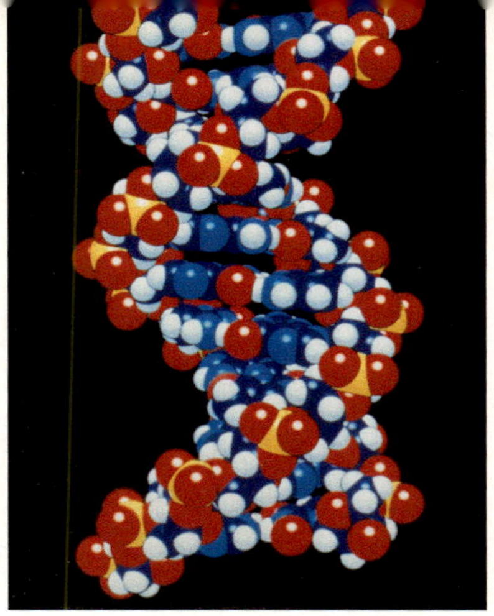

Gentransfer bei Viren, Bakterien, Pflanzen und Tieren:
- Gene isolieren;
- Gene verändern;
- Gene zwischen verschiedenen Arten übertragen und einbauen.

2 *Methoden der Gentechnik*

1865 Der österreichische Augustinermönch GREGOR MENDEL formuliert aufgrund seiner Züchtungsversuche mit Erbsenpflanzen die Vererbungsgesetze.
1903 Die „Chromosomentheorie der Vererbung" wird formuliert. Sie besagt, dass Chromosomen Träger der Erbanlagen sind.
1909 Der Begriff „Gen" wird zur Beschreibung einer einzelnen Erbeinheit eingeführt.
1944 Bei Experimenten mit einem Bakterium, das bei Mäusen Lungenentzündung hervorruft, gelingt der Beweis, dass Gene aus DNA bestehen.
1950 Bei Untersuchungen zur chemischen Zusammensetzung der DNA wird festgestellt, dass stets die Basen Adenin und Thymin sowie Guanin und Cytosin in gleichen Mengen vorkommen.
1953 JAMES WATSON und FRANCIS CRICK entschlüsseln die Doppelhelix-Struktur der DNA.
1961 Der genetische Code, der den Zusammenhang zwischen Basenabfolge der DNA und Aminosäureabfolge in einem Protein beschreibt, wird entschlüsselt.
1968 Entdeckung der Restriktionsenzyme zum Schneiden der DNA
1977 Erstmals gelingt es, Insulin-Gene von Ratten auf Bakterien zu übertragen (Gentransfer).
1982 Gentechnisch hergestelltes Insulin des Menschen auf dem Medikamentenmarkt.

3 *Aus der Geschichte der Genetik*

1 Gentechnische Veränderung von Bakterien. Beschreibe unter Bezug auf Abb. 1 und 2 das Verfahren zur Herstellung gentechnisch veränderter Bakterien.

2 Erfindungen bauen auf anderen Erfindungen und Entdeckungen auf. Die gentechnische Herstellung von Insulin seit 1982 hat eine Reihe wissenschaftlicher Voraussetzungen. Erläutere dies anhand der Angaben in Abb. 3.

3 Medizinische und wirtschaftliche Aspekte. Erörtert medizinische und wirtschaftliche Gesichtspunkte, die das Aufkommen gentechnisch hergestellten Insulins begünstigt haben. Beachtet dabei Abb. 4.

Insulin ist ein Protein, das in der Bauchspeicheldrüse gebildet wird. Insulin ist ein Hormon und fördert die Aufnahme von Glucose aus dem Blut in Zellen. Seit 1928 wird Insulin als Medikament bei Diabetikern eingesetzt. Dazu wurde Insulin aus Bauchspeicheldrüsen von Rindern und Schweinen gewonnen. Bereits 1976 wurde von Wissenschaftlern prognostiziert, dass Insulin aus Bauchspeicheldrüsen schon in wenigen Jahrzehnten den Bedarf nicht mehr decken könne. Weltweit ist die Zahl der Diabetiker deutlich gestiegen. Im Jahr 2006 gab es weltweit 180 Millionen Diabetiker. Bis zum Jahr 2030 rechnet die Weltgesundheitsorganisation mit einer Verdopplung. Schweineinsulin und Rinderinsulin unterscheiden sich vom Humaninsulin in einer Aminosäure bzw. zwei Aminosäuren. Das hatte bei einigen Patienten Unverträglichkeitsreaktionen zur Folge. 1975 gelang es, durch Enzyme, Schweineinsulin in Humaninsulin umzuwandeln. Gentechnisch hergestelltes Humaninsulin hat in den letzten Jahrzehnten auch aus wirtschaftlichen Gründen den größten Teil des Marktes erobert. In einem Bioreaktor von 40 Kubikmetern gewinnt man aus Bakterien namens Escherichia coli K12 in 30 Stunden etwa 100 Gramm Humaninsulin. Mittlerweile gibt es neue, gentechnisch hergestellte Humaninsuline, die sich in der Dauer ihrer Wirksamkeit unterscheiden und eine sorgfältige Abstimmung von Blutzuckerspiegel und Ernährung ermöglichen.

4 *Insulin*

17.8 Grüne Gentechnik: Beispiel Mais

1 *Genetisch bedingte Vielfalt beim Mais*

Menschen haben seit langer Zeit Pflanzen mit wünschenswerten Eigenschaften ausgelesen und vermehrt. Diese Auslesezüchtung brachte in Kombination mit anderen Züchtungsmethoden große Erfolge. Methoden der Pflanzenzucht ohne Gentechnik werden heute unter dem Begriff **klassische Züchtungsmethoden** zusammengefasst. Mit ihrer Hilfe entstanden im Laufe der Zeit aus Wildpflanzen die heutigen Nutzpflanzen. Zum Beispiel wurde aus dem unscheinbaren Gras Teosinte der heutige Mais mit seinen mächtigen Maiskolben gezüchtet. Ohne es zu wissen, haben unsere Vorfahren die Wildpflanzen genetisch verändert. Keine der heutigen Nutzpflanzen wäre von allein in der Natur entstanden.

Voraussetzung für jede Zucht ist genetische Vielfalt (Abb. 1). Erst genetische Vielfalt erlaubt die Auslese besonders geeigneter Pflanzen. Bei den klassischen Züchtungsmethoden ist die genetische Vielfalt auf die Gene einer Pflanzenart begrenzt. **Gentechnik** dagegen ermöglicht die gezielte Übertragung von Genen von einer Art auf eine andere Art. So gibt es Mais, Bt-Mais genannt, dem ein Gen eines Boden-Bakteriums namens Bacillus thuringiensis (B.t.) übertragen wurde. Dieses Bakteriengen bildet vor allem in den grünen Teilen einer Maispflanze ein Protein, das giftig für bestimmte Insekten ist. So kann Mais vor dem wichtigsten Schadinsekt im Maisanbau, dem Maiszünsler, geschützt werden. Davon erhofft man sich wirtschaftliche Vorteile, da weniger Mais durch den Maiszüngler vernichtet wird. Aus gentechnisch veränderten Pflanzen werden sowohl Futtermittel als auch Lebensmittel hergestellt. Die Meinung der Verbraucher spielt daher für die Akzeptanz von Lebensmitteln, die aus gentechnisch veränderten Pflanzen hergestellt werden, eine große Rolle. Gesetzlich geregelt ist, dass Verbraucher die Wahlfreiheit zwischen Lebensmitteln mit und ohne gentechnische Veränderungen haben sollen. Lebensmittel aus gentechnisch veränderten Organismen müssen nach den Gesetzen der Europäischen Union gekennzeichnet sein.

Lebensmittel aus gentechnisch veränderten Pflanzen werden wissenschaftlich so umfangreich untersucht wie kaum eine andere Gruppe von Lebensmitteln. Amtlich zugelassene Lebensmittel aus gentechnisch veränderten Lebewesen sind nach heutigem Kenntnisstand gesundheitlich unbedenklich und sicher.

Die Frage der Koexistenz spielt in der Diskussion um Grüne Gentechnik, die Gentechnik bei Pflanzen, eine wichtige Rolle. Mit Koexistenz meint man das Nebeneinander von Landwirtschaft mit gentechnisch veränderten Pflanzen und Landwirtschaft ohne gentechnisch veränderte Pflanzen. Die Pollen gentechnisch veränderter Pflanzen können sich leicht verbreiten. Es ist schwierig, sicherzustellen, dass nicht die Pflanzen benachbarter Landwirte mit gentechnisch veränderten Pollen befruchtet werden und es so zu einer unkontrollierten Verbreitung von gentechnisch veränderten Pflanzen kommt. Auch mögliche unerwünschte Auswirkungen auf die Umwelt stehen im Mittelpunkt der kontroversen Diskussion (Abb. 2).

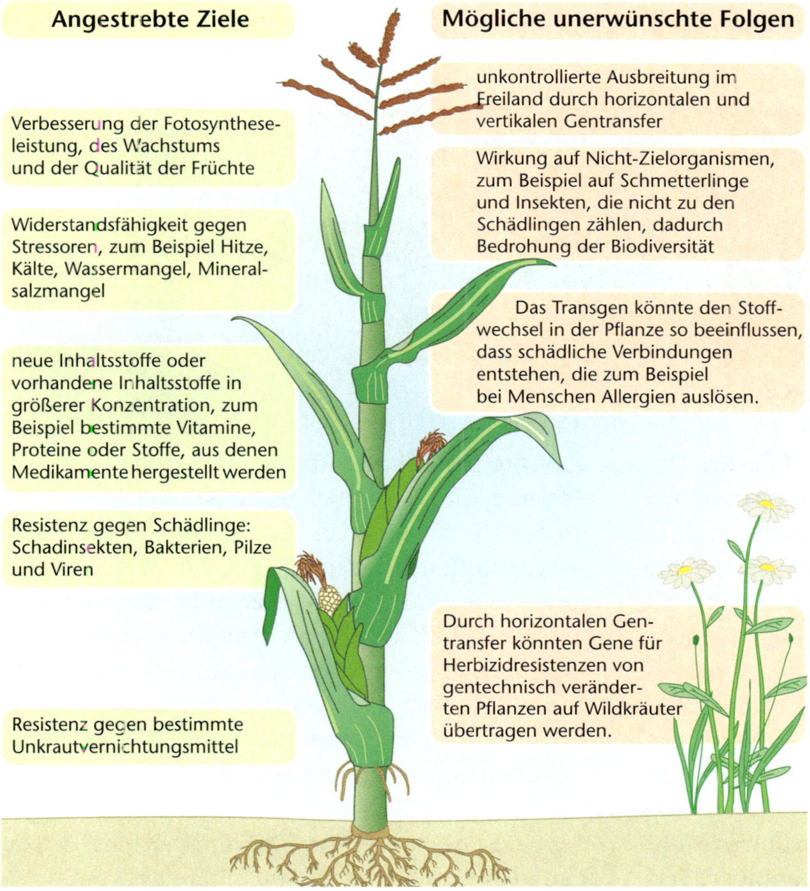

2 *Angestrebte Ziele und mögliche unerwünschte Folgen der Gentechnik an Nutzpflanzen (Begriffe in Abb. 3)*

1 Klassische Züchtung und Gentechnik. Beschreibe die wesentlichen Unterschiede zwischen klassischer Züchtung und Züchtung mit Gentechnik am Beispiel des Bt-Mais.

2 Grüne Gentechnik am Beispiel Mais.
a) Erläutere die Abbildung 2 mithilfe von Informationen auf dieser Doppelseite.
b) Welche der in Abbildung 2 dargestellten Aspekte sind eher für Landwirte, welche für Verbraucher von gentechnisch veränderten Lebensmitteln von Interesse?

3 Pro und contra Bt-Mais. Teilt eure Klasse in eine gerade Zahl von Gruppen auf. Etwa die Hälfte der Gruppen formuliert in Gruppenarbeit alle Argumente für den Einsatz von Bt-Mais, die andere Hälfte der Gruppen argumentiert gegen den Einsatz von Bt-Mais. Dabei sollen Informationen dieser Doppelseite und die Fachbegriffe berücksichtigt werden. Tragt die Pro- und Contra-Argumente vor. Erörtert dann, welche wissenschaftlichen Untersuchungen notwendig wären, um die jeweilige Pro- oder Contra-Position zu bestätigen oder zu widerlegen.

Resistenz: die Widerstandskraft eines Organismus gegen Schädlinge, gegen schädigende Umwelteinflüsse oder gegen bestimmte Wirkstoffe

Transgen: ein Gen, das mithilfe gentechnischer Verfahren vom Organismus einer Art auf einen Organismus einer anderen Art übertragen wurde

Freisetzung: das gezielte Ausbringen von gentechnisch veränderten Organismen in die Umwelt

Herbizidresistenz bei genetisch veränderten Pflanzen bewirkt, dass diese Pflanzen nicht durch Herbizide (Unkrautvernichtungsmittel) geschädigt werden.

Sicherheitsforschung: Die biologische Sicherheitsforschung beschäftigt sich auch mit den Auswirkungen, die ein Anbau gentechnisch veränderter Pflanzen auf Menschen, Tiere und Pflanzen haben kann.

Nicht-Zielorganismen sind solche Pflanzen und Tiere, die nicht zum eigentlich angestrebten Ziel einer Pflanzenschutzmaßnahme gehören, dennoch von der Maßnahme betroffen sind.

Horizontaler Gentransfer meint die Übertragung von Genen im Freiland über Artgrenzen hinweg.

Vertikaler Gentransfer ist die Übertragung von Genen im Freiland auf andere Pflanzen der Art, zum Beispiel durch Pollenflug.

3 *Begriffserklärungen*

17.9 Mikroorganismen bei der Lebensmittelherstellung

1 *Brot, viele Milchprodukte und Bier werden mithilfe von Mikroorganismen hergestellt*

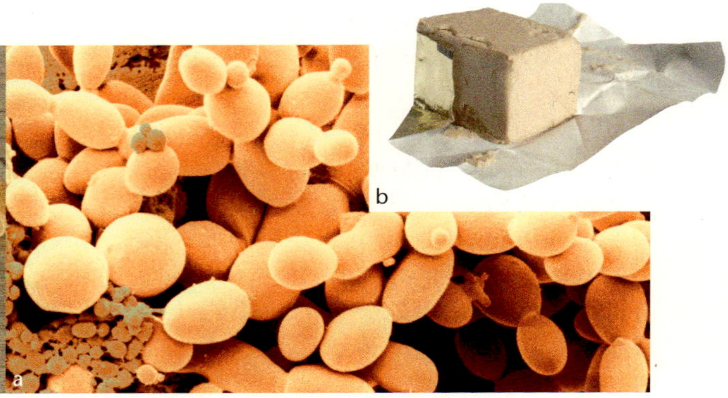

2 *a) Hefezellen im mikroskopischen Bild, b) Hefewürfel*

Die Herstellung von Brot und Backwaren, von vielen Milchprodukten und Käse sowie das Bierbrauen gehören zu den traditionellen, wirtschaftlich sehr bedeutenden Verfahren der Biotechnologie (Abb. 1). Die beteiligten Mikroorganismen gehören überwiegend zu den Pilzen und zu den Bakterien.

Einen Teig zum Brotbacken kann man aus Mehl, Wasser, Zucker und Backhefe herstellen. Backhefe erhält man im Lebensmittelhandel in Form von Würfeln. Ein Hefewürfel enthält viele hundert Millionen zusammengepresste **Hefezellen** (Abb. 2). Es handelt sich um einen einzelligen Pilz, der sich von Zuckern ernährt und sich bei günstigen Temperaturen schnell ungeschlechtlich vermehren kann. Die Hefezellen nehmen Zucker über die Zellmembran in das Zellplasma auf. Wenn es an Sauerstoff mangelt, vergären Hefezellen Zucker. Dabei wandeln sie chemische Energie des Zuckers in nutzbare chemische Energie für ihre Lebensprozesse und in Wärme um. Unter **Gärung** versteht man Energie liefernde Stoffwechselprozesse, bei denen organische Stoffe wie Zucker ohne Beteiligung von Sauerstoff abgebaut werden. Die Backhefe vergärt Zucker zu Alkohol und Kohlenstoffdioxid. Beide Stoffe werden von den Hefezellen an die Umgebung abgegeben. Man spricht von **alkoholischer Gärung.** Wenn der fertige Brotteig eine Zeit lang an einem warmen Ort stehen gelassen wird, sorgen die Gasbläschen aus Kohlenstoffdioxid dafür, dass der Teig auftreibt und locker wird. Hefe ist also ein Treibmittel beim Backen. Beim Backen sterben die Hefezellen ab und der Alkohol verdampft.

Auch beim Bierbrauen sind es Hefepilze, die durch Gärung Zucker zu Alkohol und Kohlenstoffdioxid umsetzen. Die Zucker stammen aus Getreidekörnern, vor allem der Braugerste. Der Zusatz von Hopfen sorgt für den leicht bitteren Geschmack von Bier.

Schon Jahrtausende nutzen Menschen das Sauerwerden von Milch zur Herstellung von Nahrungsmitteln. Im Jahre 1857 entdeckte LOUIS PASTEUR **Milchsäurebakterien** als Ursache der sauer gewordenen und eingedickten Milch. Diese Bakterien vergären Zucker zu Milchsäure. Man spricht von **Milchsäuregärung.** Durch Milchsäuregärung werden Sauermilch, Joghurt, Kefir und Sauerkraut hergestellt.

Weltweit gibt es mehr als 8000 Käsesorten, die alle aus Milch gewonnen werden. Milchsäurebakterien und das heute biotechnologisch hergestellte Lab-Enzym sorgen für die Milchgerinnung zu Beginn der Käseherstellung. Bei der oft Wochen und Monate dauernden Reifung eines Käses verändern Milchsäurebakterien, andere Bakterien und manchmal auch zugesetzte Pilze die Nährstoffe im Käse weiter.

1 Gärung der Backhefe. Fertige anhand der Angaben auf der Grundwissen-Seite eine beschriftete Skizze zum Stoffwechsel der Backhefe bei der Vergärung von Zucker an. Erläutert und vergleicht eure Skizzen.

2 Versuche zur Aktivität der Backhefe planen und durchführen. Das Ausmaß der Bildung von Kohlenstoffdioxid ist ein Hinweis auf die Stoffwechselaktivität der Bäckerhefe. Das Volumen des in einer bestimmten Zeit gebildeten Kohlenstoffdioxids kann bestimmt werden, indem es in einen mit Wasser gefüllten Messzylinder eingeleitet und das verdrängte Wasservolumen bestimmt wird. Wenn Gärkölbchen zur Verfügung stehen, können diese zur Volumenmessung genutzt werden.

a) Plant eine Versuchsreihe, in der der Einfluss von Zucker und Wärme auf die Aktivität der Backhefe untersucht wird. Es stehen vier Versuchsansätze zur Verfügung (Abb. 3). Einer der Versuchsansätze soll als Kontrollversuch dienen. Diskutiert eure Planungen.

b) Führt nach Rücksprache mit eurer Lehrerin oder eurem Lehrer die Versuche durch.

3 Präsentation zum Thema „Bedeutung von Mikroorganismen für die Umwelt und den Menschen". Die Abbildung 4 soll Grundlage einer mehrteiligen Präsentation zum oben genannten Thema sein. Untersucht und bewertet nachfolgende Medien auf ihre Eignung als Präsentationsmedien für dieses Thema. Wählt die Medien aus, die sich eurer Meinung nach am besten für die Präsentation eignen. Stellt dazu ausführlich die Vor- und Nachteile des jeweiligen Mediums für die Präsentation des entsprechenden Themas heraus. Auch Kombinationen der verschiedenen Medien sind möglich.

- Plakate
- Folien für den Tageslichtprojektor
- digitale Präsentation mit Präsentations-Software, Computer und Beamer
- Dia-Reihe
- Internet-Seiten
- Video-Film
- Kopien auf Papier
- andere, hier nicht genannte Medien

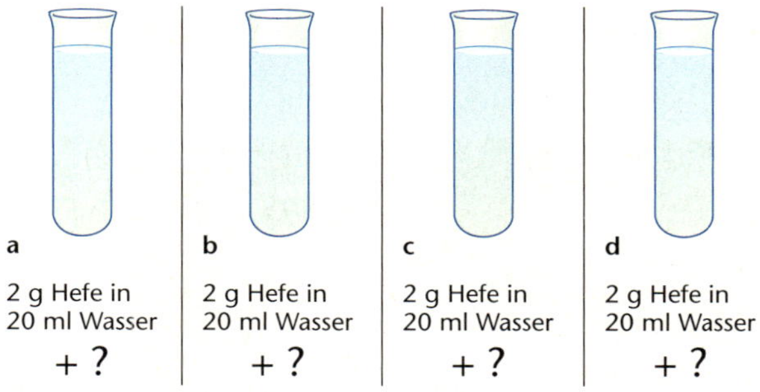

3 *Versuch zur Aktivität der Backhefe*

4 *Bedeutung von Mikroorganismen*

Evolution

18.1 Die Entstehung der Erde

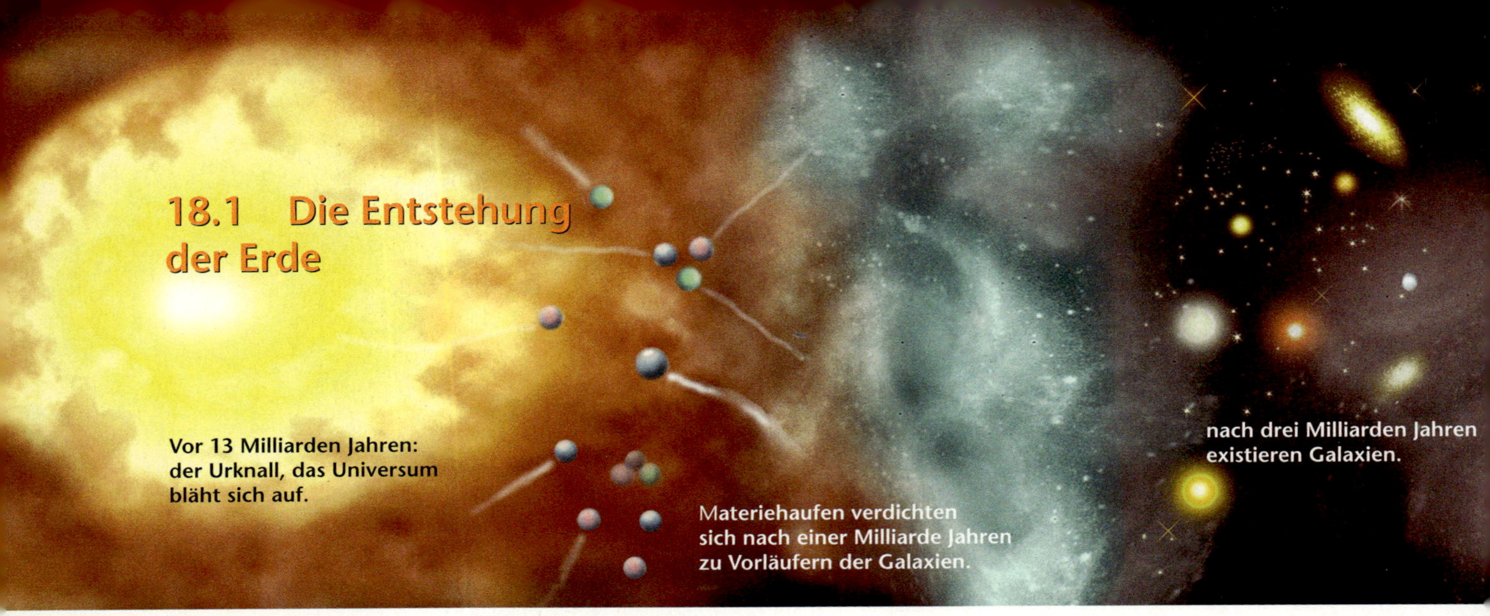

1 *Das Weltall – von seinem Beginn bis heute*

Wissenschaftler haben eine Theorie entwickelt, nach der die Geschichte des Weltalls vor fast 14 Milliarden Jahren mit einer gewaltigen Explosion, dem Urknall, begann. Nach etwa 300 000 Jahren bildeten sich erste Atome, die sich in der Folgezeit zunächst zu Materiehaufen und schließlich zu Galaxien zusammenballten. Nach neun Milliarden Jahren bildete sich unser Sonnensystem mit seinen Planeten. Die Phase bis zur Entstehung der Planeten bezeichnet man als **physikalische Evolution** (Abb. 1).

Zu Anfang war die Erde ein Feuerball. Sie bestand aus glühender, flüssiger Lava. In dieser flüssigen Erde wanderten Eisen und Nickel wegen ihrer hohen Dichte ins Erdinnere. Diese Elemente bilden seitdem den Erdkern. Die leichteren Elemente wie Aluminium und Silizium blieben außen und bildeten nach Abkühlung der Erdoberfläche die feste Erdkruste. Aus der immer noch heißen Erdoberfläche gelangten durch Vulkanismus große Mengen Wasserdampf und andere Gase in die Atmosphäre. Es begann mehrere Millionen Jahre lang heftig zu regnen und zu gewittern (Abb. 2). Die ersten Urmeere bildeten sich. Die Uratmosphäre war ganz anders zusammengesetzt als unsere heutige Atmosphäre. Sie war sehr feucht, enthielt viel Kohlenstoffdioxid sowie Stickstoff, Methan und Ammoniak, aber keinen Sauerstoff. Durch die Uratmosphäre gelangte energiereiche ultraviolette Strahlung auf die Erdoberfläche.

Man geht heute davon aus, dass sich das Leben aus unbelebten, anorganischen Vorstufen in langen Zeiträumen im Urozean entwickelt hat. In einem ersten Schritt müssen einfache organische Verbindungen entstanden sein. Organische Verbindungen sind Bausteine der Lebewesen. Fossile Funde weisen darauf hin, dass erste einfach gebaute Lebewesen die Erde bereits vor 3,8 Milliarden Jahren besiedelten.

1953 führte der amerikanische Wissenschaftler STANLEY MILLER ein wichtiges Experiment durch. Er simulierte in einer Apparatur die Bedingungen der frühen Erde (Abb. 3). MILLER konnte zeigen, dass sich in seiner Apparatur Aminosäuren bildeten. Aminosäuren sind Bausteine von Proteinen und kommen in jeder Zelle vor. Bei Variationen dieses Experimentes bildeten sich auch andere organische Moleküle: Zucker, Fette und Nukleinsäuren. Die Phase in der Erdgeschichte, in der diese organischen Moleküle entstanden, bezeichnet man als **chemische Evolution.** Eine heutige Modellvorstellung geht davon aus, dass sich im Urozean Proteinmoleküle, Fettbläschen und Nukleinsäuren anreicherten. Fettbläschen umschlossen verschiedene Moleküle. Darunter waren auch Moleküle, die sich selbst vervielfältigen konnten. In diese bereits zellähnlichen Gebilde wurden später auch Nukleinsäuren aufgenommen. Die Vorgänge bei der Entstehung der ersten Zellen markieren den Beginn der **biologischen Evolution.**

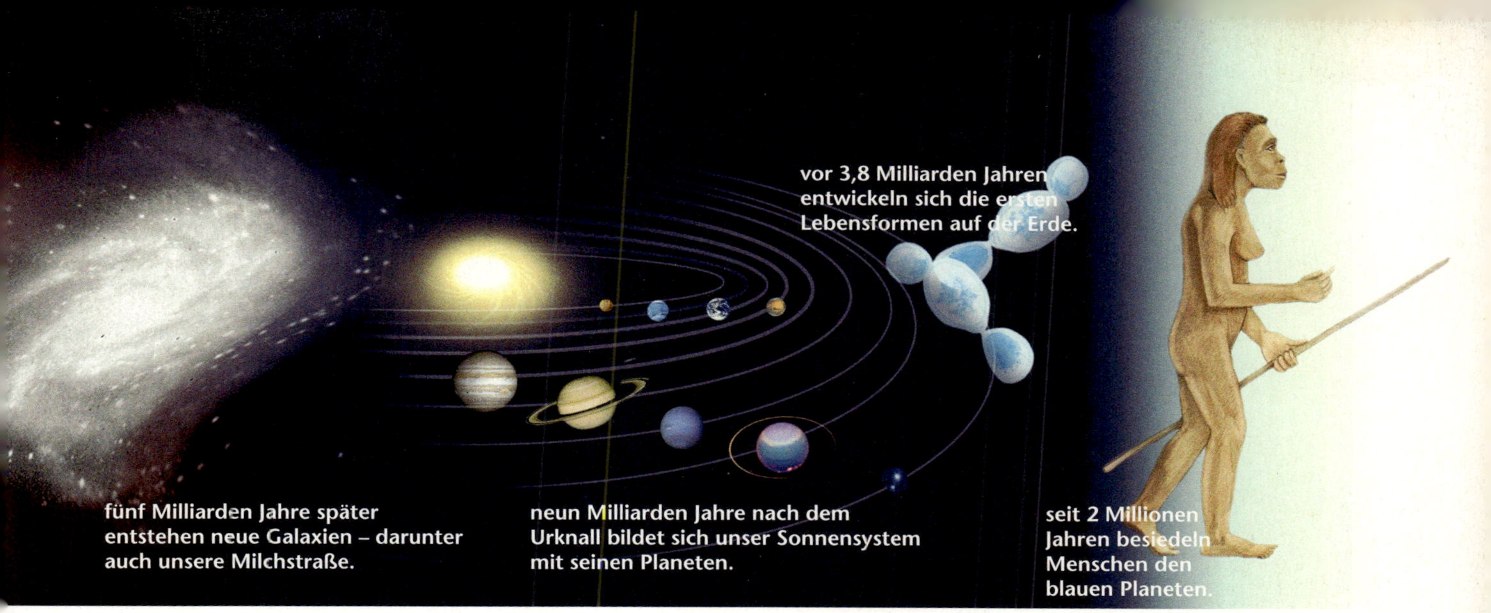

1 Stadien der Evolution.

a) Beschreibe die Abbildungen 1 und 2. Ordne Abbildung 2 zeitlich in Abbildung 1 ein.

b) Die Phasen der Erdgeschichte nennt man physikalische Evolution, chemische Evolution und biologische Evolution. Definiere jede der drei Phasen in jeweils einem Satz.

2 Das MILLER-Experiment.

a) Beschreibe mithilfe von Abbildung 3 und des Grundwissentextes das MILLER-Experiment.

b) Formuliere das Ergebnis des MILLER-Versuches.

c) Beurteile den Wahrheitsgehalt dieser Aussagen:
- MILLER konnte durch sein Experiment beweisen, dass das Leben auf der Erde aus anorganischen Vorstufen entstanden ist.
- MILLER hat bewiesen, dass sich auf der frühen Urerde Aminosäuren gebildet haben.
- Eine Hypothese besagt, dass das Leben durch Meteoriten in Form kleiner Bakterien auf die Erde gelangt ist. MILLER konnte das widerlegen.
- MILLER hat gezeigt, dass die Entstehung von Leben aus anorganischen Vorstufen auf der Erde prinzipiell möglich war.
- MILLER hat gezeigt, dass unter Bedingungen der frühen Erde die Entstehung organischer Moleküle möglich war.

d) Inwiefern lassen sich Entsprechungen zwischen den Bedingungen auf der frühen Erde und den Bedingungen des MILLER-Experimentes feststellen? Formuliere in folgender Form: „Die elektrischen Entladungen zwischen den Elektroden simulieren ...“

2 *Die Erde während der chemischen Evolution*

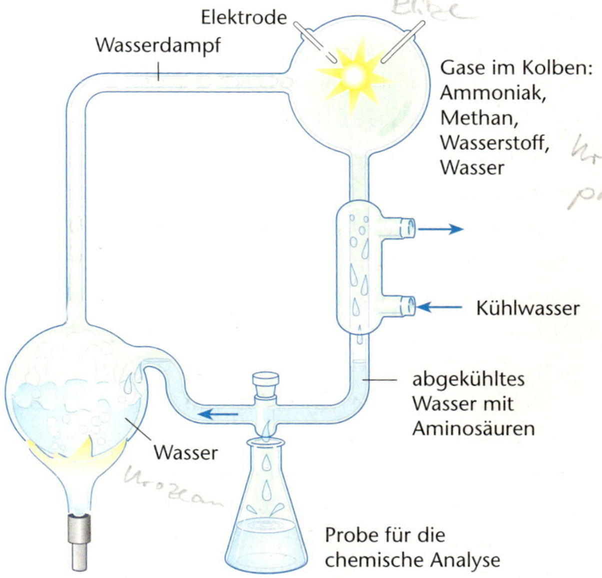

3 *Das Miller-Experiment*

18.2 Biologische Evolution – die Entwicklung des Lebens

2 *Tiere an Schwarzen Rauchern*

1 *Schwarze Raucher und Bartwürmer als Teil eines Ökosystems auf dem Meeresgrund*

Schwarze Raucher sind viele Meter hohe Röhren auf dem Meeresgrund, die sich an heißen Tiefseequellen bilden (Abb. 1). Wissenschaftler waren überrascht, als sie in dieser völlig dunklen und nach unseren Vorstellungen lebensfeindlichen Umgebung eine reichhaltige Tierwelt entdeckten (Abb. 2). Grundlage dieser Lebensgemeinschaften sind Bakterien. Diese Bakterien können ohne Lichtenergie leben. Sie wandeln die an den Schwarzen Rauchern vorkommenden Metallsulfide um. Die Umwandlung liefert Energie. Mit dieser Energie bauen die Bakterien aus Wasser und Kohlenstoffdioxid, das im Wasser gelöst ist, energiereiche organische Stoffe auf. Die Bakterien sind Nahrungsgrundlage eines ganzen Ökosystems in der lichtlosen Tiefsee. Möglicherweise entstanden während der Evolution erste, den Bakterien ähnliche Lebewesen an Schwarzen Rauchern.

Andere urtümliche Bakterien nahmen energiereiche organische Moleküle, die sich im Urozean angereichert hatten, auf und bauten diese zu kleineren Molekülen ab. Solche Abbauvorgänge, die ohne Beteiligung von Sauerstoff ablaufen, bezeichnet man als **Gärungen.**

Als organische Moleküle im Urmeer durch den Stoffwechsel der Bakterien seltener wurden, konnten vor allem Organismen überleben, die sich eine andere Energiequelle erschlossen. Sie nutzten die Energie des Sonnenlichts zum Aufbau von energiereichen Stoffen. Diesen Vorgang bezeichnet man als **Fotosynthese.** Den dafür notwendigen Wasserstoff bezogen diese Organismen aus Schwefelwasserstoff. Stoffwechselvorgänge, die ohne Beteiligung von Sauerstoff ablaufen, bezeichnet man als **anaerob.** In diesem Fall spricht man von einer anaeroben Fotosynthese. Schwefelwasserstoff wurde aber zunehmend knapper. Nun waren Organismen wie Cyanobakterien im Vorteil, die wie die heutigen Pflanzen Wasser als Wasserstoffquelle nutzen konnten. Bei dieser aeroben Fotosynthese wurde erstmals von Lebewesen Sauerstoff freigesetzt, der bis dahin in der Atmosphäre kaum vorkam. Für die meisten der damals vorkommenden Lebewesen war der Sauerstoff ein tödliches Gift. Viele Arten starben aus. Andere waren in der Lage, den Sauerstoff zur Oxidation von Nährstoffen zu nutzen. Der Stoffwechseltyp der **Atmung** entstand.

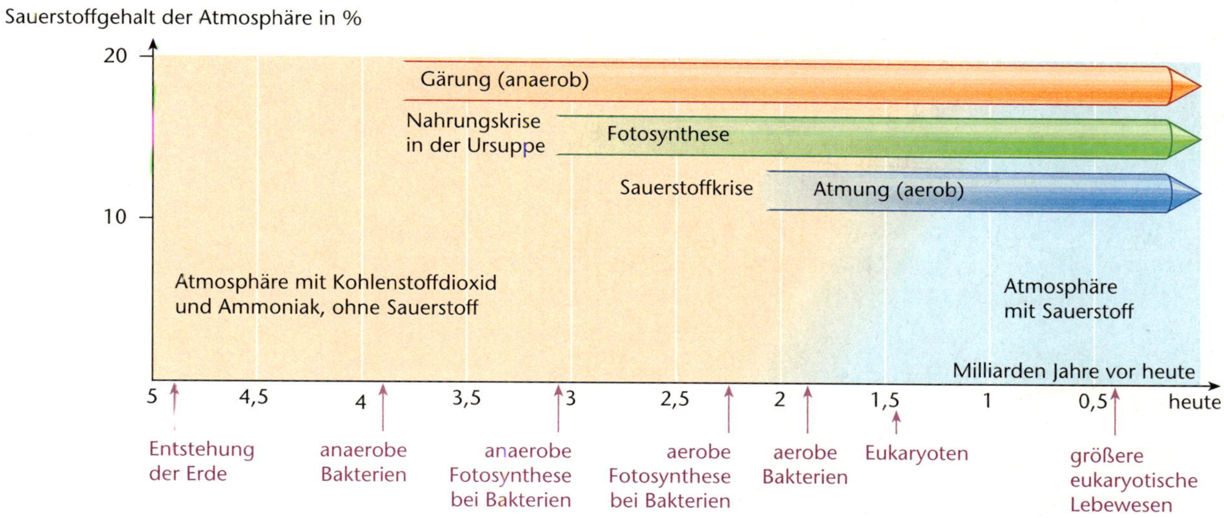

3 *Wichtige Etappen der Evolution des Stoffwechsels*

1 Die Evolution des Stoffwechsels.

a) In Abbildung 3 sind wichtige Etappen der Evolution des Stoffwechsels dargestellt. Beschreibe die Fakten, die dem Diagramm zu entnehmen sind, und erläutere Zusammenhänge.

b) Begründe die folgende Aussage: „Die Bedingungen auf der Erde haben sich durch die Entstehung und Evolution des Lebens fortlaufend verändert."

c) Nimm zu folgender Aussage Stellung: „Frühe ‚Energiekrisen' waren Motor der Evolution von neuen Stoffwechseltypen."

2 Stoffwechseltypen im Vergleich.

a) Beschreibe mithilfe des Grundwissentextes und der Abbildung 4 Zellatmung und Gärung. Erläutere, inwiefern die Entwicklung der Zellatmung für die dazu befähigten Organismen einen Vorteil darstellte.

b) Vergleiche mithilfe des Grundwissentextes und der Abbildung 4 aerobe und anaerobe Fotosynthese.

c) Erläutere, inwiefern die Entstehung der aeroben Fotosynthese Einfluss auf die weitere Entwicklung des Lebens auf der Erde hatte.

alkoholische Gärung

$C_6H_{12}O_6$	→	$2\ C_2H_5OH$	+	$2\ CO_2$	+	Energie				
Glucose	→	Ethanol	+	Kohlenstoffdioxid	+	Energie				

Zellatmung

$C_6H_{12}O_6$	+	$6\ O_2$	→	$6\ CO_2$	+	$6\ H_2O$	+	Energie		
Glucose	+	Sauerstoff	→	Kohlenstoffdioxid	+	Wasser	+	Energie		

anaerobe Fotosynthese

$6\ CO_2$	+	$12\ H_2S$	+	Lichtenergie	→	$C_6H_{12}O_6$	+	$12\ S$	+	$6\ H_2O$
Kohlenstoffdioxid	+	Schwefelwasserstoff	+	Lichtenergie	→	Glucose	+	Schwefel	+	Wasser

aerobe Fotosynthese

$6\ CO_2$	+	$12\ H_2O$	+	Lichtenergie	→	$C_6H_{12}O_6$	+	$6\ O_2$	+	$6\ H_2O$
Kohlenstoffdioxid	+	Wasser	+	Lichtenergie	→	Glucose	+	Sauerstoff	+	Wasser

4 *Verschiedene Stoffwechseltypen*

18.3 Prokaryoten, Eukaryoten, Endosymbionten

Prokaryoten wie die Bakterien waren die ersten Lebewesen, die die Erde bevölkerten. Bakterienzellen sind sehr klein. Ihr Durchmesser beträgt etwa 0,5 bis 3 Mikrometer. Ein Mikrometer ist ein tausendstel Millimeter. Prokaryoten besitzen keinen Zellkern. Die Erbsubstanz DNA liegt im Zellplasma.

Zellen von **Eukaryoten** wie Pflanzen und Tieren sind viel größer. Ihr Durchmesser beträgt durchschnittlich 10 bis 100 Mikrometer. Die DNA von Eukaryoten befindet sich im Zellkern, der durch eine Membran vom Zellplasma abgetrennt ist.

Die Zellen der Prokaryoten und Eukaryoten unterscheiden sich grundlegend in ihrem Aufbau. Im Zellplasma der erheblich größeren Eukaryotenzellen sind Zellorganellen vorhanden, die bei Prokaryoten fehlen. Man nimmt an, dass sich die Eukaryoten aus den Prokaryoten entwickelten (Abb. 1). Vermutlich gab es urtümliche Prokaryoten, die bei steigendem Nahrungsangebot erheblich größer wurden als andere Arten. Voraussetzung für diese Größenzunahme war eine stärkere Strukturierung der Zelle. Die Erbsubstanz wurde auf engerem Raum in einem Zellkern konzentriert. Ihre Energie gewannen diese urtümlichen Eukaryoten durch Gärung. Sie ernährten sich von Bakterien, unter anderem von solchen, die ihre Energie aerob durch Zellatmung gewannen. Einige der aufgenommenen Bakterien wurden nicht verdaut. Sie lebten im Innern des Eukaryoten weiter und versorgten die Wirtszelle mit zusätzlicher Energie. Man nimmt an, dass sich aus den ursprünglich im Innern ihres Wirtes lebenden Prokaryoten Mitochondrien entwickelt haben. Einige eukaryotische Einzeller nahmen auch Cyanobakterien auf. Cyanobakterien betreiben Fotosynthese. Die Eukaryoten erlangten dadurch die Fähigkeit, das Sonnenlicht zu nutzen. Aus den aufgenommenen Cyanobakterien sind vermutlich die Chloroplasten der Pflanzen hervorgegangen.

Ein Zusammenleben, von dem beide Partner profitieren, bezeichnet man als **Symbiose.** Wenn einer der Partner im Innern seines Wirtes lebt, spricht man von einer **Endosymbiose.** Die Theorie, die davon ausgeht, dass sich Mitochondrien und Chloroplasten aus ursprünglich symbiotisch lebenden Prokaryoten entwickelt haben, bezeichnet man als Endosymbiontentheorie. Für diese Theorie sprechen eine Reihe von Indizien. So besitzen Mitochondrien und Chloroplasten eigene DNA, die in ihrer Zusammensetzung der von Prokaryoten ähnelt. Mitochondrien und Chloroplasten vermehren sich durch Zweiteilung und sie sind außerhalb der Zelle begrenzt lebensfähig.

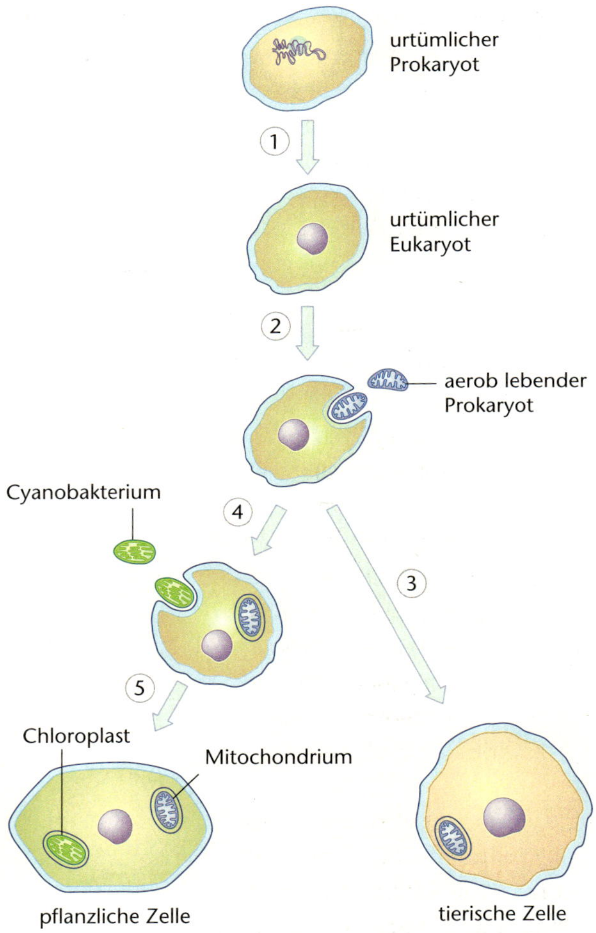

1 *Entstehung von Tier- und Pflanzenzellen durch Endosymbiose*

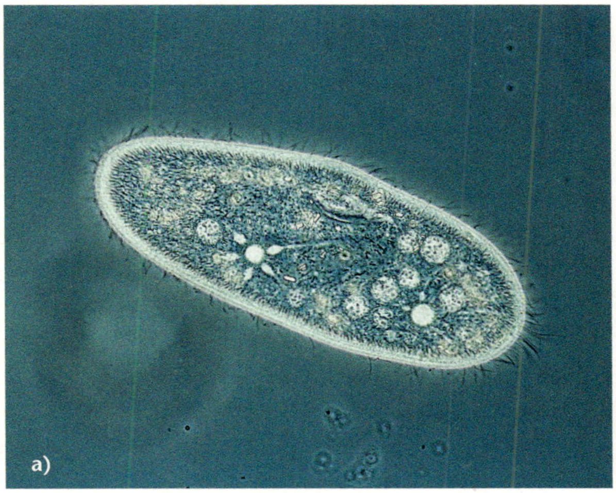

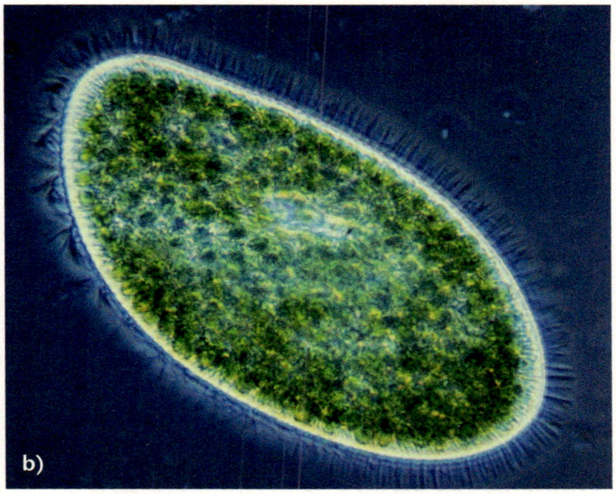

2 *a) Pantoffeltierchen, b) Pantoffeltierchen mit unverdauten Algen*

1 Endosymbiose beim Pantoffeltierchen? Pantoffeltierchen sind tierische Einzeller. Sie ernähren sich unter anderem von Bakterien und Algen. Die Nahrung wird in Nahrungsbläschen aufgenommen und verdaut. Manchmal beobachtet man, dass Algen im Körper des Pantoffeltierchens weiterleben, ohne verdaut zu werden.

a) Vergleiche die beiden abgebildeten Pantoffeltierchen in Abbildung 2.

b) Könnte man im Falle des rechts abgebildeten Pantoffeltierchens von einer Symbiose sprechen? Begründe mit Hilfe einer exakten Definition.

c) Könnte das in Abbildung 2 dargestellte Phänomen als Hinweis auf die Richtigkeit der Endosymbiontentheorie dienen? Begründe deine Meinung.

2 Endosymbiontentheorie.

a) Beschreibe die in der Abbildung 1 mit Ziffern markierten Phasen. Erläutere, wie aus urtümlichen Eukaryoten pflanzliche Einzeller entstehen konnten.

b) Erläutere, welche Veränderungen sich in den jeweiligen Phasen für den Stoffwechsel des Wirtes ergeben.

c) Als Titel einer wissenschaftlichen Arbeit findet man: „Endosymbiose, ein Motor der Evolution". Was könnte mit diesem Titel gemeint sein? Schreibe einen eigenen kurzen Aufsatz zu dem Titel.

3 Mitochondrien und Chloroplasten. Mitochondrien und Chloroplasten sind Zellorganellen, die von zwei Membranen umschlossen sind (Abb. 3). Beide Membranen sind unterschiedlich aufgebaut. Die innere Membran der Mitochondrien und Chloroplasten ist ähnlich zusammengesetzt wie die von einigen heute lebenden Bakterien.
Analysiere, ob die beschriebene Tatsache ein Indiz für die Richtigkeit der Endosymbiontentheorie sein kann.

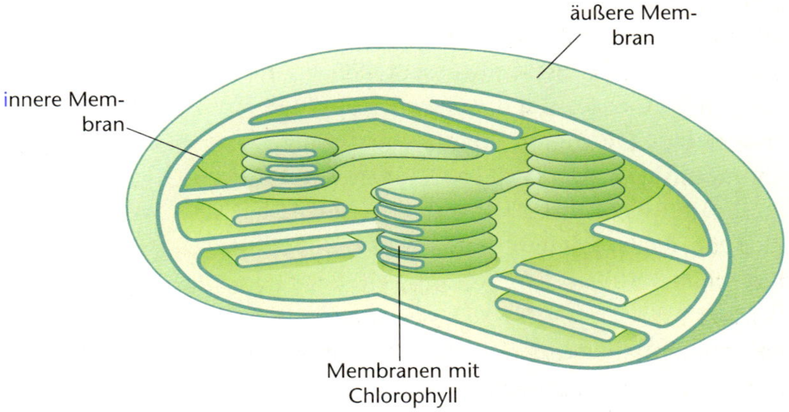

3 *Bau eines Chloroplasten*

18.4 Vom Einzeller zum Vielzeller

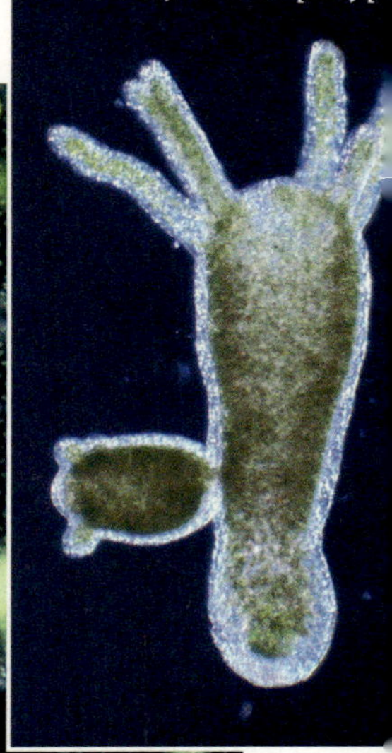

3 *Süßwasserpolyp*

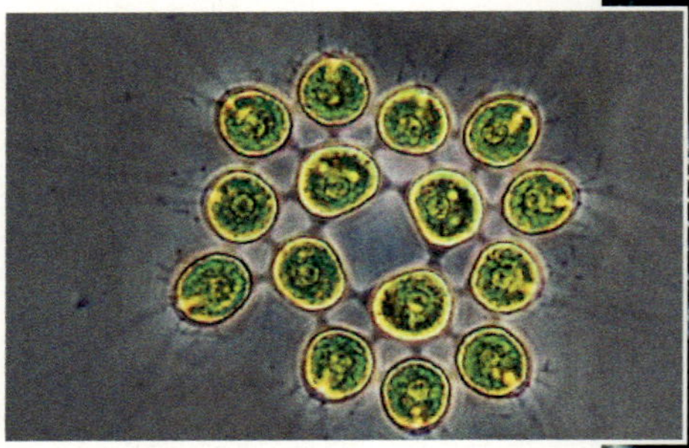

1 *Gonium*

2 *Volvox*

Die ersten eukaryotischen Zellen entstanden vor etwa 2,1 Milliarden Jahren. Vor vermutlich 1,5 Milliarden Jahren kam es bei der Evolution der Lebewesen zu einer entscheidenden Veränderung. Bis dahin waren Eukaryotenzellen nur einzeln vorgekommen. Nun vereinigten sich Zellen zu einfachen **Kolonien.** Eine solche Kolonie bot wegen ihrer Größe einen gewissen Schutz vor einzelligen Räubern. Derart einfache Kolonien kann man heute bei der begeißelten Alge Gonium beobachten (Abb. 1). 16 gleichartige Zellen werden durch eine Gallerthülle zusammengehalten. Ihre Geißeln schlagen unabhängig voneinander. Trotz der Koloniebildung bleiben alle Zellen dieser Alge weitgehend selbstständig. Trennt man die Zellen einer Goniumkolonie voneinander, sind diese auch einzeln lebensfähig (Abb. 6). Bei der Vermehrung der Alge bildet jede Zelle durch Zellteilung Tochterkolonien. Die Alge Eudorina bildet ähnliche Kolonien. Bei dieser Alge sind nicht mehr alle Zellen gleich. Aber alle Zellen können durch Teilung neue Kolonien bilden (Abb. 4).

Die Alge Volvox besteht aus bis zu 20000 Zellen. Diese bilden eine Hohlkugel (Abb. 2). Volvox bewegt sich durch koordinierten Schlag der Geißeln fort. Für die Koordination des Geißelschlages ist es notwendig, dass die Einzelzellen zusammenarbeiten. Die meisten Zellen sind nur für Bewegung, Ernährung und Orientierung der Kugelalge zuständig. Diese Zellen können sich nicht unbegrenzt teilen. Sie altern und sterben schließlich. Zur Vermehrung sind nur wenige Zellen in der Lage. Nur diese Zellen bringen Tochterkolonien hervor, die im Innern der Kugelalge heranwachsen (Abb.7). Volvox ist ein Beispiel für einen einfachen **Vielzeller.**

Höher entwickelte Vielzeller besitzen eine Vielzahl unterschiedlicher Zelltypen. Zellen mit gleicher Funktion bilden ein Gewebe. Zum Beispiel bilden Muskelzellen ein Muskelgewebe. Mehrere Gewebe bilden ein Organ. So besteht das Organ Herz aus Muskelgewebe, Bindegewebe, Nerven und Blutgefäßen. Ein Organismus besitzt verschiedene Organe mit speziellen Aufgaben.

Wenn Zellen eines Organismus neben vielen Gemeinsamkeiten Unterschiede entwickeln, nennt man das Differenzierung. **Differenzierung** und Spezialisierung von Zellen für unterschiedliche Aufgaben ermöglicht **Arbeitsteilung** und Zusammenarbeit und führt dazu, dass Organismen leistungsfähiger werden.

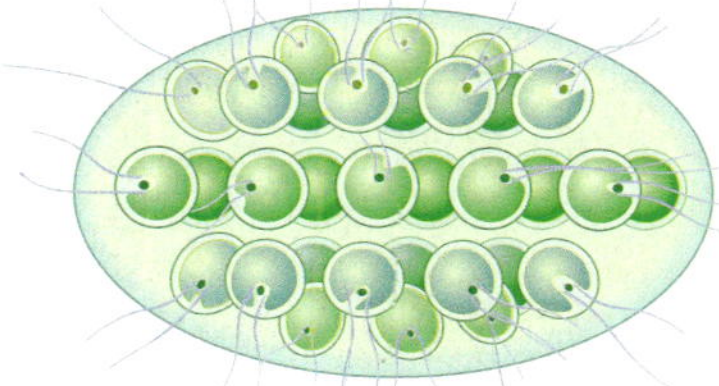

4 *Eudorina, eine Grünalge*

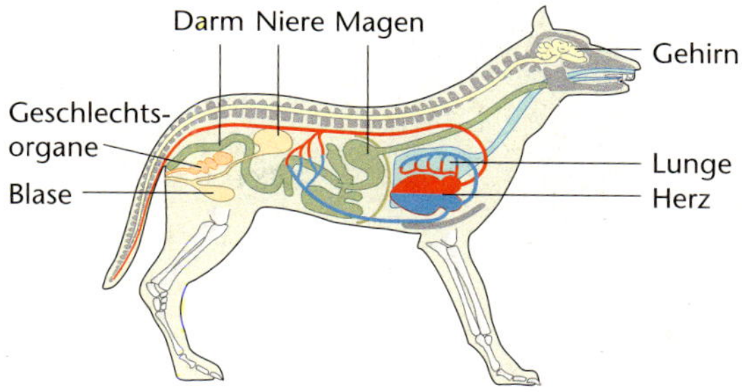

5 *Hund*

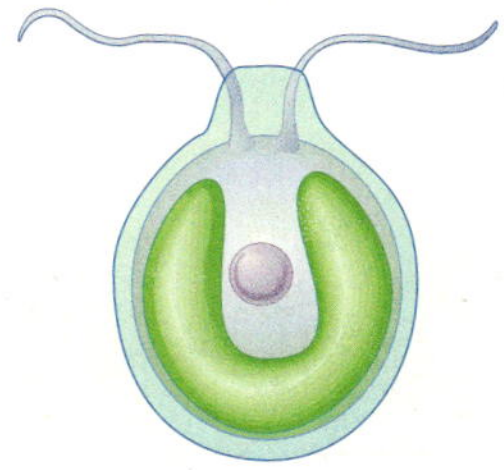

6 *Gonium, eine Grünalge*

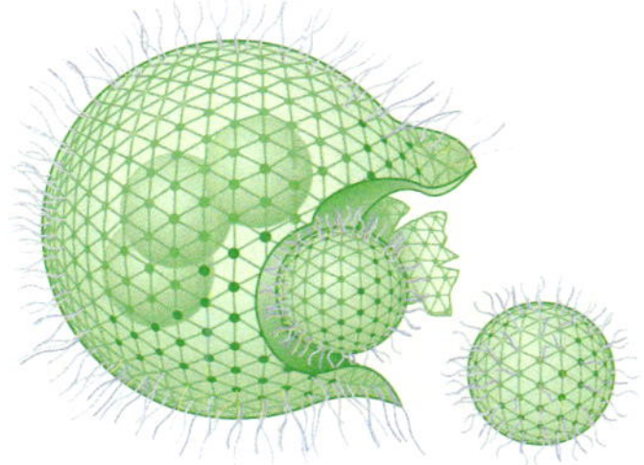

7 *Volvox, mit Tochterkolonien*

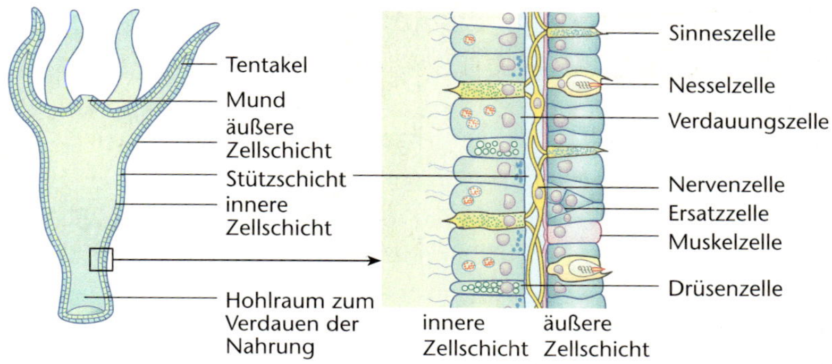

Die Begrenzung des Süßwasserpolypen bilden zwei Zellschichten. Nesselzellen in der äußeren Zellschicht sondern ein Gift ab, mit dem Beutetiere betäubt werden. Die Nahrung wird durch eine Körperöffnung, den Mund, in den hohlen Innenraum aufgenommen. Drüsenzellen und Fresszellen der inneren Zellschicht geben Verdauungsstoffe in den Hohlraum ab, durch die die Nahrung vorverdaut wird, bevor die Verdauungszellen diese aufnehmen und zu Ende verdauen. Von spezialisierten Zellen werden männliche und weibliche Keimzellen gebildet. Auch eine ungeschlechtliche Vermehrung ist möglich. Dazu bilden Zellen der inneren und äußeren Zellschicht Knospen, aus denen sich neue Süßwasserpolypen entwickeln (Abb. 3).

8 *Süßwasserpolyp*

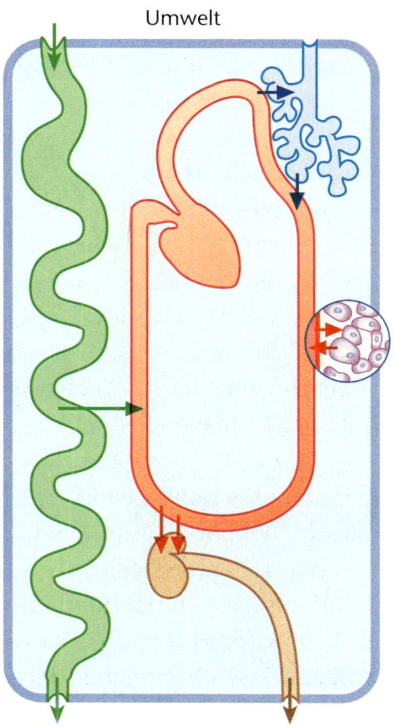

9 *Vielzeller*

1 Vom Einzeller zum Vielzeller. Die in Abbildung 4 bis 8 abgebildeten Lebewesen stehen für unterschiedliche Stadien in der Entwicklung der Vielzelligkeit. Bringe die Entwicklungsstadien in eine sinnvolle zeitliche Reihenfolge und erläutere, inwiefern sich diese Stadien grundsätzlich unterscheiden.

2 Zusammenarbeit der Organe bei einem Vielzeller. Benenne die verschiedenen Organe des erfundenen Vielzellers in Abbildung 9. Gib an, welche Aufgabe sie vermutlich haben. Erläutere, auf welche Weise die Organe zusammenarbeiten.

18.5 Die Reiche der Lebewesen

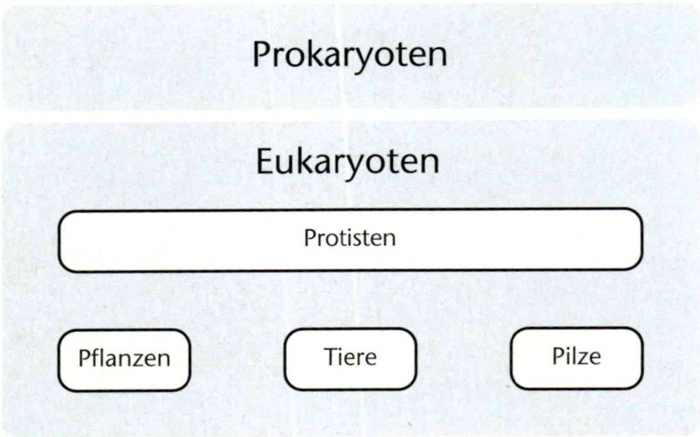

1 *Ordnungssystem für Lebewesen*

Eine Disziplin der Biologie, die Systematik, bemüht sich darum, die Vielfalt der Lebewesen zu ordnen. Dafür werden vor allem der Stoffwechsel, der Aufbau der Zellen, die Zellinhaltsstoffe und die Fortpflanzungsweise der Lebewesen verglichen. Außerdem wird die Entstehung der unterschiedlichen Arten im Verlauf der Stammesgeschichte berücksichtigt. Ein unter vielen Wissenschaftlern anerkanntes Ordnungssystem ist in Abbildung 1 dargestellt.

Prokaryoten sind Bakterien (Abb. 2). Bakterien sind sehr klein und bestehen nur aus einer einfach gebauten Zelle. Die Zelle besitzt keinen Zellkern. Prokaryoten waren die ersten Lebewesen, und sie besiedelten die Erde in den ersten zwei Milliarden Jahren alleine. Bakterien eroberten praktisch jeden Lebensraum der Erde. An extremen Standorten, die für andere Lebewesen zu heiß, zu sauer oder zu salzhaltig sind, kommen auch heute noch Bakterien als einzige Lebewesen vor.

Eukaryoten: Alle übrigen Organismen besitzen Zellen, die Zellkerne aufweisen. Man bezeichnet diese Organismen zusammenfassend als Eukaryoten. Eukaryotische Zellen sind viel größer als Bakterienzellen. Sie enthalten zahlreiche Zellorganellen, die besondere Aufgaben im Stoffwechsel der Zellen übernehmen. Zu ihnen gehören zum Beispiel die Mitochondrien, in denen die Zellatmung stattfindet. In grünen Pflanzenzellen finden sich als Zellorganellen auch die Chloroplasten, die bedeutsam für die Fotosynthese sind. Die Eukaryoten werden in vier Gruppen unterteilt:

Protista: Zur Gruppe der Protista werden alle einzelligen Organismen gezählt, die einen Zellkern besitzen. Es handelt sich um eine sehr vielfältige Gruppe (Abb. 3). Einzeller, die keine Chloroplasten besitzen, sind darauf angewiesen, Nährstoffe aus ihrer Umgebung aufzunehmen. Man sagt, sie ernähren sich heterotroph. Manche Einzeller besitzen Chloroplasten. Sie stellen energiereiche Nährstoffe durch Fotosynthese mit Hilfe des Sonnenlichts selbst her. Diese Ernährungsweise be-

2 *Bakterien a) Kolibakterien leben im Darm*

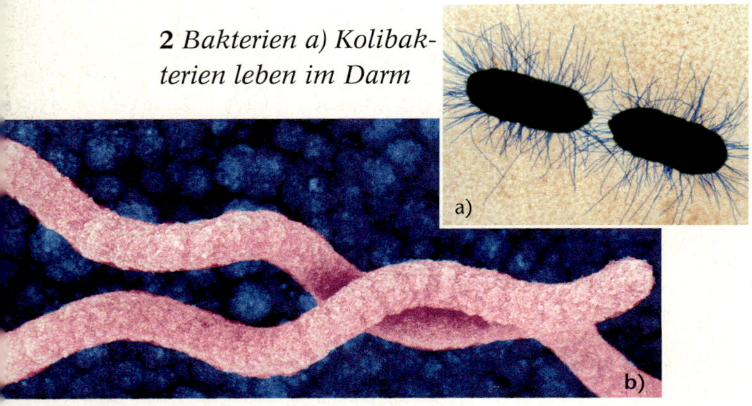

b) Helicobacter pylori ist der Erreger der Magenschleimhautentzündung

3 *Einzeller a) Pantoffeltierchen, b) Amöbe, c) einzellige Alge*

zeichnet man als autotroph. Viele Einzeller können sich selbstständig fortbewegen: Amöben mit Scheinfüßchen, Pantoffeltierchen mit Wimpern und viele einzellige Algen mit Geißeln.

Pflanzen sind vielzellige Eukaryoten. Pflanzenzellen haben stabile Zellwände, grüne Pflanzenzellen enthalten Chloroplasten. Pflanzen ernähren sich autotroph. Sie stellen im Sonnenlicht energiereiche organische Stoffe durch Fotosynthese selbst her. Pflanzen stammen von einzelligen Grünalgen ab. Weil es viele Übereinstimmungen im Aufbau der Zellen und im Stoffwechsel gibt, ordnen manche Systematiker einzellige Grünalgen dem Reich der Pflanzen zu.

Pilze ernähren sich heterotroph. Sie nehmen energiereiches organisches Material aus ihrer Umgebung auf. Heterotrophe Organismen gewinnen Energie durch Abbau organischer Stoffe. Ist genügend Sauerstoff verfügbar, kann die Zellatmung ablaufen. Dann entstehen Kohlenstoffdioxid und Wasser als Endprodukte. Dieser Abbau kann auch ohne die Anwesenheit von Sauerstoff ablaufen. Dann spricht man von einem Gärungsprozess. Im Gegensatz zu Tieren erfolgt die Nahrungsaufnahme bei Pilzen über die Körperoberfläche, zum Beispiel über das Pilzgeflecht im Boden. Pilze geben Enzyme nach außen ab. Diese Enzyme zerlegen Nahrungspartikel in kleine Moleküle, die dann über die Pilzoberfläche aufgenommen werden. Viele Pilze ernähren sich auf diese Weise von abgestorbenem Material, zum Beispiel von totem Holz oder Blättern.

Tiere sind vielzellige Organismen. Tierzellen haben im Unterschied zu Pflanzenzellen keine Chloroplasten. Tiere ernähren sich wie Pilze heterotroph. Sie nehmen ihre Nahrung jedoch durch spezialisierte Körperöffnungen auf und verdauen sie in der Regel in Verdauungsorganen im Körperinneren. Die lebensnotwendige Energie wird vor allem durch Zellatmung bereitgestellt.

4 *Pflanzen: Eiche*

5 *Pilze a) Fliegenpilz, b) Schleimpilz, mikroskopisch*

6 *Tiere: Rotwild und Haselmaus*

18.6 Darwin

1 *Charles Darwin (1809–1882) im Jahre 1840*

CHARLES DARWIN wurde 1809 geboren. Sein Vater war Arzt und überredete ihn zum Medizinstudium. Als der erst 16-jährige Charles jedoch sah, wie Patienten ohne Betäubung operiert wurden, verlor er die Lust auf den Arztberuf. Sein Vater ließ ihn daraufhin Theologie studieren. Nach dem Abschluss des Theologiestudiums erhielt DARWIN 1831 das Angebot, als Naturforscher auf dem Vermessungsschiff Beagle nach Südamerika mitzureisen (Abb. 2).

Während der Überfahrt las DARWIN viel über die **Abstammungstheorie.** Danach haben sich die Lebewesen im Laufe der Zeit verändert. Die heutigen Tiere und Pflanzen stammen von ausgestorbenen Formen ab, die zum Teil völlig anders aussahen. Zur Zeit DARWINs glaubte die Mehrheit der Menschen an die wörtliche Auslegung der biblischen Schöpfungsgeschichte. Die Abstammungstheorie stand in völligem Gegensatz zu dieser Auffassung. Die Abstammungstheorie machte zu dieser Zeit noch keine Aussagen darüber, wodurch die Veränderung der Lebewesen geschieht.

2 *Die Reise mit der Beagle 1832–1834*

In Südamerika leitete DARWIN einige Exkursionen in das Landesinnere. Er war fasziniert von der Vielfalt der einheimischen Pflanzen und Tiere. Bei Ausgrabungen entdeckte er Skelette riesiger Säugetiere, die auffällige Ähnlichkeiten mit heute lebenden kleineren Arten zeigten. Dies war für DARWIN eine erste Bestätigung der Abstammungstheorie. Ein weiteres Indiz fand DARWIN auf den Galápagos-Inseln, die weit entfernt vom südamerikanischen Festland liegen. Hier lebten vierzehn verschiedene Finkenarten, die sehr unterschiedlich aussahen. Einige Finken fraßen Pflanzensamen, andere Früchte, wieder andere ernährten sich von Insekten. Ihre Schnäbel waren unterschiedlich, entsprechend ihrer Nahrung (Abb. 3). Später erkannte DARWIN, dass sich alle Finken aus einer Art entwickelt haben mussten, deren Tiere vor sehr vielen Jahren auf die Galápagos-Inseln gekommen waren.

DARWIN überlegte, was die Ursache für die Veränderung der Lebewesen war. Dabei ging er von drei Tatsachen aus, die seit langem bekannt waren:

- Alle Tiere und Pflanzen produzieren mehr Nachkommen, als zum Überleben der Art notwendig sind.
- Die Zahl der Individuen in einem Lebensraum bleibt über die Jahre mehr oder weniger konstant.

– Die natürlichen Ressourcen wie Nahrung, Wasser und Raum sind begrenzt.

Aus diesen drei Tatsachen folgerte DARWIN, dass eine Konkurrenz zwischen den Individuen um die begrenzten Ressourcen stattfindet. Er stellte sich die Frage, welche Individuen diese Auseinandersetzung um die Ressourcen gewinnen. Hier waren DARWIN zwei weitere Tatsachen hilfreich, die aus der Tier- und Pflanzenzucht bekannt waren (Abb. 4):

- Innerhalb einer Tier- oder Pflanzenart unterscheiden sich die Individuen mehr oder weniger.
- Viele Eigenschaften eines Individuums werden auf die Nachkommen vererbt.

DARWIN zog nun weitere Schlussfolgerungen: Diejenigen Individuen, die am besten an die Umwelt angepasst sind, haben Vorteile in der Auseinandersetzung um die Ressourcen. Das heißt, sie können mehr Nachkommen großziehen als die weniger gut angepassten Tiere. DARWIN glaubte, dass ihre vorteilhaften Merkmale daher in der nächsten Generation häufiger auftreten. Im Laufe der Zeit findet so eine Anpassung der Lebewesen an ihre Umwelt statt. DARWIN bezeichnete seine Theorie als **„Theorie der natürlichen Auslese".** DARWIN zögerte mit der Veröffentlichung seiner Ergebnisse, weil sie in Widerspruch zum Schöpfungsglauben standen. Er hatte Angst, als Ketzer dazustehen. Sein Buch „On The Origin of Species" erschien erst 1859. Die Erstauflage war noch am Tage des Erscheinens ausverkauft.

Von Anfang an hatte DARWIN viele berühmte Anhänger, aber auch viele Gegner. Er stellte nicht nur die wörtliche Auslegung der biblischen Schöpfungsgeschichte in Frage, sondern behauptete außerdem, dass Menschen und Affen von gemeinsamen Vorfahren abstammen. Damit verlor der Mensch seine Stellung als „Krone der Schöpfung", die er bisher innehatte.

3 *Vier verschiedenartige Darwin-Finken der Galápagos-Inseln*

Zu Beginn des 20. Jahrhunderts begann man die Vererbung zu verstehen. DARWINs Vermutung, dass bestimmte Eigenschaften und Merkmale auf die Nachkommen vererbt werden, wurde bestätigt. Auch Erkenntnisse aus der Molekulargenetik, der Ökologie, der Verhaltensforschung und weiterer Gebiete der Biologie flossen im 20. Jahrhundert in die Theorie der natürlichen Auslese ein und erweiterten sie zur **Evolutionstheorie,** wie sie heute allgemein anerkannt ist.

4 *Felsentaube und drei der aus ihr gezüchteten Rassen*

18.7 Genetische Variabilität und natürliche Auslese

1 *Genetische Variabilität bei Schnirkelschnecken*

2 *Schwarzer und weißer Birkenspanner auf heller Birkenrinde*

Alle Schnecken in der Abbildung 1 wurden in demselben Gebiet eingesammelt; sie gehören zur gleichen **Population.** Darunter versteht man eine Gruppe von Individuen derselben Art, die in einem bestimmten Gebiet zusammenleben und sich untereinander fortpflanzen können. Die Individuen einer Population sehen nicht alle gleich aus, sondern sie unterscheiden sich in bestimmten Merkmalen voneinander.

Wenn diese Unterschiede auf Erbinformationen zurückzuführen sind, spricht man von genetischer Vielfalt oder **genetischer Variabilität.** Genetische Variabilität hat zwei verschiedene Ursachen: Neukombination der Erbinformationen und Mutation.

Unter **Neukombination** versteht man das Vermischen der elterlichen Erbinformation während der Bildung der Geschlechtszellen und bei der Befruchtung. Neue Merkmale entstehen dabei nicht, aber vorhandene Merkmale der Eltern werden in den Nachkommen neu kombiniert.

Mutationen sind nicht zielgerichtete Veränderungen der Erbinformation, die zur Ausbildung neuer Merkmale führen können. Oft sind Mutationen nachteilig für das betreffende Lebewesen. Manchmal können Mutationen aber auch vorteilhaft sein. Man nennt die Merkmale und Verhaltensweisen, die in der Auseinandersetzung mit der Umwelt vorteilhaft sind, **Angepasstheiten.** Lebewesen mit vorteilhaften Merkmalen haben eine höhere Wahrscheinlichkeit, sich fortzupflanzen und ihre Erbinformationen an die Nachkommen weiterzugeben, als Lebewesen mit weniger vorteilhaften Merkmalen. Man spricht von einer **natürlichen Auslese** oder **Selektion.**

Ein bekanntes Beispiel für das Zusammenwirken von Variabilität und Auslese ist der Birkenspanner. Dieser Schmetterling lebt an Birkenstämmen, wo er wegen seiner hellen Flügel gut getarnt ist (Abb. 2). Durch eine Mutation ist vor langer Zeit in England ein Tier mit dunklen Flügeln entstanden. Dieses neue Merkmal verbreitete sich in der Population. Tiere mit dunklen Flügeln wurden auf Birkenstämmen schnell von Vögeln entdeckt und gefressen. Artgenossen mit hellen Flügeln hatten eine höhere Überlebenschance. Die natürliche Auslese durch die Fressfeinde verhinderte eine Ausbreitung der dunklen Schmetterlinge. Im 19. Jahrhundert wurden die Birken in vielen Industriegebieten Englands durch Luftverschmutzung dunkler. Nach einigen Jahrzehnten war der Anteil der dunklen Birkenspanner dort deutlich angestiegen. Als Mitte des 20. Jahrhunderts die Luft besser wurde, ging der Anteil der dunklen Tiere wieder zurück (Abb. 3). Heute nimmt man an, dass nicht nur die Tarnung, sondern noch andere Faktoren die Häufigkeit von schwarzen und weißen Birkenspannern beeinflussen.

1 Natürliche Auslese beim Birkenspanner.
Erläutere die Abbildung 3. Beachte dabei auch die Abbildung 2 und den Grundwissentext. Benutze für deine Erläuterungen die Begriffe Population, Mutation, genetische Variabilität, Angepasstheit und natürliche Auslese.

2 Kohlzüchtung. Abbildung 4 zeigt Kohlsorten die der Mensch durch künstliche Auslese gezüchtet hat. Vergleiche die künstliche Auslese mit der natürlichen Auslese.

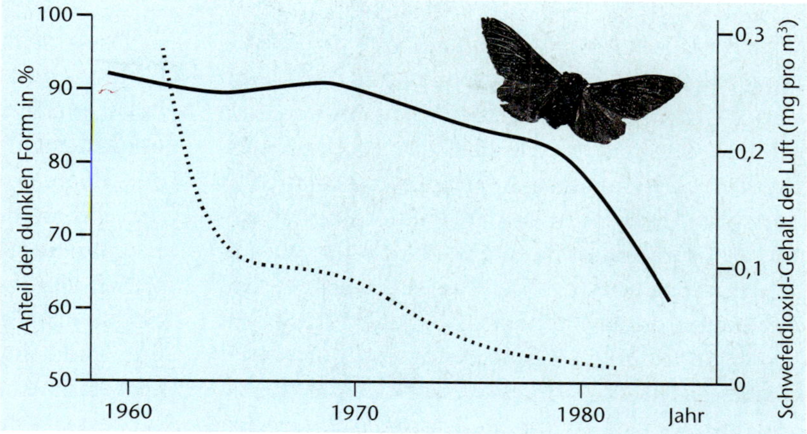

3 *Häufigkeit der dunklen Form des Birkenspanners im Industriegebiet um Liverpool in Großbritannien.*

3 Modellversuch zur Selektion. Schneidet 50 rote und 50 grüne Trinkhalme jeweils in drei etwa gleich lange Stücke. Diese Stücke stellen „Insekten" dar. Mehrere Schüler sind Fressfeinde der Insekten, zum Beispiel Singvögel. Verteilt auf einer etwa 15 x 15 m großen Rasenfläche je 100 rote und grüne Trinkhalmstückchen. Fünf „Singvögel" sollen innerhalb von 30 Sekunden möglichst viele „Insekten" aufsammeln.
Zählt die gesammelten Stücke nach Rot und Grün getrennt aus. Bewertet das Ergebnis. Welche Entsprechungen gibt es zwischen Modellversuch und natürlicher Auslese in der Natur? Welche Bedingungen sind im Modellversuch vereinfacht worden? Plant eine Verbesserung des Versuchs, bei dem auch die Fortpflanzung der unterschiedlich angepassten „Insekten" eine Rolle spielt.

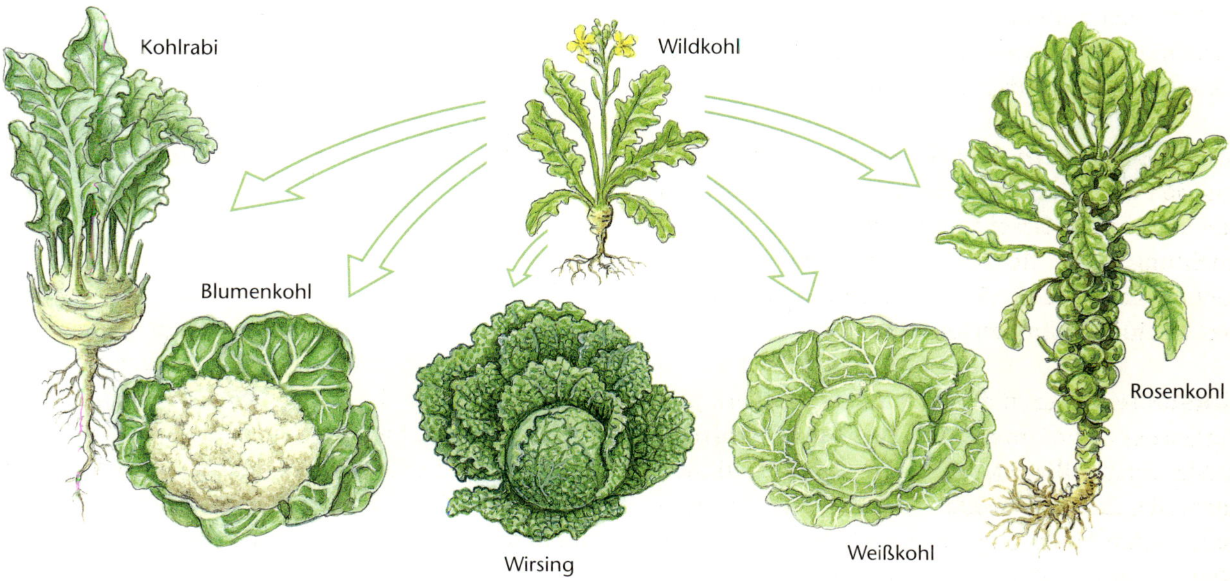

4 *Züchtung verschiedener Kohlsorten durch künstliche Auslese*

18.8 Artbildung

Manchmal werden Populationen durch Naturereignisse in zwei Gruppen gespalten. Ein Fluss kann zum Beispiel plötzlich seinen Lauf ändern und dadurch den Lebensraum einer Kaninchengruppe zerteilen. Der Austausch von Erbinformationen zwischen Mitgliedern der Population, der so genannte **Genfluss,** ist dann unterbrochen. Eine solche Unterbrechung des Genflusses bezeichnet man als **Separation.** Die Separation ist der erste Schritt bei der Artbildung, der Entstehung neuer Tier- oder Pflanzenarten.

Wenn in einer Population eine vorteilhafte Mutation auftritt, so kann sie sich nur innerhalb dieser Population ausbreiten. Selbst bei gleichen Umweltbedingungen entwickeln sich daher getrennte Populationen langsam auseinander. Wesentlich schneller verläuft die Auseinanderentwicklung, wenn die beiden Populationen unterschiedlichen Umweltbedingungen ausgesetzt sind. Da die Umweltbedingungen die Richtung der Evolution durch die natürliche Auslese steuern, verläuft die Evolution der beiden Populationen unterschiedlich.

Am Anfang sind sich die Individuen der beiden Populationen noch recht ähnlich. Sie könnten sich noch paaren und fruchtbare Nachkommen hervorbringen, wenn sie nicht getrennt wären. Die Tiere gehören also noch der gleichen Art an (Abb. 1). Je länger die Separation andauert, desto mehr Mutationen treten auf, die das Aussehen und das Verhalten der Tiere verändern. Die Mutationen können sich in den Populationen ausbreiten, wenn sie nicht nachteilig sind. Einige der Mutationen verhindern die Fortpflanzung zwischen Tieren der beiden Populationen. Man sagt, Lebewesen, die sich nicht miteinander fortpflanzen können, sind voneinander isoliert. Alle Faktoren, die dazu führen, fasst man unter dem Begriff **Isolationsmechanismen** zusammen. Weibchen der einen Population finden zum Beispiel Männchen der anderen Population nicht mehr attraktiv, weil diese ein anderes Balzverhalten entwickelt haben, oder die Tiere der einen Population sind nachtaktiv, die der anderen dagegen tagaktiv. Selbst wenn nach langer Zeit die für die Separation verantwortlichen Faktoren wegfallen, verhindern jetzt die entstandenen Isolationsmechanismen einen Genfluss zwischen beiden Populationen. Aus den beiden Populationen der einen Art sind zwei neue Arten entstanden. Es hat eine **Artaufspaltung** stattgefunden. So entstehen immer wieder neue Arten, es sterben allerdings auch Arten aus, wenn sie nicht so gut wie ihre Konkurrenten an die Umweltbedingungen angepasst sind. Heute sind es meist durch den Menschen verursachte Umweltveränderungen, die für das Aussterben von Arten verantwortlich sind.

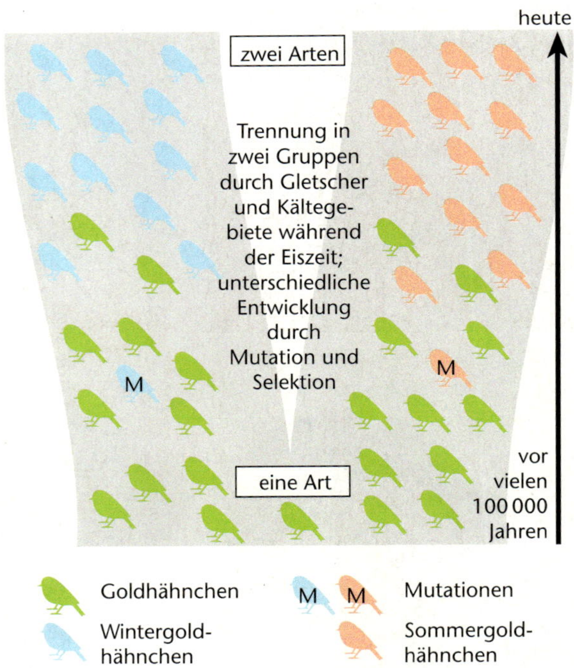

1 *Artbildung am Beispiel der Goldhähnchen*

2 *Erdhörnchenart vom Süd- bzw. vom Nordrand des Grand Canyon*

1 Grundbegriffe. Erläutere die Begriffe Population, Mutation, genetische Variabilität, Selektion, Angepasstheit, Separation, Isolationsmechanismus, Artbildung und Artaufspaltung an selbst gewählten Beispielen dieser Doppelseite.

2 Goldhähnchen. Beschreibe anhand der Abbildung 1 die Artbildung bei Winter- und Sommergoldhähnchen.

3 Erdhörnchen. Zwei Erdhörnchenarten bewohnen die gegenüberliegenden Ränder des Grand Canyon in den USA (Abb. 2). Die eine Art lebt am Südrand, die andere Art am Nordrand. Die Art, die am Nordrand lebt, ist etwas kleiner als die Südrand-Art und hat einen Schwanz mit auffälliger weißer Unterseite. Dagegen haben sich Vögel, die auf beiden Seiten des Grand Canyon leben, nicht in unterschiedliche Arten aufgespalten.

a) Erläutere, wie es zur Artaufspaltung bei den Erdhörnchen gekommen sein könnte.

b) Warum kam es bei den Vögeln nicht zu einer vergleichbaren Artaufspaltung?

4 Vogelevolution. Beschreibe anhand der Abbildung 3 die Evolution der abgebildeten Vögel. Rabenkrähe und Nebelkrähe haben im Überschneidungsgebiet fruchtbare Nachkommen untereinander.

3 *Vorkommen von Grauspecht (links) und Grünspecht sowie von Rabenkrähe (links) und Nebelkrähe*

18.9 Tarnen und Warnen

1 *Wespe*

2 *Schwebfliege*

3 *Schmetterling mit Augenflecken*

4 *Kupferglucke*

5 *Feuersalamander*

6 *Seezunge*

Kleinere Beutetiere, die getarnt sind, werden seltener von ihren Fressfeinden erbeutet als Tiere ohne Tarnung. Daher bietet Tarnung einen Überlebensvorteil.

Tarnung kann passiv und aktiv erfolgen. Bei der passiven Tarnung sind Körperform und Körperfärbung genetisch so festgelegt, dass das Tier in seiner natürlichen Umgebung nur schwer zu erkennen ist (Abb. 4). Bei der aktiven Tarnung nimmt das Tier seine jeweilige Umgebung wahr und passt seine Körperfarbe daraufhin dieser Umgebung an. Dies geschieht, indem Pigmentzellen in der Haut verändert werden. Eine aktive Tarnung findet man zum Beispiel bei vielen Plattfischen (Abb. 6).

Weit verbreitet bei Faltern sind Augenflecken auf den Flügeln, die wie die Augen eines größeren Tieres wirken (Abb. 3). Häufig werden die Augenflecken verdeckt getragen und nur bei Gefahr gezeigt. Die Schrecksekunde des Angreifers verschafft einen Vorteil bei der Flucht.

Manche Tiere fallen durch ihre auffällige Färbung auf (Abb. 1, 5). Viele dieser Tiere sind wehrhaft oder sondern unangenehme Reizstoffe ab. Beispiele sind Bienen, Wespen und Hornissen. Diese Tiere signalisieren möglichen Fressfeinden, dass es sehr unangenehm sein kann, sie anzugreifen. Die auffällige Färbung ist eine **Warntracht.** Auch bei Tieren, die in Folge von Reizstoffen ungenießbar sind, kommen Warntrachten vor. Ein Beispiel ist der Feuersalamander, der aus Drüsen auf seinem Rücken ein Nervengift versprühen kann.

Nicht alle Tiere, die Warntrachten tragen, sind gefährlich oder ungenießbar. Manche täuschen gewissermaßen vor, wehrhaft oder schlecht schmeckend zu sein. So profitieren sie von schlechten Erfahrungen, die ihre Fressfeinde mit den ähnlich aussehenden wehrhaften Tieren gemacht haben (Abb. 2). Dieses Phänomen, dass ein „Mime" eine andere Art, das „Modell" in Form, Farbe oder Verhalten imitiert, wird **Mimikry** genannt.

1 Ist Tarnung wirksam? Am Rand eines Wegs wurden Puppen des Kohlweißlings (Abb. 7), eines Schmetterlings, nach ihrer Sichtbarkeit im Pflanzenbewuchs in drei Gruppen eingeordnet: 1 = gut sichtbar, 2 = mittel und 3 = schlecht sichtbar. Nach einigen Tagen wurde kontrolliert, welche der Puppen gefressen waren und welche nicht (Abb. 8).

Gruppe	unversehrt	gefressen
1	14	9
2	18	11
3	23	7

8 *Versuchsergebnisse*

a) Rechne die Versuchsergebnisse in Prozentzahlen um.
b) Begründe, warum viele Puppen der Gruppe 1 überlebten und manche der Gruppe 3 gefressen wurden.

7 *Kohlweißlingpuppe*

2 Korallenschlangen in Südamerika. In Südamerika findet man 75 Arten von Korallenschlangen, die alle die nahezu gleiche, auffällige Bänderung in den Farben Schwarz, Rot, Gelb zeigen (Abb. 10). Es gibt ungiftige, mäßig giftige und tödlich giftige Arten. Bei zufälligen Fängen von Korallenschlangen fand man Anzahlen, die als Maß für die Häufigkeit in der Natur gelten können:

a) Stelle Thesen auf, welche Eigenschaften Arten besitzen, die das „Vorbild" darstellen, und welche Arten „Nachahmer" sind. Begründe deine Überlegungen.
b) Berechne aus den Angaben der Abbildung 9 für jedes Jahr das Verhältnis von „Vorbildern" V zu „Nachahmern" N.

3 Blattförmige Tiere. Mimese ist eine Form der Tarnung, bei der Strukturen ohne Signalcharakter der unbelebten oder belebten Welt nachgeahmt werden.
a) Handelt es sich bei den Tarntrachten der Tiere in Abbildung 11 um Analogien oder Homologien? Begründe deine Ansicht.
b) In welchem Lebensraum kommen diese Tiere wohl vor? Begründe.
c) Stelle eine Hypothese auf, wie es zu der Herausbildung dieser Ähnlichkeit gekommen sein könnte.

	1950	1951	1952	1953
„Vorbilder"	193	220	236	257
„Nachahmer"	84	67	87	83

9 *Fangergebnisse bei Korallenschlangen*

10 *Korallenschlange*

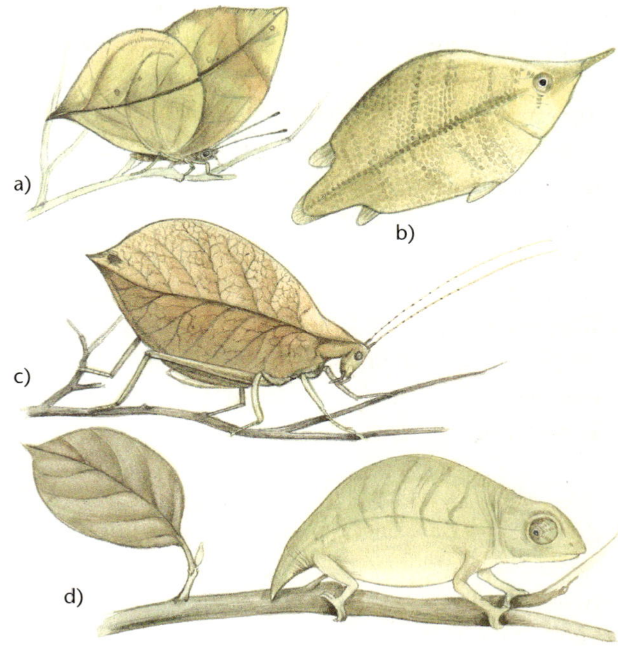

11 *Mimese bei unterschiedlichen Tieren*

18.10 Homologie und Analogie

1 *Maulwurfsgrille*

2 *Maulwurf*

Die Ähnlichkeit zwischen Maulwurf und Maulwurfsgrille ist verblüffend (Abb. 1, 2). Beide Tiere haben eine spitze Schnauze, die mit empfindlichen Sinnesorganen ausgestattet ist, einen gedrungenen Körper, und statt normaler Vorderbeine haben sie mächtige Grabschaufeln. Trotz dieser Ähnlichkeiten sind Maulwurf und Maulwurfsgrille nicht näher miteinander verwandt. Die Ähnlichkeiten sind das Ergebnis der Angepasstheit an ähnliche Umweltfaktoren. Beide Tiere leben im Boden und graben mit ihren Grabschaufeln Gänge. Solche Ähnlichkeiten aufgrund von Angepasstheiten werden auch als **Analogien** bezeichnet. Diese sind das Ergebnis einer gleichgerichteten, konvergenten Entwicklung.

Die Vorderextremitäten der Wirbeltiere ähneln sich in ihrem Aufbau (Abb. 3). Auf den Oberarmknochen folgen zwei Unterarmknochen, mehrere Handwurzelknochen, vier oder fünf Mittelhandknochen und schließlich vier oder fünf Fingerknochen. Hier handelt es sich nicht um Angepasstheiten, sondern um Übereinstimmungen aufgrund gemeinsamer Erbinformation. Solche Übereinstimmungen im Aufbau bezeichnet man als **Homologien.** Homologe Merkmale zweier oder mehrerer Arten gehen auf gemeinsame Vorfahren zurück. Oft sind Homologien schwer zu erkennen, weil die Organe im Laufe der Evolution ihre Funktion und damit ihr Aussehen gewechselt haben. Aus den Vorderfüßen der ersten Wirbeltiere sind die Flossen der Wale, die Flügel der Vögel und die Grabschaufeln der Maulwürfe hervorgegangen.

Die äußerlichen Unterschiede bei den Extremitäten kommen dadurch zustande, dass die Tiere im Laufe der Evolution verschiedene Lebensräume besiedelt haben. Es kam zu Angepasstheiten an die jeweilige Umwelt der Tiere. Dabei ist jedoch der ursprüngliche Bauplan erhalten geblieben. Homologe Merkmale können zum Aufstellen von Stammbäumen herangezogen werden.

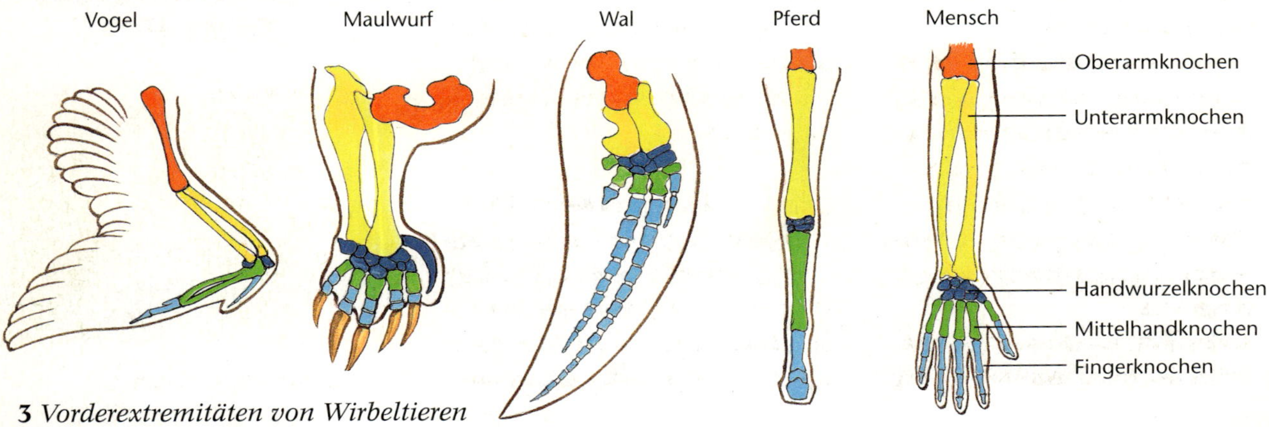

3 *Vorderextremitäten von Wirbeltieren*

4 *Wolfsmilchgewächs*

5 *Kaktus*

1 Analogie und Homologie. Erarbeite anhand des Grundwissentextes Definitionen für analoge und homologe Merkmale. Wende diese Definitionen auf die Abbildungen 1 bis 3 an.

2 Kaktus und Wolfsmilchgewächs. In Trockengebieten Afrikas findet man Wolfsmilchgewächse (Abb. 4). Im Mark ihrer stark verdickten Sprossachse können sie Wasser speichern, und ihre Blätter sind zu Stacheln umgeformt, durch die kaum noch Wasser verdunstet, da ihre Oberfläche sehr klein ist.
In südamerikanischen Trockengebieten findet man dagegen viele Arten der Kakteen, die ebenfalls gut an ihren Standort angepasst sind (Abb. 5). Sie speichern Wasser, allerdings nicht im Mark, sondern in der Rinde der Sprossachse.
a) Handelt es sich bei den Ähnlichkeiten zwischen Kakteen und Wolfsmilchgewächsen um eine Analogie oder um eine Homologie? Begründe deine Entscheidung.
b) Stelle eine Hypothese auf, wie es zu dieser Analogie bzw. Homologie gekommen sein könnte.

3 Schuppen und Zähne. Die Hautschuppen eines Hais und die Zähne eines Säugetiers befinden sich an verschiedenen Stellen des Körpers und haben auf den ersten Blick überhaupt keine Ähnlichkeit (Abb. 6). Dennoch haben Wissenschaftler herausgefunden, dass hier eine Homologie vorliegt. Aufgrund welcher Tatsachen sind die Wissenschaftler wohl zu diesem Schluss gekommen?

4 Stacheln und Dornen. Die Abbildung 7 zeigt einen Dorn des Weißdorns und einen Stachel der Rose. Begründe, ob es sich bei Stacheln und Dornen um analoge oder homologe Organe handelt.

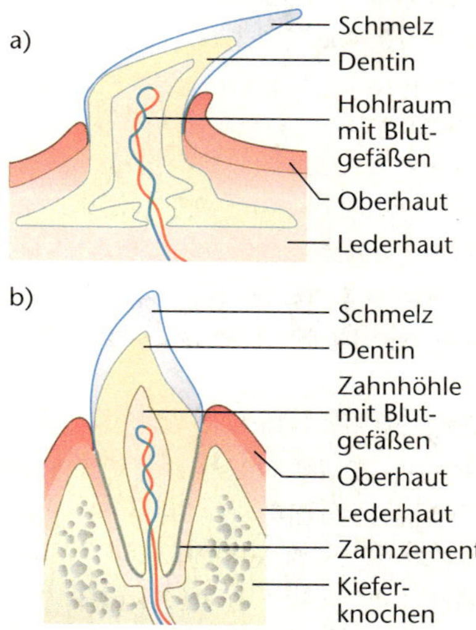

6 *Hautschuppe eines Hais und Zahn eines Säugetiers*

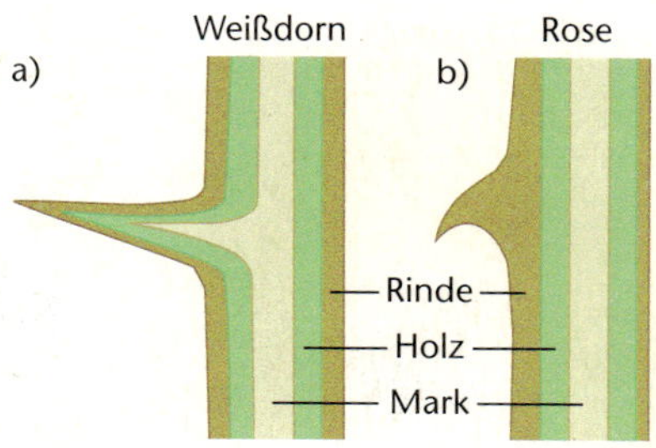

7 *a) Dorn und b) Stachel*

18.11 Moderne Methoden zur Stammbaumerstellung

1 *Welcher Stammbaum gibt Abstammung und Verwandtschaft der vier Vogelarten richtig wieder?*

	Basenfolge auf dem DNA-Abschnitt						
	1	2	3	4	5	6	7
Art I	A	G	G	G	G	G	T
Art II	G	G	G	A	G	G	G
Art III	G	A	G	G	A	A	T
Art IV	G	G	A	G	A	A	G

2 *Vorgehensweise bei der Analyse der DNA-Sequenz (A: Adenin, C: Cytosin, G: Guanin, T: Thymin)*

Bei allen Lebewesen ist die DNA Träger der Erbinformation. Bausteine der DNA sind vier verschiedene Nukleotide, die sich in einem Molekülteil, der Base, unterscheiden: Die vier Basen sind Adenin (A), Cytosin (C), Guanin (G) und Thymin (T). In der Reihenfolge der Basen ist die gesamte Erbinformation gespeichert. Man spricht von der Basensequenz der DNA oder der **DNA-Sequenz.**

Wenn man bedenkt, dass alle **Homologien** auf übereinstimmender Erbinformation beruhen, ist der Vergleich der DNA-Sequenz eine direkte Methode, um den Grad der stammesgeschichtlichen Verwandtschaft zwischen verschiedenen Lebewesen zu bestimmen (Abb. 2). Mutationen können die Basensequenz der DNA verändern. Je mehr sich die DNA-Sequenz unterscheidet, desto mehr **Mutationen** haben stattgefunden und desto geringer ist die stammesgeschichtliche Verwandtschaft. Umgekehrt gilt: Je weniger Unterschiede in der Basensequenz der DNA zweier Lebewesen bestehen, desto näher sind sie miteinander verwandt (Abb. 1, 2).

Im Allgemeinen gilt, dass sich umso mehr Unterschiede in der Basensequenz finden, je länger die stammesgeschichtliche Entwicklung der zu vergleichenden Arten getrennt verlief. Wenn man weiß, mit welcher durchschnittlichen Häufigkeit Mutationen in einem bestimmten DNA-Abschnitt stattfinden, kann man sogar Zeiträume in der Stammesgeschichte abschätzen (Abb. 3).

1 Welcher Stammbaum ist vermutlich richtig?

Ermittle, welcher der beiden Modell-Stammbäume in Abbildung 1 vermutlich richtig ist. Vergleiche dazu die DNA-Sequenz der vier Vogelarten in Abbildung 2. Begründe dein Ergebnis.

Hinweis: Zur Lösung ist es hilfreich, eine Tabelle nach folgendem Muster anzufertigen. In diese Tabelle trägst du die Ergebnisse des DNA-Sequenz-Vergleichs jeder Art mit jeder anderen Art ein.

	Art I	Art II	Art III	Art IV
Art I	–	3 4	? 2	? 2
Art II	? 4	–	? 2	? 3
Art III	? 2	? 2	–	? 4
Art IV	? 2	? 3	? 4	–

2 Stammbaum der Wirbeltiere.

a) Übe dich im Lesen des Stammbaums der Wirbeltiere in Abbildung 3, indem du deinem Nachbarn oder deiner Nachbarin mindestens fünf weitere Lesebeispiele vorträgst.

b) Prüfe mit Blick auf die Abbildung 3, welche der folgenden Aussagen richtig und welche falsch ist. Begründe deine Antwort.

1) Der Mensch stammt vom Schimpansen ab.
2) Vor ungefähr 170 Millionen Jahren lebte ein Vorfahr aller Säugetiere und des Menschen.
3) Die Säugetiere stammen von Amphibien ab.
4) Mensch und Hering haben keine gemeinsamen erblichen Merkmale und daher gibt es auch keine Gemeinsamkeiten beim Vergleich der DNA-Sequenz.
5) Hund und Katze sind näher miteinander verwandt als Pferd und Rind.

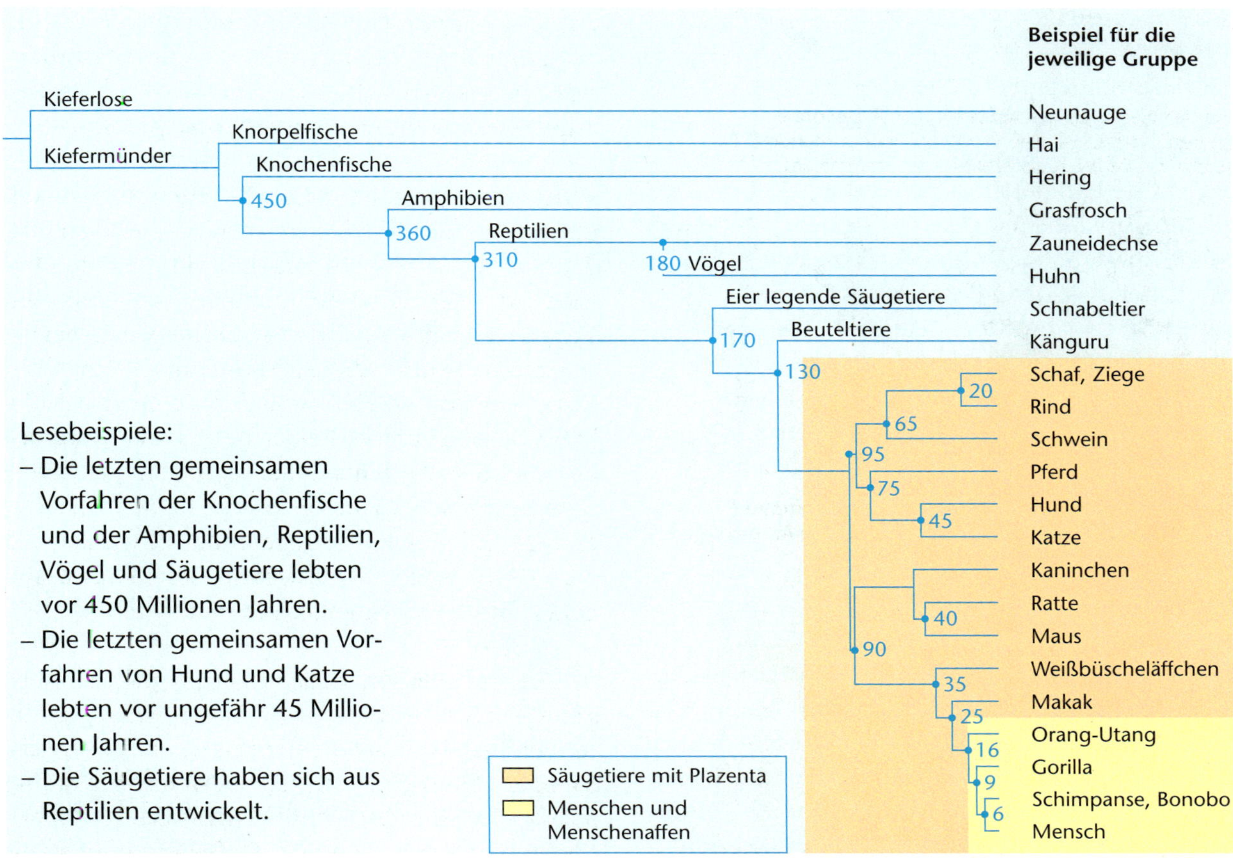

3 *Vereinfachter Stammbaum der Wirbeltiere, der mithilfe der DNA-Sequenz-Analyse erstellt wurde. Die Zahlen an den Knotenpunkten geben den geschätzten Zeitpunkt der Auftrennung in Millionen Jahren an.*

18.12 Der Stammbaum der Pferde

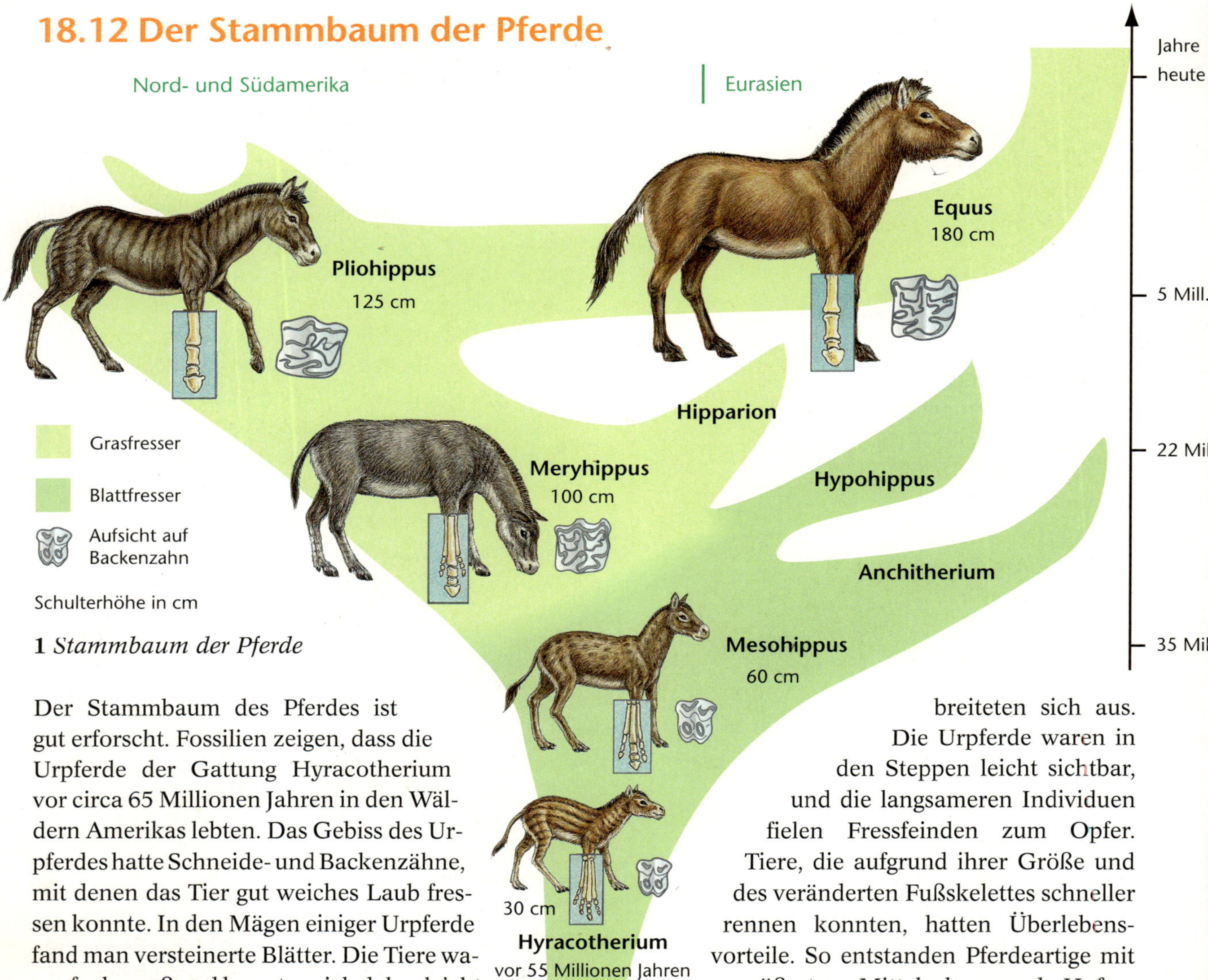

1 *Stammbaum der Pferde*

Der Stammbaum des Pferdes ist gut erforscht. Fossilien zeigen, dass die Urpferde der Gattung Hyracotherium vor circa 65 Millionen Jahren in den Wäldern Amerikas lebten. Das Gebiss des Urpferdes hatte Schneide- und Backenzähne, mit denen das Tier gut weiches Laub fressen konnte. In den Mägen einiger Urpferde fand man versteinerte Blätter. Die Tiere waren fuchsgroß und konnten sich daher leicht in Büschen verstecken. Die abspreizbaren Zehen verhinderten ein Einsinken im feuchten Waldboden. Der Vergleich mit jüngeren Fossilien des Pferdes zeigt eine Entwicklung: Die Pferdeartigen wurden im Laufe der Jahrmillionen größer, die Backenzähne wurden breiter und bekamen scharfkantige Oberflächen. Die Fußskelette der Pferdeartigen veränderten sich. Die jüngeren Fossilien weisen bereits die Fußform der heutigen Pferde auf, bei denen die Mittelzehe stark vergrößert und von einem harten Huf umgeben ist, während die anderen Zehen verkümmert sind. Diese Veränderungen sind vermutlich Angepasstheiten an einen Klimawandel. Es wurde wärmer, die Wälder gingen zurück und Steppen breiteten sich aus. Die Urpferde waren in den Steppen leicht sichtbar, und die langsameren Individuen fielen Fressfeinden zum Opfer. Tiere, die aufgrund ihrer Größe und des veränderten Fußskelettes schneller rennen konnten, hatten Überlebensvorteile. So entstanden Pferdeartige mit vergrößerten Mittelzehen und Hufen. Die Veränderungen bei den Zähnen lassen sich als Angepasstheit an das Fressen des harten Steppengrases interpretieren.

Die Hauptentwicklung der Pferdearten fand in Nordamerika statt. Aber auch in Eurasien wurden Pferdefossilien gefunden. Man vermutet, dass immer wieder Pferde über Landbrücken nach Eurasien einwanderten. Viele Pferdearten starben nach wenigen Millionen Jahren wieder aus. Vor wenigen Hunderttausend Jahren starben die Pferde auch in Amerika aus. Die heute dort lebenden Pferde, auch die der Indianer, stammen von europäischen Pferdearten ab, die Einwanderer nach Amerika mitgebracht hatten.

1 Evolution der Pferde.
a) Lege eine Tabelle an, die folgende Spalten enthält: Gattung, Fußskelett, Backenzähne, Schulterhöhe. Fülle die Tabelle aus. Entnimm die nötigen Informationen über die Gattungen Hyracotherium, Mesohippus, Meryhippus, Pliohippus und Equus der Abbildung 1.
b) Beschreibe die Veränderungen während der Evolution der Pferde als Angepasstheiten an Lebensraum und Ernährungsweise.
c) Erläutere, welche Erschließungsfelder zum Thema dieses Abschnittes gehören.

2 Die „Europäische Pferdereihe". Im Jahre 1873 veröffentlichte der russische Paläontologe KOWALEWSKY einen Stammbaum der Pferde, die so genannte „Europäische Pferdereihe" (Abb. 2). Heute gilt dieser Stammbaum als widerlegt.
a) Erläutere mithilfe von Abbildung 1, wie KOWALEWSKY zu seinen damaligen Schlussfolgerungen gekommen sein könnte.
b) Erläutere, welche Probleme es bei der Aufstellung von Stammbäumen mithilfe von Fossilien gibt.

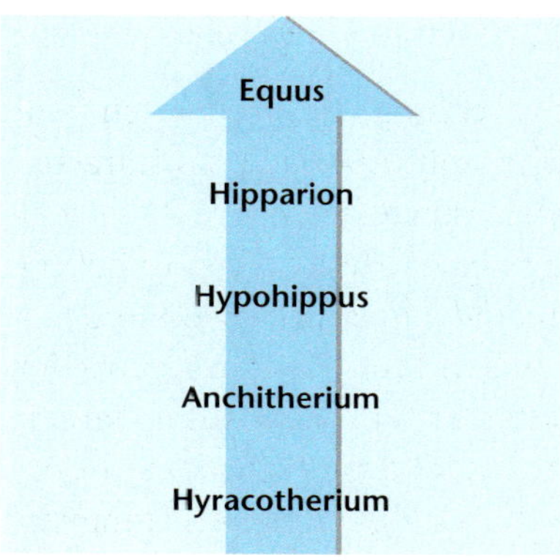

2 *„Europäische Pferdereihe" nach Kowalewsky*

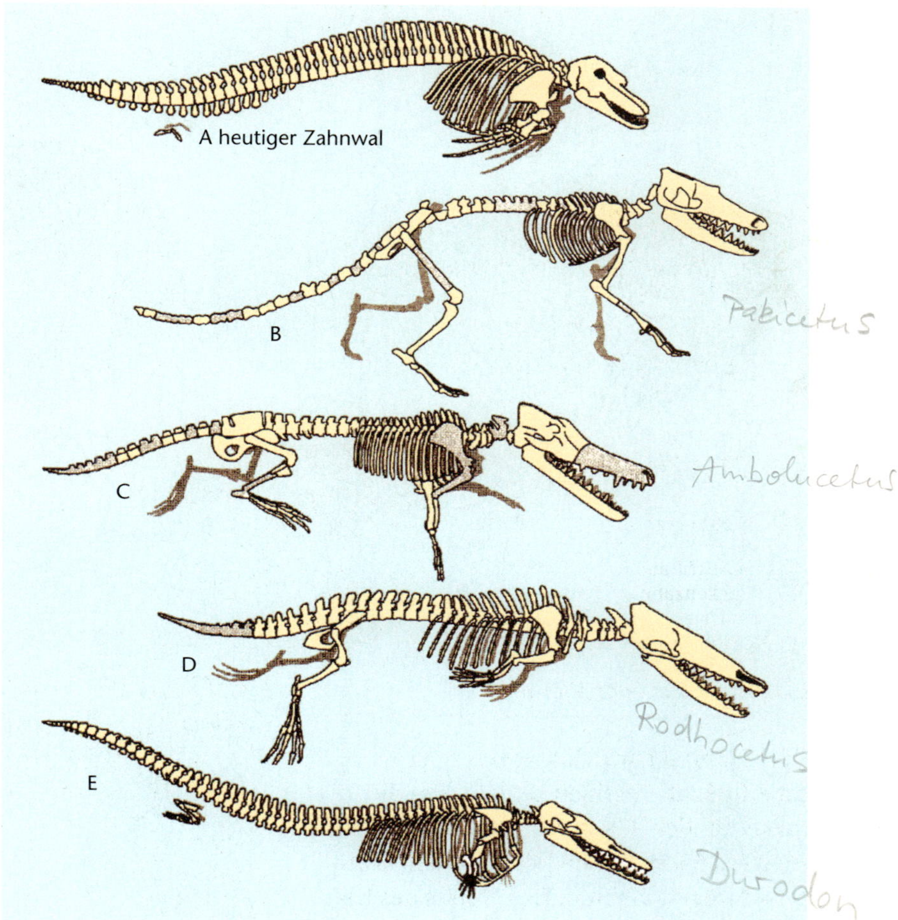

3 *Fünf Skelette von Säugetieren*

3 Evolution der Wale. Das „Urhuftier" Pakicetus lebte vor 70 Millionen Jahren. Aus ihm gingen später sowohl die Paarhufer als auch die Wale hervor. Als vor 65 Millionen Jahren die Meeressaurier ausstarben, konnten die überlebenden Säugetiere reichlich Nahrung in den Meeren finden. Vor kurzer Zeit fand man verschiedene Skelette solcher Tiere: Ambolucetus lebte amphibisch, konnte also an Land gehen und im Wasser schwimmen, wobei ihm sein langer Schwanz half. Man fand auch Skelette von Tieren, die noch stärker an das Leben im Wasser angepasst waren: Rodhocetus hat vermutlich schon ganz im Wasser gelebt; seine Vorderbeine waren zu kurzen Flossen umgebildet. An unsere heutigen Zahnwale erinnert das Skelett von Durodon.
a) Benenne die Tiere in Abbildung 3 A bis E mit den korrekten Bezeichnungen.
b) Stelle in einer übersichtlichen Tabelle dar, wie die Angepasstheiten an das Leben im Meer von Pakicetus bis zum heutigen Zahnwal zugenommen haben. Werte dazu die Abbildung 3 genau aus.
c) Was war der entscheidende Selektionsfaktor für die Besiedlung der Meere durch die Säugetiere? Begründe.

18.13 Mensch und Menschenaffen

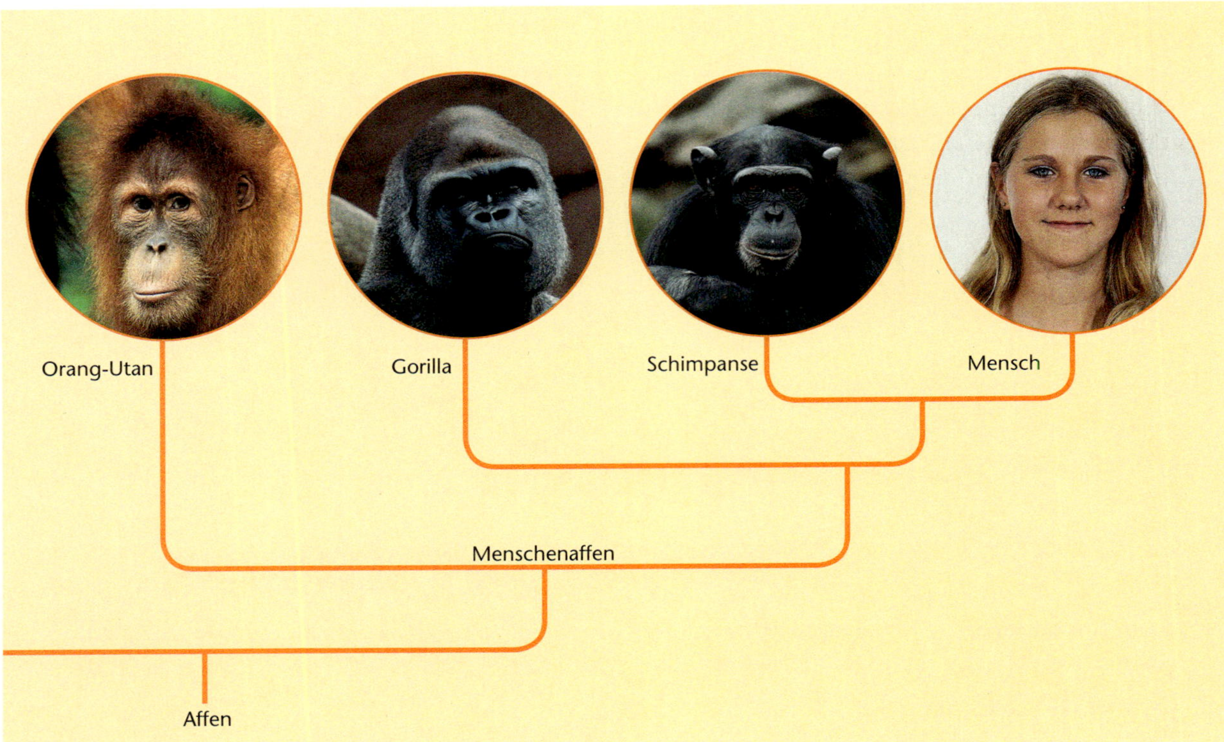

1 *Verwandtschaftsbeziehungen Mensch – Affen*

Der Mensch besitzt eine Wirbelsäule und zwei Paar Gliedmaßen. Diese Merkmale weisen den Menschen als Wirbeltier aus. Der Mensch atmet durch Lungen. Seine oberste Hautschicht ist verhornt und zumindest teilweise mit Haaren bedeckt. Die Frau besitzt Milchdrüsen. Aufgrund dieser Merkmale gehört der Mensch zu den Säugetieren. Wenn man die Merkmale des Menschen mit denen anderer Säugetiere vergleicht, findet man die meisten Übereinstimmungen mit den **Menschenaffen**: Orang-Utan, Gorilla und Schimpanse. Mensch und Menschenaffen sind verwandt, sie haben gemeinsame Vorfahren (Abb. 1).

Der Schimpanse ist der nächste lebende Verwandte des Menschen. Beide unterscheiden sich nur wenig in ihrer Erbsubstanz und haben nur wenige unterschiedliche Merkmale. Die Unterschiede im Körperbau zwischen Mensch und Schimpanse hängen hauptsächlich damit zusammen, dass der Mensch dauerhaft aufrecht geht.

Wirbelsäule, Becken und Beinskelett zeigen eine Anpassung an den aufrechten Gang. Das menschliche Gehirn ist etwa dreimal so groß und leistungsfähiger als das des Schimpansen. Mithilfe seines Gehirns kann der Mensch komplizierte Zusammenhänge zwischen Ursache und Wirkung erfassen. Daher kann er besser als der Schimpanse Werkzeuge und Geräte selbst herstellen und nutzen. Er kann in größerem Maße einsichtig handeln und über sich und seine Umwelt nachdenken, sich die Zukunft vorstellen und planen. Unterschiede am Kopf im Bereich von Kiefer, Gaumen und Kehlkopf ermöglichen dem Menschen das Sprechen. Die Fähigkeit, zu sprechen, ist der entscheidende Unterschied zum Schimpansen. Im Gespräch kann der Mensch seine Erfahrungen und Gedanken darlegen und mit anderen Menschen austauschen. Die Wortsprache ist im Zusammenwirken mit den anderen geistigen Fähigkeiten die Grundlage der menschlichen Kultur.

1 **Unterschiede Schimpanse – Mensch.** Abbildung 2 zeigt körperliche Merkmale, in denen sich Mensch und Schimpanse unterscheiden. Liste die Unterschiede auf. Welche Unterschiede hängen mit dem aufrechten Gang des Menschen zusammen? Begründe.

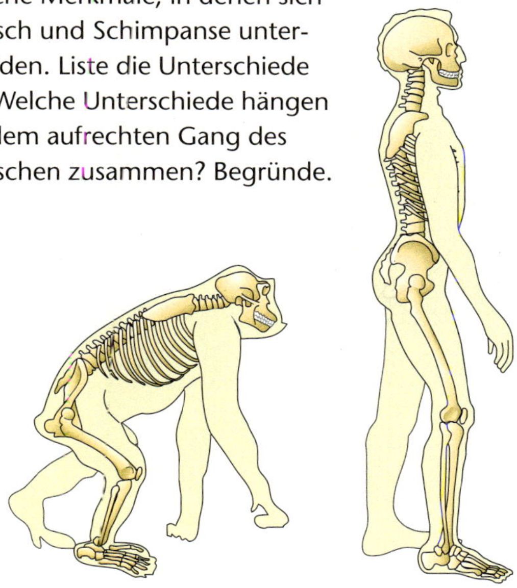

2 **Forschungsbericht.** „Ich möchte Ihnen ein Lebewesen vorstellen, das sich mit Gebärdensprache verständigen kann. Es versteht einfache, gesprochene Sätze. Es nimmt sich offensichtlich selbst bewusst wahr, denn es zeigt vor einem Spiegel selbstbezogenes Verhalten, z. B. untersucht es seine Zähne. Es erinnert sich an vergangene Ereignisse und kann sich über sie äußern. Es versteht zeitbezogene Wörter wie vorher, nachher und gestern. ... Bei dem Lebewesen, das ich hier beschrieben habe, handelt es sich um Koko, ein dreijähriges Gorillaweibchen."
Überlege, was diese Forschungsergebnisse über Gorillas aussagen.

3 **Lebensweise von Schimpansen.** Schimpansen leben in Gruppen. Sie verständigen sich mit verschiedenen Gesichtsausdrücken, Körperhaltungen und Lauten. Gruppenmitglieder teilen ihre Nahrung untereinander. In Schimpansengruppen sind wütende Auseinandersetzungen zu beobachten, aber auch Beschwichtigungen und Versöhnungen. Die Kindheit eines Schimpansen dauert etwa acht Jahre. In dieser Zeit lernt der junge Schimpanse viel von anderen Gruppenmitgliedern.
Stelle Gemeinsamkeiten in der Lebensweise von Schimpanse und Mensch zusammen.

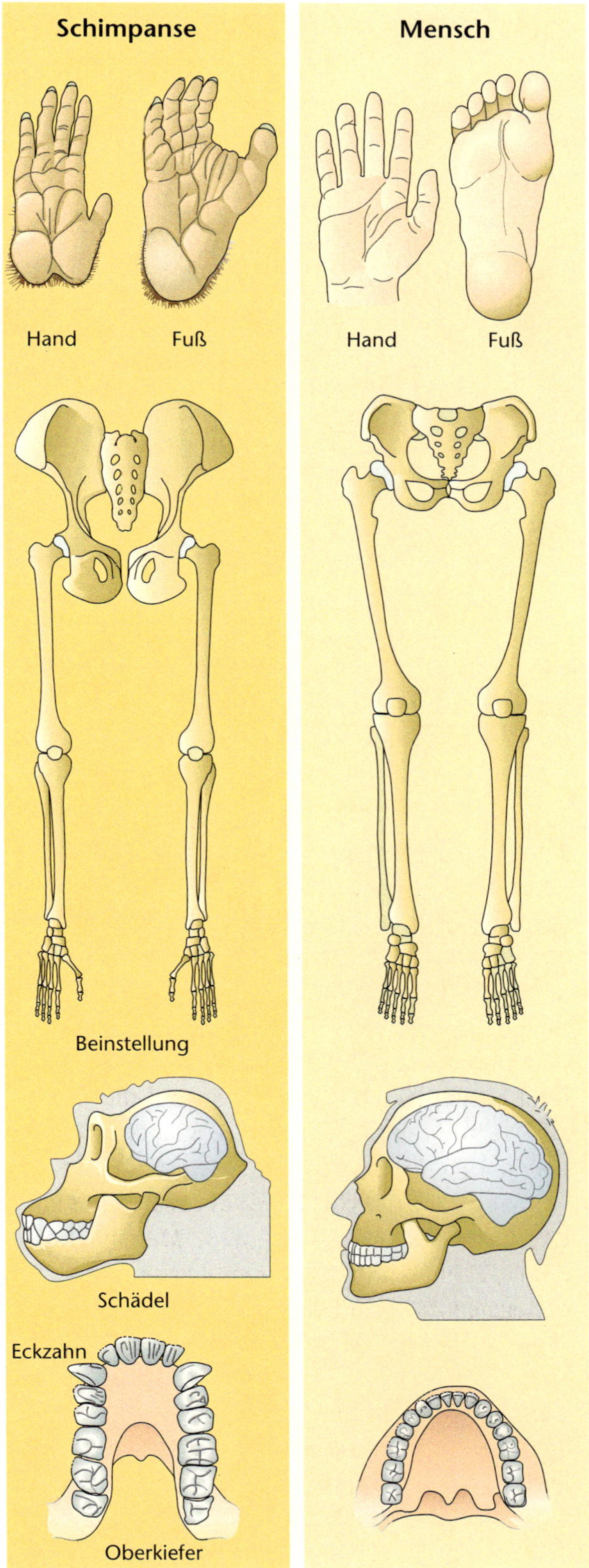

2 *Unterschiede Mensch – Schimpanse*

18.14 Geschichte der Menschwerdung

1 *Rekonstruktion einer Gruppe Frühmenschen am Ufer eines Sees in Afrika vor 1,8 Millionen Jahren*

Man stellt sich die Entwicklung des Menschen heute folgendermaßen vor. Vor etwa sechs bis sieben Millionen Jahren lebten im tropischen Afrika die letzten gemeinsamen Vorfahren von heutigen Schimpansen und Menschen. Weil sich das Klima weltweit allmählich abkühlte, ging der tropische Regenwald zurück. Immer mehr Grasland mit kleinen Wäldern und Einzelbäumen entstand. Während die Vorfahren der Schimpansen Bewohner des tropischen Regenwaldes blieben, war die offene Baum-Savanne der Lebensraum der Vormenschen. Diese **Vormenschen** durchstreiften aufrecht gehend die Savanne in kleinen Gruppen auf der Suche nach pflanzlicher Nahrung und kleinen Tieren. Das Gehirnvolumen dieser Vormenschen entsprach etwa dem heute lebender Schimpansen. Vor ungefähr 2,4 bis 0,5 Millionen Jahren lebten die **Frühmenschen,** zunächst in Afrika, später auch in Asien und Europa. Zu den Frühmenschen gehört unter anderem Homo habilis; er lebte vor circa 2,4 bis 1,6 Millionen Jahren (Abb. 1). Außerdem zählt der Homo erectus zu den Frühmenschen; er lebte vor 1,8 bis 0,5 Millionen Jahren.

Vor allem in die Zeit des Homo erectus fallen Veränderungen, die für die Menschwerdung sehr bedeutungsvoll sind: Das Gehirnvolumen vergrößerte sich beträchtlich und damit auch die Intelligenz, das Lernvermögen und das Gedächtnis. Zum Aufbau eines großen Gehirns benötigt man viele Proteine. Die Gehirntätigkeiten selbst sind sehr energiebedürftig. Fleisch spielte eine größere Rolle in der Ernährung. Fleisch ist protein- und fettreich und daher energiereich. Neben das Sammeln von Nahrung trat die gemeinsame Jagd auf größere Tiere. Man spricht von der Lebensweise der Sammler und Jäger. Das Zusammenleben in den Gruppen der Frühmenschen wurde allmählich vielschichtiger. Die Gruppengröße nahm zu. Arbeitsteilung und Zusammenarbeit sowie gemeinsame vorausschauende Planungen waren für das Überleben vorteilhaft. Die Herstellung von Werkzeugen wurde in der Frühmenschenzeit vielfältiger. Die Phase der Kindheit verlängerte sich. Die Eltern kümmerten sich länger um ihre Kinder. Nur wenige Kinder konnten großgezogen werden, diese wurden jedoch intensiv betreut. In der Kindheit wird besonders viel gelernt, beim Spielen und durch Eltern, Geschwister und andere Gruppenmitglieder. Aus den Frühmenschen entwickelte sich in Afrika im Laufe von Hunderttausenden von Jahren der moderne Mensch, der **Jetztmensch,** Homo sapiens. Vor etwa 200 000 Jahren breitete er sich von Afrika über die ganze Erde aus. In Mitteleuropa trat er vor etwa 40 000 Jahren das erste Mal auf.

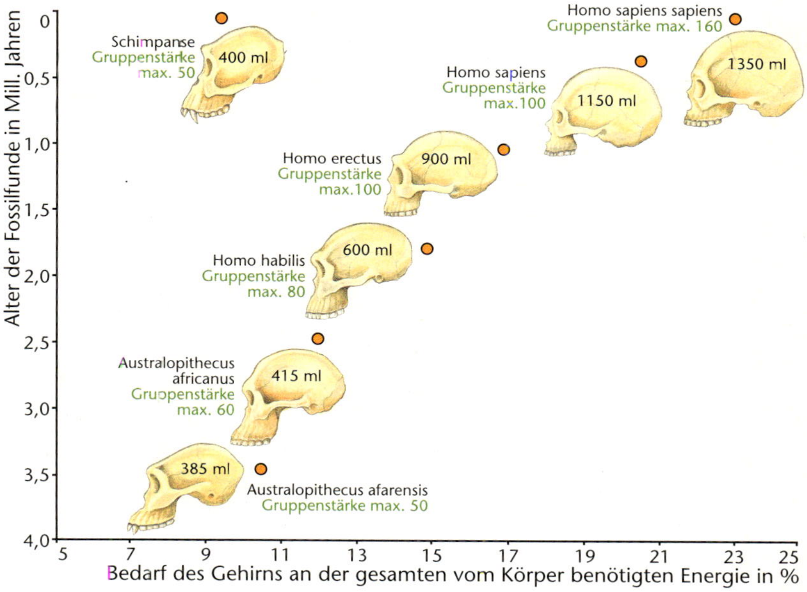

2 *Zusammenhang von Gehirnentwicklung, Gruppengröße und vom Gehirn benötigte Energie*

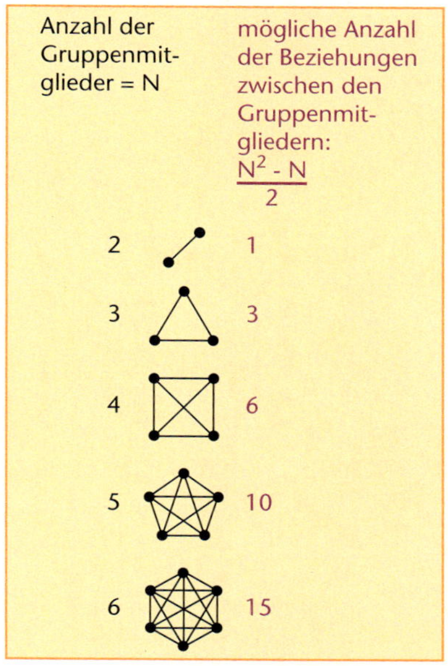

3 *Beziehungen zwischen Gruppenmitgliedern*

1 Leben der Frühmenschen.
a) Beschreibe Abbildung 1 zunächst in sachlicher Weise. Füge deiner Beschreibung dann Deutungen hinzu. Beachte dabei folgende Gesichtspunkte: Ernährungsweise, Lernvermögen, Werkzeugherstellung, Bedeutung der Kindheit, Anzahl der Nachkommen. Welche für das Überleben vorteilhaften Eigenschaften hatten diese Frühmenschen?
b) Nenne die fünf wichtigsten Sachverhalte, die ein Kind deiner Meinung nach bei den Frühmenschen lernen musste, um zu überleben.

2 Entwicklung des Gehirns. Beschreibe die in Abbildung 2 dargestellten Sachverhalte. Beschreibe Wechselwirkungen zwischen Gehirnentwicklung, verlängerter Kindheit, Lernvermögen, Werkzeuggebrauch sowie Ernährungsweise.

3 Soziale Wechselwirkungen. Abbildung 3 zeigt, dass die sozialen Wechselwirkungen mit der Anzahl der Gruppenmitglieder beträchtlich wuchs. Berechne mit Hilfe der Formel in Abbildung 3 die mögliche Anzahl der Wechselwirkungen zwischen Gruppenmitgliedern beim Jetztmenschen und seinen Vorfahren. Stelle Zusammenhänge zur Gehirnentwicklung her (Abb. 2).

4 Verschiedene Ansichten über die Menschwerdung. Im vergangenen Jahrhundert gab es verschiedene Ansichten über die Menschwerdung. Einig war man sich nur darin, dass Kultur, der Übergang zum Bodenleben, die Entwicklung des aufrechten Ganges und die Vergrößerung des Gehirns notwendige Schritte in der Menschwerdung waren. Gestritten wurde darüber, in welcher Reihenfolge diese Schritte auftraten (Abb. 4). Diskutiert darüber, welches der Modelle a bis d am ehesten zutrifft. Begründet eure Auswahl.

4 *Verschiedene Modelle der Menschwerdung*

18.15 Kultur und Wortsprache

Die Wortsprache. Allein Menschen sind in der Lage, sich mit Worten zu verständigen. Die Wortsprache ermöglicht es Menschen zusammen mit dem umfassenden Gedächtnis, sich über Vergangenes, Zukünftiges und alles, was nicht unmittelbar wahrzunehmen ist, zu verständigen. Während des Sprechens sind die Hände frei für Tätigkeiten. Große Bedeutung hat die Wortsprache für die mitmenschlichen Beziehungen in einer Gruppe von Menschen. Mit Hilfe der Wortsprache lassen sich mitmenschliche Beziehungen umfassend gestalten.

Einsichtiges Verhalten und vorausschauende Planungen. Unter einsichtigem Verhalten versteht man die Fähigkeit, komplexe Situationen zu erfassen, in Gedanken verschiedene Möglichkeiten auszuprobieren und dann planmäßig zu handeln. Durch Einsicht lassen sich Ergebnisse und Folgen von Handlungen in Gedanken vorwegnehmen. Das ist die Voraussetzung für Planungen, also Verhalten in der Zukunft. Zum Beispiel ist es für die Herstellung eines Werkzeuges unerlässlich, in Gedanken die Schritte zur Herstellung vorwegzunehmen.

Der Mensch schafft Kultur.
Zu den Besonderheiten der Menschen gehört, dass sich im Laufe der Evolution verschiedene Fähigkeiten herausbildeten, die zusammen die kulturelle Entwicklung des Menschen begründen. Unter **Kultur** versteht man alles von Menschen und Menschengruppen Geschaffene. Dazu gehören Gegenstände ebenso wie geistige Errungenschaften. Religiosität ist eine Besonderheit des Menschen.

Arbeitsteilung, Kooperation und Zusammenarbeit. Viele Aufgaben in einer Menschengruppe werden effektiver und besser erledigt, wenn Arbeitsteilung und Kooperation vereinbart werden. Dann können sich Spezialisten auf besondere Tätigkeiten konzentrieren und es muss nicht jeder alles können.

Nutzung der Erfahrung anderer. Menschen können Erfahrungen von Generation zu Generation weitergeben. Man spricht von Überlieferung. Der Vorteil von Überlieferung besteht darin, dass jede Generation auf den Erfahrungen vorheriger Generationen aufbauen kann.

Herstellung und Nutzung von Werkzeugen. Es waren Werkzeuge, die dem Menschen viele Arbeiten erleichterten oder erst ermöglichten. Während die meisten Tiere spezialisiert sind und nur bestimmte Aufgaben durchführen können, ist der Mensch mit Hilfe seiner Werkzeuge äußerst vielseitig.

35 000 v. Chr.: älteste Kunstwerke als Höhlenmalereien und Schnitzereien

6500 v. Chr.: erste Bilderschriften

3500 v. Chr.: Keilschrift in Mesopotamien

2600 v. Chr.: erste Tinte, die von Ägyptern und Chinesen aus Ruß und Wasser hergestellt wurde

190 v. Chr.: Pergament wurde als Schreibfläche genutzt. Zur Zeit der Römer entstanden die uns bekannten Schriftzeichen, die 26 Buchstaben des Alphabets.

1040 n. Chr.: In China wurden erstmals einzelne Schriftzeichen gedruckt.

1436: Buchdruck mit beweglichen Lettern und Metalltypengießgerät von GUTENBERG erfunden

1609: erste Wochenzeitung

1650: erste Tageszeitung (in Leipzig)

1826: erste Fotografien

1861: Erfindung des Mikrofons

1876: ALEXANDER GRAHAM BELL erfand das Telefon (Telefonleitungen sind noch heute ein wichtiges Transportmittel im Internet).

1894: erste Funksignale drahtlos übermittelt (Radio)

1903: erste brauchbare Farbfotografien

1925: erste öffentliche Fernsehvorführungen

1937: Vorläufer des Computers

1953: erstmals Farbfernsehen

1956: Videoband entwickelt

1969: erster Silizium-Mikroprozessor-Chip

1984: In diesem Jahr wurde erstmals die Grenze von 1000 miteinander vernetzten Rechnern überschritten.

heute: weltweite Informations- und Kommunikationsmöglichkeiten (Internet); elektronische Datenverarbeitung; riesige Mengen an Informationen können auf geringem Raum gespeichert und schnell abgerufen werden.

1 *Von der Höhlenmalerei zum Internet*

1 Von der Höhlenmalerei zum Internet. Lies die Angaben in Abbildung 1. Zeige dann für die Entwicklung der Nachrichtenübermittlung die Bedeutung der Fähigkeiten auf, die auf der Grundwissenseite erläutert werden.

2 Entdeckungen und Erfindungen. Stelle die folgenden Daten in einem geeigneten Diagramm dar. Beurteile das Diagramm.

11. Jahrhundert → 20 Entdeckungen
12. Jahrhundert → 40 Entdeckungen
13. Jahrhundert → 100 Entdeckungen
14. Jahrhundert → 50 Entdeckungen
15. Jahrhundert → 140 Entdeckungen
16. Jahrhundert → 180 Entdeckungen
17. Jahrhundert → 300 Entdeckungen
18. Jahrhundert → 700 Entdeckungen
19. Jahrhundert → 2200 Entdeckungen

3 Versuch: Untersuchung verschiedener Verständigungsmöglichkeiten. Ein Team aus drei oder vier Schülerinnen oder Schülern leitet diesen Versuch. Dieses überlegt sich drei unterschiedlich inhaltsreiche Mitteilungen, die sich auf Personen und Tätigkeiten in der Klasse beziehen, z. B.:

1. Gehe zur Tafel!
2. Peter hat gestern mit Paul Hausaufgaben in Mathematik gemacht.
3. Christine und Isabelle gehen übernächsten Samstag am späten Nachmittag ins Kino.

Diese Sätze werden der Klasse nicht mitgeteilt. Je zwei Schüler oder Schülerinnen erhalten vor der Tür einen der drei Sätze mitgeteilt. Sie sollen ohne Worte allein durch Gestik und Mimik den jeweiligen Satz verdeutlichen. Wie lange dauert es, bis der Satz verstanden wurde? Welche Worte wurden nur schwierig oder gar nicht erkannt? Vergleicht Informationsweitergabe mit Mimik und Gestik mit der Informationsweitergabe durch Wortsprache.

4 Pizza backen – ein kulturelles Ereignis. Stelle dir vor, du hast dich mit Freundinnen und Freunden verabredet, gemeinsam nach einem Rezept deiner Mutter eine Pizza zu backen. Erläutere an diesem Beispiel das Zusammenwirken von vorausschauender Planung, Wortsprache, Werkzeuggebrauch, Arbeitsteilung und Kooperation sowie Überlieferung.

18.16 Menschen – verschieden und doch gleich

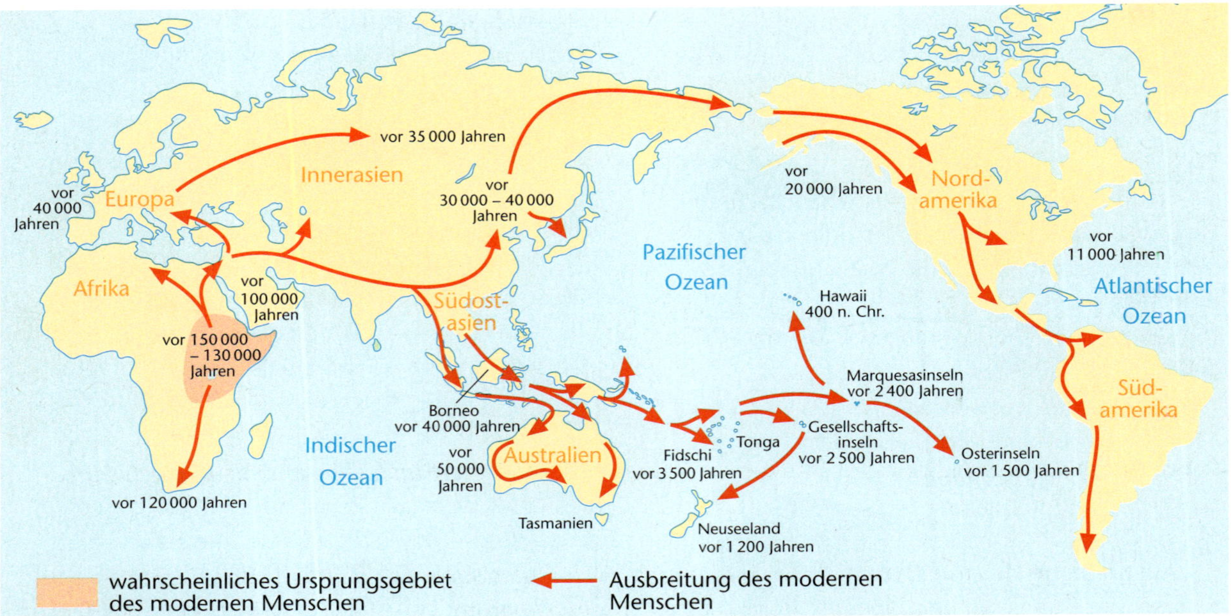

1 *Wahrscheinliche Ausbreitungswege des modernen Menschen (Homo sapiens)*

Alle heute lebenden Menschen haben einen gemeinsamen Ursprung. Man nimmt an, dass der moderne Mensch, Homo sapiens, vor etwa 150 000 Jahren von Afrika aus alle Kontinente besiedelte (Abb. 1).

Immer wieder hat man versucht, die Menschheit in Rassen einzuteilen. Mit Rassen meint man in der Biologie Gruppen von Lebewesen innerhalb einer Art, die sich in der Häufigkeit bestimmter erblicher Merkmale unterscheiden. Ein Beispiel dafür sind die verschiedenen Hunderassen, die alle zur Art Hund gehören. Erst gegen Ende des 19. Jahrhunderts wurde der Rassenbegriff auf Menschen angewandt und von verschiedenen „Menschenrassen" gesprochen. Um typische Merkmale von „Menschenrassen" herauszufinden, wurden besonders in der ersten Hälfte des 20. Jahrhunderts Menschen aller Kontinente vermessen, gezeichnet, fotografiert und klassifiziert. Das Ergebnis war eine unüberschaubare Fülle unterschiedlicher Einteilungen: Manche Untersuchungen lieferten nur drei Rassen, andere ein Dutzend und einige sogar über sechzig „Menschenrassen". Das geschah, weil die Merkmale zur Abgrenzung von Rassen stets willkürlich waren.

Auch die Hautfarbe ist als Unterscheidungskriterium nicht geeignet, denn keine Menschengruppe ist bezüglich der Hautfarbe erblich einheitlich. So finden sich innerhalb einer Menschengruppe mehr oder weniger große Abstufungen in der Hautfarbe. Menschen mit gelblicher Hautfarbe gibt es in vier verschiedenen Menschengruppen. Außerdem sind es nur vier der etwa 25 000 Gene des Menschen, die über die Ausprägung der Hautfarbe bestimmen. Die Hautfarbe ist nicht Ausdruck verschiedener „Menschenrassen", sondern eine Angepasstheit an das Klima, in das Menschen einwanderten und wo sie längere Zeit lebten (Abb. 1, 2). Eine dunkle Haut schützt zum Beispiel vor schädlichen ultravioletten Strahlen.

Die genetischen Unterschiede zwischen den heutigen Menschen auf der Erde sind sehr gering. Zwei Menschen unterscheiden sich durchschnittlich nur in etwa 0,09 Prozent ihrer DNA. Dabei können die genetischen Unterschiede zwischen zwei Menschen derselben Gruppe, zum Beispiel zwei Europäern, genauso groß oder sogar größer sein als zwischen zwei Menschen verschiedener Gruppen, zum Beispiel einem Europäer und einem Asiaten.

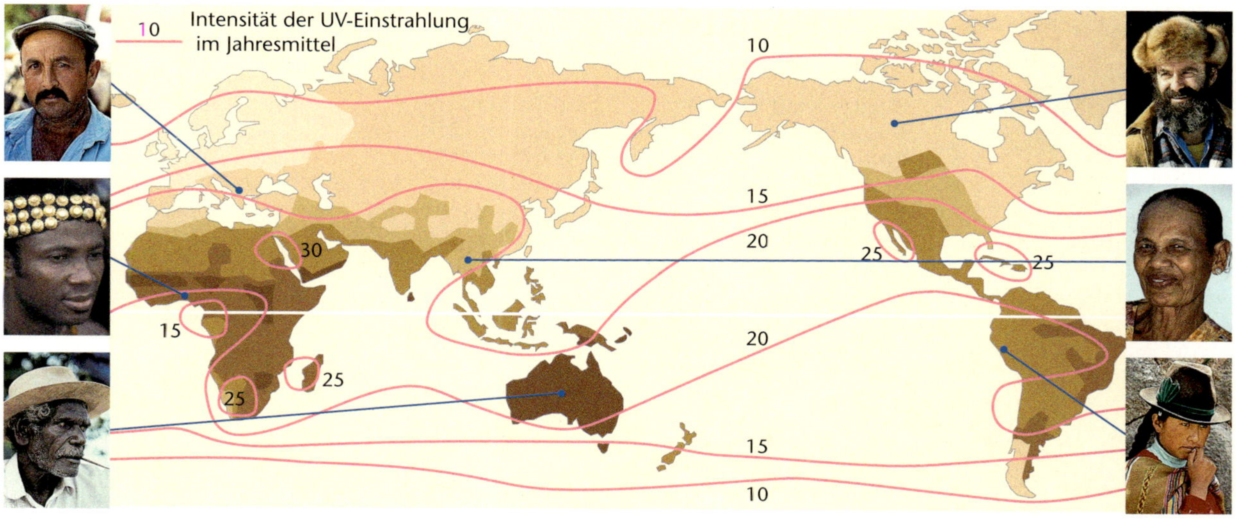

2 *Verteilung der Hautfarben von Hell nach Dunkelbraun und UV-Einstrahlung (von 10 nach 30 zunehmend) auf der Erde*

1 Ausbreitung des modernen Menschen. Erstelle anhand der Angaben in Abbildung 1 eine Zeittafel der Wanderbewegungen des Homo sapiens.

2 Hautfarbe. Werte die Abbildung 2 aus. Begründe, warum die Hautfarbe kein Kriterium für Rasseneinteilung ist (Abb. 2, 3).

3 Rassismus. Beschreibe anhand des Textes in Abbildung 4, was man unter Rassismus versteht, und nenne Beispiele.

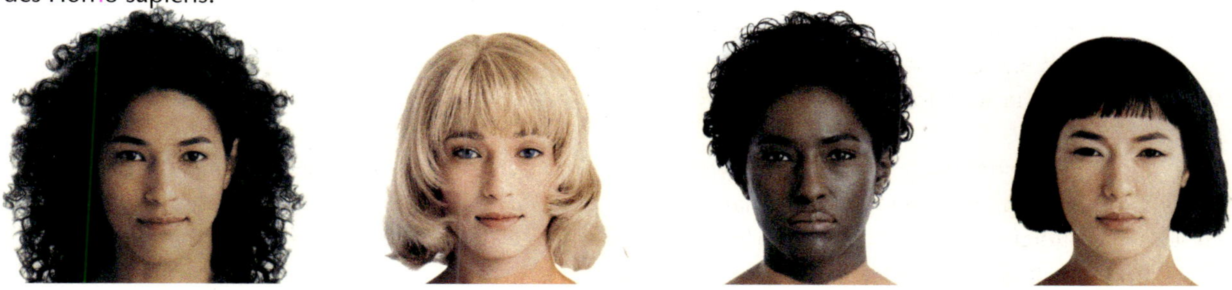

3 *Eine Frau, nur durch Perücke, Schminke und Kontaktlinsen verändert*

Umgangssprachlich werden mit dem Begriff „Rasse" häufig andere Völker, andere Kulturen oder eine Gruppe fremder Menschen bezeichnet. Man nennt es Rassismus, wenn einer Menschengruppe Eigenschaften unterstellt werden, durch die sie abgewertet, als unterlegen oder minderwertig eingestuft wird. Rassistische Vorurteile wurden in der Geschichte der Menschheit häufig zur Rechtfertigung von Aggressionen gegen andere Menschengruppen benutzt. Die fast vollständige Ausrottung der Indianer in Amerika wurde damit begründet, dass sie „schmutzige Wilde" seien. Das Vorurteil von der Überlegenheit der germanischen (arischen) „Rasse" und der Unterlegenheit der jüdischen „Rasse" diente im Nationalsozialismus als Rechtfertigung dafür, dass mehr als sechs Millionen Juden in Konzentrationslagern ermordet wurden.
Rassismus tritt weltweit und in vielen verschiedenen Formen auf. Es ist zutiefst menschenunwürdig und gegen die Menschen- und Grundrechte, dass Menschen sich anmaßen, den Wert anderer zu bestimmen.
Es ist unsinnig, den Wert eines Menschen von der Zugehörigkeit zu einer bestimmten Gruppe oder von kulturellen Eigentümlichkeiten abhängig zu machen. Es gibt viele Beispiele dafür, dass Mitglieder verschiedener Menschengruppen friedlich zusammenleben.

4 *Stichwort: Rassismus*

Stichwortverzeichnis

Bildquellennachweis

actionpress, Hamburg: 6.u., 305.4; AgroConcept, Bonn: 316.1; Uwe Anders, Destedt: 5.u., 11.6, 26.1, 31.3, 37.3, 46.2, 47.3, 98.2, 113.4 M., 212.2, 246.1 b, d, e; Toni Angermayer, Holzkirchen: 11.1 (F: Pfletschinger), 11.8 (F: Pfletschinger), 42.1.5, 60.1.4 (F: Pfletschinger), 60.1.5 (F: Pfletschinger), 60.1.6 (F: Pfletschinger), 64.4, 66.1.1 (F: Pfletschinger), 66.1.2 (F: Pfletschinger), 69.1 (F: Pfletschinger), 69.3 (F: Pfletschinger), 70.3 (F: Pfletschinger), 71.6 (F: Pfletschinger), 97.5, 347.2.2, 377.6 l., 379.4.2 (F: Reinhard), 383.3.1 (F: Schmidt), 386.2 (F: Reinhard); Ap Photo, New York: 237.3, 255.5 l., 255.5 M.; Archiv für Kunst und Geschichte, Berlin: 128.2, 198.1, 306.1, 397.1, 397.2; Arco Digital Images, Lünen: 315.4 l. + M. (F: O. Diez), 318.2 r. (F: H. Reinhard); Astrofoto B. Koch, Sörth: 33.4, 354 Hintergrund; BayWa AG, München: 33.5; Beegroup Universität Würzburg: 62.1 – 4 (F: Marco Kleinhenz); Bibliographisches Institut & F.A. Brockhaus AG, Mannheim: 394.1; Bildagentur-online: 5.o. (F: F. Sauer), 180.1 (F: F. Sauer); Bildarchiv Preuß. Kulturbesitz, Berlin: 187.5, 396.1; BioLogis, Köln: 42.1.2 (F: Dr. Dipl.-Biol. Fernando Pérez Vera), 387.4 (F: Dr. Dipl.-Biol. Fernando Pérez Vera); Blickwinkel, Witten: 42.1.6 (F: H. Schmidbauer), 49.5, 49.9 (F: H. Schmidbauer), 50.1.4 (F: H. Schmidbauer), 50.1.6 (F: A. Laule), 88.3 (F: R. Koenig), 94.1 u. l. (F: Hecker/Sauer); Bonnier Alba AG, Stockholm (F: Lennart Nilsson): 20.1.3, 20.1.4, 20.1.5, 20.1.6, 162.1.3, 208.1 c, 270.1; Bulls Press, Frankfurt: 326.1; comet photoshopping, Zürich: 42.1.4, 50.1.7, 54.2, 82.1 l. (F: Frank Hecker/Silvestris), 95.3 (F: Lukas Chapchal), 383.2 b; Corbis, Düsseldorf: 258/259 (F: Royalty-Free), 331.4 l. (F: Alfredo Dagli Orti), 366/367 (F: Roger De La Harpe/Gallo Images); Manfred Danegger, Owingen-Billafingen: 347.2.4; defd, Hamburg: 279.1; DRK-Blutspendedienst West: 163.5; Todd Eberle: 399.3; Riet Elen-Doorduyn, Spijkenissen: 61.4; eye of science, Reutlingen: 11.9, 28.1.2, 28.1.3, 28.1.4, 75.3, 181.3 b; F1 online, Frankfurt: 238.2; Michael Fabian, Hannover: 146.1; Floramedia Service, Vaduz: 15.3 b; Focus, Hamburg: 56.1, 83.3 (F: 2002 Meckes/Ottawa/eye of science), 158.2, 162.1.1 (F: Oliver Meckes/eye of science), 162.1.2 (F: Oliver Meckes/eye of science), 162.1.4 (F: SPL), 165.6, 170.3 (F: Steve Gschmeissner), 171.7, 176.1, 190 Hintergrund (F: 2002 MPI Tübingen/eye of science), 202.2 (F: Meckes/Ottawa/eye of science), 216.2, 218.1 a + b (F: SPL), 226.2 (F: Steve Gschmeissner), 228.2 (F: CNRI), 229.3 (F: SPL), 282.1, 291.3 (F: Alexis Rosenfeld/SPL), 293.3 c (F: A. Syred/Science Photo Library), 304.1 (F: David Becker/SPL), 304.3 (F: Steve Gschmeissner/SPL), 327.2 l. (F: Olivier Martel/Icone), 327.2 M. (F: Mireille Vautier), 327.2 r. (F: Thomas Hoepker/Magnum Photos/Aboriginal Art), 332.1 l. (F: A. Syred/Science Photo Library), 351.2 a (F: Dr. Tony Brain/SPL), 376.3, 377.5 b (F: Baumann/eye of science), 396.2 (F: Michael Lange), 399.2.1 (F: Susanne Rogozinski), 399.2.2 (F: Fred Mayer/Magnum), 399.2.3 (F: Thomas Hoepker/Magnum Photos/Aboriginal Art), 399.2.4 (F: Olivier Martel/Icone), 399.2.5 (F: Michael Peuckert), 399.2.6 (F: Mireille Vautier); Dr. Stephan Frings, Heidelberg: 217.4; Andreas Fritz, Lübeck: 9.4, 40/41; Gesamtverband d. dt. Steinkohlebergbaus, Essen: 33.6; Gesellschaft für ökologische Forschung, München: 130.1 (F: Sylvia Hamberger); Getty Images, München: 271.4 (F: The Image Bank); Greiner + Meyer, Braunschweig: 60.1.3 (F: Meyer), 71.5, 71.7, 120.1, 132.1, 384.3 o. (F: Meyer), 384.5; Dr. Barbara Hamkalo: 341.5; A. Hauck, Pfalzgrafenweiler: 17.5, 17.6, 119.4, 119.5, 319.3, 321.3.10; Walter Hauenstein, Schweiz: 27.6, 39.4; Rainer Hausfeld, Vechta: 82.1 M., 82.1 r., 318.1; Udo Hermann, Edling: 58.1; Dr. Thomas Huk, Braunschweig: 188.1, 380.1; IFA-Bilderteam, Ottobrunn: 11.3 (F: Kronmüller), 28.1.1, 204/205 (F: Steinberger); Institut für Medizinische Genetik, Universitätsmedizin Berlin, CVK: 322.4 l.; Institut für wissenschaftliche Fotografie Kage, Lauterstein: 12/13, 15.2, 15.3 c, 181.3 a, 188.2, 188.3, 374.2; Institut für Zoologie der Universität Berlin: 373.2 a (F: Prof. Dr. K. Hausmann, Berlin); Robert Issing, Güntersleben: 126.2; Jahreszeiten Verlag, Hamburg: 322.4 r.; Dr. med. Holger Jastrow, Gau-Odernheim: 183.2; Juniors Bildarchiv, Ruhpolding: 54.3, 193.2 a, 315.4 r.; Florian Karly, München: 293.3 b, 321.3.7, 321.3.8, 330.1 r.; kes-online, München: 203.4 (F: Prof. Füeßl); Thomas Kirchen, Holsthum: 59.5; Klaus G. Kohn, Braunschweig: 5.u., 23.4, 26.2 a, 119.3, 126.1, 151.3, 155.3, 157.3, 174.1, 179.5, 181.3 c, 183.3, 183.4, 206.1, 214.1, 214.2, 223.3, 233.3, 238.1, 246.1a, c, f, 276.1.1, 276.1.2, 276.1.3, 278.1, 279.2, 280.1, 298.1, 328.1, 352.1, 358.1, 364.1, 364.2 b, 392.1.4; Daniela Kühne, Reutlingen: 254.1; Dr. Christian Laforsch, Universität München, Department Biologie II, München: 121.5; Landesamt für Wasserwirtschaft, München: 108.1 d (F: Bayer); Lieder, Ludwigsburg: 20.1.1, 20.1.2, 295.2, 336.1; Look, München: 302.1 (F: Konrad Wothe); marum Universität Bremen © 2004: 370.1; Mauritius, Mittenwald: 7.o., 30.1 c (F: Layer), 30.1 d (F: Theissen), 30.1 f (F: PictureArts), 30.1 g (F: Chassot), 30.1 h, 50.1.1 (F: Mayer), 52.1 (F: Harstrick), 70.1 (F: Ranschenbach), 70.2 (F: Ranschenbach), 83.4 (F: Image State), 108.1 e (F: Rust), 144.1 (F: age fotostock), 149.5 (F: Foodpix), 170.1 (F: Rynio), 185.2 (F: Hans-Peter Merten), 186.1 l., 186.1 r. (F: Phototake), 217.5 a (F: Klaus Siepmann), 217.5 b (F: Kerstin Layer), 230.3 (F: Kempkens), 244.1 l., 304.2, 321.3.9 (F: Workbookstock.com), 328.2 (F: Phototake), 334.1, 347.2.3 (F: Phototake), 347.2.5 (F: Photo Researchers), 347.2.6 (F: LOMO), 336.1 (F: Phototake), 361.2 (F: Phototake), 362.1 (F: Workbookstock.com), 364.2 a (F: Photo Researchers), 376.2 a (F: Phototake), 385.7; Münchner Stadtmuseum, Sammlung Graphik und Gemälde, Inv. Nr. II d/207: 129.4; NASA, Washington: 32.1 (F: Gene Feldmann); National Geographic: 181.3 e; Nationalparkverwaltung Bayerischer Wald, Grafenau (F: Rainer Pöhlmann): 3.M., 72.1 c; naturganznah: 316.2; Niedersächsisches Landesmuseum Hannover: 129.3; Okapia, Frankfurt: 6.o. (F: NAS/David M. Phillips), 11.4 (F: Karin Montag), 30.1 a, 33.3 (F: Manfred Danegger), 42.1.3 (F: David Dennis), 44.1, 49.7, 50.1.2 (F: Hans Reinhard), 57.4 (F: Hapo), 59.4 (F: Ronald Bosma), 59.6 (F: K. G. Vock), 88.2, 90.1 (F: K. G. Vock), 91.2 (F: Hans Reinhard), 94.1 o. (F: Herbert Schwind), 108.1 a (F: Hilgert), 108.1 f (F: E. Schacke/Naturbild), 121.3 (F: R. Birke), 142/143, 154.1 a (F: Norbert Lange), 156.2 b (F: Norbert Lange), 156.2 c (F: L. Lessin/P. Arnold, Inc.), 186.1 M. (F: NAS/Blair Seitz), 193.2 b (F: Manfred P. Kage), 193.2 c (F: Dr. Gary Gaugler), 196.1 (F: Manfred P. Kage), 196.2 (F: Manfred P. Kage), 262.3 (F: NAS/David M. Phillips), 265.4 (F: NAS/David M. Phillips), 290.2 b (F: NAS/Dr. W. Fawcett), 303.2 l. (F: Brock May/NAS), 303.2 r. (F: Ted Levin), 307.2 b (F: Maximilian Stock Ltd./Animals), 311.6 (F: Jack Green), 321.3.2 (F: NAS/Dr. W. Fawcett), 330.1 M., 351.2 b (F: B. Longcore/Science Source), 354.1.4, 359.5 (F: Klaus Rose), 373.2 b (F: Roland Birke), 374.3, 376.2 b (F: Dr. Gary Gaugler), 377.6 r. (F: Owen Newman/OSF), 379.4.1 (F: Cyril Rusos), 380.2 (F: Breck P. Kent), 384.3 u., 384.4, 384.6, 385.10, 386.1 (F: Frieder Sauer); Paläontologisches Museum, München: 11.2; Photothek, Berlin: 288/289; picture-alliance, Frankfurt: 185.4 (F: dpa/dpaweb), 202.1 (F: Hans Reinhard/Okapia), 216.1, 271.5 (F: epd), 331.4 r., 347.2.1 (F: dpa), 354.1.2 (F: dpa); Pro Slide, Bremen: 184.1 (F: Jens Heeren); Martin Ratermann, Vechta: 76.1, 157.4; Antoine de Saint-Exupéry, Der Kleine Prinz © 1950 und 1998 Karl Rauch Verlag, Düsseldorf: 247.3; Rebmann, C.: Kohlendioxid-, Wasserdampf- und Energieaustausch eines Fichtenwaldes in Mittelgebirgslage in Nordostbayern, Bayreuther Forum Ökologie, 106, 1-140 (2004): 131.3; Reinhard-Tierfoto, Heiligkreuzsteinach: 50.1.5, 87.4, 87.6, 92.1, 97.6, 105.3 r., 113.4 l., 307.2 a, 311.2, 311.3, 314.1, 318.2 l., 321.3.3, 379.4.3, 379.4.4, 383.3.4, 392.1.1, 392.1.2, 392.1.3; Ulrike Richter, Malsch: 108.1 b; Dr. Conly L. Rieder, Wadsworth Center, Albany, New York: 294.1; Fotografie Rixe, Braunschweig:

26.2 b, 276.1.4; Willi Rolfes, Vechta: 377.5 a; Scala Instituto Fotografico Editoriale, Florenz: 128.1; Prof. Dr. E.-D. Schulze, Max-Planck-Institut für Biogeochemie, Jena: 87.5; Leins, P., aus: Blüte und Frucht, S. 278, Schweizerbart, Stuttgart 2000: 181.3 d; SIGANIM /SPEKTRUM DER WISSENSCHAFT, Heidelberg: 256.1; Staatl. Museum f. Naturkunde, Karlsruhe: 50.1.3 (F: Vino Frey); Franz Stoppel, Bakum: 108.1 h, 209.3, 210.1-9, 215.3; Südzucker, Mannheim: 30.1 b (F: Wilhelm Dürr); Superbild, München: 30.1 e (F: NumberThree co. Ltd.), 54.1, 94.1 u. r. (F: Schmidbauer), 105.3 l., 172.2 (F: B.S.I.P.), 232.1 (F: Powell), 384.1 (F: Schmidbauer); Hans Tegen, Hambühren: 22.1; Thieme Verlag, Stuttgart: 14.1, 15.3 a, 19.3, 29.2; aus: Dockter, G., Lindemann, H.: Mukoviszidose, 4. Auflage, 2004, Georg Thieme Verlag: 350.1; Topic Media Service, Ottobrunn: 30.1 i (F: Frank Hecker), 72.1 a (F: Jürgen Lindenburger), 74.1 (F: Photopress Rose), 74.2 (F: Photopress NIB), 78.1, 86.1, 88.1 (F: Roger Wilmshurst), 96.1, 97.4, 108.1 g (F: Natura/Lindenburger), 121.4 (F: Hecker), 300.1 (F: J & C Sohns), 332.1 r. (F: J & C Sohns), 338.2 (F: J & C Sohns), 345 (F: J & C Sohns), 377.4, 383.3.2, 383.3.3, 384.2, 387.5; Dieter Tornow, Diepholz: 113.2; Ursula Trapp, Hannover: 11.7, 134.1; Ullstein, Berlin: 255.5 r.; vario-images: 357.4 (F: Stefan Kiefer); Visuals Unlimited: 4.u. (F: Ralph Hutchings), 42.1.1 (F: David Wrobel), 168.1 a (F: Ralph Hutchings), 383.2 a (F: Gilbert Twiest), 383.2 c (F: Gerald & Buff Corsi); WDR, Quarks & Co: 335.2; Westendorf-Bröring, Vechta: 153.3; Westermann Archiv, Braunschweig: 126.3; Wildlife, Hamburg: 48.2, 49.3, 108.1 c (F: E. Arndt), 113.4 r. (F: Harms), 115.3 (F: D. Harms); Wiley-VCH Verlag GmbH & Co KG: 61.3; Wuppertal Institut, Wuppertal: 136.1 (F: Hans Kretschmer); Xeniel-Dia, Stuttgart: 374.1 (F: Dr. Sauer/Hecker); Sven Zellner, München: 72.1 b; Werner Zepf, Bregenz: 60.1.1, 60.1.2

Die Screenshots der Seiten 224/225 entstanden unter Verwendung von Microsoft Windows 2000 und Microsoft PowerPoint 2000.
Die Screenshots der Seiten 312/313 entstanden unter Verwendung von Microsoft Windows 2000 und Microsoft Excel 2000.

Einbandgestaltung

Andrea Heissenberg und Jennifer Kirchhof, Braunschweig unter Verwendung einer Aufnahme von Peter Muller Fotograrie & Tekst, den Haag

Grafiken

Julius Ecke, www.naturstudiendesign.de: 3.0., 4.0., 11.5, 14.1, 15.2, 15.3, 15.4, 16.1, 16.2, 17.4, 17.7, 18.1, 18.2, 19.4, 19.5, 19.6, 20.1.1, 20.1.2, 20.1.3, 20.1.4, 20.1.5, 20.1.6, 20.2, 22.2, 22.3, 23.5, 29.4, 37.2, 37.4, 38.1, 38.2, 38.3, 39.4, 39.5, 49.4, 53.3, 53.6, 56.2, 56.3, 57.6, 57.8 a, 57.8 b, 63.5, 63.8, 65.6, 67.2, 67.3, 73.2, 73.3, 78.2, 78.3, 79.4, 79.5, 81.2, 81.3, 83.3, 83.5, 87.3 u., 99.3, 101.3, 101.4, 104.1, 105.2, 105.4, 106.1, 110., 112.1, 114.1, 115.4, 115.5, 116.1, 117.2, 122.1, 123.2, 123.3, 124.1, 124.2, 125.4, 129.5, 131.2, 131.4, 133.3, 139.2, 139.3, 139.4, 140.1, 141.2, 141.3, 141.4, 141.5, 144.2, 145.3, 145.4, 146.2, 147.3, 147.4, 147.5, 149.6, 150.1, 150.2, 151.4, 152.1, 152.2, 153.4, 154.1 b+c, 155.4, 155.5, 156.1, 156.2 a, 158.1, 159.3, 159.4, 159.5, 162.2, 163.3, 163.4, 164.1, 164.2, 165.3, 165.4, 165.5, 166.1, 166.2, 167.3, 167.5, 167.6, 168.1 b, 169.2, 169.3, 170.2, 171.5, 173.3, 176.2, 177.3, 177.5, 178.1, 178.2, 179.3, 179.4, 180.2, 182.1, 183.3, 185.3, 186.2, 189.5, 190.1, 190.2, 191.5, 194.1, 195.2, 195.3, 197.3, 197.7, 198.2, 199.3, 200.1, 201.4, 203.3, 206.1, 207.2, 207.3, 208.1 a, 208.1 b, 212.1, 213.2, 213.3, 216.1, 216.2, 218.1, 219.3, 220.1, 221.2, 221.4, 221.6, 222.1, 223.2, 226.1, 227.3, 227.4, 228.1, 229.4, 229.5, 230.1, 230.2, 231.4, 233.2, 235.3, 236.1, 237.2, 237.4, 237.5, 240.1, 241.2, 242.1, 243.2, 245.3, 253.2, 255.2, 255.4, 257.3, 257.4, 260.1, 261.2, 261.3, 262.1, 262.2, 264.1, 264.2, 266.1, 267.2, 267.3, 267.4, 268.1, 269.2, 269.3, 270.2, 271.3, 271.5, 272.1, 273.2, 273.3, 274.1, 275.3, 277.2, 282.2, 284.1, 285.2, 285.3, 286.1, 287.2, 287.3, 290.1, 290.2 a, 291.4, 291.5, 291.6, 292.1, 294.1, 296.1, 297.2, 300.1, 303.3, 303.4, 303.5, 305.5, 305.6, 316.2, 317.4, 317.5, 319.5, 320.1, 321.3.1, 321.3.6, 322.1, 323.5, 324.1, 324.2, 325.3, 325.5, 329.3, 329.4, 329.5, 330.2, 332.2, 332.3, 333.4, 333.5, 334.1, 335.4, 336.1, 336.2, 337.3, 337.4, 338.2, 339.4, 340.1, 341.2, 341.4, 342.1, 343.3, 344/345, 346.1, 352.1, 353.3, 353.4, 354.1.1, 354.1.3, 355.3, 355.4, 356.1, 356.2, 357.5, 359.4, 360.1, 363.2, 365.2, 369.3, 371.3, 372.1, 373.3, 375.4, 375.5, 375.6, 375.7, 375.8, 375.8, 375.9, 378.2, 382.1 u., 383.3, 387.6, 387.7, 388.2 u., 390.1, 393.2, 395.3, 395.4, 399.2
Christine Henkel, Dahmen: 3.u., 7.u., 24.1, 24.2, 36.1, 42.1.2, 42.1.3, 42.1.4, 42.1.5, 42.1.6, 43.1, 44.2, 45.4, 45.5, 49.6, 49.8, 50.2, 51.3, 51.4, 53.5 a, 53.5 b, 53.7, 54.4, 55.5, 55.6, 55.7, 55.8, 58.2, 59.3, 59.7, 61.2, 61.3, 63.6, 63.7, 74.1, 74.2, 76.3, 77.4, 80.1 a, 80.1 b, 81.4, 89.4, 89.6, 90.1, 93.3, 94.1, 97.8, 98.1, 99.4, 99.5, 102.1, 103.3, 107.4, 118.1, 118.2, 119.6, 134.2, 135.4, 148.1, 148.2, 234.1, 235.2, 306.3, 307.4, 307.5, 308.1, 308.2, 309.4, 309.5, 310.1, 311.4, 311.5, 314.2, 315.3, 315.5, 319.4, 321.3.4, 321.3.5, 343.2, 365.3, 368.1, 369.2, 379.3, 382.1 o., 385.11, 386.3, 388.1, 388.2 o., 395.2
Mario Kessler/die Kleinert, München: 84.1, 390.1
Walter Laß, www.satz-und-grafik-partner.de: 30.1, 133.2, 138.1, 160/161, 173.4, 175.4, 209.2, 215.4, 215.6, 215.7, 238.1, 238.2, 239.3, 239.4, 241.3, 251.3, 293.2, 298.1, 331.3, 338.1, 339.3, 341.3, 348.1, 349.4, 351.2, 351.4, 353.2, 381.3, 389.3, 391.2, 391.3
Schwanke & Raasch, Hannover: 9.5, 25.3, 31.2, 35.1, 35.2, 44.3, 48.1, 51.5, 51.6, 52.2, 64.1-3, 65.5, 66.1, 69.2, 71.4, 86.1, 86.2, 87.3 o., 92.2, 96.2, 96.3, 100.1, 100.2, 102.2, 120.2, 174.2, 381.4, 398.1

Es war nicht in allen Fällen möglich, die Inhaber der Bildrechte ausfindig zu machen und um Abdruckgenehmigungen zu bitten. Berechtigte Ansprüche werden selbstverständlich im Rahmen der üblichen Konditionen abgegolten.